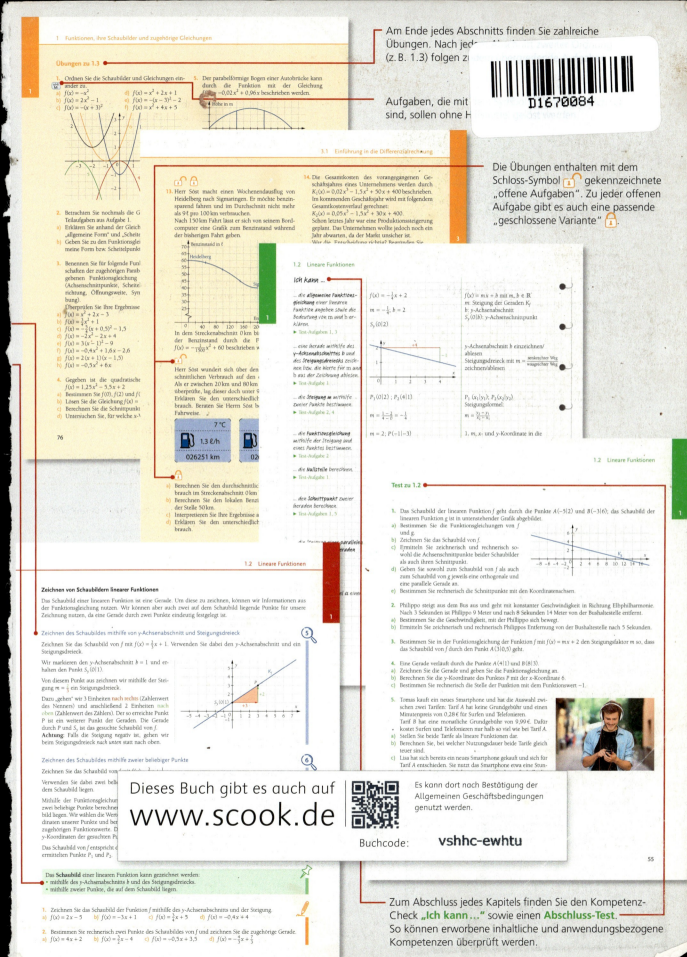

MATHEMATIK
Fachhochschulreife

Berufskolleg

Von:
Otto Feszler
Frédérique Haas
Michael Knobloch
Christian Saur
Karin Schommer
Markus Strobel
Simon Winter

Unter Mitarbeit von:
Susanne Emminger
Jens-Oliver Stock
Susanne Viebrock
Martina Wolke
und der Verlagsredaktion

Beratung:
Vera May
Heidrun Roschmann

Dieses Buch enthält Materialien und Aufgaben anderer Bücher der Cornelsen Schulverlage. An diesen waren neben den zuvor genannten Personen beteiligt:
Dr. Volker Altrichter, Garnet Becker, Christoph Berg, Sandra Bödeker, Juliane Brüggemann, Rudolf Borgmann, Elke Effert, Werner Fielk, Dr. Christoph Fredebeul, Berthold Heinrich, Andreas Höing, Christa Hermes, Mei-Liem Jakob, Wolfgang Jüschke, Eva Klute, Jost Knapp, Daniel Körner, Hildegard Michael, Jörg Rösener, Kathrin Rüsch, Rolf Schöwe, Dr. Markus Schröder, Reinhard Sobczak, Robert Triftshäuser, Paul Vaßen

Verlagsredaktion: Christian Hering, Stina Richter
Redaktionelle Mitarbeit: Angelika Fallert-Müller, Groß-Zimmern
Bildredaktion: Gertha Maly
Illustration: Dietmar Griese, Laatzen
Grafik: Martin Frech, Tübingen; Da-TeX Gerd Blumenstein, Leipzig
Umschlaggestaltung: EYES-OPEN, Berlin
Layout: Da-TeX Gerd Blumenstein, Leipzig
Technische Umsetzung: Maas & Frech, Tübingen

www.cornelsen.de

1. Auflage, 1. Druck 2016

Alle Drucke dieser Auflage können im Unterricht nebeneinander verwendet werden.

© 2016 Cornelsen Schulverlage GmbH, Berlin

Das Werk und seine Teile sind urheberrechtlich geschützt.
Jede Nutzung in anderen als den gesetzlich zugelassenen Fällen bedarf der vorherigen schriftlichen Einwilligung des Verlages.
Hinweis zu den §§ 46, 52 a UrhG: Weder das Werk noch seine Teile dürfen ohne eine solche Einwilligung eingescannt und in ein Netzwerk eingestellt oder sonst öffentlich zugänglich gemacht werden.
Dies gilt auch für Intranets von Schulen und sonstigen Bildungseinrichtungen.

Druck: Mohn Media Mohndruck, Gütersloh

ISBN 978-3-06-450797-5

Vorwort

Dieses Schulbuch wendet sich an Schülerinnen und Schüler, die im Berufskolleg und anderen Bildungsgängen den Abschluss der Fachhochschulreife in Baden-Württemberg anstreben.

Es orientiert sich an den Vorgaben der Lehrpläne vom August 2015 für Bildungsgänge, die zum Erwerb der Fachhochschulreife führen. Dabei werden die dort geforderten Inhalte abgebildet: Funktionen, Schaubilder und zugehörige Gleichungen (ganzrational, exponential und trigonometrisch), Differenzial- und Integralrechnung sowie lineare Gleichungssysteme. Für die vom Lehrplan geforderten Projekte bietet das Buch drei mögliche Themen, die sich an den früheren Wahlthemen orientieren (Vektorgeometrie, Stochastik, Kostentheorie). Außerdem gibt es ein Grundlagenkapitel mit den wichtigsten Inhalten aus der Sekundarstufe 1.

Von dem Autorenteam wurde bewusst darauf geachtet, dass die im Bildungsplan erwähnten Kompetenzen in Aufgaben und Beispielen abgebildet sind.

Gemäß der neu gestalteten Rahmenbedingungen für Unterricht und Prüfung darf nur noch ein wissenschaftlicher Taschenrechner (WTR) und die offizielle Merkhilfe des Kultusministeriums als Hilfsmittel verwendet werden. Diesem Sachverhalt wird im ganzen Lehrbuch Rechnung getragen: Der Text und alle Aufgaben sind so formuliert, dass Sie mit diesen Hilfsmitteln lösbar sind. An passenden Stellen finden sich im Lehrbuch verteilt auch immer wieder Aufgaben, die mit anderen digitalen Mathematikwerkzeugen (DMW) lösbar sind, welche der neue Lehrplan im Unterricht als Ergänzung zu Merkhilfe und WTR empfiehlt.

Zur Prüfungsvorbereitung eignet sich das Kapitel 6 in besonderem Maße. Es enthält die offiziellen Musteraufgaben für die neuen Prüfungsformate sowie eine Fülle von weiteren beispielhaften Aufgaben, die sich an den neuen Richtlinien orientieren.

Die Inhalte des Buches sind mit Blick auf die Schülerperspektive geschrieben: Durch zahlreiche Beispiele aus der Alltags- und Berufswelt werden die Schülerinnen und Schüler motiviert, sich mit mathematischen Aufgabenstellungen auseinanderzusetzen. Durch die schülergerechten Erläuterungen und die Zweispaltigkeit in den Beispielen lädt das Buch die Schülerinnen und Schüler ein, den Stoff bei Bedarf auch selbstständig nachzuarbeiten. Die „Ich kann …"-Checks und die kurzen „Alles klar?"-Aufgaben, deren Lösungen am Ende des Lehrbuchs zu finden sind, bieten die Möglichkeit zur Selbstkontrolle und fördern das selbstständige Lernen, Vertiefen und Wiederholen.

Wir sind davon überzeugt, dass das Buch dazu beiträgt, den Mathematikunterricht zu bereichern. Über Anregungen und Kritik freuen wir uns.

Das Autorenteam von „Mathematik FHR – Berufskolleg"

Inhaltsverzeichnis

Grundlagen

Grundlagen 9

1 Funktionen, ihre Schaubilder und zugehörige Gleichungen

1.1	**Begriffsbildung und Beschreibung**	**24**
1.1.1	Zuordnungen	26
1.1.2	Funktionen	28
1.2	**Lineare Funktionen**	**36**
1.2.1	Gleichungen und Schaubilder	38
1.2.2	Schnittpunkte und Steigungswinkel	45
	Exkurs: Bestimmen des Schnittwinkels zweier Geraden	48
1.2.3	Parallele und orthogonale Geraden	50
1.3	**Quadratische Funktionen**	**56**
1.3.1	Gleichungen und Schaubilder	58
1.3.2	Scheitelpunktform und allgemeine Form	63
1.3.3	Berechnung von Schnittpunkten	67
1.3.4	Bestimmen einer Funktionsgleichung	73
1.4	**Ganzrationale Funktionen höheren Grades**	**80**
1.4.1	Potenzfunktionen	82
1.4.2	Gleichungen und Schaubilder	86
1.4.3	Globalverlauf und charakteristische Punkte	91
1.4.4	Schnittpunkte mit den Koordinatenachsen	97
	Überblick: Nullstellenbestimmung bei ganzrationalen Funktionen	102
1.4.5	Gemeinsame Punkte und gegenseitige Lage zweier Schaubilder	104
	Exkurs: Aufstellen von Funktionsgleichungen	107
1.5	**Exponentialfunktionen**	**114**
1.5.1	Wachstum und Zerfall	116
1.5.2	Die natürliche Exponentialfunktion	119
1.5.3	Logarithmen und Exponentialgleichungen	124
1.5.4	Modellierung von Wachstums- und Zerfallsprozessen	130
1.6	**Trigonometrische Funktionen**	**138**
1.6.1	Sinus und Kosinus am Einheitskreis	140
1.6.2	Trigonometrische Standardfunktionen	144
	Exkurs: Die Tangensfunktion	146
1.6.3	Die allgemeine Sinus- und Kosinusfunktion	148
1.6.4	Trigonometrische Gleichungen	152
1.6.5	Modellierung periodischer Prozesse	155
	Überblick: Verschiebung und Streckung von Schaubildern	162

2 Lineare Gleichungssysteme

2.1 Lösungsverfahren ... 164
2.1.1 Aufstellen eines linearen Gleichungssystems ... 166
2.1.2 Elementare Lösungsverfahren und Gauß'scher Algorithmus ... 169

2.2 Lösungsvielfalt ... 178
2.2.1 Lösbarkeit linearer Gleichungssysteme ... 180
2.2.2 Sonderfälle ... 185

3 Differenzialrechnung

3.1 Einführung in die Differenzialrechnung ... 192
3.1.1 Änderungsraten erfassen und beschreiben ... 194
3.1.2 Steigung von Schaubildern von Funktionen ... 198
Exkurs: Gegenüberstellung von $(x - x_0)$-Methode und h-Methode ... 202
3.1.3 Ableitungsregeln ... 204
3.1.4 Tangenten und gegenseitige Lage zweier Schaubilder ... 212

3.2 Untersuchung von Funktionen ... 222
3.2.1 Monotonie und Extrempunkte ... 224
3.2.2 Krümmung und Wendepunkte ... 236
3.2.3 Beispiele zur Kurvenuntersuchung ... 244
Exkurs: Physikalisch-technische Anwendung ... 253

3.3 Anwendungen der Differenzialrechnung ... 260
3.3.1 Bestimmen von Funktionsgleichungen ... 262
3.3.2 Optimierungsprobleme ... 268

4 Integralrechnung

4.1 Einführung in die Integralrechnung ... 280
4.1.1 Stammfunktionen und unbestimmte Integrale ... 282
4.1.2 Zusammenhang zwischen den Schaubildern von F und f ... 287
4.1.3 Flächeninhalt und bestimmtes Integral ... 290
4.1.4 Zusammenhang zwischen Flächeninhalt und Stammfunktion ... 294

4.2 Anwendungen der Integralrechnung ... 304
4.2.1 Flächen zwischen Schaubild und x-Achse ... 306
4.2.2 Flächen zwischen zwei Schaubildern ... 314
4.2.3 Weiterführende Flächenberechnungen ... 318

5 Projektvorschläge

5.1	Vektorgeometrie	330
5.2	Stochastik	344
5.3	Kostentheorie	360

6 Prüfungsvorbereitung

6.1	Aufgabenanalyse und Vorgehensweise	376
6.2	Prüfungsaufgaben	382
6.2.1	Übungsaufgaben für den Prüfungsteil ohne Hilfsmittel	383
6.2.2	Übungsaufgaben für den Prüfungsteil mit Hilfsmitteln	387
6.2.3	Musteraufgaben für die Prüfung zur Fachhochschulreife	393

Anhang

Lösungen der „Alles klar?"-Aufgaben	397
Stichwortverzeichnis	429

Grundlagen

Aussagenlogik

Ein sinnvoller Satz heißt **Aussage**, wenn eindeutig entschieden werden kann, ob er wahr oder falsch ist.

Aussagen bezeichnen wir mit Großbuchstaben. Sie können sowohl durch Sätze als auch durch Gleichungen oder Ungleichungen angegeben werden.

A: Köln ist eine Stadt. wahre Aussage (w)
B: 5 > 7 falsche Aussage (f)
C: $7x + = +$ keine Aussage

Werden Aussagen miteinander verbunden, so entstehen neue, zusammengesetzte Aussagen. Der Wahrheitswert von Verknüpfungen verschiedener Aussagen lässt sich in der **Wahrheitstafel** ablesen.

Sind zwei Aussagen A und B so verknüpft, dass die zusammengesetzte Aussage nur dann wahr ist, wenn beide Aussagen wahr sind, so heißt diese Verknüpfung **Und-Verknüpfung** oder **Konjunktion**. Für diese logische Verknüpfung wird das Zeichen $\wedge$ verwendet.

Aussage A	Aussage B	Aussage $A \wedge B$
w	w	w
w	f	f
f	w	f
f	f	f

Sind zwei Aussagen A und B so verknüpft, dass die zusammengesetzte Aussage genau dann wahr ist, wenn entweder die eine oder die andere oder beide Aussagen wahr sind, so heißt diese Verknüpfung **Oder-Verknüpfung** oder **Disjunktion**. Für diese logische Verknüpfung wird das Zeichen $\vee$ verwendet.

Aussage A	Aussage B	Aussage $A \vee B$
w	w	w
w	f	w
f	w	w
f	f	f

Sind zwei Aussagen A und B so verknüpft, dass aus der Aussage A die Aussage B folgt, so heißt diese Verknüpfung **Folgerung** oder **Implikation**. Das zugehörige Zeichen ist $\Rightarrow$.

Aussage A	Aussage B	Aussage $A \Rightarrow B$
w	w	w
w	f	f
f	w	w
f	f	w

Sind zwei Aussagen so verknüpft, dass die zusammengesetzte Aussage immer dann wahr ist, wenn beide Aussagen wahr oder beide Aussagen falsch sind, so liegt eine **Äquivalenz** von Aussagen vor. Für diese Verknüpfung wird das Zeichen $\Leftrightarrow$ benutzt.

Aussage A	Aussage B	Aussage $A \Leftrightarrow B$
w	w	w
w	f	f
f	w	f
f	f	w

Übungen

1. Entscheiden Sie, ob es sich bei den folgenden Beispielen um wahre, falsche oder keine Aussagen im mathematischen Sinne handelt.
   Begründen Sie Ihre Antwort.
   a) Sommer ist Winter im Regen.
   b) Es gibt ungerade Zahlen, die durch 3 teilbar sind.
   c) Rom ist die Hauptstadt Italiens.
   d) Bayern München ist ein guter Fußballverein.

2. Verknüpfen Sie die Aussagen A und B jeweils durch $\wedge$, $\vee$ und $\Rightarrow$.
   Geben Sie für jede verknüpfte Aussage den Wahrheitswert an.
   a) A: Jede Zahl ist durch 2 teilbar.
      B: 101 ist eine gerade Zahl.
   b) A: Ich drücke den Lichtschalter.
      B: Das Licht geht aus.

Grundlagen

Zahlen und Zahlenmengen

Die **Menge der natürlichen Zahlen** $\mathbb{N}$ besteht aus den Zahlen 0, 1, 2, 3 usw.

$\mathbb{N} = \{0, 1, 2, 3, \ldots\}$

Nehmen wir das Element 0 aus der Menge $\mathbb{N}$ heraus, dann erhalten wir die Menge $\mathbb{N}^*$.

$\mathbb{N}^* = \{1, 2, 3, \ldots\}$

▶ Entsprechendes gilt auch für die folgenden Zahlenmengen.

Wird die Menge der natürlichen Zahlen um die Menge der negativen Zahlen erweitert, so erhalten wir die **Menge der ganzen Zahlen** $\mathbb{Z}$.

$\mathbb{Z} = \{\ldots, -3, -2, -1, 0, 1, 2, 3, \ldots\}$

Alle Zahlen, die als Brüche dargestellt werden können, lassen sich auch zu einer Menge zusammenfassen. Sie bilden die **Menge der rationalen Zahlen** $\mathbb{Q}$.

$\mathbb{Q} = \left\{ x \mid x = \frac{p}{q}, p \in \mathbb{Z}, q \in \mathbb{N} \setminus \{0\} \right\}$

Alle endlichen und alle periodischen Dezimalzahlen lassen sich als Brüche darstellen. Somit gehören auch diese Dezimalzahlen zu der Menge $\mathbb{Q}$.

$2{,}306 = \frac{2306}{1000} = \frac{1153}{500} \in \mathbb{Q}$

$0{,}111\ldots = 0{,}\overline{1} = \frac{1}{9} \in \mathbb{Q}$

Alle Dezimalzahlen, die nicht periodisch oder endlich sind, heißen **irrationale Zahlen**.

Beispiele für irrationale Zahlen: $\sqrt{2}, -\sqrt{3}, \pi, e$

Die Menge $\mathbb{R}$ der **reellen Zahlen** enthält sowohl die rationalen als auch die irrationalen Zahlen. Somit sind alle Punkte der Zahlengeraden lückenlos erfasst.
Oft benötigt man auch die Teilmenge von $\mathbb{R}$, die nur die positiven reellen Zahlen ohne null enthält.

$\mathbb{N} \subset \mathbb{Z} \subset \mathbb{Q} \subset \mathbb{R}$

$\mathbb{R}_+^* = \{x \mid x \in \mathbb{R} \text{ und } x > 0\}$

Zusammenhängende Teilmengen von $\mathbb{R}$ werden häufig als **Intervalle** angegeben.
Das **abgeschlossene Intervall** $I = [a; b]$ enthält a und b sowie alle dazwischen liegenden Zahlen.

$I_1 = [-2; 5] = \{x \mid x \in \mathbb{R} \text{ und } -2 \leq x \leq 5\}$

Das **halboffene Intervall** $I = {]a; b]}$ enthält nicht a, aber b und alle zwischen a und b liegenden Zahlen.
Das halboffene Intervall $I = [a; b[$ enthält a, aber nicht b.

$I_2 = {]-1; 3]} = \{x \mid x \in \mathbb{R} \text{ und } -1 < x \leq 3\}$
$I_3 = [2; 7[= \{x \mid x \in \mathbb{R} \text{ und } 2 \leq x < 7\}$

Das **offene Intervall** $I = {]a; b[}$ enthält weder a noch b, aber alle zwischen a und b liegenden Zahlen.

$I_4 = {]-5; 1[} = \{x \mid x \in \mathbb{R} \text{ und } -5 < x < 1\}$

Übungen

1. Zu welchen Zahlenmengen gehören die folgenden Zahlen? Geben Sie alle Möglichkeiten an.

a) 2
b) -5
c) π
d) 1,23456789
e) 0,2
f) $-\frac{6}{3}$
g) $\sqrt{5}$
h) $\frac{3}{7}$
i) $\frac{4}{\sqrt{4}}$
j) 0
k) $1{,}\overline{23}$
l) lg 2

2. Sind die folgenden Aussagen wahr?

a) $\sqrt{2} \in \mathbb{Q}$
b) $\pi \in \mathbb{N}$
c) $-7 \in \mathbb{Z}$
d) $\sqrt{9} \in \mathbb{Q}$
e) $-2 \in \mathbb{N}$
f) $\frac{4}{\sqrt{6}}$ ist irrational.

3. Schreiben Sie folgende Mengen als Intervall.

a) $I = \{x \mid -7 \leq x \leq 2\}$
b) $I = \{x \mid -6 < x \leq 4\}$
c) $I = \{x \mid -3 \leq x < 2\}$
d) $I = \{x \mid -8 < x < 1\}$

Grundlagen

Rechnen mit reellen Zahlen

Begriffe und Regeln

Als **Term** bezeichnet man einen mathematisch sinnvollen Ausdruck aus reellen Zahlen und Variablen, z.B. 159; a; $3x + b$; $7uv$; $5z^2$; $\sqrt{3y}$. Kein Term ist dagegen $14 + : x$.

Rechenoperation	Schreibweise	Namen der einzelnen Terme	Name des Ergebnisses
Addieren	$a + b$	a, b: Summanden	Summe
Subtrahieren	$a - b$	a: Minuend, b: Subtrahend	Differenz
Multiplizieren	$a \cdot b$	a, b: Faktoren	Produkt
Dividieren	$a : b$ oder $\frac{a}{b}$	a: Dividend (Zähler), b: Divisor (Nenner)	Quotient
Potenzieren	a^n	a: Basis (Grundzahl), n: Exponent (Hochzahl)	Potenz
Radizieren (Wurzelziehen)	$\sqrt{a}$, allgemein $\sqrt[n]{a}$	a: Radikand, n: Wurzelexponent	Wurzel

Der **Betrag** einer Zahl gibt ihren „Abstand" zur Null an. Er ist daher nie negativ.

$|4| = 4$ (wir lesen: „Betrag von 4 gleich 4")
$|-4| = 4$ (wir lesen: „Betrag von −4 gleich 4")

allgemein: $|a| = \begin{cases} a & \text{falls } a \geq 0 \\ -a & \text{falls } a < 0 \end{cases}$

Elementare Rechenregeln

„Punktrechnung vor Strichrechnung"
Zuerst führen wir alle „Punktrechnungen" und anschließend die „Strichrechnungen" durch.

$$= \underbrace{24 \cdot (-2)}_{-48} + \underbrace{12 : 4}_{3} + \underbrace{5 \cdot 10}_{50} = 5$$

„Potenzrechnung vor Punktrechnung"
Zuerst berechnen wir die Potenzen, anschließend kann mit einem anderen Faktor multipliziert werden.

$5 \cdot 2^3 = 5 \cdot 8 = 40$
$-5 \cdot 2^3 = -5 \cdot 8 = -40$
$-2^4 = (-1) \cdot 2^4 = (-1) \cdot 16 = -16$
Aber: $(-2)^4 = 16$

„Klammerrechnung geht vor"
Wenn ein Term Klammern enthält, muss deren Inhalt zuerst berechnet werden. Bei mehreren Klammern rechnen wir von innen (runde Klammer) nach außen (eckige Klammer).

$\left(\frac{7}{2} - \frac{3}{2}\right) \cdot 9 = \frac{4}{2} \cdot 9 = 2 \cdot 9 = 18$

$2 \cdot [7a - (2a + 4a)]$
$= 2 \cdot [7a - \quad 6a \quad]$
$= 2 \cdot \quad\quad a \quad\quad = 2a$

Können wir innerhalb der Klammer nicht zusammenfassen, so müssen wir sie anders auflösen.

$5 \cdot (3x + 4y) = ?$

▶ Rechnen mit Klammern, Seite 12

Übungen

1. Handelt es sich bei den Ausdrücken um Terme?
a) $2a + b$
b) $8 + \cdot 2$
c) $1{,}5x$
d) $16(8x - 22)$
e) $0 < x | < 5$
f) $1 < 2$

2. Berechnen Sie ohne Taschenrechner.
a) $[-12 + |-6| + 2 \cdot (16 - 3)] : 2 + 1$
b) $5 \cdot 10 - 20 \cdot [25 + (30 - 5) - 50] - 5 \cdot 3$
c) $2 - 3 \cdot (72 + 21 + 8)$

Grundlagen

Rechnen mit Klammern

Ausmultiplizieren und Ausklammern

Wir können einen Faktor, der vor oder hinter einer Klammer steht, mit den Summanden in der Klammer multiplizieren.

(Aus)multiplizieren:
$$5 \cdot (3x + 4y) = 5 \cdot 3x + 5 \cdot 4y = 15x + 20y$$
$$-3(2a + 3b) = -6a - 9b$$

+ mal + = +
− mal + = −
+ mal − = −
− mal − = +

Umgekehrt ist es oft sinnvoll, die Summanden einer Summe (oder Differenz) in Produkte mit einem jeweils gleichen Faktor zu zerlegen. Diesen Faktor können wir dann **ausklammern**. Dadurch entsteht aus der Summe (oder Differenz) ein Produkt. Deshalb heißt diese Umformung auch **Faktorisieren**.

Ausklammern (Faktorisieren):
$$15x + 20y = 5 \cdot 3x + 5 \cdot 4y = 5 \cdot (3x + 4y)$$
$$11xy + 33x - 44ax = 11x(y + 3 - 4a)$$
$$18a - 6a^2 + 2 = 2(9a - 3a^2 + 1)$$
$$-x - 5y - 3z = -(x + 5y + 3z)$$

Ein Sonderfall sind Klammern, vor denen nur ein Plus- oder Minuszeichen steht. In diesem Fall fassen wir das Pluszeichen als Faktor $+1$ auf, das Minuszeichen als Faktor -1.

$$3 + (3x - 7) = 3 + 1 \cdot (3x - 7)$$
$$= 3 + 3x - 7 = 3x - 4$$
$$3 - (3x - 7) = 3 - 1 \cdot (3x - 7)$$
$$= 3 - 3x + 7 = -3x + 10$$

Multiplikation von Klammern

Wir multiplizieren zwei Klammern, indem wir jeden Summanden der ersten Klammer mit jedem Summanden der zweiten Klammer multiplizieren.

$$(2x + y)(4x - 3)$$
$$= 2x \cdot 4x + 2x \cdot (-3) + y \cdot 4x + y \cdot (-3)$$
$$= 8x^2 - 6x + 4xy - 3y$$

Die **binomischen Formeln** sind Spezialfälle für die Multiplikation zweier Klammern:
$(a + b)^2 = a^2 + 2ab + b^2$ ▶ 1. binomische Formel
$(a - b)^2 = a^2 - 2ab + b^2$ ▶ 2. binomische Formel
$(a + b)(a - b) = a^2 - b^2$ ▶ 3. binomische Formel

$$(x + 3)^2 = x^2 + 6x + 9$$
$$(2a - 3b)^2 = 4a^2 - 12ab + 9b^2$$
$$(4x - 3y)(4x + 3y) = 16x^2 - 9y^2$$

Durch Anwendung der binomischen Formeln „von rechts nach links" lassen sich bestimmte Summen als Produkte schreiben (faktorisieren).

$$x^2 - 9 = (x + 3)(x - 3)$$
$$4x^2 + 4xy + y^2 = (2x + y)^2$$
$$2x^2 - 20xy + 50y^2 = 2(x^2 - 10xy + 25y^2)$$
$$= 2(x - 5y)^2$$

Übungen

1. Lösen Sie die Klammern auf. Fassen Sie so weit wie möglich zusammen.

a) $5 - (-3x + 6) - 7x$
b) $-(3x + 4a) - (-3x + 40a)$
c) $5(2 - 3x)$
d) $-(2x - 1) \cdot 19 + 32x$
e) $2(3(-2(x-5)) + 15)$
f) $x(b - a) + (a - b)x$
g) $(4x + 9)^2$
h) $(3 - 5y)(3 + 5y)$

2. Klammern Sie gemeinsame Faktoren aus.

a) $2a + 4b$
b) $3ac + 6ab$
c) $7a^2b^2 + 49ab$
d) $4ab^2 + 16ab + 32a^2b$

3. Multiplizieren Sie möglichst geschickt aus.

a) $(x + y)(3x - 3y)$
b) $(2x + 8)(x - 4)$

4. Faktorisieren Sie.

a) $8x - 2y$
b) $10a + 15b - 10$
c) $0{,}5x + 0{,}5y + 0{,}5z$
d) $a^2 + 2ab + b^2$
e) $36a^2 - 60ab + 25b^2$
f) $1 - 4a^2$
g) $36x^2 - 100$
h) $12x^2 - 12y^2$

5. Füllen Sie die Lücken aus.

a) $(3 + \square)(3 - \square) = \square - 2{,}25$
b) $(\square + 9a)^2 = 25b^2 + \square + \square$

12

Grundlagen

Rechnen mit Brüchen

Ein **Bruch** $\frac{a}{b}$ besteht aus seinem **Zähler** a über dem Bruchstrich und seinem **Nenner** b unter dem Bruchstrich. Vertauschen wir Zähler und Nenner eines Bruches, dann erhalten wir den **Kehrwert**: $\frac{b}{a}$ ist der Kehrwert von $\frac{a}{b}$.

$\frac{2}{3}$ ↙ Zähler ↖ Nenner

Der Kehrwert von $\frac{2}{3}$ ist $\frac{3}{2}$.

Addition und Subtraktion

Brüche mit gleichem Nenner heißen **gleichnamig**. Diese addieren oder subtrahieren wir, indem wir die Zähler addieren bzw. subtrahieren. Der Nenner bleibt unverändert.

$\frac{5}{7} - \frac{2}{7} = \frac{5-2}{7} = \frac{3}{7}$ ▶ Brüche sind gleichnamig

Brüche, die nicht gleichnamig sind, müssen wir gleichnamig machen, d.h. auf denselben Nenner bringen. Dazu bestimmen wir ihren **Hauptnenner** und **erweitern** sie dann entsprechend.

$\frac{5}{6} + \frac{1}{8} + \frac{3}{10} - \frac{2}{9} - \frac{5}{12} + \frac{7}{40}$

Zur Berechnung des Hauptnenners wird jede Nennerzahl in Primfaktoren zerlegt. Der Hauptnenner ist das **kleinste gemeinsame Vielfache (kgV)** aller Nenner; das ist das Produkt der höchsten in ihrer Primfaktorzerlegung auftretenden Potenzen.

$$\begin{aligned}
6 &= 2 \cdot 3 = 2 \cdot 3 \\
8 &= 2 \cdot 2 \cdot 2 = 2^3 \\
10 &= 2 \cdot 5 = 2 \cdot 5 \\
9 &= 3 \cdot 3 = 3^2 \\
12 &= 2 \cdot 2 \cdot 3 = 2^2 \cdot 3 \\
40 &= 2 \cdot 2 \cdot 2 \cdot 5 = 2^3 \cdot 5 \\
& 2^3 \cdot 3^2 \cdot 5 = 360 \quad \blacktriangleright \text{Hauptnenner}
\end{aligned}$$

▶ kgV(6; 8; 10; 9; 12; 40) = 360

Wenn der Hauptnenner gefunden ist, muss jeder Bruch in der Summe auf den Hauptnenner erweitert werden. Dafür werden Zähler *und* Nenner mit dem gleichen Faktor multipliziert, sodass im Nenner der Hauptnenner steht.

$\frac{5}{6} = \frac{5 \cdot 60}{6 \cdot 60} = \frac{300}{360}$

$\frac{1}{8} = \frac{1 \cdot 45}{8 \cdot 45} = \frac{45}{360}$

usw.

Nach der Erweiterung der Brüche auf den Hauptnenner 360 lässt sich die Summe leicht berechnen. Das Ergebnis sollte noch gekürzt werden.

$\frac{300}{360} + \frac{45}{360} + \frac{108}{360} - \frac{80}{360} - \frac{150}{360} + \frac{63}{360} = \frac{286}{360}$
$= \frac{143}{180}$

Übungen

Berechnen Sie und kürzen Sie das Ergebnis.

a) $\frac{5}{6} + \frac{7}{3}$

b) $-\frac{1}{2} + \frac{5}{2} - \frac{3}{8}$

c) $\frac{1}{4} + \frac{5}{8} + \frac{11}{24}$

d) $-\frac{7}{12} + \frac{2}{3} - \frac{1}{6}$

e) $\frac{3}{4} + \frac{5}{9} + \frac{18}{25} - \frac{4}{75}$

f) $\frac{36}{49} - \frac{13}{98} + \frac{17}{21} - \frac{7}{42}$

g) $\frac{3}{4} + \frac{5}{8} + \frac{2}{5} - \frac{1}{9} + \frac{1}{3}$

h) $\frac{8}{3} - \frac{1}{6} + \frac{5}{18} - \frac{4}{9}$

i) $\frac{7}{4} - \frac{5}{98} - \frac{8}{7} + \frac{19}{8} + \frac{25}{21}$

j) $\frac{y}{3} + \frac{2y}{5} + \frac{y}{2}$

k) $z - \frac{z}{2} + \frac{z}{4} - \frac{z}{8}$

l) $\frac{1}{x^2 - x} - \frac{x^2}{x+1}$

Grundlagen

Multiplikation und Division von Brüchen

Brüche werden multipliziert, indem man die Zähler und die Nenner jeweils multipliziert.

$$\frac{3}{5} \cdot \frac{2}{7} = \frac{3 \cdot 2}{5 \cdot 7} = \frac{6}{35}$$

Zähler mal Zähler, Nenner mal Nenner.

Beim Multiplizieren eines Bruchs mit einer ganzen Zahl wird im Unterschied zum Erweitern nur der Zähler mit dieser Zahl multipliziert.

$$\frac{3}{8} \cdot 2 = \frac{3}{8} \cdot \frac{2}{1} = \frac{6}{8} = \frac{3}{4}$$

Es ist zu beachten, dass ein Bruchstrich wie eine Klammer wirkt. Wenn also die Zähler bzw. Nenner Summen sind, müssen beim Multiplizieren Klammern gesetzt werden.

$$\frac{2a+b}{4} \cdot \frac{6}{x+y} = \frac{(2a+b) \cdot \cancel{6}^{3}}{\cancel{4}_{2} \cdot (x+y)} = \frac{6a+3b}{2x+2y}$$

Zwei Brüche werden dividiert, indem man den ersten Bruch mit dem Kehrwert des zweiten Bruchs multipliziert. Diese Regel wird auch bei Doppelbrüchen angewendet.

$$\frac{3}{5} : \frac{2}{7} = \frac{3}{5} \cdot \frac{7}{2} = \frac{21}{10}$$

$$\frac{\frac{2}{3}}{\frac{5}{6}} = \frac{2}{\cancel{3}_1} \cdot \frac{\cancel{6}^2}{5} = \frac{4}{5}$$

Dividieren heißt: mit dem Kehrwert multiplizieren.

Achtung:
Bevor Brüche multipliziert oder dividiert werden, sollten gemischte Zahlen in unechte Brüche verwandelt werden.

$$2\frac{3}{4} \blacktriangleright \text{gemischte Zahl}$$
$$= 2 + \frac{3}{4} = \frac{8}{4} + \frac{3}{4}$$
$$= \frac{11}{4} \blacktriangleright \text{unechter Bruch}$$

Gemischte Zahlen dürfen nicht verwechselt werden mit der Multiplikation von Bruch und Zahl!

$$2\frac{3}{4} = \frac{11}{4} \neq \frac{6}{4} = 2 \cdot \frac{3}{4}$$

Übungen

1. Multiplizieren Sie die Brüche und kürzen Sie das Ergebnis.

a) $\frac{1}{2} \cdot \frac{2}{3}$
b) $\frac{5}{7} \cdot \frac{3}{6}$
c) $\frac{7}{8} \cdot \frac{4}{5}$
d) $\frac{9}{4} \cdot \frac{3}{9}$
e) $\frac{5}{3} \cdot \frac{6}{5}$
f) $\frac{9}{8} \cdot \frac{16}{3}$
g) $4\frac{1}{7} \cdot 8\frac{2}{5}$
h) $3 \cdot \frac{25}{9} \cdot \frac{3}{5}$

2. Führen Sie die Division aus und kürzen Sie das Ergebnis.

a) $\frac{1}{3} : \frac{1}{4}$
b) $\frac{5}{7} : \frac{3}{7}$
c) $\frac{7}{9} : \frac{2}{5}$
d) $\frac{8}{3} : \frac{2}{9}$
e) $\frac{17}{3} : \frac{2}{9}$
f) $\frac{9}{7} : \frac{9}{4}$
g) $3\frac{3}{11} : \frac{9}{7}$
h) $\frac{\frac{3}{7} \cdot \frac{1}{2}}{\frac{4}{5}}$

3. Berechnen Sie.

a) $\frac{25}{3} \cdot \left(\frac{14}{35} : \frac{3}{5}\right)$
b) $\left(\frac{25}{3} \cdot \frac{14}{35}\right) : \frac{3}{5}$
c) $\left(\frac{25}{3} : \frac{14}{35}\right) : \frac{3}{5}$
d) $\frac{25}{3} : \left(\frac{14}{35} : \frac{3}{5}\right)$

4. Wandeln Sie die Dezimalzahlen in Brüche um und kürzen Sie.

a) 0,2
b) 0,4
c) 0,1
d) 1,2
e) 1,3
f) 4,4
g) 0,14
h) 0,001
i) 1,234
j) −3,25
k) 2,5
l) 0,5

5. Vereinfachen Sie durch Kürzen.

a) $\frac{12a + 4ab}{2ab - 4a}$
b) $\frac{ab - ac}{b - c}$
c) $\frac{6a + 2b}{12a - 16b}$
d) $\frac{-7a - 5a}{7a + 5a}$

Grundlagen

Rechnen mit Potenzen und Wurzeln

Eine **Potenz** a^n besagt, dass eine Zahl a mit sich selbst n-mal multipliziert wird.
Die Zahl a heißt **Basis**, die Zahl n **Exponent**.

Für $a \neq 0$ wird definiert: $a^0 = 1$.
Für $a \in \mathbb{R}^*$ und $n \in \mathbb{N}^*$ wird die Potenz $a^{-n} = \frac{1}{a^n}$ definiert.

Für $a \in \mathbb{R}_+^*$ und $r \in \mathbb{N}^*$ ist die Potenz $a^{\frac{1}{r}}$ als $\sqrt[r]{a}$ (r-te **Wurzel** aus a) definiert, wobei $\sqrt[1]{a} = a$ gesetzt wird.

$$\underset{\text{Basis}}{a}{\overset{\text{Exponent}}{^n}} = \underbrace{a \cdot a \cdot \ldots \cdot a}_{n \text{ Faktoren}} \quad \blacktriangleright a \in \mathbb{R}; n \in \mathbb{N}^*; a^0 = 1$$

$a^{-n} = \frac{1}{a^n}$ $\quad \blacktriangleright a \in \mathbb{R}^*; n \in \mathbb{N}^*$

Beispiel: $2^{-3} = \frac{1}{2^3} = \frac{1}{8}$

$a^{\frac{1}{r}} = \sqrt[r]{a}$ $\quad \blacktriangleright a \in \mathbb{R}_+^*; r \in \mathbb{N}^*$

Beispiel: $8^{\frac{1}{3}} = \sqrt[3]{8} = 2$

Potenzgesetze

Zwei Potenzen mit gleicher Basis werden multipliziert oder dividiert, indem man die Exponenten addiert bzw. subtrahiert und die gemeinsame Basis beibehält.

Zwei Potenzen mit gleichen Exponenten werden multipliziert oder dividiert, indem man die Basen multipliziert bzw. dividiert und den gemeinsamen Exponenten beibehält.

Eine Potenz wird potenziert, indem man die Exponenten multipliziert und die Basis beibehält.

Potenzen können nur dann addiert und subtrahiert werden, wenn sie in der Basis *und* im Exponenten übereinstimmen.

Für alle $a, b \in \mathbb{R}^*$ und $r, s \in \mathbb{Z}$ gilt:

$a^r \cdot a^s = a^{r+s}; \quad a^r : a^s = a^{r-s}$

Beispiele: $3^2 \cdot 3^3 = 3^{2+3} = 3^5 = 243$
$3^2 : 3^5 = 3^{2-5} = 3^{-3} = \frac{1}{3^3} = \frac{1}{27}$

$a^r \cdot b^r = (a \cdot b)^r; \quad a^r : b^r = (a : b)^r$

Beispiel: $2^3 \cdot 3^3 = (2 \cdot 3)^3 = 6^3 = 216$

$(a^r)^s = a^{r \cdot s}$

Beispiel: $(2^3)^4 = 2^{3 \cdot 4} = 2^{12} = 4096$

$5a^6 + 2a^6 = 7a^6$
$5x^2 - 2x^2 = 3x^2$
$3a^5 + b^5 = 3a^5 + b^5$
$a^n + b^m = a^n + b^m$

Übungen

1. Berechnen Sie folgende Potenzen.

   a) 3^4
   b) $-3^{\frac{1}{4}}$
   c) $3^{\frac{1}{4}}$
   d) $(-3)^{-4}$
   e) $(-3)^4$
   f) $(-3^2)^3$
   g) $\frac{7^2}{8}$
   h) $-\frac{3}{4^2}$
   i) $\left(\frac{11}{12}\right)^2$
   j) $-\left(\frac{2}{3}\right)^2$
   k) $-\left(\frac{11}{12}\right)^{-2}$
   l) $\left(\frac{8}{27}\right)^{\frac{1}{3}}$

2. Fassen Sie die Terme so weit wie möglich zusammen.
   Geben Sie die Ergebnisse ohne negative Exponenten an.

   a) $2^2 + a^2$
   b) $a^2 + b^2$
   c) $a + a^2$
   d) $a^2 + a^{-2}$
   e) $3a^2 \cdot 4a^5$
   f) $(a+b)^2 - (a-b)^2$
   g) $3a^2 \cdot 4a^{-5}$
   h) $-3a^2 \cdot 4a^{-5}$
   i) $3a^{-2} \cdot 4a^{-5}$
   j) $(5a)^2$
   k) $5a^{-2}$
   l) $a^4 \cdot 3a^n$
   m) $2^3 : 2^2$
   n) $5^7 : 5^4$
   o) $a^6 : a^2$
   p) $a^2 : a^6$
   q) $(a \cdot b)^3 : a^2$
   r) $a^2 : (a \cdot b)^3$

3. Wandeln Sie die folgenden Wurzeln in Potenzen um.

   a) $\sqrt[3]{4}$
   b) $\sqrt[5]{3}$
   c) $\sqrt{7}$
   d) $\sqrt[3]{2^2}$
   e) $\sqrt[6]{5^3}$
   f) $\sqrt[8]{a^3}; a \geq 0$
   g) $\sqrt[3]{a^5}; a \geq 0$
   h) $\sqrt[3]{a^2 \cdot b^4}; a, b \geq 0$
   i) $\sqrt{(a \cdot b)^3}; a, b \geq 0$
   j) $\frac{1}{\sqrt[3]{9}}$

Grundlagen

Der Term einer **Wurzel** $\sqrt[n]{a}$ besteht aus dem **Radikanden** a ($a \geq 0$) und dem **Wurzelexponenten** n.
Ein anderes Wort für „Wurzel ziehen" ist „Radizieren".

Das Radizieren ist die Umkehrung des Potenzierens.

Wurzelexponent $\searrow \sqrt[n]{a} \blacktriangleright a \in \mathbb{R}_+^* \,;\, n \in \mathbb{N}^*$
$\nearrow$ Radikand

$\left(\sqrt[n]{a}\right)^n = a = \sqrt[n]{a^n}$

Wurzelgesetze

Zwei Wurzelterme mit gleichen Wurzelexponenten werden multipliziert, indem man die Radikanden multipliziert und das Produkt radiziert.

Zwei Wurzelterme mit gleichen Wurzelexponenten werden dividiert, indem man die Radikanden dividiert und den Quotienten radiziert.

Ein Wurzelterm wird potenziert, indem man den Radikanden potenziert und die Potenz dann radiziert.

Eine Wurzel wird radiziert, indem man die Wurzelexponenten multipliziert und mit diesem Produkt als Wurzelexponenten die Wurzel aus dem Radikanden des inneren Wurzelzeichens zieht.

Man kann den Wurzelexponenten und den Exponenten des Radikanden mit derselben natürlichen Zahl multiplizieren, ohne dass sich der Wert des Wurzelterms ändert.

Die n-te Wurzel aus a ($a \geq 0$, $n \in \mathbb{N}^*$) lässt sich auch als Potenz schreiben.

Für alle $a, b \in \mathbb{R}_+^*$ und $n, m, k \in \mathbb{N}^*$ gilt:
$\sqrt[n]{a} \cdot \sqrt[n]{b} = \sqrt[n]{a \cdot b}$
Beispiel: $\sqrt[3]{9} \cdot \sqrt[3]{3} = \sqrt[3]{9 \cdot 3} = \sqrt[3]{27} = 3$

$\sqrt[n]{a} : \sqrt[n]{b} = \sqrt[n]{a : b}$
Beispiel: $\sqrt[3]{81} : \sqrt[3]{3} = \sqrt[3]{81 : 3} = \sqrt[3]{27} = 3$

$\left(\sqrt[n]{a}\right)^m = \sqrt[n]{a^m}$
Beispiel: $\left(\sqrt[3]{3}\right)^6 = \sqrt[3]{3^6} = \sqrt[3]{729} = 9$

$\sqrt[m]{\sqrt[n]{a}} = \sqrt[m \cdot n]{a}$
Beispiel: $\sqrt[3]{\sqrt[2]{64}} = \sqrt[3 \cdot 2]{64} = \sqrt[6]{64} = 2$

$\sqrt[n \cdot k]{a^{m \cdot k}} = \sqrt[n]{a^m}$
Beispiel: $\sqrt[3 \cdot 5]{3^{6 \cdot 5}} = \sqrt[3]{3^6} = \sqrt[3 \cdot 1]{3^{3 \cdot 2}} = 9$

$\sqrt[n]{a} = a^{\frac{1}{n}} \blacktriangleright a \geq 0,\ n \in \mathbb{N}^*$
Beispiel: $\sqrt[4]{17} = 17^{\frac{1}{4}}$

Übungen

1. Drücken Sie die fünf Wurzelgesetze als Gleichungen mit Potenzen aus.

2. Berechnen Sie die folgenden Wurzelterme für alle $a, b \in \mathbb{R}_+^*$.
    a) $\sqrt{2} \cdot \sqrt{2}$
    b) $\sqrt{6} \cdot \sqrt{54}$
    c) $3\sqrt{5} \cdot 2\sqrt{0{,}2}$
    d) $\sqrt[3]{8} \cdot \sqrt[4]{16}$
    e) $\sqrt[3]{9} \cdot \sqrt[3]{3}$
    f) $5\sqrt{2{,}45} \cdot 6\sqrt{5}$
    g) $\sqrt{32a + 48b}$
    h) $2\sqrt{9a} + 3\sqrt{a}$
    i) $\sqrt{49a} - 2\sqrt{16a}$
    j) $\sqrt{9a^2 b} \cdot \sqrt{4a^2 b}$
    k) $\sqrt{81a}$
    l) $\sqrt[3]{\sqrt[8]{27b}}$
    m) $\sqrt[6]{a^8}$
    n) $\dfrac{\sqrt{27b^2}}{\sqrt{3a^3}}$

3. Wandeln Sie die Terme in Aufgabe 2 in Potenzen um und wenden Sie die Potenzgesetze an. Vergleichen Sie Ihr Ergebnis mit dem Ergebnis aus Aufgabe 2.

Grundlagen

Lösen von Gleichungen

Wir sprechen von einer **Gleichung**, wenn zwei Terme durch das Zeichen = verbunden sind. Enthält eine Gleichung eine Variable, so handelt es sich um eine Aussageform. Jede Zahl aus der Grundmenge, die diese Aussageform zu einer wahren Aussage werden lässt, ist eine **Lösung** der Gleichung. Die Menge aller Lösungen einer Gleichung bezeichnen wir als **Lösungsmenge** L.
Achtung: Nicht jede Gleichung hat eine Lösung.

Gleichungen:
$2 + 3 = 5$
$2 + x = 5$ ▸ Aussageform

3 ist die Lösung von $2 + x = 5$, denn $2 + 3 = 5$ ist eine wahre Aussage.
$L = \{3\}$

Lineare Gleichungen

Eine Gleichung, in der alle Variablen nur in der ersten Potenz vorkommen, heißt **lineare Gleichung**.

Lösungsschritte:
1. Klammern auflösen und zusammenfassen.
2. Terme mit Variable auf die eine Seite bringen, Terme ohne Variable auf die andere Seite.
3. Durch den Faktor vor der Variablen teilen.

Wichtig: Alle diese Äquivalenzumformungen müssen *auf beiden* Seiten der Gleichung durchgeführt werden. Der ermittelte Wert wird „zur **Probe**" in die Ausgangsgleichung eingesetzt. Entsteht dabei eine wahre Aussage, so ist dieser Wert tatsächlich eine Lösung. Ist die entstehende Aussage falsch, so haben wir beim Umformen oder beim Einsetzen einen Fehler gemacht.

$$x + 40 = 2(3 + 8x) + 2x$$
$$\Leftrightarrow x + 40 = 6 + 16x + 2x$$
$$\Leftrightarrow x + 40 = 6 + 18x \quad | -18x - 40$$
$$\Leftrightarrow x - 18x + 40 - 40 = 6 - 40 + 18x - 18x$$
$$\Leftrightarrow -17x = -34 \quad | :(-17)$$
$$\Leftrightarrow x = 2$$

Probe: $2 + 40 = 2(3 + 8 \cdot 2) + 2 \cdot 2$
$\Leftrightarrow 42 = 2 \cdot 19 + 4$
$\Leftrightarrow 42 = 42 \quad$ (w)

Lösungsmenge: $L = \{2\}$

Lineare Ungleichungen

Bei einer linearen Ungleichung können wir genauso vorgehen, erhalten aber nicht nur eine Lösung.
Achtung: Bei der Multiplikation oder Division mit einer negativen Zahl dreht sich das Relationszeichen um!

$$5x - 8 < 7x + 4 \quad | -7x + 8$$
$$\Leftrightarrow -2x < 12 \quad | :(-2)$$
$$\Leftrightarrow x > -6$$

▸ Alle reellen Zahlen, die Größer als -6 sind, lösen die Ungleichung: $L = \,]-6;\infty[$

Übungen

1. Bestimmen Sie die Lösungsmenge.
a) $3x - 7 = 5$
b) $-12x = 3x + 5$
c) $x + 2 = 7x - 6$
d) $x + 2(3x - 7) = 21$
e) $14(2y + 2) = 28$
f) $\frac{1}{3}y - 5 = -\frac{1}{3}y + 3$
g) $12 + 5z = 3(z - 8)$
h) $\frac{2}{5} + \left(-\frac{1}{5}z + \frac{3}{5}\right) = 9$
i) $\left(\frac{1}{4} - \frac{a}{2}\right) + \left(-5a + \frac{1}{2}\right) = a - 2,5$
j) $-(3b - 2) + 2(4b - 2) = 4 + 2 - b$

2. Lösen Sie die folgenden Ungleichungen.
a) $2x - 14 > 22$
b) $1,5x - 9 < 7,5$
c) $-6x - 3 < 4x + 7$
d) $12 - (3x + 2) < x - 6$
e) $(2x - 1) \cdot (2x + 5) > (-x - 1) \cdot (-4x + 6)$
f) $(-2x - 2) \cdot (3x - 5) > -6x \cdot (x + 3)$

Grundlagen

Quadratische Gleichungen

Eine Gleichung, in der x^2 die höchste x-Potenz ist, heißt **quadratische Gleichung**. Jede quadratische Gleichung lässt sich in der **allgemeinen Form** $ax^2 + bx + c = 0$ ($a \neq 0$) schreiben. a, b und c heißen **Koeffizienten**.

Wenn wir die allgemeine Gleichung durch den Vorfaktor a dividieren, erhalten wir die **Normalform** $x^2 + px + q = 0$ mit $p = \frac{b}{a}$ und $q = \frac{c}{a}$. Dieser Vorgang wird **Normierung** der Gleichung genannt.

Lösen von quadratischen Gleichungen mit der *abc*-Formel oder der *pq*-Formel

abc-Formel:

Für die Lösung einer quadratischen Gleichung in allgemeiner Form $ax^2 + bx + c = 0$ gibt es als Lösungsformel die ***abc*-Formel**.

$$ax^2 + bx + c = 0$$
$$\Rightarrow x_{1;2} = \frac{-b \pm \sqrt{b^2 - 4ac}}{2a}$$
$$x_1 = \frac{-b + \sqrt{b^2 - 4ac}}{2a}; \quad x_2 = \frac{-b - \sqrt{b^2 - 4ac}}{2a}$$

pq-Formel:

Für die Lösung einer quadratischen Gleichung in Normalform $x^2 + px + q = 0$ gibt es als Lösungsformel die ***pq*-Formel**.

$$x^2 + px + q = 0$$
$$\Rightarrow x_{1;2} = -\frac{p}{2} \pm \sqrt{\left(\frac{p}{2}\right)^2 - q}$$
$$x_1 = -\frac{p}{2} + \sqrt{\left(\frac{p}{2}\right)^2 - q}; \quad x_2 = -\frac{p}{2} - \sqrt{\left(\frac{p}{2}\right)^2 - q}$$

Anmerkung: Die Anzahl der Lösungen einer quadratischen Gleichung hängt vom Term unter der Wurzel ab. Dieser Term heißt **Diskriminante** und wird mit D bezeichnet.
- Für $D < 0$ gibt es keine Lösung.
- Für $D = 0$ gibt es genau eine Lösung.
- Für $D > 0$ gibt es stets zwei verschiedene Lösungen.

Um die *abc*-Formel oder die *pq*-Formel anwenden zu können, ist es notwendig, dass auf einer Seite der quadratischen Gleichung eine 0 steht. **Achtung:** Bei der *pq*-Formel ist es zusätzlich notwendig, dass der Koeffizient von x^2 gleich 1 ist. Für die *pq*-Formel müssen quadratische Gleichungen also normiert vorliegen.

Beispiele:

$3x^2 - 12x - 36 = 0$ ▸ $a = 3$; $b = -12$; $c = -36$
$$x_{1;2} = \frac{12 \pm \sqrt{(-12)^2 - 4 \cdot 3 \cdot (-36)}}{2 \cdot 3}$$
$$= \frac{12 \pm \sqrt{144 + 432}}{6}$$
$$= \frac{12 \pm \sqrt{576}}{6} = \frac{12 \pm 24}{6}$$

Lösungen:
$x_1 = \frac{36}{6} = \mathbf{6}; \quad x_2 = -\frac{12}{6} = \mathbf{-2}$ ▸ $L = \{-2; 6\}$

$3x^2 - 12x - 36 = 0 \quad | :3$
$x^2 - 4x - 12 = 0$ ▸ $p = -4$; $q = -12$
$$x_{1;2} = -\frac{-4}{2} \pm \sqrt{\left(\frac{-4}{2}\right)^2 - (-12)}$$
$$= 2 \pm \sqrt{(-2)^2 + 12} = 2 \pm \sqrt{16} = 2 \pm 4$$

Lösungen:
$x_1 = 2 + 4 = \mathbf{6}; \quad x_2 = 2 - 4 = \mathbf{-2}$ ▸ $L = \{-2; 6\}$

Alle quadratischen Gleichungen *können*, aber nicht alle *müssen* mit der *abc*-Formel oder der *pq*-Formel gelöst werden. In bestimmten Fällen führen andere Lösungswege schneller zum Ziel.

Immer zuerst die Gleichung anschauen und den einfachsten Lösungsweg wählen.

Lösen von Gleichungen der Form $ax^2 + c = 0$

Wir lösen die Gleichung nach x^2 auf und ermitteln die beiden Zahlen, deren Quadrat die rechte Seite der Gleichung ergibt (im Beispiel: 9).
Achtung: Hierbei wird die Lösung $x = -\sqrt{}$ häufig vergessen, da nicht alle Taschenrechner diese anzeigen.

$2x^2 - 18 = 0 \quad | +18$
$\Leftrightarrow 2x^2 = 18 \quad | :2$
$\Leftrightarrow x^2 = 9 \quad | \pm\sqrt{}$
$\Leftrightarrow x = -3 \quad \vee \quad x = 3$
Lösungen: $x_1 = -3; \quad x_2 = 3$ ▸ $L = \{-3; 3\}$

Grundlagen

Lösen von Gleichungen der Form $ax^2 + bx = 0$

Durch Ausklammern von x erhalten wir auf der linken Seite ein Produkt. Es besteht aus den beiden Faktoren x und $x - 7$.
Wir wenden den **Satz vom Nullprodukt** an:
Ein Produkt ist genau dann null, wenn mindestens einer der Faktoren gleich null ist.
Kurz: $a \cdot b = 0 \Leftrightarrow a = 0 \lor b = 0 \quad (a, b \in \mathbb{R})$

$$x^2 - 7x = 0$$
$$\Leftrightarrow x \cdot (x - 7) = 0 \quad (*)$$
$$\Leftrightarrow x = 0 \lor x - 7 = 0$$
$$\Leftrightarrow x = 0 \lor x = 7$$
Lösungen: $x_1 = 0; \quad x_2 = 7 \quad \blacktriangleright L = \{0; 7\}$

Schon bei der Gleichung $(*)$ ist zu erkennen, dass das Produkt null wird, wenn wir für x die Werte 0 oder 7 einsetzen. Wir können die Lösungen der Gleichung also bereits aus dieser Form ablesen. Wenn der Faktor in der Klammer nicht ganz so einfach ist, sollte dieser noch umgeformt werden.

$$-\tfrac{1}{2}x^2 + 3x = 0$$
$$\Leftrightarrow x \cdot \left(-\tfrac{1}{2}x + 3\right) = 0$$
$$\Leftrightarrow x = 0 \lor -\tfrac{1}{2}x + 3 = 0 \quad | -3 \; | : \left(-\tfrac{1}{2}\right)$$
$$\Leftrightarrow x = 0 \lor x = 6$$
Lösungen: $x_1 = 0; \quad x_2 = 6 \quad \blacktriangleright L = \{0; 6\}$

Lösen von Gleichungen der Form $a \cdot (x - x_1) \cdot (x - x_2) = 0$

Die Form $a \cdot (x - x_1) \cdot (x - x_2) = 0$ heißt **Produktform** einer quadratischen Gleichung. Die Faktoren $(x - x_1)$ und $(x - x_2)$ heißen **Linearfaktoren**, weil sie die Variable x nur in linearer Form enthalten. Man sagt: „Der Term ist in Linearfaktoren zerlegt."
Der Vorfaktor $a \; (\neq 0)$ spielt bei der Suche nach den Lösungen keine Rolle. Die Lösungen können mit dem Satz vom Nullprodukt ermittelt werden.

$$2 \cdot (x + 3) \cdot (x - 4) = 0 \quad | : 2$$
$$\Leftrightarrow (x + 3) \cdot (x - 4) = 0$$
$$\Leftrightarrow x + 3 = 0 \lor x - 4 = 0$$
Lösungen: $x_1 = -3; \quad x_2 = 4 \quad \blacktriangleright L = \{-3; 4\}$

Übungen

1. Lösen Sie folgende quadratische Gleichungen erst mit der *abc*-Formel und dann mit der *pq*-Formel.
a) $x^2 - 2x + 1 = 0$
b) $3x^2 - 3x - 6 = 0$
c) $2x^2 + 4x + 8 = 0$
d) $-3x^2 + 5x = 2$
e) $-4x^2 - 3x - 5 = 0$
f) $\tfrac{1}{3}x^2 - 2x + \tfrac{1}{3} = -2$

2. Geben Sie die Lösungen der Gleichungen mithilfe des Satzes vom Nullprodukt an.
a) $x(x + 2) = 0$
b) $(x + 1)(x - 0,5) = 0$
c) $\tfrac{1}{4}(x - 4)(x + 2) = 0$
d) $-2(x + 3)^2 = 0$

3. Wählen Sie ein geeignetes Lösungsverfahren. Bestimmen Sie die Lösungsmenge.
a) $x^2 + 4x - 12 = 0$
b) $0 = x^2 - 5x - 6$
c) $x^2 - 6x = 0$
d) $2x^2 + 7x - 4 = 0$
e) $0 = x^2 + 9$
f) $2 - x^2 = -6x - 5$
g) $0 = (x - 2)(x - 3)$
h) $x(x - 5) = 0$
i) $2 = (x - 2)(x - 3)$
j) $3x^2 - 75 = 0$
k) $-\tfrac{1}{3}x^2 + 3x - 6 = 0$
l) $(x + 3)(x - 3) = 16$

4. Geben Sie jeweils zwei quadratische Gleichungen mit folgenden Lösungen an.
a) $x_1 = 5; \; x_2 = -2$
b) $x_1 = 0; \; x_2 = -8,75$
c) $x_1 = 0; \; x_2 = 0$
d) $x_1 = -\tfrac{2}{3}; \; x_2 = \tfrac{2}{3}$
e) $x_1 = 6; \; x_2 = 6$
f) $x_1 = 1; \; x_2 = 2$

5. Formen Sie die gefundenen Gleichungen aus Aufgabe 4 in die allgemeine Form um.

6. Schreiben Sie folgende Gleichungen so um, dass sie ein Produkt von Linearfaktoren enthalten.
a) $x^2 - 4x = 0$
b) $x^2 - 7x + 12 = 0$
c) $0 = 0,25x^2 - x + 0,75$
d) $-4x^2 - \tfrac{1}{2}x = 0$
e) $3x^2 - 75 = 0$
f) $2x^2 + 8x + 8 = 0$
g) $x^2 = 16$
h) $-x^2 = 3x$

7. Bestimmen Sie die Seitenlänge eines Quadrats, dessen Fläche sich verdreifacht, wenn jede Seite um einen Meter verlängert wird.

Grundlagen

Lösen von Gleichungssystemen

Bisher haben wir Gleichungen betrachtet, die nur eine Variable enthalten. Hat eine Gleichung zwei Variablen x und y, so besteht die Lösungsmenge aus unendlich vielen **Zahlenpaaren**.

$$2x + 3y = 5$$
Lösungen: $x = 1$ und $y = 1$;
$\phantom{\text{Lösungen: }}x = 2{,}5$ und $y = 0$;
$L = \{(1;\,1),\,(2{,}5;\,0),\,\ldots\}$

Wenn eine gemeinsame Lösung für mehrere Gleichungen mit mehreren Variablen gesucht ist, sprechen wir von einem **Gleichungssystem**. Treten dabei alle Variablen in linearer Form auf, so handelt es sich um ein **lineares Gleichungssystem**.

Gleichsetzungsverfahren

Das **Gleichsetzungsverfahren** bietet sich an, wenn beide Gleichungen nach derselben Variablen aufgelöst sind. Wir lösen das Gleichungssystem, indem wir
1. die rechten Seiten **gleichsetzen**,
2. die sich ergebende Gleichung nach der noch vorhandenen Variablen auflösen,
3. das Ergebnis in eine der beiden gegebenen Gleichungen einsetzen und damit den Wert für die andere Variable bestimmen.

(I) $\quad y = x + 9$
(II) $\quad y = 3x - 1$

(III) $x + 9 = 3x - 1 \qquad |-9;\,-3x$
$\Leftrightarrow \quad -2x = -10 \qquad\qquad |:(-2)$
$\Leftrightarrow \quad x = 5$

$x = 5$ in (II):
$y = 3 \cdot 5 - 1 = 14$
$L = \{(5;\,14)\}$

Einsetzungsverfahren

Das **Einsetzungsverfahren** bietet sich an, wenn eine der beiden Gleichungen nach einer Variablen aufgelöst ist. Wir lösen das Gleichungssystem, indem wir
1. den Term aus der bereits aufgelösten Gleichung (II) in die Gleichung (I) **einsetzen**,
2. die neue Gleichung (III) nach der noch vorhandenen Variablen auflösen,
3. das Ergebnis in eine der beiden gegebenen Gleichungen einsetzen und damit den Wert für die andere Variable bestimmen.

(I) $\quad 2x + 3y = 18$
(II) $\quad x = y - 1$

(III) $2(y - 1) + 3y = 18$
$\Leftrightarrow \quad 2y - 2 + 3y = 18 \qquad |+2$
$\Leftrightarrow \qquad\qquad 5y = 20 \qquad |:5$
$\Leftrightarrow \qquad\qquad\; y = 4$

$y = 4$ in (II):
$x = 4 - 1 = 3$
$L = \{(3;\,4)\}$

Additionsverfahren

Das **Additionsverfahren** bietet sich an, wenn keine der beiden Gleichungen nach einer Variablen aufgelöst ist.
1. Wir multiplizieren eine der Gleichungen mit einer Zahl, sodass sich die Koeffizienten einer Variablen nur durch ihr Vorzeichen unterscheiden. In einigen Fällen müssen wir dafür auch beide Gleichungen mit je einer Zahl multiplizieren.
2. Wir **addieren** die beiden Gleichungen und lösen die neue Gleichung (III) nach der noch vorhandenen Variablen auf.
3. Das Ergebnis setzen wir in eine der beiden gegebenen Gleichungen ein und bestimmen damit den Wert für die andere Variable.

(I) $\qquad 6x + 7y = 10$
(II) $\qquad 3x + 2y = 2 \qquad |\cdot(-2)$

(I) $\qquad 6x + 7y = 10$
(II) $\quad -6x - 4y = -4$

(III) = (I) + (II) $\quad 3y = 6 \qquad |:3$
$\Leftrightarrow \qquad\qquad\qquad y = 2$

$y = 2$ in (II): $3x + 2 \cdot 2 = 2 \qquad |-4$
$\Leftrightarrow \qquad\qquad\qquad 3x = -2 \qquad |:3$
$\Leftrightarrow \qquad\qquad\qquad\; x = -\frac{2}{3}$

$L = \left\{\left(-\frac{2}{3};\,2\right)\right\}$

Grundlagen

Der Gauß'sche Algorithmus

Mit den Lösungsverfahren für lineare Gleichungssysteme können wir auch Gleichungssysteme mit mehr als zwei Gleichungen und zwei Variablen lösen. Ein auf dem Additionsverfahren beruhendes Verfahren zum Lösen linearer Gleichungssysteme wurde von Carl Friedrich Gauß entwickelt. Der **Gauß'sche Algorithmus** verringert in vielen Fällen den Rechenaufwand. Er wird im folgenden Beispiel an einem Gleichungssystem mit drei Gleichungen und den drei Variablen x, y und z vorgestellt:

1. Wir eliminieren die Variable x aus den Gleichungen (II) und (III):
$(-2) \cdot (I) + (II) = (IV)$ und $(-3) \cdot (I) + (III) = (V)$

(I) $\quad x + 2y + 3z = 17 \quad | \cdot (-2) \quad | \cdot (-3)$
(II) $\quad 2x - 3y + 2z = 4$
(III) $\quad 3x - 5y + 4z = 9$

(I) bleibt unverändert.
(IV) ersetzt (II).
(V) ersetzt (III).

(I) $\quad x + 2y + 3z = 17$
(IV) $\quad -7y - 4z = -30 \quad | \cdot (-11)$
(V) $\quad -11y - 5z = -42 \quad \cdot 7$

2. Wir eliminieren die Variable y aus (V):
$(-11) \cdot (IV) + 7 \cdot (V) = (VI)$
(I) bleibt unverändert.
(IV) bleibt unverändert.
(VI) ersetzt (V).
Das Gleichungssystem hat nun **Dreiecksform**.

(I) $\quad x + 2y + 3z = 17$
(IV) $\quad -7y - 4z = -30$
(VI) $\quad 9z = 36$

Die Dreiecksform heißt auch Stufenform.

3. Aus dieser Dreiecksform bestimmen wir schrittweise die Lösung:

$9z = 36$
$\Leftrightarrow z = 4$

Mithilfe der Gleichung (VI) bestimmen wir z.
Setzen wir den Wert für z in Gleichung (IV) ein, so können wir y berechnen.

$z = 4$ in (IV):
$-7y - 4 \cdot 4 = -30$
$\Leftrightarrow \quad -7y = -14 \quad | : (-7)$
$\Leftrightarrow \quad y = 2$

Schließlich setzen wir die Werte für y und z in Gleichung (I) ein. Wir erhalten die Lösung für x.

$z = 4, y = 2$ in (I):
$x + 2 \cdot 2 + 3 \cdot 4 = 17$
$\Leftrightarrow \quad x + 16 = 17 \quad | -16$
$\Leftrightarrow \quad x = 1$

Die Lösung ist ein **Zahlentripel**. Es enthält in alphabetischer Reihenfolge für jede Variable den berechneten Wert.

$L = \{(1; 2; 4)\}$

Übungen

1. Bestimmen Sie die Lösungsmenge. Wählen Sie ein geeignetes Lösungsverfahren.

a) (I) $\quad 15a - b = 2{,}6$
(II) $\quad 5a + 3b = 2{,}2$

b) (I) $\quad 3x - y = 3{,}5$
(II) $\quad -y = -6x + 5$

c) (I) $\quad 2u = 6v - 26$
(II) $\quad u = 12 - 2v$

2. Bestimmen Sie die Lösungsmenge der Gleichungssysteme mithilfe des Gauß'schen Algorithmus.

a) (I) $\quad x - y + z = 4$
(II) $\quad 3x + y + z = 1$
(III) $\quad 9x - 3y - z = 9$

b) (I) $\quad 25a + 5b + c = 10$
(II) $\quad a - b + c = -2$
(III) $\quad 8a + 2b = 4$

c) (I) $\quad -2x_1 + 3x_3 = 5$
(II) $\quad 7x_1 - x_3 = 11$
(III) $\quad -12x_1 + 2x_2 - 4x_3 = -51$

Grundlagen

Koordinatensystem und Wertetabelle

Ein **Koordinatensystem** besteht aus 4 Quadranten. Die waagrechte Achse heißt **Abszissenachse** (*x*-Achse), die senkrechte Achse **Ordinatenachse** (*y*-Achse).

In das Koordinatensystem können wir Wertepaare als Punkte eintragen, z.B. (3|2) oder (−4|−1).

        x-Koordinate   *y*-Koordinate

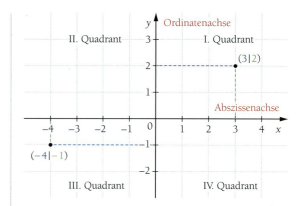

Beispiel:
An der Frankfurter Wertpapierbörse wurde die „ABC-Aktie" zu nebenstehenden Kursen notiert. Dabei ist jedem Börsentag genau ein Kurs in € zugeordnet. Börsentag und zugehöriger Kurs bilden in dieser Reihenfolge ein **Wertepaar**. In diesem Beispiel existieren sieben solche Paare.

Diese Paare können in einer **Wertetabelle** aufgeführt oder als Punkte in einem rechtwinkligen **Koordinatensystem** gedeutet werden.

Im I. Quadranten eines Koordinatensystems tragen wir die Kurse gegen die Börsentage ab und erhalten einzelne Punkte, das **Schaubild**.

Wertetabelle

Börsentag	1	2	3	4	5	6	7
Kurs in €	2	4	1	3	5	5	4

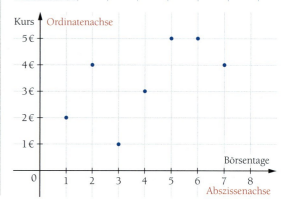

Übungen

1. Tragen Sie die Wertepaare der nebenstehenden Wertetabelle als Punkte in ein Koordinatensystem ein.

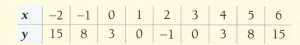

x	−2	−1	0	1	2	3	4	5	6
y	15	8	3	0	−1	0	3	8	15

2. Übertragen Sie die eingezeichneten Punkte in eine Wertetabelle.

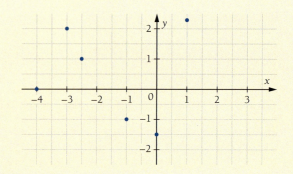

Grundlagen

Lösen von Anwendungsaufgaben

Für eine Teambesprechung im Kindergarten hat Saskia ein Angebot für einen Spieltunnel ausgedruckt. Erzieher Nico winkt ab: „Der Tunnel ist viel zu schmal. Wenn unsere Vorschulkinder da durchrobben, ist er schnell zerrissen." Über diese Reaktion ist Saskia enttäuscht, aber auch etwas verunsichert. Ist der Tunnel für ältere Kinder vielleicht wirklich nicht geeignet?

Spieltunnel „Krabbel"
- Spaß für drinnen und draußen
- 180 cm lang, 150 cm Umfang
- Zusammenfaltbar
- Ab dem 3. Lebensjahr

1. Verstehen der Aufgabe
Worum geht es eigentlich?

Welche Fragestellungen beinhaltet die Aufgabe?

Welche Informationen enthält der Aufgabentext?

Passt ein sechsjähriges Kind problemlos durch diesen Raupen-Tunnel?
Wie groß darf das Kind sein, damit es nicht an die eingearbeiteten Metallreifen stößt?
Wie viel Platz hat das Kind im Tunnel?
Gegeben: Länge 180 cm, Umfang 150 cm

2. Mathematisieren der Aufgabe
Welche mathematischen Begriffe und Aussagen können den einzelnen Fragestellungen zugeordnet werden?

Welche Darstellungsform ist geeignet, das Problem zu lösen?

Notwendige Daten ermitteln.

Bei Bedarf Skizzen zur Veranschaulichung anfertigen.

Der größte Abstand und damit der Platz im Raupen-Tunnel entspricht dem Durchmesser d.
Wir nutzen den gegebenen Umfang U und die Formel $U = \pi \cdot d$.
Am meisten Platz benötigt das Kind auf allen Vieren vermutlich vom Boden bis zum Kopf. Die Kopfhöhe kann durch Messen, Schätzen oder Internetrecherche bestimmt werden.
Die geschätzte Kopfhöhe eines 6-Jährigen auf allen Vieren beträgt 57 cm.

3. Lösen der Aufgabe
Mathematische Werkzeuge zur Lösung nutzen (z.B. Äquivalenzumformungen).

$$U = \pi \cdot d \quad \Leftrightarrow \quad d = \frac{U}{\pi} \qquad \blacktriangleright\ U = 150\,\text{cm}$$
$$\Rightarrow \quad d = \frac{150}{\pi} \approx 47{,}7$$

4. Rückführung
Welche Ergebnisse sind sinnvoll in Bezug auf die Aufgabe, welche nicht?

Ergebnisse in Antwortsätzen formulieren und interpretieren.

Der Durchmesser des Tunnels beträgt ca. 48 cm und ist damit zu klein. Ein Vorschulkind passt nur hindurch, wenn es auf dem Bauch liegend durchrobbt. Wie lange der Tunnel bei dieser Beanspruchung hält, ist eine Frage der Qualität.

Übungen

Thomas plant mit vier Freundinnen einen Filmabend. Sie wollen Pizza bestellen. Die Pizzeria bietet die rechts stehenden Angebote.
Zu welchem Angebot raten Sie Thomas?

2 Pizza (⌀ 29 cm), 1 gemischter Salat, Pizzabrötchen, 1 Fl. Wein **15,00 Euro**

Pizza-Party-Blech (45 × 45 cm) für 6 Personen mit 4 Belägen **21,00 Euro**

1 großer gem. Salat mit Pizzabrötchen **3,50 Euro**

1 Funktionen, ihre Schaubilder und zugehörige Gleichungen

1.1 Begriffsbildung und Beschreibung

1 Zahlenreihen

Bei Intelligenztests wird in der Teildisziplin zum logischen Denken auf Zahlenreihen zurückgegriffen. Dabei sind stets einige Zahlen der Zahlenreihe gegeben. Ziel ist es, weitere Zahlen anzugeben.
a) Gegeben ist die Zahlenreihe 2, 7, 12, 17, 22, … Wie lauten die nächsten drei Zahlen?
b) Setzen Sie die folgende Zahlenreihe fort: 3, 7, 15, 31, 63, 127, …
c) Entwerfen Sie selbst drei Zahlenreihen mit je fünf Zahlen. Benutzen Sie dabei nur Kombinationen der Grundrechenarten.
d) Formulieren Sie zu jeder Zahlenreihe aus c) eine Anleitung. Geben Sie Ihrem Nachbarn die Startzahl  und Ihre Anleitung und lassen Sie ihn die Zahlenreihe nachbauen. War Ihre Anleitung präzise genug?
e) Finden Sie eine Darstellung in Formelschreibweise für Ihre Zahlenreihen aus c). Die Variable x soll dabei für die x-te Zahl der Zahlenreihe stehen. Die Variable y für den Wert der Zahl x in der Zahlenreihe.
Tipp: Haben Sie die Zahlenreihe 2, 4, 6, 8, … so würde die Formelschreibweise $y = 2x$ lauten.

2 Zuordnungen

In vielen Bereichen unseres Lebens treffen wir auf Zuordnungen. Zum Beispiel werden Schüler einer Klasse, Kinofilme einem Genre und Musiker einer Musikrichtung zugeordnet.
a) Finden Sie fünf weitere Beispiele für Zuordnungen im Alltag.
b) Ordnen Sie die folgenden Hauptstädte ihren Ländern zu: Berlin, Rom, Brüssel, Madrid. Ordnen Sie anschließend die Farben Rot und Gelb den Flaggen dieser Länder zu. Ergänzen Sie nun die folgenden Sätze in Ihrem Heft.
1) Jedem _____ kann genau eine _____ zugeordnet werden.
2) Einer Farbe wie zum Beispiel _____ können mehrere _____ zugeordnet werden.
c) Die Zuordnung „Hauptstadt-Land" nennt man eindeutig, wohingegen die Zuordnung „Farbe-Flagge" nicht eindeutig ist. Überprüfen Sie Ihre Zuordnungen aus Aufgabenteil a) daraufhin, welche Zuordnungen eindeutig sind. Ergänzen Sie Ihre Beispiele, sodass Sie mindestens drei eindeutige und drei nicht eindeutige Zuordnungen haben.

1.1 Begriffsbildung und Beschreibung

3 Infusion

Zur Vorbeugung gegen Erkältungen lässt sich Herr Kirsche von seinem Arzt eine Vitamin-Infusion geben. Die Gesamtmenge von 200 ml soll dem Körper in einer Zeit von 7 Minuten zugeführt werden. Um dies zu erreichen, muss die Zufuhr der Infusion entsprechend eingestellt werden.

a) Stellen Sie den Zusammenhang zwischen der Zeit und der Infusionsmenge in der Infusionsflasche grafisch dar.
b) Stellen Sie auch den Zusammenhang zwischen der Zeit und der Infusionsmenge im Körper von Herrn Kirsche grafisch dar.
c) Lesen Sie aus Ihrer Zeichnung ab, wie die Infusionsmenge ungefähr nach 1 Minute, 3 Minuten und 5 Minuten im Körper von Herrn Kirsche ist.
d) Markieren Sie in Ihrer Zeichnung den Punkt, an dem die Infusionsflasche halb leer ist. Geben Sie die zugehörigen Werte an.
e) Überlegen Sie sich eine mögliche mathematische Beschreibung. Verwenden Sie für die vergangene Zeit die Variable x und für die Infusionsmenge im Körper des Patienten die Variable y.
f) Diskutieren Sie, ob die Zeit von der Infusionsmenge oder die Infusionsmenge von der Zeit abhängt.

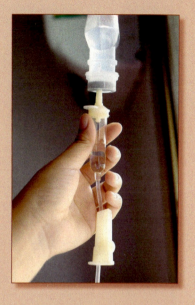

4 Angebote

Die Fly Bike Werke GmbH verwendet bei der Produktion des Mountainbikes *Unlimited* Federgabeln eines fremden Herstellers.

Die Geschäftsführerin der Fly Bike Werke GmbH, Frau Tilsner, möchte daher prüfen, ob sie die Federgabeln günstiger beziehen kann. Sie beauftragt Frau Walker, sich für die Federgabel „Race V" verschiedene Angebote einzuholen. Frau Walker erhält folgende Angebote:

a) Entscheiden Sie, bei welchem Anbieter Sie die Federgabeln für 270 Fahrräder bestellen würden.
b) Unterstützen Sie Frau Walker und vergleichen Sie nun für verschiedene Produktionsmengen alle Angebote miteinander. Erstellen Sie eine Liste mit verschiedenen Produktionsmengen, den jeweiligen Kosten der vier Anbieter und einer Empfehlung für Frau Tilsner.

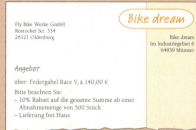

1 Funktionen, ihre Schaubilder und zugehörige Gleichungen

1.1 Begriffsbildung und Beschreibung

1.1.1 Zuordnungen

① Zuordnung zwischen Größe und Gewicht

Birthe soll für ein Schulprojekt einen möglichen Zusammenhang zwischen Größe und Gewicht bei Freizeitsportlern untersuchen.
Sie misst in ihrem Sportverein die Körpergröße und das Körpergewicht von vier Sportlerinnen und vier Sportlern.
Sie erstellt die nebenstehende Tabelle. Ihr Lehrer bittet sie, die Daten anonymisiert darzustellen.

Name	Größe	Gewicht
Frieda	157 cm	48 kg
Amina	157 cm	50 kg
Lars	163 cm	57 kg
Laura	165 cm	57 kg
Ermin	169 cm	62 kg
Pia	174 cm	66 kg
Jonny	180 cm	71 kg
Hendrik	181 cm	74 kg

Es liegt eine **Zuordnung** zwischen der Größe und dem Gewicht vor. Für jede erfasste Person erhalten wir ein Wertepaar $(x|y)$. Hierbei steht x für die Größe und y für das Gewicht. Eine Tabelle mit solchen Paaren heißt **Wertetabelle**.

Schreibweise: Größe $\mapsto$ Gewicht
Wertepaare: $(157|48), \ldots, (181|74)$

Größe x in cm	157	157	163	165	169	174	180	181
Gewicht y in kg	48	50	57	57	62	66	71	74

Ausgangsmenge: Größe in Zentimeter

Bei einer Zuordnung heißt die Menge, von der wir ausgehen, **Ausgangsmenge**.

Die **Zielmenge** umfasst alle Elemente, die wir den Elementen der Ausgangsmenge zuordnen können.

Zielmenge: Gewicht in Kilogramm

Anhand einer Wertetabelle lassen sich viele Aussagen über eine Zuordnung treffen. Zuordnungen können darüber hinaus auch in einem **Schaubild** veranschaulicht werden.

Um die Wertepaare in einem Schaubild darzustellen, nutzen wir ein **Koordinatensystem** (▶ Seite 22). Im Koordinatensystem kann die Körpergröße auf der *x*-Achse und das Körpergewicht auf der *y*-Achse abgelesen werden.

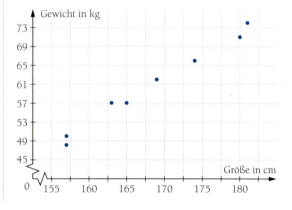

- Eine **Zuordnung** stellt eine Beziehung zwischen einer **Ausgangsmenge** und einer **Zielmenge** her. Dabei werden Elemente der Ausgangsmenge mit Elementen der Zielmenge zu **Wertepaaren** $(x|y)$ verknüpft.
- Zuordnungen können durch Tabellen, Wertepaare oder Schaubilder dargestellt werden.

1.1 Begriffsbildung und Beschreibung

1. Finden Sie Zuordnungen in Ihrem Alltag. Geben Sie Ausgangs- und Zielmenge an.

2. Tragen Sie die folgenden Punkte in ein Koordinatensystem ein.
   $P(1|3)$, $Q(-3|5)$, $R(-4|4)$, $S(-4|-2)$, $T(2,5|-1)$, $U(0|8)$, $V(7|0)$, $W(4,5|3)$

3. Welches Bild gehört zu welcher Zuordnung? Begründen Sie.
   a) Alter eines Menschen ↦ Körpergröße
   b) Zeit ↦ Temperatur in der Badewanne
   c) Zeit ↦ Geschwindigkeit eines beschleunigten Wagens
   d) Kreisradius ↦ Kreisfläche

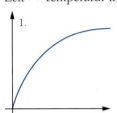
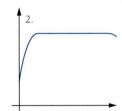
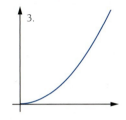

Übungen zu 1.1.1

1. Ordnen Sie fünf Mitschülerinnen und Mitschülern jeweils
   a) zwei positive Eigenschaften zu.
   b) eine Lieblingsfarbe zu.
   c) die Anzahl der Geschwister zu.
   d) das Geburtsdatum zu.

2. Veranschaulichen Sie die vier Zuordnungen im Koordinatensystem.

   a)
x	-2	-1	0	1	2
y	2	1	2	3	4

   b)
x	2	2	2	2	2
y	-2	-1	0	1	2

   c)
x	-1	0	1	1	2
y	2	1	2	3	4

   d)
x	-2	-1	0	1	2
y	4	1	0	1	4

3. Fertigen Sie für die folgenden Zuordnungen jeweils eine Wertetabelle an. Stellen Sie die ersten fünf Wertepaare als Schaubild in einem Koordinatensystem dar.
   a) Jeder natürlichen Zahl wird ihre Quadratzahl zugeordnet.
   b) Jeder natürlichen Zahl wird ihre Vorgängerzahl zugeordnet.

4. Stellen Sie die folgenden Zuordnungen jeweils durch eine Wertetabelle dar.

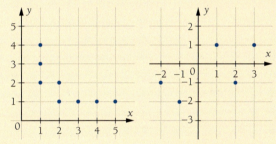

5. Die folgende Abbildung zeigt den Wasserverbrauch in Hamburg am Dienstag, dem 8. Juli 2014, während des WM-Halbfinalspiels Deutschland gegen Brasilien.

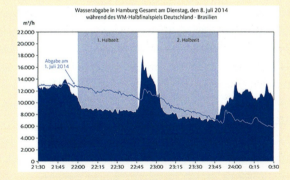

   a) Geben Sie die Ausgangs- und Zielmenge an, um die Zuordnung zu beschreiben.
   b) Geben Sie fünf Wertepaare an.
   c) Schreiben Sie zur Grafik einen kurzen Artikel.

1 Funktionen, ihre Schaubilder und zugehörige Gleichungen

1.1.2 Funktionen

Eine Zuordnung, bei der *jedem* Element x aus der Ausgangsmenge *genau ein* Element y aus der Zielmenge zugeordnet ist, heißt **eindeutig**. Eindeutige Zuordnungen heißen **Funktionen**.

  Eindeutige Zuordnung (Funktion)

In einer Nährflüssigkeit werden Bakterien gezüchtet, die sich nach jeder Stunde verdoppeln. Die Zucht wird mit 10 Bakterien begonnen und soll auf eine Dauer von 4 Stunden beschränkt sein.
Fertigen Sie für die Zuordnung eine Wertetabelle an. Veranschaulichen Sie den Sachverhalt anschließend im Koordinatensystem.

Die Zuordnung zwischen den ersten 4 Stunden und der jeweils zugehörigen Bakterienanzahl lässt sich in einer Tabelle und in einem Koordinatensystem veranschaulichen.

Aus beiden Darstellungsarten ist ersichtlich, dass *jeder* Zahl der Ausgangsmenge *genau eine* Zahl der Zielmenge zugeordnet ist. Das heißt, die Zuordnung ist eindeutig und somit eine **Funktion**.

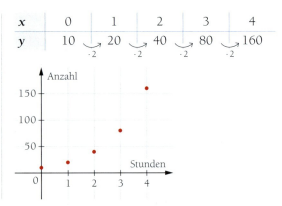

  Mehrdeutige Zuordnung (keine Funktion)

Gegeben ist die Zuordnung mit der Ausgangsmenge $A = \{1; 2; 3; 4\}$ und der Zielmenge $Z = \{1; 2; 3; 4\}$, die jeder Zahl $x \in A$ die Zahlen $y \in Z$ mit $y > x$ zuordnet.
Stellen Sie die Zuordnung in einer Wertetabelle und als Schaubild im Koordinatensystem dar.
Begründen Sie, warum diese Zuordnung keine Funktion ist.

Eine Funktion muss zwei Eigenschaften erfüllen:

1. Jeder Zahl für $x \in A$ muss eine Zahl für $y \in Z$ zugeordnet sein. Das ist aber für $x = 4$ nicht erfüllt: In der Wertetabelle gibt es für $x = 4$ keine Zahl für $y \in Z$; im Koordinatensystem existiert kein Punkt an der Stelle $x = 4$.
2. Einer Zahl für $x \in A$ muss *genau eine* Zahl für $y \in Z$ zugeordnet sein. Auch diese Bedingung ist nicht erfüllt: In der Wertetabelle stehen unter $x = 1$ drei verschiedene Zahlen aus Z und unter $x = 2$ zwei verschiedene Zahlen für y; im Schaubild liegen an der Stelle $x = 1$ drei und an der Stelle $x = 2$ zwei Punkte übereinander.

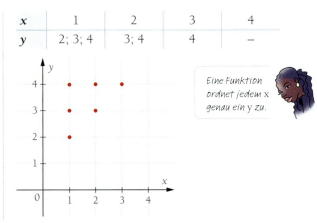

Eine Funktion ordnet jedem x genau ein y zu.

- Eine Zuordnung heißt **Funktion**, wenn jedem Element der Ausgangsmenge **genau ein** Element der Zielmenge zugeordnet wird.
- Das Schaubild einer Funktion schneidet jede Parallele zur y-Achse (einschließlich der y-Achse selbst) in höchstens einem Punkt.

1.1 Begriffsbildung und Beschreibung

Entscheiden Sie jeweils, ob es sich um die Wertetabelle einer Funktion handelt. Begründen Sie.

a)
x	1	2	3	4
y	3,5	4	5,5	6

b)
x	1	2	3	4
y	−2	−2	−2	−2

c)
x	1	1	2	3
y	2	3	5	4

Blutalkohol

Als Praktikant im Krankenhaus erlebt Lukas, dass bei einem neu eingelieferten Patienten ein Alkoholtest durchgeführt wird. Dabei wird im Blut eine Alkoholkonzentration von 0,8‰ festgestellt. Dr. Becker, der behandelnde Arzt, sagt zu Lukas: „Wir können den Patienten erst behandeln, wenn der Alkoholgehalt im Blut fast wieder bei null ist. Auch wenn es sehr ungenau ist, sagen wir: Bei Männern wird ungefähr 0,1‰ pro Stunde abgebaut."

Lukas weiß, dass der Alkoholabbau von sehr vielen Faktoren abhängig ist. Um aber abzuschätzen, wann mit der Behandlung des Patienten begonnen werden kann, orientiert er sich an der Aussage von Dr. Becker. Wie kann Lukas den Beginn der Behandlung abschätzen?

Der Alkoholabbau lässt sich durch folgende Zuordnung beschreiben:
Zeit nach erster Messung (in h) $\mapsto$ Alkoholkonzentration im Blut (in ‰)

Jedem Zeitpunkt wird hierbei genau eine bestimmte Alkoholkonzentration zugeordnet: Diese Zuordnung ist eindeutig und daher eine Funktion.

Zwischen der Zeit und der Alkoholkonzentration im Blut besteht also ein **funktionaler Zusammenhang**.

Die Faustregel von Dr. Becker besagt, dass die Alkoholkonzentration pro Stunde um 0,1‰ sinkt. Daher können wir eine Wertetabelle aufstellen und das Schaubild zeichnen.

Wir entnehmen dem Schaubild, dass der Alkohol nach 8 Stunden abgebaut ist.

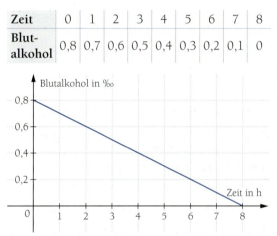

Das Problem in Beispiel 4 konnten wir aufgrund der überschaubaren Datenmenge allein mithilfe der Wertetabelle bzw. durch das Zeichnen des Schaubildes relativ einfach lösen. Auch die Beschreibung der Zuordnung mit Worten war bei der Ermittlung der gesuchten Werte ausreichend.
Viele funktionale Zusammenhänge sind jedoch komplizierter, sodass wir allein mit den bisherigen Mitteln nicht alle Probleme lösen können. Daher benötigen wir Bezeichnungen und Schreibweisen, die vor allem das Rechnen mit Funktionen erleichtern.

Als **Funktionsnamen** werden gewöhnlich Kleinbuchstaben gewählt.

Häufig benutzte Funktionsnamen:
f, g, h

Der Funktion aus Beispiel 4, die den Alkoholabbau beschreibt, geben wir im Folgenden den Namen f. Die Alkoholkonzentration im Blut wird in Abhängigkeit von der Zeit betrachtet, die seit der Alkoholaufnahme verstrichen ist.

$f:$ Zeit nach erster Messung (in Stunden) $\mapsto$ Alkoholkonzentration im Blut (in ‰)

Die Zeit bezeichnen wir mit der **Variablen** x. Sie wird hier in Stunden gemessen.

Variable: x

▶ Es können auch andere Buchstaben gewählt werden. Für die Zeit nutzt man z.B. oft die Variable t.

Jedem Zeitpunkt (x-Wert) wird durch die Funktion f eindeutig die Alkoholkonzentration im Blut des Patienten zum Zeitpunkt x zugeordnet. Diese zugeordneten Werte werden oft mit der Variablen y bezeichnet. Um deutlich zu machen, dass der y-Wert von der Variablen x abhängig ist, schreiben wir für y auch $f(x)$ (gelesen: „f von x"). Der Wert $f(x)$ heißt **Funktionswert** von f an der Stelle x.

Mithilfe eines geeigneten Terms können wir in unserem Beispiel die Alkoholkonzentration zu jedem Zeitpunkt x direkt berechnen.
Die **Zuordnungsvorschrift** zeigt an, dass jedem x dieser **Funktionsterm** zugeordnet wird.

Zum Rechnen besser geeignet ist die Darstellung einer Funktion durch ihre **Funktionsgleichung**.

Für die grafische Darstellung wird in ein Koordinatensystem das **Schaubild** der Funktion gezeichnet.

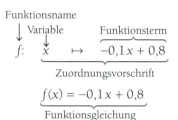

Beim Schaubild liefert $f(x)$ die y-Koordinate.

$$f: \underbrace{\underset{\downarrow}{x}}_{\text{Variable}} \mapsto \underbrace{-0{,}1x + 0{,}8}_{\text{Funktionsterm}}$$

Funktionsname

$$\underbrace{f(x) = -0{,}1x + 0{,}8}_{\text{Funktionsgleichung}}$$

Bezeichnung der Schaubilder der Funktionen f, g, h: K_f, K_g, K_h

Mit der Funktionsgleichung können wir nun unmittelbar für beliebige Zeiten die Alkoholkonzentration berechnen, etwa nach 30 Minuten, zweieinhalb Stunden und sechs Stunden:

$f(0{,}5) = -0{,}1 \cdot 0{,}5 + 0{,}8 = \mathbf{0{,}75}$
Nach 30 Minuten beträgt die Alkoholkonzentration 0,75 ‰.

$f(2{,}5) = -0{,}1 \cdot 2{,}5 + 0{,}8 = \mathbf{0{,}55}$
Nach zweieinhalb Stunden ist die Alkoholkonzentration auf 0,55 ‰ gesunken.

$f(6) = -0{,}1 \cdot 6 + 0{,}8 = \mathbf{0{,}2}$
Nach sechs Stunden beträgt die Alkoholkonzentration im Blut 0,2 ‰.

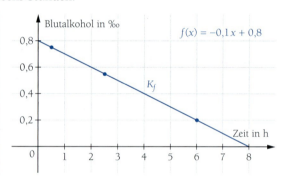

5 Punktprobe

Leon, ein anderer Praktikant, behauptet: „Nach drei Stunden liegt der Alkoholgehalt im Blut des Patienten bei 0,4 Promille." Überprüfen Sie diese Behauptung.

Um Leons Behauptung zu prüfen, machen wir die **Punktprobe**: Wir prüfen, ob 0,4 der Funktionswert von 3 ist. Dafür setzen die Koordinaten von $P(3|0{,}4)$ in die Funktionsgleichung von f ein. Dabei entsteht eine falsche Aussage. Also liegt P nicht auf dem Schaubild von f. Leons Behauptung ist falsch.

Dagegen liefert die Punktprobe für $Q(3|0{,}5)$ eine wahre Aussage, d.h., der Punkt Q liegt auf dem Schaubild von f.

Punktprobe für $P(3|0{,}4)$:
$f(x) = -0{,}1x + 0{,}8$
$\Leftrightarrow \quad 0{,}4 = -0{,}1 \cdot 3 + 0{,}8$
$\Leftrightarrow \quad 0{,}4 = 0{,}5 \qquad\qquad$ (f)

Punktprobe für $Q(3|0{,}5)$:
$f(x) = -0{,}1x + 0{,}8$
$\Leftrightarrow \quad 0{,}5 = -0{,}1 \cdot 3 + 0{,}8$
$\Leftrightarrow \quad 0{,}5 = 0{,}5 \qquad\qquad$ (w)

Nach 3 Stunden beträgt der Alkoholgehalt nicht 0,4 ‰, sondern 0,5 ‰. Es gilt also $f(3) = 0{,}5$.

1.1 Begriffsbildung und Beschreibung

Nicht immer können wir bei gegebener Funktionsgleichung beliebige Werte für *x* einsetzen. Manchmal ist die Funktionsgleichung nicht für alle Werte definiert. Aber auch in vielen Anwendungssituationen ist es sinnvoll, nur bestimmte *x*-Werte zuzulassen:

In unserem Beispiel wird die Alkoholkonzentration im Blut erstmals bei der Einlieferung des Patienten gemessen. Von da an „läuft" die Zeit. Außerdem ist der Alkoholabbau nach einer bestimmten Zeit abgeschlossen. Daher sollten wir nur diesen begrenzten Zeitraum betrachten.

Am Schaubild von *f* erkennen wir, dass nach 8 Stunden kein Alkohol mehr im Blut vorhanden ist. Für *f* ist es demnach sinnvoll, nur *x*-Werte von 0 bis 8 zu betrachten.

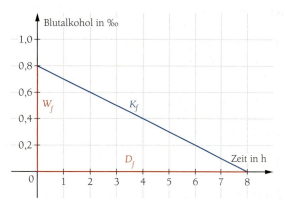

Die Menge, aus der die *x*-Werte einer Funktion *f* stammen sollen, heißt **Definitionsbereich** oder **Definitionsmenge** von *f*. Man bezeichnet diese Menge mit D_f.

Definitionsbereich der Alkoholabbau-Funktion:
$D_f = [0; 8]$

Die Menge aller Funktionswerte einer Funktion *f* heißt **Wertebereich** oder **Wertemenge** von *f*, kurz: W_f.

Wertebereich der Alkoholabbau-Funktion:
$W_f = [0; 0{,}8]$

- Bei einer Funktion *f* wird jedem Element *x* aus dem **Definitionsbereich** D_f genau ein Funktionswert $f(x)$ zugeordnet. Die Menge aller Funktionswerte ist der **Wertebereich** W_f.
- Die Zuordnungsvorschrift wird in der Regel durch eine **Funktionsgleichung** angegeben.
- Das **Schaubild** von *f* ist die Menge aller Punkte $P(x|f(x))$ mit $x \in D_f$.

1. Prüfen Sie, ob es sich um Schaubilder von Funktionen handelt. Begründen Sie Ihre Antwort. Bei welchem Schaubild lässt sich keine eindeutige Aussage treffen?

a) 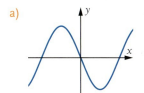 b) 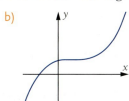 c) 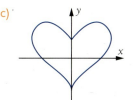 d)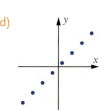

2. Führen Sie die Punktprobe für die Punkte $P(2|4)$ und $Q(-1|5)$ bei den beiden Funktionen *f* und *g* mit den Gleichungen $f(x) = -5x + 14$ und $g(x) = 3x^2 + 2$ durch.

3. Gegeben sind einige Wertepaare einer Funktion *f*. Schreiben Sie die Wertepaare in der Form $f(x) = y$. Geben Sie eine zur Wertetabelle passende Funktionsgleichung für *f* an.

a)
x	1	2	3	4
y	2	4	6	8

b)
x	5	15	20	35
y	7,85	23,55	31,4	54,95

c)
x	0	0,5	1	1,5
y	1	2	3	4

1 Funktionen, ihre Schaubilder und zugehörige Gleichungen

Übungen zu 1.1.2

1. Welches der beiden Schaubilder ist das Schaubild einer Funktion?
Begründen Sie Ihre Antwort.

a) b)

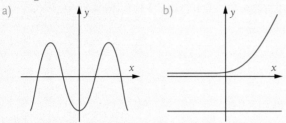

2. Bestimmen Sie $f(1)$, $f(-2)$ und $f(8)$ für die folgenden Funktionen.
a) $f(x) = x + 5$
b) $f(x) = -x^2 + 3$
c) $f(x) = (-x)^2 - 3x$
d) $f(x) = 2$
e) $f(x) = -2x + 1$
f) $f(x) = (-x)^3$
g) $f(x) = 3^x$
h) $f(x) = 2\cos(x)$

3. Zeichnen Sie die Schaubilder der Funktionen mithilfe einer Wertetabelle.
a) $f(x) = 2x + 1$; $D_f = \mathbb{R}$
b) $f(x) = 3x$; $D_f = \mathbb{N}$
c) $f(x) = \sqrt{x}$; $D_f = \mathbb{R}_+$
d) $f(x) = -0{,}5x^2 + 4x$; $D_f = [0;\,8]$

4. Bestimmen Sie den maximalen Definitionsbereich der folgenden Funktionen.
a) $f(x) = 3x - 2$
b) $f(x) = \frac{6}{x}$
c) $f(x) = 7$
d) $f(x) = x^2 + 2$
e) $f(x) = \frac{1}{x+3}$
f) $f(x) = x$
g) $f(x) = \sqrt{x+3}$
h) $f(x) = |x|$

5. Bestimmen Sie den Wertebereich der folgenden Funktionen ($D_f = \mathbb{R}$).
a) $f(x) = x + 1$
b) $f(x) = x^2 - 3$
c) $f(x) = 2{,}5$
d) $f(x) = -x^2$
e) $f(x) = 5^x$
f) $f(x) = \sin(x)$

6. Führen Sie die Punktprobe durch.
Zeichnen Sie anschließend das Schaubild mithilfe einer Wertetabelle und überprüfen Sie Ihre Ergebnisse grafisch.
a) $f(x) = 2x - 1$ $\quad P(0{,}5|0); Q(3|6); R(-2|-3)$
b) $g(x) = \frac{x^2+3}{2}$ $\quad P(0|\frac{3}{2}); Q(0{,}5|2); R(-2|0{,}5)$
c) $h(x) = 2^x$ $\quad P(-1|0{,}5); Q(0|0); R(2|4)$

7. Erläutern Sie die folgenden Begriffe an einer selbst gewählten Funktion: Variable, Funktionsterm, Zuordnungsvorschrift, Definitionsbereich, Wertebereich, Funktionsgleichung.

8. Formulieren Sie die folgenden Sachverhalte in mathematischer Schreibweise.
a) Der Definitionsbereich einer Funktion f ist die Menge der reellen Zahlen.
b) Der Definitionsbereich einer Funktion g ist die Menge der positiven rationalen Zahlen.
c) Der Wertebereich einer Funktion g enthält alle reellen Zahlen, die zwischen -1 und 1 liegen, sowie -1 und 1 selbst.
d) Der Funktionswert von f an der Stelle 3 ist 9.
e) Der Funktionswert von f an der Stelle 5 ist gleich dem Funktionswert von f an der Stelle 9.
f) Alle Funktionswerte von f sind gleich 1.
g) Für alle $x \in \mathbb{R}$ ist der Funktionswert von f größer als 5.
h) An der Stelle $x = 7$ besitzen die Funktionen f und g denselben Funktionswert.
i) Die Funktion f hat an der Stelle $x = 1{,}5$ den Funktionswert 0.

9. Beschreiben Sie die folgenden Sachverhalte unter Verwendung der mathematischen Fachbegriffe in vollständigen Sätzen.
a) $f(5) = 3$
b) $g(-1) = 7$
c) $f(x) = 5$
d) $D_f = \mathbb{R}$
e) $W_f = [0;\,10]$
f) $f(x) > 2$
g) $f(2) = g(2)$
h) $f(x) = g(x)$

10. Der Flächeninhalt eines Kreises wird mit der Formel $A = \pi r^2$ bestimmt. Bezeichnen Sie den Radius mit der Variablen x und geben Sie für die Flächeninhaltsfunktion A die Zuordnungsvorschrift, die Funktionsgleichung, den Definitions- sowie Wertebereich und eine sinnvolle Wertetabelle an.

11. Betrachten Sie einen Quader mit quadratischer Grundfläche der Seitenlänge $a = 2$. Die Höhe des Quaders sei x. Geben Sie das Volumen des Quaders in Abhängigkeit von x an. Legen Sie einen sinnvollen Definitionsbereich fest. Fertigen Sie eine Wertetabelle mit fünf Wertepaaren an.

1.1 Begriffsbildung und Beschreibung

Übungen zu 1.1

1. Das Schaubild stellt die Fahrt eines Interregios der Deutschen Bahn dar. Der Zug hält nur an den Bahnhöfen.

   a) An wie vielen Bahnhöfen hält der Zug?
   b) Stellen Sie einen Fahrplan für den Zug auf und bezeichnen Sie die Bahnhöfe mit B_1, B_2 usw.
   c) Mit welcher konstanten Geschwindigkeit fährt der Zug zwischen den Bahnhöfen?
   d) Mit welcher konstanten Geschwindigkeit könnte der Zug in derselben Zeit dieselbe Strecke ohne Halt zurücklegen?

2. In einer Klausur wurden die folgenden Ergebnisse erzielt.

Zensur	1	2	3	4	5	6
Anzahl der Arbeiten	2	3	11	6	2	1

   a) Geben Sie die Zuordnung an.
   b) Zeichnen Sie ein Schaubild der Zuordnung.
   c) Entscheiden Sie, ob es sich um eine Funktion handelt. Geben Sie gegebenenfalls den Definitionsbereich und den Wertebereich an.

3. Gegeben ist die Gleichung $x^2 + y^2 = 8$.
   a) Prüfen, Sie, ob die Koordinaten des Punktes $P(2|2)$ die Gleichung erfüllen.
   b) Finden Sie in jedem der drei anderen Quadranten einen Punkt, dessen Koordinaten die Gleichung erfüllen.
   c) Tragen Sie die in b) bestimmten Punkte in ein Koordinatensystem ein.
   d) Die Gleichung $x^2 + y^2 = 8$ heißt Kreisgleichung. Entscheiden Sie, ob eine Funktionsgleichung vorliegt.

4. Zuordnungen können auch in **Pfeildiagrammen** dargestellt werden. Über einen Pfeil wird die Zuordnung zwischen den Elementen der Ausgangsmenge links und der Zielmenge rechts hergestellt. Im unten stehenden Beispiel werden den Namen verschiedener Schüler ihre Lieblingsfarben zugeordnet.

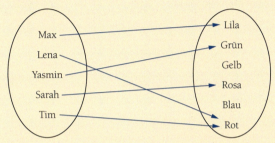

Geht von jedem Element der Ausgangsmenge genau ein Pfeil in die Zielmenge, so liegt eine Funktion vor.
Entscheiden Sie für die folgenden Pfeildiagramme, ob es sich um Funktionen handelt. Begründen Sie Ihre Entscheidung.

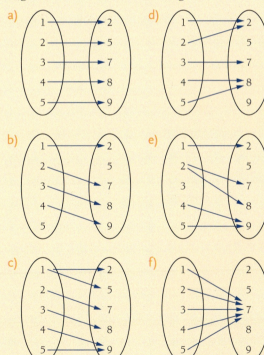

1.1 Begriffsbildung und Beschreibung

Ich kann ...

... mit einer **Zuordnungsvorschrift** aus den Elementen einer **Ausgangsmenge** A und einer **Zielmenge** Z **Wertepaare** (x|y) bilden.
▶ Test-Aufgabe 6

$A = \{1; 2; 3; 4\}$, $Z = \{1; 3\}$
Zuordnungsvorschrift: $y \leq x$.
Wertepaare (x|y) der Zuordnung:
(1|1), (2|1), (3|1), (3|3), (4|1), (4|3)

Als Variable für die Elemente der Ausgangsmenge nehmen wir die unabhängige Variable x.
Als Variable für die Elemente der Zielmenge nehmen wir die (von x) abhängige Variable y.

... Zuordnungen als **Punkte im Koordinatensystem** erfassen.
▶ Test-Aufgabe 6

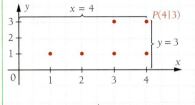

Die Werte für x werden auf der waagrechten Achse (x-Achse), die Werte für y auf der senkrechten Achse (y-Achse) abgetragen.

... erklären, was eine **Funktion** ausmacht.
▶ Test-Aufgaben 1, 2, 3

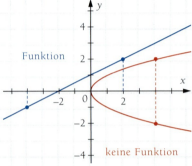

Jedem $x \in A$ wird genau ein $y \in Z$ zugeordnet. In einer Wertetabelle steht zu jedem $x \in A$ ein einziger y-Wert.
Im Koordinatensystem können nicht mehrere Punkte übereinander stehen.

... die Begriffe **Definitions-** und **Wertebereich** erklären.

$f(x) = 4x + 1$ mit $D_f = \{1; 2; 3; 4\}$
$f(1) = 5, f(2) = 9, f(3) = 13,$
$f(4) = 17$
$W_f = \{5; 9; 13; 17\}$

Im Definitionsbereich sind genau die Zahlen enthalten, die für x eingesetzt werden dürfen.
Die Funktionswerte bilden den Wertebereich.

... die verschiedenen Teile einer **Funktionsgleichung** benennen.

Funktionsgleichung: $f(x) = 4x + 1$
Funktionsterm: $4x + 1$
Variable: x
Funktionswert: $f(x)$

... mit einer **Punktprobe** überprüfen, ob ein gegebener Punkt auf dem Schaubild einer Funktion liegt.
▶ Test-Aufgabe 4

$P(2|9)$:
$f(2) = 4 \cdot 2 + 1 = 9$
$\Rightarrow P$ liegt auf dem Schaubild von f.

$Q(1|6)$:
$f(1) = 4 \cdot 1 + 1 = 5 \neq 6$
$\Rightarrow Q$ liegt nicht auf dem Schaubild von f.

$P(a|b)$:
Die x-Koordinate des Punktes in den Funktionsterm von f einsetzen:
$f(a) = b \Rightarrow P$ liegt auf dem Schaubild von f.
$f(a) \neq b \Rightarrow P$ liegt nicht auf dem Schaubild von f.

1.1 Begriffsbildung und Beschreibung

Test zu 1.1

1. Geben Sie die Definition für eine Funktion an.

2. Entscheiden Sie begründet, ob es sich bei den folgenden Zuordnungen um Funktionen handelt.
   a) Person ↦ Personalausweisnummer
   b) Person ↦ Telefonnummer
   c) Körpergröße ↦ Gewicht
   d) Umfang eines Kreises ↦ Fläche eines Kreises

3. Entscheiden Sie begründet, welche der im Koordinatensystem dargestellten Zuordnungen Funktionen sind.

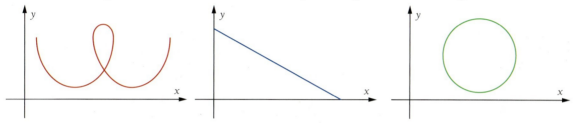

4. Prüfen Sie, ob die Punkte auf dem Schaubild der Funktion liegen.
   a) $f(x) = 4x + 3$ $P(2|11)$ $Q(-2|-5)$ $R(5|20)$
   b) $f(x) = 3x^2 - 4$ $P(1|1)$ $Q(-1|-1)$ $R(2|-8)$

5. Sind die folgenden Aussagen wahr oder falsch? Begründen Sie.
   Das Schaubild einer Funktion schneidet ...
   a) ... die x-Achse höchstens in einem Punkt.
   b) ... die y-Achse höchstens in einem Punkt.
   c) ... die x-Achse in mindestens einem Punkt.
   d) ... die y-Achse in mindestens einem Punkt.
   e) ... eine Parallele zur y-Achse höchstens einmal.
   f) ... eine Parallele zur x-Achse höchstens einmal.

6. Eltern möchten ihrer Tochter für eine zehntägige Klassenfahrt Taschengeld mitgeben, und zwar für den ersten Tag 3 € und für jeden weiteren Tag 2 € mehr als am vorhergehenden Tag. Die Tochter macht einen Gegenvorschlag: Für den ersten Tag 20 Cent, dann täglich den doppelten Betrag des Vortages.
   a) Stellen Sie beide Vorschläge in einer Wertetabelle und einem gemeinsamen Koordinatensystem dar.
   b) Geben Sie den Definitions- und Wertebereich an.
   c) Beurteilen Sie, welcher Vorschlag für die Tochter vorteilhafter ist.

7. Gegeben sind die Schaubilder der Funktionen f_1 und f_2.
   Entscheiden Sie, für welche Funktionen gilt:
   a) $f(1) < 1$
   b) $f(x) > 0$ für $x > 2$
   c) $f(-2) > f(0)$
   d) $f(2) = f(-3)$
   e) $f(x) \leq 0$ im Intervall $[-1; 2]$

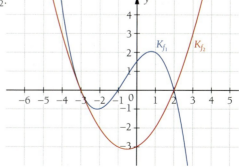

1 Funktionen, ihre Schaubilder und zugehörige Gleichungen

1.2 Lineare Funktionen

1 Taxipreis

In Deutschland ist es Pflicht, dass Taxis mit einem sichtbaren und beleuchteten Fahrpreisanzeiger, dem Taxameter, ausgestattet sind. Auf diesem ist der jeweilige Fahrpreis ablesbar, der sich in der Regel aus einer Grundgebühr sowie einem Kilometerpreis zusammensetzt. Hinzu kommen manchmal auch noch Gebühren für die Wartezeit oder Zuschläge für den Transport von sperrigen Gegenständen.

a) Für eine Taxifahrt werden 3 € Grundgebühr verlangt. Jeder weitere gefahrene Kilometer kostet 1,50 €. Veranschaulichen Sie diesen Sachverhalt anhand eines Schaubildes in einem Koordinatensystem. Auf der x-Achse sollen dabei die gefahrenen Kilometer und auf der y-Achse die entstehenden Kosten aufgetragen werden.
b) Ein Fahrgast zahlt für eine 8 km lange Fahrt 10,90 €. Der Rückweg ist wegen einer Straßensperrung 14 km lang und kostet 16,30 €. Berechnen Sie die Grundgebühr und den Preis für einen gefahrenen Kilometer.

2 Infusionsdauer

In einem Krankenhaus soll ein Patient eine Infusion erhalten. Eine volle Flasche enthält 80 ml Infusionsflüssigkeit. Die Tropfgeschwindigkeit wird so eingestellt, dass 2 ml pro Minute durchlaufen. Sobald nur noch 4 ml Flüssigkeit in der Flasche sind, muss die Flasche nachgefüllt oder ausgetauscht werden.

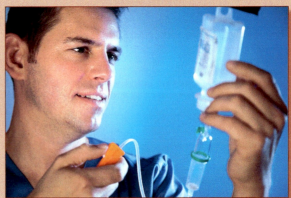

a) Ermitteln Sie, wie viel Flüssigkeit die Infusionsflasche nach einer Viertelstunde, einer halben Stunde und einer Dreiviertelstunde noch enthält.
b) Bestimmen Sie den Zeitpunkt, an dem die Infusionsflasche nachgefüllt oder ausgetauscht werden muss
c) Die Firma Infusionix bietet Infusionsflaschen mit einem Fassungsvermögen von 150 ml und einer Tropfgeschwindigkeit von 3 ml pro Minute an. Berechnen Sie, wann die Infusionsflasche der Firma Infusionix 75 ml, 4 ml oder 0 ml enthält.

1.2 Lineare Funktionen

3 Telefonanbieter im Vergleich

Smartphonia bietet an:
Jede Gesprächsminute kostet 0,06 €, bei einer monatlichen Grundgebühr von 8,50 €.
Die Konditionen von *Smartiko* lauten:
Jede Gesprächsminute kostet 0,08 €, bei einer monatlichen Grundgebühr von 5 €.

a) Berechnen Sie, bei welcher Minutenanzahl beide Anbieter gleich teuer sind.
b) Sie erhalten monatlich 25 € zum Telefonieren. Entscheiden Sie sich für einen der beiden Anbieter. Begründen Sie Ihre Wahl.
c) Formulieren Sie eine Entscheidungshilfe, mit der Sie unentschlossenen Freunden abhängig von deren Telefonierverhalten Kosten ersparen können.

4 Gehalt und Provision

Das Gehalt im Vertrieb setzt sich in der Regel aus einem Grundgehalt und einem variablen Teil zusammen. Um die Mitarbeiter für erfolgreiche Vertragsabschlüsse zu belohnen, erhalten diese eine Bonuszahlung, die Vertriebsprovision.
Herr Kirsche ist Vertreter und vertreibt für die *NordFrucht GmbH* Bio-Obst. Auf den von ihm erzielten Umsatz erhält er 10 % Provision. Sein Einkommen setzt sich aus der Provision und dem Festgehalt in Höhe von 800,00 € zusammen.

a) Geben Sie die Funktionsgleichung der Provisionsfunktion P an, die die Höhe der Provision in Abhängigkeit vom Umsatz U beschreibt.
b) Ermitteln Sie die Gleichung der Einkommensfunktion E, die die Höhe des Einkommens in Abhängigkeit vom Umsatz U beschreibt.
c) Herr Kirsche überlegt seinen Arbeitsplatz zu wechseln. Bei der *SüdFrucht GmbH* würde er ein Festgehalt von nur 500 €, dafür aber eine Provision von 12 % erhalten. Berechnen Sie, ab welcher Umsatzmenge sich ein Wechsel für Herrn Kirsche lohnen würde.

1 Funktionen, ihre Schaubilder und zugehörige Gleichungen

1.2 Lineare Funktionen

1.2.1 Gleichungen und Schaubilder

Viele funktionale Zusammenhänge lassen sich durch **lineare Funktionen** beschreiben:
– der Preis einer Taxifahrt abhängig von den gefahrenen Kilometern
– der Strompreis abhängig von den verbrauchten Kilowattstunden
– die Ausdehnung einer Feder abhängig vom daran befestigten Gewicht
Die Funktionsgleichung einer linearen Funktion hat die Form $f(x) = mx + b$.

Schifffahrt

Ein neues Containerschiff fährt von Asien nach Europa. Es bewegt sich jeden Tag mit einer Durchschnittsgeschwindigkeit von 600 Seemeilen pro Tag (sm/Tag). Eine Seemeile beträgt 1852 m. In Hong Kong wird das Schiff zum ersten Mal beladen. Von der Werft bis dahin hat es bereits 300 sm zurückgelegt. Von Hong Kong aus erreicht das Schiff nach acht Tagen den Suezkanal. Berechnen Sie die bis dahin gefahrenen Seemeilen.

Das Schiff fährt mit einer Durchschnittsgeschwindigkeit von 600 sm/Tag. Jeden Tag legt es also 600 sm zurück. In Hong Kong sind bereits 300 sm gefahren. Nach einem Tag hat das Schiff 900 sm, nach 2 Tagen 1500 sm, nach 3 Tagen 2100 sm usw. zurückgelegt.
Wir stellen den Fahrtverlauf grafisch dar:
Auf der waagrechten Achse wird die Zeit t in Tagen eingetragen und auf der senkrechten Achse die vom Schiff zurückgelegte Strecke s in Seemeilen.
Aus der Wertetabelle lesen wir die Punkte des Schaubildes ab und tragen sie im Koordinatensystem ein. Wir verbinden die Punkte durch eine Gerade.
Nach 8 Tagen erreicht das Schiff den Suezkanal. Im Koordinatensystem können wir ablesen, dass das Schiff bis dahin etwas mehr als 5000 sm gefahren ist. Ganz genau kann man den Wert in der Abbildung nicht ablesen.
Um den Wert exakt zu berechnen, stellen wir die Funktionsgleichung auf: $s(t) = 600t + 300$
Das Schiff fährt 600 sm am Tag und beginnt die Fahrt bei 300 sm. Die Anzahl der Tage wird mit der Variablen t bezeichnet.
Setzen wir für t den Wert 8 ein, so erhalten wir als Funktionswert $s(8)$ den Wert 5100. Der Punkt lautet also exakt $P(8|5100)$.
Das Schiff erreicht den Suezkanal nach 5100 sm.

Zeit t in Tagen	0	1	2	3
Strecke $s(t)$ in sm	300	900	1500	2100

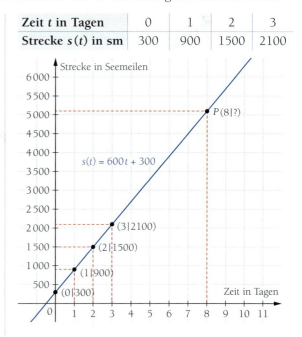

$t = 0 \Rightarrow s(0) = 600 \cdot 0 + 300 = 300$
$t = 1 \Rightarrow s(1) = 600 \cdot 1 + 300 = 900$
$t = 2 \Rightarrow s(2) = 600 \cdot 2 + 300 = 1500$

Allgemein: $s(t) = 600 \cdot t + 300$

$t = 8 \Rightarrow s(8) = 600 \cdot 8 + 300 = 5100$

- Eine Funktion f mit der Funktionsgleichung $f(x) = mx + b$ mit $m, b \in \mathbb{R}$ heißt **lineare Funktion**.
- Für den Definitionsbereich einer linearer Funktionen f gilt: $D_f = \mathbb{R}$
- Das Schaubild einer linearen Funktion ist immer eine nicht-senkrechte Gerade.

1.2 Lineare Funktionen

Bedeutung der Parameter m und b

Gegeben sind die linearen Funktionen f, g, h und l mit
$f(x) = 2x + 1$; $g(x) = -1$; $h(x) = x$; $l(x) = -x$.
Geben Sie jeweils die Werte für m und b an.
Erläutern Sie deren Bedeutung.

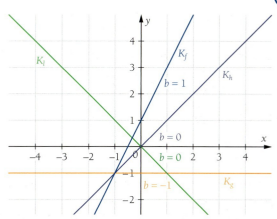

Die **Steigung** m des Schaubildes einer linearen Funktion gibt an, wie stark die Gerade pro Einheit steigt bzw. fällt.
Steigende Gerade: $m > 0$
Fallende Gerade: $m < 0$
Für $m = 0$ hat die Gerade die Steigung 0. Sie verläuft daher parallel zur x-Achse. Eine Funktion mit solch einem Schaubild heißt **konstante Funktion**.

$f(x) = mx + b$	Steigung	Beschreibung des Schaubildes
$f(x) = 2x + 1$	$m = 2$	steigend
$g(x) = -1$	$m = 0$	parallel zur x-Achse
$h(x) = x$	$m = 1$	steigend
$l(x) = -x$	$m = -1$	fallend

Der **y-Achsenabschnitt** b lässt sich in den Schaubildern der Funktionen an der y-Achse einfach ablesen. Er entspricht genau der y-Koordinate des y-Achsenschnittpunktes $S_y(0|b)$.
Hat eine Gerade den y-Achsenabschnitt $b = 0$, so verläuft sie durch den Koordinatenursprung $(0|0)$. Geraden, die durch den Koordinatenursprung verlaufen, heißen **Ursprungsgeraden**.

$f(x) = mx + b$	y-Achsenabschnitt	$S_y(0|b)$
$f(x) = 2x + 1$	$b = 1$	$S_y(0|1)$
$g(x) = (-1)$	$b = -1$	$S_y(0|-1)$
$h(x) = x$	$b = 0$	$S_y(0|0)$
$l(x) = -x$	$b = 0$	$S_y(0|0)$

Die Geraden K_h und K_l halbieren den Winkel zwischen x-Achse und y-Achse. Sie heißen deshalb **Winkelhalbierende**.

1. Winkelhalbierende: $h(x) = x$
2. Winkelhalbierende: $l(x) = -x$

Für eine lineare Funktion mit der Gleichung $f(x) = mx + b$ gilt:
- m gibt die **Steigung** der Geraden an.
- b gibt den **y-Achsenabschnitt** an. Im Punkt $S_y(0|b)$ schneidet die Gerade die y-Achse.

---

1. Untersuchen Sie jeweils, ob es sich um die Gleichung einer linearen Funktion handelt. Begründen Sie Ihre Entscheidung.
a) $f(x) = 3x + 7$
b) $f(x) = -1,8x$
c) $f(x) = -3$
d) $f(x) = 3x^2 + 9$
e) $f(x) = 2 - 6x$
f) $x = 9$
g) $f(x) = 5,2$
h) $f(x) = 2(x - 5)$

2. Geben Sie m und b in den folgenden Funktionsgleichungen an. Entscheiden Sie, ob die zugehörige Gerade steigt, fällt oder parallel zur x-Achse ist.
a) $f(x) = -3x + 6$
b) $f(x) = \frac{1}{2}x - 3$
c) $f(x) = -17$
d) $f(x) = -0,25x$
e) $f(x) = 4,5 - 2x$

1 Funktionen, ihre Schaubilder und zugehörige Gleichungen

3 Bestimmen der Steigung mithilfe eines Steigungsdreiecks

Das Schaubild der linearen Funktion f mit $f(x) = 2x + 1$ hat die Steigung $m = 2$.
Erläutern Sie, wie man die Steigung anhand des Schaubildes erkennen kann.

Anhand des Schaubildes erkennen wir: Geht man vom Punkt $P_1(0|1)$ eine Einheit nach rechts, so muss man zwei Einheiten nach oben gehen, um wieder zu einem Punkt der Geraden zu gelangen, hier: $P_2(1|3)$. Geht man vom Punkt $P_2(1|3)$ zunächst zwei Einheiten nach rechts, muss man vier Einheiten nach oben gehen, um wieder zu einem Punkt auf der Geraden zu gelangen, hier: $P_3(3|7)$. Zeichnen wir diese Schritte nach, so erhalten wir rechtwinklige Dreiecke, die **Steigungsdreiecke**. In jedem dieser Steigungsdreiecke beträgt das Verhältnis der Seitenlängen 2.
Es entspricht also der Steigung m.

Erstes Dreieck:
$\frac{2}{1} = 2$ ▶ $m = 2$

Zweites Dreieck:
$\frac{4}{2} = 2$ ▶ $m = 2$

*Falls die Steigung **negativ** ist, geht man im Steigungsdreieck nach **unten**.*

4 Bestimmen der Steigung mithilfe zweier Punkte

Bestimmen Sie die Steigung des Schaubildes K_f durch die Punkte $P_1(-1|2)$ und $P_2(3|4)$.
Über das Verhältnis der „Weglängen" in einem Steigungsdreieck erhalten wir eine Formel für die Geradensteigung. Wir benötigen dazu zwei verschiedene beliebige Punkte $P_1(x_1|y_1)$ und $P_2(x_2|y_2)$ der Geraden.

Die Steigung der Geraden ist dann der Quotient aus der Differenz der y-Werte (senkrechter Weg) und der Differenz der x-Werte (waagrechter Weg).

$m = \frac{y_2 - y_1}{x_2 - x_1} \quad (x_1 \neq x_2)$

Die Steigung der abgebildeten Geraden erhalten wir beispielsweise, indem wir die Koordinaten der Punkte $P_1(-1|2)$ und $P_2(3|4)$ in die obige Formel einsetzen:

$m = \frac{4-2}{3-(-1)} = \frac{2}{3+1} = \frac{2}{4} = 0{,}5$

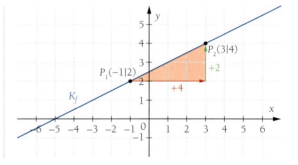

> Es gibt verschiedene Möglichkeiten die **Steigung** eines Schaubildes zu bestimmen:
> - mithilfe eines Steigungsdreiecks.
> - mithilfe zweier Punkte, die auf dem Schaubild liegen.
>   Sind $P_1(x_1|y_1)$ und $P_2(x_2|y_2)$ zwei beliebige auf dem Schaubild liegende Punkte, dann gilt die
>   **Steigungsformel**: $m = \frac{y_2 - y_1}{x_2 - x_1}$

Bestimmen Sie die Steigung m der Geraden, die durch die folgenden Punkte geht.
a) $A(2|4); B(5|8)$ b) $C(-2|4); D(0{,}5|0)$ c) $P(-2|5); Q(4|5)$ d) $R(-0{,}75|-1{,}25); S(-2|2{,}5)$

1.2 Lineare Funktionen

Zeichnen von Schaubildern linearer Funktionen

Das Schaubild einer linearen Funktion ist eine Gerade. Um diese zu zeichnen, können wir Informationen aus der Funktionsgleichung nutzen. Wir können aber auch zwei auf dem Schaubild liegende Punkte für unsere Zeichnung nutzen, da eine Gerade durch zwei Punkte eindeutig festgelegt ist.

Zeichnen des Schaubildes mithilfe von y-Achsenabschnitt und Steigungsdreieck

Zeichnen Sie das Schaubild von f mit $f(x) = \frac{2}{3}x + 1$. Verwenden Sie dabei den y-Achsenabschnitt und ein Steigungsdreieck.

Wir markieren den y-Achsenabschnitt $b = 1$ und erhalten den Punkt $S_y(0|1)$.

Von diesem Punkt aus zeichnen wir mithilfe der Steigung $m = \frac{2}{3}$ ein Steigungsdreieck.

Dazu „gehen" wir 3 Einheiten nach rechts (Zahlenwert des Nenners) und anschließend 2 Einheiten nach oben (Zahlenwert des Zählers). Der so erreichte Punkt P ist ein weiterer Punkt der Geraden. Die Gerade durch P und S_y ist das gesuchte Schaubild von f.
Achtung: Falls die Steigung *negativ* ist, gehen wir beim Steigungsdreieck *nach unten* statt nach oben.

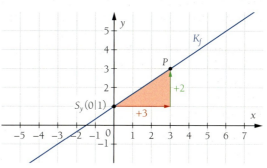

Zeichnen des Schaubildes mithilfe zweier beliebiger Punkte

Zeichnen Sie das Schaubild von f mit $f(x) = \frac{2}{3}x + \frac{1}{3}$.

Verwenden Sie dabei zwei beliebige Punkte, die auf dem Schaubild liegen.

Mithilfe der Funktionsgleichung von f können wir zwei beliebige Punkte berechnen, die auf dem Schaubild liegen. Wir wählen die Werte -2 und 4 als x-Koordinaten unserer Punkte und berechnen mit ihnen die zugehörigen Funktionswerte. Diese entsprechen den y-Koordinaten der gesuchten Punkte.

Das Schaubild von f entspricht der Geraden durch die ermittelten Punkte P_1 und P_2.

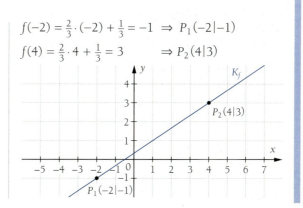

> Das **Schaubild** einer linearen Funktion kann gezeichnet werden:
> - mithilfe des y-Achsenabschnitts b und des Steigungsdreiecks.
> - mithilfe zweier Punkte, die auf dem Schaubild liegen.

1. Zeichnen Sie das Schaubild der Funktion f mithilfe des y-Achsenabschnitts und der Steigung.
a) $f(x) = 2x - 5$ b) $f(x) = -3x + 1$ c) $f(x) = \frac{3}{4}x + 5$ d) $f(x) = -0{,}4x + 4$

2. Bestimmen Sie rechnerisch zwei Punkte des Schaubildes von f und zeichnen Sie die zugehörige Gerade.
a) $f(x) = 4x + 2$ b) $f(x) = \frac{3}{2}x - 4$ c) $f(x) = -0{,}5x + 3{,}5$ d) $f(x) = -\frac{4}{3}x + \frac{7}{3}$

1 Funktionen, ihre Schaubilder und zugehörige Gleichungen

Bestimmen von Funktionsgleichungen linearer Funktionen

Um die Gleichung einer linearen Funktion in der Form $f(x) = mx + b$ angeben zu können, müssen die Werte für m und b bekannt sein. Diese können wir aus der Zeichnung ablesen oder berechnen.

7 Bestimmen der Gleichung anhand des Schaubildes

Geben Sie die Funktionsgleichung der Funktion f an, deren Schaubild abgebildet ist.

Die allgemeine Gleichung einer linearen Funktion lautet $f(x) = mx + b$.

Wir müssen also die Werte für m und b ermitteln. Aus der Zeichnung können wir den y-Achsenabschnitt $b = 3$ und die Steigung $m = -\frac{2}{3}$ ablesen.

Die gesuchte Gleichung lautet $f(x) = -\frac{2}{3}x + 3$.

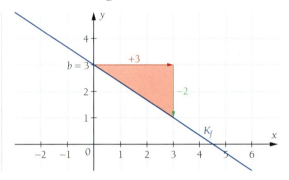

8 Bestimmen der Gleichung mithilfe eines Punktes und der Steigung

Auf dem Schaubild einer linearen Funktion f liegt der Punkt $P(-0{,}5 | 3)$. Das Schaubild hat die Steigung $m = 2$. Bestimmen Sie rechnerisch die Funktionsgleichung von f.

Da der Wert für die Steigung m schon bekannt ist, muss nur noch der Wert für b berechnet werden.

$m = 2$

Wenn wir den Wert der Steigung und die Koordinaten von P in die allgemeine Gleichung einsetzen, erhalten wir durch Umstellen der Gleichung $b = 4$.

$$f(x) = mx + b \qquad \blacktriangleright m = 2;\ x = -0{,}5;\ y = f(-0{,}5) = 3$$
$$3 = 2 \cdot (-0{,}5) + b$$
$$\Leftrightarrow 3 = -1 + b \qquad |+1$$
$$\Leftrightarrow 4 = b$$

Die gesuchte Gleichung lautet $f(x) = 2x + 4$.

9 Bestimmen der Gleichung mithilfe zweier Punkte des Schaubildes

Auf dem Schaubild einer linearen Funktion f liegen die Punkte $P_1(-1 | 7{,}5)$ und $P_2(4 | 0)$. Bestimmen Sie rechnerisch die Funktionsgleichung von f.

Wir gehen von der Gleichung $f(x) = mx + b$ aus und bestimmen die Zahlenwerte für m und b.

$$m = \frac{y_2 - y_1}{x_2 - x_1} \qquad \blacktriangleright x_1 = -1;\ y_1 = 7{,}5;\ x_2 = 4;\ y_2 = 0$$

Den Wert für m berechnen wir durch Einsetzen der Koordinaten von P_1 und P_2 in die Steigungsformel.
▶ Seite 40

$$m = \frac{0 - 7{,}5}{4 - (-1)} = \frac{-7{,}5}{5} = -1{,}5$$

Um b zu bestimmen, setzen wir die berechnete Steigung und die Koordinaten von P_1 (wahlweise auch P_2) in die allgemeine Gleichung ein. Dann können wir die Gleichung nach b auflösen.

$$f(x) = m \cdot x + b$$
$$\Leftrightarrow 7{,}5 = -1{,}5 \cdot (-1) + b$$
$$\Leftrightarrow 7{,}5 = 1{,}5 + b \qquad |-1{,}5$$
$$\Leftrightarrow 6 = b$$

Die gesuchte Gleichung lautet $f(x) = -1{,}5x + 6$.

1.2 Lineare Funktionen

Als Alternative zur „Hauptform" $f(x) = mx + b$ gibt es noch zwei weitere Formen, die Funktionsgleichung einer linearen Funktion anzugeben. Diese lassen sich herleiten, indem man die beiden Verfahren zur rechnerischen Bestimmung der Funktionsgleichung verallgemeinert. ▶ „Alles klar?"-Aufgabe 4

Punkt-Steigungsform

$f(x) = m \cdot (x - x_1) + y_1$

▶ bei gegebener Steigung m und einem gegebenen Punkt $P_1(x_1|y_1)$

Zwei-Punkte-Form

$f(x) = \dfrac{y_2 - y_1}{x_2 - x_1} \cdot (x - x_1) + y_1$

▶ bei zwei gegebenen Punkten $P_1(x_1|y_1)$ und $P_2(x_2|y_2)$

Gegeben: $m = 2$ und $P_1(-0{,}5|3)$

$f(x) = 2 \cdot (x - (-0{,}5)) + 3$
$ = 2x + 1 + 3$
$ = 2x + 4$

Gegeben: $P_1(-1|7{,}5)$ und $P_2(4|0)$

$f(x) = \dfrac{0 - 7{,}5}{4 - (-1)} \cdot (x - (-1)) + 7{,}5$
$ = -1{,}5 \cdot (x + 1) + 7{,}5$
$ = -1{,}5\,x + 6$

Um die Gleichung einer linearen Funktion in der Form $f(x) = mx + b$ angeben zu können, müssen die Werte für m und b bekannt sein. Sind diese nicht bekannt, gibt es drei Möglichkeiten die Gleichung zu bestimmen:
- **Das Schaubild der Funktion ist gegeben.**
  Die Steigung kann mithilfe eines Steigungsdreiecks und der y-Achsenabschnitt am Schnittpunkt des Schaubildes mit der y-Achse abgelesen werden.
- **Die Steigung m und ein Punkt des Schaubildes sind gegeben.**
  Durch Einsetzen der gegebenen Steigung und der Koordinaten des gegebenen Punktes in die allgemeine Funktionsgleichung $f(x) = mx + b$ und anschließendes Umstellen kann b berechnet werden.
- **Zwei Punkte des Schaubildes sind gegeben.**
  Die Steigung m kann durch Einsetzen der Punktkoordinaten der beiden Punkte $P_1(x_1|y_1)$ und $P_2(x_2|y_2)$ in die Steigungsformel berechnet werden: $m = \dfrac{y_2 - y_1}{x_2 - x_1}$. Anschließend wird b durch Einsetzen der ermittelten Steigung und der Koordinaten eines der beiden Punkte in die allgemeine Funktionsgleichung $f(x) = mx + b$ berechnet.

1. Die Schaubilder von f, g, h und p sind in der nebenstehenden Zeichnung gegeben. Bestimmen Sie anhand der Schaubilder die Funktionsgleichungen.

2. Bestimmen Sie durch Rechnung die Gleichung der linearen Funktion, deren Schaubild die Steigung m hat und den Punkt P enthält.
   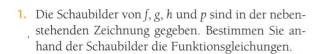
   a) $m = 0{,}8$; $P(4|-1)$ c) $m = -3$; $P(0|-1)$
   b) $m = 0$; $P(2{,}5|7)$ d) $m = 1$; $P(3|0)$

3. Bestimmen Sie durch Rechnung die Gleichung der linearen Funktion, deren Schaubild die angegebenen Punkte enthält.
   a) $A(3|2)$ und $B(2|4)$
   b) $C(-2|5)$ und $D(6|13)$
   c) $P(-4|6)$ und $Q(1{,}5|6)$

4. Leiten Sie die Punkt-Steigungsform und die Zwei-Punkte-Form einer linearen Funktionsgleichung her.
   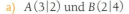

1 Funktionen, ihre Schaubilder und zugehörige Gleichungen

Übungen zu 1.2.1

1. Geben Sie die Steigung m und den y-Achsenabschnitt b der linearen Funktionen an.
a) $f(x) = 3x$
b) $f(x) = \frac{3}{2}x - 1$
c) $f(x) = -\frac{4}{5}x + \frac{5}{2}$
d) $f(x) = 4$
e) $f(x) = -\frac{1}{2}x$
f) $f(x) = \frac{1}{5}x + 2$
g) $f(x) = \frac{3}{4}x - 3$
h) $f(x) = 1,5x + 0,5$

2. Ordnen Sie die Schaubilder den Funktionsgleichungen zu.
a) $f(x) = 3$
b) $f(x) = 2x - 1$
c) $f(x) = \frac{1}{2}x + 1$
d) $f(x) = -3x + 4$
e) $f(x) = -\frac{3}{4}x + 2$
f) $f(x) = \frac{1}{3}x$

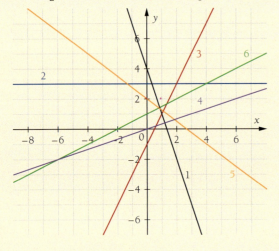

3. Zeichnen Sie die Schaubilder der Funktionen aus Aufgabe 1 in ein Koordinatensystem.

4. Geben Sie die Funktionsgleichungen zu den abgebildeten Geraden an.

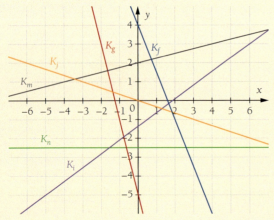

5. Bestimmen Sie die Gleichung der Geraden, die durch P geht und die Steigung m hat.
a) $P(2|5); m = 3$
b) $P(4|-2); m = 0$
c) $P(-3|1); m = -1$
d) $P(1,5|0,5); m = -4$

6. Bestimmen Sie jeweils die Gleichung der Geraden, die durch P_1 und P_2 geht.
a) $P_1(5|2);\quad P_2(3|1)$
b) $P_1(3,5|0);\quad P_2(7|2)$
c) $P_1(2|4);\quad P_2(0|6)$
d) $P_1(-1,5|0); P_2(1,5|-6)$
e) $P_1(-1|3);\quad P_2(1|3)$
f) $P_1(3|1);\quad P_2(3|0)$

7. Ebru möchte wissen, wie hoch der Wasserverbrauch beim Baden ist. Deshalb füllt sie zunächst einen Eimer mit Wasser und stellt fest, dass pro Minute 10 ℓ Wasser fließen.
a) Geben Sie eine Funktionsgleichung an, die diesen Sachverhalt beschreibt.
b) Zeichnen Sie das Schaubild der Funktion.
c) Bestimmen Sie anhand der Zeichnung den Zeitpunkt, zu dem sich 30 ℓ Wasser in der Wanne befinden. Überprüfen Sie den Wert rechnerisch.
d) Ebru lässt das Wasser 12 Minuten laufen. Geben Sie den Wasserverbrauch an und markieren Sie den Punkt am Schaubild.

8. Ein Telekommunikationsanbieter möchte eine Preisanpassung durchführen. Der bisherige Preis setzt sich aus einer Grundgebühr von 9 € und einem Minutenpreis von 0,09 € zusammen. Aus einer Umfrage bei zehn repräsentativen Kunden ist bekannt, dass keiner der Kunden mehr als 30 € pro Monat ausgeben möchte und auch niemand eine Preiserhöhung von mehr als 10 % hinnehmen würde. Die bisherigen Verbrauchsdaten der zehn Kunden sind 25, 80, 200, 220, 150, 180, 120, 30, 50 bzw. 100 Minuten pro Monat.
Experimentieren Sie, wie ein neuer Tarif aussehen könnte, der den Gesamtumsatz unter diesen Voraussetzungen möglichst stark vergrößert. Dokumentieren Sie Ihre Ideen und beschreiben Sie, wie Sie vorgegangen sind.
Betrachten Sie auch die Möglichkeit, dass sowohl ein Flatrate- als auch ein Minutentarif zur Auswahl stehen sollen.

1.2.2 Schnittpunkte und Steigungswinkel

Eine lineare Funktion schneidet oft nicht nur die y-Achse im y-Achsenschnittpunkt $S_y(0|b)$, sondern auch die x-Achse.

Bestimmung der Nullstelle

Die Infusionsflasche aus dem Eingangsbeispiel 2 enthält 80 ml Infusionsflüssigkeit (▶ Seite 36). Die Menge der Infusionsflüssigkeit nimmt linear mit 2 ml pro Minute ab. Die Funktionsgleichung lautet $f(x) = -2x + 80$. Bestimmen Sie, wann die Flasche komplett leer ist.

Das Schaubild von f schneidet die x-Achse im Punkt N.

Die y-Koordinate von N ist 0. Das heißt in unserer Situation, dass die Flasche leer ist.
Die x-Koordinate von N nennen wir x_N. Sie gibt die Zeit in Minuten an, die vergeht, bis die Flasche leer ist.

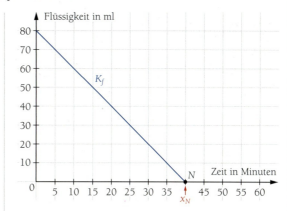

Der gesuchte Wert für x_N muss die Bedingung erfüllen, dass der zugehörige Funktionswert $f(x_N)$ gleich 0 ist. Für $f(x_N)$ setzen wir den Funktionsterm ein. Dann können wir die Gleichung nach x_N auflösen und erhalten $x_N = 40$.
Die Infusionsflasche ist also nach 40 Minuten leer.

$$f(x_N) = 0$$
$$\Leftrightarrow -2x_N + 80 = 0$$
$$\Leftrightarrow -2x_N = -80$$
$$\Leftrightarrow x_N = 40$$
$$\Rightarrow N(40|0)$$

Allgemein wird x_N **Nullstelle** von f genannt.
Der zugehörige Punkt $N(x_N|0)$ heißt **x-Achsenschnittpunkt** des Schaubildes.

> Schnittpunkte des Schaubildes einer linearen Funktion mit den Koordinatenachsen sind:
> - der y-Achsenschnittpunkt $S_y(0|b)$.
>   Zur Bestimmung wird $f(0)$ berechnet.
> - der x-Achsenschnittpunkt $N(x_N|0)$.
>   Dabei heißt x_N **Nullstelle** von f. An der Nullstelle $x_N \in D_f$ nimmt die Funktion also den Wert null an.
>   Zur Bestimmung der Nullstelle wird die Gleichung $f(x_N) = 0$ nach x_N aufgelöst.
>   Verläuft eine lineare Funktion parallel zur x-Achse, so hat sie keine Nullstelle.

1. Berechnen Sie die Nullstellen der Funktionen und geben Sie den x-Achsenschnittpunkt an.
a) $f(x) = 0,4x + 3,2$ b) $f(x) = -\frac{3}{4}x + 3$ c) $f(x) = 0,5x$ d) $f(x) = 3x - 5$ e) $f(x) = 4$

2. Ein Planschbecken ist mit 455 Litern Wasser gefüllt und soll geleert werden. Pro Minute laufen 35 Liter ab. Berechnen Sie, wie lange es dauert, bis das Becken leer ist. Stellen Sie zunächst eine Funktionsgleichung auf, die den Ablaufvorgang darstellt.

3. Bestimmen Sie jeweils die Gleichung der linearen Funktion mit folgenden Eigenschaften.
a) Nullstelle bei $x = 2$, y-Achsenabschnitt $b = 11$ b) Nullstelle bei $x = 5$, Steigung $m = -0,5$

1 Funktionen, ihre Schaubilder und zugehörige Gleichungen

Auch die Schaubilder zweier Funktionen können einen Schnittpunkt besitzen.

11 Schnittpunkt zweier Geraden

Gegeben sind die Funktionen f mit $f(x) = -1{,}5x + 6$ und g mit $g(x) = 2x - 1$.
Zeichnen Sie die zugehörigen Schaubilder K_f und K_g.
Bestimmen Sie die Koordinaten des Schnittpunktes S zeichnerisch und rechnerisch.

Zeichnerisch:
Wir zeichnen die beiden Schaubilder in ein Koordinatensystem und lesen den Schnittpunkt ab.
Der Schnittpunkt der Schaubilder von f und g ist $S(2|3)$.

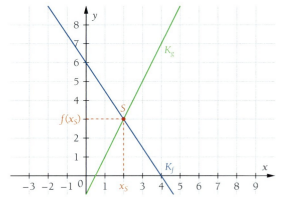

Rechnerisch:
Der Schnittpunkt ist ein gemeinsamer Punkt der Schaubilder von f und g. Gesucht ist also die Stelle x_S, bei der beide Funktionen auch den gleichen Funktionswert haben. Es muss also gelten:
$f(x_S) = g(x_S)$

Wir setzen die Funktionsterme auf beiden Seiten dieser Gleichung ein und lösen dann nach x_S auf.

x_S heißt **Schnittstelle** der Funktionen und ist die x-Koordinate des **Schnittpunktes** S.

Die y-Koordinate von S erhalten wir, indem wir den Funktionswert $f(x_S)$ bzw. $g(x_S)$ berechnen. Der Schnittpunkt von K_f und K_g ist folglich $S(2|3)$.

$$\begin{aligned} f(x_S) &= g(x_S) \\ \Leftrightarrow -1{,}5x_S + 6 &= 2x_S - 1 \quad |-2x_S\;|-6 \\ \Leftrightarrow -3{,}5x_S &= -7 \quad |:(-3{,}5) \\ \Leftrightarrow x_S &= 2 \end{aligned}$$

▶ 2 ist die x-Koordinate des Schnittpunktes.

$f(2) = g(2) = 3 \Rightarrow S(2|3)$

▶ 3 ist die y-Koordinate des Schnittpunktes S.

> Die Berechnung des **Schnittpunktes** $S(x_S|y_S)$ zweier Schaubilder erfolgt in zwei Schritten:
> - Die Schnittstelle x_S zweier Funktionen wird berechnet, indem die Funktionsterme gleichgesetzt werden:
> $f(x_S) = g(x_S)$
>   Anschließend wird die Gleichung nach x_S aufgelöst.
> - Der zugehörige Funktionswert wird durch Einsetzen von x_S in eine der beiden Funktionsgleichungen ermittelt.

1. Bestimmen Sie, sofern möglich, den Schnittpunkt der zugehörigen Schaubilder.
   a) $f(x) = 5x + 2;$ $\quad g(x) = -2x + 16$
   b) $f(x) = 0{,}5x + 4;$ $\quad g(x) = 0{,}25x - 2$
   c) $f(x) = -0{,}6x + 4;$ $\quad g(x) = -\frac{3}{5}x$
   d) $f(x) = \frac{1}{6}x + 8;$ $\quad g(x) = -\frac{1}{8}x + 8$
   e) $f(x) = 3;$ $\quad g(x) = \frac{1}{10}x$
   f) $f(x) = \frac{1}{2}x + 2{,}5;$ $\quad g(x) = 0{,}5x + \frac{5}{2}$

2. Die drei Geraden mit den Gleichungen $f(x) = -2x + 4$, $g(x) = 2x - 2$ und $h(x) = 4$ schließen ein Dreieck ein. Bestimmen sie zeichnerisch und rechnerisch die Eckpunkte des Dreiecks.

1.2 Lineare Funktionen

In vielen Anwendungen ist neben dem Schnittpunkt auch der Schnittwinkel mit der x-Achse interessant. Er heißt **Steigungswinkel**.

Bestimmen des Steigungswinkels

Sonnenstrahlen fallen im Sommer in Deutschland etwa in einem 55°-Winkel auf die Erde. Entscheiden Sie, welche der folgenden beiden Geraden die Sonneneinstrahlung am besten widerspiegelt: K_f mit $f(x) = 1{,}4x$ oder K_g mit $g(x) = 1{,}5x$. Bestimmen Sie anschließend die Funktionsgleichung der Geraden, die den Einfall der Sonnenstrahlen exakt beschreibt.

Die Sonnenstrahlen bilden mit der Erdoberfläche ein rechtwinkliges Steigungsdreieck. Die Steigung und der Steigungswinkel α stehen in einem Zusammenhang, der aus der Trigonometrie stammt:

$\tan(\alpha) = \dfrac{\text{Länge der Gegenkathete}}{\text{Länge der Ankathete}} = m$

▶ Gegenkathete (gegenüber dem Winkel α)
 Ankathete (anliegend am Winkel α)

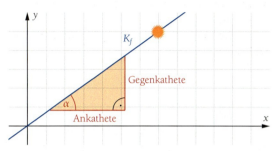

Es gilt also: $m = \tan(\alpha)$. Diesen Zusammenhang können wir nutzen, um eine Entscheidung zu treffen. Wir setzen die Steigungen m_f und m_g nacheinander in die Gleichung ein. Da wir am Winkel α interessiert sind, müssen wir die Gleichungen noch umformen.

▶ Taste $\boxed{\tan^{-1}}$ auf dem Taschenrechner

Offensichtlich beschreibt die Funktionsgleichung $f(x) = 1{,}4x$ den Sachverhalt besser, da 54,46° näher an 55° liegt als 56,31°.

Die Steigung der Geraden entlang der Sonnenstrahlen berechnen wir aus dem Einfallswinkel von 55°. Die Sonneneinstrahlung lässt sich durch die Gerade mit $f(x) = 1{,}43x$ darstellen.

$m_f = \tan(\alpha)$
$1{,}4 = \tan(\alpha)$
$\Rightarrow 54{,}46° \approx \alpha$

$m_g = \tan(\alpha)$
$1{,}5 = \tan(\alpha)$
$\Rightarrow 56{,}31° \approx \alpha$

$m = \tan(\alpha)$
$m = \tan(55°)$
$m \approx 1{,}43$

Winkel im Gradmaß, also Taschenrechner auf DEG oder Degree stellen.

> Der **Steigungswinkel** α einer linearen Funktion f ist derjenige Winkel, den die Gerade zu f mit der x-Achse bildet. Es gilt: $m = \tan(\alpha)$ mit $-90° < \alpha < 90°$

Hinweis: Für positive Steigungen ist der Steigungswinkel positiv und wird entgegen dem Uhrzeigersinn (im mathematisch positiven Sinne) gemessen. Für negative Steigungen ist der Steigungswinkel negativ und wird mit dem Uhrzeigersinn (im mathematisch negativen Sinne) gemessen.

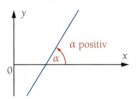
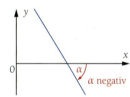

▶ Alternativ kann der Anstiegswinkel für negative Steigungen auch als Ergänzungswinkel $\alpha' = 180° - |\alpha|$ definiert werden.

1. Bestimmen Sie den Steigungswinkel der zu f gehörenden Geraden.
 a) $f(x) = -\tfrac{3}{5}x + 5$ b) $f(x) = 5x - 3$ c) $f(x) = 2$

2. Bestimmen Sie die Gleichung der Geraden, die die x-Achse bei $x = 1$ unter einem Winkel von 20° schneidet.

1 Funktionen, ihre Schaubilder und zugehörige Gleichungen

Exkurs: Bestimmen des Schnittwinkels zweier Geraden

13 Bestimmen eines Schnittwinkels

Auf einem Garagendach sollen Solarkollektoren aufgestellt werden. Ideal zur Energieerzeugung ist ein möglichst senkrechtes Auftreffen von Sonnenstrahlen auf Sonnenkollektoren. Die Sonneneinstrahlung lässt sich durch die Gerade K_f mit $f(x) = 1{,}43x$ beschreiben (▶ Seite 47). Die Kollektorfläche liegt entlang der Geraden K_g mit $g(x) = -x + 3$.
Bestimmen Sie den Schnittwinkel zwischen Kollektorfläche und Sonneneinstrahlung.

Der **Schnittwinkel** γ zwischen zwei Geraden ist immer ein Winkel kleiner oder gleich 90°. Er wird aus den Steigungen der beiden Geraden berechnet:
$\tan(\gamma) = \left|\dfrac{m_g - m_f}{1 + m_f \cdot m_g}\right|$, mit den Steigungen m_f und m_g der betrachteten Geraden.

In unserem Fall ist $m_f = 1{,}43$ die Steigung der Geraden zu f und $m_g = -1$ die Steigung der Geraden zu g.

Wir setzen die Steigungswerte in die Formel ein und berechnen den Winkel γ.

$$\tan(\gamma) = \left|\dfrac{m_g - m_f}{1 + m_f \cdot m_g}\right|$$
$$= \left|\dfrac{-1 - 1{,}43}{1 + 1{,}43 \cdot (-1)}\right|$$
$$= \left|\dfrac{-2{,}43}{-0{,}43}\right|$$
$$= |-5{,}65|$$
$$= 5{,}65$$
$$\Rightarrow \gamma \approx 79{,}97°$$

Die Sonnenstrahlen treffen tatsächlich fast senkrecht auf die Solarkollektoren auf.

- Der **Schnittwinkel** γ zweier Geraden liegt zwischen 0° und 90°.
- Es gilt: $\tan(\gamma) = \left|\dfrac{m_g - m_f}{1 + m_f \cdot m_g}\right|$.
  Dabei sind m_f und m_g die Steigungen der beiden Geraden.

Bestimmen Sie die Koordinaten der Schnittpunkte sowie den Schnittwinkel der zu den gegebenen Funktionsgleichungen gehörenden Schaubilder.
a) $f(x) = -3x + 7;$ $\quad g(x) = 2x + 9{,}5$ $\quad$ c) $f(x) = \tfrac{1}{2}x - 1;$ $\quad g(x) = -x + 5$
b) $f(x) = -0{,}25x - 1;$ $\quad g(x) = 0{,}5x - 2$ $\quad$ d) $f(x) = 2;$ $\quad g(x) = x$

Übungen zu 1.2.2

1. Untersuchen Sie die Funktionen auf Nullstellen.
   a) $f(x) = -x + 2$
   b) $f(x) = \frac{3}{2}x - 4$
   c) $f(x) = \frac{2}{3}x - \frac{7}{2}$
   d) $f(x) = 2$
   e) $f(x) = x$
   f) $f(x) = 0{,}1x + 1$
   g) $f(x) = -2x + 3x$
   h) $f(x) = 10x + 10$

2. Untersuchen Sie die Geraden auf gemeinsame Punkte.
   a) $f(x) = 2x - 3;\quad g(x) = -x + 3$
   b) $f(x) = \frac{3}{4}x - \frac{27}{4};\quad g(x) = x - 8$
   c) $f(x) = \frac{3}{4}x + \frac{25}{4};\quad g(x) = 0{,}75x - 2{,}5$
   d) $f(x) = \frac{3}{4}x + \frac{7}{2};\quad g(x) = -\frac{3}{4}x + \frac{13}{2}$

3. Gegeben ist die Funktion f mit $f(x) = 3{,}5x - 12$. Das Schaubild der Funktion g verläuft durch die Punkte $P_1(-1|9{,}5)$ und $P_2(2|5)$.
   a) Bestimmen Sie die Funktionsgleichung der Funktion g.
   b) Zeichnen Sie die Schaubilder K_f und K_g.
   c) Bestimmen Sie zeichnerisch und rechnerisch die Nullstellen von f und g.
   d) Ermitteln Sie zeichnerisch und rechnerisch die Achsenschnittpunkte und die Schnittpunkte beider Geraden.
   e) Berechnen Sie den Winkel, den die Gerade zu f mit der x-Achse bildet.
   f) Berechnen Sie den Steigungswinkel der Geraden K_g.

4. Geben Sie die lineare Funktion an, die den Steigungswinkel $\alpha = 60°$ und den y-Achsenschnittpunkt $S_y(0|6)$ besitzt.

5. Gegeben sind die beiden folgenden Schaubilder.

   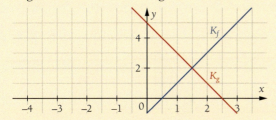

   a) Bestimmen Sie die zugehörigen Funktionsgleichungen.
   ▶ Hinweis: Achten Sie auf die Achseneinteilung.
   b) Berechnen Sie den Schnittpunkt von K_f und K_g.

6. Zwei Motorradfahrer fahren auf derselben Straße von A nach B. Die beiden Orte sind 270 km voneinander entfernt. Fahrer 1 fährt um 9 Uhr ab und hält eine Durchschnittsgeschwindigkeit von $45\,\frac{km}{h}$. 75 Minuten später startet Fahrer 2 und fährt durchschnittlich $60\,\frac{km}{h}$.

   a) Stellen Sie den Sachverhalt mithilfe zweier Funktionen dar und zeichnen Sie deren Schaubilder.
   b) Ermitteln Sie durch Rechnung die Ankunftszeiten beider Fahrer.
   c) Bestimmen Sie den Zeitpunkt, an dem sich die beiden Fahrer treffen. Wie weit sind sie zu diesem Zeitpunkt vom Startpunkt entfernt?

7. In einem Urlaubsort gibt es folgende Angebote für die Ausleihe eines Fahrrads:
   Angebot 1: Leihgebühr 10 € pro Tag.
   Angebot 2: 120 € Sparpreis für 2 Wochen.
   Angebot 3 ist unten grafisch dargestellt.

   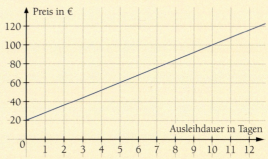

   a) Geben Sie für die drei Angebote jeweils eine Funktionsgleichung an, die die Kosten in Abhängigkeit von der Leihdauer darstellt.
   b) Übertragen Sie die Abbildung in Ihr Heft und zeichnen Sie die Schaubilder zu den Angeboten 1 und 2 in die Abbildung ein.
   c) Stellen Sie rechnerisch einen Preisvergleich für eine Leihdauer von 11 Tagen an.
   d) Lesen Sie aus der Zeichnung ab, für welche Leihdauer das 3. Angebot das günstigste ist.

1 Funktionen, ihre Schaubilder und zugehörige Gleichungen

1.2.3 Parallele und orthogonale Geraden

Bei der gegenseitigen Lage von Geraden gibt es zwei Spezialfälle: Zwei Geraden können **parallel** zueinander verlaufen oder sich **orthogonal**, also senkrecht schneiden.

14 Parallele Geraden

Bestimmen Sie die Funktionsgleichung einer linearen Funktion g, deren Schaubild zum Schaubild von f mit $f(x) = 0{,}5x + 1{,}5$ parallel ist und durch den Punkt $S_y(0|-1)$ verläuft.

Parallele Geraden haben die gleiche Steigung ($m_f = m_g$), aber einen unterschiedlichen y-Achsenabschnitt ($b_f \neq b_g$).
Wir schreiben kurz: $f \parallel g$.
Die Steigung von g ist also identisch mit der Steigung von f: $m = 0{,}5$.

Der y-Achsenabschnitt b ist aber unterschiedlich: bei g ist dieser $b_g = -1$. Somit ist die Gerade zu $g(x) = 0{,}5x - 1$ parallel zu derjenigen mit $f(x) = 0{,}5x + 1{,}5$.

▶ Das Schaubild von K_g entsteht quasi durch Verschiebung von K_f um 2,5 Einheiten nach unten. Dies äußert sich im y-Achsenabschnitt: $1{,}5 - 2{,}5 = -1$, Seite 162

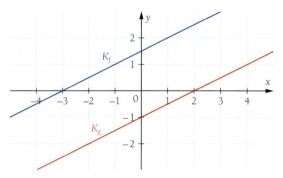

Anhand der Abbildung sehen wir, dass K_f und K_g keinen Schnittpunkt besitzen. Eine entsprechende Rechnung kann dies bestätigen.
Wir erhalten eine falsche Aussage und damit keine Lösung bei der Schnittstellenbestimmung.

$$f(x_S) = g(x_S)$$
$$\Leftrightarrow 2x_S + 1 = 2x_S - 2{,}5$$
$$\Leftrightarrow \quad\quad 1 = -2{,}5 \quad \text{(f)}$$

15 Orthogonale Geraden

Zeichnen Sie zwei Paare von orthogonalen Geraden. Formulieren Sie eine Beobachtung für den Zusammenhang der jeweiligen Steigungen.

Wir betrachten zwei Paare orthogonaler Geraden und vergleichen die jeweiligen Steigungsdreiecke. Dabei fällt auf, dass der eine Steigungswert jeweils der negative Kehrwert des anderen Steigungswerts ist:

$m_1 = \frac{3}{2} \quad \rightarrow \quad m_2 = -\frac{2}{3}$
$m_3 = -4 \quad \rightarrow \quad m_4 = \frac{1}{4}$

Anders ausgedrückt: $m_1 \cdot m_2 = -1$ und $m_3 \cdot m_4 = -1$
Dies gilt bei orthogonalen Geraden allgemein:
Die Schaubilder K_f und K_g zweier linearer Funktionen f und g mit den Steigungen m_f und m_g sind genau dann orthogonal (zueinander senkrecht), wenn die Gleichung $m_f \cdot m_g = -1$ gilt.
Wir schreiben kurz: $f \perp g$.

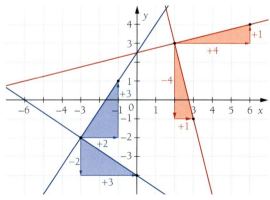

▶ $m_f \cdot m_g = -1$ lässt sich auch schreiben als $m_g = -\frac{1}{m_f}$

1.2 Lineare Funktionen

Bestimmen einer Orthogonalen

Gegeben sind die Gerade K_f mit der Gleichung $f(x) = 1{,}2x + 3$ und der Punkt $P(2|1)$.
Bestimmen Sie die Gleichung der Geraden K_g, die orthogonal zu K_f ist und durch P geht.

Wir setzen den Wert für m_f in die Orthogonalitätsbedingung ein und erhalten den Wert für m_g.	$m_f \cdot m_g = -1$ $\Leftrightarrow 1{,}2 \cdot m_g = -1$
Die Gerade K_g hat also die Steigung $m_g = -\frac{5}{6}$.	$\Leftrightarrow m_g = -\frac{5}{6}$
Einsetzen des Wertes von m_g und der Koordinaten von P in $g(x) = mx + b$ liefert den Wert für b.	$1 = -\frac{5}{6} \cdot 2 + b$ $\Leftrightarrow \frac{8}{3} = b$
Die Gleichung der Geraden K_g lautet $g(x) = -\frac{5}{6}x + \frac{8}{3}$.	

- Die Schaubilder zweier linearer Funktionen f und g sind genau dann **parallel**, wenn sie die gleiche Steigung haben: $\mathbf{m_f = m_g}$ (Parallelitätsbedingung).
- Die Schaubilder zweier linearer Funktionen f und g sind genau dann **orthogonal**, wenn gilt: $\mathbf{m_f \cdot m_g = -1}$ (Orthogonalitätsbedingung).

1. Geben Sie die Funktionsgleichungen jeweils dreier Geraden an, die zu dem Schaubild der Funktion f mit der Gleichung $f(x) = -2x + 5$ parallel bzw. orthogonal sind.

2. Geben Sie zu den linearen Funktionen die Gleichung einer Parallelen an.
   a) $f(x) = 6x + 2$ b) $f(x) = -0{,}25x$ c) $f(x) = 2{,}4x - 0{,}8$ d) $f(x) = 8$

3. Geben Sie zu den linearen Funktionen jeweils die Gleichung derjenigen orthogonalen Geraden g an, die durch den Punkt P verläuft.
   a) $f(x) = \frac{5}{6}x + 1$; $P(-5|10)$ c) $f(x) = -0{,}75x$; $P(9|-4)$
   b) $f(x) = 3x - 8$; $P(6|-2)$ d) $f(x) = -2$; $P(1|3)$

Übungen zu 1.2.3

1. Gegeben sind die folgenden Geraden. Treffen Sie eine Aussage über die gegenseitige Lage der Geraden. Welche der folgenden Geraden sind parallel bzw. orthogonal?
   $g_1(x) = \frac{3}{4}x + 2$ $g_3(x) = 0{,}75x - 1$ $g_5(x) = -\frac{4}{3}x$ $g_7(x) = \frac{4}{3}$
   $g_2(x) = -\frac{3}{4}x - 2$ $g_4(x) = 1{,}\overline{3}x + 5$ $g_6(x) = -0{,}75x - 8$ $g_8(x) = -0{,}75$

2. Bestimmen Sie zur gegebenen Geraden die Gleichung der Parallelen und die der Orthogonalen durch P.
   a) $f(x) = 4x - 1$; $P(-1|-3)$ b) $f(x) = -\frac{4}{5}x + \frac{6}{5}$; $P(-0{,}5|1)$ c) $f(x) = -4{,}5x$; $P(3|0)$

3. Die Schaubilder der linearen Funktionen f, g, h und i bilden die Seiten eines Vierecks ABCD. Das Schaubild von f schneidet die x-Achse bei 3 und die y-Achse bei 6. Die Funktion g ist gegeben durch die Wertetabelle. Das Schaubild von h verläuft parallel zum Schaubild von f und schneidet die x-Achse bei $x_N = -2$. Das Schaubild von i ist orthogonal zum Schaubild von f und geht durch den Punkt $P(3|5)$.

x	−2,5	0	3	4,5
g(x)	−9	−4	2	5

   a) Bestimmen Sie rechnerisch die Funktionsgleichungen der vier Funktionen.
   b) Zeichnen Sie die Geraden in ein Koordinatensystem.
   c) Berechnen Sie die Koordinaten der Punkte A, B, C und D.

1 Funktionen, ihre Schaubilder und zugehörige Gleichungen

Übungen zu 1.2

1. Untersuchen Sie die folgenden Funktionen auf Nullstellen. Geben Sie außerdem den jeweiligen y-Achsenschnittpunkt an.
a) $f(x) = -x + 4$
b) $f(x) = \frac{3}{2}x - 4$
c) $f(x) = 5$
d) $f(x) = x$
e) $f(x) = 0{,}1x - 1$
f) $f(x) = 3x + 3$

2. Bestimmen Sie die Funktionsgleichung der linearen Funktion, deren Schaubild
a) die Steigung 10 hat und durch $P(4|-8)$ geht.
b) durch $A(-2|25)$ und $B(5|13)$ verläuft.
c) durch $C(0|8)$ und $D(-4|4)$ verläuft.
d) in der Zeichnung abgebildet ist.

e) durch den Punkt $T(1|2)$ verläuft und eine Steigung von $m = 2$ besitzt.
f) durch die folgende Wertetabelle gegeben ist.

x	−4	−2	0	2	4
h(x)	6,5	5,5	4,5	3,5	2,5

g) den Steigungswinkel $\alpha = 60°$ und den y-Achsenschnittpunkt $S_y(0|6)$ besitzt.

3. Bestimmen Sie die Funktionsgleichungen der linearen Funktionen f und g aus der Zeichnung.

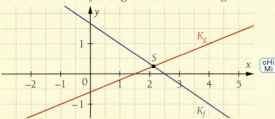

a) Bestimmen Sie die Koordinaten von S rechnerisch.
b) Bestimmen Sie die x-Koordinate des Punktes $P(\ldots|1)$ auf K_f und die y-Koordinate des Punktes $Q(3|\ldots)$ auf K_g.
c) Bestimmen Sie alle x-Werte für die gilt: $f(x) > 0$ bzw. $g(x) > 0$.
d) Zeigen Sie, dass der Punkt $A(2|0{,}2)$ auf der Geraden zu g liegt.
e) Zeigen Sie, dass der Punkt $B(3|0{,}7)$ nicht auf der Geraden zu g liegt.

4. Untersuchen Sie die folgenden Geraden auf gemeinsame Punkte.
a) $f(x) = 2x - 3$ $\quad g(x) = -x + 3$
b) $f(x) = \frac{3}{4}x - \frac{27}{4}$ $\quad g(x) = x - 8$
c) $f(x) = \frac{3}{4}x + \frac{7}{2}$ $\quad g(x) = -\frac{3}{4}x + \frac{13}{2}$
d) $f(x) = 2x + 2$ $\quad g(x) = 2x + 6$
e) $f(x) = \frac{1}{2}x + 5$ $\quad g(x) = -2x + 1$
f) $f(x) = x + 2$ $\quad g(x) = x + \frac{4}{2}$

5. Berechnen Sie die Gleichung der Geraden h, die orthogonal zur Geraden i mit $i(x) = -4x - 7{,}5$ und durch den Punkt $O(-2|9)$ verläuft.

6. Berechnen Sie die Gleichung der Geraden g, die parallel zur Geraden f mit $f(x) = 2x + 1$ und durch den Punkt $P(1|-1)$ verläuft.

7. Geben Sie die Funktionsgleichungen von drei Geraden an, die den Punkt $P(1|2)$ gemeinsam haben.

8. Gegeben ist die lineare Funktion f mit der Funktionsgleichung $f(x) = 0{,}5x - 3$. Eine Parallele zum Schaubild dieser Funktion verläuft durch den Punkt $A(5|5)$.
a) Zeichnen Sie das Schaubild der Funktion f und die Parallele zu K_f durch A.
b) Kennzeichnen Sie in Ihrer Zeichnung $f(0)$, $f(2)$ und $f(4)$.
c) Bestimmen Sie die Funktionsgleichung der Funktion g, deren Schaubild die Parallele zu K_f ist.
d) Berechnen Sie die Nullstelle von g.

9. f, g und h sind drei lineare Funktionen.
a) Beschreiben Sie die Bedeutung des Ausdrucks $f(2) = 0$ und $g(2) > 0$.
b) Für g gilt: $g(0) = -1$ und $g(2) = 5$. Beschreiben Sie das Steigungsverhalten des Schaubildes K_g.
c) Beschreiben Sie die Bedeutung des Ausdrucks $g(x) > f(x)$ für alle $x \in D_f$ und $x \in D_g$.
d) Es gilt $f(2) = h(2)$. Beschreiben Sie ein Vorgehen, um zu entscheiden, ob für $x < 2$ gilt $g(x) > h(x)$ oder $g(x) < h(x)$.
e) Beschreiben Sie die Bedeutung von $h(x) = 0$. Diskutieren Sie in der Klasse, ob alle die gleiche Interpretation gefunden haben, und beurteilen Sie ggf. die unterschiedlichen Lösungen.

1.2 Lineare Funktionen

10. Ein Tanklaster mit Diesel beliefert eine Tankstelle und wird dort vollständig leer gepumpt. Nach 8 Minuten enthält er noch $11{,}6\,m^3$ Diesel, nach weiteren 6 Minuten $9{,}2\,m^3$ Diesel.
a) Stellen Sie den Sachverhalt in einem Koordinatensystem dar und bestimmen Sie die zugehörige Funktionsgleichung.
b) Berechnen Sie, nach wie vielen Minuten der Tanklaster leer ist und wie lange das Leerpumpen dauert.
c) Bestimmen Sie das Fassungsvermögen des Tanklasters in Litern. Schätzen Sie ab, wie viele Autos damit betankt werden können.
d) Geben Sie einen sinnvollen Definitionsbereich der Funktion an, die das Fassungsvermögen beschreibt.

11. Die Fly Bike Werke produzieren Bügelschlösser. Dafür stehen zwei Maschinen zur Auswahl: Beim Einsatz von Maschine 1 muss mit fixen Kosten von 25 € und mit 1,50 € Kosten pro Schloss zusätzlich für Lohn und Material gerechnet werden. Auf Maschine 2 können die Schlösser in 10er-Chargen gefertigt werden. Für jede angefangene Charge entstehen 20 € Kosten. Beide Maschinen können täglich jeweils 50 Schlösser herstellen.
Der höchste Absatz in den drei Sommermonaten liegt bei durchschnittlich 38 Schlössern pro Tag.

Helfen Sie den Verantwortlichen bei der Entscheidung für eine der beiden Maschinen.

a) Erstellen Sie eine Wertetabelle, die für Maschine 1 den Zusammenhang zwischen produzierter Menge und Kosten wiedergibt, und zeichnen Sie die zugehörige Gerade in ein Koordinatensystem.
b) Erläutern Sie, warum das Schaubild zu Maschine 2 nicht als Gerade dargestellt werden kann, und zeichnen Sie es in das Koordinatensystem aus a).
c) Bei welcher Produktionsmenge fallen Kosten in Höhe von 60 Euro an?
d) Welche Maschine sollte für die Produktion von täglich 38 Bügelschlössern eingesetzt werden?
e) Für welche Mengen ist Maschine 1 günstiger?

12. Eine Gerade verläuft durch die Punkte $A(2|3)$ und $B(5|6)$.
a) Zeichnen Sie die Gerade und geben Sie die Funktionsgleichung an.
b) Berechnen Sie die y-Koordinate des Punktes P mit der x-Koordinate 4.
c) Bestimmen Sie rechnerisch die Stelle der Funktion mit dem Funktionswert 8.

13. Die Aufnahmegebühr für einen Sportverein beträgt 20 €. Dazu kommt ein fester monatlicher Mitgliedsbeitrag. Nach einem Jahr werden 122 € vom Konto abgebucht.
a) Zeichnen Sie ein Schaubild, das die Kosten in Abhängigkeit von der Zeit darstellt. Ermitteln Sie die zugehörige Funktionsgleichung.
b) Lesen Sie aus der Zeichnung ab und beantworten Sie dann mithilfe der Funktionsgleichung:
  b_1) Wie hoch ist der monatliche Mitgliedsbeitrag?
  b_2) Was kostet eine 3-jährige Mitgliedschaft?
  b_3) Wie lange kann man für 275 € Mitglied sein?
c) Bei einem Mitglied eines Segelclubs wurden am Ende des ersten Jahres der Mitgliedschaft 132 € abgebucht. Nach Ablauf von 4 Jahren Mitgliedschaft waren 348 € an Kosten entstanden.
Zeichnen Sie ein Schaubild, das die Kosten in Abhängigkeit von der Zeit darstellt. Ermitteln Sie die zugehörige Funktionsgleichung.
d) Lesen Sie aus der Zeichnung ab und beantworten Sie mithilfe der Funktionsgleichung:
  d_1) Wie hoch ist der monatliche Mitgliedsbeitrag?
  d_2) Was kostet eine 2-jährige Mitgliedschaft?
  d_3) Wie lange kann man für 636 € Mitglied sein?

e) Für welchen Zeitraum stimmen die Kosten für die Mitgliedschaft in Sportverein und Segelclub überein? Wie hoch sind die Kosten für diesen Zeitraum?

1.2 Lineare Funktionen

Ich kann ...

... die allgemeine Funktionsgleichung einer linearen Funktion angeben sowie die Bedeutung von m und b erklären.
▶ Test-Aufgaben 1, 3

$f(x) = -\frac{1}{4}x + 2$

$m = -\frac{1}{4}; b = 2$

$S_y(0|2)$

$f(x) = mx + b$ mit $m, b \in \mathbb{R}$
m: Steigung der Geraden K_f
b: y-Achsenabschnitt
$S_y(0|b)$: y-Achsenschnittpunkt

... eine Gerade mithilfe des y-Achsenabschnittes b und des Steigungsdreiecks zeichnen bzw. die Werte für m und b aus der Zeichnung ablesen.
▶ Test-Aufgabe 1

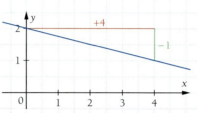

y-Achsenabschnitt b einzeichnen/ablesen
Steigungsdreieck mit $m = \frac{\text{senkrechter Weg}}{\text{waagrechter Weg}}$ zeichnen/ablesen

... die Steigung m mithilfe zweier Punkte bestimmen.
▶ Test-Aufgaben 2, 4

$P_1(0|2)$; $P_2(4|1)$

$m = \frac{1-2}{4-0} = -\frac{1}{4}$

$P_1(x_1|y_1)$; $P_2(x_2|y_2)$
Steigungsformel:
$m = \frac{y_2 - y_1}{x_2 - x_1}$

... die Funktionsgleichung mithilfe der Steigung und eines Punktes bestimmen.
▶ Test-Aufgabe 2

$m = 2; P(-1|-3)$
$-3 = 2 \cdot (-1) + b \Rightarrow b = -1$
$f(x) = 2x - 1$

1. m, x- und y-Koordinate in die Funktionsgleichung einsetzen
2. Gleichung nach b auflösen
3. Funktionsgleichung aufschreiben

... die Nullstelle berechnen.
▶ Test-Aufgabe 1

$f(x_N) = 0$
$2x_N - 1 = 0$
$x_N = 0{,}5$

1. $f(x_N) = 0$ setzen
2. Gleichung nach x_N auflösen

... den Schnittpunkt zweier Geraden berechnen.
▶ Test-Aufgaben 1, 5

$f(x) = -x + 1{,}5$ und $g(x) = 2x - 3$
$f(x_S) = g(x_S)$
$-x_S + 1{,}5 = 2x_S - 3$
$\Rightarrow x_S = 1{,}5$
$f(1{,}5) = 0 \Rightarrow S(1{,}5|0)$

1. $f(x_S) = g(x_S)$ setzen
2. x_S durch Auflösen der Gleichung berechnen
3. y_S durch Einsetzen des Wertes für x_S in $f(x_S)$ oder $g(x_S)$ berechnen

... die Steigung einer parallelen oder orthogonalen Geraden bestimmen.
▶ Test-Aufgabe 1

$f(x) = -\frac{1}{4}x + 2$ und $g(x) = -\frac{1}{4}x + 3$
$m_f = m_g = -\frac{1}{4}$

Parallele Geraden besitzen die gleiche Steigung: $m_f = m_g$.

$f(x) = -\frac{1}{4}x + 2$ und $h(x) = 4x - 2$
$m_f = -\frac{1}{4}; m_h = -\frac{1}{-\frac{1}{4}} = 4$

Bei orthogonalen Geraden gilt:
$m_f \cdot m_g = -1$
alternativ: $m_g = -\frac{1}{m_f}$

... den Steigungswinkel α einer Geraden bestimmen.

$m = -\frac{1}{4}$
$\Rightarrow -\frac{1}{4} = \tan(\alpha)$
$\Rightarrow \alpha \approx -14°$

$m = \tan(\alpha)$ nach α auflösen

1.2 Lineare Funktionen

Test zu 1.2

1. Das Schaubild der linearen Funktion f geht durch die Punkte $A(-5|2)$ und $B(-3|6)$; das Schaubild der linearen Funktion g ist in untenstehender Grafik abgebildet.
   a) Bestimmen Sie die Funktionsgleichungen von f und g.
   b) Zeichnen Sie das Schaubild von f.
   c) Ermitteln Sie zeichnerisch und rechnerisch sowohl die Achsenschnittpunkte beider Schaubilder als auch ihren Schnittpunkt.
   d) Geben Sie sowohl zum Schaubild von f als auch zum Schaubild von g jeweils eine orthogonale und eine parallele Gerade an.
   e) Bestimmen Sie rechnerisch die Schnittpunkte mit den Koordinatenachsen.

   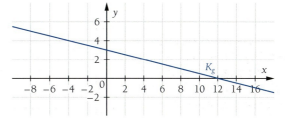

2. Philippo steigt aus dem Bus aus und geht mit konstanter Geschwindigkeit in Richtung Elbphilharmonie. Nach 3 Sekunden ist Philippo 9 Meter und nach 8 Sekunden 14 Meter von der Bushaltestelle entfernt.
   a) Bestimmen Sie die Geschwindigkeit, mit der Phillippo sich bewegt.
   b) Ermitteln Sie zeichnerisch und rechnerisch Philippos Entfernung von der Bushaltestelle nach 5 Sekunden.

3. Bestimmen Sie in der Funktionsgleichung der Funktion f mit $f(x) = mx + 2$ den Steigungsfaktor m so, dass das Schaubild von f durch den Punkt $A(3|0{,}5)$ geht.

4. Eine Gerade verläuft durch die Punkte $A(4|1)$ und $B(8|3)$.
   a) Zeichnen Sie die Gerade und geben Sie die Funktionsgleichung an.
   b) Berechnen Sie die y-Koordinate des Punktes P mit der x-Koordinate 6.
   c) Bestimmen Sie rechnerisch die Stelle der Funktion mit dem Funktionswert -1.

5. Tomas kauft ein neues Smartphone und hat die Auswahl zwischen zwei Tarifen: Tarif A hat keine Grundgebühr und einen Minutenpreis von $0{,}28\,€$ für Surfen und Telefonieren.
   Tarif B hat eine monatliche Grundgebühr von $9{,}99\,€$. Dafür kostet Surfen und Telefonieren nur halb so viel wie bei Tarif A.
   a) Stellen Sie beide Tarife als lineare Funktionen dar.
   b) Berechnen Sie, bei welcher Nutzungsdauer beide Tarife gleich teuer sind.
   c) Lisa hat sich bereits ein neues Smartphone gekauft und sich für Tarif A entschieden. Sie nutzt das Smartphone etwa eine Stunde pro Woche zum Telefonieren oder Surfen außerhalb des WLAN, sodass Kosten entstehen. Beurteilen Sie Lisas Entscheidung, indem Sie die monatlichen Kosten vergleichen.
   d) Tomas telefoniert und surft außerhalb des WLAN etwa zwei Stunden pro Woche. Empfehlen Sie ihm einen Tarif. Begründen Sie.

1 Funktionen, ihre Schaubilder und zugehörige Gleichungen

1.3 Quadratische Funktionen

1 Brücke

Bogenbrücken gehören zu den ältesten Konstruktionsformen von Brücken. Sie sind gekennzeichnet durch eine hohe Traglast. Schon im Altertum war es möglich, Bogenbrücken aus Natursteinen zu bauen. Es konnten größere Spannweiten erreicht werden als unter Verwendung von Balken. Bis in die Neuzeit hinein wurden Bogenbrücken aus Stein gebaut. Ein Beispiel dafür ist die Karl-Theodor-Brücke, die in Heidelberg den Neckar überspannt. Sie wurde 1788 fertig gestellt.

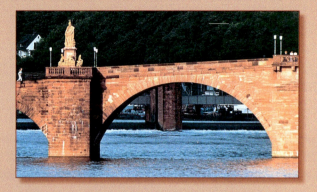

a) Veranschaulichen Sie den Bogenverlauf des abgebildeten Brückensegments in einem geeigneten Koordinatensystem. Dabei soll der links unten liegende Fußpunkt des Bogens im Ursprung liegen. Der höchste Punkt des Bogens liegt bei (8|6,5). Wählen Sie eine geeignete Achsenskalierung.
Kennzeichen Sie den höchsten Punkt sowie die Schnittpunkte mit der x-Achse.

b) Bestimmen sie mithilfe Ihrer Zeichnung die Spannweite der Brücke.

c) Ermitteln Sie eine den Bogen beschreibende Funktionsgleichung.
Wählen Sie den Ansatz $f(x) = ax^2 + bx$.

2 Flugkurve

Drei Freunde treffen sich oben auf einem Leuchtturm. Von dort werfen sie Tennisbälle, um zu sehen, wer am weitesten werfen kann. Da der Boden um den Turm herum sehr sandig ist, bleiben die geworfenen Bälle meist dort liegen, wo sie auftreffen, sodass man gut nachmessen kann, wie weit geworfen wurde.

Sanja wirft aus einer Höhe von 18 m. Ihr erster Ball erreicht eine Höhe von insgesamt 20 m (über dem Boden) und ist dabei (in der Waagrechten gemessen) 4 m vom Turm entfernt. Nach 12 m fällt der Ball auf den Boden.

a) Stellen Sie diesen Sachverhalt in einem Koordinatensystem dar. Zeichnen Sie den Turm auf den Ursprung und markieren Sie die zur Höhe des Turmes, zur Höhe des Balles und zum Auftreffpunkt des Balles gehörenden Punkte.

b) Zeichnen Sie drei verschiedene mögliche Flugkurven geworfener Bälle ein.

c) Diskutieren Sie mit ihrem Nachbarn die folgenden Aussagen:

> Es ist ganz einfach, dass dein Ball weit fliegt.

> Wenn man weiß, wo der Ball gelandet ist, kann man umgekehrt ausrechnen, wie hoch der Ball geflogen ist!

> Der Ball macht einen großen Bogen in der Luft, und ich glaube, dass man sogar ausrechnen kann, wie weit der Ball fliegt.

1.3 Quadratische Funktionen

3 Bremsweg

Der Bremsweg ist die Strecke, die ein Fahrzeug vom Beginn der Bremsung bis zum Stillstand des Fahrzeugs zurücklegt. Entscheidend für die Länge des Bremsweges ist die gefahrene Geschwindigkeit und die Bremsverzögerung. In der Fahrschule lernt man für den Bremsweg eines Autos folgende Faustregel: „Quadrieren Sie die Geschwindigkeit und teilen Sie das Ergebnis durch 100."

Als Formel ausgedrückt:
Bremsweg (in m) = $\left(\text{Geschwindigkeit } \left(\text{in } \frac{km}{h}\right)\right)^2 \cdot \frac{1}{100}$

a) Berechnen Sie für fünf unterschiedliche Geschwindigkeiten die zugehörigen Bremswege.

b) Stellen Sie den Sachverhalt in einem Schaubild dar. Wählen Sie eine geeignete Skalierung für die Koordinatenachsen.

c) Nach einem Unfall wird festgestellt, dass der Bremsweg 110 m betrug. Ermitteln Sie die Geschwindigkeit, mit der der Fahrer unterwegs gewesen ist.

4 Springbrunnen

Schon in der Antike gab es als Zeichen von Luxus und Macht Springbrunnen, meist aus Skulpturen mit vereinzelten Wasserausläufen. Nebenbei konnte so kostbares Trinkwasser erhalten und genutzt werden.

Auch heutzutage sind große Springbrunnen oft touristische Anziehungspunkte, z.B. beim World War II Memorial in Washington D.C.

Der Verlauf der Wasserstrahlen im nebenstehenden Bild lässt sich auch als Schaubild einer Funktion mit der Funktionsgleichung $f(x) = -4 \cdot (x - 0{,}5)^2 + 1{,}2$ beschreiben.

a) Zeichnen Sie mithilfe einer Wertetabelle das Schaubild in ein Koordinatensystem.

b) Finden Sie heraus, wie Schaubild und Funktionsterm zusammenhängen.

c) Zeigen Sie an der Funktionsgleichung und dem Schaubild: Höhe und Breite einer Fontäne können leicht variiert werden.

1 Funktionen, ihre Schaubilder und zugehörige Gleichungen

1.3 Quadratische Funktionen

1.3.1 Gleichungen und Schaubilder

Die linearen Funktionen mit der Gleichung $f(x) = mx + b$ gehören zu den einfachsten Funktionstypen. Bei den nächst „höheren" **quadratischen Funktionen** kommt die Variable x in zweiter Potenz vor. Die Funktionsgleichung in der allgemeinen Form lautet $f(x) = ax^2 + bx + c$ mit den **Koeffizienten** $a, b, c \in \mathbb{R}$ und $a \neq 0$. Das Schaubild einer quadratischen Funktion nennt man **Parabel**.

① Die Normalparabel

Die „einfachste" aller quadratischen Funktionen ist die Funktion f mit $f(x) = x^2$ und $D_f = \mathbb{R}$. Ihr Schaubild heißt Normalparabel.

Zeichnen Sie die Normalparabel mithilfe einer Wertetabelle und beschreiben Sie die Eigenschaften des Schaubildes.

Die Normalparabel hat folgende Eigenschaften:

- Sie ist nach oben geöffnet.
- Sie ist achsensymmetrisch zur y-Achse.
- Sie besitzt nur Punkte, die auf oder oberhalb der x-Achse liegen ($W_f = [0; \infty[$).
- Sie besitzt als tiefsten Punkt den **Scheitelpunkt** $S(0|0)$. Dieser ist ebenfalls Schnittpunkt mit der x-Achse und der y-Achse.

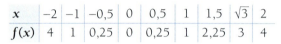

x	-2	-1	$-0{,}5$	0	$0{,}5$	1	$1{,}5$	$\sqrt{3}$	2
$f(x)$	4	1	$0{,}25$	0	$0{,}25$	1	$2{,}25$	3	4

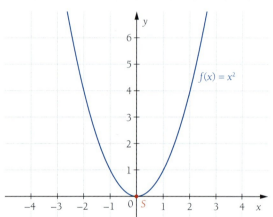

Bei der Normalparabel $f(x) = x^2$ gilt $a = 1$, $b = 0$ und $c = 0$.

- Eine Funktion f, deren Funktionsgleichung sich in der Form $f(x) = ax^2 + bx + c$ schreiben lässt ($a, b, c \in \mathbb{R}$, $a \neq 0$), heißt **quadratische Funktion**.
  Die Parameter a, b und c heißen **Koeffizienten**.
- Das Schaubild einer quadratischen Funktion heißt **Parabel**.
- Das Schaubild der Funktion f mit $f(x) = x^2$ heißt **Normalparabel**.

1. Untersuchen Sie, ob es sich um die Gleichung einer quadratischen Funktion handelt. Begründen Sie Ihre Entscheidung.
   a) $f(x) = 0{,}3x^2 + 2x + 6$ b) $f(x) = \sqrt{6}\,x^2$ c) $f(x) = x^2 + x^3 + 4$ d) $f(x) = \frac{1}{x^2}$

2. Wie lauten die Koeffizienten a, b, c in den folgenden Funktionsgleichungen?
   a) $f(x) = 3x^2 + 0{,}5x + 8$ b) $f(x) = \sqrt{2}\,x^2 + 3x + 6$ c) $f(x) = 0{,}5x - 2x^2$ d) $f(x) = \frac{1}{5} - x + x^2$

Durch Verschiebung, Spiegelung, Streckung oder Stauchung der Normalparabel können wir das Schaubild jeder beliebigen anderen quadratischen Funktion erzeugen.

1.3 Quadratische Funktionen

Von der Normalparabel zur allgemeinen Parabel

Streckung und Stauchung der Normalparabel

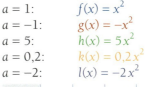

Gegeben ist die allgemeine Funktionsgleichung für quadratische Funktionen $f(x) = ax^2 + bx + c$. Untersuchen Sie die Bedeutung des Koeffizienten a für das Schaubild der Parabel.

Wir untersuchen die Bedeutung von a, indem wir der Einfachheit halber $b = 0$ und $c = 0$ setzen. So erhalten wir die Funktionsgleichung $f(x) = ax^2$. Die von a verursachten Änderungen der Parabel erkennen wir so direkt im Koordinatensystem.

$a = 1$: $\quad f(x) = x^2$
$a = -1$: $\quad g(x) = -x^2$
$a = 5$: $\quad h(x) = 5x^2$
$a = 0{,}2$: $\quad k(x) = 0{,}2x^2$
$a = -2$: $\quad l(x) = -2x^2$

x	–3	–2	–1	0	1	2	3
$f(x)$	9	4	1	0	1	4	9
$g(x)$	–9	–4	–1	0	–1	–4	–9
$h(x)$	45	20	5	0	5	20	45
$k(x)$	1,8	0,8	0,2	0	0,2	0,8	1,8
$l(x)$	–18	–8	–2	0	–2	–8	–18

Die Parabeln zu g ($a = -1$) und l ($a = -2$) sind nach unten geöffnet, während die anderen Parabeln nach oben geöffnet sind. Allgemein gilt:
$a > 0$: Die Parabel ist nach oben geöffnet.
$a < 0$: Die Parabel ist nach unten geöffnet.

Die Parabel zu h ($a = 5$) ist schmaler als die Normalparabel. Sie ist gestreckt.
Die Parabel zu k ($a = 0{,}2$) ist breiter als die Normalparabel. Sie ist gestaucht.
Gestreckte und gestauchte Parabeln können auch nach unten geöffnet sein. Dann ist a negativ wie bei l ($a = -2$). Allgemein gilt:
$|a| > 1$: Die Parabel ist gestreckt.
$|a| < 1$: Die Parabel ist gestaucht.

Da a bestimmt, wie stark die Parabel gestreckt oder gestaucht ist, heißt a auch **Streckfaktor**.

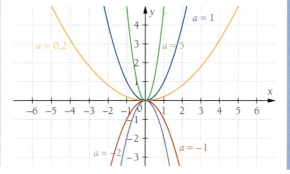

Die Auswirkungen des Koeffizienten a haben wir in diesem Beispiel nur für Funktionen vom Typ $f(x) = ax^2$ untersucht. Tatsächlich gelten die Ergebnisse aber für alle quadratischen Funktionen.

> Der Koeffizient a liefert folgende Information über die Parabel:
> - **Öffnungsrichtung** der Parabel:
> $a < 0$: Die Parabel ist nach unten geöffnet. $\qquad a > 0$: Die Parabel ist nach oben geöffnet.
> - **Öffnungsweite** der Parabel:
> $a < -1$ oder $a > 1$: Streckung $\qquad -1 < a < 1$: Stauchung $\qquad a = 1$ oder $a = -1$: Normalparabel

1. Lesen Sie die Funktionsgleichungen von f, g, h, k und l aus der Abbildung ab. Der Funktionsterm hat jeweils die Form ax^2. Bestimmen Sie den Koeffizienten a.

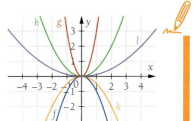

2. Zeichnen Sie die folgenden Parabeln in ein Koordinatensystem. Beschreiben Sie die Parabeln und geben Sie a an.
   a) $f(x) = -4x^2$
   b) $f(x) = \frac{1}{4}x^2$
   c) $f(x) = 1{,}5x^2$
   d) eine nach oben geöffnete, um $\frac{8}{3}$ gestreckte Parabel
   e) eine nach unten geöffnete, um 0,1 gestauchte Parabel
   f) eine nach unten geöffnete Normalparabel

1 Funktionen, ihre Schaubilder und zugehörige Gleichungen

In den folgenden beiden Beispielen gehen wir erneut von der Funktion f mit $f(x) = x^2$ aus. Auf grafischer Ebene starten wir also wieder bei der Normalparabel.

3) Verschiebung der Normalparabel nach „oben" und „unten"

Nach oben
Addieren wir die reelle Zahl 2 zum Funktionsterm x^2, so erhalten wir den Funktionsterm einer neuen Funktion g mit $g(x) = x^2 + 2$.
Das Schaubild von g ergibt sich, wenn die Normalparabel aus dem Koordinatenursprung um 2 Einheiten nach oben verschoben wird.
Der Scheitelpunkt der verschobenen Parabel ist $S_1(0|2)$.

Nach unten
Das Schaubild der Funktion h mit $h(x) = x^2 - 3$ ergibt sich, wenn die Normalparabel um 3 Einheiten nach unten verschoben wird.
Der Scheitelpunkt dieser Parabel ist $S_2(0|-3)$.

Allgemein
Das Schaubild der Funktion f mit $f(x) = x^2 + y_S$ entsteht durch Verschiebung der Normalparabel um y_S Einheiten parallel zur y-Achse.

x	−3	−2	−1	0	1	2	3
f(x)	9	4	1	0	1	4	9
g(x)	11	6	3	2	3	6	11
h(x)	6	1	−2	−3	−2	1	6

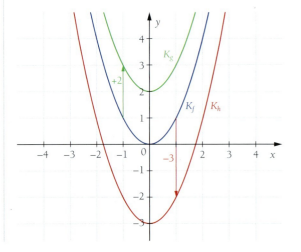

4) Verschiebung der Normalparabel nach „links" und „rechts"

Nach rechts
Das Schaubild der Funktion g mit der Funktionsgleichung $g(x) = x^2 - 4x + 4 = (x - 2)^2$ ergibt sich, wenn die Normalparabel aus dem Koordinatenursprung um 2 Einheiten nach rechts verschoben wird.
Der Scheitelpunkt der verschobenen Parabel ist $S_3(2|0)$.

Nach links
Das Schaubild der Funktion h mit $h(x) = (x + 3)^2$ ergibt sich, wenn die Normalparabel um 3 Einheiten nach links verschoben wird.
Der Scheitelpunkt dieser Parabel ist $S_4(-3|0)$.

Allgemein
Das Schaubild einer Funktion f mit $f(x) = (x - x_S)^2$ entsteht aus der Verschiebung der Normalparabel um x_S Einheiten parallel zur x-Achse, und zwar für $x_S > 0$ nach rechts und für $x_S < 0$ nach links.

x	−4	−3	−2	−1	0	1	2	3
f(x)	16	9	4	1	0	1	4	9
g(x)	36	25	16	9	4	1	0	1
h(x)	1	0	1	4	9	16	25	36

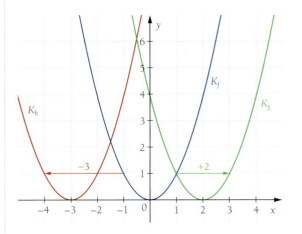

1.3 Quadratische Funktionen

Verschiebung der Normalparabel in alle Richtungen

Verschieben wir die Normalparabel aus dem Koordinatenursprung um 2 Einheiten nach rechts und um 1 Einheit nach oben, so ist der Scheitelpunkt $S_5(2|1)$. Die Gleichung der zugehörigen Funktion g erhalten wir, indem wir die beiden Verschiebungen aus den Beispielen 3 und 4 kombinieren:

$g(x) = (x - 2)^2 + 1$

x	-2	-1	0	1	2	3	4	5
$f(x)$	4	1	0	1	4	9	16	25
$g(x)$	17	10	5	2	1	2	5	10

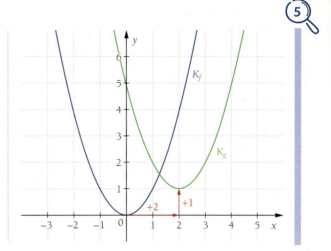

Allgemein entsteht das Schaubild einer Funktion f mit $f(x) = (x - x_S)^2 + y_S$ aus der Verschiebung der Normalparabel um x_S Einheiten parallel zur x-Achse und y_S Einheiten parallel zur y-Achse.
Die Werte x_S und y_S sind die Koordinaten des **Scheitelpunktes** $S(x_S|y_S)$ der verschobenen Parabel.
Ist die Parabel nach oben geöffnet, so handelt es sich bei dem Scheitelpunkt um den tiefsten Punkt der Parabel. Der Scheitelpunkt bei einer nach unten geöffneten Parabel ist der höchste Punkt der Parabel.
Berücksichtigen wir bei der obigen Funktionsgleichung noch den Streckfaktor a, so erhalten wir die Form
$f(x) = a \cdot (x - x_S)^2 + y_S$. Da aus dieser allgemeinen Gleichung der Scheitelpunkt ablesbar ist, heißt diese Form der Funktionsgleichung **Scheitelpunktform** der quadratischen Funktion.

Scheitelpunktform ablesen

Geben Sie die Funktionsgleichung zum abgebildeten Schaubild an.
Das Schaubild von f ist im Vergleich zur Normalparabel um 3 Einheiten nach **links** und um 2 Einheiten nach **oben** verschoben. Die Funktionsgleichung lautet also: $f(x) = (x + 3)^2 + 2$. Der Scheitelpunkt der Parabel ist $S(-3|2)$. ▶ $(x + 3)^2 = (x - (-3))^2$

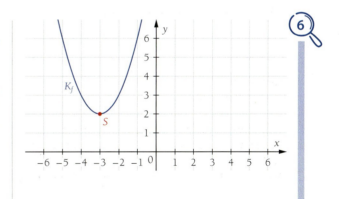

Die +3 in $(x + 3)^2$ bewirkt eine Verschiebung nach links, die −2 in $(x − 2)^2$ eine Verschiebung nach rechts.

Die Funktionsgleichung einer quadratischen Funktion f lässt sich in zwei Formen schreiben:

Allgemeine Form: $f(x) = ax^2 + bx + c$ mit $a, b, c \in \mathbb{R}$ und $a \neq 0$
Scheitelpunktform: $f(x) = a(x - x_S)^2 + y_S$ mit $a, x_S, y_S \in \mathbb{R}$ und $a \neq 0$
Der Scheitelpunkt der Parabel ist $S(x_S|y_S)$.

Geben Sie jeweils den Scheitelpunkt der Parabel an. Beschreiben Sie, durch welche Verschiebung diese Parabeln jeweils aus der Normalparabel entstanden sind.

a) $f(x) = (x - 5)^2$
b) $f(x) = x^2 + 3$
c) $f(x) = x^2 - 6$
d) $f(x) = (x + 3)^2$
e) $f(x) = (x - 5)^2 + 4$
f) $f(x) = (x + 6)^2 - 1$

1 Funktionen, ihre Schaubilder und zugehörige Gleichungen

Übungen zu 1.3.1

1. Beschreiben Sie, inwieweit die folgenden Parabeln gegenüber der Normalparabel gestreckt oder gestaucht sind. Sind sie nach oben oder nach unten geöffnet?
   a) $f(x) = 2x^2$
   b) $f(x) = x^2 - 4$
   c) $f(x) = -0{,}25x^2$
   d) $f(x) = -0{,}5(x-2)^2$
   e) $f(x) = 2(x+3)^2 - 3$
   f) $f(x) = (x+6)^2 - 1$

2. Beschreiben Sie, wie die Schaubilder in der unten stehenden Zeichnung aus Verschiebungen der Normalparabel entstehen, und geben Sie jeweils die zugehörige Scheitelpunktform an.

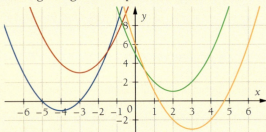

3. Zeichnen Sie zu jedem der angegebenen Scheitelpunkte jeweils vier verschiedene Parabeln mit unterschiedlicher Öffnungsweite bzw. Öffnungsrichtung.
   a) $S(1|2)$
   b) $S(3|-2)$
   c) $S(-2|4)$
   d) $S(-4|-3)$

4. Geben Sie jeweils drei verschiedene Funktionsgleichungen an, deren Schaubilder den Scheitelpunkt aus Aufgabe 3 haben.

5. Ordnen Sie die Schaubilder und Gleichungen einander zu. Begründen Sie Ihre Wahl.
   a) $f(x) = x^2 + 2$
   b) $f(x) = -x^2 - 1$
   c) $f(x) = (x+2)^2$
   d) $f(x) = (x-2)^2$
   e) $f(x) = (x-2)^2 - 2$
   f) $f(x) = -(x+2)^2 + 2$

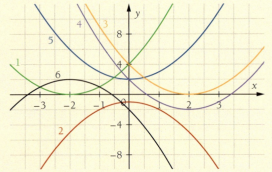

6. Geben Sie die Scheitelpunktform der beschriebenen Parabel an.
   a) Die Normalparabel f ist nach unten geöffnet, um 10 Einheiten nach oben und um 20 Einheiten nach links verschoben.
   b) Die nach oben geöffnete Parabel g ist um den Faktor 0,75 gestaucht. Der Scheitelpunkt liegt 7 Einheiten unterhalb und 8 Einheiten rechts vom Koordinatenursprung.

7. Geben Sie den Scheitelpunkt der Parabel an. Beschreiben Sie, wie sich die Parabel von der Normalparabel unterscheidet. Zeichnen Sie die Parabel zur Kontrolle.
   a) $f(x) = -\frac{3}{4}(x-2)^2 + 4$
   b) $f(x) = 3(x+1{,}5)^2 - 3{,}5$
   c) $f(x) = -x^2 + 5$
   d) $f(x) = \frac{1}{3}(x+1)^2$

8. Erläutern Sie, wie die Parabeln aus der Normalparabel entstanden sind. Geben Sie die zugehörigen Funktionsgleichungen an.
   Tipp: Um die Streckung abzulesen, geht man vom Scheitelpunkt aus einen Schritt nach rechts und prüft, wie viele Schritte man nach oben bzw. unten gehen muss, um wieder auf der Parabel zu landen.

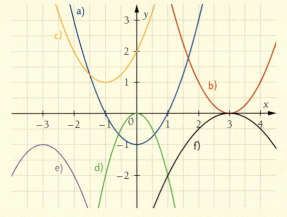

9. Gegeben ist der Scheitelpunkt S und ein weiterer Punkt P einer Parabel. Stellen Sie mithilfe von S die Gleichung der Parabel in Scheitelpunktform mit allgemeinem Streckfaktor a auf. Bestimmen Sie a rechnerisch, indem Sie die Koordinaten von P in die Gleichung einsetzen
   a) $S(0|0)$; $P(2|1)$
   b) $S(2|3)$; $P(1|-2)$
   c) $S(-1|1)$; $P(1|-3)$
   d) $S(1|5)$; $P(-2|1)$

1.3 Quadratische Funktionen

1.3.2 Scheitelpunktform und allgemeine Form

Neben der bereits kennengelernten Scheitelpunktform gibt es auch die Möglichkeit, eine quadratische Funktion durch die allgemeine Form zu beschreiben.
Je nach Fragestellung kann es zweckmäßig sein, von einer Form der Gleichung zur anderen zu wechseln.

Vergleich der Scheitelpunktform und der allgemeinen Form

Zeichnen Sie die Schaubilder der Funktionen f und $f*$ mit $f(x) = 0,5(x-3)^2 - 2$ und $f*(x) = 0,5x^2 - 3x + 2,5$.
Beschreiben Sie die Vorteile der jeweiligen Formen der Funktionsgleichung.

Die beiden Funktionen f und $f*$ besitzen das gleiche Schaubild. Die Funktionsgleichungen beschreiben die gleiche Funktion also in verschiedenen Formen.

Aus der Scheitelpunktform $f(x) = 0,5(x-3)^2 - 2$ lesen wir den Scheitelpunkt ab: $S(3|-2)$.

Die allgemeine Form $f*(x) = 0,5x^2 - 3x + 2,5$ hat den Vorteil, dass man den y-Achsenabschnitt direkt ablesen kann: $S_y(0|2,5)$.

Der Koeffizient a ist in beiden Gleichungen derselbe: $a = 0,5$. Wir können ihn in beiden Formen ablesen und so Aussagen über die Gestalt der Parabel machen. Er hat keinen Einfluss auf den Scheitelpunkt.

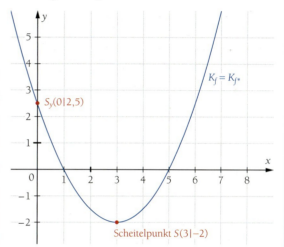

Aus der **Scheitelpunktform** $f(x) = a(x - x_S)^2 + y_S$ kann der Scheitelpunkt $S(x_S|y_S)$ abgelesen werden.
Aus der **allgemeinen Form** $f(x) = ax^2 + bx + c$ kann der y-Achsenabschnitt $S_y(0|c)$ abgelesen werden.
Liegt der Scheitelpunkt auf der y-Achse, so sind Scheitelpunkt und y-Achsenabschnitt identisch.

Die Funktionsgleichung einer quadratischen Funktion f lässt sich folgendermaßen schreiben:
- **Allgemeine Form:** $f(x) = ax^2 + bx + c$
  ▶ y-Achsenabschnitt $S_y(0|c)$
- **Scheitelpunktform:** $f(x) = a(x - x_S)^2 + y_S$
  ▶ Scheitelpunkt $S(x_S|y_S)$

Ordnen Sie die folgenden Funktionsgleichungen den Schaubildern zu.
Begründen Sie Ihre Antwort

$f(x) = 0,2x^2 - x - 1$
$g(x) = 0,2(x+1)^2 - 1$
$h(x) = 0,2x^2 + 1$

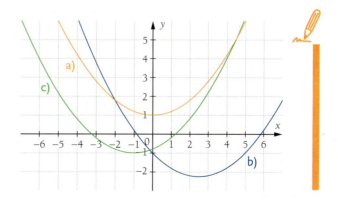

1 Funktionen, ihre Schaubilder und zugehörige Gleichungen

Das rechnerische Umformen der Funktionsgleichung in eine andere Gleichungsform unterscheidet sich je nach „Richtung" der Umformung.

Von der Scheitelpunktform zur allgemeinen Form

8 Umformen in die allgemeine Form

Geben Sie die Gleichung der Funktion f mit $f(x) = -2 \cdot (x - 5)^2 + 20$ in der allgemeinen Form an. Geben Sie den Schnittpunkt mit der y-Achse an.

Wir wenden zunächst die 2. binomische Formel an. Anschließend multiplizieren wir aus, um die Klammer aufzulösen.
Zuletzt fassen wir zusammen und erhalten damit die Funktionsgleichung in der allgemeinen Form.

$$f(x) = a \cdot (x - x_S)^2 + y_S \quad \text{SPF}$$
$$f(x) = -2 \cdot (x - 5)^2 + 20$$
$$= -2 \cdot (x^2 - 10 \cdot x + 25) + 20$$
$$= -2 \cdot x^2 + 2 \cdot 10x - 2 \cdot 25 + 20$$
$$= -2x^2 + 20x - 50 + 20$$
$$= -2x^2 + 20x - 30$$
$$f(x) = ax^2 + bx + c \quad \text{AF}$$

Aus der allgemeinen Form ist der Schnittpunkt mit der y-Achse $S_y(0|c)$ direkt ablesbar.

$$S_y = (0|-30)$$

Von der allgemeinen Form zur Scheitelpunktform

9 Binomische Formel und quadratische Ergänzung

Formen Sie die Funktionsgleichungen $f(x) = x^2 + 6x + 9$ und $g(x) = x^2 + 6$ in die Scheitelpunktform um. Geben Sie auch den Scheitelpunkt an.

Bei dem Funktionsterm von f lässt sich die 1. binomische Formel „von rechts nach links" anwenden. Auf diese Weise können wir die Funktionsgleichung direkt in die Scheitelpunktform umwandeln. Aus der Scheitelpunktformel ist der Scheitelpunkt dann direkt ablesbar.

$$f(x) = ax^2 + bx + c \quad \text{AF}$$
$$f(x) = x^2 + 6x + 9$$
▶ $(a + b)^2 = a^2 + 2ab + b^2$ 1. bin. Formel
$$f(x) = (x + 3)^2 \Rightarrow \text{Scheitelpunkt } S(-3|0)$$
$$f(x) = a(x - x_S)^2 + y_S \quad \text{SPF}$$

Im Funktionsterm von g „fehlt" der letzte Summand für die Anwendung der 1. binomischen Formel.

$$g(x) = ax^2 + bx + c \quad \text{AF}$$
$$g(x) = x^2 + 6x$$
$$= x^2 + 6x + 9 - 9$$
▶ 9 addieren und subtrahieren

Ergänzen wir die Zahl 9, so können wir den Term wie bei f umformen. Wir dürfen den Wert des Funktionsterms aber nicht einfach durch die Addition einer Zahl verändern. Deswegen müssen wir die ergänzte Zahl 9 auch wieder subtrahieren. Dieses Vorgehen wird **quadratische Ergänzung** genannt.

$$g(x) = (x + 3)^2 - 9 \Rightarrow \text{Scheitelpunkt } S(-3|-9)$$

Es ermöglicht uns in diesem Beispiel, die allgemeine Form der Funktion g in die Scheitelpunktform zu überführen.

$$g(x) = a(x - x_S)^2 + y_S \quad \text{SPF}$$

1.3 Quadratische Funktionen

Anwenden der quadratischen Ergänzung

Bestimmen Sie die Scheitelpunktform von $f(x) = 0{,}25x^2 + 2x - 1{,}5$.
Geben Sie den Scheitelpunkt an.

Bei f müssen wir zuerst den Faktor 0,25 ausklammern. Anschließend benutzen wir die quadratische Ergänzung.

Abschließend lösen wir die eckige Klammer wieder auf. Dazu multiplizieren wir jeden Summanden in der eckigen Klammer mit dem Faktor 0,25.

$$\begin{aligned} f(x) &= 0{,}25x^2 + 2x - 1{,}5 \\ &= 0{,}25\,[x^2 + 8x - 6] \\ &\quad \blacktriangleright \text{quadratische Ergänzung mit } \left(\tfrac{8}{2}\right)^2 = 16 \\ &= 0{,}25\,[x^2 + 8x + 16 - 16 - 6] \\ &= 0{,}25\,[(x+4)^2 - 16 - 6] \\ &= 0{,}25\,[(x+4)^2 - 22] \\ &= 0{,}25 \cdot (x+4)^2 + 0{,}25 \cdot (-22) \\ &= 0{,}25\,(x+4)^2 - 5{,}5 \end{aligned}$$

$\Rightarrow$ Scheitelpunkt: $S(-4\,|\,-5{,}5)$

Funktionsgleichungen quadratischer Funktionen können in allgemeiner Form oder in Scheitelpunktform geschrieben werden. Sie können jeweils in die andere Form umgewandelt werden.

Umformen der Scheitelpunktform in die allgemeine Form:
1. oder 2. binomische Formel anwenden und ausmultiplizieren

Umformen der allgemeinen Form in die Scheitelpunktform:
1. oder 2. binomische Formel anwenden; gegebenenfalls die quadratische Ergänzung nutzen

▶ Hinweis: Ist die Gleichung in der allgemeinen Form $f(x) = ax^2 + bx + c$ gegeben, so kann gezeigt werden, dass sich die Koordinaten des Scheitelpunktes mit $x_S = \frac{-b}{2a}$ und $y_S = f(x_S)$ berechnen lassen. Damit kann die Scheitelpunktform oft schneller angegeben werden.

---

1. Geben Sie die Funktionsgleichungen in allgemeiner Form an.
a) $f(x) = (x-5)^2 + 5$
b) $f(x) = 2(x+2)^2 - 3$
c) $f(x) = -(x-7{,}5)^2 + 16{,}25$

2. Geben Sie die Funktionsgleichungen in Scheitelpunktform an.
a) $f(x) = x^2 + 5x + 4$
b) $f(x) = 0{,}5x^2 - 3x + 5$
c) $f(x) = -5x^2 - 10x - 15$

3. Geben Sie die Funktionsgleichungen der Parabeln in Scheitelpunktform und in allgemeiner Form an.

a)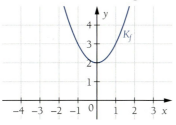
c)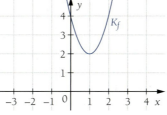
e)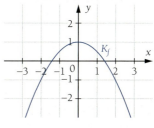
b)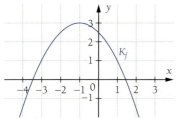
d)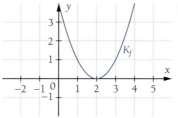
f)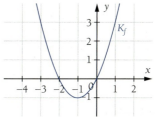

1 Funktionen, ihre Schaubilder und zugehörige Gleichungen

Übungen zu 1.3.2

1. Geben Sie für die abgebildeten Schaubilder quadratischer Funktionen die Funktionsgleichung in Scheitelpunktform und in allgemeiner Form an.

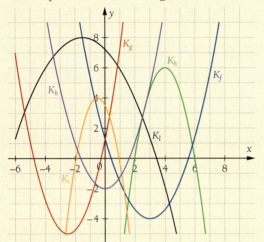

2. Einer Ihrer Mitschüler hat in der letzten Mathematikstunde gefehlt. Erläutern Sie ihm schriftlich anhand eines selbst gewählten Beispiels, wie man aus der Normalform die Scheitelpunktform erhält.

3. Formen Sie die Funktionsgleichungen in die allgemeine Form um.
   a) $f(x) = (x - 2)^2 - 3$
   b) $f(x) = (x + 3)^2 - 1$
   c) $f(x) = (x - 3)^2 + 2$
   d) $f(x) = (x + 1,5)^2$
   e) $f(x) = (x - 2,5)^2 - 3$
   f) $f(x) = -(x - 1)^2 + 1$
   g) $f(x) = -2(x + 2)^2 + 5$
   h) $f(x) = -4(x - 0,5)^2 - 3$
   i) $f(x) = -0,5(x - 2)^2 + 4,5$

4. Stellen Sie die Funktionsgleichungen jeweils in Scheitelpunktform dar. Geben Sie die Scheitelpunkte der einzelnen Parabeln an. Zeichnen Sie die Parabeln.
   a) $f(x) = x^2 + 4x + 2$
   b) $f(x) = x^2 - 2x - 3$
   c) $f(x) = x^2 - 8x + 19$
   d) $f(x) = -x^2 + 4x - 5$
   e) $f(x) = 2x^2 + 4x + 3$
   f) $f(x) = -3x^2 + 9x - 9$
   g) $f(x) = 2x^2 + 1$

5. Die in der unten stehenden Tabelle aufgeführten quadratischen Funktionsterme sind vom Typ $f(x) = x^2 + bx + c$ (allgemeine Form mit dem Streckfaktor $a = 1$) bzw. vom Typ $f(x) = (x - x_S)^2 + y_S$ (Scheitelpunktform mit Streckfaktor $a = 1$).
Übertragen Sie die Tabelle in Ihr Heft und vervollständigen Sie diese.

	Funktionsterm in Scheitelpunktform	Scheitelpunkt der Parabel	x_S	y_S	Funktionsterm in allgemeiner Form	b	c
a)	$(x - 2)^2$						
b)		$S(3\|4)$					
c)	$(x + 3)^2 - 5$						
d)			$-2,5$	$4,5$			
e)					$x^2 + 4x - 5$		
f)						-6	5
g)	$-(x + 2)^2 - 3$						
h)		$S(4,5\|-6,5)$					

6. Der Kraftstoffverbrauch eines Pkws hängt insbesondere von der Geschwindigkeit ab. Lisas Vater hat für seinen Pkw den folgenden funktionalen Zusammenhang ermittelt:
$K(v) = 0,0018 v^2 - 0,18 v + 8$ für $v > 42$.
Hier gibt $K(v)$ den Kraftstoffverbrauch in Liter pro 100 km an und v die Geschwindigkeit in $\frac{km}{h}$.
Überprüfen Sie die Behauptung: „Wenn ich 80 $\frac{km}{h}$ fahre, ist der Spritverbrauch am geringsten."

1.3 Quadratische Funktionen

1.3.3 Berechnung von Schnittpunkten

Wir haben gezeigt, dass das Schaubild einer quadratischen Funktion der Form $f(x) = ax^2 + bx + c$ die y-Achse im Punkt $S_y(0|c)$ schneidet (▶ Seite 63). Im Folgenden untersuchen wir die Schnittpunkte mit der x-Achse.

Nullstellenbestimmung mit dem Satz vom Nullprodukt

Beim Fußball können wir die ideale Flugbahn des Balles durch eine quadratische Funktion beschreiben, solange der Luftwiderstand unberücksichtigt bleibt.
Nach einem Abstoß wird die Flugbahn des Balles mit der Funktion $f(x) = -0{,}04x^2 + 2{,}4x$ angenähert. Der Abstoßpunkt liegt im Koordinatenursprung. Berechnen Sie die Flugweite des Balles.

Beim Aufstellen der Funktionsgleichung wurde der Abstoßpunkt als Ursprung des Koordinatensystems gesetzt. Um die Flugweite zu bestimmen, suchen wir die Stelle, an der der Ball wieder auf dem Boden aufkommt.

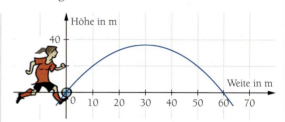

Dies entspricht der Stelle x_N, bei der der Funktionswert von f gleich null ist. Eine solche Stelle heißt allgemein **Nullstelle**. ▶ Seite 45

Um die Nullstellen der Funktion zu bestimmen, setzen wir den Funktionsterm gleich null und lösen die entstandene quadratische Gleichung nach x_N auf. Jeder Summand dieser Gleichung enthält x_N. Wir können also x_N ausklammern.

Wir verwenden den **Satz vom Nullprodukt**:
Ein Produkt ist genau dann gleich null, wenn mindestens ein Faktor gleich null ist. Für beide Faktoren bestimmen wir einzeln die Nullstelle. Der Ball verlässt beim Abstoß den Boden ($x_{N_1} = 0$) und landet wieder auf dem Boden nach 60 m ($x_{N_2} = 60$).

$$f(x_N) = 0$$
$$\Leftrightarrow -0{,}04x_N^2 + 2{,}4x_N = 0$$
$$\Leftrightarrow x_N \cdot (-0{,}04x_N + 2{,}4) = 0$$

1. Faktor: 2. Faktor:
$x_N = 0 \quad \vee \quad -0{,}04x_N + 2{,}4 = 0 \quad |-2{,}4$
$x_N = 0 \quad \vee \quad \quad\quad\quad -0{,}04x_N = -2{,}4 \quad |:(-0{,}04)$
$x_N = 0 \quad \vee \quad \quad\quad\quad\quad\quad x_N = 60$

Nullstellen: $x_{N_1} = 0$; $x_{N_2} = 60$

Nullstellenbestimmung durch Wurzelziehen

Ermitteln Sie die Schnittpunkte des Schaubildes von f mit $f(x) = 2x^2 - 8$ mit der x-Achse.

Wir setzen den Funktionsterm gleich null, um die Nullstellen zu ermitteln.
Da die Variable hier nur als Quadrat vorkommt, können wir nach x_N^2 auflösen und die Gleichung durch Wurzelziehen lösen.

$$f(x_N) = 0$$
$$\Leftrightarrow 2x_N^2 - 8 = 0 \quad |:2$$
$$\Leftrightarrow x_N^2 - 4 = 0 \quad |+4$$
$$\Leftrightarrow x_N^2 = 4 \quad |\pm\sqrt{}$$
$$\Leftrightarrow x_N = -2 \quad \vee \quad x_N = 2$$

Die **Schnittpunkte** sind $N_1(-2|0)$ und $N_2(2|0)$.

Nullstellen: $x_{N_1} = -2$; $x_{N_2} = 2$

Beim Lösen der quadratischen Gleichung ist darauf zu achten, dass jede Gleichung der Form $x^2 = z$ mit $z \in \mathbb{R}_+^*$ zwei Lösungen hat: $x_1 = -\sqrt{z}$ und $x_2 = +\sqrt{z}$.

Achtung: Die Gleichung $x^2 = z$ hat für $z < 0$ keine Lösung in den reellen Zahlen. Man sagt: Aus einer negativen Zahl kann keine Wurzel gezogen werden.

Beispiel: Die Funktion f mit $f(x) = x^2 + 1$ hat keine Nullstelle, da $x^2 = -1$ keine Lösung hat.

1 Funktionen, ihre Schaubilder und zugehörige Gleichungen

 Nullstellenbestimmung bei Gleichungen in Produktform

Bestimmen Sie die x-Achsenschnittpunkte des durch $f(x) = 0{,}5\,(x - 8)(x + 2)$ gegebenen Schaubildes.

Aus einem quadratischen Funktionsterm in der Produktform $f(x) = a \cdot (x - x_{N_1}) \cdot (x - x_{N_2})$ mit $a \in \mathbb{R}$, $a \neq 0$ lassen sich die Nullstellen mit dem Satz vom Nullprodukt bestimmen oder auch gleich ablesen, da der Term in seine Linearfaktoren zerlegt ist.
▶ Seite 19
Die Schnittpunkte sind $N_1(8|0)$ und $N_2(-2|0)$.

$$f(x_N) = 0$$
$$\Leftrightarrow 0{,}5\,(x_N - 8)(x_N + 2) = 0$$
$$\Leftrightarrow x_N - 8 = 0 \ \lor \ x_N + 2 = 0$$
$$\Leftrightarrow x_N = 8 \ \lor \ x_N = -2$$

Nullstellen: $x_{N_1} = 8;\ x_{N_2} = -2$

Sind die Nullstellen und der Koeffizient a gegeben, so können sie in die Gleichung in Produktform eingesetzt werden. Ist z.B. $a = 2$, $x_{N_1} = 3$ und $x_{N_2} = -4$, so lautet die Funktionsgleichung $f(x) = 2\,(x - 3)(x + 4)$.

 Nullstellenbestimmung mit der abc-Formel

Bestimmen Sie die x-Achsenschnittpunkte des durch $f(x) = 2x^2 - 4x - 6$ gegebenen Schaubildes.

Hier können wir die abc-Formel anwenden, um die Nullstellen zu ermitteln:
$$a x_N^2 + b x_N + c = 0$$
$$\Rightarrow x_{N_{1;2}} = \frac{-b \pm \sqrt{b^2 - 4ac}}{2a}$$ ▶ Seite 18

Dabei ist $a = 2$, $b = -4$ und $c = -6$.

Die Schnittpunkte sind $N_1(-1|0)$ und $N_2(3|0)$.

$$f(x_N) = 0$$
$$\Leftrightarrow 2x^2 + (-4)x + (-6) = 0$$
$$\Leftrightarrow x_{N_{1;2}} = \frac{-(-4) \pm \sqrt{(-4)^2 - 4 \cdot 2 \cdot (-6)}}{2 \cdot 2}$$
$$\Leftrightarrow x_{N_1} = \frac{+4 - \sqrt{16 + 48}}{4};\ x_{N_2} = \frac{+4 + \sqrt{16 + 48}}{4}$$
$$\Leftrightarrow x_{N_1} = \frac{4 - 8}{4} = -1;\ x_{N_2} = \frac{4 + 8}{4} = 3$$

Nullstellen: $x_{N_1} = -1;\ x_{N_2} = 3$

Die Beispiele 11 bis 14 zeigen uns je nach Form des Funktionsterms verschiedene Möglichkeiten, die Nullstellen quadratischer Funktionen zu bestimmen. Die abc-Formel kann immer angewendet werden. Allerdings können wir Rechenarbeit sparen, wenn die Form des Funktionsterms einen einfacheren Rechenweg zulässt.

 Weniger als zwei Nullstellen

Gegeben sind die Funktionen f mit $f(x) = x^2 - 2x + 1$ und g mit $g(x) = x^2 + 2x + 5$. Bestimmen Sie die x-Achsenschnittpunkte der Schaubilder K_f und K_g.

Wir verwenden in beiden Fällen die abc-Formel, um die Nullstellen zu bestimmen.

Bei der Funktion f wird in der abc-Formel der Term unter der Wurzel null. Die Wurzel aus null ist wiederum null. Somit hat die Gleichung nur eine, allerdings doppelte Lösung. Man sagt: Die Funktion f hat eine doppelte Nullstelle.

$$f(x_N) = 0$$
$$\Leftrightarrow x_N^2 - 2x_N + 1 = 0$$
$$\Leftrightarrow x_{N_{1;2}} = \frac{2 \pm \sqrt{0}}{2} = \frac{2}{2} = 1$$

Doppelte Nullstelle: $x_{N_{1;2}} = 1$

Bei der Funktion g wird in der abc-Formel der Term unter der Wurzel negativ. Aus einer negativen Zahl können wir aber nicht die Wurzel ziehen. Also gibt es in diesem Fall keine Nullstelle.

$$g(x_N) = 0$$
$$\Leftrightarrow x_N^2 + 2x_N + 5 = 0$$
$$\Leftrightarrow x_{N_{1;2}} = \frac{-2 \pm \sqrt{-16}}{2}$$

▶ Wurzel aus -16 ist nicht definiert. Keine Nullstellen vorhanden.

Wegen seiner Bedeutung für die Anzahl der Lösungen erhält der Term unter der Wurzel einen Namen: Er heißt **Diskriminante** und wird mit D bezeichnet. ▶ Diskriminante heißt wörtlich übersetzt: die Unterscheidende.

1.3 Quadratische Funktionen

Allgemein können für Nullstellen bei quadratischen Funktionen also drei Fälle auftreten. Wenn wir die Nullstellen mithilfe der *abc*-Formel $x_{N_{1;2}} = \frac{-b \pm \sqrt{b^2 - 4ac}}{2a}$ bestimmen, können wir die Fälle leicht unterscheiden. Dazu betrachten wir die Diskriminante.

Die Diskriminante $D = b^2 - 4ac$ ist *größer* als null.	Die Diskriminante $D = b^2 - 4ac$ ist *gleich* null.	Die Diskriminante $D = b^2 - 4ac$ ist *kleiner* als null.
Beispiel: $f(x) = x^2 + 10x + 9$ $x_{N_{1;2}} = \frac{-10 \pm \sqrt{100 - 36}}{2}$ $x_{N_{1;2}} = \frac{-10 \pm \sqrt{64}}{2}$ $= -5 \pm 4$ ▶ $D = 64 > 0$	Beispiel: $f(x) = x^2 + 8x + 16$ $x_{N_{1;2}} = \frac{-8 \pm \sqrt{64 - 64}}{2}$ $x_{N_{1;2}} = \frac{-8 \pm \sqrt{0}}{2}$ $= -4 \pm 0$ ▶ $D = 0 = 0$	Beispiel: $f(x) = x^2 + 2x + 9$ $x_{N_{1;2}} = \frac{-2 \pm \sqrt{4 - 36}}{2}$ $x_{N_{1;2}} = \frac{-2 \pm \sqrt{-32}}{2}$ ▶ $D = -32 < 0$
$\Rightarrow$ zwei Nullstellen: $x_{N_1} = -1; x_{N_2} = -9$	$\Rightarrow$ eine doppelte Nullstelle: $x_N = -4$	$\Rightarrow$ keine Nullstellen
Das Schaubild schneidet die *x*-Achse in zwei Punkten.	Das Schaubild berührt die *x*-Achse in einem Punkt.	Das Schaubild hat keinen gemeinsamen Punkt mit der *x*-Achse.

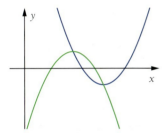
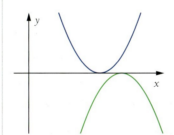
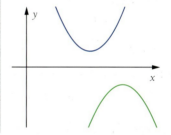

- Die Stellen x_N des Definitionsbereichs einer Funktion f, an denen die Funktion f den Wert null annimmt, heißen **Nullstellen** der Funktion. Für eine Nullstelle x_N gilt die Bedingung: $f(x_N) = 0$.
  An den Nullstellen x_N schneidet das Schaubild der Funktion f die *x*-Achse.
- Der Punkt $N(x_N|0)$ ist der zu x_N gehörende Schnittpunkt des Schaubildes der Funktion mit der *x*-Achse.
- Die Nullstellen einer quadratischen Funktion lassen sich in jedem Fall mithilfe der *abc*-Formel bestimmen.
- Die Anzahl der Nullstellen hängt von der **Diskriminante** D ab.

1. Bestimmen Sie die *x*-Achsenschnittpunkte der Schaubilder der folgenden Funktionen.
a) $f(x) = x^2 - 6x$
b) $f(x) = 3x^2 - 27$
c) $f(x) = 3x^2 - 9x$
d) $f(x) = -x^2 + 10x - 25$
e) $f(x) = 4x(x + 3)$
f) $f(x) = 2x^2 + 8x + 10$
g) $f(x) = (x - 2)(x + 4)$
h) $f(x) = 0,5(x - 1)(x - 2)$

2. Entscheiden Sie, welches Verfahren Sie zur Berechnung der Nullstellen anwenden.
Berechnen Sie diese und geben Sie die *x*-Achsenschnittpunkte an.
a) $f(x) = 9x^2 + 6x + 1$
b) $f(x) = -0,25x^2 + 4x$
c) $f(x) = \frac{2}{3}x^2 + 12$
d) $f(x) = 0,5x^2 - 2x + 2$
e) $f(x) = (x - 1)^2 - 4$
f) $f(x) = 2 \cdot (x - 6) \cdot (x + 5)$
g) $f(x) = -2x^2 - 4x - 8$
h) $f(x) = -2x^2$

1 Funktionen, ihre Schaubilder und zugehörige Gleichungen

Schnittpunkte zweier Schaubilder

Wenn sich die Schaubilder zweier Funktionen f und g in einem Punkt $S(x_S|y_S)$ schneiden, so befinden sich die Schaubilder von f und g an der Stelle x_S „auf gleicher Höhe". Die Funktionswerte von f und g sind an der Stelle x_S gleich: $f(x_S) = g(x_S)$.
Umgekehrt gilt: Wenn wir eine Stelle x_S finden, welche die Bedingung $f(x_S) = g(x_S)$ erfüllt, so ist x_S eine Schnittstelle von f und g.

Um zwei Schaubilder von Funktionen auf Schnittpunkte zu untersuchen, setzen wir also zunächst die Funktionsterme gleich und erhalten als Lösungen der Gleichung die Schnittstellen der beiden Funktionen.

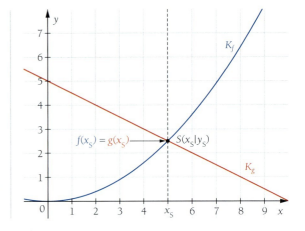

16 Gemeinsame Punkte von Parabel und Gerade

Bestimmen Sie die gemeinsamen Punkte der quadratischen Funktion f mit $f(x) = x^2 + x - 1$ mit den linearen Funktionen g, h und i mit $g(x) = 3x + 2$, $h(x) = 3x - 2$ und $i(x) = 3x - 6$.

Bei der rechnerischen Bestimmung der gemeinsamen Punkte nutzen wir für quadratische Gleichungen die gleichen Lösungsverfahren wie bei den Nullstellen.
Deshalb ist auch bei der Bestimmung gemeinsamer Punkte die Anzahl der Lösungen abhängig vom Wert der **Diskriminante D**. ▶ Seite 69
$D > 0$: zwei Lösungen
$D = 0$: eine Lösung
$D < 0$: keine Lösung

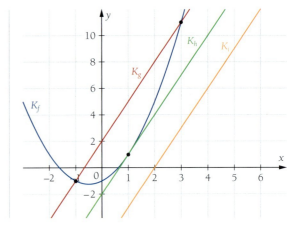

zwei Lösungen:	eine Lösung:	keine Lösung:
$f(x_S) = g(x_S)$	$f(x_S) = h(x_S)$	$f(x_S) = i(x_S)$
$x_S^2 + x_S - 1 = 3x_S + 2 \;\|-3x_S - 2$	$x_S^2 + x_S - 1 = 3x_S - 2 \;\|-3x_S + 2$	$x_S^2 + x_S - 1 = 3x_S - 6 \;\|-3x_S + 6$
$x_S^2 - 2x_S - 3 = 0$ ▶ $a = 1, b = -2, c = -3$	$x_S^2 - 2x_S + 1 = 0$ ▶ $a = 1, b = -2, c = 1$	$x_S^2 - 2x_S + 5 = 0$ ▶ $a = 1, b = -2, c = 5$
$x_{S_{1;2}} = \frac{2 \pm \sqrt{4+12}}{2}$ ▶ $D = 4 + 12 = 16$	$x_{S_{1;2}} = \frac{2 \pm \sqrt{4-4}}{2}$ ▶ $D = 4 - 4 = 0$	$x_{S_{1;2}} = \frac{2 \pm \sqrt{4-20}}{2}$ ▶ $D = 4 - 20 = -16$
$x_{S_1} = -1 \;;\; x_{S_2} = 3$	$x_{S_{1;2}} = 1$	
$D = 16 > 0$: Es gibt zwei Schnittpunkte $S_1(-1|-1)$ und $S_2(3|11)$.	$D = 0$: Es gibt einen Berührpunkt $S(1|1)$.	$D = -16 < 0$: Es gibt keine gemeinsamen Punkte.
Eine Gerade, die wie das Schaubild von g ein anderes Schaubild in zwei Punkten schneidet, heißt **Sekante**.	Eine Gerade, die wie das Schaubild von h ein anderes Schaubild in einem Punkt berührt, heißt **Tangente**.	Eine Gerade, die wie das Schaubild von i keine gemeinsamen Punkte mit einem anderen Schaubild hat, heißt **Passante**.

1.3 Quadratische Funktionen

Schnittpunkte von Parabeln

Bestimmen Sie rechnerisch die Schnittpunkte der Schaubilder der quadratischen Funktionen f und g mit $f(x) = 2x^2 - 7x + 7$ und $g(x) = -0,5(x-3)^2 + 4$.

In einem Schnittpunkt haben beide Funktionen zu demselben x-Wert auch denselben Funktionswert. Es gilt also an einer Schnittstelle x_S: $f(x_S) = g(x_S)$.

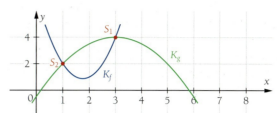

Durch Gleichsetzen der Funktionsterme von f und g erhalten wir eine quadratische Gleichung. Wir stellen so um, dass auf einer Seite null steht.

$$f(x_S) = g(x_S)$$
$$2x_S^2 - 7x_S + 7 = -0,5(x_S - 3)^2 + 4$$
$$2x_S^2 - 7x_S + 7 = -0,5(x_S^2 - 6x_S + 9) + 4$$
$$2x_S^2 - 7x_S + 7 = -0,5x_S^2 + 3x_S - 4,5 + 4$$
$$2x_S^2 - 7x_S + 7 = -0,5x_S^2 + 3x_S - 0,5$$

Anschließend berechnen wir die x-Werte der Schnittpunkte mit einem der Lösungsverfahren für quadratische Gleichungen, hier mit der *abc*-Formel.

$$2,5x_S^2 - 10x_S + 7,5 = 0 \quad \blacktriangleright a = 2,5;\ b = -10;\ c = 7,5$$
$$x_{S_{1;2}} = \frac{+10 \pm \sqrt{100 - 75}}{5}$$
$$= 2 \pm \frac{\sqrt{25}}{5}$$
$$= 2 \pm 1 \qquad \textbf{Schnittstellen:}\ x_{S_1} = 3;\ x_{S_2} = 1$$

Wir berechnen die y-Koordinaten der Schnittpunkte durch Einsetzen der berechneten Werte in die Funktionsterme von f oder g. Wegen $f(x_S) = g(x_S)$ ist es beim Schnittpunkt egal, in welchen Funktionsterm wir einsetzen.

$$f(3) = 2 \cdot 3^2 - 7 \cdot 3 + 7 = 4$$
oder $g(3) = -0,5(3-3)^2 + 4 = 4$

$$f(1) = 2 \cdot 1^2 - 7 \cdot 1 + 7 = 2$$
oder $g(1) = -0,5(1-3)^2 + 4 = 2$

Die Schaubilder K_f und K_g schneiden sich in den Schnittpunkten $S_1(3|4)$ und $S_2(1|2)$. ▶ Auch Parabeln müssen sich nicht in zwei Punkten schneiden. Sie können auch einen Berührpunkt oder keinen Schnittpunkt besitzen.

- Für die **Schnittpunkte** $S(x_S|y_S)$ zweier Funktionen f und g gilt: $f(x_S) = g(x_S)$
- Die x-Koordinate x_S lässt sich mit der *abc*-Formel, durch Wurzelziehen oder mit dem Satz vom Nullprodukt berechnen.
- Die y-Koordinate y_S erhält man durch Einsetzen von x_S in den Funktionsterm von f oder g.

1. Bestimmen Sie rechnerisch die Schnittpunkte der Schaubilder der Funktion von f und g.

a) $f(x) = x^2 - 5x + 9;\qquad g(x) = 3$
b) $f(x) = 0,25x^2 + 1;\qquad g(x) = -x$
c) $f(x) = 4x - 4;\qquad g(x) = 2x^2 + 20x + 10$
d) $f(x) = x^2 - 5x + 9;\qquad g(x) = 2x^2 - x + 14$
e) $f(x) = 1,5x^2 - 2x + 0,3;\ g(x) = -x^2 + x + 1$
f) $f(x) = 2x^2;\qquad g(x) = -4x^2$

g)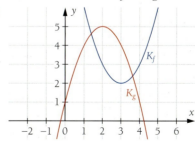

2. Zeichnen Sie in ein Koordinatensystem die Normalparabel und eine Gerade, die die Normalparabel nicht schneidet. Geben Sie die Funktionsgleichung für die gewählte Gerade an.
Zeigen Sie auch rechnerisch, dass Gerade und Normalparabel sich nicht schneiden.

1 Funktionen, ihre Schaubilder und zugehörige Gleichungen

Übungen zu 1.3.3

1. Berechnen Sie die Nullstellen der angegebenen Funktionen.
   a) $f(x) = x^2 + 2x - 3$
   b) $f(x) = \frac{3}{4}x^2 + 1$
   c) $f(x) = -2x^2 - 2x + 4$
   d) $f(x) = 3(x - 1)^2 - 9$
   e) $f(x) = -0,4x^2 + 1,6x - 2,6$
   f) $f(x) = \frac{1}{3}(x - 3)^2 - \frac{4}{3}$
   g) $f(x) = 0,5(x + 3)(x - 7)$
   h) $f(x) = -2x(x + 1)$

2. Bestimmen Sie die Schnittpunkte des Schaubildes der Funktion mit den Koordinatenachsen.
   a) $f(x) = 1,5x^2 + 6x + 6$
   b) $f(x) = -0,5x^2 + 6x$
   c) $f(x) = 0,25(x - 4)^2$
   d) $f(x) = (x - 1)(x - 2)$

3. Geben Sie die Funktionsgleichung einer quadratischen Funktion an, die die Nullstellen $x_{N_1} = 0$ und $x_{N_2} = -2$ besitzt.

4. K_f ist das Schaubild der Funktion f mit $f(x) = 2x(x - 1)$.
   a) Bestimmen Sie die Nullstellen von f.
   b) Beschreiben Sie, wie das Schaubild K_f verschoben werden muss, damit es die x-Achse berührt. Geben Sie die Funktionsgleichung an.

5. Ermitteln Sie die Achsenschnittpunkte der einzelnen Parabeln. Bestimmen Sie, sofern vorhanden, die gemeinsamen Punkte der Parabeln mit dem Schaubild der linearen Funktion g mit $g(x) = x + 1$. Zeichnen Sie die zugehörigen Schaubilder in ein Koordinatensystem.
   a) $f(x) = -x^2$
   b) $f(x) = x^2 + 4x - 5$
   c) $f(x) = 2x^2 - 5x + 3$
   d) $f(x) = 0,2x^2 + x + 1,2$

6. Bestimmen Sie anhand der Zeichnung sowie rechnerisch die Schnittpunkte der Schaubilder K_f und K_g.
   $f(x) = 2x^2 - 2x + 2,5$
   $g(x) = -2x^2 - 4x + 6$

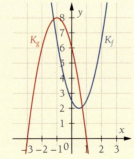

7. Gegeben ist die Funktion f mit $f(x) = 3x^2 - 6x + 3$. Zeigen Sie, dass die zu f gehörende Parabel die x-Achse berührt.

8. Berechnen Sie die gemeinsamen Punkte.
   a) $f(x) = 2x^2 + 3x - 3$; $\quad g(x) = -\frac{1}{3}(x - 1)^2 + 2$
   b) $f(x) = \frac{3}{4}x^2 - 2x + \frac{1}{4}$; $\quad g(x) = -x^2 + x + 5$
   c) $f(x) = 0,2x^2 - 0,3x + 0,6$; $g(x) = 0,75x - 1$
   d) $f(x) = -4(x - 3)^2 + 5$; $\quad g(x) = x^2 - 6x + 14$

9. Gegeben sind die Funktionen f und g mit $f(x) = 2x^2 - 6x + 1$ und g mit $g(x) = -6x - 1$.
   a) Zeigen Sie, dass sich die Schaubilder von f und g nicht schneiden.
   b) Wie muss das Schaubild K_g verschoben werden, dass es das Schaubild K_f in einem Punkt berührt? Geben Sie die modifizierte Funktionsgleichung an.

10. Gegeben sind f und g mit $f(x) = -0,5x^2 - 0,5x + 2$ und $g(x) = 2x^2 + 2x - 3$.
    a) Untersuchen Sie K_f und K_g auf gemeinsame Punkte.
    b) Geben Sie an, auf welchem Intervall $f(x) > g(x)$ gilt.

11. Die Funktion f mit $f(x) = -0,5x^2 + 5x - 8$ beschreibt die Flugkurve eines Balles, der über eine 3,5 m hohe Mauer geworfen wird.
    a) Zeichnen Sie den Sachverhalt in ein Koordinatensystem. Die x-Achse beschreibt den Boden und die Mauer steht an der Stelle $x = 4$.
    b) Berechnen Sie die Stelle, an der der Ball auf dem Boden auftrifft.
    c) Bestimmen Sie den Standort des Werfers, der den Ball in 2 m Höhe loslässt.
    d) Untersuchen Sie, welche Höhe die Mauer maximal haben kann, wenn der Ball noch über die Mauer fliegen soll.
    e) Bestimmen Sie die maximale Wurfhöhe.
    f) Hinter der Mauer befindet sich ein Schuppen. Als Rückwand dient die Mauer, seine vordere Wand befindet sich bei $x = 7$ und das Dach verläuft entlang der Geraden mit $f(x) = 61x + 34$. Prüfen Sie, ob der Ball auf der anderen Seite auf dem Boden landet oder auf dem Schuppendach.

1.3.4 Bestimmen der Funktionsgleichung

Bestimmung der Funktionsgleichung des Gateway-Arch

Der **Gateway-Arch** in St. Louis ist das Wahrzeichen der Stadt am Ufer des Mississippi. Er ist nahezu parabelförmig, seine Höhe und Fußspannweite betragen beide 192 m.
Wählen Sie ein geeignetes Koordinatensystem und bestimmen Sie durch Modellierung die Funktionsgleichung des Gateway-Arch.

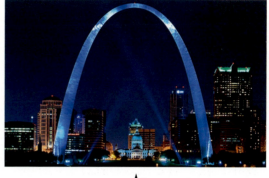

Zunächst müssen wir uns überlegen, wie wir den Umriss des Gateway-Arch in ein Koordinatensystem legen. Davon hängt es wesentlich ab, wie sich seine Funktionsgleichung bestimmt.
Der Gateway-Arch ist symmetrisch zu einer vertikalen Achse, die durch seinen Scheitelpunkt verläuft. Es liegt daher nahe, für diese Achse die y-Achse im Koordinatensystem zu wählen.
Als x-Achse wählen wir die Gerade durch die Fußpunkte des Gateway-Arch. Deren Koordinaten lauten somit $\left(-\frac{192}{2}\middle|0\right)$ und $\left(\frac{192}{2}\middle|0\right)$.

Der Scheitelpunkt hat die Koordinaten $(0|192)$.

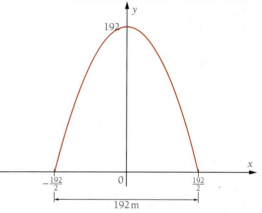

Da wir die Koordinaten des Scheitelpunktes kennen, liegt es nahe, als Ansatz für die Funktionsgleichung die Scheitelpunktform zu wählen.

Die Werte für x_S und y_S können wir direkt eintragen, sodass sich als neuer Ansatz $g(x) = ax^2 + 192$ ergibt.

Um schließlich a zu bestimmen, setzen wir in die Funktionsgleichung die Koordinaten eines Fußpunktes ein, beispielsweise $\left(\frac{192}{2}\middle|0\right)$. Anschließendes Auflösen nach a ergibt den auf vier Dezimalstellen genauen Wert $-0{,}0208$.

Damit ist der Umriss des Gateway-Arch in etwa durch das Schaubild der quadratischen Funktion g mit $g(x) = -0{,}0208\,x^2 + 192$ beschrieben.

Ansatz: $g(x) = a(x - x_S)^2 + y_S$
▶ Scheitelpunktform;
Scheitelpunkt $S(x_S|y_S)$

Ist der Scheitelpunkt gegeben, so benutze die Scheitelpunktform.

Scheitelpunkt $S(0|192)$:
$x_S = 0$ ▶ x-Koordinate des Scheitelpunktes
$y_S = 192$ ▶ y-Koordinate des Scheitelpunktes
$\Rightarrow g(x) = a(x-0)^2 + 192 = ax^2 + 192$

Punkt $\left(\frac{192}{2}\middle|0\right)$:
$\quad 0 = a \cdot \left(\frac{192}{2}\right)^2 + 192 \qquad |-192$
$\Leftrightarrow -192 = a \cdot 96^2 \qquad\qquad\quad |:96^2$
$\Leftrightarrow \quad a = -\frac{192}{96^2} \approx -0{,}0208$

▶ Das negative Vorzeichen von a lässt sich auch mit der nach unten geöffneten Parabel des Gateway-Arch begründen.

$g(x) = -0{,}0208\,x^2 + 192$

Das Schaubild der Funktion f ist eine Parabel mit dem Scheitelpunkt $S(5|5)$. Ferner verläuft die Parabel durch den Punkt $P(3|11)$. Ermitteln Sie die zugehörige Funktionsgleichung.

1 Funktionen, ihre Schaubilder und zugehörige Gleichungen

19 Parabelbogen

Die Heilig-Kreuz-Kirche in Gelsenkirchen wurde von Josef Franke in den Jahren 1927 bis 1929 erbaut. Sie wird auch „Parabelkirche" genannt, da die Parabel das wesentliche architektonische Merkmal der Kirche ist. So beschreibt z.B. auch das Gewölbe des Kircheninnenraums eine Parabel.

Für ein Schulprojekt soll die Form des Gewölbes durch das Schaubild einer Funktion f beschrieben werden. Bei einer Vermessung wird dem Verlauf eines Gewölbebogens ein Koordinatensystem zugrunde gelegt. Dabei wird abgelesen, dass die Punkte $P(2|14)$, $Q(4|20)$ und $R(6|18)$ auf dem Parabelbogen liegen.

Bestimmen Sie die Funktionsgleichung von f.

Da das Gewölbe parabelförmig ist, kann von einer quadratischen Funktion ausgegangen werden.

Wir setzen nacheinander die Koordinaten der Punkte in die Gleichung ein und erhalten drei Bedingungsgleichungen mit den Unbekannten a, b und c.

Es ergibt sich damit folgendes **lineares Gleichungssystem**:
(I) $4a + 2b + c = 14$
(II) $16a + 4b + c = 20$
(III) $36a + 6b + c = 18$

Um dieses Gleichungssystem zu lösen, benutzen wir dreimal das Additionsverfahren. ▶ Seite 20

Zunächst wird eine Variable eliminiert. Hier bietet sich dafür die Variable c an.
Dazu addieren wir jeweils die Gleichungen (I′) und (II) sowie (II′) und (III).
So erhalten wir die beiden Gleichungen (IV) und (V), die nur noch die beiden Variablen a und b enthalten. Durch nochmalige Anwendung des Additionsverfahrens eliminieren wir nun die Variable b. Wir erhalten eine Gleichung mit nur der Variablen a, die wir bequem lösen können.
Anschließend wird der Wert für a in die Gleichung (IV) oder (V) eingesetzt, um b zu bestimmen.
Um den Wert für c zu bestimmen, werden die bisher berechneten Werte für a und b in eine der Gleichungen (I), (II) oder (III) eingesetzt.

$f(x) = ax^2 + bx + c$

$P(2|14)$:
$f(2) = 14 \Leftrightarrow a \cdot 2^2 + b \cdot 2 + c = 14$
$\Leftrightarrow 4a + 2b + c = 14$

$Q(4|20)$:
$f(4) = 20 \Leftrightarrow a \cdot 4^2 + b \cdot 4 + c = 20$
$\Leftrightarrow 16a + 4b + c = 20$

$R(6|18)$:
$f(6) = 18 \Leftrightarrow a \cdot 6^2 + b \cdot 6 + c = 18$
$\Leftrightarrow 36a + 6b + c = 18$

$(I) \cdot (-1) = (I')$ $\quad -4a - 2b - c = -14$
$\quad\quad\quad\quad (II)$ $\quad 16a + 4b + c = 20$
$(I') + (II) = (IV)$ $\quad 12a + 2b = 6$

$(II) \cdot (-1) = (II')$ $\quad -16a - 4b - c = -20$
$\quad\quad\quad\quad (III)$ $\quad 36a + 6b + c = 18$
$(II') + (III) = (V)$ $\quad 20a + 2b = -2$

$(IV) \cdot (-1) = (IV')$ $\quad -12a - 2b = -6$
$\quad\quad\quad\quad (V)$ $\quad 20a + 2b = -2$
$(IV') + (V)$ $\quad 8a = -8$
$\Leftrightarrow a = -1$

$a = -1$ in (V):
$\quad 20 \cdot (-1) + 2b = -2$
$\Leftrightarrow b = 9$

$a = -1$ und $b = 9$ in (I):
$\quad 4 \cdot (-1) + 2 \cdot 9 + c = 14$
$\Leftrightarrow c = 0$

Wegen der vielen Rechenschritte sollten wir die Probe machen. Dazu setzen wir alle berechneten Werte in alle drei Gleichungen ein.

Nun können wir sicher sein, dass wir die passende Funktionsgleichung gefunden haben.

Mithilfe der Funktionsgleichung lassen sich nun auch andere Punkte des Parabelbogens bestimmen.

Probe:

in (I): $\quad -4 + 18 = 14$
$\quad\quad\Leftrightarrow \quad\quad 14 = 14$ ▶ wahre Aussage
in (II): $\quad -16 + 36 = 20$
$\quad\quad\Leftrightarrow \quad\quad 20 = 20$ ▶ wahre Aussage
in (III): $-36 + 54 = 18$
$\quad\quad\Leftrightarrow \quad\quad 18 = 18$ ▶ wahre Aussage

$\Rightarrow f(x) = -x^2 + 9x$

$f(3) = -3^2 + 9 \cdot 3 = 18 \quad \Rightarrow \quad A(3|18)$

> Der Funktionsterm einer quadratischen Funktion lässt sich bestimmen, wenn drei Punkte des zugehörigen Schaubildes bekannt sind.
> Die Koordinaten der Punkte werden dazu in die allgemeine Form $f(x) = ax^2 + bx + c$ der Funktionsgleichung eingesetzt.
> Das dadurch ermittelte Gleichungssystem wird mit einem geeigneten Lösungsverfahren gelöst, um die Werte für die Koeffizienten a, b und c zu erhalten.

▶ In Kapitel 2 (Seite 164) lernen wir weitere Möglichkeiten kennen, um lineare Gleichungssysteme zu lösen.

Bestimmen Sie den Funktionsterm der quadratischen Funktion, deren Schaubild durch die Punkte $A(1|7)$, $B(0|4,5)$ und $C(-2|2,5)$ verläuft.

Übungen zu 1.3.4

1. Bestimmen Sie die Funktionsgleichung der quadratischen Funktion, deren Schaubild durch die angegebenen Punkte verläuft.
a) $A(-5|6)$; $B(-3|-4)$; $C(3|14)$
b) $A(-2|0)$; $B(2|4)$; $C(3|10)$
c) $A(-3|3)$; $B(2|-1)$; $C(6|-3)$
d) $A(-6|4)$; $B(-3|-5)$; $C(4|9)$
e) $A(-1|-10)$; $B(2|-1)$; $C(6|-3)$

2. Für eine quadratische Funktion f gilt $f(1) = -5$, $f(2) = -9$ und $f(-1) = -15$.
a) Bestimmen Sie die zugehörige Funktionsgleichung.
b) Bestimmen Sie die Koordinaten des Scheitelpunktes und der Achsenschnittpunkte von K_f.
c) Zeichnen Sie das Schaubild K_f.

3. Gegeben sind die drei Punkte $A(1|1)$, $B(2|10)$ und $C(-1|-5)$ des Schaubildes einer quadratischen Funktion sowie die Punkte $P(0|-16)$ und $Q(1|-3)$ auf dem Schaubild einer linearen Funktion. Bestimmen Sie die jeweiligen Funktionsgleichungen und die Schnittpunkte der Schaubilder.

4. Auf ihrer Fahrt in den Skiurlaub fällt Lea auf, dass viele Tunnel eine parabelähnliche Form haben. Sie möchte die Parabelgleichung bestimmen. Lösen Sie die Aufgabe für die vier in der Skizze eingezeichneten Möglichkeiten, den Ursprung des Koordinatensystems zu legen.

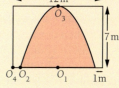

5. Von drei linearen Funktionen f, g und h sind die beiden Funktionsgleichungen $f(x) = -1,5x + 3$ und $g(x) = -3x - 1,5$ bekannt. Auf dem Schaubild von h liegen die Punkte $A(0|-1,5)$ und $B(-3|-1,5)$. Die Schaubilder bilden mit ihren Schnittpunkten ein Dreieck.
a) Zeichnen Sie die Schaubilder der Funktionen und bestimmen Sie die Eckpunkte des Dreiecks.
b) Bestimmen Sie den Funktionsterm der quadratischen Funktion, deren Schaubild durch die Eckpunkte des Dreiecks geht.
c) Bestimmen Sie den Flächeninhalt des Dreiecks.

1 Funktionen, ihre Schaubilder und zugehörige Gleichungen

Übungen zu 1.3

1. Ordnen Sie die Schaubilder und Gleichungen einander zu.
a) $f(x) = -x^2$
b) $f(x) = 2x^2 - 1$
c) $f(x) = -(x+3)^2$
d) $f(x) = x^2 + 2x + 1$
e) $f(x) = -(x-3)^2 - 2$
f) $f(x) = x^2 + 4x + 5$

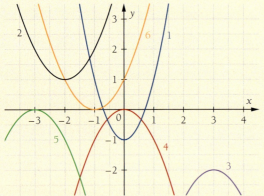

2. Betrachten Sie nochmals die Gleichungen in den Teilaufgaben aus Aufgabe 1.
a) Erklären Sie anhand der Gleichungen die Begriffe „allgemeine Form" und „Scheitelpunktform".
b) Geben Sie zu den Funktionsgleichungen die allgemeine Form bzw. Scheitelpunktform an.

3. Benennen Sie für folgende Funktionen alle Eigenschaften der zugehörigen Parabel, die man der gegebenen Funktionsgleichung entnehmen kann (Achsenschnittpunkte, Scheitelpunkt, Öffnungsrichtung, Öffnungsweite, Symmetrie, Verschiebung).
Überprüfen Sie Ihre Ergebnisse zeichnerisch.
a) $f(x) = x^2 + 2x - 3$
b) $f(x) = \frac{3}{4}x^2 + 1$
c) $f(x) = -\frac{5}{4}(x + 0{,}5)^2 - 1{,}5$
d) $f(x) = -2x^2 - 2x + 4$
e) $f(x) = 3(x - 1)^2 - 9$
f) $f(x) = -0{,}4x^2 + 1{,}6x - 2{,}6$
g) $f(x) = 2(x + 1)(x - 1{,}5)$
h) $f(x) = -0{,}5x^2 + 6x$

4. Gegeben ist die quadratische Funktion f mit $f(x) = 1{,}25x^2 - 5{,}5x + 2$
a) Bestimmen Sie $f(0)$, $f(2)$ und $f(4)$.
b) Lösen Sie die Gleichung $f(x) = 1$.
c) Berechnen Sie die Schnittpunkte mit der x-Achse.
d) Untersuchen Sie, für welche x-Werte $f(x) < 0$ gilt.

5. Der parabelförmige Bogen einer Autobrücke kann durch die Funktion mit der Gleichung $f(x) = -0{,}02x^2 + 0{,}96x$ beschrieben werden.

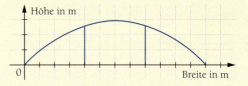

a) Übertragen Sie die Zeichnung maßstabsgerecht auf ein kariertes Blatt Papier.
b) Berechnen Sie die Spannweite des Brückenbogens und skalieren Sie dazu passend die x-Achse des Koordinatensystems.
c) Bestimmen Sie die maximale Höhe des Brückenbogens und skalieren Sie die y-Achse entsprechend.
d) Berechnen Sie die Höhe der beiden Stützpfeiler.
e) In einem ersten Entwurf für die Brücke waren zwei 9,1 m hohe Stützpfeiler vorgesehen. Diskutieren Sie, an welchen Stellen diese hätten errichtet werden müssen. Wie weit wären sie voneinander entfernt gewesen?

6. Entscheiden Sie, ob es sich um eine wahre oder eine falsche Aussage handelt.
Begründen Sie.
a) Wenn eine Parabel gestaucht ist, gilt $a \leq 1$.
b) Wenn die beiden Koordinaten des Scheitelpunktes den gleichen Wert haben, ist die Parabel nach rechts verschoben.
c) Aus $c = 0$ folgt, dass die Parabel keinen Schnittpunkt mit der y-Achse hat.
d) Aus $a < -1$ folgt, dass die Parabel gestreckt ist.
e) Wenn die zwei Nullstellen einer quadratischen Funktion sich nur durch ihr Vorzeichen unterscheiden, ist die Parabel achsensymmetrisch zur y-Achse.
f) Wenn die Parabel die x-Achse berührt, hat der Scheitelpunkt den x-Wert 0.
g) Wenn eine Parabel zwei x-Achsenschnittpunkte hat und nach oben geöffnet ist, hat der Scheitelpunkt einen negativen y-Wert.
h) Wenn eine quadratische Funktion keine Nullstellen hat, lässt sich die Funktionsgleichung nicht in der Produktform angeben.
i) Eine Parabel schneidet immer die y-Achse.

7. Von einer Parabel sind jeweils der Koeffizient a und die Verschiebung parallel zu den Koordinatenachsen bekannt. Geben Sie die zugehörige Funktionsgleichung in der Scheitelpunktform an. Benennen Sie auch den Scheitelpunkt.
a) $a = 1$; Verschiebung um 4 Einheiten nach rechts und 2 Einheiten nach unten
b) $a = -2$; Verschiebung um 4,5 Einheiten nach oben
c) $a = -\frac{1}{6}$; Verschiebung um 3 Einheiten nach links
d) $a = -1$; Verschiebung um 3,5 Einheiten nach links und 6 Einheiten nach oben

8. Die Müngstener Brücke ist die höchste Eisenbahnbrücke Deutschlands. Sie überspannt das Tal der Wupper zwischen Solingen und Remscheid. Der Hauptbogen besteht aus zwei Parabeln.

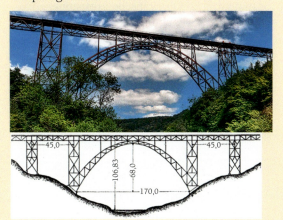

a) Ermitteln Sie mit den Angaben der Konstruktionszeichnung die Funktionsgleichung für den unteren Bogen, indem Sie die x-Achse auf die Höhe der Verankerungspunkte legen.
b) Der Abstand der Verankerungspunkte der beiden Bögen beträgt auf jeder Seite 17 m und der Höhenunterschied 8 m. Außerdem liegt der Scheitel des oberen Bogens 5 m über dem des unteren Bogens. Ermitteln Sie auch die Funktionsgleichung für den oberen Bogen.

9. Gegeben sind die Funktionen f, g, h und i mit den Gleichungen $f(x) = -2x^2 - 2x + 4$; $g(x) = (x-1)^2$; $h(x) = 0,5x + 1$ und $i(x) = -4x$.
a) Zeichnen Sie die Schaubilder der Funktionen in ein gemeinsames Koordinatensystem.
b) Bestimmen Sie alle möglichen gemeinsamen Punkte zweier Schaubilder.

10. Zu den Parabeln mit den angegebenen Eigenschaften soll die Funktionsgleichung ermittelt werden. Prüfen Sie zunächst, welche Gleichungsform jeweils am besten geeignet ist.
Tipp: Häufig ist eine Skizze hilfreich.
a) Die Parabel hat die x-Achsenschnittpunkte $S_{x_1}(-4|0)$ und $S_{x_2}(3|0)$ und geht durch $P(1|-10)$.
b) Die Parabel hat den Scheitelpunkt $S(2|5)$ und schneidet die y-Achse bei 4.
c) Die Parabel schneidet die y-Achse bei -3 und berührt die x-Achse bei 1.
d) Die Parabel geht durch den Ursprung und durch die Punkte $P(-2|-20)$ und $Q(4|28)$.
e) Die Parabel geht durch die Punkte $P(1|4)$; $Q(-1|24)$ und $R(3|0)$.

11. In der Zeichnung sind die Schaubilder von K_f und K_g abgebildet. Die Funktionsgleichung von f ist $f(x) = 0,25x^2 - 1,5x + 2$. Bestimmen Sie die gemeinsamen Punkte von K_f und K_g.

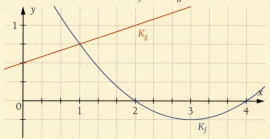

12. Das Schaubild einer quadratischen Funktion f berührt die x-Achse bei $x = 0$ und hat an der Stelle $x = 2$ einen Funktionswert von 5.
Geben Sie die zugehörige Funktionsgleichung an.

13. Danae springt in 2645 m Höhe mit einem Fallschirm aus einem Flugzeug ab und registriert auf ihrem Höhenmesser folgende Werte.

Zeit in sec	0	2	4	6	...
Höhe in m	2645	2625	2565	2465	...

a) Weisen Sie nach, dass der Zusammenhang zwischen der Zeit t und der Höhe $h(t)$ nicht linear ist.
b) Ermitteln Sie die Gleichung der quadratischen Funktion h.
c) Für die Landung ist ein Gelände in 440 m Höhe vorgesehen. Der Fallschirm braucht zwei Sekunden zur vollen Entfaltung. Wann muss Danae spätestens die Reißleine ziehen?

1.3 Quadratische Funktionen

Ich kann ...

... einen **quadratischen Funktionsterm** erkennen.	$x(x+1) = x^2 + x$, also quadratisch $f(x) = 0{,}5x^2 + x - 1{,}5$	Die höchste x-Potenz ist quadratisch (also x^2).
... eine quadratische Funktionsgleichung auf **unterschiedliche Arten darstellen**. ▶ Test-Aufgaben 1, 2, 4	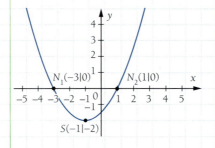	Allgemeine Form: $f(x) = ax^2 + bx + c$ Scheitelpunktform: $f(x) = a(x-x_s)^2 + y_s$ mit dem Scheitelpunkt $S(x_s \mid y_s)$ Produktform: $f(x) = a(x-x_{N_1})(x-x_{N_2})$ mit den Nullstellen x_{N_1} und x_{N_2}.
... das **Schaubild** einer quadratischen Funktion mit Worten beschreiben und im Koordinatensystem **zeichnen**. ▶ Test-Aufgaben 1, 2		$a > 0$: Öffnung der Parabel nach oben $a < 0$: Öffnung der Parabel nach unten $\lvert a\rvert < 1$: Parabel gestaucht $\lvert a\rvert > 1$: Parabel gestreckt
... die **allgemeine Form** mithilfe der quadratischen Ergänzung in die **Scheitelpunktform umwandeln**. ▶ Test-Aufgabe 1	$f(x) = 0{,}5x^2 + x - 1{,}5$ $= 0{,}5(x^2 + 2x - 3)$ $= 0{,}5(x^2 + 2x + 1 - 1 - 3)$ $= 0{,}5((x+1)^2 - 4)$ $= 0{,}5(x+1)^2 - 2 \Rightarrow S(-1 \mid -2)$	1. a ausklammern 2. Quadratische Ergänzung 3. Binomische Formel anwenden 4. Äußere Klammer auflösen 5. Scheitelpunkt ablesen
... die **Scheitelpunktform** in die allgemeine Form **umwandeln**. ▶ Test-Aufgabe 2	$f(x) = 0{,}5(x+1)^2 - 2$ $= 0{,}5(x^2 + 2x + 1) - 2$ $= 0{,}5x^2 + x + 0{,}5 - 2$ $= 0{,}5x^2 + x - 1{,}5$	1. Binomische Formel anwenden 2. Klammer auflösen 3. Zusammenfassen
... die **Nullstellen** einer quadratischen Funktion berechnen. ▶ Test-Aufgaben 1, 2, 5 • mit der abc-Formel	$f(x_N) = 0$ $0{,}5x_N^2 + x_N - 1{,}5 = 0$ Nullstellen: $x_{N_{1,2}} = \dfrac{-1 \pm \sqrt{1+3}}{2 \cdot 0{,}5}$ $= \dfrac{-1 \pm 2}{1}$ $x_{N_1} = 1; \quad x_{N_2} = -3$	$ax^2 + bx + c = 0; \quad a \neq 0$ 1. Fall: $b \neq 0$, $c \neq 0$ $f(x) = ax^2 + bx + c$
• durch Faktorisieren	$2x_N^2 - 4x_N = 0$ $\Leftrightarrow 2x_N \cdot (x_N - 2) = 0$ Nullstellen: $x_{N_1} = 0; \quad x_{N_2} = 2$	2. Fall: $b \neq 0$, $c = 0$ $f(x) = ax^2 + bx$
• durch Wurzelziehen	$x_N^2 - 4 = 0$ $\Leftrightarrow x_N^2 = 4$ Nullstellen: $x_{N_1} = 2; \quad x_{N_2} = -2$	3. Fall: $b = 0$, $c \neq 0$ $f(x) = ax^2 + c$
... den Funktionsterm in **Linearfaktoren** zerlegen und die **Nullstellen ablesen**.	$f(x) = x^2 - 5x + 6$ $= (x-2) \cdot (x-3)$ Nullstellen: $x_{N_1} = 2; \quad x_{N_2} = 3$	**Produktform:** $f(x) = a \cdot (x - x_{N_1}) \cdot (x - x_{N_2})$
... den **Funktionsterm** einer quadratischen Funktion anhand dreier auf dem Schaubild liegender Punkte **aufstellen**. ▶ Test-Aufgabe 5	$P(2\mid14)$: $a \cdot 2^2 + b \cdot 2 + c = 14$ $Q(4\mid20)$: $a \cdot 4^2 + b \cdot 4 + c = 20$ $R(6\mid18)$: $a \cdot 6^2 + b \cdot 6 + c = 18$ ▶ Rechnung auf Seite 74	1. Gegebene Punkte in den allgemeinen Ansatz $ax^2 + bx + c = y$ einsetzen 2. Lineares Gleichungssystem lösen

Test zu 1.3

1. Gegeben ist die Funktion f mit $f(x) = 0{,}5x^2 - 6x - 2$.
   a) Beschreiben Sie das Schaubild K_f, ohne die Parabel zu zeichnen. Geben Sie S_y an.
   b) Formen Sie die Funktionsgleichung in die Scheitelpunktform um und geben Sie den Scheitelpunkt an.
   c) Bestimmen Sie rechnerisch die x-Achsenschnittpunkte.
   d) Zeichnen Sie das Schaubild von f mithilfe der Ergebnisse aus den Aufgabenteilen a) bis c).

2. Das Schaubild der Funktion g ist eine nach unten geöffnete Parabel mit dem Streckfaktor $-0{,}5$ und dem Scheitelpunkt $S(2|1)$.
   a) Geben Sie die Funktionsgleichung von g in Scheitelpunktform und in allgemeiner Form an.
   b) Beschreiben Sie die Form des Schaubildes K_g, ohne es zu zeichnen. Geben Sie S_y an.
   c) Berechnen Sie die Schnittpunkte des Schaubildes mit den Koordinatenachsen.
   d) Zeichnen Sie das Schaubild der Funktion g.

3. Berechnen Sie die gemeinsamen Punkte der Schaubilder aus den Aufgaben 1 und 2.

4. Ermitteln Sie anhand der Zeichnungen die allgemeine Funktionsgleichung $f(x) = ax^2 + bx + c$ zu den folgenden Schaubildern.

a)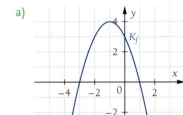
b)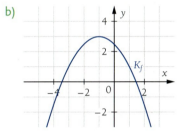
c)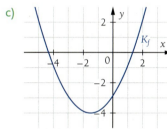

5. Die abgebildete Brücke überspannt im Gebirge eine Schlucht. Die Fahrbahn verläuft schräg aufsteigend entlang der Geraden mit $g(x) = 0{,}1x + 1$. Der höchste Punkt des Brückenbogens ist $S(22{,}5|12{,}5)$.

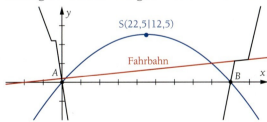

a) Bestimmen Sie die Funktionsgleichung der Parabel, die den Brückenbogen beschreibt.
b) Bestimmen Sie die Spannweite des Brückenbogens zwischen den Verankerungspunkte A und B.
c) Berechnen Sie, welchen Höhenunterschied die Straße innerhalb des Brückenbogens überwindet.

1 Funktionen, ihre Schaubilder und zugehörige Gleichungen

1.4 Ganzrationale Funktionen höheren Grades

1 Rückhaltebecken

Im Schwarzwald soll ein neues Regenrückhaltebecken erbaut werden. Es soll anfallendes Niederschlagswasser vorübergehend speichern, damit es verlangsamt in den nachfolgenden Entwässerungskanal eingeleitet werden kann. Die Funktion f mit $f(x) = \frac{1}{400}x^3 - \frac{1}{10}x^2 + x + 7$ beschreibt die Füllmenge dieses Rückhaltebeckens im Monat April, wobei x die Zeit in Tagen angibt und $f(x)$ die Füllmenge in $100\,\text{m}^3$.

a) Bestimmen Sie den maximalen Definitionsbereich der Funktion f und zeichnen Sie das Schaubild.
b) Berechnen Sie die Füllmenge Anfang bzw. Ende April exakt.
c) Bestimmen Sie die maximale und minimale Füllmenge des Speicherbeckens im Monat April.
d) Bestimmen Sie die maximale Füllmenge des Speicherbeckens zwischen dem 1. und 26. April.
e) Haben Sie eine Vermutung, wann der Zulauf bzw. der Ablauf in das Speicherbecken am größten bzw. kleinsten war? Lesen Sie die Stelle ungefähr ab.

2 Verpackung

Aus einem Fachjournal für den Einzelhandel:

Keine Kleinstpackungen mehr – der Umwelt zuliebe!

Verpackungen kosten häufig mehr als der Inhalt!

Ein Liter Eistee kostet in der Herstellung 9 Cent. Das Verpackungsmaterial kostet 1 € pro m². Wer findet die „ideale" Packungsgröße, bei der Verpackung und Inhalt gleich viel kosten?
Einzige Bedingungen sind:
• Der Boden des Tetrapaks muss quadratisch sein.
• Als Höhe soll das Vierfache der Grundkante genommen werden.

a) Geben Sie die Funktionsgleichung einer Funktion V an, die das Volumen des Tetrapaks in Abhängigkeit von der Grundkante x angibt. Berechnen Sie das Volumen für 4 cm und 7 cm Kantenlänge.
b) Geben Sie die Funktionsgleichung einer Funktion O an, die die Oberfläche des Tetrapaks in Abhängigkeit von der Grundkante x angibt (ohne Falz- und Klebeflächen). Berechnen Sie damit den Materialbedarf für 4 cm und 7 cm Kantenlänge.
c) Geben Sie eine Funktionsgleichung an, mit der sich die Materialkosten für beliebige Grundkantenlängen berechnen lassen. Berechnen Sie die Kosten für 4 cm und 7 cm Kantenlänge.
d) Zeichnen Sie die Schaubilder der Funktionen aus Aufgabenteil a) und c) in ein Koordinatensystem und lesen Sie die Werte für die „ideale" Verpackung ab. Prüfen Sie Ihr Ergebnis auch rechnerisch.

1.4 Ganzrationale Funktionen höheren Grades

3 Analyse der Firmensituation

Simon und Dustin entwickeln in einem Start-up eine Virtual-Reality-Brille „Multitalent", die plattformübergreifend eingesetzt werden kann. Das Produkt verkauft sich gut: Die produzierte Stückzahl musste von bisher 110 auf 250 in den letzten beiden Monaten erhöht werden. Der Preis der Brille beträgt 245 €.
Dennoch scheint es, als würde der Gewinn sinken. Simon und Dustin haben deshalb alle Kosten (bis auf eine Lücke), die bei der Produktion der Brille entstehen, in einer Tabelle zusammengefasst und folgende Fakten zusammengetragen:

- Die monatlichen Fixkosten, die auch bei keiner produzierten Brille für Miete, Strom usw. anfallen, belaufen sich auf 10 000 €.
- Höhere Stückzahlen sind eigentlich gut, da dadurch Mengenrabatte beim Einkauf diverser Kleinteile in Anspruch genommen werden können.
- Die erforderliche Erhöhung der Produktion auf 250 Stück führte zu höheren Kosten:
  - Arbeiter leisteten Überstunden, die mit einem Zuschlag vergütet wurden.
  - Teilweise war es sogar nötig, an Samstagen zu arbeiten, was ebenfalls einen Lohnzuschlag erforderte

Produzierte Anzahl „Multitalent"	Gesamtkosten in €
0	???
100	20 000
200	30 000
300	94 000

Alles in allem kommen Simon und Dustin auf folgende Kostenfunktion: $K(x) = 0{,}009x^3 - 2{,}7x^2 + 280x + c$
a) Bestimmen Sie den Wert für c.
b) Bestimmen Sie, bei welcher Produktionsmenge die geringsten variablen Stückkosten anfallen. Die variablen Stückkosten sind die Kosten, die anfallen, wenn man die Gesamtkosten durch die produzierte Menge teilt.
c) Bestimmen Sie, bei welcher Produktionsmenge kein Gewinn mehr erzielt wird.

4 Freistoß

Mario und Miro wollen ihre Freistoßtechnik verbessern. Dazu filmen sie ihre Versuche im Training. Folgendes Schaubild der Funktion f mit $f(x) = ax^3 + bx^2$ gibt näherungsweise den Flug des Balles bei einem perfekten Freistoß aus 18 m Torentfernung wieder. In der Videoanalyse können sie erkennen, dass der Freistoß bei 9 m Entfernung ca. 2 m 53 cm hoch sein muss (Punkt P), damit der Ball über eine hochspringende Mauer fliegen kann.

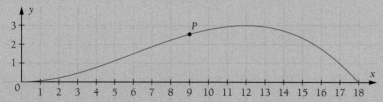

a) Bestimmen Sie eine Funktionsgleichung für f, indem Sie a und b berechnen.
b) Bestimmen Sie die maximale Höhe des Freistoßes.

1.4 Ganzrationale Funktionen höheren Grades

1.4.1 Potenzfunktionen

① Volumen eines Würfels

Die Firma „Magic Board Games" plant für ein neues Brettspiel eine Verpackung in Würfelform. Die Verpackung darf aus Normgründen das Volumen von 8000 cm³ nicht überschreiten.

Berechnen Sie die Maße der würfelförmigen Verpackung.

Da bei einem Würfel Länge, Breite und Höhe die gleiche Länge haben, können wir das Volumen eines Würfel mit folgender Formel berechnen:
$V(x) = x \cdot x \cdot x = x^3$

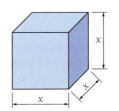

Da das Volumen der Schachtel maximal 8000 cm³ groß sein darf, folgt
$V = 8000 = x^3$
$\Rightarrow \sqrt[3]{8000} = x$
$\Rightarrow x = 20$

Die Verpackung sollte also eine Kantenlänge von maximal 20 cm besitzen.
Das Schaubild und die Wertetabelle der Funktion V mit $V(x) = x^3$ können wir rechts sehen.

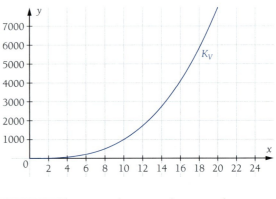

x in cm	0	10	16	19
V in cm³	0	1000	4096	6859

Die Kantenlänge und somit die Länge, Breite und Höhe des Würfels müssen positive Zahlen sein. Daraus ergibt sich für die Volumenfunktion V der Definitionsbereich $D_V = \,]0;\,20]$.

Die Funktion V mit $V(x) = x^3$ ist ein Beispiel für eine **Potenzfunktion**. Allgemein ist eine Potenzfunktion eine Funktion f mit einer Gleichung vom Typ $f(x) = ax^n$ (mit $a \neq 0$). Dabei gibt der Exponent n den **Grad** der Funktion an, der Faktor a den Streckfaktor.

- Eine Funktion f der Form $f(x) = ax^n$; $n \in \mathbb{N}$; $x \in \mathbb{R}$ heißt **Potenzfunktion n-ten Grades** mit Streckfaktor a.
- Der maximale Definitionsbereich ist in der Regel $D_f = \mathbb{R}$.
- Das zu f zugehörige Schaubild heißt **Parabel n-ter Ordnung**.

Geben Sie den Grad der Funktionen an.
Zeichnen Sie anschließend das Schaubild der Funktion in ein Koordinatensystem. Nutzen Sie dafür eine Wertetabelle mit den x-Werten −2; −1; −0,5; 0; 0,5; 1; 2.
a) $f(x) = x^3$ b) $f(x) = x^4$ c) $f(x) = x^5$ d) $f(x) = x^6$

1.4 Ganzrationale Funktionen höheren Grades

Der Funktionsterm ax^n bestimmt den Verlauf des Schaubildes einer Potenzfunktion. Dabei hängt der Verlauf im Wesentlichen vom Grad n und dem Streckfaktor a ab.

Potenzfunktionen mit geradem Grad

Betrachten Sie die Schaubilder vier verschiedener Potenzfunktionen mit geradem Grad. Beschreiben Sie den Verlauf des Schaubildes und die Lage der Achsenschnittpunkte.

n gerade und $a > 0$

Wir betrachten f mit $f(x) = 2{,}5x^2$ und g mit $g(x) = x^4$. Wir erkennen bei beiden Funktionen:
- Das Schaubild der Funktion verläuft vom II. in den I. Quadranten und ist nach oben geöffnet.
- Das Schaubild ist symmetrisch zur y-Achse.
  ▶ Seite 88
- Das Schaubild hat eine Berührstelle mit der x-Achse im Ursprung.

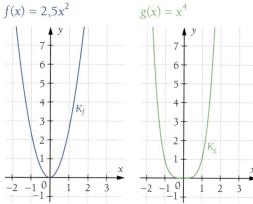

Die Nullstelle lässt sich auch rechnerisch nachweisen.

$f(x_N) = 0$
$2x_N^2 = 0 \quad | :2 \ | \sqrt{\ }$
$x_N = 0$
$\Rightarrow N(0|0)$

$g(x_N) = 0$
$x_N^4 = 0 \ | \sqrt[4]{\ }$
$x_N = 0$
$\Rightarrow N(0|0)$

n gerade und $a < 0$

Wir betrachten f mit $f(x) = -2{,}5x^2$ und g mit $g(x) = -x^4$. Wir erkennen bei beiden Funktionen:
- Das Schaubild der Funktion verläuft vom III. in den IV. Quadranten und ist nach unten geöffnet.
- Das Schaubild ist symmetrisch zur y-Achse.
  ▶ Seite 88
- Das Schaubild hat eine Berührstelle mit der x-Achse im Ursprung.

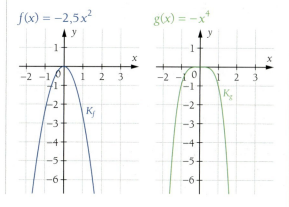

Der rechnerische Nachweis für die Nullstelle würde hier ganz analog zu oben erfolgen.

Für Potenzfunktionen mit geradem Grad können wir die Ergebnisse folgendermaßen zusammenfassen:

> Das Schaubild einer **Potenzfunktion geraden Grades** ist
> - achsensymmetrisch zur y-Achse,
> - hat eine Berührstelle mit der x-Achse im Ursprung und
> - verläuft für $a > 0$ vom II. in den I. Quadranten (oberhalb der x-Achse) und für $a < 0$ vom III. in den IV. Quadranten (unterhalb der x-Achse).

▶ Hinweis: Für den Spezialfall der Potenzfunktion mit dem geraden Grad $n = 0$ erhalten wir eine konstante Funktion ohne Berührstelle mit der x-Achse.

1 Funktionen, ihre Schaubilder und zugehörige Gleichungen

3 Potenzfunktionen mit ungeradem Grad

n ungerade und a > 0
Wir betrachten f mit $f(x) = 2x$ und g mit $g(x) = x^3$.
Wir erkennen bei beiden Funktionen:
- Das Schaubild der Funktion verläuft vom III. in den I. Quadranten.
- Das Schaubild ist symmetrisch zum Ursprung $O(0|0)$. ▶ Seite 89
- Das Schaubild schneidet die x-Achse genau im Ursprung.

Die Nullstelle lässt sich auch rechnerisch nachweisen.

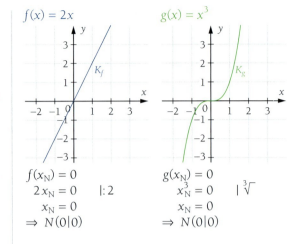

n ungerade und a < 0
Wir betrachten f mit $f(x) = -2x$ und g mit $g(x) = -x^3$. Wir erkennen bei beiden Funktionen:
- Das Schaubild der Funktion verläuft vom II. in den IV. Quadranten.
- Das Schaubild ist symmetrisch zum Ursprung $O(0|0)$. ▶ Seite 89
- Das Schaubild schneidet die x-Achse genau im Ursprung.

Der rechnerische Nachweis der Nullstellenberechnung würde hier ganz analog erfolgen.

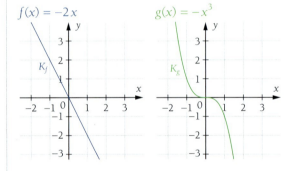

Für Potenzfunktionen mit ungeradem Grad können wir die Ergebnisse folgendermaßen zusammenfassen:

> Das Schaubild einer **Potenzfunktion ungeraden Grades** ist
> - punktsymmetrisch zum Koordinatenursprung,
> - schneidet die x-Achse im Koordinatenursprung und
> - verläuft für $a > 0$ vom III. in den I. Quadranten und für $a < 0$ vom II. in den IV. Quadranten.

1. Zeichnen Sie die Schaubilder folgender Funktionen mithilfe einer Wertetabelle und beschreiben Sie den Verlauf der Schaubilder.
   Prüfen Sie, ob Ihre Beschreibung mit den in den Beispielen 2 und 3 festgestellten Ergebnissen übereinstimmt.
   a) $f(x) = x^5$ c) $f(x) = -0{,}5x^7$
   b) $f(x) = 2x^6$ d) $f(x) = -x^6$

2. Zeichnen Sie eine Potenzfunktion in ein Koordinatensystem ohne das Schaubild Ihrem Nachbarn zu zeigen. Diktieren Sie Ihrem Nachbarn anschließend eine Beschreibung Ihres Schaubildes. Dieser soll entsprechend Ihrer Beschreibung das Schaubild Ihrer Funktion so genau wie möglich auf ein neues Blatt zeichnen. Vergleichen Sie zum Schluss Ihr Schaubild mit demjenigen ihres Nachbarn.

Übungen zu 1.4.1

1. Ordnen Sie die Funktionsgleichungen den abgebildeten Schaubildern zu.
a) $f(x) = x^5$ c) $f(x) = -x^3$
b) $f(x) = -x^4$ d) $f(x) = -x^6$

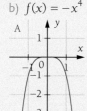
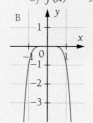
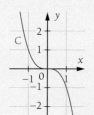
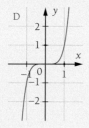

2. Gegeben ist f mit $f(x) = ax^n$. Vervollständigen Sie die folgenden Sätze.
a) Für gerades n ist das Schaubild von f … zur y-Achse.
b) Das Schaubild läuft von „links unten" nach „rechts oben" für n … und a ….
c) Das Schaubild hat eine Berührstelle mit der x-Achse für n …
d) Das Schaubild läuft von „links oben" nach „rechts unten" für n … und a …
e) Das Schaubild ist eine lineare Funktion für n … und a …

3. Bei den folgenden Aufgaben geht es darum, die Funktionsgleichung anhand gegebener Informationen zu finden. Solche Aufgaben heißen auch „Steckbriefaufgaben".
a) Gesucht ist folgende Potenzfunktion:
Ihr Schaubild kommt von „links unten" und verläuft nach „rechts oben". Das Aussehen des Schaubildes ist nicht achsensymmetrisch. Außerdem verläuft es durch den Punkt $P(2|32)$.
b) Erstellen Sie selbst einen Steckbrief einer zu suchenden Potenzfunktion für Ihren Nachbarn.
c) Tauschen Sie Ihre Steckbriefe in Kleingruppen aus und finden Sie die gesuchten Potenzfunktionen Ihrer Mitschüler.

4. Zeichnen Sie die Schaubilder der Funktionen f mit $f(x) = x^3$ und g mit $g(x) = x^4$ in jeweils ein eigenes Koordinatensystem.
Skizzieren Sie die Schaubilder der Funktionen mit dem gleichen Namen in das vorhandene Koordinatensystem und erläutern Sie die Auswirkungen des Faktors a.
a) $f(x) = 2x^3$ c) $f(x) = -1{,}5x^3$
b) $g(x) = -1{,}5x^4$ d) $g(x) = 0{,}5x^4$

5. Bestimmen Sie die Funktionsgleichung der Funktion f mit $f(x) = ax^n$, dessen Schaubild durch die Punkte P und Q verläuft.
a) $P(1|0{,}5)$ und $Q(-3|13{,}5)$
b) $P(2|-32)$ und $Q(1|-4)$

6. Geben Sie die Funktionsgleichung einer passenden Potenzfunktion an. Vervollständigen Sie vorhandene Lücken in der Wertetabelle.

a)
x	-2	-1	0	1	2
$f(x)$	-8		0		8

b)
x	-2	-1	0	1	2
$f(x)$		$\sqrt{2}$	0	$\sqrt{2}$	$16 \cdot \sqrt{2}$

7. Geben Sie die Funktionsgleichung an.
Nutzen Sie ggf. ein digitales Werkzeug als Hilfe.
Das Schaubild der Funktion f mit $f(x) = \frac{3}{4}x^3$; $x \in \mathbb{R}$ wird …
a) um 3 Einheiten nach oben verschoben.
b) um $\sqrt{2}$ Einheiten nach unten verschoben.
c) mit dem Faktor 4 in y-Richtung gestreckt und um 3 nach oben verschoben.

8. Die Klasse eines Berufskollegs erstellt ein Brettspiel für einen Spielewettbewerb. Für das Spiel benötigt man den Spezialwürfel „Magic Dice" aus Holz mit der Kantenlänge 3 cm. Der Würfel soll in der Verpackung in einer Vertiefung vollständig verschwinden. Die Spielzeugschachtel ist ohne den Würfel komplett mit Styropor ausgelegt. Das Styroporstück ist 20 cm lang, 10 cm breit und 5 cm hoch. Für den Würfel muss Material aus dem Styroporstück gefräst werden.
Geben Sie für einen Würfel beliebiger Kantenlänge eine Funktionsgleichung an, mit der das herauszufräsende Material berechnet werden kann.

1 Funktionen, ihre Schaubilder und zugehörige Gleichungen

1.4.2 Gleichungen und Schaubilder

Volumen eines Quaders

Ein Süßwarenhersteller möchte aus 60 cm langen und 40 cm breiten Pappstücken Verpackungskartons herstellen. Die Kartons sollen möglichst groß sein. Stellen Sie einen Zusammenhang zwischen der Höhe und dem Volumen her. Ermitteln Sie, für welche Höhe das Volumen maximal ist.

Für verschiedene Höhen berechnen wir das Volumen mit der Volumenformel:

$V = a \cdot b \cdot h$ ▸ a, b, h in cm, V in cm^3

Legen wir als Höhe beispielsweise 10 cm fest, so erhalten wir auch die beiden zugehörigen Seitenlängen der Grundfläche:

$a = 60 - 2 \cdot 10 = 40, \quad b = 40 - 2 \cdot 10 = 20$

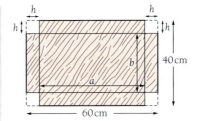

Für das Volumen gilt dann:

$V = a \cdot b \cdot h = 40 \cdot 20 \cdot 10 = 8000$

In einer Tabelle halten wir das Volumen für weitere Höhen fest.
Der Zusammenhang zwischen V und h lässt sich allgemein – für jede beliebige Höhe h – beschreiben. Es gilt:

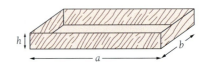

h in cm	2	4	6	8	10	12
V in cm^3	4032	6656	8064	8448	8000	6912

$a = 60 - 2h, \quad b = 40 - 2h$

Für das Volumen $V = a \cdot b \cdot h$ ergibt sich:

$V = a \cdot b \cdot h = (60 - 2h) \cdot (40 - 2h) \cdot h$

Das Volumen hängt also jetzt nur noch von der Variablen h ab. Wir können die Funktionsgleichung für die Volumenfunktion V angeben:

$V(h) = (60 - 2h) \cdot (40 - 2h) \cdot h$
$\quad\quad = (2400 - 80h - 120h + 4h^2) \cdot h$
$\quad\quad = 4h^3 - 200h^2 + 2400h$

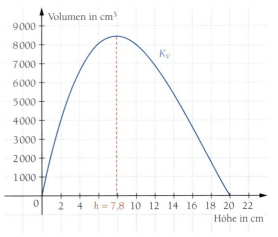

Die Höhe, Länge und Breite müssen positiv sein. Aus diesen Vorgaben ergibt sich für die Volumenfunktion V der Definitionsbereich $D_V = {]0; 20[}$.

▸ Dass die Höhe zwischen 0 cm und 20 cm liegen muss, ergibt sich auch aus der Tatsache, dass die zur Verfügung stehenden Pappstücke nur 40 cm breit sind.

$\quad\quad\quad a > 0 \quad\quad\quad\quad b > 0 \quad\quad\quad h > 0$
$\Leftrightarrow 60 - 2h > 0 \quad\Leftrightarrow 40 - 2h > 0$
$\Leftrightarrow \quad\quad 60 > 2h \quad\Leftrightarrow \quad\quad 40 > 2h$
$\Leftrightarrow \quad\quad 30 > h \quad\Leftrightarrow \quad\quad 20 > h$

Insgesamt: $h > 0$ und $h < 20$.

Dem Schaubild der Funktion entnehmen wir, dass bei einer Höhe von ca. 7,8 cm das Volumen eines Kartons maximal ist.

1.4 Ganzrationale Funktionen höheren Grades

Die Funktion V mit $V(h) = 4h^3 - 200h^2 + 2400h$ ist ein Beispiel für eine **ganzrationale Funktion dritten Grades**, auch **kubische Funktion** genannt.

Allgemein heißen Funktionen vom Typ

$f(x) = a_n x^n + a_{n-1} x^{n-1} + a_{n-2} x^{n-2} + \ldots + a_1 x + a_0$

mit $a_n \neq 0$ und $a_0, a_1, \ldots, a_{n-2}, a_{n-1}, a_n \in \mathbb{R}$ **ganzrationale Funktionen** oder **Polynomfunktionen n-ten Grades**. Ihre Funktionsterme werden **Polynome** genannt. Die Zahlen $a_0, a_1, \ldots, a_{n-2}, a_{n-1}, a_n$ heißen **Koeffizienten** des Polynoms.

Jeder Summand ist eine Potenzfunktion für sich.

Lineare und quadratische Funktionen sind ebenfalls ganzrationale Funktionen:
$f(x) = a_1 x + a_0$ lineare Funktion   Polynomfunktion ersten Grades
$f(x) = a_2 x^2 + a_1 x + a_0$ quadratische Funktion   Polynomfunktion zweiten Grades

Grad und Koeffizienten einer ganzrationalen Funktion

Bestimmen Sie den Grad der Funktionen f mit $f(x) = 2x^5 + 3x^4 + 2x^3 + 2x + 3$ und g mit $g(x) = x - x^4$. Geben Sie die Koeffizienten an.

Der höchste Exponent in der Funktionsgleichung bestimmt den Grad der Funktion.	f hat den Grad 5. g hat den Grad 4.
Die Koeffizienten können wir aus den Funktionsgleichungen ablesen. Potenzen von x, die im Funktionsterm fehlen, haben den Koeffizienten 0.	Funktion f: $a_5 = 2$; $a_4 = 3$; $a_3 = 2$; $a_2 = 0$; $a_1 = 2$; $a_0 = 3$ Funktion g: $a_4 = -1$; $a_3 = 0$; $a_2 = 0$; $a_1 = 1$; $a_0 = 0$

> - Eine Funktion f mit einer Gleichung der Form $f(x) = a_n x^n + a_{n-1} x^{n-1} + \cdots + a_1 x + a_0$ mit $n \in \mathbb{N}$, $a_0, a_1, \ldots, a_n \in \mathbb{R}$ und $a_n \neq 0$ heißt **ganzrationale Funktion n-ten Grades**.
> - Der Definitionsbereich ist in der Regel $D_f = \mathbb{R}$.
> - Der Funktionsterm $a_n x^n + a_{n-1} x^{n-1} + \cdots + a_1 x + a_0$ heißt **Polynom n-ten Grades**.
> - Die Zahlen $a_0, a_1, \ldots, a_{n-1}, a_n$ heißen **Koeffizienten** des Polynoms.
> - Der Koeffizient a_n ist der **Streckfaktor**.
> - Der Koeffizient a_0 heißt **Absolutglied**.

▶ Das Absolutglied gibt den y-Achsenabschnitt der Funktion an. (▶ Seite 97)

1. Sind die folgenden Funktionsgleichungen Beispiele für ganzrationale Funktionen? Wenn ja, geben Sie die Koeffizienten und den Grad der Funktion an.

   a) $f(x) = 7x^7 + 13x^3 + 11x$ d) $f(x) = \frac{1}{x^4}$
   b) $f(x) = (x+4)^2(x-1)$ e) $f(x) = x^3 + 3x^2 + \sqrt{x}$
   c) $f(x) = 5$ f) $f(x) = \frac{1}{3}x^3 + 37x^2 - 6$

2. Die Firma „Deluxe" stellt Luxusuhren her. Diese werden in goldene Schachteln verpackt. Der Karton, aus dem die Schachteln gefaltet werden, ist 7 cm lang und 5 cm breit. Um den Karton zu einer Schachtel falten zu können, müssen an den Ecken gleich große Quadrate abgeschnitten werden.
   Bestimmen Sie die Größe dieser Quadrate so, dass das Volumen der Schachtel maximal wird.

1 Funktionen, ihre Schaubilder und zugehörige Gleichungen

Symmetrie

Beispiele für Symmetrie finden wir überall, zum Beispiel in der Natur, im Alphabet und der Architektur. In der Mathematik ist die Symmetrie eine wichtige Eigenschaft von Funktionen. Sie erleichtert beispielsweise das Zeichnen eines Schaubildes.

Wir wissen, dass die Schaubilder von Potenzfunktionen symmetrisch zur y-Achse sind (▶ Seite 83). Insbesondere gilt dies für die Normalparabel mit $f(x) = x^2$. Dieses Wissen können wir nutzen, um uns eine allgemeine Bedingung für die Achsensymmetrie herzuleiten.

6 Bedingung für Achsensymmetrie zur y-Achse

Beschreiben Sie, wie Sie alle Funktionswerte der Normalparabel angeben können, wenn nur positive x-Werte vorliegen.

„Falten" bzw. spiegeln wir das Schaubild entlang der y-Achse, so fallen die Punkte links von der y-Achse mit den Punkten, die rechts von der y-Achse liegen, aufeinander.
Für die negativen Stellen $-x$ erhalten wir die zugehörigen Funktionswerte also ohne Berechnung.
Es gilt: $f(-x) = f(x)$ für alle $x \in \mathbb{R}$.

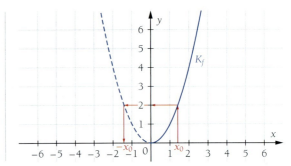

7 Achsensymmetrie zur y-Achse

Zeigen Sie, dass das Schaubild der Funktion f mit $f(x) = -x^2 + 4$ achsensymmetrisch zur y-Achse ist.

Wir müssen die Gleichheit von $f(-x)$ und $f(x)$ nachweisen. Wir berechnen dafür $f(-x)$ und vergleichen den vereinfachten Term mit $f(x)$.
Für $f(x) = -x^2 + 4$ gilt:

$f(-x) = -(-x)^2 + 4$ ▶ $(-x^2) = x^2$
$\qquad = -x^2 + 4$
$\qquad = f(x)$

Die Parabel ist achsensymmetrisch zur y-Achse.

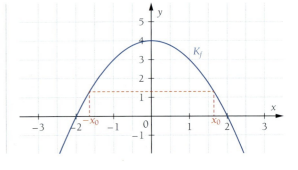

Gilt für alle x aus dem Definitionsbereich $f(-x) = f(x)$, so heißt f **gerade Funktion**. Das Schaubild einer geraden Funktion verläuft symmetrisch zur y-Achse.

y-achsensymmetrische Funktionen haben nur gerade Hochzahlen.

Achsensymmetrie zur y-Achse erkennen wir bereits an den Exponenten des Funktionsterms: Treten bei den x-Potenzen **nur gerade Exponenten** auf, so ist das Schaubild der Funktion achsensymmetrisch zur y-Achse.
▶ Das Absolutglied a_0 ist ebenfalls eine Potenz von x mit geradem Exponenten: $a_0 = a_0 \cdot 1 = a_0 \cdot x^0$.

Achsensymmetrie zur y-Achse:
- $f(-x) = f(x)$ für alle $x \in D_f$.
- Die Funktion ist gerade. (Alle Exponenten von x sind gerade.)

1.4 Ganzrationale Funktionen höheren Grades

Punktsymmetrie zum Ursprung

Wir betrachten das Schaubild der kubischen Funktion f mit $f(x) = x^3 - 4x$. Es verläuft punktsymmetrisch zum Koordinatenursprung. Das Schaubild geht also in sich selbst über, wenn man es um 180 Grad um den Koordinatenursprung dreht.
Für die Funktion f gilt für alle $x \in \mathbb{R}$: Der Funktionswert an der Stelle x ist gleich dem entgegengesetzten Funktionswert an der Stelle $-x$, kurz: $-f(-x) = f(x)$ bzw. $f(-x) = -f(x)$. Wir betrachten also wieder $f(-x)$ und prüfen, ob wir den Term für $-f(x)$ erhalten:
$f(-x) = (-x)^3 - 4(-x)$
$\quad\quad = -x^3 + 4x = -(x^3 - 4x) = -f(x)$

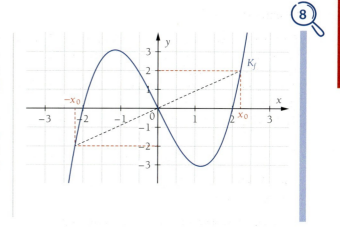

Gilt für alle x aus dem Definitionsbereich $f(-x) = -f(x)$, so heißt f **ungerade Funktion**. Das Schaubild einer ungeraden Funktion verläuft punktsymmetrisch zum Koordinatenursprung.

Punktsymmetrie zum Koordinatenursprung erkennen wir an den Exponenten des Funktionsterms: Treten bei den x-Potenzen **nur ungerade Exponenten** auf, so ist das Schaubild der Funktion punktsymmetrisch zum Koordinatenursprung.

Das Absolutglied a_0 einer Funktion, deren Schaubild punktsymmetrisch zum Ursprung ist, muss null sein.

> **Punktsymmetrie zum Ursprung:**
> - $f(-x) = -f(x)$ für alle $x \in D_f$.
> - Die Funktion ist ungerade. (Alle Exponenten von x sind ungerade und das Absolutglied ist null.)

Keine Symmetrie erkennbar

Der Term der Funktion f mit $f(x) = x^4 - x^3$ enthält die Variable sowohl mit geradem als auch mit ungeradem Exponenten. Das Schaubild von f ist deswegen weder achsensymmetrisch zur y-Achse noch punktsymmetrisch zum Koordinatenursprung.

Beides lässt sich durch ein Gegenbeispiel zeigen. Wir vergleichen die Funktionswerte an den Stellen -1 und 1:
$f(-1) = (-1)^4 - (-1)^3 = 1 - (-1) = 2$
$\;f(1) = 1^4 - 1^3 = 0$

$f(-1) \neq f(1) \Rightarrow$ keine Achsensymmetrie zur y-Achse

$f(-1) \neq -f(1) \Rightarrow$ keine Punktsymmetrie zum Ursprung

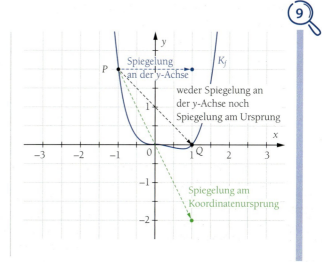

Untersuchen Sie die Schaubilder der Funktionen auf Achsensymmetrie zur y-Achse und auf Punktsymmetrie zum Ursprung.
a) $f(x) = 5x^2 - 3$
b) $f(x) = -2x + 8$
c) $f(x) = 0{,}25x^3 + 2x$
d) $f(x) = x^4 - 2x^2 + 2$
e) $f(x) = 0{,}25x^5 - x^3 + 2x$
f) $f(x) = x^4 - 2x^3 - 2$

1 Funktionen, ihre Schaubilder und zugehörige Gleichungen

Übungen zu 1.4.2

1. Gegeben sind jeweils die Koeffizienten einer ganzrationalen Funktion f. Geben Sie eine passende Funktionsgleichung an.
a) $a_3 = 1$; $a_2 = -5$; $a_1 = 7$; $a_0 = -3$
b) $a_4 = 1$; $a_3 = -2{,}5$; $a_2 = 3$; $a_1 = -4{,}5$; $a_0 = 1$
c) $a_3 = 1$; $a_2 = 0$; $a_1 = 8$; $a_0 = -8$
d) $a_4 = 2$; $a_3 = a_2 = a_1 = 0$; $a_0 = 12$
e) $a_i = i$ für alle $i = 0, 1, \ldots, 5$

2. Geben Sie an,
- welchen Grad die Funktion hat;
- ob die Funktion gerade, ungerade oder weder gerade noch ungerade ist;
- ob Symmetrie zum Ursprung oder zur y-Achse vorliegt.

a) $f(x) = x^4 - 4x^2 + 3$
b) $f(x) = 23x^5 - 9x^3 + x$
c) $f(x) = x^5 - x^3 - 2$
d) $f(x) = 1{,}25$
e) $f(x) = 76{,}54x$
f) $f(x) = 0{,}25x^4 - 3{,}25x^3 + 9$
g) $f(x) = -4x^3 - 2x$
h) $f(x) = x^2 - 6x^3$
i) $f(x) = 3x(x - 9)$
j) $f(x) = 3x(x^2 - 9)$

3. Untersuchen Sie die Schaubilder der Funktionen auf Symmetrie zur y-Achse.
a) $f(x) = 2x^2 - 4x + 2$
b) $f(x) = -x^2 + 9x - 4$
c) $f(x) = 0{,}5x^2 + x - 8$
d) $f(x) = -x^2 + x$
e) $f(x) = x^2 - 4$
f) $f(x) = 2x^2 + 2$

4. Untersuchen Sie die Schaubilder der Funktionen auf Symmetrie zum Koordinatenursprung.
a) $f(x) = x^3 - 2$
b) $f(x) = -x^3 + 2$
c) $f(x) = 4x^3 - 2$
d) $f(x) = -x^3 + 4x$
e) $f(x) = 4x^3 - 12x$
f) $f(x) = -0{,}5x^3$

5. Gegeben sind die Wertetabellen von f und g. Untersuchen Sie, ob die Schaubilder y-achsensymmetrisch oder punktsymmetrisch zum Ursprung sind. Begründen Sie Ihre Entscheidung.

x	-2	-1	1	2	3
$f(x)$	-22	-5	5	22	63

x	-3	$-0{,}5$	0	$0{,}5$	2
$g(x)$	$136{,}55$	$-4{,}161$	-5	$-4{,}161$	$29{,}627$

6. Gegeben sind die Schaubilder der ganzrationalen Funktionen f, g und h.

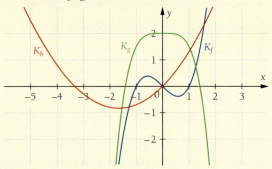

a) Geben Sie für jede Funktion an, ob der Grad n gerade oder ungerade ist und ob der Streckfaktor a_n größer oder kleiner als null ist.
b) Geben Sie für f, g und h jeweils eine mögliche Funktionsgleichung an. Zeichnen Sie die Schaubilder und vergleichen Sie Ihr Ergebnis mit den drei gegebenen Schaubildern.

7. Jan erläutert in der Mathematikstunde die Symmetrieeigenschaften der folgenden zwei Schaubilder.

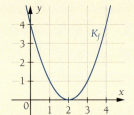 

Jan behauptet: „Die Schaubilder sind nicht achsensymmetrisch und auch nicht punktsymmetrisch."
Ist seine Aussage zutreffend?

8. Geben Sie jeweils die Gleichungen zweier Funktionen an, deren Grad größer als 4 ist und die außerdem mindestens eine der folgenden Eigenschaften haben.
a) Die Funktion ist gerade.
b) Die Funktion ist ungerade.
c) Die Funktion ist weder gerade noch ungerade.
d) Das Schaubild der Funktion verläuft oberhalb der x-Achse.
e) Das Schaubild der Funktion verläuft unterhalb der x-Achse.

1.4 Ganzrationale Funktionen höheren Grades

1.4.3 Globalverlauf und charakteristische Punkte

Globalverlauf

In Beispiel 4 (▶ Seite 86) konnten wir das Volumen einer Süßwarenkiste durch eine ganzrationale Funktion V dritten Grades mit dem Definitionsbereich $D_V =]0; 20[$ beschreiben.
Lena möchte das Schaubild mit einem Funktionsplotter zeichnen lassen. Damit der Plotter die Eingabe versteht, nennt sie die Funktion f und gibt die Funktionsgleichung $f(x) = 4x^3 - 200x^2 + 2400x$ ein, ohne den Definitionsbereich anzugeben. Sie stellt fest, dass das Schaubild anders verläuft, als sie aufgrund der Abbildung in Beispiel 4 vermutet hat.

Der Funktionsplotter geht davon aus, dass der Definitionsbereich der Funktion f ganz $\mathbb{R}$ ist.
Deswegen können wir mit dem „Plot" viel besser erkennen, wie das gesamte Schaubild einer ganzrationalen Funktion 3. Grades verläuft. Wir verfolgen den Verlauf von links nach rechts:
Das Schaubild „kommt von unten" aus dem III. Quadranten, verläuft dann kurz im I. und danach im IV. Quadranten und „geht" für immer größere Werte für x „nach oben" in den I. Quadranten.

Das Verhalten des Schaubildes der Funktion für sehr *kleine* x-Werte („Woher kommt das Schaubild?") und sehr *große* x-Werte („Wohin geht das Schaubild?") heißt **Globalverlauf** des Schaubildes.
▶ Potenzfunktionen, Seite 82

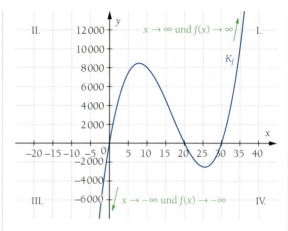

Bei der Untersuchung des Globalverlaufs beschreiben wir, wie sich die Funktionswerte $f(x)$ verhalten, wenn wir immer größere bzw. immer kleinere Werte für x einsetzen.
In unserem Beispiel wird $f(x)$ für immer größere x ebenfalls immer größer. Es gilt also:
Für x gegen unendlich geht $f(x)$ gegen unendlich.

Für immer kleinere x wird $f(x)$ immer kleiner. Es gilt also:
Für x gegen minus unendlich geht $f(x)$ gegen minus unendlich.

Der Globalverlauf des Schaubildes von f wird durch den Term $4x^3$ bestimmt. Um das zu sehen, klammern wir den Summanden mit der höchsten x-Potenz aus. Für $x \to -\infty$ und $x \to +\infty$ werden die Beträge der beiden Bruchterme immer kleiner und gehen gegen null. In der Klammer bleibt dann „fast" nur die 1 stehen und somit vom gesamten Funktionsterm nur $4x^3 \cdot 1 = 4x^3$.

Wir schreiben: Wir lesen:
$x \to \infty$ x gegen unendlich
$x \to -\infty$ x gegen minus unendlich

Für $x \to \infty$ gilt $f(x) \to \infty$

Für $x \to -\infty$ gilt $f(x) \to -\infty$

$$f(x) = 4x^3 - 200x^2 + 2400x$$
$$= 4x^3 \left(1 - \frac{200x^2}{4x^3} + \frac{2400x}{4x^3}\right)$$
$$\downarrow \qquad \downarrow$$
$$0 \qquad 0$$

Der Summand $a_n x^n$ bestimmt den Globalverlauf ganzrationaler Funktionen. Dabei kommt es auf die folgenden zwei Eigenschaften an: a) Ist der **Grad** n gerade oder ungerade? b) Ist der **Streckfaktor** a_n positiv oder negativ?

1 Funktionen, ihre Schaubilder und zugehörige Gleichungen

1. n gerade und $a_n > 0$

Das Schaubild verläuft vom II. in den I. Quadranten. Für $x \to \pm\infty$ gilt $f(x) \to +\infty$.

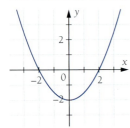 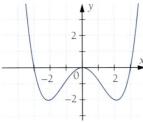 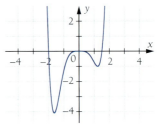

$n = 2$:
$f(x) = 0{,}5x^2 - 2$

$n = 4$:
$f(x) = 0{,}1x^2(x-3)(x+3)$

$n = 6$:
$f(x) = 0{,}5x^4(x-1{,}5)(x+2)$

2. n gerade und $a_n < 0$

Das Schaubild verläuft vom III. in den IV. Quadranten. Für $x \to \pm\infty$ gilt $f(x) \to -\infty$.

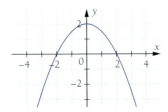 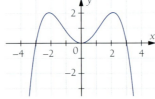 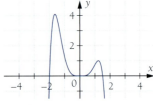

$n = 2$:
$f(x) = -0{,}5x^2 + 2$

$n = 4$:
$f(x) = -0{,}1x^2(x-3)(x+3)$

$n = 6$:
$f(x) = -0{,}5x^4(x-1{,}5)(x+2)$

3. n ungerade und $a_n > 0$

Das Schaubild verläuft vom III. in den I. Quadranten.
Für $x \to +\infty$ gilt $f(x) \to +\infty$; für $x \to -\infty$ gilt $f(x) \to -\infty$

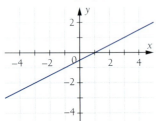 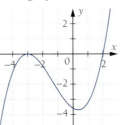 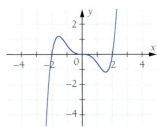

$n = 1$:
$f(x) = 0{,}5x - 0{,}5$

$n = 3$:
$f(x) = 0{,}2(x+3)^2(x-2)$

$n = 5$:
$f(x) = 0{,}2x^3(x+2)(x-2)$

4. n ungerade und $a_n < 0$

Das Schaubild der Funktion verläuft vom II. in den IV. Quadranten.
Für $x \to +\infty$ gilt $f(x) \to -\infty$; für $x \to -\infty$ gilt $f(x) \to +\infty$.

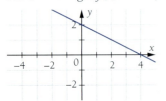 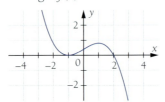 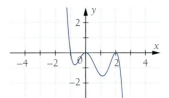

$n = 1$:
$f(x) = -0{,}5x + 2$

$n = 3$:
$f(x) = -0{,}2(x+1)^2(x-2)$

$n = 5$:
$f(x) = -0{,}75x^2(x-2)^2(x+1)$

1.4 Ganzrationale Funktionen höheren Grades

Der **Globalverlauf** des Schaubildes einer ganzrationalen Funktion f mit $f(x) = a_n x^n + \cdots + a_1 x^1 + a_0$ ($a_n \neq 0$) wird von dem Summanden mit dem höchsten Exponenten, also durch $a_n x^n$ bestimmt.

Man unterscheidet vier Fälle:

n gerade und a_n positiv

Für $x \to -\infty$ gilt $f(x) \to +\infty$

Für $x \to +\infty$ gilt $f(x) \to +\infty$

Das Schaubild verläuft vom II. in den I. Quadranten.

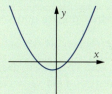

n gerade und a_n negativ

Für $x \to -\infty$ gilt $f(x) \to -\infty$
Für $x \to +\infty$ gilt $f(x) \to -\infty$

Das Schaubild verläuft vom III. in den IV. Quadranten.

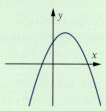

n ungerade und a_n positiv

Für $x \to -\infty$ gilt $f(x) = -\infty$

Für $x \to +\infty$ gilt $f(x) = +\infty$

Das Schaubild verläuft vom III. in den I. Quadranten.

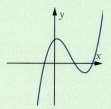

n ungerade und a_n negativ

Für $x \to -\infty$ gilt $f(x) = +\infty$

Für $x \to +\infty$ gilt $f(x) = -\infty$

Das Schaubild verläuft vom II. in den IV. Quadranten.

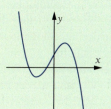

1. Beschreiben Sie den Globalverlauf des Schaubildes der Funktion.
   a) $f(x) = 2x^4 + 2x^2 + 4$
   b) $f(x) = -x^6 + x^4 + 3x$
   c) $f(x) = -0{,}5x^4 + 2x$
   d) $f(x) = -2x^3 + x^2$
   e) $f(x) = x^5 + x^3 + 1$
   f) $f(x) = -(x-5)(x^2-3)$

2. Geben Sie jeweils zwei Gleichungen für Funktionen mit der angegebenen Eigenschaft an.
   a) Das Schaubild einer Funktion verläuft vom III. in den I. Quadranten.
   b) Das Schaubild einer Funktion verläuft vom II. in den I. Quadranten.

3. Bestimmen Sie unter den folgenden Funktionen diejenigen, deren Schaubilder den gleichen Globalverlauf aufweisen.
   a) $f(x) = x^3 + 2x - 8$
   b) $f(x) = x^7 + 5x^6 + 3$
   c) $f(x) = x^2 + 2x - 7$
   d) $f(x) = x^3 - x^4$
   e) $f(x) = x^2 - x^3$
   f) $f(x) = x^4 + 2x^2$
   g) $f(x) = x^4 + x^3 + x^2$
   h) $f(x) = -x^3 + x^2 + 1$
   i) $f(x) = 2x$

1 Funktionen, ihre Schaubilder und zugehörige Gleichungen

Neben dem Globalverlauf eines Schaubildes gibt es einige markante Punkte, die den „Charakter" des Schaubildes prägen. Hierzu gehören die Schnittpunkte mit den Koordinatenachsen (▶ Abschnitt 1.4.4, Seite 97), Extrempunkte und Wendepunkte. Mithilfe dieser Punkte lässt sich ein Schaubild gut beschreiben, ohne dass eine Wertetabelle zwingend nötig wäre.

Extrempunkte und Wendepunkte

Untersuchen Sie das Schaubild von f mit $f(x) = -0{,}25x^3 + 1{,}5x^2$; $x \in \mathbb{R}$ auf charakteristische Punkte.

Wir können ablesen, dass K_f die x-Achse bei $x_{N_1} = 0$ berührt und bei $x_{N_2} = 6$ schneidet. Dort liegen also Nullstellen vor.

An einem Berührpunkt ändert das Schaubild sein **Steigungsverhalten** (von fallend zu steigend oder umgekehrt). Ebenso muss das Schaubild sein Steigungsverhalten zwischen zwei benachbarten Nullstellen (hier: $x_{N_1} = 0$ und $x_{N_2} = 6$) ändern.

Hier fällt das Schaubild bis zum Punkt $T(0|0)$, in dem es die x-Achse berührt, danach steigt das Schaubild wieder. Es gibt in unmittelbarer Nähe von T keine Punkte, die tiefer als T liegen. $T(0|0)$ heißt **Tiefpunkt**.

Bis zum Punkt $H(4|8)$ steigt das Schaubild von f, danach fällt es wieder. Es gibt in unmittelbarer Nähe von H keine Punkte, die höher als H liegen. $H(4|8)$ heißt **Hochpunkt**.

Tief- und Hochpunkte sind **Extrempunkte** eines Schaubildes, sie teilen den Definitionsbereich von f in einzelne **Steigungsintervalle**. Das Schaubild von f fällt im Intervall M_1 bis zum Tiefpunkt T, steigt dann im Intervall M_2 bis zum Hochpunkt H und fällt dann wieder im Intervall M_3.

Zwischen den beiden Extrempunkten ändert das Schaubild von f sein **Krümmungsverhalten** bei $W(2|4)$. Dieser Punkt teilt den Definitionsbereich von f in zwei **Krümmungsintervalle** ein.

Für $x < 2$ ist das Schaubild **linksgekrümmt**, für $x > 2$ ist es **rechtsgekrümmt**.

Ein Punkt, in dem sich das Krümmungsverhalten von einer Links- in eine Rechtskrümmung (oder umgekehrt) ändert, heißt **Wendepunkt**.

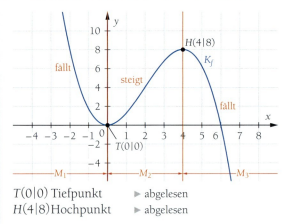

$T(0|0)$ Tiefpunkt ▶ abgelesen
$H(4|8)$ Hochpunkt ▶ abgelesen

Steigungsintervalle:
$M_1 = \,]-\infty;\,0]$: K_f fällt
$M_2 = [0;\,4]$: K_f steigt
$M_3 = [4;\,\infty[$: K_f fällt

Krümmungsintervalle:
$K_1 = \,]-\infty;\,2]$: K_f linksgekrümmt
$K_2 = [2;\,\infty[$: K_f rechtsgekrümmt

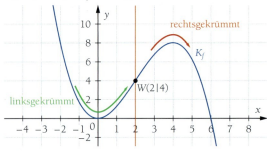

$W(2|4)$ Wendepunkt ▶ abgelesen

Fahre ich auf dem Schaubild eine Linkskurve, ist das Schaubild linksgekrümmt. Muss ich das Lenkrad nach rechts drehen, handelt es sich um eine Rechtskrümmung.

In einem **Extrempunkt** (Hoch- oder Tiefpunkt) ändert das Schaubild einer Funktion sein **Steigungsverhalten**. In einem **Wendepunkt** ändert das Schaubild einer Funktion sein **Krümmungsverhalten**.

1.4 Ganzrationale Funktionen höheren Grades

Beschreibung des Verlaufs von Schaubildern

Beschreiben Sie anhand der Zeichnung den Verlauf des Schaubildes der ganzrationalen Funktion f mit $f(x) = 0{,}25x^3 - 0{,}75x^2 - 2{,}25x + 4{,}75;\ x \in \mathbb{R}$. Begründen Sie den Verlauf des Schaubildes in Bezug auf sein Symmetrieverhalten und sein Verhalten im Unendlichen anhand des Funktionsterms.

Symmetrie:
Das Schaubild ist weder achsensymmetrisch zur y-Achse, noch punktsymmetrisch zum Ursprung, da der Funktionsterm von f sowohl gerade als auch ungerade Exponenten enthält.

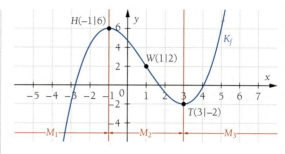

Achsenschnittpunkte und -stellen:
$S_y(0|4{,}75)$ ist der Schnittpunkt mit der y-Achse. Das Schaubild schneidet die x-Achse ungefähr an den Stellen $x_{N_1} \approx -2{,}8$, $x_{N_2} \approx 1{,}7$ und $x_{N_3} \approx 4{,}1$.

$S_y(0|4{,}75)$ ▶ y-Achsenabschnitt
$x_{N_1} \approx -2{,}8$, $x_{N_2} \approx 1{,}7$ und $x_{N_3} \approx 4{,}1$ ▶ Nullstellen

Extrempunkte und Steigungsverhalten:
Aus der Zeichnung können wir ablesen, dass das Schaubild einen Hochpunkt $H(-1|6)$ und einen Tiefpunkt $T(3|-2)$ hat.
Bis zum Hochpunkt H steigt das Schaubild; zwischen H und T fällt es; nach dem Tiefpunkt T steigt es wieder.

$H(-1|6)$ ▶ Hochpunkt
$T(3|-2)$ ▶ Tiefpunkt

Steigungsintervalle:
$M_1 =]-\infty;\ -1]$: K_f steigt
$M_2 = [-1;\ 3]$: K_f fällt
$M_3 = [3;\ \infty[$: K_f steigt

Wendepunkte und Krümmungsverhalten:
Aus der Zeichnung lesen wir den Wendepunkt $W(1|2)$ ab.
Für $x < 1$ ist das Schaubild **rechtsgekrümmt**, für $x > 1$ ist es **linksgekrümmt**.

$W(1|2)$ ▶ Wendepunkt

Krümmungsintervalle:
$K_1 =]-\infty;\ 1]$: K_f rechtsgekrümmt
$K_2 = [1;\ \infty[$: K_f linksgekrümmt

Verhalten im Unendlichen:
Das Schaubild verläuft vom III. in den I. Quadranten, da der Grad 3 ungerade ist und der Streckfaktor 0,25 positiv ist. ▶ Seite 92

Für $x \to -\infty$ gilt $f(x) \to -\infty$
Für $x \to \infty$ gilt $f(x) \to \infty$

1. Beschreiben Sie den Verlauf der beiden Schaubilder möglichst genau.

2. Zeichnen Sie das Schaubild einer Funktion und beschreiben Sie es so genau wie möglich. Diktieren Sie anschließend Ihre Beschreibung Ihrem Nachbarn. Vergleichen Sie zum Schluss Ihr gezeichnetes Schaubild mit dem nach Ihrer Anleitung gezeichneten Schaubild Ihres Nachbarn.

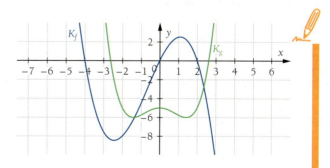

1 Funktionen, ihre Schaubilder und zugehörige Gleichungen

Übungen zu 1.4.3

1. Untersuchen Sie den Globalverlauf des Schaubildes von f.
a) $f(x) = x^4 - 4x^2 + 3$
b) $f(x) = 23x^5 - 9x^3 + x$
c) $f(x) = x^5 - x^3 - 2$
d) $f(x) = 1{,}25$
e) $f(x) = -4x^3 - 2x$
f) $f(x) = x^2 - 6x^3$
g) $f(x) = 3x(x-9)$
h) $f(x) = 3x(x^2 - 9)$

2. Gegeben sind die Funktionen f und g mit den Gleichungen $f(x) = 0{,}5x^3 - x$ und $g(x) = 0{,}5x^4 - x^2$.
a) Untersuchen Sie die Schaubilder auf ihr Symmetrieverhalten. Geben Sie den Globalverlauf an.
b) Zeichnen Sie die Schaubilder mit einem Funktionsplotter. Überprüfen Sie Ihre Ergebnisse aus Aufgabenteil a).
c) Kennzeichnen Sie die markanten Punkte und geben Sie die Koordinaten an.
d) Untersuchen Sie auf Bereiche, in denen das Schaubild ansteigt oder abfällt.

3. Ordnen Sie Schaubilder und Funktionsgleichungen begründet zu.
a) $f(x) = 2x^4 - x^2 + 1$
b) $f(x) = -x^3 + 3x + 1$
c) $f(x) = -2x^4 + x^2 + 3$
d) $f(x) = -x^3 + 1$
e) $f(x) = 0{,}5x^2$
f) $f(x) = x^3 + 3x$

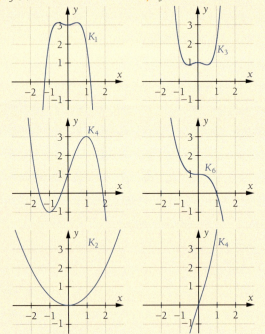

4. Untersuchen Sie folgende Schaubilder auf Symmetrie, Verhalten im Unendlichen, Schnittpunkte mit den Koordinatenachsen, Extrem- und Wendepunkte und auf Bereiche, in denen das Schaubild ansteigt oder abfällt.

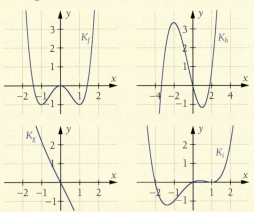

5. Ein Auto bewegt sich entsprechend der Funktion f mit $f(t) = -0{,}05t^3 + 0{,}75t^2$. Dabei steht t für die Zeit in Minuten und $f(t)$ für den zurückgelegten Weg in km.

a) Zeichnen Sie K_f im Intervall $[0;\,10]$.
b) Beschreiben Sie den innerhalb von 10 Minuten zurückgelegten Weg des Fahrzeugs.
c) Ermitteln Sie, welche Wegstrecke das Auto nach 7 Minuten zurückgelegt hat.
d) Lesen Sie aus der Zeichnung ab, nach wie vielen Minuten das Auto 12,5 km zurückgelegt hat.
e) Äußern Sie sich zur Bedeutung für die Autofahrt, dass das Schaubild von f zunächst linksgekrümmt und nach 5 Minuten rechtsgekrümmt verläuft.
f) Erörtern Sie das Fahrverhalten des Wagens nach 10 Minuten.
g) Bestimmen Sie einen sinnvollen Definitionsbereich für f und erklären Sie, warum eine Erweiterung des Definitionsbereichs über 10 Minuten hinaus nicht sinnvoll ist.

1.4 Ganzrationale Funktionen höheren Grades

1.4.4 Schnittpunkte mit den Koordinatenachsen

Zu den Schnittpunkten mit den Koordinatenachsen gehören der y-Achsenschnittpunkt S_y sowie (falls vorhanden) die x-Achsenschnittpunkte. Zur Bestimmung Letzterer sucht man die Nullstellen der Funktion. Bei ganzrationalen Funktionen dritten oder höheren Grades gibt es verschiedene Verfahren zur Nullstellenbestimmung, die je nach Situation ausgewählt werden sollten.

Schnittpunkt mit der y-Achse

Bestimmen Sie den Schnittpunkt des Schaubildes zu $f(x) = 0{,}5x^3 - 1{,}5x^2 - 0{,}5x + 1{,}5$ mit der y-Achse.

Die x-Koordinate des y-Achsenschnittpunktes ist immer 0. Die y-Koordinate ist der Funktionswert an der Stelle $x = 0$.

$f(0) = 0{,}5 \cdot 0^3 - 1{,}5 \cdot 0^2 - 0{,}5 \cdot 0 + 1{,}5 = 1{,}5$

Der Schnittpunkt mit der y-Achse ist also $S_y(0|1{,}5)$.

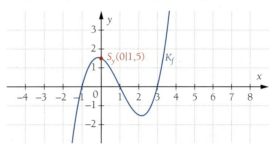

Das gilt auch allgemein: Ist f eine ganzrationale Funktion mit der Gleichung $f(x) = a_n x^n + \cdots + a_1 x + a_0$, so schneidet das Schaubild der Funktion die y-Achse im Punkt $S_y(0|a_0)$.
Der Koeffizient „ohne x" heißt Absolutglied und gibt den **y-Achsenabschnitt** an.

> Eine ganzrationale Funktion f der Form $f(x) = a_n x^n + \cdots + a_1 x + a_0$ hat den **y-Achsenabschnitt** a_0.
> Das Schaubild von f hat den **y-Achsenschnittpunkt** $S_y(0|a_0)$.

Geben Sie den Schnittpunkt mit der y-Achse an.
a) $f(x) = 2x^2 + 3x - 5$
b) $f(x) = 3x^3 + 5x^2 - 2$
c) $f(x) = x^3 - 2x$
d) $f(x) = 2 - x^3$
e) $f(x) = x^3$
f) $f(x) = -4(x+3)^2 + 5$

Nullstellenberechnung

Die Nullstellen einer Funktion sind anschaulich gesprochen, diejenigen Stellen auf der x-Achse, an denen das Schaubild der Funktion die x-Achse berührt oder schneidet. Da die y-Koordinate aller Punkte, die auf der x-Achse liegen, gleich null ist, hat die zu Nullstellen gehörende y-Koordinate immer den Wert 0.

Für den mathematischen Ansatz bedeutet das, dass der Funktionswert der Funktion an einer Nullstelle gleich null sein muss:
$f(x_N) = 0$

Um die sich daraus ergebende Gleichung zu lösen, können verschiedene Methoden angewendet werden.

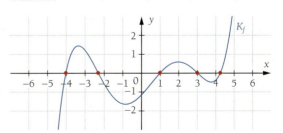

Punkt	A	B	C	D	E
x	−4	−2,3	1	3	4,25
f(x)	0	0	0	0	0

1 Funktionen, ihre Schaubilder und zugehörige Gleichungen

14) Nullstellenberechnung durch „Wurzel ziehen"

Berechnen Sie die Nullstellen der Funktion f mit $f(x) = x^3 + 8$.

Der Funktionswert an einer Nullstelle x_N muss gleich null sein. Wir setzen also den Funktionsterm von f gleich null.
Nun bringen wir das Absolutglied durch Addition oder Subtraktion auf die rechte Seite der Gleichung. Als letzten Schritt müssen wir nur noch die dritte Wurzel ziehen.

$$f(x_N) = 0$$
$$\Leftrightarrow x_N^3 + 8 = 0 \quad | -8$$
$$\Leftrightarrow \quad x_N^3 = -8 \quad | \sqrt[3]{}$$
$$\Rightarrow \quad x_N = \sqrt[3]{-8}$$
$$= -2$$

▶ denn $(-2)^3 = -2 \cdot (-2) \cdot (-2) = -8$

15) Nullstellenberechnung durch Ausklammern

Bestimmen Sie rechnerisch die Nullstellen der Funktion f mit $f(x) = x^3 - 2x^2 - 3x$.

Die Nullstellen sind die Stellen x_N, an denen der Funktionswert gleich null ist. Wir setzen also den Funktionsterm gleich null.
Dann klammern wir die größtmögliche höchste Potenz von x_N aus, hier also $x_N^1 = x_N$. Jetzt haben wir den Funktionsterm in ein Produkt umgeschrieben. Nun können wir den Satz vom Nullprodukt anwenden (▶ Seite 19): Ein Produkt wird genau dann gleich null, wenn einer der Faktoren selbst gleich null ist.
Damit erhalten wir für den ersten Faktor schon die erste Lösung der Gleichung: $x_{N_1} = 0$.

Den zweiten Faktor, also den quadratischen Term lösen wir mithilfe der *abc*-Formel. ▶ Seite 18

Dadurch erhalten wir die zwei weiteren Lösungen x_{N_2} und x_{N_3}. Alternativ zur *abc*-Formel können wir auch die *p-q*-Formel benutzen. ▶ Seite 18

Die drei Schnittpunkte des Schaubildes der Funktion sind $N_1(0|0)$, $N_2(3|0)$ und $N_3(-1|0)$.

$$f(x_N) = 0$$
$$\Leftrightarrow x_N^3 - 2x_N^2 - 3x_N = 0$$
$$\Leftrightarrow x_N \cdot (x_N^2 - 2x_N - 3) = 0$$
$$\Leftrightarrow x_N = 0 \vee x_N^2 - 2x_N - 3 = 0$$
$$\Leftrightarrow x_{N_1} = 0 \vee x_N^2 - 2x_N - 3 = 0$$

$$x_N^2 - 2x_N - 3 = 0$$
$$x_{N_{2,3}} = \frac{-b \pm \sqrt{b^2 - 4ac}}{2a}$$
$$= \frac{-(-2) \pm \sqrt{(-2)^2 - 4 \cdot 1 \cdot (-3)}}{2 \cdot 1} \quad \blacktriangleright a = 1, b = -2, c = -3$$
$$= \frac{2 \pm \sqrt{4 + 12}}{2}$$
$$= \frac{2 \pm 4}{2}$$

$$\Rightarrow x_{N_2} = 3;\ x_{N_3} = -1$$

Wenn das Absolutglied a_0 gleich null ist, dann klammern wir die größtmögliche Potenz von x aus.

Berechnen Sie die Nullstellen folgender Funktionen.
a) $f(x) = -0{,}25x^4 + x^2$
b) $f(x) = x^5 - 4x^3 + 3x$
c) $f(x) = x \cdot (3x^2 - x)$
d) $f(x) = x^3 + 27$

1.4 Ganzrationale Funktionen höheren Grades

Durch den Satz vom Nullprodukt können wir die Lösungen zur Berechnung von Nullstellen eines Funktionsterms, der in Produktform gegeben ist, sofort angeben. ▶ Seite 19
Erinnerung: Ein Funktionsterm in Produktform ist von der Form $a \cdot (x - x_1) \cdot (x - x_2) \cdot \ldots \cdot (x - x_n)$.
Dabei heißen die Faktoren $(x - x_k)$ **Linearfaktoren**. ▶ Seite 19

Nullstellenbestimmung bei einem Funktionsterm in Produktform

16

Bestimmen Sie die Nullstellen der Funktionen f und g mit den Gleichungen $f(x) = 0{,}25\,(x + 3)(x - 1)$ und $g(x) = -0{,}2\,(x - 4)^2$.

Der Funktionsterm von f ist in Produktform gegeben. Daher können wir die Nullstellen direkt ablesen. Es sind diejenigen Zahlen, für die beim Einsetzen jeweils einer der Linearfaktoren null wird.

$$f(x_N) = 0$$
$$\Leftrightarrow 0{,}25 \cdot (x_N + 3) \cdot (x_N - 1) = 0$$
$$\Leftrightarrow x_N = -3 \vee x_N = 1$$

$$f(-3) = 0{,}25 \cdot (-3 + 3) \cdot (-3 - 1)$$
$$= 0{,}25 \cdot 0 \cdot (-4) = 0$$
$$f(1) = 0{,}25 \cdot (1 + 3) \cdot (1 - 1)$$
$$= 0{,}25 \cdot 4 \cdot 0 = 0$$

Wir betrachten im Vergleich dazu die quadratische Funktion g.

$$g(x_N) = 0$$
$$\Leftrightarrow -0{,}2 \cdot (x_N - 4)^2 = 0$$
$$\Leftrightarrow -0{,}2 \cdot (x_N - 4) \cdot (x_N - 4) = 0$$
$$\Leftrightarrow x_N = 4 \vee x_N = 4$$
$$\Leftrightarrow x_N = 4$$

Sie hat $x_N = 4$ als einzige Nullstelle.

Diese Nullstelle wird vom Linearfaktor $(x - 4)$ geliefert. Dieser Linearfaktor tritt hier aber zweimal auf. Deswegen heißt eine solche Nullstelle auch **zweifache** oder **doppelte Nullstelle**.

$(x_N - 4) = 0 \Rightarrow$ einfache Nullstelle: $x_N = 4$
$(x_N - 4)^2 = 0 \Rightarrow$ doppelte Nullstelle: $x_N = 4$

Allgemein gilt: $x_N = a$ ist n-fache Nullstelle für $(x_N - a)^n = 0$. Wir nennen n die **Vielfachheit** einer Nullstelle.

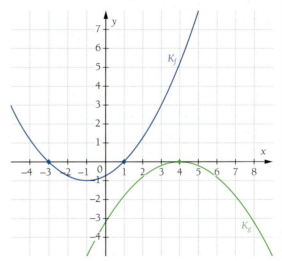

Wir betrachten nun die Schaubilder von f und g.

Bei genauerem Blick auf die Nullstellen fällt auf:
Das Schaubild von f schneidet die x-Achse bei den einfachen Nullstellen $x_{N_1} = -3$ und $x_{N_2} = 1$.
Das Schaubild K_g hat bei der **doppelten Nullstelle** $x_N = 4$ einen Extrempunkt: Das Schaubild **berührt** hier die x-Achse.

Der Funktionsterm einer ganzrationalen Funktion 2. Grades kann aus höchstens zwei Linearfaktoren bestehen. Da jeder dieser beiden Linearfaktoren nur eine Nullstelle liefern kann, hat die Funktion also höchstens zwei Nullstellen. Diese Überlegung gilt auch allgemein: Eine ganzrationale Funktion n-ten Grades hat höchstens n Nullstellen.

Geben Sie die Nullstellen der folgenden Funktionen einschließlich ihrer Vielfachheit an.
a) $f(x) = x(x + 3)(x - 5)$
b) $f(x) = -\frac{1}{3}x(x - 6)^2$
c) $f(x) = 1{,}5\,(x + 1)(x - 3)^2(x - 5)$

1 Funktionen, ihre Schaubilder und zugehörige Gleichungen

Vielfachheit von Nullstellen

Untersuchen Sie die Funktionen f, g und h auf die Vielfachheit ihrer Nullstellen.

$f(x) = 0{,}25(x + 3)(x - 1)(x - 6)(x - 1)$
$\quad\ = 0{,}25(x + 3)(x - 1)^2(x - 6)$

Die Funktion f hat die einfachen Nullstellen $x_{N_1} = -3$ und $x_{N_2} = 6$ sowie die **doppelte** Nullstelle $x_{N_3} = 1$. Bei $x_{N_1} = -3$ und $x_{N_2} = 6$ schneidet das Schaubild die x-Achse, während es bei $x_{N_3} = 1$ die x-Achse **berührt**.

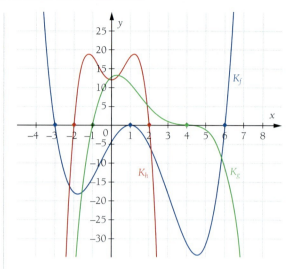

$g(x) = -0{,}2(x + 1)(x - 4)^2(x - 4)$
$\quad\ = -0{,}2(x + 1)(x - 4)^3$

Die Funktion g hat mit $x_{N_1} = -1$ eine einfache und mit $x_{N_2} = 4$ eine **dreifache** Nullstelle. Das Schaubild schneidet die x-Achse bei $x_{N_1} = -1$ (einfache Nullstelle) und bei $x_{N_2} = 4$ (dreifache Nullstelle). An der dreifachen Nullstelle $x_{N_2} = 4$ liegt zudem eine Wendestelle vor.

$h(x) = -3(x + 2)(x^2 + 1)(x - 2)$

Die Funktion h hat nur zwei **einfache** Nullstellen: $x_{N_1} = -2$ und $x_{N_2} = 2$. Der quadratische Term in der zweiten Klammer liefert keine Nullstelle.

- Die Bedingung für die **Nullstellen** x_N einer Funktion f lautet: $f(x_N) = 0$.
- Eine ganzrationale Funktion n-ten Grades hat höchstens n Nullstellen.
- Ist die Gleichung einer ganzrationalen Funktion f in der faktorisierten Darstellung (Produktform) gegeben, so können die Nullstellen der Funktion unmittelbar abgelesen werden. Die Funktion f mit der Gleichung $f(x) = a \cdot (x - x_1) \cdot (x - x_2) \cdot \ldots \cdot (x - x_n)$ hat die Nullstellen $x_1, x_2, \ldots, x_n$. Taucht ein Linearfaktor mehrfach auf, so spricht man von einer mehrfachen Nullstelle. Zwischen der **Vielfachheit** einer Nullstelle und der Art des zugehörigen x-Achsenschnittpunktes gelten folgende Zusammenhänge:

einfache Nullstelle	zweifache Nullstelle	dreifache Nullstelle	vierfache Nullstelle
→ Schnittpunkt	→ Berührpunkt (auch Extrempunkt)	→ Schnittpunkt (auch Wendepunkt)	→ Berührpunkt (auch Extrempunkt)

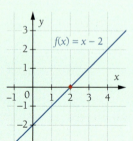 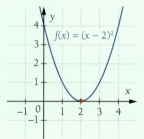 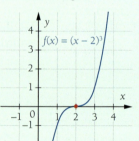 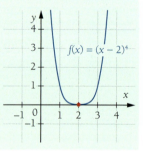

Geben Sie die Nullstellen der folgenden Funktionen einschließlich ihrer Vielfachheit an. Beschreiben Sie den zugehörigen Schnittpunkt genauer (z.B. Extrem- oder Wendepunkt).

a) $f(x) = \frac{1}{6}(x - 1)^3$
b) $f(x) = \frac{3}{8}x^2(x + 7)(x - 3)$
c) $f(x) = -(x + 4)^2(x^2 + 9)$

1.4 Ganzrationale Funktionen höheren Grades

Bisher haben wir drei Verfahren kennengelernt, um Nullstellen einer ganzrationalen Funktion zu bestimmen:

Nullstellenbestimmung durch „Wurzelziehen":
$f(x) = x^3 + 8$
$f(x_N) = 0 \Leftrightarrow x_N^3 = -8 \Rightarrow x_N = -2$ ▶ Beispiel 14, Seite 98

Nullstellenbestimmung durch Ausklammern:
$f(x) = x^3 - 2x^2 - 3x$
$f(x_N) = 0 \Leftrightarrow x_N \cdot (x_N^2 - 2x_N - 3) = 0 \Rightarrow x_{N_1} = 0$ oder $x_N^2 - 2x_N - 3 = 0$ ▶ abc-Formel
$\Rightarrow x_{N_1} = 0;\ x_{N_2} = 3;\ x_{N_3} = -1$ ▶ Beispiel 15, Seite 98

Nullstellenbestimmung bei vorliegender Produktform:
$f(x) = 0{,}25(x + 3)(x - 1)$
$f(x_N) = 0 \Leftrightarrow 0{,}25(x_N + 3)(x_N - 1) = 0$
$\Rightarrow x_{N_1} = -3;\ x_{N_2} = 1$ direkt ablesbar aufgrund des Satzes vom Nullprodukt   ▶ Beispiel 16, Seite 99

Für Gleichungen der Form $ax^4 + bx^2 + c = 0$ ($a \neq 0$) funktioniert keines der obigen Verfahren. Eine solche biquadratische Gleichung können wir aber in eine quadratische Gleichung umwandeln und dann lösen.

Nullstellenbestimmung durch Substitution

Ermitteln Sie die Nullstellen der Funktion f mit $f(x) = x^4 + x^2 - 2$.

Der Funktionsterm $x^4 + x^2 - 2$ lässt sich nicht ohne Weiteres in Linearfaktoren zerlegen.
Die Nullstellen bei einer solchen Funktion können wir mithilfe des **Substitutionsverfahrens** berechnen:

Ersetzen (substituieren) wir den Term x_N^2 durch z, so erhalten wir die quadratische Gleichung $z^2 + z - 2 = 0$.

Wir wenden die *abc*-Formel an und erhalten zwei Lösungen für z.
Ersetzen wir nun wieder z durch x_N^2 und lösen nach x_N auf, so erhalten wir die gesuchten Nullstellen.

$f(x_N) = 0$
$\Leftrightarrow x_N^4 + x_N^2 - 2 = 0$ ▶ Substituiere: $x_N^2 = z$
$\Leftrightarrow z^2 + z - 2 = 0$
$\Leftrightarrow z_{1,2} = \dfrac{-1 \pm \sqrt{1^2 - 4 \cdot 1 \cdot (-2)}}{2 \cdot 1}$
$\Leftrightarrow z_{1,2} = \dfrac{-1 \pm 3}{2}$
$\Leftrightarrow z = 1 \lor z = -2$ ▶ Resubstituiere: $z = x_N^2$
$\Leftrightarrow x_N^2 = 1 \lor x_N^2 = -2$ ▶ $x_N^2 = -2$ unlösbar
$\Leftrightarrow x_N = -1 \lor x_N = 1$

> Bei geraden ganzrationalen Funktionen können die Nullstellen mithilfe des **Substitutionsverfahrens** bestimmt werden. Durch die Substitution $x_N^2 = z$ wird die Bedingung $f(x_N) = 0$ auf die Lösung einer quadratischen Gleichung zurückgeführt. Durch spätere Resubstitution erhält man entweder vier, zwei oder keine Nullstellen.

1. Bestimmen Sie die Nullstellen der folgenden Funktionen mithilfe des Substitutionsverfahrens.
a) $f(x) = x^4 - 4x^2 + 3$
b) $f(x) = 0{,}25x^4 - x^2 - 1{,}25$
c) $f(x) = -x^4 + 7x^2 - 12$

2. Bestimmen Sie die Nullstellen der folgenden Funktionen mit einem geeigneten Verfahren.
a) $f(x) = x^3 - 4x$
b) $f(x) = 4(x^2 - 16)(x^2 - 4)$
c) $f(x) = x^3 - 4x^2$
d) $f(x) = -x^3 + x^2 - x$
e) $f(x) = 2x^3 - 6x$
f) $f(x) = x^4 - 5x^2 + 6$
g) $f(x) = -4x^3 - 2x^2 + 3x$
h) $f(x) = x^5 - 13x^3 + 36x$
i) $f(x) = -x^4 + 4x^3 + x^2$

1 Funktionen, ihre Schaubilder und zugehörige Gleichungen

Überblick: Nullstellenbestimmung bei ganzrationalen Funktionen

Ansatz: $f(x_N) = 0$.

Lineare Gleichungen werden durch einfache Umformungen oder Subtraktion nach x_N aufgelöst.

$$3x_N - 9 = 0 \quad | +9 \ | :3$$
$$\Leftrightarrow \quad x_N = 3$$

Quadratische Gleichungen können immer mithilfe der *abc*-Formel gelöst. Wir müssen dabei auf die Vorzeichen der Koeffizienten *a*, *b* und *c* achtgeben.

$$2x_N^2 - 8x_N - 10 = 0 \quad \blacktriangleright abc\text{-Formel}$$
$$\Rightarrow x_{N_{1,2}} = \frac{-b \pm \sqrt{b^2 - 4ac}}{2a} = \frac{-(-8) \pm \sqrt{(-8)^2 - 4 \cdot 2 \cdot (-10)}}{2 \cdot 2}$$
$$\Rightarrow x_{N_{1,2}} = \frac{8 \pm \sqrt{64 + 80}}{4} = \frac{8 \pm 12}{4}$$
$$\Rightarrow x_{N_1} = 5; \ x_{N_2} = -1$$

Alternativ zur *abc*-Formel können wir auch die *pq*-Formel benutzen, wenn wir zuvor die quadratische Gleichung in **Normalform** $x_N^2 - 4x_N - 5 = 0$ bringen. (▶ Seite 18)

$$2x_N^2 - 8x_N - 10 = 0 \quad | :2$$
$$\Leftrightarrow \quad x_N^2 - 4x_N - 5 = 0 \quad \blacktriangleright pq\text{-Formel}$$
$$\Rightarrow x_{N_{1,2}} = -\frac{p}{2} \pm \sqrt{\left(\frac{p}{2}\right)^2 - q} = \frac{4}{2} \pm \sqrt{\left(\frac{-4}{2}\right)^2 - (-5)}$$
$$= 2 \pm \sqrt{9}$$
$$\Rightarrow x_{N_{1,2}} = 2 \pm 3$$
$$\Rightarrow x_{N_1} = 5; \ x_{N_2} = -1$$

Quadratische Gleichungen, bei denen entweder das Absolutglied oder der lineare Summand fehlt, können durch Ausklammern bzw. Wurzelziehen gelöst werden. ▶ siehe unten

Für **Funktionen 3. und höheren Grades** gibt es verschiede Möglichkeiten:

Haben wir eine Gleichung, die nur die höchste Potenz und das Absolutglied enthält, so können wir die Gleichung durch Wurzelziehen lösen.

$$3x_N^3 + 8 = 0 \Leftrightarrow 3x_N^3 = -8 \quad | \sqrt[3]{}$$
$$\Rightarrow x_N = \sqrt[3]{-8} = -2$$

Wenn das Absolutglied fehlt, dann können Gleichungen durch Ausklammern und Anwenden des Satzes vom Nullprodukt gelöst werden.

$$2x_N^4 - 8x_N^3 - 10x_N^2 = 0$$
$$\Leftrightarrow x_N^2 \cdot (2x_N^2 - 8x_N - 10) = 0 \quad \blacktriangleright \text{Satz vom Nullprodukt}$$
$$\Leftrightarrow x_N^2 = 0 \ \lor \ (2x_N^2 - 8x_N - 10) = 0$$
$$\hspace{4cm} \blacktriangleright x_{N_1} = 0 \text{ doppelte Nullstelle}$$
$$\Leftrightarrow x_N = 0 \ \lor \ (2x_N^2 - 8x_N - 10) = 0 \quad \blacktriangleright \text{s. o.}$$
$$\Rightarrow x_{N_1} = 0; \ x_{N_2} = 5; \ x_{N_3} = -1$$

Gleichungen 4. Grades lassen sich mithilfe von **Substitution** lösen, wenn die Potenz 3. Grades und das lineare Glied fehlen.

$$x_N^4 - 6x_N^2 + 5 = 0 \quad \blacktriangleright \text{Substitution } x_N^2 = z$$
$$\Rightarrow z^2 - 6z + 5 = 0 \quad \blacktriangleright abc\text{-Formel}$$
$$\Rightarrow z = 1 \ \lor \ z = 5 \quad \blacktriangleright \text{Resubstitution } z = x_N^2$$
$$\Rightarrow x_N^2 = 1 \ \lor \ x_N^2 = 5$$
$$\Rightarrow x_{N_1} = -1; \ x_{N_2} = 1; \ x_{N_3} = -\sqrt{5}; \ x_{N_4} = \sqrt{5}$$

1.4 Ganzrationale Funktionen höheren Grades

Übungen zu 1.4.4

1. Bestimmen Sie die Nullstellen der Funktionen mithilfe des Satzes vom Nullprodukt bzw. durch Ausklammern und Anwendung der *abc*-Formel. Zerlegen Sie den Funktionsterm jeweils in Linearfaktoren und geben Sie die Vielfachheit der Nullstellen an.
   a) $f(x) = 0{,}25x^3 - 4x$
   b) $f(x) = 2x^4 - 4x^3 + 2x^2$
   c) $f(x) = x^3 + 2x^2 + x$
   d) $f(x) = x^3 - x^2 - 2x$
   e) $f(x) = -0{,}25x^3 - \frac{1}{8}x^2 + x$
   f) $f(x) = 8x^4 - x$

2. Ermitteln Sie die Nullstellen der Funktionen mithilfe des Substitutionsverfahrens und geben Sie die Vielfachheit der Nullstellen an.
   a) $f(x) = x^4 - 4x^2 + 3$
   b) $f(x) = x^4 - 9x^2 + 20$
   c) $f(x) = x^4 - x^2 - 2$
   d) $f(x) = 0{,}25x^4 - x^2 - 1{,}25$
   e) $f(x) = -0{,}5x^4 + 5x^2 - 4{,}5$
   f) $f(x) = 0{,}5x^5 - 3x^3 + 2{,}5x$

3. Berechnen Sie die Nullstellen der Funktionen mithilfe eines geeigneten Verfahrens.
   a) $f(x) = 2x^2 + 5x - 3$
   b) $f(x) = x^3 - 2x^2 - 3x$
   c) $f(x) = -x^3 + 2x^2 + 5x$
   d) $f(x) = -3x^4 + 21x^2 - 36$
   e) $f(x) = -x^4 + 2{,}5x^3 + 3{,}5x^2$
   f) $f(x) = x^3 + 1$
   g) $f(x) = 0{,}25x^4 - 0{,}25x^3 - 2x^2$
   h) $f(x) = -x^4 + 3x^2 + 4$
   i) $f(x) = 2x^6 - 6x^3 + 4$

4. Skizzieren Sie jeweils ein mögliches Schaubild der ganzrationalen Funktionen mit den aufgeführten Eigenschaften und äußern Sie sich zu eventuellen weiteren Möglichkeiten.
   a) Grad: 3; $x_{N_1} = -1$; $x_{N_2} = 2$; $x_{N_3} = 5$
   b) Grad: 4; $x_{N_1} = 0$; $x_{N_2} = 2$; $x_{N_3} = 5$; $x_{N_4} = 6$
   c) Grad: 4; $x_{N_1} = -3$ (doppelte Nullstelle); $x_{N_2} = 1$; $x_{N_3} = 4$
   d) Grad: 4; $x_{N_1} = 2$ (dreifache Nullstelle); $x_{N_2} = 7$
   e) Grad: 2; $x_{N_1} = 0$ (doppelte Nullstelle)
   f) Grad: 4; $x_{N_1} = -1$; $x_{N_2} = 0$; $x_{N_3} = 1$

5. Bestimmen Sie anhand der Schaubilder die Achsenschnittpunkte der Funktionen, die Vielfachheit der jeweiligen Nullstellen und den kleinstmöglichen Grad der Funktionen. Geben Sie jeweils den Funktionsterm in Produktform an.

   a)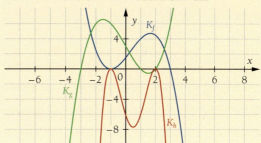

   b)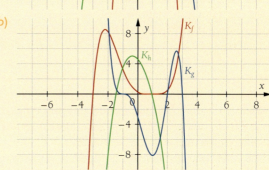

6. Gesucht sind die Nullstellen der Funktion f mit $f(x) = 3x^4 + 2x^3 - x^2$. Marwin löst die Aufgabe folgendermaßen in seinem Heft:

   $f(x_N) = 0$
   $3x_N^4 + 2x_N^3 - x_N^2 = 0$
   $\Leftrightarrow x_N \cdot (3x_N^3 + 2x_N^2 - x_N) = 0$
   $\Rightarrow x_{N_1} = 0$
   $\Rightarrow 3x_N^3 + 2x_N^2 - x_N = 0$
   abc-Formel:
   $x_{N_{2,3}} = -2 \pm \dfrac{\sqrt{(-2)^2 - 4 \cdot 3 \cdot (-1)}}{2 \cdot 3} = \dfrac{-2 \pm 4}{6}$
   $\Rightarrow x_{N_2} = -1;\ x_{N_3} = \frac{1}{3}$

   a) Finden Sie den Fehler in der Rechnung und erklären Sie Marwin, wie er seinen gemachten Fehler in Zukunft vermeiden kann.
   b) Korrigieren Sie die Rechnung und berechnen Sie die Nullstellen erneut.
   c) Vergleichen Sie die Lösungen der richtigen Rechnung mit Marwins Lösungen. Beschreiben und begründen Sie Ihre Beobachtung.

1.4.5 Gemeinsame Punkte und gegenseitige Lage zweier Schaubilder

Häufig sind nicht nur die Schnittpunkte eines Schaubildes mit den Koordinatenachsen von Bedeutung, sondern auch gemeinsame Punkte zweier Schaubilder ganzrationaler Funktionen.

19 Schnittpunkt und Berührpunkt

Gegeben sind die Funktionen f und g mit $f(x) = -x^4 + 2x^3$ und $g(x) = 0{,}5x^2$.
Untersuchen Sie die Schaubilder K_f und K_g auf gemeinsame Punkte.

Da ein **Schnittpunkt** ein Punkt ist, der auf beiden Schaubildern liegt, gilt für eine **Schnittstelle** x_S, dass beide Funktionen den gleichen Funktionswert haben: $f(x_S) = g(x_S)$ ▶ Seite 46
Wir setzen also die Funktionsterme gleich und formen dann so um, dass eine null auf einer Seite der Gleichung steht („Nullform").
Wir bestimmen die Lösungen der Gleichung durch Ausklammern und Anwendung des Satzes vom Nullprodukt: $x_{S_1} = 0$ ist eine doppelte Lösung der Gleichung. Damit ist x_{S_1} die x-Koordinate des gemeinsamen Berührpunktes $B(0|0)$. Die Klammer lösen wir mithilfe der *abc*-Formel auf und erhalten $x_{S_2} \approx 0{,}29$ und $x_{S_3} \approx 1{,}71$ auf. An diesen beiden Stellen schneiden sich die Schaubilder.
Wir berechnen noch die y-Koordinaten der Berühr- und Schnittpunkte, indem wir die berechneten Schnittstellen jeweils in eine der beiden Ausgangsgleichungen einsetzen. In unserem Fall bietet sich der Term von g an, da er „einfacher" ist.
Die gemeinsamen Punkte von K_f und K_g lauten $B(0|0)$, $S_1(0{,}29|0{,}04)$ und $S_2(1{,}71|1{,}46)$.

$$f(x_S) = g(x_S)$$
$$-x_S^4 + 2x_S^3 = 0{,}5x_S^2$$
$$\Leftrightarrow -x_S^4 + 2x_S^3 - 0{,}5x_S^2 = 0$$
$$\Leftrightarrow x_S^2 \cdot (-x_S^2 + 2x_S - 0{,}5) = 0 \quad \text{▶ Satz vom Nullprodukt}$$
$$\Leftrightarrow x_S^2 = 0 \lor -x_S^2 + 2x_S - 0{,}5 = 0$$
$$\Rightarrow x_{S_1} = 0$$
$$-x_S^2 + 2x_S - 0{,}5 = 0 \quad \text{▶ } abc\text{-Formel}$$
$$\Rightarrow x_{S_{2,3}} = \frac{-2 \pm \sqrt{2}}{-2}$$
$$\Rightarrow x_{S_2} \approx 0{,}29; \ x_{S_3} \approx 1{,}71$$
$$g(0) = 0; \ g(0{,}29) \approx 0{,}04; \ g(1{,}71) \approx 1{,}46$$

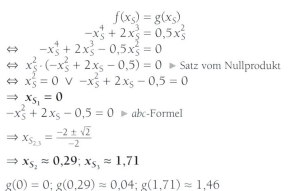

20 Drei Schnittpunkte

Gegeben sind die Funktionen f und g mit $f(x) = 2x^5 - 4x^3 + x + 1$ und $g(x) = -x^5 + x^3 + x + 1$.
Zeigen Sie, dass die Schaubilder der beiden Funktionen drei Schnittpunkte haben.

Als Ansatz setzen wir wieder die beiden Funktionsterme gleich und bringen die entstandene Gleichung in die „Nullform".
Wir formen die Gleichung durch Ausklammern so um, dass wir den Satz vom Nullprodukt anwenden können.

Wir erhalten $x_{S_1} = 0$ als (dreifache) Schnittstelle. Der Term in der Klammer liefert mithilfe des Wurzelziehens die beiden weiteren Lösungen $x_{S_2} \approx -1{,}29$ und $x_{S_3} \approx 1{,}29$.

$$f(x_S) = g(x_S)$$
$$2x_S^5 - 4x_S^3 + x_S + 1 = -x_S^5 + x_S^3 + x_S + 1$$
$$\Leftrightarrow 3x_S^5 - 5x_S^3 = 0$$
$$\Leftrightarrow x_S^3 \cdot (3x_S^2 - 5) = 0 \quad \text{▶ Satz vom Nullprodukt}$$
$$x_{S_1} = 0$$
$$3x_S^2 - 5 = 0$$
$$\Leftrightarrow x_S^2 = \tfrac{5}{3} \quad |\sqrt{}$$
$$\Rightarrow x_{S_2} \approx -1{,}29; \ x_{S_3} \approx 1{,}29$$

1.4 Ganzrationale Funktionen höheren Grades

Wir berechnen noch die y-Koordinaten der Schnittpunkte und erhalten $S_1(0|1)$, $S_2(-1{,}29|1{,}14)$ und $S_3(1{,}29|0{,}86)$.

In die Zeichnung mit den Schaubildern können wir die Schnittpunkte eintragen.

$g(0) = 1; \; g(-1{,}29) \approx 1{,}14; \; g(1{,}29) \approx 0{,}86$

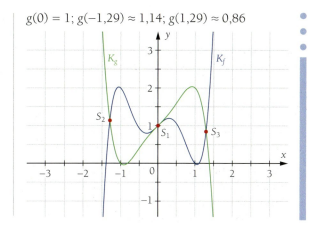

Keine gemeinsamen Punkte zweier Schaubilder

Gegeben sind die Funktionen f und g mit $f(x) = 2x^3 + 4x^2 - 2$ und $g(x) = 2x^3 - 2x^2 - 4$.
Zeigen Sie, dass sich die Schaubilder K_f und K_g nicht schneiden.

Wir setzen die Funktionsterme gleich und versuchen, die Gleichung zu lösen.
Wir erkennen, dass die Gleichung keine Lösungen hat, da wir keine Wurzeln aus negativen Zahlen ziehen können.
Daraus ergibt sich, dass die beiden Schaubilder keinen gemeinsamen Schnitt- oder Berührpunkt haben.

$$f(x_S) = g(x_S)$$
$$2x_S^3 + 4x_S^2 - 2 = 2x_S^3 - 2x_S^2 - 4$$
$$\Leftrightarrow \quad 6x_S^2 + 2 = 0$$
$$\Leftrightarrow \quad x_S^2 = -\tfrac{1}{3}$$
$$\Rightarrow \text{ keine Lösung}$$

Dies können wir in der Zeichnung ebenfalls erkennen.

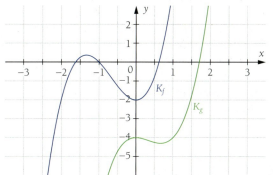

Für die **Schnittpunkte** $S(x_S|y_S)$ (bzw. Berührpunkte) zweier ganzrationaler Funktionen f und g gilt $f(x_S) = g(x_S)$.
- Zunächst werden die **Schnittstellen** x_S berechnet, indem die Funktionsterme gleichgesetzt und nach x_S aufgelöst werden.
- Die zugehörigen y-Koordinaten der Schnittpunkte erhält man durch Einsetzen von x_S in eine der beiden Funktionsgleichungen.

Untersuchen Sie die Schaubilder folgender Funktionen auf gemeinsame Punkte.
a) $f(x) = -2x^4 + 2x^3;$ $\quad g(x) = 0{,}75x^2$
b) $f(x) = 0{,}75x^3 + 2x^2 - x + 1;$ $\quad g(x) = 1$

Übungen zu 1.4.5

1. Untersuchen Sie die Schaubilder der Funktionen f und g auf gemeinsame Punkte.
   a) $f(x) = \frac{1}{10}x^3 - \frac{3}{8}x^2 + 1$;
   $g(x) = -\frac{1}{10}x^2 - x + 1$
   b) $f(x) = -0{,}25(x^3 - 2x - 2)$;
   $g(x) = -2x - 3{,}5$
   c) $f(x) = 3x^3 - 2x^2 + 2$;
   $g(x) = x + 2$

2. Lösen Sie die Gleichung $4x^3 - 2x = -2x^2 + 2x$ und interpretieren Sie Ihr Ergebnis geometrisch.

3. Lesen Sie die erkennbaren Schnittpunkte aus den Schaubildern ab und überprüfen Sie Ihre Werte mit einer Rechnung. Ermitteln Sie weitere Schnittpunkte, sofern vorhanden.
   a) $f(x) = x^2 - 4x + 1$;
   $g(x) = x - 3$
   b) $f(x) = x^2 + 2x + 2{,}5$;
   $g(x) = x^3 + 0{,}5x^2 - 2x$

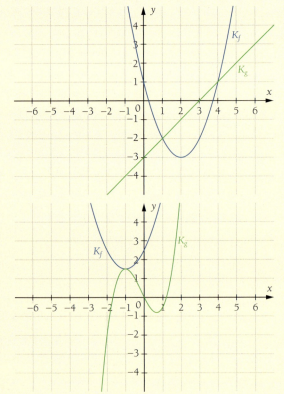

4. Erfinden Sie zwei Funktionsvorschriften, die Ihr Nachbar auf eventuell vorhandene Schnitt- oder Berührpunkte untersuchen soll.
   a) Erstellen Sie auf einem Blatt einen Aufgabentext und auf einem Extrablatt eine ausführliche Musterlösung, mit allen wichtigen Rechnungen und Zeichnungen.
   b) Vergleichen Sie die Lösungen Ihres Nachbarn mit Ihrer Musterlösung und diskutieren Sie unterschiedliche Ergebnisse und Lösungsstrategien miteinander.

5. Begründen Sie, ob und wie oft sich die beiden Schaubilder schneiden.

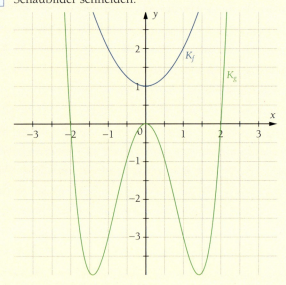

6. Gegeben sind die Funktionen f und g mit $f(x) = \frac{1}{8}x^2 - 4$ und $g(x) = (x+5)^2 \cdot \frac{1}{4}x$; $x \in \mathbb{R}$. Ihre Schaubilder heißen K_f und K_g.
   a) Zeichnen Sie die Schaubilder in ein gemeinsames Koordinatensystem.
   b) Markieren Sie die gemeinsamen Schnittpunkte und berechnen Sie deren Koordinaten exakt.
   c) Wie liegen K_f und K_g für $x > 0$ zueinander? Begründen Sie anschaulich und rechnerisch.

7. Gegeben ist das Schaubild K der Funktion f mit $f(x) = x^3 - x^2 + 5$. Das Schaubild P der Parabel mit der Gleichung $p(x) = ax^2 - 2x + c$ schneidet K auf der y-Achse und an der Stelle $x = 2$. Berechnen Sie die Koordinaten des dritten Schnittpunktes von K und P.

1.4 Ganzrationale Funktionen höheren Grades

Exkurs: Aufstellen von Funktionsgleichungen

Hinweis: Dieser Exkurs setzt das Wissen über das Lösen linearer Gleichungssystem voraus (▶ Kapitel 2, Seite 164), insbesondere über die Kurzschreibweise linearer Gleichungssysteme und den Gauß'schen Algorithmus.

Herleitung einer Kostenfunktion

Die Fly Bike Werke beginnen im neuen Jahr mit der Produktion von besonders atmungsaktiven Sattelbezügen. Im Januar werden 4 Mengeneinheiten (ME) zu Gesamtkosten von 48 €, im Mai 10 ME zu 840 € und im Juni 12 ME zu 1488 € produziert. Der Geschäftsführer möchte seine Kostensituation analysieren und benötigt dafür die Kostenfunktion K_v. Ihm ist bekannt, dass K_v eine kubische Funktion ist, deren Schaubild durch den Koordinatenursprung verläuft. Bestimmen Sie die Gleichung der Kostenfunktion K_v.

Da das Schaubild von K_v durch den Ursprung verläuft, muss das Absolutglied des Funktionsterms gleich null sein.

▶ 0 produzierte Sattelbezüge erzeugen 0 € variable Kosten.

$K(x) = ax^3 + bx^2 + cx + d$ ▶ allgemeine Form
$K_v(x) = ax^3 + bx^2 + cx$ ▶ durch den Ursprung
$\Rightarrow d = 0$

Dem Text entnehmen wir die drei Wertepaare A, B, C der Form (Menge|Preis).

$A(4|48)$, $B(10|840)$ und $C(12|1488)$

Die Koordinaten der Wertepaare setzen wir in die Funktionsgleichung $K_v(x) = ax^3 + bx^2 + cx$ ein und erhalten drei Gleichungen, die bezüglich a, b und c linear sind.

$K_v(4) = 48$ ▶ $x = 4$
$\Leftrightarrow a \cdot 4^3 + b \cdot 4^2 + c \cdot 4 = 48$
$\Leftrightarrow 64a + 16b + 4c = 48$ (I)

$K_v(10) = 840$ ▶ $x = 10$
$\Leftrightarrow a \cdot 10^3 + b \cdot 10^2 + c \cdot 10 = 840$
$\Leftrightarrow 1000a + 100b + 10c = 840$ (II)

Wir schreiben das resultierende lineare Gleichungssystem in verkürzter Form (▶ Seite 172).

	a	b	c	
(I)	64	16	4	48
(II)	1000	100	10	840
(III)	1728	144	12	1488

$K_v(12) = 1488$ ▶ $x = 12$
$\Leftrightarrow a \cdot 12^3 + b \cdot 12^2 + c \cdot 12 = 1488$
$\Leftrightarrow 1728a + 144b + 12c = 1488$ (III)

Es bietet sich an, im ersten Schritt die Zeilen zu kürzen: Die 1. Zeile können wir durch 4 dividieren, die 2. Zeile durch 10 und die 3. Zeile durch 12. Anschließend lösen wir das lineare Gleichungssystem mithilfe des Gauß'schen Eliminationsverfahrens. ▶ Seite 171

a	b	c	
16	4	1	12
100	10	1	84
144	12	1	124

a	b	c	
16	4	1	12
84	6	0	72 |:6
128	8	0	112 |:8

a	b	c	
16	4	1	12
14	1	0	12
16	1	0	14

a	b	c	
-40	0	1	-36
14	1	0	12
2	0	0	2

a	b	c	
0	0	1	4
0	1	0	-2
2	0	0	2	:2

a	b	c	
0	0	1	4	▶ $c = 4$
0	1	0	-2	▶ $b = -2$
1	0	0	1	▶ $a = 1$

Die Lösung des linearen Gleichungssystems bilden die Werte $a = 1$, $b = -2$ und $c = 4$, die wir in die allgemeine Funktionsgleichung einsetzen. Die gesuchte Kostenfunktion K_v lautet somit $K_v(x) = x^3 - 2x^2 + 4x$.

Bestimmen Sie die Funktionsgleichung der reellen Funktion f dritten Grades, deren Schaubild durch die Punkte $A(-4|14)$, $B(-1|8)$, $C(0|18)$ und $D(2|20)$ verläuft.

1 Funktionen, ihre Schaubilder und zugehörige Gleichungen

Übungen zu 1.4

1. Begründen Sie ohne Rechnung, dass das Schaubild von f mit $f(x) = 3x^3 + x$ punktsymmetrisch zum Ursprung ist.
Begründen Sie ebenfalls, dass das Schaubild von g mit $g(x) = 3x^4 - x^2 + 3$ achsensymmetrisch zur y-Achse ist.

2. Bestimmen Sie die Schnittpunkte der Schaubilder der Funktionen mit der x-Achse. Geben Sie die Vielfachheit der Nullstellen an.
a) $f(x) = 2 \cdot (x - 1) \cdot (x + 2) \cdot (x - 3)^2$
b) $f(x) = -0{,}5 \cdot (x - 3)^4 \cdot (x + 1) \cdot x^3 \cdot (x - 5)$
c) $f(x) = -0{,}25 \cdot (x + 5)^5 \cdot (x + 1) \cdot (x - 5) \cdot (x + 5)$
d) $f(x) = 10 \cdot x \cdot (x - 4) \cdot (x + 0{,}1) \cdot (x - 0{,}1)^2$

3. Berechnen Sie die Nullstellen der Funktionen mithilfe eines geeigneten Verfahrens und geben Sie die Funktionsgleichungen in Produktform an.
a) $f(x) = -x^3 + 3x^2 + x$
b) $f(x) = -2x^4 + 6x^3 + 8x^2$
c) $f(x) = x^3 + 4x^2 - 3x$
d) $f(x) = -x^6 - 3x^4$
e) $f(x) = 2x^4 + 2x^2 - 12$

4. Beschreiben Sie die Schaubilder.
Berücksichtigen Sie dabei:
- Symmetrieeigenschaften
- Globalverhalten
- charakteristische Punkte (Achsenschnittpunkte, Extrem- und Wendepunkte)
- Steigungs- und Krümmungsverhalten

Äußern Sie sich zum Zusammenhang zwischen der Anzahl der Nullstellen und Extrempunkte sowie zum Zusammenhang zwischen der Anzahl der Extrem- und Wendepunkte.

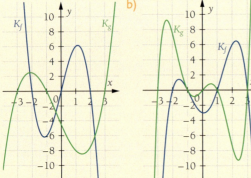

5. Zu drei der fünf Funktionsgleichungen sind die Schaubilder abgebildet. Ordnen Sie den Schaubildern die passenden Gleichungen zu. Skizzieren Sie zu den verbleibenden zwei Gleichungen die Schaubilder.

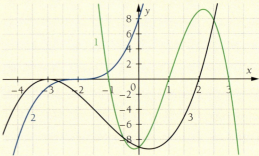

a) $f(x) = -3x^3 + 9x^2 + 3x - 9$
b) $f(x) = 0{,}125x^3 - 4x^2 + 7x$
c) $f(x) = 0{,}5x^3 + 2x^2 - 1{,}5x - 9$
d) $f(x) = x^3 + 4$
e) $f(x) = (x + 2)^3$

6. Bestimmen Sie das Symmetrieverhalten und die Achsenschnittpunkte der Schaubilder folgender Funktionen.
Wenden Sie zur Nullstellenbestimmung ein geeignetes Verfahren an und schreiben Sie die Funktionsgleichung in Produktform auf.
Skizzieren Sie das Schaubild und markieren Sie Extrem- und Wendepunkte.
a) $f(x) = x^3 - 8x^2 + 16x$
b) $f(x) = x^3 - 2x^2 - 5x$
c) $f(x) = -x^3 + 5x^2 - 4x$
d) $f(x) = -0{,}5x^3 + 2x^2$
e) $f(x) = x^4 - 6x^3 + 9x^2$
f) $f(x) = x^4 - 5x^2 + 4$
g) $f(x) = 0{,}5x^4 - 3{,}5x^2 + 6$

7. Von einer ganzrationalen Funktion 3. Grades mit der Funktionsgleichung $f(x) = ax^3 + bx^2 + cx + d$ sind die folgenden Nullstellen und ein Punkt des Schaubildes bekannt. Geben Sie die Koeffizienten a, b, c und d an.
a) $x_{N_1} = -1$; $x_{N_2} = 2$; $x_{N_3} = 5$; $P(3|-16)$
b) $x_{N_1} = -2$; $x_{N_2} = -3$; $x_{N_3} = 1$; $P(-1|-16)$
c) $x_{N_1} = -3$ (dreifach); $P(5|16)$
d) $x_{N_1} = 2$ (zweifach); $x_{N_2} = 1$; $P(1|8)$

1.4 Ganzrationale Funktionen höheren Grades

8. Erfinden Sie zwei Funktionsgleichungen in Produktform.
a) Erstellen Sie auf einem Blatt einen Aufgabentext und auf einem Extrablatt eine ausführliche Musterlösung, mit allen wichtigen Rechnungen und Zeichnungen.
b) Geben Sie Ihre Aufgaben an Ihren Nachbarn. Vergleichen Sie die Lösungen Ihres Nachbarn mit Ihrer Musterlösung und diskutieren Sie unterschiedliche Ergebnisse und Lösungsstrategien miteinander.

9. Ordnen Sie den abgebildeten Schaubildern die jeweils zugehörige Funktionsgleichung zu.

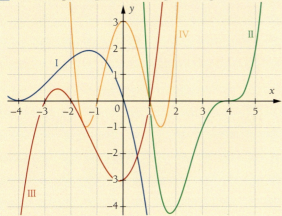

$f_1(x) = 3 + 2x^2$
$f_2(x) = 0,5(x-1)(x-4)^3$
$f_3(x) = x^4 - 4x^2 + 3$
$f_4(x) = 0,5x - 1$
$f_5(x) = (x-1)(x+3)(x+2)$
$f_6(x) = -0,2x(x+4)^2$
$f_7(x) = -\frac{1}{5}x^3 - \frac{8}{5}x^2 - \frac{16}{5}x$
$f_8(x) = 0,5x^3 + 2x^2 + 0,5x - 3$

10. Bestimmen Sie rechnerisch die Schnittpunkte der Schaubilder von K_f und K_g.

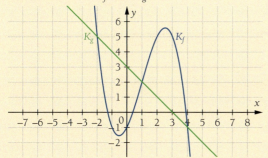

11. Eine ganzrationale Funktion 3. Grades hat eine doppelte Nullstelle bei $x = 1$ und eine einfache Nullstelle bei $x = -2$. Außerdem verläuft ihr Schaubild durch den Punkt $P(-3|1)$.
a) Stellen Sie eine passenden Funktionsvorschrift auf.
b) Berechnen Sie den Schnittpunkt mit der y-Achse.

12. Skizzieren Sie zunächst das Schaubild und ermitteln Sie dann jeweils die Funktionsgleichung.
a) Das Schaubild einer ganzrationalen Funktion 3. Grades ist punktsymmetrisch zum Koordinatenursprung und verläuft vom III. in den I. Quadranten. An der Stelle 8 schneidet es die x-Achse.
b) Eine ganzrationale Funktion 3. Grades hat die Nullstellen -2; 4 und 5 sowie den y-Achsenabschnitt 8.
c) Das Schaubild einer ganzrationalen Funktion 3. Grades schneidet bei $-\sqrt{2}$; 1 und $\sqrt{2}$ die x-Achse und geht durch den Punkt $P(2|4)$.
d) Das Schaubild einer ganzrationalen Funktion 4. Grades ist achsensymmetrisch zur y-Achse und geht durch den Ursprung sowie durch die Punkte $P(1|-2)$ und $Q(3|0)$.

13. Durch Videoanalyse während des Fußballtrainings versuchen Luca und Isa ihre Freistoßtechnik zu verbessern. Das Schaubild der Funktion f mit $f(x) = -\left(\frac{1}{264}\right)x^3 + \frac{1}{16}x^2$; $x \in [0; 16,5]$ gibt näherungsweise die Flugbahn eines Fußballs bei einem ihrer Freistoßversuche wieder.

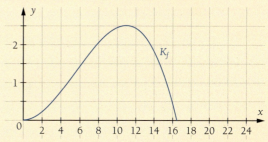

a) Überfliegt der Ball eine Mauer in 9,15 m Entfernung, wenn dort die größte Spielerin 1,95 m groß ist und 20 cm hoch springt?
b) Berechnen Sie die Höhe, in der der Ball die Torlinie überschreitet, wenn der Freistoß direkt an der Strafraumgrenze getreten wird (Abstand zum Tor 16,45 m).
c) Bestimmen sie die Entfernung vom Freistoßpunkt, an der der Ball wieder auf dem Boden aufkommt, wenn das Tor außer Acht gelassen wird.

14. Das Schaubild von f mit $f(t) = -2t^3 + 72t^2$ beschreibt die Anzahl der Krankheitserreger im Blut während eines kurzen, aber heftigen Magen-Darm-Infekts.
▸ t in Stunden

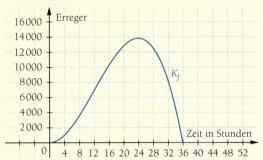

a) Geben Sie die Dauer des Infekts an.
b) Ermitteln Sie die Anzahl der Krankheitserreger nach 10, 15 bzw. 30 Stunden.
c) Bestätigen Sie, dass die Anzahl von 12 800 Krankheitserregern im Blut nach 20 Stunden gemessen wird.
d) Zum Zeitpunkt des stärksten Anstiegs der Anzahl der Krankheitserreger bekommt der Patient ein Medikament.
Begründen Sie anhand der Skizze den Zeitpunkt der Medikamenteneinnahme.
e) Beschreiben Sie den Verlauf des Schaubildes von f im Intervall [0; 36] und äußern Sie sich zu den Extrempunkten und dem Steigungsverhalten sowie zu den Wendepunkten und dem Krümmungsverhalten des Schaubildes.

15. Einem Kegel mit der Höhe 9 cm und dem Radius 9 cm soll ein Zylinder einbeschrieben werden.

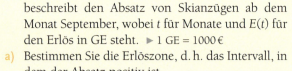

a) Bestimmen Sie das Volumen des Zylinders in Abhängigkeit von seinem Radius r.
▸ $V(r) = 9\pi r^2 - \pi r^3$
b) Mit welcher Zahl muss das Volumen des Zylinders, dessen Radius 3 cm beträgt, multipliziert werden, um genauso groß zu sein wie das Volumen des Kegels?

16. Die reelle Funktion E mit $E(t) = -t^3 + 7t^2 + 8t$ beschreibt den Absatz von Skianzügen ab dem Monat September, wobei t für Monate und $E(t)$ für den Erlös in GE steht. ▸ 1 GE = 1000 €
a) Bestimmen Sie die Erlöszone, d. h. das Intervall, in dem der Absatz positiv ist.
b) Skizzieren Sie das Schaubild von E im Bereich der Erlöszone und äußern Sie sich zum Erlösverlauf auch anhand der Extrem- und Wendepunkte des Schaubildes von E.

17. Bei einem (oben offenen) Aquarium mit quadratischer Grundfläche ist die Höhe 1,5-fach so groß wie die Seitenkante der Grundfläche.

a) Erstellen Sie eine Skizze des Aquariums.
b) Geben Sie eine Formel an, die das Volumen des Aquariums in Abhängigkeit von der Länge der Grundkante angibt. Bestimmen Sie das Volumen bei einer 10 dm langen Grundkante.
c) Geben Sie eine Formel an, welche die Oberfläche des Aquariums in Abhängigkeit von der Länge der Grundkante angibt. Bestimmen Sie die Oberfläche bei einer 10 dm langen Grundkante.
d) Der Materialpreis für das Aquarium beträgt 3 Euro pro dm². Füllt man das Aquarium, so sollte pro Liter Wasser ein Spezialsalz hinzugefügt werden, welches 1 Euro pro Liter kostet. ▸ 1 Liter = 1 dm³
  d_1) Vergleichen Sie die Kosten bei einer Grundkante der Länge 10 dm.
  d_2) Weisen Sie nach, dass sich die Kosten durch die Gleichung $1,5 a^3 = 21 a^2$ vergleichen lassen. Bestimmen Sie rechnerisch die Seitenlänge a, ab welcher die Kosten für den Inhalt die Kosten für das Material übersteigen.

1.4 Ganzrationale Funktionen höheren Grades

Auswirkungen von Parametern mit digitalen Werkzeugen entdecken

Mithilfe dynamischer Geometriesoftware lässt sich gut veranschaulichen, wie sich Änderungen im Funktionsterm einer Funktion auf das Schaubild auswirken. Ein Beispiel für solch eine Software ist *GeoGebra*. Diese steht kostenlos unter http://www.geogebra.org/download für verschiedene Plattformen zur Verfügung. *GeoGebra* bietet auch viele weitere Funktionen, z. B. zur Bestimmung von Nullstellen oder Extrempunkten.

■ Um die Auswirkung von Parametern auf Funktionen zu untersuchen, können wir Schieberegler in *GeoGebra* nutzen. Einen Schieberegler erstellt man wie folgt: In der Symbolleiste klickt man auf das Symbol **Schieberegler** und danach in das Koordinatensystem. Es erscheint ein Eingabefenster, in dem Name, Definitionsbereich und Schrittweite des Reglers festgelegt werden können.

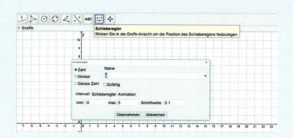

1. Erstellen Sie einen Schieberegler *a* und einen Schieberegler *n* für Werte zwischen 0 und 5 sowie der Schrittweite 1.

2. Geben Sie die Funktionsgleichung
   $f(x) = \frac{1}{10}(x+1)^a (x-2)^n$ so in die Eingabezeile am unteren Bildschirmrand ein, wie es hier zu sehen ist.

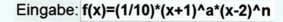

■ Untersuchen Sie nun mithilfe der Schieberegler, wie sich die Parameter *a* und *n* auf das Schaubild der Funktion *f* auswirken. Wählen Sie dazu den Befehl **Bewege** aus der Symbolleiste ganz links und verändern Sie den Wert der beiden Schieberegler. Sofort verändert sich auch das Schaubild.

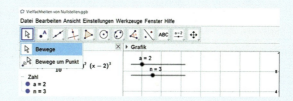

1. Beschreiben Sie das Schaubild im Hinblick auf die Vielfachheit der Nullstellen in Abhängigkeit von der Wahl der Parameter.

2. Lassen Sie sich als zusätzliche Information die Nullstellen sowie die Hoch- und Tiefpunkte von *f* berechnen und im Schaubild markieren. Geben Sie dazu nacheinander die Befehle **Nullstelle[f]** und **Extremum[f]** in die Eingabezeile ein.

■ Erfinden Sie selbst eine Funktionsgleichung, in der mindestens zwei Parameter vorkommen, und lesen Sie die Vielfachheiten der Nullstellen ab.

1. Versuchen Sie einen weiteren Parameter so hinzuzufügen, dass das Schaubild Ihrer Funktion nach oben oder unten verschoben werden kann.

2. Nutzen Sie in *GeoGebra* vorhandene Befehle, um Ihre Funktion auf charakteristische Punkte zu untersuchen.

3. Fügen Sie eine Gerade hinzu, deren Steigung *m* als veränderbarer Parameter mit einem Schieberegler festgelegt werden kann. Lassen Sie sich die Schnittpunkte von der Gerade und dem Schaubild Ihrer Funktion ausgeben.

1.4 Ganzrationale Funktionen höheren Grades

Ich kann ...

... die **allgemeine Funktionsgleichung** einer **ganzrationalen Funktion** angeben und die Bedeutung von a_0 erklären.

$f(x) = 2x^3 - 4x^2 - 10x + 12$
▶ Funktion 3. Grades
$a_3 = 2;\ a_2 = -4;\ a_1 = -10;\ a_0 = 12$
$a_0 = 12\ \Rightarrow\ S_y(0|12)$

Allgemeine Form:
$f(x) = a_3 x^3 + a_2 x^2 + a_1 x + a_0;\ a_3 \neq 0$
Der höchste Exponent bestimmt den Grad der Funktion. Der absolute Term a_0 ist der y-Achsenabschnitt von f.

... den **Globalverlauf** des Schaubildes beschreiben.
▶ Test-Aufgaben 2, 3, 5

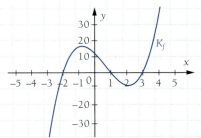

Für $x \to \infty$ gilt $f(x) \to \infty$.
Für $x \to -\infty$ gilt $f(x) \to -\infty$.

Der Globalverlauf wird durch den Grad n und den Koeffizienten a_n bestimmt.
- n ungerade, a_n positiv:
  vom III. in den I. Quadranten
- n ungerade, a_n negativ:
  vom II. in den IV. Quadranten
- n gerade, a_n positiv:
  vom II. in den I. Quadranten
- n gerade, a_n negativ:
  vom III. in den IV. Quadranten

... Schaubilder auf **Achsensymmetrie** zur y-Achse überprüfen.
▶ Test-Aufgaben 2, 3

$f(x) = x^4 - 3x^2 - 4$
$f(-x) = (-x)^4 - 3(-x)^2 - 4$
$\quad\quad = x^4 - 3x^2 - 4 = f(x)$

Achsensymmetrie zur y-Achse:
$f(-x) = f(x)$ für alle $x \in D_f$
Alle Exponenten von x sind gerade.

... Schaubilder auf **Punktsymmetrie** zum Ursprung überprüfen.
▶ Test-Aufgaben 2, 3

$f(x) = x^3 - 16x$
$f(-x) = (-x)^3 - 16(-x)$
$\quad\quad = -x^3 + 16x$
$\quad\quad = -(x^3 - 16x) = -f(x)$

Punktsymmetrie zu $O(0|0)$:
$f(-x) = -f(x)$ für alle $x \in D_f$
Alle Exponenten von x sind ungerade.

... die verschiedenen Verfahren zur **Nullstellenberechnung** bei Funktionen zweiten oder höheren Grades anwenden.
▶ Test-Aufgaben 1, 2, 4, 6

$f_1(x) = x^3 - 16$
$f_2(x) = x^3 - 4x^2 + 3x$
$f_3(x) = x^4 - 6x^2 + 5$
$f_4(x) = x^2 + 5x + 12$

- Wurzelziehen
- Ausklammern
- Substitution
- abc-Formel

... die **Schaubilder** einer Funktion skizzieren, die **Null-, Extrem-** und **Wendestellen** einer Funktion erkennen.
▶ Test-Aufgaben 3, 6

$f(x) = 0,5x(x-2)(x+2)$

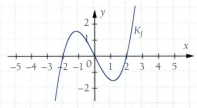

$N_1(-2|0);\ N_2(0|0);\ N_3(2|0)$
$H(-1,15|1,54);\ T(1,15|-1,54)$
$W(0|0)$

Nullstelle: x-Koordinate eines Punktes, in dem das Schaubild die x-Achse schneidet oder berührt

Extremstelle: x-Koordinate eines Punktes, in dem sich das Steigungsverhalten ändert

Wendestelle: x-Koordinate eines Punktes, in dem das Schaubild von einer Rechtskurve in eine Linkskurve übergeht oder umgekehrt

1.4 Ganzrationale Funktionen höheren Grades

Test zu 1.4

1. Bestimmen Sie die Nullstellen der folgenden Funktionen. Geben Sie auch ihre Vielfachheit und die zugehörigen x-Achsenschnittpunkte an.
   a) $f(x) = 0{,}5x^4 - 6x^3 + 18x^2$ b) $f(x) = -0{,}5x^3 + x$ c) $f(x) = 0{,}25x^4 - 1{,}25x^2 - 6$

2. Untersuchen Sie die Funktion f mit $f(x) = 2x^4 - 6x^2$.
   a) Weisen Sie die Symmetrieeigenschaften des Schaubildes nach.
   b) Beschreiben Sie nachvollziehbar den Globalverlauf des Schaubildes der Funktion.
   c) Berechnen Sie die Nullstellen und geben Sie deren Art an.
   d) Berechnen Sie die Schnittpunkte des Schaubildes von f mit demjenigen zu $g(x) = 4x^2 - 8$.
   e) Zeichnen Sie die Schaubilder von f und g in ein Koordinatensystem.
      Überprüfen Sie Ihre bisherigen Ergebnisse.

3. Untersuchen Sie die Funktion f mit $f(x) = \frac{1}{3}x^3 - 3x$.
   a) Untersuchen Sie die Funktion auf Symmetrieeigenschaften.
   b) Bestimmen Sie das Globalverhalten.
   c) Berechnen Sie die Nullstellen und geben Sie deren Vielfachheit an.
   d) Zeichnen Sie das Schaubild K_f von f in ein Koordinatensystem. Überprüfen Sie Ihre bisherigen Ergebnisse.
   e) Beschreiben Sie das Steigungsverhalten von K_f. Geben Sie die Extrempunkte so genau wie möglich an.
   f) Beschreiben Sie das Krümmungsverhalten von K_f. Geben Sie die Wendepunkte so genau wie möglich an.

4. Lösen Sie die Gleichung $x = x^3 - 1{,}5x^2$.
   Tipp: Sie können die Ihnen bekannten Verfahren verwenden, wenn Sie die Gleichung jeweils so umstellen, dass auf einer Seite 0 steht.

5. Zu sechs der sieben Funktionsgleichungen sind die Schaubilder abgebildet. Ordnen Sie den Schaubildern die passenden Gleichungen zu. Skizzieren Sie zur verbleibenden Funktionsgleichung das Schaubild.

   $f(x) = 0{,}25x^3 - 2x^2 + 4{,}75x - 3$
   $g(x) = -x^4 + 4x^2 - 3$
   $h(x) = -\frac{1}{5}x^3 - \frac{8}{5}x^2 - \frac{16}{5}x$
   $i(x) = 0{,}5(x-2)(x-5)^3$
   $j(x) = 0{,}5x^2 + x - 3$
   $k(x) = 0{,}2x(x+4)^2$
   $l(x) = (x-4)(x-3)(x-1)$

   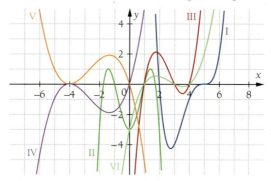

6. Die Anzahl der Erkrankten bei einer Grippewelle kann durch die Funktion f mit $f(t) = 2{,}5t^2 - 0{,}125t^3$ modelliert werden. Dabei gibt t die Zeit in Tagen und $f(t)$ die Anzahl der Krankheitsfälle an.
   a) Bestimmen Sie die Schnittpunkte des Schaubildes mit den Koordinatenachsen.
   b) Zeichnen Sie das Schaubild.
   c) Schreiben Sie einen möglichst ausführlichen Bericht zum Verlauf der Krankheit.

1 Funktionen, ihre Schaubilder und zugehörige Gleichungen

1.5 Exponentialfunktionen

1 Pflanzenwachstum

Ein Landschaftsgärtner pflanzt in seinem Teich mitten in der Nacht zum 1. April um 0 Uhr eine besondere Lotuspflanze. Diese wächst innerhalb von 24 Stunden auf die doppelte Fläche an. Genau 10 Tage nach dem Einpflanzen bedeckt die Pflanze um Mitternacht den Teich vollständig.

a) Bestimmen Sie den Zeitpunkt, an dem der halbe Teich bedeckt ist.
b) Ermitteln Sie für den Sachverhalt eine geeignete Funktion, die das Wachstum beschreibt.
c) Berechnen Sie, wie groß der bedeckte Anteil des Teiches am 9. April um 12 Uhr mittags war.

2 Geldanlage

Hans und Anna möchten zur Geburt ihres Enkelkindes Max einen Betrag von 1000 € möglichst gewinnbringend anlegen.
Die Banken in der Gegend bieten den Großeltern folgende Zinsbedingungen an:
- Die „Ganzjahresbank" verzinst einmal pro Jahr mit einem Zinssatz von 6 %.
- Die „Halbjahresbank" verzinst halbjährlich zu einem Zinssatz von $\frac{6}{2}\% = 3\%$.
- Die „Vierteljahresbank" verzinst pro Vierteljahr zu einem Zinssatz von $\frac{6}{4}\% = 1{,}5\%$.
- Die „Monatsbank" verzinst pro Monat zu einem Zinssatz von $\frac{6}{12}\% = 0{,}5\%$.
- Die „Tagesbank" verzinst pro Tag zu einem Zinssatz von $\frac{6}{360}\% = \frac{1}{60}\%$ (Banken rechnen das Geschäftsjahr mit 360 Tagen).

Das Geld soll bis zum 18. Geburtstag von Max fest angelegt werden.
a) Geben Sie eine Vermutung an, bei welcher Bank die Großeltern das Geld für Max anlegen sollten.
b) Bestätigen bzw. widerlegen Sie Ihre Vermutung aus Aufgabenteil a) durch eine Berechnung des Endkapitals bei allen fünf Angeboten der verschiedenen Banken.
c) Nehmen Sie Stellung zu der Aussage: „Das Kapital von Max wird unendlich groß werden, wenn man das Jahr in immer kleinere Zeiteinheiten für die Zinsen aufteilt." Begründen Sie Ihre Antwort durch eine entsprechende Rechnung (z. B. für eine sekündliche Verzinsung).

1.5 Exponentialfunktionen

3 Bierschaum

Eine Brauerei möchte die Rezeptur eines alkoholfreien Weizenbieres ändern. Dabei ist auch das Aussehen des eingeschenkten Bieres von besonderer Wichtigkeit. So ist für die Brauerei eine möglichst stabile Schaumkrone im Bierglas von Interesse.

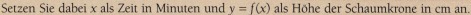

a) Untersuchen Sie experimentell den Zerfall des Bierschaums eines eingeschenkten Glases alkoholfreien Weizenbieres in den ersten 10 Minuten nach dem Einschenken. Messen Sie dafür die Höhe der Schaumkrone in bestimmten Abständen und notieren Sie Ihre Ergebnisse in einer Wertetabelle.
Setzen Sie dabei x als Zeit in Minuten und $y = f(x)$ als Höhe der Schaumkrone in cm an.

b) Stellen Sie Ihre in a) ermittelten Messwerte in einem geeigneten Koordinatensystem dar und verbinden Sie die einzelnen Punkte durch eine Näherungskurve.

c) Ermitteln Sie anhand zweier frei gewählter Wertepaare aus der Wertetabelle aus Aufgabenteil a) einen Funktionsterm für den Zerfall des Bierschaums.

d) Zeichnen Sie in dasselbe Koordinatensystem wie in b) das Schaubild der von Ihnen in c) ermittelten Funktion. Vergleichen Sie die beiden Schaubilder und bewerten Sie damit Ihr Ergebnis aus Aufgabenteil c).
Benennen Sie mögliche Ursachen für die Abweichungen der beiden Schaubilder.

e) Ermitteln Sie grafisch und rechnerisch die Zeitspanne, bis zu der die Bierschaumhöhe auf die Hälfte des Anfangswertes zurückgegangen ist.

4 Krankheitsverlauf

Auf dem Höhepunkt einer schweren Erkrankung hat ein Schüler eine Körpertemperatur von 41 °C und damit hohes Fieber, denn die Körpertemperatur eines gesunden Menschen beträgt etwa 37 °C.
Er nimmt auf Anraten seines Arztes ein fiebersenkendes Mittel zu sich, das eine Senkung der Körpertemperatur innerhalb eines Tages auf 39 °C bewirkt.

a) Bestimmen Sie eine Funktionsgleichung, welche die Körpertemperatur in °C in Abhängigkeit von der Zeit t in Tagen nach Beginn der Medikation angibt.

b) Stellen Sie den in a) gefundenen Funktionsterm in einem geeigneten Koordinatensystem dar.

c) Ermitteln Sie grafisch anhand des in b) gezeichneten Schaubildes, nach wie vielen Tagen der Schüler wieder die normale Körpertemperatur erreicht hat.
Weisen Sie rechnerisch die Korrektheit des abgelesenen Zeitpunktes nach.

1 Funktionen, ihre Schaubilder und zugehörige Gleichungen

1.5 Exponentialfunktionen

1.5.1 Wachstum und Zerfall

Mithilfe von Funktionen können wir reale Prozesse beschreiben. Dabei spielt oft die Zunahme bzw. die Abnahme von bestimmten Werten eine große Rolle. Wir sprechen dann von **Wachstum** und **Zerfall** (bzw. „negativem Wachstum").

Exponentielles Wachstum

Unter geeigneten Bedingungen verdoppelt sich eine bestimmte Bakterienart in einer Petrischale stündlich. Ermitteln Sie, wie viele Bakterien sich nach einer, nach zwei bzw. allgemein nach t Stunden in der Petrischale befinden, wenn es zu Beobachtungsbeginn acht Bakterien gab.

Die Bakterien vermehren sich stündlich um denselben Faktor 2. Beginnend bei $t = 0$ mit acht Bakterien befinden sich in der Petrischale nach einer Stunde 16, nach 2 Stunden 32 Bakterien usw. In Abhängigkeit von der Zeit t (in Stunden) lässt sich das Bakterienwachstum somit durch die reelle Funktion f mit $f(t) = 8 \cdot 2^t$ beschreiben.
Die unabhängige Variable t steht hier im Exponenten. Eine derartige Funktion heißt daher **Exponentialfunktion**.
Das Schaubild von f verdeutlicht das **exponentielle Wachstum** mit dem **Wachstumsfaktor** 2. Pro Einheit auf der Zeitachse verdoppeln sich die zugehörigen Funktionswerte. Der **Anfangswert** 8 ist als y-Achsenabschnitt im Schaubild erkennbar.

Zeit t in Stunden	Anzahl der Bakterien	Entwicklung der Funktion f
0	8	$f(0) = 8$
1	$16 = 8 \cdot 2$	$f(1) = f(0) \cdot 2$
2	$32 = 8 \cdot 2 \cdot 2$	$f(2) = f(0) \cdot 2^2$
3	$64 = 8 \cdot 2 \cdot 2$	$f(3) = f(0) \cdot 2^3$
t	$8 \cdot 2^t$	$f(t) = f(0) \cdot 2^t$

Bei einer Exponentialfunktion steht die Variable im Exponenten.

In der allgemeinen Form $f(t) = a \cdot b^t$ einer Exponentialfunktion ist $a = f(0)$ der Anfangswert zum Zeitpunkt $t = 0$. Im Punkt $(0|a)$ schneidet das zugehörige Schaubild die y-Achse. Der Wachstumsfaktor $b > 0$ ist als Basis mit dem Exponenten t ablesbar.

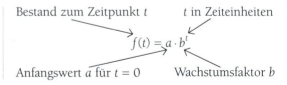

Eine Exponentialfunktion lässt sich auch für negative reelle Zahlen definieren. In Beispiel 1 gibt der Funktionswert $f(t)$ dann den Bestand vor dem Zeitpunkt $t = 0$ an, d. h. vor Beobachtungsbeginn. So befanden sich beispielsweise zwei Stunden vor Beobachtungsbeginn $f(-2) = 8 \cdot 2^{-2} = 2$ Bakterien in der Petrischale.
Alle **Funktionswerte** von Exponentialfunktionen mit positivem Anfangswert sind **positiv**. Das Schaubild der Funktion f nähert sich für immer kleiner werdende x-Werte, d. h. für $x \to -\infty$, immer mehr der x-Achse an, berührt diese aber nie. Die x-Achse ist dann eine sogenannte **Asymptote**.
Beispiel 1 zeigt eine Exponentialfunktion mit dem Wachstumsfaktor b, der größer als 1 ist. In diesem Fall verläuft das Schaubild in einer Linkskurve und steigt stark an. Man spricht von **exponentiellem Wachstum**.
Das folgende Beispiel verdeutlicht die Auswirkung des Wachstumsfaktors (bzw. der Basis) b, wenn dieser einen Wert zwischen 0 und 1 annimmt.

1.5 Exponentialfunktionen

Exponentieller Zerfall

Lisa besucht während ihres Praktikums einen Vortrag zur Wirksamkeit eines neuen Schmerzmittels. Bei diesem Medikament werden pro Stunde 20 % des im Blut vorhandenen Wirkstoffs abgebaut. Der Referent gibt an, dass zu Beginn der Behandlung die Konzentration des Wirkstoffs im Blut $3{,}125 \frac{mg}{\ell}$ beträgt. Fällt die Wirkstoffkonzentration unter $1 \frac{mg}{\ell}$, so ist das Schmerzmittel nicht mehr wirksam.
Ermitteln Sie den Zeitpunkt, an dem das Medikament nicht mehr wirkt.

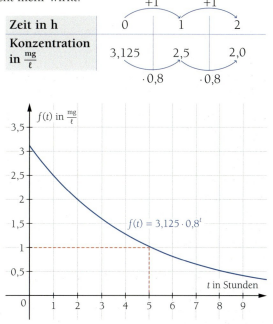

Pro Stunde werden 20 % des Wirkstoffs abgebaut. Nach einer Stunde sind also noch 80 % des Wirkstoffs im Blut vorhanden, nach einer weiteren Stunde von diesen 80 % wiederum 80 % usw.

In Abhängigkeit von der Zeit t (in Stunden) lässt sich der Bestand der Wirkstoffkonzentration $f(t)$ durch die Funktionsgleichung $f(t) = 3{,}125 \cdot 0{,}8^t$ beschreiben. Diese Exponentialfunktion hat den Anfangswert $a = 3{,}125$ und den Wachstumsfaktor $b = 0{,}8$. Die Funktion beschreibt eine **exponentielle Abnahme** bzw. einen **exponentiellen Zerfall**.

Das Schaubild eines Zerfallsprozesses ist fallend und verläuft in einer Linkskurve. Für immer größer werdende x-Werte, d. h. für $x \to +\infty$, nähert sich das Schaubild immer mehr der x-Achse an, berührt diese aber nie. Die x-Achse ist somit Asymptote.

Am Schaubild erkennen wir, dass nach ca. 5 Stunden die Wirkstoffkonzentration unter $1 \frac{mg}{\ell}$ gesunken ist und das Medikaments nicht mehr wirkt.

Exponentialfunktionen mit Gleichungen der Form $f(x) = a \cdot b^x$ ($a > 0$) beschreiben Wachstums- und Zerfallsprozesse.
- Für den Definitionsbereich gilt in der Regel $D_f = \mathbb{R}$ und für den Wertebereich $W_f = \mathbb{R}_+$.
- Das Schaubild hat keinen Schnittpunkt mit der x-Achse. Die x-Achse ist Asymptote.
- Für $b > 1$ beschreibt die Funktion einen exponentiellen Wachstumsprozess.
  Das Schaubild ist steigend, und zwar umso stärker, je größer b ist.
- Für $0 < b < 1$ ist das Schaubild fallend, und zwar umso stärker, je kleiner b ist.
  Die Funktion beschreibt dann einen exponentiellen Zerfall.

---

1. Eine Bakterienkultur besteht zu Beginn einer Beobachtung aus 1000 Bakterien. Die Anzahl der Bakterien verdoppelt sich jede Stunde.
   a) Geben Sie eine passende Funktionsgleichung an.
   b) Berechnen Sie, wie viele Bakterien 150 Minuten nach Beobachtungsbeginn vorhanden sind und wie viele drei Stunden vor Beobachtungsbeginn vorhanden waren.

2. In einer Petrischale befinden sich 1000 Bakterien. Durch die Gabe eines Antibiotikums nimmt die Anzahl um 60 % pro Tag ab. Berechnen Sie mithilfe einer passenden Funktionsgleichung, wie viele Bakterien sich nach 5 Tagen in der Schale befinden.

1 Funktionen, ihre Schaubilder und zugehörige Gleichungen

3. Übungen zu 1.5.1

1. Handelt es sich bei den folgenden Sachverhalten um exponentielles Wachstum bzw. exponentiellen Zerfall oder nicht? Begründen Sie Ihre Antwort.
   a) Jährlicher Wertverlust eines Autos von 6%
   b) Abkühlung eines Tees
   c) Abbrennen einer Kerze
   d) Vermehrung von Bakterien
   e) Schneeballsystem – eine Person informiert jeweils drei andere
   f) Alkoholpegel

2. Gegeben ist jeweils die Funktion f. Geben Sie jeweils den Anfangswert und den Wachstumsfaktor an. Berechnen Sie die Funktionswerte an den Stellen $-2; -1; 0; 1$ und 2. Zeichnen Sie das Schaubild.
   a) $f(x) = 2 \cdot 3^x$
   b) $f(x) = 1{,}5^x$
   c) $f(x) = 2 \cdot 0{,}5^x$
   d) $f(x) = 0{,}1 \cdot 3^x$

3. Ein Waldbestand mit $200\,000\,\text{m}^3$ Holz wächst gleichmäßig um 5% pro Jahr.
   a) Geben Sie die Funktionsgleichung an, die diesen Zusammenhang beschreibt.
   b) Berechnen Sie den Wert für $t = -10$ und interpretieren Sie das Ergebnis im Sachzusammenhang.

4. Von fünf Kilogramm eines radioaktiven Isotops zerfallen stündlich 3,1%.
   a) Ermitteln Sie die Zerfallsfunktion.
   b) Geben Sie das Gewicht in Kilogramm nach sechs Stunden an.

5. Ein elastischer Ball fällt aus zwei Metern Höhe auf eine feste Unterlage und springt nach jedem Aufprall jeweils drei Viertel der letzten Höhe nach oben.

   Erstellen Sie die Funktionsgleichung, die die Höhe des Balls nach dem n-ten Aufprall angibt. Welcher Definitionsbereich ist sinnvoll? Ermitteln Sie, wie hoch der Ball nach dem vierten Aufprall springt.

6. Der indische König Schehram forderte den Erfinder des Schachspiels auf, sich eine Belohnung zu wünschen. Dieser bat ihn, auf das erste Feld des Schachbretts ein Weizenkorn zu legen, auf das nächste 2 Weizenkörner, auf das nächste 4 Weizenkörner, usw.
   a) Stellen Sie den Funktionsterm der Funktion auf, die angibt, wie viele Weizenkörner auf den verschiedenen Schachfeldern liegen.
   b) Berechnen Sie die Anzahl der Körner auf dem 8., 20., 32. und 64. Feld.

7. Am hessischen Edersee wurden 1934 zwei Waschbärenpärchen zu Studienzwecken ausgesetzt. Waschbären haben in Deutschland keine natürlichen Feinde gehabt. Sie vermehrten sich deshalb stark – ausgehend von Hessen auch in Baden-Württemberg. Im nördlichen Teil Baden-Württembergs lässt sich die Waschbärenpopulation mit der Funktion f mit $f(t) = 4 \cdot 1{,}25^t$ beschreiben (t als Zeit in Jahren).
   a) Berechnen Sie, wie viele Waschbären 1944, 1954 bzw. 1964 in dieser Region lebten.
   b) Ermitteln Sie durch eine geeignete Methode das Jahr, in dem 1100 Waschbären dort lebten (z.B. durch ein geeignetes Schaubild oder durch Ausprobieren).
   c) Diskutieren Sie, inwieweit das Modell die Realität gut abbildet.

8. Bei einer Operation wird für die Narkose ein Medikament verwendet, das exponentiell abgebaut wird. Dabei halbiert sich die Menge des Wirkstoffs im Blut alle 40 Minuten.
   a) Berechnen Sie den Zerfallsfaktor b auf vier Dezimalstellen genau.
   b) Berechnen Sie, wie viel Prozent des Medikaments pro Minute zerfallen.
   c) Wie viel Prozent der ursprünglichen Menge sind nach 10 Minuten noch übrig?
   d) Eine Patientin erhält zuerst 2 mg des Medikaments, danach zweimal in Abständen von einer Stunde je 1 mg. Berechnen Sie die Gesamtmenge des Medikaments im Körper der Patientin nach der letzten Infusion.
   e) Die Patientin wacht auf, wenn weniger als 0,5 mg des Medikaments im Körper vorhanden sind. Bestimmen Sie den Zeitpunkt des Aufwachens.

1.5.2 Die natürliche Exponentialfunktion

Für die mathematische Modellierung technischer, medizinischer oder sozialwissenschaftlicher Zusammenhänge mithilfe von Exponentialfunktionen wählt man in der Regel eine spezielle Basis, die der Mathematiker Leonhard Euler (1707–1783) mit dem Buchstaben e bezeichnete.

Die **Euler'sche Zahl** e ist eine irrationale Zahl, d. h. eine Zahl, die nicht als Bruch zweier ganzer Zahlen dargestellt werden kann. Euler hat die Zahl e bereits im Jahr 1748 auf 23 Nachkommastellen genau ermittelt. Ein Näherungswert ist e ≈ 2,718281828459.

Die Exponentialfunktion f mit $f(x) = e^x$ heißt **e-Funktion**; man spricht auch von der **natürlichen Exponentialfunktion**.

Auf dem Taschenrechner erlaubt die Taste $\boxed{e^x}$ eine einfache Handhabung der natürlichen Basis e.

Das Schaubild der e-Funktion

Erstellen Sie das Schaubild der natürlichen Exponentialfunktion f mit $f(x) = e^x$ sowie das Schaubild von g mit $g(x) = e^{-x}$. Beschreiben Sie die beiden Schaubilder.

Das Schaubild der natürlichen Exponentialfunktion mit $f(x) = e^x$ schneidet die y-Achse im Punkt $S(0|1)$.
Die Funktion f hat nur positive Funktionswerte, es gilt also $f(x) > 0$ für alle x-Werte.
Das Schaubild der e-Funktion ist steigend. Für $x \to \infty$ gilt auch $f(x) \to \infty$.
Das Schaubild von f hat keinen Schnittpunkt mit der x-Achse. Es nähert sich für $x \to -\infty$ der x-Achse, schneidet diese aber nie. Die x-Achse ist also Asymptote. ▶ Seite 116

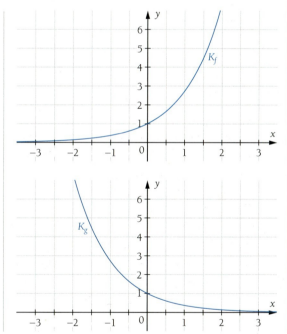

Spiegeln wir das Schaubild der natürlichen Exponentialfunktion an der y-Achse, so ersetzen wir x durch $(-x)$. Wir erhalten das Schaubild der Funktion g mit $g(x) = e^{-x}$.
Das Schaubild von g schneidet die y-Achse ebenfalls im Punkt $S(0|1)$, es gilt $g(x) > 0$ für alle x-Werte. Die x-Achse ist Asymptote. Nur ist das Schaubild von g im Gegensatz zum Schaubild der „normalen" e-Funktion fallend. ▶ Zerfall, Seite 117

> Die Exponentialfunktion f mit $f(x) = e^x$ heißt **natürliche Exponentialfunktion**.
> Ihre Basis ist die Euler'sche Zahl e ≈ 2,71828…

Stellen Sie mithilfe eines digitalen mathematischen Werkzeugs das Schaubild der Funktionen g mit $g(x) = -e^x$ und h mit $h(x) = -e^{-x}$ dar. Beschreiben Sie, wie diese Schaubilder aus dem Schaubild der e-Funktion f mit $f(x) = e^x$ entstehen.

1 Funktionen, ihre Schaubilder und zugehörige Gleichungen

Schaubilder von Exponentialfunktionen

Bei einer allgemeinen natürlichen Exponentialfunktion f mit einer Gleichung der Form $f(x) = a \cdot e^{kx} + c$ lassen sich die Einflüsse der verschiedenen Parameter auf das Schaubild der e-Funktion betrachten.

4 Einfluss des Parameters a

Untersuchen Sie den Einfluss des Parameters a für eine Exponentialfunktion f mit einer Gleichung der Form $f(x) = a \cdot e^x$.

Wir zeichnen die Schaubilder der folgenden vier Funktionen in ein Koordinatensystem:

$f(x) = e^x$ $a = 1$
$g(x) = 3e^x$ $a = 3$
$h(x) = \frac{1}{3}e^x$ $a = \frac{1}{3}$
$k(x) = -\frac{1}{3}e^x$ $a = -\frac{1}{3}$

Wir erkennen, dass der Parameter a die Steigung des Schaubildes beeinflusst:
Legen wir das Schaubild der e-Funktion ($a = 1$) zu Grunde, so ergibt sich für $a > 1$ eine Streckung des Schaubildes, für $0 < a < 1$ eine Stauchung.
Dadurch beeinflusst a auch den y-Achsenabschnitt.

Für $a > 0$ verläuft das Schaubild oberhalb, für $a < 0$ unterhalb der x-Achse, die in beiden Fällen Asymptote ist.

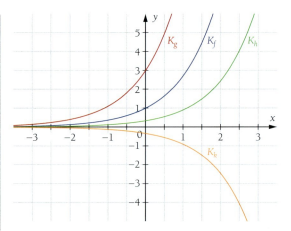

▶ Das Ändern des Vorzeichens von a bewirkt eine Spiegelung an der x-Achse.

5 Einfluss des Parameters k

Untersuchen Sie den Einfluss des Parameters k für eine Exponentialfunktion f mit einer Gleichung der Form $f(x) = e^{kx}$.

Wir zeichnen die Schaubilder der folgenden vier Funktionen in ein Koordinatensystem:

$f(x) = e^x$ $k = 1$
$g(x) = e^{3x}$ $k = 3$
$h(x) = e^{\frac{1}{3}x}$ $k = \frac{1}{3}$
$k(x) = e^{-\frac{1}{3}x}$ $k = -\frac{1}{3}$

Wir erkennen, dass k im Funktionsterm die Steigung des Schaubildes beeinflusst:
$k > 1$: Das Schaubild steigt für positive x-Werte „steiler" als die e-Funktion, für negative „flacher".
$0 < k < 1$: Das Schaubild steigt für positive x-Werte „flacher" als die e-Funktion, für negative „steiler".

Für $k > 0$ steigt das Schaubild. Wir erkennen exponentielles Wachstum.
Für $k < 0$ fällt das Schaubild. Wir erkennen exponentiellen Zerfall.

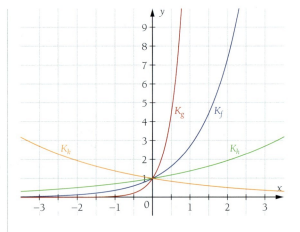

▶ Das Ändern des Vorzeichens von k bewirkt eine Spiegelung an der y-Achse.

Einfluss des Parameters c

Untersuchen Sie den Einfluss des Parameters c für eine Funktion f mit einer Gleichung der Form $f(x) = e^x + c$.

Wir zeichnen drei verschiedene Schaubilder:
$f(x) = e^x$ $c = 0$
$g(x) = e^x + 2$ $c = 2$
$h(x) = e^x - 2$ $c = -2$

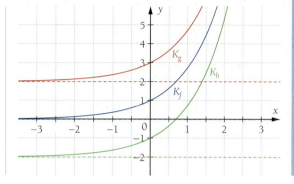

Wir erkennen, dass der Summand c das Schaubild der e-Funktion
- für $c > 0$ nach oben verschiebt;
- für $c < 0$ nach unten verschiebt.

Damit verschiebt sich auch der y-Achsenabschnitt des Schaubildes sowie die Asymptote.
Für die Asymptote gilt die Gleichung $y = c$.

Nun können wir die drei Parametereinflüsse kombinieren und die Schaubilder von Funktionen mit Gleichungen der Form $f(x) = a \cdot e^{kx} + c$ beschreiben.

Kombination der Parameter

Geben Sie die Werte für die Parameter bei den Exponentialfunktionen f und g mit $f(x) = 2e^{0,2x} + 1$ und $g(x) = 3e^{-0,5x} - 1$ an. Zeichnen Sie die Schaubilder und erläutern Sie die Einflüsse der Parameter.

Die Parameterwerte für f sind:
$a = 2$ $k = 0,2$ $c = 1$
Da a und k positiv sind, handelt es sich um eine Wachstumsfunktion: Für $x \to \infty$ gilt $f(x) \to \infty$.
Das Schaubild nähert sich für $x \to -\infty$ der Asymptote $y = 1$. Der y-Achsenabschnitt ist 3.

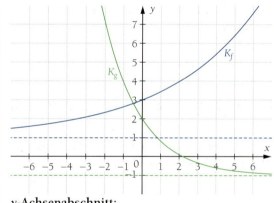

Die Parameterwerte für g sind:
$a = 3$ $k = -0,5$ $c = -1$
Der Parameter a ist positiv. Da aber k negativ ist, handelt es sich um eine Zerfallsfunktion:
Das Schaubild nähert sich für $x \to \infty$ der Asymptote $y = -1$. Der y-Achsenabschnitt liegt bei 2.
Wie wir anhand dieser Beispiele sehen, erhalten wir den y-Achsenabschnitt durch Addition von a und c.

y-Achsenabschnitt:
f: $2 + 1 = 3$ g: $3 + (-1) = 2$

Bei einer **allgemeinen Exponentialfunktion** f mit einer Gleichung der Form $f(x) = a \cdot e^{kx} + c$ beeinflussen die Parameter der Gleichung das Schaubild wie folgt:
- Die Steigung wird von den Parametern a und k beeinflusst.
  Bei positivem a gilt: $k > 0 \to$ Wachstum; $k < 0 \to$ Zerfall
- Die Gleichung der Asymptote lautet $y = c$.
- Der y-Achsenabschnitt liegt bei $a + c$.

Gegeben ist die Funktion f mit $f(x) = \frac{1}{4}e^{0,5x} + 3$ für $x \in \mathbb{R}$.
a) Zeichnen Sie das Schaubild von f. Geben Sie die Größe der Parameter a, k und c an.
b) Geben Sie den y-Achsenabschnitt und die Gleichung der Asymptote an.
   Handelt es sich um exponentielles Wachstum oder um exponentiellen Zerfall?

1 Funktionen, ihre Schaubilder und zugehörige Gleichungen

Asymptoten bei Schaubildern von Exponentialfunktionen

Wir haben gesehen, dass sich viele Schaubilder von Exponentialfunktionen einer parallel zur x-Achse verlaufenden Geraden asymptotisch annähern. Betrachten wir beliebig große oder beliebig kleine x-Werte ($x \to \infty$ bzw. $x \to -\infty$), so nähern sich die Funktionswerte der Exponentialfunktion immer mehr dem Schaubild der Asymptote an, berühren diese jedoch nicht. Die Asymptote ist eine sogenannte Grenzfunktion. Sie muss nicht immer waagrecht sein.

8 Waagrechte Asymptote

Betrachten Sie das Schaubild von f mit $f(x) = 2e^{0,5x} + 1,5$.
Ermitteln Sie die Gleichung der Asymptoten.

Zunächst zeichnen wir das Schaubild der Exponentialfunktion. Alle Funktionswerte der Funktion f liegen oberhalb der Geraden mit $y = 1,5$. Außerdem lässt sich erkennen, dass sich die Funktionswerte für $x \to -\infty$ immer mehr der Geraden annähern, diese jedoch nicht berühren. Die Gerade $y = 1,5$ ist also eine Asymptote für die Funktion f. Sie ist eine **waagrechte Asymptote**, da sie parallel zur x-Achse verläuft.

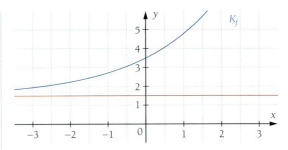

9 Schiefe Asymptote

Gegeben ist die Funktion f mit $f(x) = e^{-x} - x + 1$.
Geben Sie die Gleichung der Geraden an, die Asymptote von f ist.

Wir ermitteln die Gleichung einer Asymptote, indem wir das Verhalten von $f(x)$ für $x \to \infty$ und für $x \to -\infty$ untersuchen. Für $x \to -\infty$ werden die Terme $-x$ und e^{-x} immer größer. Die Funktionswerte von f steigen immer weiter an. Für $x \to \infty$ geht der Term e^{-x} gegen null. Folglich nähert sich der Funktionswert von f immer mehr dem Wert des Terms $-x + 1$ an. Wir erhalten für $x \to \infty$ eine **schiefe Asymptote** mit der Gleichung $y = -x + 1$.

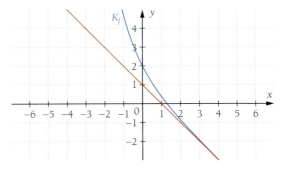

> Eine **Asymptote** ist eine Grenzfunktion, der sich das Schaubild einer Funktion für x gegen plus unendlich ($x \to \infty$) oder für x gegen minus unendlich ($x \to -\infty$) annähert.
> - Funktionen der Form $f(x) = a \cdot e^{kx} + c$ mit $a \neq 0$, $k \in \mathbb{R}_+$, $c \in \mathbb{R}$ besitzen **waagrechte Asymptoten** $y = c$
> - Funktionen der Form $f(x) = a \cdot e^{kx} + bx + c$ mit $a \neq 0$, $k \in \mathbb{R}_+$, $b, c \in \mathbb{R}$ besitzen **schiefe Asymptoten** $y = bx + c$

Geben Sie zu den folgenden Funktionen jeweils an, ob es eine Asymptote gibt und falls ja, ob es sich um eine waagrechte oder schiefe Asymptote handelt.

a) $f(x) = e^x + x$
b) $f(x) = 3e^x - 1$
c) $f(x) = e^x - x$
d) $f(x) = e^x + e^{-x}$
e) $f(x) = e$
f) $f(x) = e^{-x} + 5$

1.5 Exponentialfunktionen

Übungen zu 1.5.2

1. Geben Sie den y-Achsenabschnitt und die Gleichung der Asymptoten an.
a) $f(x) = e^{3x} + 2$
b) $f(x) = -2e^{-4x} + 3$
c) $f(x) = -3e^{4x} + 5$
d) $f(x) = e^{-x} - 3x$
e) $f(x) = \frac{1}{2}e^{2x} + x - 1$
f) $f(x) = e^x - 2$
g) $f(x) = e^{-x} - 2$
h) $f(x) = e^{-x} + x$

2. Gegeben ist die Funktion f mit $f(x) = 4e^{0,22x} + 2$ für $x \in \mathbb{R}$. Ihr Schaubild ist K_f.
a) Skizzieren Sie K_f in einem geeigneten Koordinatensystem. Begründen Sie am Schaubild und anhand der Funktionsgleichung, ob es sich um eine Wachstums- oder eine Zerfallsfunktion handelt.
b) Berechnen Sie die Koordinaten des Schnittpunktes von K_f mit der y-Achse.
c) Geben Sie die Gleichung der Asymptoten von K_f an und beschreiben Sie, für welche x-Werte sich K_f dieser annähert.

3. Ordnen Sie die folgenden Funktionen ihren Schaubildern zu. Begründen Sie.
a) $f(x) = 2e^x - 1$
b) $g(x) = x + e^{-x}$
c) $i(x) = e^{-x} + 1$
d) $j(x) = e^x - x - 1$

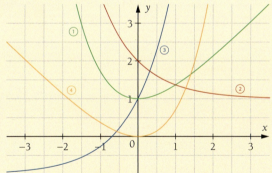

4. Gegeben ist die Funktion f mit $f(x) = e^{-x}$ sowie die Funktion g mit $g(x) = a \cdot e^{-x} + c$. Bestimmen Sie a und c so, dass das Schaubild von g im Vergleich zum Schaubild von f ...
a) an der x-Achse gespiegelt ist.
b) um 2 Einheiten nach unten verschoben ist.
c) mit dem Faktor 0,5 in y-Richtung gestreckt ist.
d) an der x-Achse gespiegelt, um 2 Einheiten nach unten und mit dem Faktor 0,5 in y-Richtung gestreckt ist.

5. Gegeben ist das unten stehende Schaubild einer Funktion f mit einer Gleichung der Form $f(x) = a \cdot e^{0,6x} + c$.

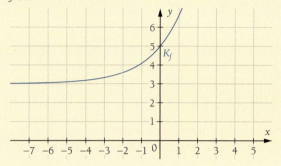

a) Bestimmen Sie die Werte für a und c anhand des Schaubildes.
b) Begründen Sie Ihre Antworten.

6. Der Holzbestand eines Waldes beträgt derzeit $30\,000\,\text{m}^3$. Das jährliche Wachstum lässt sich näherungsweise durch die Funktion h mit $h(t) = a \cdot e^{0,0583t}$ (Zeit t in Jahren) beschreiben.

a) Handelt es sich bei dieser Funktion um die exponentielle Beschreibung eines Wachstums- oder eines Zerfallsprozesses? Begründen Sie ausschließlich anhand des Funktionsterms.
b) Geben Sie den Wert für den Parameter a an, der der Aufgabenstellung entspricht.
c) Erstellen Sie mithilfe des Taschenrechners eine Wertetabelle, die jedem Jahr t den Holzbestand $h(t)$ in m^3 zuordnet. Wählen Sie $0 \leq t \leq 10$ und stellen Sie den Zusammenhang in einem geeigneten Koordinatensystem dar.
d) Berechnen Sie den Funktionswert für $t = -10$ und interpretieren Sie das Ergebnis im Sachzusammenhang.

1.5.3 Logarithmen und Exponentialgleichungen

10 Von der Exponentialfunktion zum Logarithmus

Die Bakterienkultur aus Beispiel 1 (▶ Seite 116) wird in einer Petrischale gezüchtet. Ermitteln Sie anhand des Schaubildes den Zeitpunkt, zu dem sich 64 bzw. 100 Bakterien in der Petrischale befinden. Überprüfen Sie das Ergebnis durch eine Rechnung.

Im Unterschied zu Beispiel 1 gehen wir hier von der Anzahl der Bakterien (Funktionswerte) aus und suchen den zugehörigen Zeitpunkt t. Aus der Abbildung können wir ablesen, dass 64 Bakterien nach 3 h vorhanden sind, 100 Bakterien nach ca. 3,6 h. Um diese Zeitpunkte rechnerisch zu bestimmen, müssen wir folgende Gleichungen lösen:

$64 = 8 \cdot 2^t \quad |:8 \quad$ und $\quad 100 = 8 \cdot 2^t \quad |:8$
$ 8 = 2^t \quad\quad\quad\quad\quad\quad \frac{25}{2} = 2^t$

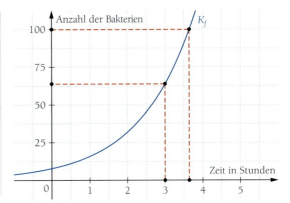

Solche Gleichungen mit Variablen im Exponenten heißen **Exponentialgleichungen**.

Allgemein bezeichnet man den Exponenten x in der Gleichung $b^x = y$ als **Logarithmus von y zur Basis b**. Man schreibt: $x = \log_b(y)$.

Wir können den Zeitpunkt für 64 Bakterien rechnerisch leicht bestätigen, da wir wissen, dass $2^3 = 8$ gilt.
Stellen wir nun die Gleichung für 100 Bakterien auf, so kann die Gleichung $\frac{25}{2} = 2^t$ nicht mehr im Kopf gelöst werden. Wir können die Lösung jedoch mithilfe der $\boxed{\log_\square}$-Taste des Taschenrechners eindeutig bestimmen.

$8 = 2^t \Rightarrow t = \log_2(8) = \mathbf{3}$, denn $2^3 = 8$
$\frac{25}{2} = 2^t \Rightarrow t = \log_2\left(\frac{25}{2}\right) \approx \mathbf{3{,}644}$

Vorsicht: Bei den meisten Taschenrechnern ist bei $\boxed{\log}$ die Basis nicht frei wählbar, sondern als 10 voreingestellt.

Den Logarithmus einer nicht negativen Zahl zu berechnen heißt also, den Exponenten einer Potenz zu bestimmen. Der Logarithmus von y zur Basis b ist diejenige reelle Zahl, mit der man b potenzieren muss, um y zu ermitteln.
Es gilt $\log_b(b^n) = n$, denn der Logarithmus von b^n zur Basis b ist ja gerade die Zahl, mit der man b potenzieren muss, um b^n zu erhalten.

$\log_2(8) = 3 \quad \blacktriangleright \quad 2^3 = 8$
$\log_2(32) = 5 \quad \blacktriangleright \quad 2^5 = 32$
$\log_{10}(100) = 2 \quad \blacktriangleright \quad 10^2 = 100$
$\log_{10}(100000) = 5 \quad \blacktriangleright \quad 10^5 = 100\,000$

$\log_b(1) = \log_b(b^0) = 0$
$\log_b(b^1) = 1$
$\log_b(b^2) = 2$
$\log_b(b^n) = n$

- **Exponentialgleichungen** sind Gleichungen, bei denen die Variable im Exponenten steht. Sie lassen sich durch **Logarithmieren** lösen.
- Für $b > 0$, $b \neq 1$ und $y > 0$ bezeichnet $\log_b(y)$ diejenige Zahl x, für die $b^x = y$ gilt. Aus $x = \log_b(y)$ folgt somit $y = b^x$ und umgekehrt. Die Zahl $\log_b(y)$ wird **Logarithmus von y zur Basis b** genannt.

Lösen Sie die Exponentialgleichung.
a) $5^x = 25$ b) $144^x = 12$ c) $4^x = \frac{1}{2}$ d) $2^x = 128$ e) $7^x = 1$ f) $6^x = 0$

1.5 Exponentialfunktionen

Der Logarithmus von y zur Basis b kann als Umkehrung der zugehörigen Exponentialfunktion $y = b^x$ aufgefasst werden. Für die natürliche Exponentialfunktion, d.h. für $y = e^x$, stellt somit $x = \log_e(y)$ die Umkehrung dar. Dieser Logarithmus heißt **natürlicher Logarithmus** und wird mit $x = \ln(y)$ bezeichnet (logarithmus naturalis). So können wir z.B. über die Taste [ln] des Taschenrechners den Wert für $\ln(1{,}2)$ berechnen. Als Ergebnis erhalten wir die Zahl $0{,}182321557$. Drücken wir anschließend die Taste [e^x], so erscheint im Display als Ergebnis für $e^{\ln(1{,}2)}$ wieder $1{,}2$.

Allgemein gilt für jedes $b > 0$ stets $b = e^{\ln(b)}$. Also gilt für jedes $x \in \mathbb{R}$:

$b^x = \left(e^{\ln(b)}\right)^x = e^{\ln(b) \cdot x}$

$1{,}2^x = \left(e^{\ln(1{,}2)}\right)^x = e^{\ln(1{,}2) \cdot x} \approx e^{0{,}18x}$

Daher kann man jede allgemeine Exponentialfunktion als e-Funktion auffassen.

Rechenregeln für den Logarithmus: Aufgrund der Potenzgesetze für Exponenten ergeben sich die folgenden Rechenregeln für den Logarithmus, die wir hier für den natürlichen Logarithmus formulieren.

Ein Produkt wird logarithmiert, indem man die Logarithmen der Faktoren addiert.

Allgemein: $\ln(u \cdot v) = \ln(u) + \ln(v)$ $(u, v \in \mathbb{R}_+^*)$
Beispiel: $\ln(5 \cdot e) = \ln(5) + \ln(e) = \ln(5) + 1 \approx 2{,}61$

Ein Bruch wird logarithmiert, indem man vom Logarithmus des Zählers den Logarithmus des Nenners subtrahiert.

Allgemein: $\ln\left(\frac{u}{v}\right) = \ln(u) - \ln(v)$ $(u, v \in \mathbb{R}_+^*)$
Beispiel: $\ln\left(\frac{5}{e}\right) = \ln(5) - \ln(e) = \ln(5) - 1 \approx 0{,}61$

Eine Potenz wird logarithmiert, indem man den Exponenten mit dem Logarithmus der Basis multipliziert.

Allgemein: $\ln(u^r) = r \cdot \ln(u)$ $(u \in \mathbb{R}_+^*)$
Beispiel: $\ln(e^x) = x \cdot \ln(e) = x \cdot 1 = x$

- Der Exponent x in der Gleichung $e^x = y$ heißt **natürlicher Logarithmus** von y, kurz: $x = \ln(y)$.
- Jede Exponentialfunktion f mit $f(x) = b^x$ ($b > 0$; $b \neq 1$) kann mit der Basis e geschrieben werden: $f(x) = b^x = e^{\ln(b) \cdot x}$

Einfache Exponentialgleichung

Gegeben ist die Funktion f mit $f(x) = 4{,}5^x$. Berechnen Sie die Stelle x mit dem Funktionswert 16.

Anhand des Schaubildes von f lässt sich der gesuchte Wert nicht genau ablesen.

Wir können aber eine Exponentialgleichung wie $4{,}5^x = 16$ durch Logarithmieren lösen. Wir können dafür den natürlichen Logarithmus und die Logarithmenregel für Potenzen nutzen.

Wir verwenden den natürlichen Logarithmus, da die Wahl der Basis grundsätzlich beliebig ist und viele Wachstums- und Zerfallsprozesse durch die Basis e modelliert werden. Zudem hat der natürliche Logarithmus weitere Vorteile. ▶ Beispiel 13

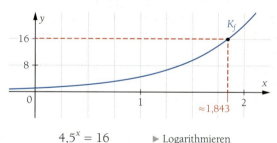

$4{,}5^x = 16$ ▶ Logarithmieren
$\Leftrightarrow \ln(4{,}5^x) = \ln(16)$ ▶ $\ln(u^x) = x \cdot \ln(u)$
$\Leftrightarrow x \cdot \ln(4{,}5) = \ln(16)$ ▶ nach x umstellen
$\Leftrightarrow x = \frac{\ln(16)}{\ln(4{,}5)} \approx \mathbf{1{,}843}$

Lösen Sie die folgenden Exponentialgleichungen mithilfe des natürlichen Logarithmus.
g) $3^x = 20$ h) $5{,}5^x = 30$ i) $0{,}8^x = 18$ j) $0{,}1^x = 100$

1 Funktionen, ihre Schaubilder und zugehörige Gleichungen

12 Exponentialgleichung durch Logarithmieren lösen

Die Temperatur einer abkühlenden Tasse Tee lässt sich näherungsweise durch die Funktion f mit $f(x) = 100\,e^{-0{,}03x}$ beschreiben. Dabei geben die Funktionswerte $f(x)$ die aktuelle Temperatur des Tees (in °C) zum Zeitpunkt x (in min) an.
Berechnen Sie den Zeitpunkt, an dem der Tee seine ideale Trinktemperatur von 65 °C erreicht.

Wir suchen den x-Wert, für den der Funktionswert 65 ist, also $f(x) = 65$ gilt.
In der Gleichung isolieren wir zunächst den Term $e^{-0{,}03x}$.
Dann wenden wir auf beiden Seiten der Gleichung den natürlichen Logarithmus an und formen um. Anschließend nutzen wir die Eigenschaft des natürlichen Logarithmus aus, dass $\ln(e) = 1$ gilt.

Wir stellen fest, dass der Tee nach etwa 14 Minuten die Trinktemperatur von 65 °C erreicht.

$$
\begin{aligned}
& f(x) = 65 \\
\Leftrightarrow\quad & 100\,e^{-0{,}03x} = 65 & \mid :100 \\
\Leftrightarrow\quad & e^{-0{,}03x} = 0{,}65 & \blacktriangleright \text{Logarithmieren} \\
\Leftrightarrow\quad & \ln(e^{-0{,}03x}) = \ln(0{,}65) & \blacktriangleright \ln(u^x) = x \cdot \ln(u) \\
\Leftrightarrow\quad & -0{,}03\,x \cdot \ln(e) = \ln(0{,}65) & \mid :(-0{,}03) \\
\Leftrightarrow\quad & x \cdot \ln(e) = -\tfrac{\ln(0{,}65)}{0{,}03} & \blacktriangleright \ln(e) = 1 \\
\Leftrightarrow\quad & x = -\tfrac{\ln(0{,}65)}{0{,}03} \\
& \approx \mathbf{14{,}36}
\end{aligned}
$$

13 Lösen von Exponentialgleichungen mit dem Satz vom Nullprodukt

Gegeben ist die Gleichung $(e^x - 2) \cdot e^x = 0$. Ermitteln Sie die Lösungen dieser Gleichung.

Wir wenden den Satz vom Nullprodukt an und betrachten die beiden Faktoren $(e^x - 2)$ und e^x.

Ein Produkt ist genau dann null, wenn mindestens einer der Faktoren null ist.

Der Term e^x wird nie null, ganz egal welcher Wert für x eingesetzt wird. Somit liefert dieser Faktor keine Nullstelle. ▶ Die e-Funktion hat keine Nullstelle.
Die Frage, wann der Faktor $(e^x - 2)$ null wird, kann wiederum durch Logarithmieren gelöst werden. Insgesamt besitzt die gegebene Gleichung also nur die eine Lösung $x \approx 0{,}693$.

$$
\begin{aligned}
& (e^x - 2) \cdot e^x = 0 \\
\Leftrightarrow\quad & e^x - 2 = 0 \;\lor\; e^x = 0 & \blacktriangleright e^x = 0 \text{ unlösbar} \\
\Leftrightarrow\quad & e^x - 2 = 0 & \mid +2 \\
\Leftrightarrow\quad & e^x = 2 & \mid \ln \\
\Leftrightarrow\quad & \ln(e^x) = \ln(2) \\
\Leftrightarrow\quad & x = \ln(2) \\
\Rightarrow\quad & x \approx \mathbf{0{,}693}
\end{aligned}
$$

14 Exponentialgleichung durch Ausklammern lösen

Lösen Sie die Gleichung $4e^{3x} - e^x = 0$ durch Ausklammern des Terms e^x.

Um die Differenz in ein Produkt umzuformen, klammern wir den Term e^x aus.
Auf das Produkt können wir nun den Satz vom Nullprodukt anwenden. Wie schon in Beispiel 13 machen wir Gebrauch von der Tatsache, dass die e-Funktion keine Nullstelle besitzt.

$$
\begin{aligned}
& 4e^{3x} - e^x = 0 & \blacktriangleright \text{Ausklammern} \\
\Leftrightarrow\quad & e^x \cdot (4e^{2x} - 1) = 0 & \blacktriangleright \text{Satz vom Nullprodukt} \\
\Leftrightarrow\quad & e^x = 0 \;\lor\; 4e^{2x} - 1 = 0 & \blacktriangleright e^x = 0 \text{ unlösbar} \\
\Leftrightarrow\quad & e^{2x} = \tfrac{1}{4} & \mid \ln \\
\Leftrightarrow\quad & 2x \cdot \ln(e) = \ln\!\left(\tfrac{1}{4}\right) & \mid :2 \\
\Rightarrow\quad & x = \tfrac{1}{2}\ln\!\left(\tfrac{1}{4}\right) \approx \mathbf{-0{,}693}
\end{aligned}
$$

Lösen Sie die folgenden Exponentialgleichungen mithilfe des natürlichen Logarithmus. Führen Sie die Probe durch.

a) $23e^{0{,}4x} = 92$
b) $0{,}5e^{3x} = 10$
c) $-5e^{2x} = -100$
d) $5 = 3e^{0{,}5x}$
e) $e^x \cdot (0{,}5x - 4) = 0$
f) $6e^x - 3e^{2x} = 0$
g) $(x - 3) \cdot e^{4x} = 0$
h) $50e^{34x-6} = 27$
i) $3e^{-0{,}5x} + 2 = 0$

1.5 Exponentialfunktionen

Exponentialgleichung durch Substitution lösen I

Lösen Sie die folgende Gleichung durch Substitution: $e^{2x} + e^x - 6 = 0$.

Mithilfe des Potenzgesetzes $a^{m \cdot n} = (a^m)^n$ formen wir den Term e^{2x} um. Substituieren wir nun in der Gleichung e^x durch u, so ergibt sich eine quadratische Gleichung, welche wir mit der *abc*-Formel lösen.

Die Lösungen der Gleichung in der Variablen x erhalten wir durch die Resubstitution.

Da der Logarithmus nur für positive Argumente definiert ist, gibt es nur eine Lösung, und zwar $x \approx 0{,}693$.

$$
\begin{aligned}
& e^{2x} + e^x - 6 = 0 && \triangleright e^{2x} = (e^x)^2 \\
\Leftrightarrow\ & (e^x)^2 + e^x - 6 = 0 && \triangleright \text{Substitution } e^x = u \\
\Leftrightarrow\ & u^2 + u - 6 = 0 && \triangleright abc\text{-Formel} \\
\Leftrightarrow\ & u = \tfrac{-1 + \sqrt{25}}{2} \ \lor\ u = \tfrac{-1 - \sqrt{25}}{2} \\
\Leftrightarrow\ & u = 2 \ \lor\ u = -3 && \triangleright \text{Resubstitution } u = e^x \\
\Leftrightarrow\ & e^x = 2 \ \lor\ e^x = -3 && \triangleright e^x = -3 \text{ unlösbar} \\
\Leftrightarrow\ & e^x = 2 && |\ln \\
\Rightarrow\ & x = \ln(2) \approx \mathbf{0{,}693}
\end{aligned}
$$

Exponentialgleichung durch Substitution lösen II

Lösen Sie die folgende Gleichung durch Substitution: $4e^{-x} + e^x - 5 = 0$

Bei dieser Gleichung ist der Ansatz für die Substitution nicht sofort erkennbar.
Multiplizieren wir die Gleichung mit e^x, so ergibt sich der Term e^{2x}. Zusätzlich wenden wir das Potenzgesetz $a^m \cdot a^n = a^{m+n}$ an:
$e^{-x} \cdot e^x = e^{-x+x} = e^0 = 1$

Nun können wir die Gleichung wie in Beispiel 15 lösen.
Die Lösungen lauten $x \approx 1{,}386$ und $x = 0$.

$$
\begin{aligned}
& 4e^{-x} + e^x - 5 = 0 && |\cdot e^x \ \triangleright e^x \neq 0 \\
\Leftrightarrow\ & 4e^{-x} \cdot e^x + e^x \cdot e^x - 5 \cdot e^x = 0 \\
\Leftrightarrow\ & 4 + e^{2x} - 5e^x = 0 && \triangleright \text{Substitution } e^x = u \\
\Leftrightarrow\ & u^2 - 5u + 4 = 0 && \triangleright abc\text{-Formel} \\
\Leftrightarrow\ & u = \tfrac{5 + \sqrt{9}}{2} \ \lor\ u = \tfrac{5 - \sqrt{9}}{2} \\
\Leftrightarrow\ & u = 4 \ \lor\ u = 1 && \triangleright \text{Resubstitution } u = e^x \\
\Leftrightarrow\ & e^x = 4 \ \lor\ e^x = 1 && |\ln \\
\Leftrightarrow\ & x = \ln(4) \ \lor\ x = \ln(1) \\
\Rightarrow\ & x \approx \mathbf{1{,}386} \ \lor\ x = \mathbf{0}
\end{aligned}
$$

Für das **Lösen von Exponentialgleichungen** gibt es je nach Art der Gleichung verschiedene Lösungsstrategien:

Gleichung, bei der nur ein Typ von Exponentialterm sowie Zahlenwerte vorhanden sind	Gleichung mit Summenterm, der sich als Produkt schreiben lässt und bei dem kein Zahlenwert vorhanden ist	Gleichung mit Summenterm, welcher sich nicht als Produkt schreiben lässt
Lösen durch Umformen und Logarithmieren **Beispiel:** $5e^{2x} + 2 = 2e^{2x} + 8$ $\Leftrightarrow e^{2x} = 2$	Lösen durch den Satz vom Nullprodukt **Beispiel:** $3e^{2x} - 6e^x = e^{2x} - 2e^x$ $\Leftrightarrow 2e^x(e^x - 2) = 0$	Lösen durch Substitution **Beispiel:** $6e^{2x} + e^x = 2$ $\Leftrightarrow 6e^{2x} + e^x - 2 = 0$

---

1. Lösen Sie die Exponentialgleichung durch Substitution. Hinweis: $e^{-x} = \tfrac{1}{e^x}$

   a) $e^{2x} - 4e^x - 12 = 0$ c) $\tfrac{1}{3}e^{2x} + \tfrac{7}{3}e^x = -4$ e) $36e^{-x} + 4e^x = 40$ g) $48 + 8e^x - e^{2x} = 0$

   b) $2e^{2x} + 6e^x - 80 = 0$ d) $3e^x - 96e^{-x} + 12 = 0$ f) $\tfrac{21}{e^x} + e^x - 10 = 0$ h) $0{,}5e^x = 10{,}5 + 65e^{-x}$

2. Lösen Sie die folgenden Gleichungen mit einer geeigneten Lösungsstrategie.

   a) $2e^{0{,}5x} = 4$ b) $3e^{2x} - 6e^x = e^{2x} - 2e^x$ c) $5e^{2x} + 2 = 2e^{2x} + 8$ d) $6e^{2x} + e^x = 2$

1 Funktionen, ihre Schaubilder und zugehörige Gleichungen

Mit dem Wissen über das Lösen von Exponentialgleichungen können wir nun auch die Schnittpunkte von Schaubildern mit den Koordinatenachsen und die Schnittpunkte zweier Schaubilder berechnen.

17 Schnittpunkte mit den Koordinatenachsen

Gegeben ist die Funktion f mit $f(x) = -2e^{-x} + 4$. Ermitteln Sie für die Funktion f die Schnittpunkte des Schaubildes mit den Koordinatenachsen. Zeichnen Sie das Schaubild von f.

Der y-Achsenabschnitt entspricht dem Funktionswert an der Stelle $x = 0$. Bei ganzrationalen Funktionen ist der y-Achsenabschnitt durch den konstanten Term im Funktionsterm ablesbar.
▶ Es gilt auch $-2 + 4 = 2$, Seite 121.

$$f(0) = -2e^0 + 4$$
$$= -2 \cdot 1 + 4 = 2 \Rightarrow S_y(0|2)$$

Für die Nullstellenberechnung setzen wir den Funktionsterm gleich null. Die Gleichung lösen wir durch Logarithmieren. ▶ Beispiel 12, Seite 126

$$f(x_N) = 0$$
$$\Leftrightarrow -2e^{-x_N} + 4 = 0 \quad |-4 \; |:(-2)$$
$$\Leftrightarrow e^{-x_N} = 2 \quad | \ln$$
$$\Leftrightarrow -x_N = \ln(2)$$
$$\Rightarrow x_N \approx -0{,}693 \Rightarrow N(-0{,}693|0)$$

Wir tragen die beiden ermittelten Punkte $S_y(0|2)$ und $N(-0{,}693|0)$ in ein Koordinatensystem ein. Das Schaubild zeichnen wir beispielsweise mithilfe einer Wertetabelle.

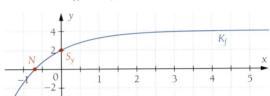

18 Schnittpunkte zweier Schaubilder

Ermitteln Sie die gemeinsamen Punkte der Schaubilder von f mit $f(x) = e^{-x} + 1$ und g mit $g(x) = 2e^x + 1$. Zeichnen Sie die beiden Schaubilder und kennzeichnen Sie die gemeinsamen Punkte.

Zur Berechnung der Schnittstellen setzen wir die beiden Funktionsterme gleich und formen die Gleichung so um, dass auf einer Seite null steht. Nun können wir den Term e^x ausklammern und anschließend den Satz vom Nullprodukt anwenden. Durch einige Umformungen und Logarithmieren erhalten wir die x-Koordinate des Schnittpunktes.

$$f(x_S) = g(x_S)$$
$$\Leftrightarrow e^{-x_S} + 1 = 2e^{x_S} + 1 \quad |-2e^{x_S} \; |-1$$
$$\Leftrightarrow e^{-x_S} - 2e^{x_S} = 0 \quad \blacktriangleright \text{Ausklammern von } e^x$$
$$\Leftrightarrow e^{x_S}(e^{-2x_S} - 2) = 0 \quad \blacktriangleright \text{Satz vom Nullprodukt}$$
$$e^{x_S} = 0 \; \vee \; e^{-2x_S} - 2 = 0 \quad \blacktriangleright e^x = 0 \text{ unlösbar}$$
$$e^{-2x_S} - 2 = 0 \quad |+2 \; | \ln$$
$$\Leftrightarrow -2x_S = \ln(2) \quad |:(-2)$$
$$\Leftrightarrow x_S = -\frac{\ln(2)}{2} \approx -0{,}347$$

Die y-Koordinate berechnen wir durch Einsetzen in die Funktionsgleichung von g.

$$g(-0{,}347) = 2e^{-0{,}347} + 1 \approx 2{,}414$$
$$\Rightarrow S(-0{,}347|2{,}414)$$

Die Schaubilder beider Funktionen zeichnen wir mithilfe einer Wertetabelle.
Wir markieren den Schnittpunkt und sehen, dass die Koordinaten mit den errechneten übereinstimmen.

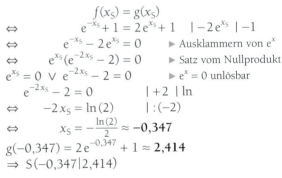

Gegeben sind die Funktionen f und g durch $f(x) = \frac{3}{5}e^{0,5x} - 4$ und $g(x) = -e^{0,5x} + 2$; $x \in \mathbb{R}$.
a) Berechnen Sie die Koordinaten der Schnittpunkte der Schaubilder mit den Koordinatenachsen.
b) Berechnen Sie die Koordinaten des Schnittpunktes der Schaubilder von f und g.

Übungen zu 1.5.3

1. Wenden Sie die Rechenregeln für Logarithmen an.
   a) $\ln(e \cdot e)$
   b) $\ln(e^4)$
   c) $\ln\left(\frac{e}{2}\right)$
   d) $\ln\left(\frac{1}{4}e\right)$
   e) $\ln(-e)$
   f) $\ln(e^{2e})$
   g) $\ln(1{,}5\,e^{-4})$
   h) $\ln\left(-\frac{e^2}{5}\right)$
   i) $\ln(e \cdot e)$
   j) $\ln\left((2e^3)^4\right)$

2. Schreiben Sie als e-Funktion.
   a) $f(x) = 5^x$
   b) $f(x) = 3 \cdot 12^{3x}$
   c) $f(x) = 4^{2x}$
   d) $f(x) = 6 \cdot 9^{4x}$
   e) $f(x) = 0{,}14^x$
   f) $f(x) = b^{k \cdot x}$

3. Lösen Sie die Exponentialgleichung.
   a) $e^x = 4$
   b) $e^{2x} = 2$
   c) $66\,e^{4x} = 132$
   d) $5 - e^{0{,}25x} = 0{,}1$
   e) $1{,}5\,e^{-0{,}5x} - 1 = 1$
   f) $e^{5x} + 5 = 5\,e^{5x}$
   g) $1{,}04^x = 1{,}3685695$
   h) $0{,}123 \cdot 3^x = 269{,}001$
   i) $3\,e^{2x} - 9\,e^x = 0$
   j) $e^x \cdot (4 \cdot e^x - 16) = 0$
   k) $\frac{5}{4}e^x - e^{3x} = 0$
   l) $e^{-x} - 4\,e^x = 0$
   m) $2x^2 \cdot e^x - 8\,e^x = 0$
   n) $(e^x + 5) \cdot (3x - 6) = 0$

4. Lösen Sie die Gleichung mit Substitution.
   a) $e^{2x} - 14\,e^x + 40 = 0$
   b) $\frac{1}{3}e^{2x} - 3\,e^x = 12$
   c) $15\,e^{-x} + 0{,}5\,e^x + 5{,}5 = 0$
   d) $9 - e^x = \frac{8}{e^x}$
   e) $0{,}5\,e^{2x} - 10\,e^x + 32 = 0$

5. Gegeben sind die Funktion f mit $f(x) = 0{,}3\,e^x - 2$ und das Schaubild von f.

   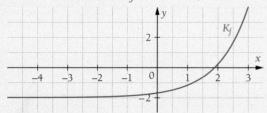

   a) Berechnen Sie den Schnittpunkt mit der y-Achse sowie die Nullstellen von f. Kontrollieren Sie Ihr Ergebnis anhand der Zeichnung.
   b) Ermitteln Sie zeichnerisch und rechnerisch den zu $f(x) = 6$ gehörenden x-Wert.
   c) Für $x \to -\infty$ nähert sich K_f seiner Asymptote. Geben Sie deren Funktionsgleichung an.

6. Gegeben ist die Gleichung $e^x + e - a = 0$.
   Für welche Werte von a ist diese Gleichung nicht lösbar?

7. Gegeben sind die beiden Funktionen f und g mit $f(x) = 8\,e^{-x} - 3$ und $g(x) = 3 - e^x$.
   a) Berechnen Sie jeweils die Schnittpunkte der Schaubilder mit den Koordinatenachsen.
   b) Zeichnen Sie die beiden Schaubilder für $-1 \leq x \leq 2$ in ein gemeinsames Koordinatensystem.
   c) Ermitteln Sie rechnerisch die gemeinsamen Punkte beider Schaubilder.

8. Gegeben sind die beiden Funktionen f und g mit $f(x) = 2 - 9\,e^{-x}$ und $g(x) = e^x - 4$.
   a) Berechnen Sie jeweils die Schnittpunkte der Schaubilder mit den Koordinatenachsen.
   b) Zeichnen Sie die beiden Schaubilder für $0 \leq x \leq 2$ in ein gemeinsames Koordinatensystem.
   c) Zeigen Sie, dass die beiden Schaubilder genau einen Punkt gemeinsam haben. Ermitteln Sie die Koordinaten dieses Punktes.

9. Die Krebszellen einer Ratte in einem Versuchslabor vermehren sich gemäß der Funktion f mit $f(t) = 2\,e^{1{,}6094\,t}$, wobei t den Zeitpunkt in Tagen und $f(t)$ den Bestand der Krebszellen zum Zeitpunkt t angibt. Sobald ca. 8500 Krebszellen entstanden sind, soll der Ratte ein Zusatzmedikament injiziert werden. Ermitteln Sie diesen Zeitpunkt.

10. Der Abbau eines Medikamentes im Körper eines Menschen folgt der Funktion f mit
    $f(x) = 100\,e^{-0{,}125x}$ für $x > 0$ (x in Tagen nach Beginn der Einnahme; $f(x)$ als Konzentration des Medikamentes im Körper in mg).
    a) Beschreiben Sie, woran Sie am Funktionsterm erkennen, dass es sich um einen Zerfallsprozess handelt.
    b) Berechnen Sie, wie hoch die Konzentration des Medikamentes im Körper nach 10 Tagen ist.
    c) Berechnen Sie, nach wie vielen Tagen die Konzentration erstmals unter 10 mg gesunken ist.

11. Jonny bekommt bei der Gleichung $2\,e^x = 1$ die Lösung $x = -\ln(2)$ heraus, Susi $x = \ln\left(\frac{1}{2}\right)$. Beurteilen Sie, wer das richtige Ergebnis gefunden hat.

1 Funktionen, ihre Schaubilder und zugehörige Gleichungen

1.5.4 Modellierung von Wachstums- und Zerfallsprozessen

Möchten wir reale Wachstums- und Zerfallsprozesse modellieren, so stehen wir oft vor dem Problem, dass wir eine Situation verbal beschreiben können, die passende Funktionsgleichung aber erst aufstellen müssen.

19 Exponentielles Wachstum

Das statistische Bundesamt hat die Bevölkerungszahlen einer Metropolregion in der Bundesrepublik Deutschland ermittelt. Im Jahr 2000 betrug die Bevölkerung 5 Millionen Menschen, im Jahr 2015 lebten in derselben Region 6 Millionen Menschen.
Bestimmen Sie ausgehend vom Jahr 2000 die Funktionsgleichung einer Funktion f mit der Form $f(x) = a \cdot e^{kx}$. Dabei soll x die Zeit in Jahren ab dem Jahr 2000 und $f(x)$ die Bevölkerungszahl in der Region in Millionen Menschen zu einem bestimmten Zeitpunkt x sein.

Zunächst stellen wir die Funktionsgleichung in allgemeiner Form auf. Gesucht sind die Werte für die Parameter a und k.
Im Jahr 2000 leben in der Region 5 Millionen Menschen. Da wir vom Jahr 2000 ausgehen, ist für $x = 0$ der Funktionswert 5.
Damit können wir den Wert für a berechnen.

Ansatz:
$f(x) = a \cdot e^{kx}$

$\ f(0) = 5$ ▶ Jahr 2000: $x = 0$
$\Leftrightarrow\ a \cdot e^{k \cdot 0} = 5$
$\Leftrightarrow\ a \cdot 1 = 5 \Rightarrow \mathbf{a = 5}$

Das Jahr 2015 ist 15 Jahre nach Beginn der Beobachtung. Zu diesem Zeitpunkt leben 6 Millionen Menschen in der Region. Der Funktionswert für 15 ist also 6.
Diese Information und den berechneten Wert für a setzen wir in die allgemeine Funktionsgleichung ein.
Durch Logarithmieren und Umstellen erhalten wir den Wert für k und können damit die Funktionsgleichung angeben.

$\ f(15) = 6$ ▶ Jahr 2015: $x = 15$
$\Leftrightarrow\ f(15) = 5\,e^{k \cdot 15} = 6$
$\Leftrightarrow\ e^{15k} = 1{,}2 \qquad |\ \ln$
$\Leftrightarrow\ 15k = \ln(1{,}2) \qquad |:15$
$\Leftrightarrow\ k = \frac{\ln(1{,}2)}{15} \approx \mathbf{0{,}0122}$

$f(x) = 5\,e^{0{,}0122\,x}$

Wie wir an dem Beispiel oben gesehen haben, entspricht der Parameter a dem Funktionswert an der Stelle $x = 0$: $a = f(0)$. Der Wert für a heißt daher auch **Anfangswert** (▶ Seite 116). Der Wert für k gibt an, wie stark das Wachstum ist. Er heißt daher für $k > 0$ **Wachstumskonstante**.

> **Exponentielles Wachstum** kann durch eine Funktion f mit $f(x) = a \cdot e^{kx}$ ($a > 0$) mit $k > 0$ beschrieben werden.
> - a ist der **Anfangswert** zum Zeitpunkt $x = 0$.
> - k ist die **Wachstumskonstante**.

Ein Anfangskapital von 5000 € hat mit Zins und Zinseszins bei jährlicher Zinsausschüttung nach 10 Jahren einen Kapitalbestand von 7000 €.
a) Bestimmen Sie die Gleichung der Funktion f mit der Form $f(x) = a \cdot e^{kt}$, die die Kapitalzunahme nach x Jahren beschreibt.
b) Berechnen Sie, nach wie vielen Jahren sich das Kapital verdoppelt hat.

1.5 Exponentialfunktionen

Exponentieller Zerfall

Heißer Kaffee kühlt von anfänglich 70 °C in der Tasse innerhalb von 3 Minuten auf eine Temperatur von 60 °C ab.
Beschreiben Sie ein passendes Abkühlungsgesetz durch eine Exponentialfunktion mit $f(x) = a \cdot e^{kx}$. Dabei soll x die Zeit in Minuten nach Beginn der Abkühlung und $f(x)$ die Temperatur des Kaffees angeben.
Berechnen Sie, wann der Kaffee die Trinktemperatur von 50 °C erreicht hat.

Wir gehen vor wie im Beispiel auf der vorigen Seite (▶ Seite 130). Wir stellen die Gleichung der gesuchten Exponentialfunktion auf.

Ansatz:
$f(x) = a \cdot e^{kx}$

Auch hier gibt a den Anfangswert an, der in der Aufgabe einer Temperatur von 70 °C entspricht.

$$f(0) = 70$$
$$\Leftrightarrow a \cdot e^{k \cdot 0} = 70$$
$$\Rightarrow a = 70$$

Da die Temperatur nach 3 Minuten 60 °C beträgt, ist für $x = 3$ der Funktionswert 60.

$$f(3) = 60$$
$$\Leftrightarrow 70\,e^{k \cdot 3} = 60 \quad |:70$$
$$\Leftrightarrow e^{3k} = \tfrac{6}{7} \quad |\ln$$

Mithilfe des Wertes für a und durch Logarithmieren können wir die Gleichung nach k auflösen.

$$\Leftrightarrow 3k = \ln\left(\tfrac{6}{7}\right) \quad |:3$$
$$\Leftrightarrow k = \tfrac{\ln\left(\tfrac{6}{7}\right)}{3} \approx -0{,}0514$$

Wir geben die Funktionsgleichung an.

$$f(x) = 70\,e^{-0{,}0514 x}$$

Jetzt können wir berechnen, wann der Kaffee 50 °C heiß ist. Dafür berechnen wir den x-Wert, für den f den Funktionswert 50 hat.
Wir erhalten eine Exponentialgleichung, die wir durch Logarithmieren auflösen.

$$f(x) = 50$$
$$\Leftrightarrow 70\,e^{-0{,}0514x} = 50 \quad |:70$$
$$\Leftrightarrow e^{-0{,}0514x} = \tfrac{5}{7} \quad |\ln$$
$$\Leftrightarrow -0{,}0514x = \ln\left(\tfrac{5}{7}\right) \quad |:(-0{,}0514)$$

Der Kaffee erreicht nach etwa sechseinhalb Minuten seine Trinktemperatur von 50 °C.

$$\Leftrightarrow x = -\tfrac{\ln\left(\tfrac{5}{7}\right)}{0{,}0514} \approx 6{,}55$$

Exponentieller Zerfall kann durch eine Funktion f mit $f(x) = a \cdot e^{kx}$ ($a > 0$) mit $k < 0$ beschrieben werden.
- a ist der **Anfangswert** zum Zeitpunkt $x = 0$.
- k ist die **Zerfallskonstante**.

Licht wird im Wasser gebrochen. Je tiefer man sich im Wasser befindet, desto dunkler ist es dort.
a) Geben Sie die Gleichung der Funktion I an, welche die Lichtstärke I in Abhängigkeit von der Tiefe x (in m) beschreibt, wenn von einer anfänglichen Lichtstärke von 100 % in einer Tiefe von 0,42 Metern nur noch 37 % übrig ist.
b) Berechnen Sie, bei welcher Tiefe sich die Lichtstärke halbiert hat.

1 Funktionen, ihre Schaubilder und zugehörige Gleichungen

Radioaktive Elemente zerfallen unter Aussendung von geladenen Teilchen und wandeln sich dabei in neue Atome um. Die Geschwindigkeit, mit der der Zerfall eines radioaktiven Elements stattfindet, wird durch die **Halbwertszeit** gemessen.

21 Halbwertszeit

Bei der Kernspaltung im Atomreaktor entsteht das radioaktive Jod-Isotop I-131, welches bei Aufnahme durch den menschlichen Körper zu Schilddrüsenkrebs führen kann.
Die Ausgangsradioaktivität des Jod-Isotops I-131 beträgt 100 MBq (Megabecquerel). Die Radioaktivität klingt entsprechend der Funktion f mit $f(t) = 100\,e^{-0{,}08665\,t}$ ab (t in Tagen).
Berechnen Sie, nach welcher Zeit die Radioaktivität von I-131 auf die Hälfte des Anfangswertes gesunken ist.

Wir suchen die Halbwertszeit T_H, also den Zeitpunkt, zu dem nur noch die Hälfte des Anfangswertes $a = f(0) = 100$ vorhanden ist.

Anhand der Rechnung erkennen wir, dass die Halbwertszeit immer unabhängig vom Anfangswert ist, da sich dieser durch Division auf beiden Seiten aufhebt. Durch Logarithmieren ermitteln wir als Halbwertszeit ungefähr 8 Tage.

$$f(T_H) = 0{,}5 \cdot a$$
$\Leftrightarrow\ 100\,e^{-0{,}08665\,T_H} = 0{,}5 \cdot 100 \qquad |:100$
$\Leftrightarrow\ e^{-0{,}08665\,T_H} = 0{,}5 \qquad |\ln$
$\Leftrightarrow\ -0{,}08665\,T_H = \ln(0{,}5) \qquad |:(-0{,}08665)$
$\Leftrightarrow\ T_H = \dfrac{\ln(0{,}5)}{-0{,}08665}$
$\Rightarrow\ T_H \approx \mathbf{8}$

22 Verdopplungszeit

Im Jahr 2006 betrug die Einwohnerzahl der Vereinigten Staaten ca. 300 Millionen. Die jährliche Wachstumsrate lag bei 1 %. Durch die Funktion f mit $f(t) = 300\,e^{0{,}00995\,t}$ wird die Bevölkerungszahl (in Millionen) beschrieben. Berechnen Sie, in wie vielen Jahren sich die Einwohnerzahl der USA verdoppelt haben wird.

Um die Verdopplungszeit T_V zu berechnen, verwenden wir den Ansatz $f(T_V) = 2 \cdot a$, wobei a für den Anfangswert 300 steht. Lösen wir die Gleichung nach T_V auf, so erhalten wir die gesuchte Verdopplungszeit von ungefähr 69,66 Jahren. Die Bevölkerung der USA wird gemäß diesem Modell also im Jahr 2076 doppelt so groß sein wie 2006.

$$f(T_V) = 2 \cdot a$$
$\Leftrightarrow\ 300\,e^{0{,}00995\,T_V} = 2 \cdot 300 \qquad |:300$
$\Leftrightarrow\ e^{0{,}00995\,T_V} = 2 \qquad |\ln$
$\Leftrightarrow\ 0{,}0095\,T_V = \ln(2) \qquad |:0{,}0095$
$\Leftrightarrow\ T_V = \dfrac{\ln(2)}{0{,}00995}$
$\Rightarrow\ T_V \approx \mathbf{69{,}66}$

- Die **Halbwertszeit** eines exponentiellen Zerfallsprozesses $f(t) = a \cdot e^{kx}$ ($k < 0$) ist: $T_H = \dfrac{\ln(0{,}5)}{k}$
- Die **Verdopplungszeit** eines exponentiellen Wachstumsprozesses $f(t) = a \cdot e^{kx}$ ($k > 0$) ist: $T_V = \dfrac{\ln(2)}{k}$

1. Vergleichen Sie den Wert der Funktion f aus Beispiel 22 für das Jahr 2012 mit dem tatsächlichen Wert von 314 Millionen Einwohnern.

2. Von Caesium-137 zerfallen jährlich 2,3 % seiner Masse. Ermitteln Sie die Zerfallsfunktion und die zugehörige Halbwertszeit.

Übungen zu 1.5.4

1. Ein Kapital wird zu 4 % verzinst.
   a) Bestimmen Sie die Verdopplungszeit.
   b) Ermitteln Sie das Anfangskapital, um nach zehn Jahren eine Auszahlung von 20 000 € zu erhalten.

2. Die indische (nigerianische) Bevölkerung betrug 2012 ca. 1,22 Mrd. (167 Mio.) Menschen. Man rechnet mit einem jährlichen Bevölkerungswachstum von 1,9 % (3,1 %).
   a) Bestimmen Sie die Funktionsterme dieser Exponentialfunktionen sowohl in der Form $f(x) = a \cdot b^x$ als auch zur Basis e mit $f(x) = a \cdot e^{kx}$.
   b) Berechnen Sie die voraussichtlichen Einwohnerzahlen in den Jahren 2015, 2020 und 2030.
   c) In welchem Jahr wird sich bei gleicher Wachstumsrate die indische (nigerianische) Bevölkerung im Vergleich zu 2012 verdoppelt haben?

3. Die Temperatur einer Herdplatte kühlt gemäß f mit $f(t) = 22 + 178 e^{-kt}$ exponentiell ab.
   a) Ermitteln Sie die Unbekannte k, wenn die Temperatur nach zwei Minuten 160 °C beträgt.
   b) Berechnen Sie die Temperatur bei Beobachtungsbeginn.
   c) Untersuchen Sie, auf welche Temperatur die Herdplatte sich langfristig abkühlen wird.
   d) Ermitteln Sie, wie lange es dauert, bis die beobachtete Herdplatte auf 45 °C abgekühlt ist.

4. Ein Stück radioaktives Thorium hat am Anfang eines Versuches eine Masse von 500 mg. Jede halbe Minute wird die nichtzerfallene Masse gemessen.

Zeit in s	0	30	60	90
Masse in mg	500	341	233	159

   a) Prüfen Sie, ob es sich um einen exponentiellen Zerfall handelt, indem Sie die Quotienten jeweils aufeinanderfolgender Zeitpunkte bilden.
   b) Bestimmen Sie die Funktionsgleichung.
   c) Nach welcher Zeit ist nur noch 1 % der ursprünglichen Masse vorhanden? Wann die Hälfte?

5. Bestimmen Sie, wie viele Jahre es dauert, bis die radioaktive Strahlung eines mit Radium-226 verseuchten Gegenstands auf $\frac{1}{8}$ ihres ursprünglichen Wertes gesunken ist.
   ▶ Die Halbwertszeit für Radium-226 beträgt 1600 Jahre.

6. Flechten wachsen an Bäumen und sind gute Indikatoren für die Luftqualität. Steht ein Baum in einer Region mit wenig Umweltverschmutzung, so haben Flechten gute Wachstumsbedingungen. Die Höhe einer Flechte kann in den ersten zwölf Tagen nach Beobachtungsbeginn durch die Funktion H mit $H(t) = 0{,}25 e^{0{,}15t - 0{,}35}$ beschrieben werden. Dabei gibt H die Höhe der Flechte in Millimetern an. Die Variable t steht für die Zeit in Tagen.

   a) Ermitteln Sie die Höhe der Flechte zu Beobachtungsbeginn.
   b) Bestimmen Sie den Zeitpunkt, zu dem die Flechte eine Höhe von 0,75 mm erreicht hat.
   c) Begründen Sie, in welchen Zeiträumen die Exponentialfunktion H das Wachstum der Flechte sinnvoll modelliert.

7. Bei einem lebenden Organismus werden 15 radioaktive Zerfälle pro Gramm Kohlenstoff-14 in der Minute gezählt, weil der zerfallene Kohlenstoff ständig aus der Nahrung ersetzt wird. Erst mit dem Absterben des Organismus hört die Nahrungsaufnahme auf, der Zerfall geht jedoch weiter. Die Halbwertszeit von Kohlenstoff-14 beträgt 5730 Jahre. Würde man also nur noch 7,5 Zerfälle pro Gramm und Minute zählen, so kann man daraus schließen, dass die Hälfte des Kohlenstoffs zerfallen ist und 5730 Jahre vergangen sind.
Am 19.09.1991 fand ein Ehepaar auf dem Schnalstaler Gletscher eine Leiche eines Mannes, der unter dem Namen Ötzi weltberühmt wurde. Bei der wissenschaftlichen Untersuchung des Leichnams stellte man fest, dass von der Menge an radioaktivem Kohlenstoff-14, die am Tag seines Todes in seinem Gewebe vorhanden sein musste, nur noch 53 % vorhanden waren. Daraus konnte man auf die Anzahl der Jahre schließen, die der Leichnam im Gletscher gelegen haben musste.
Berechnen Sie diese Zeit.

Übungen zu 1.5

1. Ordnen Sie die folgenden Funktionsgleichungen den zugehörigen Schaubildern zu.
a) $f(x) = e^x - 2e^{2x}$
b) $g(x) = 3e^x + 1$
c) $h(x) = e^{-0,5x} + x - 1$

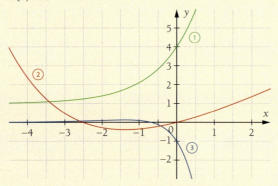

2. Bestimmen Sie zu den Schaubildern der folgenden Exponentialfunktionen jeweils die zugehörige Exponentialfunktion der Form $f(x) = a \cdot e^{kx} + c$. Geben Sie a, c und k an.

a) 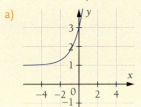   c)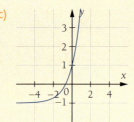

b) 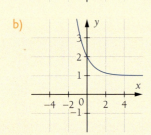   d)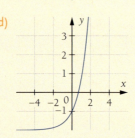

3. Lösen Sie die folgenden Exponentialgleichungen.
a) $5e^x + 3e^{4x} = 0$
b) $x^2 e^{-2x} + 4e^{-2x} = 3xe^{-2x}$
c) $(x^2 - 4)(e^{3x+9} - 0,5) = 0$

4. Untersuchen Sie die folgenden Funktionen auf Asymptoten und geben Sie ggf. Art und Geradengleichung der Asymptote an.
a) $f(x) = e^x - e^2$ c) $f(x) = e^{2x} + 2$
b) $f(x) = e^{-x} + x$ d) $f(x) = e^{-x} - x$

5. Gegeben sind die Funktionen f und g mit $f(x) = 3e^{-0,5x}$ und $g(x) = 0,5e^x$ für $x \in \mathbb{R}$.
Das Schaubild von f sei K_f, das Schaubild von g sei K_g.
a) Skizzieren Sie K_f und K_g in einem gemeinsamen Koordinatensystem.
b) Berechnen Sie die Koordinaten des Schnittpunktes von K_f und K_g.

6. Gegeben ist die Funktion f mit $f(x) = 0,5e^x - 2x + 1$ für $x \in \mathbb{R}$. Ihr Schaubild sei K_f.
a) Berechnen Sie die Koordinaten des Schnittpunktes von K_f mit der y-Achse.
b) Bestimmen Sie die Gleichung der Asymptote von K.
c) Zeichnen Sie K_f für $-6 \leq x \leq 4$.

7. Gegeben ist die Funktion $f(x) = \frac{1}{4}e^{-0,5x} + 3$ für $x \in \mathbb{R}$. Ihr Schaubild ist K_f.
a) Zeichnen Sie K_f. Begründen Sie sowohl am Schaubild als auch anhand der Funktionsgleichung, ob es sich um eine Wachstums- oder eine Zerfallsfunktion handelt.
b) Berechnen Sie die Koordinaten des Schnittpunktes von K mit der y-Achse.
c) Geben Sie die Gleichung der Asymptote von K_f an und beschreiben Sie, für welche x-Werte sich K_f dieser annähert.

8. Gegeben sind die Funktionen f und g mit $f(x) = 6e^{-x}$ und $g(x) = e^x - 1$ für $x \in \mathbb{R}$.
Das Schaubild von f sei K_f, das Schaubild von g sei K_g.
a) Geben Sie die Gleichungen der Asymptoten von K_f und K_g an.
b) Berechnen Sie die Koordinaten des Schnittpunktes von K_f und K_g.

9. Gegeben ist die Funktion f mit $f(x) = (2 - x) \cdot e^x$ für $x \in \mathbb{R}$.
a) Berechnen Sie die Schnittpunkte des Schaubildes von f mit den Koordinatenachsen und stellen Sie das Schaubild von f in einem geeigneten Koordinatensystem dar.
b) Beschreiben Sie, wie das Schaubild der Funktion g mit $g(x) = (x - 2) \cdot e^{-x}$ aus dem Schaubild von f hervorgeht.

10. Bestimmen Sie die Funktionsgleichung der Exponentialfunktion f vom Typ $f(x) = a \cdot e^{kx}$, deren Schaubild durch die Punkte A und B verläuft.
a) $A(0|3)$; $B(4|9)$ b) $A(4|32)$; $B(7|15)$

11. Geben Sie für die folgenden Gleichungen jeweils den Wert von a an, für den die Gleichung keine Lösung hat.
a) $e^x + a = 0$
b) $a \cdot e^{-0,5x} + 1 = 0$
c) $a \cdot e^x - e^x = 0$
d) $a \cdot e^x = 3$

12. Bestimmen Sie a so, dass die Gleichung die Lösung $x = \ln 2$ hat.
a) $e^x - 0,5e + a = 0$
b) $a \cdot e^x - 4 = 0$
c) $e^{-x}(2 + a) + 1 = 1$
d) $e^{-2x} + 0,75 = a$

13. Aggressive Bakterien verfünffachen sich alle 2 Stunden.

a) Berechnen Sie die Anzahl der Bakterien nach 4, 6, 10, 15 und 18,5 Stunden, wenn anfangs 125 Bakterien vorhanden waren.
b) Angenommen, die Bakterien haben sich mit demselben Faktor schon die letzten 4 Stunden vermehrt. Berechnen Sie ihre Anzahl vor 2, 3 bzw. 4 Stunden.
c) Erläutern Sie Nachteile dieses Modells.

14. Der Luftdruck p in hPa (Hektopascal) in der Höhe h in Metern über dem Meeresspiegel lässt sich annähernd durch die Gleichung $p(h) = 1000\, e^{-0,000125\, h}$ berechnen.
a) Begründen Sie ausschließlich anhand des Funktionsterms, ob es sich um die exponentielle Beschreibung eines Wachstums- oder eines Zerfallsprozesses handelt.
b) Berechnen Sie mit diesem Modell den Luftdruck auf Meeresspiegelhöhe.
c) Berechnen Sie mit diesem Modell den Luftdruck auf dem Mont Blanc, also in einer Höhe von 4808 m über dem Meeresspiegel.

15. Die Inflationsrate wird im wirklichen Leben häufig aus den beobachteten Teuerungen ermittelt.
a) Berechnen Sie den Wertverlust des Geldes nach 10 Jahren unter der Annahme, dass die durchschnittliche jährliche Inflationsrate in den nächsten Jahren 1,8 % beträgt.
b) Wie lange dauert es, bis sich der Geldwert halbiert hat?
c) Berechnen Sie den Wertverlust des Geldes nach 10 Jahren unter der Annahme, dass die durchschnittliche jährliche Inflationsrate in den nächsten Jahren 3,6 % beträgt.
Nach wie vielen Jahren halbiert sich der Geldwert in diesem Fall?

16. Im Körper eines Menschen wird Nikotin stündlich zur Hälfte abgebaut.
a) Erstellen Sie den Funktionsterm, der den Nikotinabbau im Körper beschreibt.
b) Drücken Sie den Nikotinabbau in Prozent pro Minute aus. Berechnen Sie, wie viel Prozent des Nikotins nach 20 Minuten noch vorhanden sind.
c) Eine Zigarette verursacht ca. 1,55 mg Nikotin im Blut. Es werden 5 Zigaretten im halbstündigen Abstand geraucht. Ermitteln Sie, wie viel Nikotin sich nach der 5. Zigarette im Blut befindet.
d) Bestimmen Sie den Zeitpunkt, an dem nur noch 1 % des Nikotins im Körper vorhanden ist.

17. Die Temperatur einer Flüssigkeit passt sich nach einer gewissen Zeit der Umgebungstemperatur an. In einer 19 °C warmen Wohnung findet eine Party statt. Der Temperaturverlauf eines gekühlten Getränks wird durch die Funktion f mit $f(t) = 19 + a \cdot b^t$ ($t > 0$ in Minuten) beschrieben.
a) Erklären Sie, warum für die Beschreibung dieses Prozesses $a < 0$ gelten muss.
b) Ein aus dem Kühlschrank entnommenes Getränk misst nach 7 Minuten ca. 12 °C und nach 20 Minuten bereits ca. 17 °C. Bestimmen Sie die Funktionsgleichung von f. Schreiben Sie die Funktionsgleichung auch in der Form $f(t) = 19 + a \cdot e^{kx}$.
c) Bestimmen Sie die Kühlschranktemperatur.
d) Ermitteln Sie die Asymptote von f und erklären Sie ihre Bedeutung für den Temperaturverlauf.
e) Ermitteln Sie die Temperatur, die das Getränk nach einer halben Stunde hat.

1.5 Exponentialfunktionen

Ich kann ...

... Wachstums- und Zerfallsprozesse mithilfe einer allgemeinen Exponentialfunktion beschreiben.
▶ Test-Aufgaben 1, 6

Bakterienkolonien wachsen gemäß der Funktion f mit $f(x) = 8 \cdot 2^x$

$f(x) = a \cdot b^x$ für $x \in \mathbb{R}$
x: Variable (bei Angabe der Zeit häufig: t)
a: Anfangswert zu Beginn der Beobachtung
b: Wachstums-/Zerfallsfaktor

... natürliche Exponentialfunktionen vom Typ $f(x) = a \cdot e^{k \cdot x} + c$ beschreiben und darstellen.
▶ Test-Aufgaben 3, 4, 5

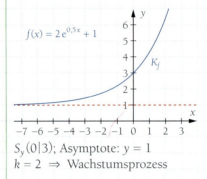

$S_y(0|3)$; Asymptote: $y = 1$
$k = 2 \Rightarrow$ Wachstumsprozess

e ist die Euler'sche Zahl $\approx 2{,}7182$
Schnittpunkt mit der y-Achse:
$S_y(0|a+c)$
$k > 0$: Wachstumsprozess
$k < 0$: Zerfallsprozess
Gleichung der Asymptote: $y = c$

... erklären, was man unter dem Logarithmus von y zur Basis b versteht und wie man den natürlichen Logarithmus anwendet.

$\log_2 8 = 3$, denn $2^3 = 8$

$e^x = e^8 \Rightarrow x = \ln e^8 = 8$
$\ln(e) = 1$

Der Logarithmus von y zur Basis a ist diejenige reelle Zahl x, mit der man a potenzieren muss, um y zu erhalten:
$x = \log_b y \Leftrightarrow b^x = y$
Natürlicher Logarithmus:
$\ln(x) = \log_e(x)$
$e^{\ln(u)} = u$

... Exponentialgleichungen lösen.
▶ Test-Aufgaben 2, 3, 4, 5, 6

$-8e^x + 2e^{2x} = 0$
$\Leftrightarrow e^x(-8 + 2e^x) = 0$
Da $e^x = 0$ unlösbar, folgt:
$-8 + 2e^x = 0$
$\Rightarrow \quad 2e^x = 8$
$\Rightarrow \quad \ln(e^x) = \ln(4)$
$\Rightarrow \quad x = \ln(4) \approx 1{,}39$

Drei Lösungsverfahren:
- Lösen durch Logarithmieren
- Lösen durch Ausklammern und Satz vom Nullprodukt
  Hinweis: $e^{kx} = 0$ ist für $k, x \in \mathbb{R}$ nicht lösbar.
- Lösen durch Substitution

... Achsenschnittpunkte und Schnittpunkte der Schaubilder von Exponentialfunktionen berechnen.
▶ Test-Aufgaben 3, 4

$f(x) = 2e^{3x} - 4;\ g(x) = -e^{3x}$
$S_y: x = 0$
$\Rightarrow f(0) = 2e^0 - 4 = 2 - 4 = -2$
$\Rightarrow S_y(0|-2)$
$N: f(x_N) = 0 \Rightarrow 2e^{3x_N} - 4 = 0$
$\Rightarrow N(\frac{1}{3}\ln(2)|0)$
$S: \quad f(x_S) = g(x_S)$
$\Rightarrow 2e^{3x_S} - 4 = -e^{3x_S}$
$\Rightarrow \quad 3e^{3x_S} = 4 \Rightarrow e^{3x_S} = \frac{4}{3}$
$\Rightarrow \quad 3x_S = \ln(\frac{4}{3}) \Rightarrow x_S \approx 0{,}096$
$g(x_S) = -e^{3 \cdot 0{,}096} = -\frac{4}{3}$
$\Rightarrow S(0{,}096|-\frac{4}{3})$

Schnittpunkt mit der y-Achse:
Es gilt $x = 0$.
Schnittpunkt mit der x-Achse:
$f(x_N) = 0$
Schnittpunkt zweier Schaubilder:
$f(x_S) = g(x_S)$

Test zu 1.5

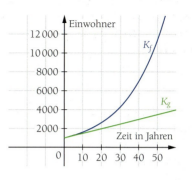

1. Ein Ortsteil hat zu Beginn einer Beobachtung 1000 Einwohner.
a) Erstellen Sie für die beiden folgenden Annahmen je eine Funktionsgleichung, die die Bevölkerungsentwicklung beschreibt.
(1) Die Bevölkerung wächst um 50 Personen jedes Jahr.
(2) Die Bevölkerung wächst jährlich um 5 %.
b) Ordnen Sie die Schaubilder in der nebenstehenden Abbildung den beiden Fällen aus a) zu.
c) Erläutern Sie, weshalb beide Modelle keine gute Modellierung der tatsächlichen Bevölkerungszahl vor dem Beobachtungsbeginn darstellen.

2. Lösen Sie die Exponentialgleichung.
a) $34 - 4e^{-0,34x} = 10$ b) $e^x \cdot (x^2 - 9) = 0$ c) $e^{2x} - 11e^x = -28$

3. Gegeben ist die Funktion f mit $f(x) = \frac{1}{2}e^{2x} - 2e^x$ für $x \in \mathbb{R}$. Ihr Schaubild sei K_f.
a) Berechnen Sie die Koordinaten der Schnittpunkte von K_f mit den Koordinatenachsen.
b) Stellen Sie K_f in einem geeigneten Koordinatensystem dar.

4. Gegeben sind die Funktionen f und g mit $f(x) = e^x$ und $g(x) = -e^{-x} + 2$ für $x \in \mathbb{R}$.
Das Schaubild von f ist K_f, das Schaubild von g ist K_g.
a) Stellen Sie K_f und K_g in einem geeigneten Koordinatensystem dar.
b) Beschreiben Sie, wie K_g aus K_f hervorgeht.
c) Geben Sie die Gleichungen der Asymptoten von K_f und von K_g an.
d) Berechnen Sie die Koordinaten des Schnittpunktes von K_f und K_g.
Welche Besonderheit weist dieser Schnittpunkt auf?
Begründen Sie anhand Ihrer Rechnung.
e) Betrachten Sie nun die Funktion h mit $h(x) = f(x) \cdot g(x)$. Das Schaubild von h sei K_h.
Berechnen Sie die Koordinaten der Achsenschnittpunkte von K_h und geben Sie die Gleichung der Asymptoten von K_h an.

5. Eine Herdplatte hat zu Beginn ihrer Abkühlung eine Temperatur von 190 °C. Nach vier Minuten wird eine Temperatur von 145 °C gemessen.
a) Ermitteln Sie eine Gleichung der exponentiellen Abkühlungsfunktion f der Form $f(t) = a \cdot e^{kt}$, welche den Abkühlungsprozess in den ersten 50 Minuten nach Beobachtungsbeginn beschreibt.
(Zur Kontrolle: $f(x) = 190 e^{-0,06753t}$)
b) Berechnen Sie den Zeitpunkt, zu dem die Herdplatte eine Temperatur von 22 °C erreicht hat.
c) Zeichnen Sie das Schaubild der Funktion f in einem geeigneten Koordinatensystem.
d) Untersuchen Sie, welcher Temperatur sich die Herdplatte langfristig annähern wird.
Beurteilen Sie, ob diese Funktion ein gutes Modell für den Abkühlungsprozess der Herdplatte darstellt.

6. Ein fiebersenkendes Mittel bewirkt, dass die Körpertemperatur eines Kindes pro Stunde um 5 % fällt. Ein krankes Kind, dass mit 41 °C fiebert, erhält dieses Mittel.
a) Stellen Sie die Fieberkurve des Kindes nach Einnahme des Mittels grafisch dar und beschreiben Sie deren Verlauf.
b) Ermitteln Sie den Zeitpunkt, zu dem die Körpertemperatur (aufgrund der Medikation) auf den Normalwert von 37 °C zurückgegangen ist.

1 Funktionen, ihre Schaubilder und zugehörige Gleichungen

1.6 Trigonometrische Funktionen

1 Taschenrechnerfunktion

Aus der Mittelstufe kennen Sie vielleicht noch den Begriff des „Kosinus". Mithilfe des Kosinus können Winkelgrößen als das Verhältnis zweier Seitenlängen aufgefasst werden.

Der Taschenrechner ermöglicht die Berechnung des Kosinus für beliebige Winkelgrößen. Hinweis: Der Taschenrechner muss sich im Modus „DEG" (Gradmaß) befinden.

a) Erstellen Sie mit Ihrem Taschenrechner eine Wertetabelle für die „Kosinusfunktion": $f(x) = \cos(x)$. Wählen Sie zehn Werte zwischen 0° und 90°.
Übertragen Sie die Wertepaare in ein Schaubild.
Wählen Sie dabei folgende Achseneinteilung: y-Achse: −1,5 bis 1,5; x-Achse: 0° bis 90°.
b) Erweitern Sie den Definitionsbereich und skizzieren Sie die Funktion für x-Werte zwischen −150° und 500°.
c) Fertigen Sie ebenfalls eine Skizze der „Sinusfunktion" $f(x) = \sin(x)$ an. Vergleichen Sie die Schaubilder.

2 Töne sichtbar machen

Wenn man eine Stimmgabel anschlägt, erzeugt diese einen bestimmten Ton. Der Ton entsteht durch das Schwingen der beiden Gabelenden. Diese Bewegungen kann man sichtbar machen, indem man an einem Ende der Stimmgabel einen farbigen Marker befestigt und die Stimmgabel dann langsam und gleichmäßig über ein Stück Papier zieht, während sie schwingt.

Führen Sie für die folgenden Aufgaben das Experiment selbst durch oder überlegen Sie, wie die Lösung aussehen müsste.

a) Beschreiben Sie das entstehende Schaubild, mit dem die Schwingung einer Stimmgabel wie oben beschrieben sichtbar gemacht werden kann.
b) Bei gleichmäßigem Zug entsteht für jede Tonhöhe ein typisches Schaubild. Stellen Sie eine Vermutung an, wie sich die Schaubilder unterschiedlicher Tonhöhen unterscheiden könnten und welche Gemeinsamkeiten die Schaubilder aufweisen.
c) Recherchieren Sie den Begriff „Frequenz" und bringen Sie diese Informationen in Verbindung mit Ihren Ergebnissen aus Aufgabenteil b).

1.6 Trigonometrische Funktionen

3 Federschwingung

Ein Gewicht wird an einer Feder befestigt.
Durch das Zusammendrücken (und Loslassen) der Feder wird das System in Schwingung gebracht.
a) Stellen Sie die Auslenkung von der „Nulllage" in Abhängigkeit von der Zeit grafisch dar.
b) Die Geschwindigkeit des Stücks verändert sich während der Bewegung ständig.
Begründen Sie, wann die Geschwindigkeit am größten und wann sie am kleinsten sein muss.
Einflüsse der Erdanziehung können vernachlässigt werden. Passen Sie gegebenenfalls das Schaubild aus a) an ihre Erkenntnisse an.
c) Legen Sie für die Geschwindigkeiten bei einem sich aufwärts bewegenden Gewicht positive Werte und bei einem sich abwärts bewegenden Gewicht negative Werte fest.
Skizzieren Sie ein mögliches Schaubild für die Geschwindigkeit in Abhängigkeit von der Zeit.
d) Vergleichen Sie das Schaubild zur Auslenkung mit demjenigen zur Geschwindigkeit.

4 GPS-Empfänger

Eine Mountainbike-Gruppe zeichnet ihr Streckenprofil während einer Fahrt mithilfe eines GPS-Empfängers auf. Im letzten Streckenprofil ist bei 7,5 km ein eigenartiger Strich zu sehen. Der Leiter hält dies zunächst für einen Fehler im Programm.

a) Der senkrechte Strich stammt tatsächlich von einem kurzen Besuch auf dem Jahrmarkt im Tal. Die Mountainbiker haben während einer kurzen Pause auf dem Jahrmarkt vergessen, die Datenaufzeichnung über die Armbanduhr zu unterbrechen. Deswegen hat der GPS-Empfänger auch die Daten während des Besuchs aufgezeichnet. Nennen Sie mögliche Erklärungen für die Aufzeichnungen des GPS-Empfängers.
b) Der Leiter erinnert sich, dass er in der Pause eine Runde mit dem Riesenrad gefahren ist.
Lesen Sie ab, wie hoch das Riesenrad ungefähr gewesen ist.
c) Wenn man im Bereich um den Wert 7,5 km die Grafik stärker vergrößern würde, müsste sich ein anderes Schaubild ergeben. Skizzieren Sie ein mögliches Schaubild mit x-Werten zwischen 7,475 km und 7,575 km und y-Werten zwischen 230 m und 300 m.
d) In einer weiteren Einstellung des Programms kann der Höhenunterschied auf der y-Achse gegen die Zeit auf der x-Achse aufgetragen werden. Skizzieren Sie ein mögliches Schaubild für die Fahrt mit dem Riesenrad.

1 Funktionen, ihre Schaubilder und zugehörige Gleichungen

1.6 Trigonometrische Funktionen

1.6.1 Sinus und Kosinus am Einheitskreis

 Sinus und Kosinus im rechtwinkligen Dreieck

Geben Sie die Definition vom Sinus und Kosinus im rechtwinkligen Dreieck an. Berechnen Sie die Größe des Winkels α in dem abgebildeten Dreieck.

Der **Sinus** des Winkels α ist in einem rechtwinkligen Dreieck der Quotient aus Gegenkathete und Hypotenuse.
Der **Kosinus** des Winkels α ist in einem rechtwinkligen Dreieck der Quotient aus Ankathete und Hypotenuse.
Mithilfe des Taschenrechners können wir auch die Größe des Winkels α bestimmen. Wir leiten die Länge der Gegenkathete und der Hypotenuse aus der Abbildung ab und setzen diese in die Formel ein.

$\sin(\alpha) = \dfrac{\text{Gegenkathete von }\alpha}{\text{Hypotenuse}} = \dfrac{3}{5}$

$\cos(\alpha) = \dfrac{\text{Ankathete von }\alpha}{\text{Hypotenuse}} = \dfrac{4}{5}$

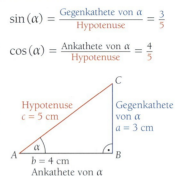

$\sin(\alpha) = \dfrac{3}{5} \Rightarrow \alpha \approx 36{,}87°$ ▶ Taste $\boxed{\sin^{-1}}$

Im rechtwinkligen Dreieck gilt: $\quad \sin(\alpha) = \dfrac{\text{Gegenkathete von }\alpha}{\text{Hypotenuse}} \quad \cos(\alpha) = \dfrac{\text{Ankathete von }\alpha}{\text{Hypotenuse}}$

Im Folgenden betrachten wir Dreiecke, die neben dem rechten Winkel auch stets die Hypotenusenlänge 1 haben. Alle diese Dreiecke liegen in einem Viertelkreis. Dieser Viertelkreis mit den rechtwinkligen Dreiecken ist Teil des **Einheitskreises**.

 Sinus und Kosinus im Einheitskreis

Geben Sie die Koordinaten des eingezeichneten Punktes P auf dem Einheitskreis an.

Ein Einheitskreis besitzt den Radius 1 und hat den Mittelpunkt im Ursprung des Koordinatensystems.

Zu jedem Winkel α entsteht im Einheitskreis ein rechtwinkliges Dreieck, in dem Sinus und Kosinus abgelesen werden können. Da die Hypotenuse des Dreiecks die Länge 1 hat, ergibt sich:
$\sin(\alpha)$ = Gegenkathete von α
$\cos(\alpha)$ = Ankathete von α

Für die Koordinaten des Eckpunktes P auf dem Kreis gilt: $P(\cos(\alpha)|\sin(\alpha))$

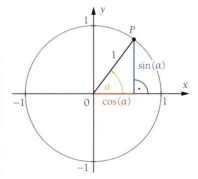

 Zu einem Winkel α findet sich auf dem Einheitskreis ein Punkt P, für den gilt:
$\cos(\alpha)$ ist die x-Koordinate von P und $\sin(\alpha)$ ist die y-Koordinate von P

1.6 Trigonometrische Funktionen

Sinus und Kosinus für Werte größer als 90°

Geben Sie diejenigen Winkelgrößen zwischen 0° und 360° an, für die der Sinus bzw. Kosinus negative Werte im Einheitskreis annimmt. Stellen Sie Ihre Überlegungen grafisch dar. Bestimmen Sie anschließend den Sinus für die Winkel mit den Größen 30°, 150° und 210°.

Die Überlegungen des vorigen Beispiels lassen sich auch auf den ganzen Einheitskreis verallgemeinern. Zu jedem Punkt, der auf dem Einheitskreis liegt, lässt sich ein zugehöriges rechtwinkliges Dreieck mit einem Winkel α einzeichnen. Die x-Koordinate des Punktes ist dann $\cos(\alpha)$ und die y-Koordinate $\sin(\alpha)$. Für Winkel größer als 90° lassen sich die folgenden Beobachtungen machen:

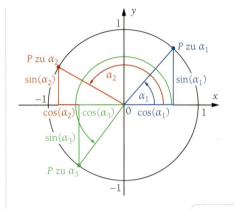

- Für $180° < \alpha < 360°$ (die untere Hälfte des Einheitskreises) sind die Sinuswerte negativ.

- Für $90° < \alpha < 270°$ (die linke Hälfte des Einheitskreises) sind die Kosinuswerte negativ.

Die Werte für den Sinus bzw. Kosinus liegen zwischen -1 und 1.

Um die gesuchten Sinuswerte zu bestimmen, werden im Einheitskreis ausgehend von der x-Achse in mathematisch positiver Drehrichtung (gegen den Uhrzeigersinn) die Winkel 30° und 150° eingezeichnet. Die zugehörigen Punkte liegen auf derselben Höhe, sie haben also dieselbe y-Koordinate. Es gilt:
$\sin(30°) = \sin(150°) = 0{,}5$

Der Punkt zu 210° hat betragsmäßig die gleiche y-Koordinate, nur mit negativem Vorzeichen:
$\sin(210°) = -0{,}5$

Wir können uns vorstellen, dass das Dreieck, das bei 150° entsteht, lediglich an der x-Achse gespiegelt wurde. Die y-Koordinate des Punktes und somit die Sinuswerte unterscheiden sich daher nur im Vorzeichen:
$\sin(210°) = -\sin(150°)$

Folglich gilt:
$\sin(30°) = \sin(150°) = -\sin(210°)$

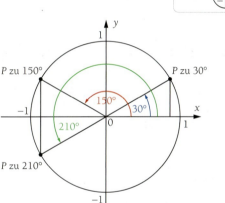

▶ Für Winkel größer oder gleich 360° gilt:
$\sin(360°) = \sin(0°)$; $\sin(361°) = \sin(1°)$;
$\sin(410°) = \sin(50°)$; $\sin(730°) = \sin(10°)$; …
Begründung: Ein Winkel von 360° entspricht einer ganzen Drehung im Einheitskreis. Der Einheitskreis kann auch mehrfach durchlaufen werden.

1. Berechnen Sie mit dem Taschenrechner. Geben Sie einen Winkel an, der denselben Wert annimmt.
a) $\sin(150°)$ b) $\sin(120°)$ c) $\cos(153°)$ d) $\cos(372°)$ e) $\sin(365°)$ f) $\cos(380°)$

2. Legen Sie in ihrem Heft einen Einheitskreis an, wobei 1 Längeneinheit (1 LE) 10 cm betragen soll. Zeichnen Sie die Winkel in die Abbildung ein und ermitteln Sie durch Ablesen einen Näherungswert für $\sin(\alpha)$ und $\cos(\alpha)$. Überprüfen Sie ihre Ergebnisse mit dem Taschenrechner.
a) $\alpha = 0°$ b) $\alpha = 20°$ c) $\alpha = 40°$ d) $\alpha = 60°$ e) $\alpha = 80°$ f) $\alpha = 117°$

1 Funktionen, ihre Schaubilder und zugehörige Gleichungen

④ Sinus und Kosinus für Winkel kleiner 0°

Diskutieren Sie, inwieweit sich eine Drehung in negativen Drehsinn durch eine Drehung im positiven Drehsinn beschreiben lässt. Berechnen Sie den Sinus und Kosinus von −310°.

Eine Drehung um 50° im positiven Drehsinn entspricht einer um 310° im negativen Drehsinn.
Der Sinus von −310° entspricht somit dem Sinus von 50° und beträgt 0,7660.
Der Kosinus von −310° entspricht dem Kosinus von 50° und beträgt 0,6428.

Volle Drehung: 360°
50° − 360° = −310°

$\sin(50°) \approx 0{,}7660$
$\sin(-310°) \approx 0{,}7660$
$\cos(50°) \approx 0{,}6428$
$\cos(-310°) \approx 0{,}6248$

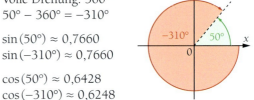

Sinuswerte und Kosinuswerte für Winkel kleiner 0° können stets auf Winkel zwischen 0° und 360° zurückgeführt werden.

Finden Sie jeweils eine passende positive Winkelgröße für x, sodass die Gleichung erfüllt ist.
a) $\sin(-10°) = \sin(x)$ b) $\sin(-75°) = \sin(x)$ c) $\cos(-130°) = \cos(x)$ d) $\sin(-320°) = \sin(x)$

⑤ Gradmaß und Bogenmaß

Häufig wird anstelle vom **Gradmaß** α das sogenannte **Bogenmaß** x verwendet. Dabei ist x die Länge des zum Winkel α zugehörigen Bogens auf dem Einheitskreis.

Der Umfang u eines Kreises ergibt sich durch die Formel $u = 2\pi r$. Die Länge des Umfangs des Einheitskreises ist daher gleich 2π. Das entspricht einer vollen Drehung um 360° in positiver Drehrichtung.

Kreisumfang: $u = 2\pi r$
Einheitskreis: $u = 2\pi$

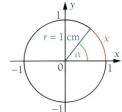

Die Länge π des Halbkreises entspricht einer Drehung um 180° in positivem Drehsinn.
Analog dazu entspricht der Bogenlänge $\frac{\pi}{2}$ eine Drehung um 90° in positivem Drehsinn.

Sinus und Kosinus liefern für die einander entsprechenden Winkel in Grad- und Bogenmaß die gleiche Zahl. Bei der Verwendung eines Taschenrechners ist dabei auf den korrekten Modus zu achten.

In der Tabelle sind einige Winkelgrößen im Grad- bzw. Bogenmaß angegeben.

	x	α
Volle Drehung:	2π ≙	360°
Halbe Drehung:	π ≙	180° ▶ π ≈ 3,14
Vierteldrehung:	$\frac{\pi}{2}$ ≙	90°

$\sin\left(\frac{\pi}{4}\right) = \sin(45°)$
$\sin\left(\frac{\pi}{4}\right) \approx 0{,}7071$ ▶ RAD-Modus (Bogenmaß)
$\sin(45°) \approx 0{,}7071$ ▶ DEG-Modus (Gradmaß)

α	0°	30°	45°	60°	90°
x	0	$\frac{\pi}{6}$	$\frac{\pi}{4}$	$\frac{\pi}{3}$	$\frac{\pi}{2}$

Winkel können im **Gradmaß** oder im **Bogenmaß** angegeben werden.
Jedem Winkel α im Gradmaß ist genau eine Zahl x im Bogenmaß eindeutig zugeordnet.
Es gilt die Formel: $x = \frac{\alpha}{360°} \cdot 2\pi$ bzw. $\alpha = \frac{x}{2\pi} \cdot 360°$

Rechnen Sie die Winkelgrößen ins Grad- bzw. Bogenmaß um.
a) 10° b) 52° c) 30° d) 0,2 e) $\frac{\pi}{2}$ f) 1 g) π h) 5π i) 111°

142

Übungen zu 1.6.1

1. Übertragen Sie die Tabelle in Ihr Heft und vervollständigen Sie diese.

α	0°	15°			75°		105°
x			$\frac{\pi}{4}$	$\frac{\pi}{3}$		$\frac{\pi}{2}$	
α	135°		210°		360°		
x		π		$\frac{3\pi}{2}$		4π	$\frac{1}{8}\pi$

2. Rechnen Sie in das Bogenmaß um.
   a) $\alpha = 10°$ d) $\alpha = 420°$ g) $\alpha = 30°$
   b) $\alpha = 100°$ e) $\alpha = -10°$ h) $\alpha = -270°$
   c) $\alpha = 210°$ f) $\alpha = -100°$ i) $\alpha = -420°$

3. Rechnen Sie in das Gradmaß um.
   a) $x = 1{,}5$ e) $x = -3{,}1415$ i) $x = \frac{\pi}{2}$
   b) $x = 4{,}2$ f) $x = -6{,}5$ j) $x = \frac{\pi}{4}$
   c) $x = 0{,}75$ g) $x = \frac{\pi}{3}$ k) $x = \frac{3}{2}\pi$
   d) $x = 12{,}02$ h) $x = 2 \cdot \pi$ l) $x = -\frac{\pi}{2}$

4. Berechnen Sie mithilfe des Taschenrechners. Runden Sie auf drei Stellen nach dem Komma.
   a) $\sin\left(\frac{\pi}{3}\right)$ d) $\cos\left(\frac{\pi}{3}\right)$ g) $\sin\left(\frac{3}{4} \cdot \pi\right)$
   b) $\sin(4{,}15)$ e) $\cos(140°)$ h) $\cos\left(\frac{2}{\pi}\right)$
   c) $\sin(24°)$ f) $\cos(2{,}18)$ i) $\sin\left(\frac{7}{8}\right)$

5. Geben Sie einen weiteren Winkel im Bogenmaß an, der denselben Wert annimmt. Nutzen Sie für die Berechnung einen Taschenrechner.
   a) $\sin(0{,}2)$ c) $\sin\left(\frac{2}{3}\pi\right)$ e) $\cos(1)$
   b) $\cos(\pi)$ d) $\sin(0{,}25\pi)$ f) $\sin(-\pi)$

6. Führen Sie die negativen Winkelgrößen auf positive Winkelgrößen zurück und überprüfen Sie Ihr Ergebnis mit dem Taschenrechner.
   a) $\sin(-20°)$ d) $\sin(-1{,}2)$ g) $\cos(-340°)$
   b) $\sin\left(-\frac{\pi}{4}\right)$ e) $\cos(-65°)$ h) $\sin(-2\pi)$
   c) $\sin(-90°)$ f) $\cos(-\pi)$ i) $\cos(-380°)$

7. Eine Lösung der Gleichung $\sin(x) = 0{,}7$ ist $x \approx 0{,}775$. Geben Sie drei weitere Lösungen an.

8. Zeigen Sie mithilfe des Einheitskreises, dass gilt: $\sin\left(\frac{\pi}{4}\right) = \cos\left(\frac{\pi}{4}\right)$. Geben Sie weitere Winkelweiten an, für die Sinus und Kosinus denselben Wert annehmen.

9. Eine Lösung der Gleichung $\cos(x) = 0{,}180$ ist $x = \frac{1}{3}$. Geben Sie drei weitere Lösungen an.

10. Eine 5 m lange Leiter lehnt an einer Wand mit einem Winkel von 65° gegen den Boden. Bestimmen Sie die Höhe, in der die Leiter die Wand berührt.

    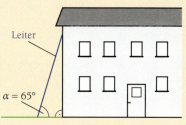

    ▶ Abbildung nicht maßstabsgetreu

11. Ein Flugzeug startet mit einem Steigungswinkel von $\alpha = 3°$. Bestimmen Sie die Flughöhe, wenn das Flugzeug 9 km geflogen ist.

12. Gegeben ist die Gleichung: $\sin\left(x + \frac{\pi}{2}\right) = \cos(x)$.
    a) Überprüfen Sie mit dem Taschenrechner für drei beliebige Winkelweiten, ob die Gleichung stimmt.
    b) Zeigen Sie mithilfe des Einheitskreises, dass die oben angegebene Verschiebungsformel für jeden beliebigen Winkel gültig ist.

13. Angenommen Ihr Taschenrechner streikt und es funktioniert von den Winkelfunktionstasten nur noch die Taste [sin]. Kann man mit ihrer Hilfe dennoch $\cos(x)$ für jedes Winkelmaß $x \in \left[0; \frac{\pi}{2}\right]$ bestimmen?
    a) Begründen Sie Ihre Antwort.
    b) Berechnen Sie mit dem Taschenrechner unter Verwendung der Taste [sin] die Funktionswerte $\cos(35°)$ und $\cos(75)$. Kontrollieren Sie Ihre Ergebnisse anschließend mit der Taste [cos].

1 Funktionen, ihre Schaubilder und zugehörige Gleichungen

1.6.2 Trigonometrische Standardfunktionen

6 Die Sinusfunktion $f(x) = \sin(x)$

Stellen Sie einen funktionellen Zusammenhang zwischen einem Zahlenwert x (im Bogenmaß) und dem zugehörigen Sinuswert her. Erstellen Sie eine Wertetabelle und zeichnen Sie das Schaubild.

Wir können mithilfe des Taschenrechners eine Wertetabelle für einige beispielhafte Winkel erstellen.

Dabei wählen wir für die Winkel das Bogenmaß.
▶ Einstellung RAD auf dem Taschenrechner

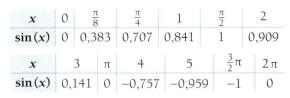

x	0	$\frac{\pi}{8}$	$\frac{\pi}{4}$	1	$\frac{\pi}{2}$	2
$\sin(x)$	0	0,383	0,707	0,841	1	0,909
x	3	π	4	5	$\frac{3}{2}\pi$	2π
$\sin(x)$	0,141	0	$-0,757$	$-0,959$	-1	0

Diese Wertepaare können in ein Koordinatensystem übernommen werden. Je mehr Werte vorher berechnet wurden, desto genauer wird das Schaubild.

Es entsteht das **Schaubild der Sinusfunktion**.
Man nennt es auch kurz **Sinuskurve**.

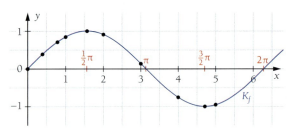

Das im Beispiel 6 erstellte Schaubild lässt sich noch auf einem größeren Intervall betrachten, um wichtige Eigenschaften ablesen zu können. Im Schaubild erkennen wir, dass sich der Funktionsverlauf nach einer bestimmten Länge wiederholt. Die **Periode** p gibt diese Länge an. Auch ein weiterer Wert lässt sich ablesen: Die **Amplitude** gibt den halbierten Abstand zwischen Maximum und Minimum an.

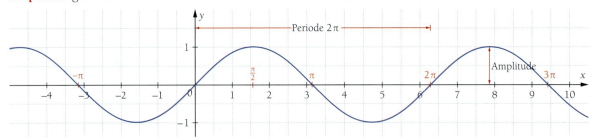

Die **Sinusfunktion** hat folgende wichtige Eigenschaften:

Definitionsbereich	$D = \mathbb{R}$	Jeder reellen Zahl kann ein Funktionswert zugeordnet werden.
Wertebereich	$W = [-1; 1]$	Die Funktionswerte liegen zwischen -1 und 1. Die Amplitude ist 1.
Periodizität	Periode $p = 2\pi$	Die Funktionswerte wiederholen sich periodisch nach 2π.
Nullstellen	$x_N = k \cdot \pi$ mit $k \in \mathbb{Z}$	Eine Nullstelle befindet sich bei $x = 0$. Alle weiteren Nullstellen haben den Abstand π.
Symmetrie	Punktsymmetrie zum Ursprung: $-\sin(x) = \sin(-x)$	Das Schaubild ist punktsymmetrisch zu $O(0\|0)$. Ändert sich das Vorzeichen des x-Wertes, so ändert sich das Vorzeichen des Funktionswerts.

1.6 Trigonometrische Funktionen

Die Kosinusfunktion $f(x) = \cos(x)$

Stellen Sie einen funktionellen Zusammenhang zwischen einem Zahlenwert x (im Bogenmaß) und dem zugehörigen Kosinuswert auf.

Wir können eine Wertetabelle erstellen und die Wertepaare in ein Koordinatensystem übertragen.

Auch die Zuordnung $x \mapsto \cos(x)$ beschreibt somit einen funktionellen Zusammenhang.

Es entsteht das **Schaubild der Kosinusfunktion** f mit $f(x) = \cos(x)$.

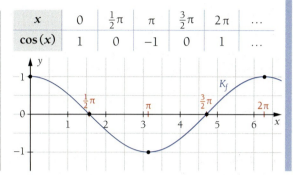

x	0	$\frac{1}{2}\pi$	π	$\frac{3}{2}\pi$	2π	...
$\cos(x)$	1	0	−1	0	1	...

Das im Beispiel 7 erstellte Schaubild lässt sich noch auf einem größeren Intervall betrachten, um wichtige Eigenschaften ablesen zu können.

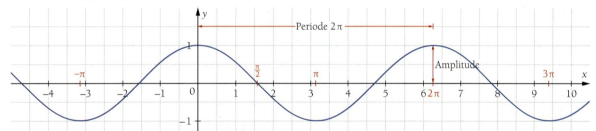

Die **Kosinusfunktion** hat folgende Eigenschaften:		
Definitionsbereich	$D = \mathbb{R}$	Jeder reellen Zahl kann ein Funktionswert zugeordnet werden.
Wertebereich	$W = [-1; 1]$	Die Funktionswerte liegen zwischen −1 und 1. Die Amplitude ist 1.
Periodizität	Periode $p = 2\pi$	Die Funktionswerte wiederholen sich periodisch nach 2π.
Nullstellen	$x_N = \frac{\pi}{2} + k \cdot \pi$ mit $k \in \mathbb{Z}$	Eine Nullstelle befindet sich bei $x = \frac{\pi}{2}$. Alle weiteren Nullstellen haben den Abstand π.
Symmetrie	Achsensymmetrie zur y-Achse: $\cos(x) = \cos(-x)$	Das Schaubild ist achsensymmetrisch zur y-Achse. Die Funktionswerte sind gleich groß, wenn sich das Vorzeichen des x-Werts ändert.

1. Legen Sie ein Koordinatensystem mit $-4 < x < 7$ und $-2 < y < 2$ an und erstellen Sie das Schaubild einer Sinusfunktion und einer Kosinusfunktion mit möglichst vielen berechneten Punkten. Bestimmen Sie die exakte Lage der Nullstellen und der Extremstellen beider Funktionen.

2. Begründen Sie die angegebenen Eigenschaften der Sinus- und der Kosinusfunktion mithilfe der Darstellung am Einheitskreis. Gehen Sie dabei ein auf:
a) Definitionsbereich   b) Wertebereich   c) Periodizität   d) Nullstellen

1 Funktionen, ihre Schaubilder und zugehörige Gleichungen

Exkurs: Die Tangensfunktion

Die Tangensfunktion $f(x) = \tan(x)$

Der Tangens wird häufig zur Berechnung von Steigungswinkeln verwendet. So besagt das Schild, dass es im Schnitt auf hundert Metern in waagrechter Richtung um zwölf Meter nach oben geht. Aus $\tan(\alpha) = 0{,}12$ kann mit $\boxed{\tan^{-1}}$ $\alpha \approx 6{,}84°$ (oder $x \approx 0{,}119$) bestimmt werden.

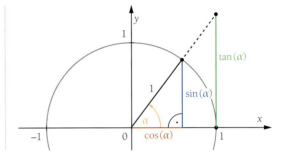

Ähnlich zur erweiterten Definition für Sinus und Kosinus lässt sich auch die bekannte Definition des Tangens erweitern: Im Einheitskreis kann der Tangens des Winkels abgelesen werden.
Die bekannte Definition des Tangens kann auf den Einheitskreis angewendet werden:

$\tan(\alpha) = \dfrac{\text{Gegenkathete von } \alpha}{\text{Ankathete von } \alpha} = \dfrac{\sin(\alpha)}{\cos(\alpha)}$

Nun können wir die Tangensfunktion f mit $f(x) = \tan(x)$ definieren (mit x als Winkel im Bogenmaß).

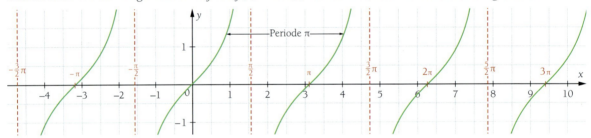

Für die **Tangensfunktion** f mit $f(x) = \tan(x)$ gilt:

Definitionsbereich	$D_f = \mathbb{R} \setminus \{\frac{\pi}{2} + k \cdot \pi; k \in \mathbb{Z}\}$	Für alle reellen Zahlen außer $\frac{\pi}{2} + k \cdot \pi$ können Funktionswerte berechnet werden.
Wertebereich	$W_f = \mathbb{R}$	Die Funktionswerte sind reelle Zahlen.
Periodizität	Periode $p = \pi$	Die Funktionswerte wiederholen sich periodisch nach π.
Nullstellen	$x_N = k \cdot \pi$ mit $k \in \mathbb{Z}$	Eine Nullstelle befindet sich bei $x = \pi$. Alle weiteren Nullstellen haben den Abstand π.
Symmetrie	Punktsymmetrie zum Ursprung: $-\tan(x) = \tan(-x)$	Das Schaubild ist punktsymmetrisch zum Ursprung.

1. Begründen Sie mithilfe der Darstellung am Einheitskreis die Eigenschaften der Tangensfunktion.

2. Zeigen Sie, dass die Gleichung $\sin(x) = -\cos(x)$ und $\tan(x) = -1$ dieselbe Lösung haben.

3. Berechnen Sie die Längen x und y.

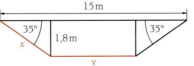

1.6 Trigonometrische Funktionen

Übungen zu 1.6.2

1. Bestimmen Sie mithilfe des Taschenrechners die Funktionswerte. Runden Sie auf drei Stellen nach dem Komma.
   a) $\sin\left(\frac{\pi}{6}\right)$
   b) $\sin(2,5)$
   c) $\cos\left(\frac{\pi}{3}\right)$
   d) $\cos(1,7)$
   e) $\sin(0,25\pi)$
   f) $\cos(-1,5)$

2. Bestimmen Sie die Funktionswerte an den Stellen $x_1 = \pi$; $x_2 = 0,5$; $x_3 = 0,25$; $x_4 = -0,2$ und $x_5 = -2\pi$.
   a) $f(x) = \sin(2x)$
   b) $f(x) = 2\sin(x)$
   c) $f(x) = \sin[2(x+1)]$
   d) $f(x) = \sin(0,5x+1)$
   e) $f(x) = \cos(2x)$
   f) $f(x) = 2\cos(x)$
   g) $f(x) = \cos[2(x+1)]$
   h) $f(x) = \cos(0,5x+1)$

3. Bestimmen Sie mithilfe des Taschenrechners, an welcher Stelle die Funktion f mit $f(x) = \sin(x)$ den folgenden Wert annimmt. Runden Sie ggf. auf drei Stellen nach dem Komma.
   a) $0,5$
   b) 1
   c) $0,75$
   d) $-0,25$
   e) $\frac{1}{2}\sqrt{2}$
   f) $-0,5$
   g) 0
   h) -1
   i) $0,4$
   j) $-0,9$
   k) $-\frac{1}{2}\sqrt{3}$
   l) $\sqrt{0,7}$

4. Skizzieren Sie das Schaubild der Funktion f im Intervall $[-2\pi; 2\pi]$. Beschreiben Sie anschließend den Verlauf der Schaubilder im Intervall $[0; 2\pi]$. Was fällt Ihnen auf?
   a) $f(x) = \sin(x)$
   b) $f(x) = \cos(x)$

5. Die Nullstellen der Kosinusfunktion befinden sich bei $x_N = \frac{\pi}{2} + k\cdot\pi$; $k \in \mathbb{Z}$
   a) Geben Sie alle Extremstellen mithilfe des Schaubildes an.
   b) Unterscheiden Sie die Extrempunkte nach Hoch- und Tiefpunkten.

6. Die Extremstellen der Sinusfunktion liegen bei $x_E = \frac{\pi}{2} + k\cdot\pi$; $k \in \mathbb{Z}$
   a) Unterscheiden Sie die Extrempunkte nach Hoch- und Tiefpunkten.
   b) Geben Sie alle Nullstellen der Sinusfunktion an.

7. Die Diagramme zeigen jeweils in blau die Spannung U und in rot die Stromstärke I in einem Wechselstromkreis in Abhängigkeit von der Zeit t. Beschreiben Sie den Verlauf der Kurven.

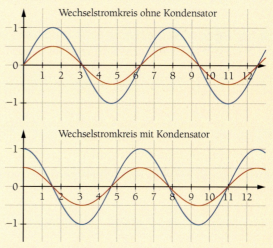

8. Ein Massenstück wird an einer Stahlfeder befestigt. Durch das Zusammendrücken (und Loslassen) der Feder wird das System in Schwingung gebracht.

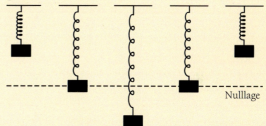

   a) Stellen Sie die Auslenkung von der Nulllage grafisch dar. (y: Auslenkung, t: Zeit)
   b) Untersuchen Sie die Geschwindigkeit des Massenstücks in Abhängigkeit von der Zeit. Skizzieren Sie ein mögliches v-t-Diagramm.

9. Betrachten Sie die Tangensfunktion f mit $f(x) = \tan(x)$ sowie das Schaubild von f. ▶ Seite 146
   a) Berechnen Sie den Steigungswinkel für eine 100%ige Steigung.
   b) Geben Sie die Tangenswerte für einen Steigungswinkel von 89°, 90° und −89° an.

1 Funktionen, ihre Schaubilder und zugehörige Gleichungen

1.6.3 Die allgemeine Sinus- und Kosinusfunktion

Viele periodische Vorgänge lassen sich mit einer Funktion f der Form $f(x) = a \cdot \sin(kx) + b$ bzw. $f(x) = a \cdot \cos(kx) + b$ beschreiben. Welche Auswirkungen die verschiedenen Parameter a, b und k dabei auf die Schaubilder haben, wird in den nachfolgenden Beispielen untersucht.

9 Veränderung der Amplitude: $f(x) = a \cdot \sin(x)$

Vergleichen Sie die Schaubilder der Funktionen f, g und h mit $f(x) = 2\sin(x)$, $g(x) = 0{,}5\sin(x)$ und $h(x) = -2\sin(x)$ mit dem Schaubild der Sinusfunktion.

$f(x) = 2\sin(x)$
Die Funktion hat dieselben Nullstellen wie die Sinusfunktion. Die Funktionswerte sind bei jedem Wert für x doppelt so groß wie bei der Sinusfunktion. Das Schaubild ist im Vergleich zum Schaubild der Sinusfunktion um den Faktor 2 in y-Richtung gestreckt. Die **Amplitude** beträgt 2.

$g(x) = 0{,}5\sin(x)$
Die Funktion hat dieselben Nullstellen wie die Sinusfunktion. Die Funktionswerte sind bei jedem Wert für x halb so groß wie bei der Sinusfunktion. Das Schaubild ist im Vergleich zum Schaubild der Sinusfunktion um den Faktor 0,5 in y-Richtung gestaucht. Die Amplitude beträgt 0,5.

$h(x) = -2\sin(x)$
Die Funktion hat dieselben Nullstellen wie die Sinusfunktion. Die Amplitude beträgt 2 wie beim Schaubild von f. Das Schaubild ist im Vergleich zum Schaubild von f aber an der x-Achse gespiegelt, da das negative Vorzeichen des Vorfaktors das Vorzeichen jedes Funktionswerts umkehrt.

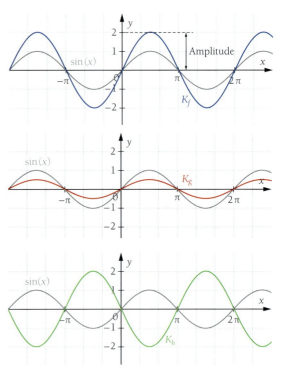

Analoge Überlegungen wie in Beispiel 9 gelten auch für den Kosinus.

Für eine Funktion f mit $f(x) = a \cdot \sin(x)$ bzw. $f(x) = a \cdot \cos(x)$ gibt $|a|$ die **Amplitude** der Schwingung an. Das Schaubild wird mit dem Faktor a in y-Richtung gestreckt.
- Für $|a| > 1$ ist das Schaubild im Vergleich zum Schaubild der Sinusfunktion gestreckt.
- Für $|a| < 1$ ist das Schaubild im Vergleich zum Schaubild der Sinusfunktion gestaucht.
- Für $a < 0$ ist das Schaubild außerdem an der x-Achse gespiegelt.

1. Ordnen Sie den Funktionstermen das zugehörige Schaubild zu.
   a) $f(x) = 1{,}5\sin(x)$ b) $f(x) = -2\sin(x)$ c) $f(x) = 1{,}5\cos(x)$

2. Skizzieren Sie die Schaubilder in ein Koordinatensystem.
   a) $f(x) = 1{,}5\sin(x)$ c) $h(x) = -3\cos(x)$
   b) $g(x) = -3\sin(x)$ d) $i(x) = 0{,}8\sin(x)$

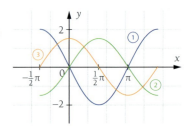

1.6 Trigonometrische Funktionen

Veränderung der Periodenlänge: $f(x) = \cos(kx)$ ⑩

Vergleichen Sie die Schaubilder zu $f(x) = \cos(2x)$ und $g(x) = \cos(0,5x)$ mit dem Schaubild der Kosinusfunktion.

$f(x) = \cos(2x)$
Die Funktion hat die gleiche Amplitude wie die Kosinusfunktion. Der Abstand zwischen den Nullstellen ist im Vergleich zur Kosinusfunktion halbiert. Die **Periode** verkürzt sich von 2π auf π.

$g(x) = \cos(0,5x)$
Die Funktion hat die gleiche Amplitude wie die Kosinusfunktion. Der Abstand zwischen den Nullstellen hat sich im Vergleich zur Kosinusfunktion verdoppelt. Die Periode verlängert sich von 2π auf 4π.

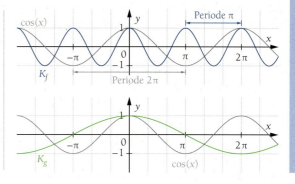

Analoge Überlegungen wie in Beispiel 10 gelten auch für den Sinus.

> Für eine Funktion f mit $f(x) = \sin(kx)$ bzw. $f(x) = \cos(kx)$ bestimmt die Zahl $k > 0$ die **Periode**. Das Schaubild wird mit dem Faktor $\frac{1}{k}$ in x-Richtung gestreckt.
> - Für $k > 1$ verkürzt sich die Länge der Periode auf $\frac{2\pi}{k}$.
> - Für $k < 1$ verlängert sich die Länge der Periode auf $\frac{2\pi}{k}$.
> ▶ Für $k < 0$ kommt noch eine Spiegelung an der y-Achse hinzu und die Periode hat die Länge $\frac{2\pi}{|k|}$.

Verschiebung entlang der y-Achse: $f(x) = \sin(x) + b$ ⑪

Vergleichen Sie die Schaubilder zu $f(x) = \sin(x) + 2$ und $g(x) = \sin(x) - 2$ mit dem der Sinusfunktion.

$f(x) = \sin(x) + 2$
Die Funktion hat die gleiche Amplitude und die gleiche Periodenlänge wie die Sinusfunktion. Das Schaubild ist im Vergleich zum Schaubild der Sinusfunktion um 2 Einheiten nach oben verschoben.

$g(x) = \sin(x) - 2$
Die Funktion hat die gleiche Amplitude und die gleiche Periodenlänge wie die Sinusfunktion. Das Schaubild ist im Vergleich zum Schaubild der Sinusfunktion um 2 Einheiten nach unten verschoben.

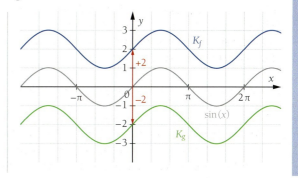

Analoge Überlegungen wie in Beispiel 11 gelten auch für den Kosinus.

> Für eine Funktion f mit $f(x) = \sin(x) + b$ bzw. $f(x) = \cos(x) + b$ bewirkt b eine **Verschiebung** des Schaubildes entlang der y-Achse:
> - Für $b > 0$ verschiebt sich das Schaubild um b Einheiten nach oben.
> - Für $b < 0$ verschiebt sich das Schaubild um $|b|$ Einheiten nach unten.

Ermitteln Sie die Periodenlänge der Funktionen f und g mit $f(x) = \sin(3x)$ und $g(x) = \sin\left(\frac{x}{\pi}\right)$.

1 Funktionen, ihre Schaubilder und zugehörige Gleichungen

Die allgemeine Sinusfunktion f mit $f(x) = a \cdot \sin(kx) + b$

Die in den Beispielen 9 bis 11 (▶ Seiten 148, 149) gezeigten Veränderungen der Sinus- bzw. Kosinusfunktion können auch in Kombination auftreten.
Bestimmen Sie die Amplitude und die Periode der Funktion f mit $f(x) = 3\sin(2x) + 1$. Vergleichen Sie das Schaubild der Funktion f mit dem Schaubild der Sinusfunktion.

Die Parameter a, b und k können direkt aus der Funktionsgleichung abgelesen werden.

$b = 1$: Das Schaubild von f ist um 1 Einheit nach oben verschoben ($b = 1$).
Man sagt auch: Die „Mittellinie" von K_f ist im Vergleich zur Sinuskurve um 1 Einheit nach oben verschoben.

$a = 3$: Die Amplitude ist 3.
Für K_f ergibt sich gegenüber der Sinuskurve eine Streckung in y-Richtung mit dem Faktor 3.

$k = 2$: Die Periodenlänge p kann berechnet werden. Die Periode beträgt π.
Für K_f ergibt sich gegenüber der Sinuskurve eine Stauchung in x-Richtung mit dem Faktor $\frac{1}{2}$.

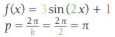

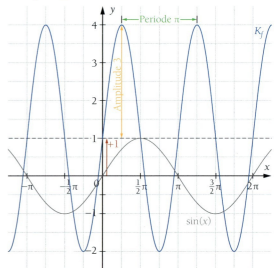

Das Schaubild einer Funktion f mit $f(x) = a \cdot \sin(kx) + b$ unterscheidet sich wie folgt von dem Schaubild der Sinusfunktion:
- Verschiebung um b in y-Richtung
- Streckung um $\frac{1}{k}$ in x-Richtung. (Periode $p = \frac{2\pi}{k}$)
  ▶ Negative k führen zu einer Spiegelung an der y-Achse.
- Streckung um a in y-Richtung (Amplitude a)
  ▶ Negative a führen zu einer Spiegelung an der Mittellinie.

Diese Zusammenhänge gelten auch für **die allgemeine Kosinusfunktion** g mit $g(x) = a \cdot \cos(kx) + b$.

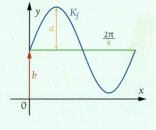

1. Bestimmen Sie die Amplitude und die Periodenlänge der Funktion f.
a) $f(x) = 2\sin(0{,}3x) - 3$ c) $f(x) = -3\sin(x)$ e) $f(x) = -5\cos(3x) + \pi$
b) $f(x) = \sin(\pi x) + 2{,}5$ d) $f(x) = 1{,}5\sin(3x)$ f) $f(x) = \cos(0{,}4x) - 1$

2. Geben Sie an, wie die Schaubilder der Funktionen in Aufgabe 1 aus dem Schaubild der Grundfunktionen $\sin(x)$ bzw. $\cos(x)$ hervorgehen.

3. Geben Sie die Funktionsgleichung einer Sinus- bzw. einer Kosinusfunktion an, die
a) um 3 in y-Richtung gestreckt und um 1 nach unten verschoben ist.
b) Amplitude 1 und Periode 10 hat.
c) einen Hochpunkt bei $(0|0)$ und einen Tiefpunkt bei $(4|-2)$ hat.
d) keinen Schnittpunkt mit der x-Achse und Periodenlänge 7π hat.

1.6 Trigonometrische Funktionen

Übungen zu 1.6.3

1. Skizzieren Sie das Schaubild der Funktion f in ein geeignetes Koordinatensystem.
a) $f(x) = 3\sin(x)$
c) $f(x) = \cos(x) - 1$
e) $f(x) = 2\sin(0,5x) - 1$
g) $f(x) = 2\cos(x) + 0,5$
b) $f(x) = \sin(2x)$
d) $f(x) = -3\sin(x) - 1$
f) $f(x) = -3\sin(\pi x) + 3$
h) $f(x) = -0,5\sin(0,5x) + 0,5$

2. Ordnen Sie den Schaubildern 1 bis 4 (rechts) die Funktionsgleichungen a) bis d) zu.
a) $f(x) = 2\sin(3x) + 1$
c) $h(x) = \cos(3x) + 1$
b) $g(x) = -2\sin(2\pi x) - 1$
d) $i(x) = 3\cos(2\pi x)$

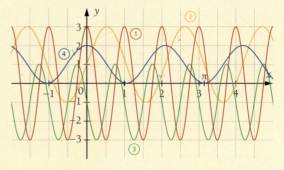

3. Beschreiben Sie Ihr Vorgehen beim Skizzieren des Schaubildes einer Funktion am Beispiel von f mit $f(x) = -2\sin(1,5x) + 1$. Tipp: Skalieren Sie die x-Achse in $\frac{\pi}{3}$-Schritten.

4. Gegeben ist die Funktion f mit $f(x) = -\frac{2}{3}\sin(2x) + 1$.
a) Zeigen Sie, dass das zugehörige Schaubild K_f keinen Punkt mit der x-Achse gemeinsam hat.
b) Verschieben Sie K_f so, dass das Schaubild die x-Achse berührt.
c) Verschieben Sie K_f so, dass das Schaubild die x-Achse schneidet.

5. Geben Sie an, wie das Schaubild der Funktion f aus dem Schaubild der Funktion g mit $g(x) = \sin(x)$ hervorgeht. Geben Sie die Periodenlänge und Amplitude an. Skizzieren Sie das Schaubild von f.
a) $f(x) = 3\sin(x)$
c) $f(x) = \sin(3x)$
e) $f(x) = \sin(2x) + 1$
g) $f(x) = 2\sin(4x)$
b) $f(x) = -0,5\sin(x)$
d) $f(x) = \sin\left(\frac{1}{3}x\right)$
f) $f(x) = -\sin(x) + \frac{1}{2}$
h) $f(x) = 1 + \sin\left(\frac{1}{2}x\right) + 1$

6. Die folgenden Schaubilder haben eine Funktionsgleichung der Form $f(x) = a \cdot \sin(k \cdot x) + b$. Geben Sie jeweils die Parameter a, k und b an.

a)  b) 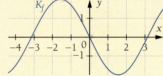 c)

7. Geben Sie eine Funktionsgleichung einer trigonometrischen Funktion mit Amplitude a und Periode p an.
a) $a = 2; p = 2\pi$
b) $a = \frac{1}{2}; p = \pi$
c) $a = 3; p = 3$
d) $a = 1; p = 2,5\pi$
e) $a = \frac{1}{2}; p = \frac{1}{2}$

8. Betrachten Sie die Schaubilder und nehmen Sie Stellung zu den beiden Aussagen:
1. „Der Startpunkt von $f(x) = 2\sin(x) + 1$ auf der y-Achse liegt bei +1. Hinten steht also ein y-Achsenabschnitt ähnlich wie bei den Geraden." 2. „Bei $f(x) = 3\cos(x)$ liegt der Startpunkt mit der y-Achse bei 3 und hinten steht nicht +3. Also ist doch die Amplitude so etwas wie ein y-Achsenabschnitt."

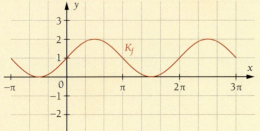 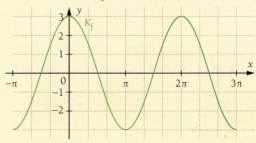

1 Funktionen, ihre Schaubilder und zugehörige Gleichungen

1.6.4 Trigonometrische Gleichungen

Bei der Untersuchung trigonometrischer Funktionen müssen wir zur Nullstellenbestimmung **trigonometrische Gleichungen** lösen. Abhängig von der Problemstellung sind verschiedene Lösungswege möglich.

13 Gleichungen zeichnerisch lösen

Lösen Sie die Gleichung $\sin(x) = 0{,}6$ im Intervall $[-6;\,6]$ zeichnerisch.

Wir interpretieren die rechte Seite der Gleichung als Schaubild einer konstanten Funktion. Die Schnittpunkte des Schaubildes dieser Funktion und der Sinuskurve zeigen die Lösungen an. Der x-Wert jedes Schnittpunktes ist eine Lösung der Gleichung und kann abgelesen werden.
Wir sehen, dass es auf einem größeren Intervall noch weitere Lösungen geben würde.

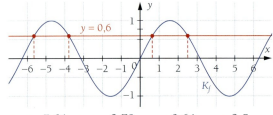

$x_1 \approx -5{,}64;\ x_2 \approx -3{,}79;\ x_3 \approx 0{,}64;\ x_4 \approx 2{,}5$

14 Gleichungen rechnerisch mit dem Taschenrechner lösen

Bestimmen Sie alle x-Werte, für die gilt: $\cos(x) = 0{,}4$.

Anhand des Schaubildes erkennen wir, dass es unendlich viele Lösungen gibt. Diese lassen sich auf zwei Lösungen x_1 und x_2 zurückführen. Jeweils im Abstand einer Periodenlänge findet sich die nächste Lösung.
Zunächst bestimmen wir die erste Lösung x_1 mithilfe des Taschenrechners.

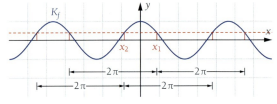

„RAD-Einstellung" beim Taschenrechner beachten.

▸ Die Umkehrfunktion des Kosinus hat auf dem Taschenrechner das Symbol und liefert einen Wert aus dem Intervall $[0;\,\pi]$.

$\cos(x) = 0{,}4$
$\Rightarrow\quad x_1 \approx 1{,}1593$
$ x_2 = -x_1 \approx -1{,}1593$

Aufgrund der Achsensymmetrie der Kosinusfunktion ergibt sich die zweite Lösung durch den Zusammenhang $x_2 = -x_1$.
Alle anderen Lösungen ergeben sich durch Addition der ganzzahligen Vielfachen der Periode zu den Lösungen (hier 2π).

Alle Lösungen:
$x \approx \pm 1{,}1593;\ \pm 1{,}1593 \pm 2\pi;\ \pm 1{,}1593 \pm 4\pi;\ \ldots$
$x \approx \pm 1{,}1593 + k \cdot 2\pi;\ k \in \mathbb{Z}$

Das Verfahren für den Sinus ist analog. Hier findet sich die zweite Lösung mit der Formel $x_2 = \frac{p}{2} - x_1$.
▸ p ist die Periode.

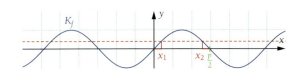

Die **Lösungen einer trigonometrischen Gleichung** lassen sich nach folgendem Schema ermitteln:
1. Umkehrfunktion mithilfe des Taschenrechners anwenden, um Lösung x_1 zu erhalten. ▸ RAD-Modus
2. Die zweite Lösung x_2 ermitteln. ▸ Symmetrie bei cos ▸ $x_2 = \frac{p}{2} - x_1$ bei sin
3. Addition der ganzzahligen Vielfachen der Periode zu den Lösungen

1.6 Trigonometrische Funktionen

Das Lösen trigonometrischer Gleichungen ist besonders bei der Nullstellenbestimmung wichtig.

> Jede Gleichung lässt sich auf die Form ... = 0 bringen. Also sind alle Gleichungen auch Nullstellenprobleme.

Nullstellenberechnung

Bestimmen Sie alle Nullstellen der Funktion f mit $f(x) = -0{,}8 + \cos(2x)$ auf dem Intervall $[-1;\ 6]$.

Zunächst isolieren wir den „Kosinus-Term" auf einer Seite der Gleichung. Nun kann mithilfe des Taschenrechners und durch weiteres Umformen die erste Lösung x_{N_1} berechnet werden.

$$\begin{aligned} f(x_N) &= 0 \\ -0{,}8 + \cos(2x_N) &= 0 \quad |+0{,}8 \\ \Leftrightarrow \cos(2x_N) &= 0{,}8 \\ \Rightarrow 2x_N &\approx 0{,}6435 \quad |:2 \\ \Rightarrow x_{N_1} &\approx -0{,}3218 \end{aligned}$$

Die zweite Lösung ergibt aus der Symmetrie des Kosinus: $x_{N_2} = -x_{N_1}$. ▶ Beim Sinus gilt: $x_2 = \frac{p}{2} - x_1$.

$x_{N_2} = -x_{N_1} = -0{,}3218$

Alle weiteren Lösungen ergeben sich durch Addition ganzzahliger Vielfache der Periode (hier π).

$x_N \approx \pm 0{,}3218 \pm \pi;\ \pm 0{,}3218 \pm 2\pi;\ \pm 0{,}3218 \pm 3\pi$
$x_N \approx \pm 0{,}3218 \pm k \cdot \pi;\ k \in \mathbb{Z}$

Um die Lösungen im Intervall $[-1;\ 6]$ zu bestimmen, berechnen wir weitere gerundete Lösungen. Es werden für k aufsteigend ganze Zahlen eingesetzt, bis die Lösungen außerhalb der Intervallgrenzen liegen.

$k = 0$: $x_{N_1} \approx 0{,}3218$ und $x_{N_2} \approx -0{,}3218$
$k = 1$: $0{,}3218 \pm \pi$ und $-0{,}3218 \pm \pi$
$\Rightarrow x_{N_3} \approx 3{,}4634;\ x_{N_4} \approx 2{,}820$
▶ $-2{,}820;\ -3{,}4634$ außerhalb von $[-1;\ 6]$
$k = 2$: $0{,}3218 \pm 2\pi$ und $-0{,}3218 \pm 2\pi$
$\qquad\qquad x_{N_5} \approx 5{,}9614$
▶ $6{,}6050;\ -5{,}9614;\ -6{,}6050$ außerhalb von $[-1;\ 6]$

Wir erhalten fünf Lösungen: $x_{N_1} \approx 0{,}3218$; $x_{N_2} \approx -0{,}3218$; $x_{N_3} \approx 3{,}4634$; $x_{N_4} \approx 2{,}820$ und $x_{N_5} \approx 5{,}9614$ im Intervall $[-1;\ 6]$.

Gleichungen rechnerisch lösen mit Substitution

Geben Sie alle x-Werte mit $0 \leq x \leq 4$ an, die die Gleichung $\sin(\pi x) = \frac{1}{2}$ erfüllen.

Zunächst wird der Term πx durch die Variable u substituiert. Der Term $\sin(u)$ kann leicht umgeformt werden. Wir erhalten die erste Lösung u_1.
Nun können wir die zweite Lösung bestimmen. Da es sich um eine Sinusfunktion handelt, nutzen wir die Formel $x_2 = \frac{p}{2} - x_1$. Die Periode beträgt 2π.
▶ $p = \frac{2\pi}{k} = \frac{2\pi}{1} = 2\pi$

Substitution: $\pi x = u$
$\sin(u) = \frac{1}{2}$
$\Rightarrow u_1 = \frac{\pi}{6} \approx 0{,}5236$
$u_2 = \pi - \frac{\pi}{6} = \frac{5\pi}{6} \approx 2{,}6180$

Anschließend müssen wir den Term u wieder durch den Term πx resubstituieren. Auch müssen wir die Periode neu bestimmen. Sie beträgt 2.
▶ $p = \frac{2\pi}{k} = \frac{2\pi}{\pi} = 2$

Resubstitution: $u = \pi x$
$\pi x_1 = \frac{\pi}{6} \approx 0{,}5236 \qquad |:\pi$
$\Rightarrow x_1 = \frac{1}{6} \approx 0{,}1667$
$\pi x_2 = \pi - \frac{\pi}{6} = \frac{5\pi}{6} \approx 2{,}6180 \qquad |:\pi$
$\Rightarrow x_2 = 1 - \frac{1}{6} = \frac{5}{6} \approx 0{,}8333$
$x_3 = \frac{5}{6} + 2 = \frac{17}{6} \approx 2{,}8333$

Alle weiteren Lösungen erhalten wir durch Addition ganzzahliger Vielfache der Periode. Da nur Lösungen mit $0 \leq x \leq 4$ gesucht sind, bleibt neben x_1 und x_2 nur die Lösung x_3.

---

1. Bestimmen Sie alle Nullstellen der Funktion f mit $f(x) = 3\sin\left(\frac{1}{3}x\right) - 1{,}5$.

2. Geben Sie die Lösungen im Intervall $[-2;\ 6]$ an.
a) $\sin(2x) = 0{,}75$ b) $3\cos(x) = 0{,}5$ c) $0{,}5\sin(0{,}5x) = 0{,}5$ d) $\cos(-x) + 1 = 0{,}5$

1 Funktionen, ihre Schaubilder und zugehörige Gleichungen

Nicht immer müssen trigonometrische Gleichungen mit dem Taschenrechner gelöst werden. Einige Sinus- und Kosinuswerte lassen sich relativ leicht merken bzw. tabellarisch aufschreiben.

Die Werte beginnen bei $\frac{1}{2}\sqrt{0}$ und enden bei $\frac{1}{2}\sqrt{4}$

Diese Werte lassen sich über den Einheitskreis herleiten bzw. daran begründen. ▶ Aufgabe 14, Seite 158

x	α	$\sin(x)$	$\cos(x)$
0	0°	$0 = \frac{1}{2}\sqrt{0}$	$1 = \frac{1}{2}\sqrt{4}$
$\frac{\pi}{6}$	30°	$\frac{1}{2} = \frac{1}{2}\sqrt{1}$	$\frac{1}{2}\sqrt{3}$
$\frac{\pi}{4}$	45°	$\frac{1}{2}\sqrt{2}$	$\frac{1}{2}\sqrt{2}$
$\frac{\pi}{3}$	60°	$\frac{1}{2}\sqrt{3}$	$\frac{1}{2} = \frac{1}{2}\sqrt{1}$
$\frac{\pi}{2}$	90°	$1 = \frac{1}{2}\sqrt{4}$	$0 = \frac{1}{2}\sqrt{0}$

17 Gleichungen rechnerisch Lösen ohne Taschenrechner

Lösen Sie die Gleichung $2\sin(3x) = \sqrt{3}$ ohne Hilfsmittel.

Zunächst wird der „Sinus-Term" isoliert.
Für die Umkehrfunktion können wir die Tabellenwerte anwenden:
$\sin\left(\frac{\pi}{3}\right) = \frac{1}{2}\sqrt{3}$, also ist $\sin^{-1}\left(\frac{1}{2}\sqrt{3}\right) = \frac{\pi}{3}$.

Anschließend werden die zwei Basislösungen bestimmt.

Durch Addition der Periode erhalten wir alle Lösungen.

$$2\sin(3x_1) = \sqrt{3} \quad |:2$$
$$\Leftrightarrow \sin(3x_1) = \tfrac{1}{2}\sqrt{3} \quad |\sin^{-1}$$
$$\Rightarrow 3x_1 = \tfrac{\pi}{3} \quad |:3$$
$$\Rightarrow x_1 = \tfrac{\pi}{9}$$
$$\Rightarrow x_2 = \pi - x_1 = \pi - \tfrac{\pi}{9} = \tfrac{8}{9}\pi$$
$$x_1 = \tfrac{\pi}{9} + k \cdot 2\pi; k \in \mathbb{Z}$$
$$x_2 = \tfrac{8}{9}\pi + k \cdot 2\pi; k \in \mathbb{Z}$$

Berechnen Sie die Nullstellen auf dem Intervall $[-2; 6]$ ohne Taschenrechner.
a) $f(x) = 2\cos(x) - 1$
b) $f(x) = 2\sin(\pi x) - \sqrt{3}$
c) $f(x) = 2\sin(-3x)$

Übungen zu 1.6.4

1. Lösen Sie die folgenden Gleichungen.
a) $\sin(2x) = 0{,}75$
b) $3\cos(x) = 0{,}5$
c) $0{,}5\sin(0{,}5x) = 0{,}5$
d) $\cos(-x) + 1 = 0{,}5$
e) $\sin(\pi x) = 0{,}5$
f) $\cos(3x) + 2 = 0$

2. Bestimmen Sie die Nullstellen.
a) $f(x) = 2\sin(2x)$
b) $f(x) = 3\sin(x) + 2{,}5$
c) $f(x) = -\cos(-x) + 1$
d) $f(x) = 5 \cdot (\cos(3x) + 2)$

3. Gegeben ist die Gleichung $1{,}5\sin(\pi x) + 1{,}5 = 1$.
a) Lösen Sie diese zeichnerisch.
b) Lösen Sie diese rechnerisch.

4. Gegeben ist die Funktion f mit $f(x) = 4\sin(3\pi x)$.
a) Berechnen Sie die Nullstellen der Funktion f.
b) Berechnen Sie die Schnittpunkte von K_f mit der Geraden $y = 2$.
c) Berechnen Sie die Nullstellen der Funktion g mit $g(x) = -6\cos(x) - 3$.

5. Gegeben ist die trigonometrische Funktion f mit $f(x) = -2\sin(0{,}5x)$.
Bestimmen Sie die folgenden Funktionswerte ohne den Taschenrechner zu verwenden.
a) $f(0)$
b) $f(\pi)$
c) $f(2\pi)$
d) $f\left(\tfrac{\pi}{3}\right)$
e) $f(-\pi)$
f) $f\left(\tfrac{3}{2}\pi\right)$
g) $f\left(-\tfrac{\pi}{2}\right)$
h) $f(3\pi)$

6. Lösen Sie die Gleichungen ohne Verwendung eines Taschenrechners.
Hinweis: Aufgrund der Symmetrie ist es möglich, auch Lösungen für negative Werte zu erschließen.
a) $\sin(x) = 0{,}5$
b) $\cos(x) = 1$
c) $\sin(x) = -\tfrac{1}{2}\sqrt{2}$
d) $2(\cos(0{,}25x) + 1) = -2$
e) $3 = \sqrt{12}\cos(x)$
f) $2\sin(2x) + 5 = 4$
g) $\tfrac{1}{\sqrt{3}}\sin(0{,}5x) = \tfrac{1}{2}$
h) $(2\sin(x))^2 = 2$

154

1.6.5 Modellierung periodischer Prozesse

Viele periodische Vorgänge lassen sich mithilfe trigonometrischer Funktionen in einem mathematischen Modell beschreiben.

Schallwellen

Töne können sichtbar gemacht werden, indem man an einem festen Punkt den Luftdruck, der durch die Schallwelle erzeugt wird, zu verschiedenen Zeitpunkten misst. Das Schaubild zeigt eine solche Kurve. Geben Sie einen möglichen Funktionsterm für den Zusammenhang zwischen Luftdruck und Zeit an.

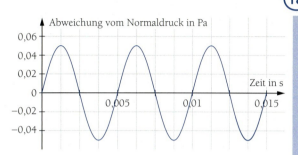

Das Schaubild weist auf eine Sinusfunktion hin.
Aus dem Schaubild kann abgelesen werden:
- Zu Beginn ist die Abweichung 0.
- Der Vorgang wiederholt sich nach einer Periodenlänge von 0,005 sec.
- Der größte Ausschlag liegt bei 0,05.

Aus den gewonnenen Angaben stellen wir die Funktionsgleichung auf.

Ansatz: $f(x) = a \cdot \sin(kx) + b$

$f(0) = a \cdot \sin(k \cdot 0) + b = 0$
$\Leftrightarrow a \cdot 0 + b = 0 \Rightarrow \mathbf{b = 0}$
$p = 0,005$
$\Rightarrow k = \frac{2\pi}{0,005} = 400\pi$
$a = 0,05$

$f(x) = 0,05 \sin(400\pi x)$

Wann geht die Sonne auf und wann wieder unter?

Der Sonnenhöchststand am 21.06. liegt in Stuttgart bei 64,5° über dem Horizont. Um 6 Uhr konnte der Sonnenstand mit 9,56° gemessen werden. Geben Sie die Funktionsgleichung für den Zusammenhang zwischen Uhrzeit x und Sonnenstand $f(x)$ an. Berechnen Sie auch die Uhrzeit des Sonnenaufgangs und des Sonnenuntergangs.

Wenn die Sonne um 12 Uhr am höchsten steht, wird sie um 0 Uhr am niedrigsten (unterhalb des Horizonts) stehen. Es bietet sich eine Kosinusfunktion zur Modellierung an.
Ein Tag hat 24 Stunden. Wählen wir dies als Periodenlänge, so ergibt sich $k = \frac{1}{12}\pi$.
Aus dem Höchststand um 12 Uhr bei 64,5° und 9,56° um 6 Uhr können zunächst b und dann durch Einsetzen a bestimmt werden.
Mit a, b und k kann nun die Funktionsgleichung aufgestellt werden.
Die Sonne geht auf bzw. unter für $f(x) = 0$. Das Lösen der Gleichung liefert die Zeitpunkte des Sonnenaufgangs und des Sonnenuntergangs.
Die Sonne ging um 5:20 Uhr auf und um 18:40 Uhr wieder unter. Es müssen keine weiteren Lösungen gesucht werden, da die Sonne nur einmal auf- bzw. untergeht.

Ansatz: $f(x) = a \cdot \cos(kx) + b$ mit $a < 0$,
$k = \frac{2\pi}{24} = \frac{1}{12}\pi$
$f(12) = a \cdot \cos\left(\frac{1}{12}\pi \cdot 12\right) + b = a \cdot \cos(\pi) + b = 64,5$
$\Rightarrow -a + b = 64,5 \Leftrightarrow a = -64,5 + b$
$f(6) = a \cdot \cos\left(\frac{1}{12}\pi \cdot 6\right) + b = a \cdot \cos\left(\frac{1}{2}\pi\right) + b = 9,56$
$\Rightarrow a \cdot 0 + b = 9,56 \Leftrightarrow \mathbf{b = 9,56}$
$\Rightarrow \mathbf{a = -64,5 + 9,56 = -54,94}$

$f(x) = -54,94 \cdot \cos\left(\frac{1}{12}\pi x\right) + 9,56$

$0 = -54,94 \cdot \cos\left(\frac{1}{12}\pi x\right) + 9,56$
$0,174 = \cos\left(\frac{1}{12}\pi x\right)$
$\frac{1}{12}\pi x_1 = 1,396 \Rightarrow x_1 = 5,33 \triangleq 5{:}20 \text{ Uhr}$
$x_2 = -x_1 = -5,33 \Rightarrow x_2 = -5,33$

▶ Ein negativer Wert ist im Sachzusammenhang nicht sinnvoll, daher addieren wir 24: $x_2 = 18,67 \triangleq 18{:}40$ Uhr

1 Funktionen, ihre Schaubilder und zugehörige Gleichungen

1. Beurteilen Sie die Modelle aus den Beispielen 18 und 19 kritisch.

2. Nennen Sie Beispiele für periodische Vorgänge, die
   a) durch eine trigonometrische Funktion beschrieben werden können.
   b) nicht durch eine trigonometrische Funktion beschrieben werden können.

Übungen zu 1.6.5

1. Ein neues Medikament soll 24 Stunden lang so dosiert werden, dass am Tag die höchste und in der Nacht die niedrigste Dosierung vorliegt. Die Menge im Blut soll zwischen 0 mg (um Mitternacht) und 0,3 mg (um 12 Uhr) schwanken.
   a) Geben Sie einen Funktionsterm an, der die Menge des Medikaments in Abhängigkeit von der Zeit angibt.
   b) Wenn die Medikamentenmenge über 0,1 mg liegt, soll der Patient wach sein. Wann muss er geweckt werden und wann darf er frühestens schlafen gehen?

2. Die Funktion $f(x) = 3\sin(10,3x) + 1,5$ soll einen periodischen Vorgang beschreiben.
   a) Skizzieren Sie das zugehörige Schaubild.
   b) Berechnen Sie die Periodenlänge des Modells.
   c) Begründen Sie, weshalb das Modell nicht für die Notenentwicklung eines Schülers geeignet ist.
   d) Berechnen Sie alle Stellen in [0; 2] mit $f(x) = 4$.

3. Die Tabelle zeigt die Temperatur eines Badesees zu unterschiedlichen Zeiten.

Datum	01.01.	01.03.	01.05.	01.06.	01.08	01.12.
Temperatur in °C	9	15	20	22	20	8

   a) Skizzieren Sie ein Schaubild, das die Datenreihe veranschaulicht.
   b) Geben Sie einen Funktionsterm an, der den Zusammenhang zwischen der Zeit t (in Monaten) und der Wassertemperatur T (in °C) näherungsweise beschreibt.
   c) Die Gemeinde empfiehlt erst ab Temperaturen über 18 °C in den See zu gehen. In welchem Zeitraum ist dies nach dem Modell möglich?
   d) Vergleichen Sie Ihr Modell mit den Wertepaaren der Tabelle.

4. Mit einem Oszilloskop werden die zeitlichen Verläufe einer Wechselspannung und eines Wechselstrom sichtbar gemacht. Der Bildschirm ist so eingestellt, dass der Breite von 10 Kästchen eine Zeit von 0,1 Sekunden entspricht. Die Spannung in y-Richtung geht von −4 Volt bis +4 Volt. Die Kurve, die sich am linken Bildrand in der Nulllage befindet, stellt die Spannung dar. Die andere Kurve beschreibt die Stromstärke. Diese wird indirekt über den Spannungsabfall an einem 100-Ω-Widerstand gemessen.

   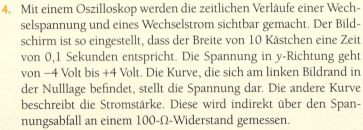

   a) Ermitteln Sie Funktionsgleichungen für die zeitlichen Verläufe von Spannung und Stromstärke.
   b) Geben Sie auch die Frequenz für die Spannung und Stromstärke an. Die **Frequenz** ist der Kehrwert der Dauer einer Periode (in s) und hat die Einheit $\frac{1}{s} = $ Hz („Hertz"). Sie gibt also an, wie oft sich eine Schwingung pro Sekunde wiederholt.

Übungen zu 1.6

1. Um für eine Anlegeleiter einen sicheren Stand zu gewährleisten, empfiehlt der Hersteller, einen Anstellwinkel zwischen 65° und 75° zu wählen.

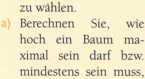

a) Berechnen Sie, wie hoch ein Baum maximal sein darf bzw. mindestens sein muss, um mit einer 3 m langen Leiter dort sicher arbeiten zu können.

b) Fertigen Sie eine Skizze an.

2. Übertragen Sie die Tabelle ins Heft. Rechnen Sie vom Grad- ins Bogenmaß um bzw. umgekehrt.

α	0°		70°	90°			10°	
x		$\frac{\pi}{8}$			π	$\frac{\pi}{2}$		2,2

3. Ordnen Sie die unten abgebildeten Schaubilder 1 bis 4 den Funktionsgleichungen a) bis d) zu. Begründen Sie Ihre Wahl und geben Sie jeweils a, k und b an.

a) $f(x) = 2\sin(x)$ c) $f(x) = \sin(2x)$
b) $f(x) = \sin(x) - 2$ d) $f(x) = -\cos(x)$

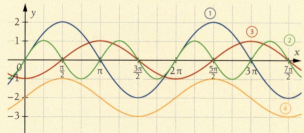

4. Geben Sie an, wie das Schaubild der Funktion f aus dem Schaubild der Funktion g mit $g(x) = \sin(x)$ hervorgeht. Geben Sie Periodenlänge und Amplitude an und skizzieren Sie das Schaubild.

a) $f(x) = 0{,}5\sin(x) - 1$
b) $f(x) = 2\sin\left(\frac{\pi}{2}x\right) + 3{,}5$
c) $f(x) = -\sin(4x) - 2{,}5$
d) $f(x) = -3\sin(2\pi x) + 1$
e) $f(x) = \cos(x)$

5. Geben Sie jeweils einen möglichen Funktionsterm für die Schaubilder an.

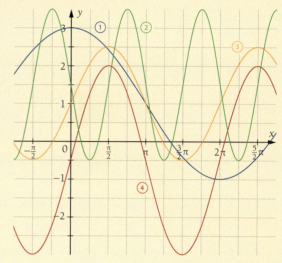

6. Gegeben ist die Funktion f mit $f(x) = \sin(x - c)$.

a) Zeichnen Sie das Schaubild der Funktion mit $c = 1{,}5$.

b) Wählen Sie zwei andere Werte für c und skizzieren Sie die zugehörigen Schaubilder.

c) Erläutern Sie, welchen Einfluss der Parameter c für das Schaubild der Funktion f hat.

d) Überlegen Sie, welchen Wert der Parameter c haben muss, damit das Schaubild der Kosinusfunktion entsteht.

7. Prüfen Sie, ob die Gleichung richtig gelöst wurde, und korrigieren Sie gegebenenfalls.

$2\cos(2x) + 4 = 8$	$\mid -2$
$\cos(x) + 2 = 4$	$\mid -2$
$\cos(x) = 2$	
nicht lösbar	

8. Bestimmen Sie alle Nullstellen der Funktion f mit $f(x) = 2\sin(x) - 0{,}5$.

9. Bestimmen Sie alle Nullstellen der Funktion g mit $g(x) = 2\cos(x) - 1$.

10. Berechnen Sie die Schnittpunkte der Funktion f und g mit $f(x) = \cos(3x) + 1$ und $g(x) = 2\cos(3x)$.

11. Stellen Sie eine Gleichung auf, die folgendermaßen zeichnerisch gelöst werden kann.

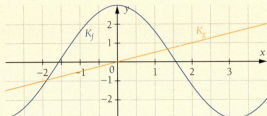

12. Bestimmen Sie alle Winkelgrößen x aus dem Intervall $[0; 2\pi]$.
a) $\sin(x) = 0{,}7071$
b) $\sin(x) = 0{,}5$
c) $\sin(x) = -0{,}5878$
d) $\sin(x) = -0{,}5$
e) $\cos(x) = 0{,}9397$
f) $\cos(x) = 0{,}5$
g) $\cos(x) = -0{,}9397$
h) $\cos(x) = -0{,}5$

13. Bestimmen Sie alle Lösungen der folgenden Gleichungen im Intervall $[-\pi; 2\pi]$.
Tipp: $\frac{1}{\sqrt{2}}$ kann durch Erweitern mit der Wurzel in einen bekannten Term ungeformt werden.
a) $\pi \cdot \sin(2x) - \pi = 0$
b) $10 \sin(-3x) + 3 = -2$
c) $6\cos(x) = \sqrt{27}$
d) $\sqrt{2} \sin(0{,}5x) = 1$
e) $x \cdot \sin(x) + 2\sin(x) = 0$
f) $7\cos(4x) + 7 = 0$
g) $x^2 + \sin\left(\frac{1}{4}x\right) - 0{,}5 = x^2$
h) $(2\sin(x))^2 = 3$
i) $(x+7)^2 + 6 = x^2 + \sin(2x) + 7(2x+8)$
j) $2\sin(x) = -3\sin(x)$

14. Begründen Sie mithilfe der Tabelle von Seite 154, dass auch Winkelgrößen, die einen negativen Sinus- oder Kosinuswert annehmen, ermittelt werden können.

15. Ermitteln Sie die Frequenz $\left(\frac{1}{\text{Periodenlänge}}\right)$ der Wechselspannung U in Abhängigkeit von der Zeit t, die durch die Funktionsgleichung modelliert ist. Bestimmen Sie ebenfalls die Zeit des ersten Nulldurchgangs.
a) $U(t) = 1{,}8\cos(0{,}2t)$
b) $U(t) = 20\sin(200(t - 0{,}0025) + 30)$

16. Bestimmen Sie die exakte Lage aller Wendepunkte im Intervall $I = [-\pi; \pi]$.
a) $f(x) = \cos(x) + 1$
b) $f(x) = \sin(x) - 2$

17. Lesen Sie die Amplitude, Periode und Mittelpunktlage aus dem Schaubild ab.

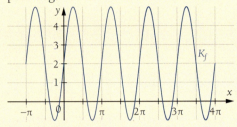

18. Begründen Sie am Einheitskreis.
a) Zeigen Sie die Gültigkeit der Werte von Sinus und Kosinus aus der Tabelle von Seite 154.
b) Zeigen Sie, dass $\sin\left(\frac{\pi}{6}\right) = \cos\left(\frac{\pi}{3}\right)$ gilt.

19. Der Temperaturverlauf eines Tages kann durch die Funktionsgleichung $f(x) = 6\sin\left(\frac{\pi}{12}x\right) + 15$ modelliert werden. Dabei gibt x die Stunde nach Sonnenaufgang (6 Uhr) an, $f(x)$ ist die Temperatur in °C.

a) Geben Sie die Periode und die Amplitude sowie die Verschiebung entlang der y-Achse an. Interpretieren Sie diese Begriffe im Sachzusammenhang.
b) Skizzieren Sie das Schaubild in einem sinnvollen Intervall.
c) Beurteilen Sie, inwieweit dieses mathematische Modell realitätsnah ist.

20. Alina misst einen Tag lang ihren pH-Wert im Urin mithilfe von Teststreifen. Sie notiert die Uhrzeiten und den jeweiligen pH-Wert, um das Säure-Base-Gleichgewicht beurteilen zu können.

Uhrzeit	7	10	13	16	22
pH-Wert	3,5	5,5	6,5	6,0	4,5

a) Übertragen Sie die Messdaten in ein Schaubild und skizzieren Sie das Schaubild einer Funktion, die die Datenpunkte gut annähert. Geben Sie einen möglichen Funktionsterm an.
b) Recherchieren Sie über den Normalbereich der pH-Werte im Urin und beurteilen Sie, ob Alina an Übersäuerung leidet.

Trigonometrische Funktionen am Fahrrad entdecken

Wenn sich ein Vorgang gleichmäßig wiederholt, kann dieser häufig mithilfe trigonometrischer Funktionen modelliert und untersucht werden.
Führen Sie in einer Kleingruppe das folgende Experiment durch und vergleichen Sie anschließend Ihre Ergebnisse mit anderen Kleingruppen.

■ Stellen Sie ein Fahrrad auf dem Lenker und dem Sattel ab. Markieren Sie eine Stelle auf dem Hinterreifen mit farbigem Klebeband. Bringen Sie dann die Pedale in eine waagrechte Ausgangsposition, und zwar so, dass beide Pedale auf gleicher Höhe sind. Setzen Sie den Reifen durch ein einmaliges Drehen eines Pedals nach unten in Bewegung. Beschreiben Sie die Bewegung der markierten Stelle auf dem Reifen. Inwiefern handelt es sich um einen periodischen Vorgang? Lässt sich ein periodischer Vorgang zwischen der Zeit und dem Ort der Markierung beschreiben?

■ Überlegen Sie sich eine sinnvolle Achsenbeschriftung für die y-Achse. Führen Sie die Messung mehrfach durch. Geben Sie Unterschiede in Ihren Messergebnissen an und nennen Sie mögliche Gründe.

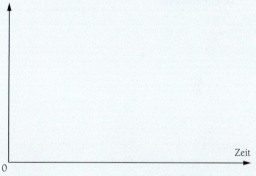

■ Wenn Sie die Markierung am Fahrradreifen nicht entfernen und einen kleinen Ausflug mit dem Fahrrad machen, bewegt sich die Markierung nicht mehr gleichmäßig. Ebenso wenig sind die Geschwindigkeit und die zurückgelegte Strecke immer identisch. Stellen Sie einen periodischen Zusammenhang zwischen diesen Größen her und überprüfen Sie diesen auf einer markierten „Teststrecke" von 10–20 m.

1.6 Trigonometrische Funktionen

Ich kann ...

... Winkel vom **Gradmaß** ins **Bogenmaß** umrechnen (und umgekehrt).	$90° \triangleq \frac{\pi}{2}$ $180° \triangleq \pi$ $360° \triangleq 2\pi$	**Umrechnungsformel:** $x = \frac{\alpha}{360°} \cdot 2\pi$ $\alpha = \frac{x}{2\pi} \cdot 360°$
... die **trigonometrischen Standardfunktionen** beschreiben und skizzieren.	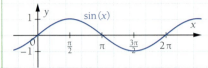 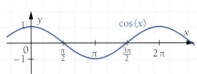	**Sinus:** $D_f = \mathbb{R}$; $W_f = [-1; 1]$ Periodenlänge: 2π Punktsymmetrie zum Ursprung Nullstellen: $x_N = k \cdot \pi$; $k \in \mathbb{Z}$ **Kosinus:** $D_f = \mathbb{R}$; $W_f = [-1; 1]$ Periodenlänge: 2π Achsensymmetrie zur y-Achse Nullstellen: $x_N = \frac{\pi}{2} + k \cdot \pi$; $k \in \mathbb{Z}$
... die **Sinusfunktion** mithilfe von **Parametern** modifizieren. ▶ Test-Aufgaben 2, 4, 5, 6, 7	$f(x) = a \cdot \sin(kx) + b$ 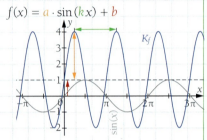	a: Veränderung der Amplitude k: Veränderung der Periode; $p = \frac{2\pi}{k}$ b: Verschiebung um b Einheiten in y-Richtung
... das **Schaubild** einer trigonometrischen Funktion skizzieren. ▶ Test-Aufgabe 4	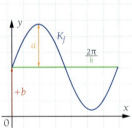	• „Mittellinie" mithilfe von b bestimmen • Periode $p = \frac{2\pi}{k}$ berechnen • Schnittpunkte mit Mittellinie einzeichnen • Der Abstand zwischen Extrempunkten und Mittellinie entspricht der Amplitude.
... **trigonometrische Gleichungen zeichnerisch lösen**	$4\sin(x) + 1 = 3$ 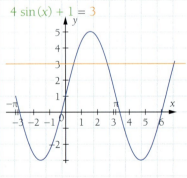	Jede Seite der Gleichung wird als Funktionsterm interpretiert. Die x-Koordinaten der Schnittpunkte sind Lösungen der Gleichung.
... **trigonometrische Gleichungen** lösen. ▶ Test-Aufgabe 3	$\sin(x) = 0{,}8$ $x_1 \approx 0{,}9273 \;(+ 2k\pi)$ $x_2 = \pi - x_1 \approx 2{,}2143 \;(+ 2k\pi)$	• Umkehrfunktion mithilfe des Taschenrechners anwenden (▶ RAD-Modus) • Symmetrieüberlegungen für x_2 anstellen

Test zu 1.6

1. Bestimmen Sie die in den Tabellen fehlenden Werte.

$x \in \left[-\frac{\pi}{2}; \frac{\pi}{2}\right]$	0	$\frac{\pi}{2}$			$\frac{-\pi}{4}$	
$\sin(x)$		1	−0,5			−1

$x \in [0, \pi]$	0	$\frac{\pi}{2}$			$\frac{3\pi}{4}$	
$\cos(x)$		1	0,7071			−1

2. Die beiden dargestellten Schaubilder gehören zu Funktionen vom Typ $f(x) = a \cdot \sin(kx) + b$.
Bestimmen Sie für K_f und K_g jeweils passende Parameter für a, b und k.

a)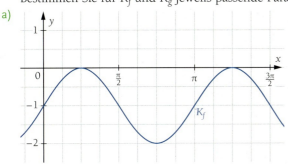

b)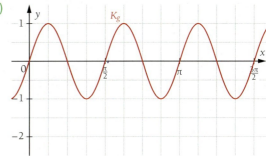

3. Lösen Sie die folgenden trigonometrischen Gleichungen.
a) $2\cos(x) = 1$ im Intervall $[0; 2\pi]$
b) $\sin(2x) = -0,7$ im Intervall $[0; \pi]$

4. Beschreiben Sie, wie das Schaubild K_g aus dem Schaubild K_f entsteht.
a) $f(x) = 2\cos\left(\frac{1}{2}x\right)$, $g(x) = \cos(2x) + 1$
b) $f(x) = -\cos(2x) + 1$, $g(x) = \cos(-2x) - 1$
c) $f(x) = \cos(x)$, $g(x) = 2\cos(3x)$

5. Bestimmen Sie die Periode und die Amplitude von der Funktion f. Geben Sie außerdem jeweils einen Hochpunkt und Tiefpunkt des Schaubildes zu f an.
a) $f(x) = 3\sin(2x)$
b) $f(x) = 2\sin(x) + 2$
c) $f(x) = 0,5\sin(\pi x)$
d) $f(x) = 2\cos(2x)$

6. Das Schaubild zur Funktion f mit $f(x) = a \cdot \sin(kx) + b$ hat als höchsten Punkt $H(1|6)$ und als benachbarten tiefsten Punkt $T(3|-2)$. Bestimmen Sie die Parameter a, k und b.

7. Der Bildschirm eines Oszilloskops ist so eingestellt, dass der Breite von 10 Kästchen eine Zeit von 0,1 Sekunden entspricht. Die Spannung in y-Richtung geht von −16 Volt bis +16 Volt. Die Kurve, die sich am linken Bildrand in der Nulllage befindet, stellt die Spannung dar.
Die zweite Kurve beschreibt die Stromstärke. Diese wird indirekt über den Spannungsabfall an einem 100-Ω-Widerstand gemessen. Ermitteln Sie Funktionsgleichungen für die zeitlichen Verläufe von Spannung und Stromstärke.

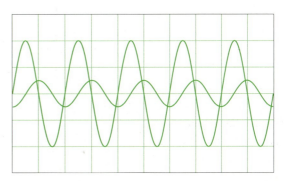

1 Funktionen, ihre Schaubilder und zugehörige Gleichungen

Überblick: Verschiebung und Streckung von Schaubildern

Verschiebung in y-Richtung nach oben und unten
- Das Schaubild der Ausgangsfunktion f wird durch Addition einer reellen Zahl b nach oben ($b > 0$) oder nach unten ($b < 0$) verschoben.
- Funktionsgleichung: $g(x) = f(x) + b$

$f(x) = x^2$
$g(x) = x^2 + 1$

$f(x) = e^x$
$g(x) = e^x + (-2) = e^x - 2$

$f(x) = \sin(x)$
$g(x) = \sin(x) + 1$

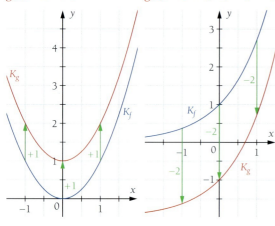
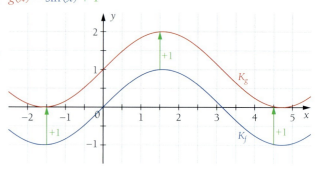

Stauchung in y-Richtung
- Das Schaubild der Ausgangsfunktion f verläuft im Groben wie das Schaubild der Grundfunktion, wird aber in y-Richtung gesehen mit dem Streckfaktor a gestaucht, wenn $0 < a < 1$.
  Das Schaubild wird also „flacher" bzw. „breiter".
- Ist der Streckfaktor $-1 < a < 0$, so ist das Schaubild zusätzlich an der x-Achse gespiegelt.
- Funktionsgleichung: $g(x) = a \cdot f(x)$

$f(x) = x^2$
$g(x) = 0{,}5\,x^2$

$f(x) = e^x$
$g(x) = 0{,}25\,e^x$

$f(x) = \sin(x)$
$g(x) = 0{,}5\sin(x)$
$h(x) = -0{,}5\sin(x)$

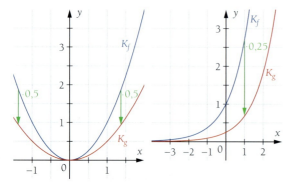
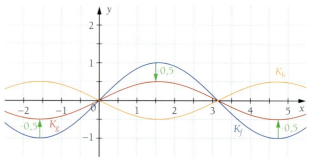

1 Funktionen, ihre Schaubilder und zugehörige Gleichungen

Streckung in y-Richtung
- Das Schaubild der Ausgangsfunktion f verläuft im Groben wie das Schaubild der Grundfunktion, wird aber in y-Richtung gesehen mit dem Streckfaktor a gestreckt, wenn $a > 1$.
  Das Schaubild wird also „steiler" bzw. „schmaler".
- Ist der Streckfaktor $a < -1$, so ist das Schaubild zusätzlich an der x-Achse gespiegelt.
- Funktionsgleichung: $g(x) = a \cdot f(x)$

$f(x) = \sin(x)$
$g(x) = 1{,}5 \sin(x)$

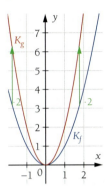

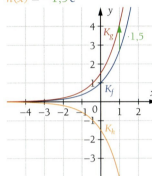

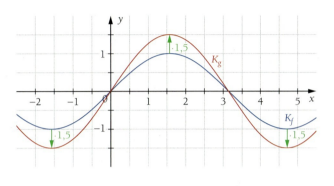

Streckung und Stauchung in x-Richtung
- Das Schaubild der Ausgangsfunktion f verläuft im Groben wie das Schaubild der Grundfunktion, wird aber in x-Richtung gesehen gestreckt, wenn der Streckfaktor $0 < k < 1$ ist und gestaucht, wenn der Streckfaktor $k > 1$ ist.
- Ist der Streckfaktor $k < 0$, so ist das Schaubild zusätzlich an der y-Achse gespiegelt.
- Funktionsgleichung: $g(x) = f(kx)$
- Diese Art der Streckung und Stauchung kommt überwiegend bei trigonometrischen Funktionen und e-Funktionen zur Anwendung.

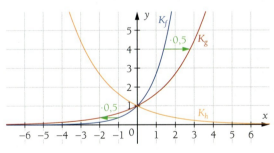

Wie bei einem Akkordeon: Für 0 < k < 1 auseinanderziehen, für k > 1 zusammenschieben.

$f(x) = \sin(x)$ $\qquad g(x) = \sin(2x)$ $\qquad h(x) = \sin(-2x)$

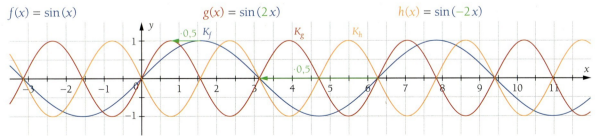

2 Lineare Gleichungssysteme

2.1 Lösungsverfahren

1 Zahlenrätsel

Im nebenstehenden Zahlenrätsel sind die leeren Kreise so zu füllen, dass sich die angegebenen Summen in den rechteckigen Kästen ergeben.
a) Finden Sie die fehlenden Zahlen durch Probieren heraus.
b) Versuchen Sie, das Problem mathematisch mithilfe von Variablen zu beschreiben.
c) Lösen Sie nun das mathematische Problem durch geschickte Teilschritte.

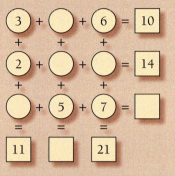

2 Produktionskapazität

Die Fly Bike Werke GmbH produziert zwei Rennrad-Modelle: *Renn Fast* und *Renn Superfast*.
Marktanalysen haben gezeigt, dass die Nachfrage nach diesen Modellen steigt.

Die Tabelle gibt die Anzahl der Arbeitsstunden für Montage und Lackierung pro Modell an.

	Renn Fast	*Renn Superfast*
Montage	2,5	3,5
Lackierung	0,7	0,9

Auf der Abteilungsleitersitzung berichten Herr Work aus der Abteilung Arbeitsplanung und Frau Linden aus der Personalabteilung, dass die Arbeitsstunden für beide Rennrad-Modelle erhöht werden können. Für einen Zeitraum von 14 Arbeitstagen stehen für die Montage 500 Arbeitsstunden und für die Lackierung 134 Arbeitsstunden zur Verfügung.
a) Berechnen Sie, wie lange es dauert, um 100 Räder *Renn Fast* und 50 Räder *Renn Superfast* zu produzieren.
b) Stellen Sie mithilfe zweier Variablen zwei Gleichungen auf: eine für die Zeit, die zum Montieren einer unbekannten Anzahl von Rädern benötigt wird, und eine für die Zeit, die für die Lackierung der Räder nötig ist.

2.1 Lösungsverfahren

3 Smartphone-Tarife

Sergej und Marisa unterhalten sich über die Kosten, die neben dem Preis für mobiles Internet bei ihrem Smartphone-Tarif entstehen. Sie erzählen Christopher, dass sie ihre Kosten an einem Beispiel verglichen haben. Sergej und Marisa haben jeweils 50 Frei-SMS. Für jede weitere Nachricht zahlt Sergej 0,07 €. Marisa zahlt 0,09 €.
Für jede Gesprächsminute nach bereits abtelefonierten 40 Frei-Minuten zahlt Sergej 0,06 € und Marisa 0,08 €. Die monatliche Grundgebühr beträgt bei Sergej 8,50 € und bei Marisa 5 €.

Bei den Werten, die die beiden verglichen haben, hätte Sergej 11,82 € und Marisa 9,36 € im Monat bezahlt.
a) Bestimmen Sie, wie viele SMS und Gesprächsminuten für den Vergleich zugrunde gelegt worden sind.
b) Christopher sagt, dass er (nach den Freiminuten bzw. Frei-SMS) 0,07 € sowohl für SMS als auch für Gesprächsminuten zahlt und seine Grundgebühr 7,00 € beträgt. Bei den verwendeten Vergleichswerten behauptet er, er müsste 10,24 € im Monat zahlen. Marisa sagt, er hätte einen Fehler gemacht. Prüfen Sie, wer von beiden Recht hat.

4 Brückenbau

Eine parabelförmige Brücke soll entsprechend der nebenstehenden Skizze gebaut werden.
Die durch die Punkte A und B verlaufende Straße liegt auf der x-Achse, A ist 30 m vom Ursprung entfernt. Der Verankerungspunkt C liegt 32,4 m unterhalb der Straße. Die maximale Höhe des Brückenbogens über der Straße beträgt 57,6 m (bei $x = 150$).

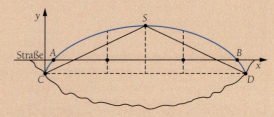

a) Eine Gleichung der Parabel soll bestimmt werden. Diskutieren Sie, welche unterschiedliche Lösungswege es dazu gibt und warum eigentlich „zu viele" Informationen zur Verfügung stehen.
b) Bestimmen Sie eine Gleichung der Parabel mithilfe mehrerer Gleichungen mit mehreren Variablen. Bestimmen Sie dann die Koordinaten von D und die Länge der Straße zwischen den Punkten A und B. Ermitteln Sie außerdem die Funktionsgleichungen der Träger durch C und S bzw. durch D und S.

2 Lineare Gleichungssysteme

2.1 Lösungsverfahren

2.1.1 Aufstellen eines linearen Gleichungssystems

Immer dann, wenn verschiedene Bedingungen gleichzeitig betrachtet werden müssen, helfen lineare Gleichungssysteme bei der Bestimmung der Lösungsmenge. Ein Beispiel aus der Medizin ist die Computertomografie. Dabei werden durch Berechnungen des Computers Schnittbilder des menschlichen Körpers erstellt. Zur Auswertung der einzelnen Bilder werden sehr große lineare Gleichungssysteme gelöst.

1 Aufstellen eines linearen Gleichungssystems

Das Schaubild einer quadratischen Funktion f verläuft durch die Punkte $P_1(1|1)$, $P_2(2|8)$ und $P_3(-3|-7)$. Stellen Sie das lineare Gleichungssystem auf, das die gegebenen Eigenschaften von f widerspiegelt.

In die allgemeine Funktionsgleichung
$f(x) = ax^2 + bx + c$
setzen wir nacheinander die Koordinaten der gegebenen Punkte ein. Wir erhalten drei Gleichungen.

$f(x) = ax^2 + bx + c$
$f(1) = 1 \quad \Leftrightarrow \quad a \cdot 1^2 \quad + b \cdot 1 \quad + c = 1$
$f(2) = 8 \quad \Leftrightarrow \quad a \cdot 2^2 \quad + b \cdot 2 \quad + c = 8$
$f(-3) = -7 \quad \Leftrightarrow \quad a \cdot (-3)^2 + b \cdot (-3) + c = -7$

Diese drei linearen Gleichungen bilden ein **lineares Gleichungssystem (LGS)**. Wir nummerieren die Gleichungen mit den römischen Ziffern (I), (II) und (III).
Dieses LGS besteht aus drei Gleichungen und drei **Unbekannten**, die durch drei Variablen repräsentiert werden. Dabei tritt jede Variable in linearer Form auf. Gleiche Variablen werden üblicherweise untereinander geschrieben.

Lineares Gleichungssystem:
(I) $a + b + c = 1$
(II) $4a + 2b + c = 8$
(III) $9a - 3b + c = -7$

Eine **Lösung** dieses LGS besteht aus drei Zahlenwerten. Man spricht allgemein von einem **Zahlentupel**, bei drei Variablen auch **Zahlentripel**.

Mögliche Lösung des LGS:
Zahlentripel: $(1; 4; -4)$
$a = 1 \quad b = 4 \quad c = -4$

Setzen wir diese drei Werte für die Variablen a, b und c ein, so müssen diese Werte alle drei Gleichungen erfüllen, also jeweils eine wahre Aussage ergeben. Nur dann ist dieses Zahlentripel eine Lösung des LGS.

Um zu überprüfen, ob $(1; 4; -4)$ wirklich eine Lösung des LGS ist, machen wir die **Probe**: Wir setzen für a den Wert 1, für b den Wert 4 und für c den Wert -4 ein.
Wir erhalten bei jeder Gleichung eine wahre Aussage in diesem Fall. Daher ist das Zahlentripel $(1; 4; -4)$ tatsächlich eine Lösung des LGS.

Probe:
(I) $1 + 4 - 4 = 1$ (w)
(II) $4 \cdot 1 + 2 \cdot 4 - 4 = 8$ (w)
(III) $9 \cdot 1 - 3 \cdot 4 - 4 = -7$ (w)

Die **Lösungsmenge** enthält alle Lösungen eines LGS, in diesem Fall nur ein Tripel.

$L = \{(1; 4; -4)\}$

166

2.1 Lösungsverfahren

Anzahl der Tiere auf einem Bauernhof

Auf einem Bauernhof gibt es Schweine und Gänse mit insgesamt 14 Köpfen und 48 Füßen.
a) Ermitteln Sie, wie viele Schweine und Gänse auf dem Bauernhof leben.
b) Ein Besucher behauptet, doppelt so viele Schweine wie Gänse gesehen zu haben. Überprüfen Sie dies.

a) Wir überlegen, welche Größen gesucht werden – das sind die Unbekannten. Für die Unbekannten werden Variablen mit frei wählbaren Namen definiert. Anschließend „übersetzen" wir die Informationen aus dem Text in lineare Gleichungen:
Insgesamt gibt es 14 Köpfe. Da jedes Tier einen Kopf hat, gibt es also auch 14 Tiere.
Insgesamt gibt es 48 Füße. Jedes Schwein hat vier Füße, jede Gans hat aber nur zwei Füße.
Wir erhalten ein LGS mit zwei Gleichungen und zwei Unbekannten. Eine Lösung erhalten wir durch Probieren oder mithilfe von Lösungsverfahren. ▶ 2.1.2
Es gibt also zehn Schweine und vier Gänse.

b) Die zusätzliche Bedingung, dass es doppelt so viele Schweine wie Gänse geben soll, lässt sich in eine dritte Bedingungsgleichung „übersetzen". Die anderen beiden Gleichungen bleiben bestehen. Wir erhalten ein LGS mit drei Gleichungen und zwei Variablen.
▶ Ein LGS kann unterschiedlich viele Variablen und Gleichungen haben.

Die Lösung aus den ersten beiden Gleichungen erfüllt aber nicht die dritte Gleichung. Dieses LGS ist nicht lösbar. Der Besucher hat Unrecht.

Gegeben: 14 Köpfe; 48 Füße
Gesucht: Anzahl Schweine; Anzahl Gänse
Variablen: s g

$s + g = 14$

$4s + 2g = 48$

(I) $\ s + \ g = 14$
(II) $4s + 2g = 48$

Lösung: $s = 10;\ g = 4 \Rightarrow (10;\ 4)$

(III) $s = 2g \Leftrightarrow s - 2g = 0$

(I) $\ s\ +\ g\ \ \ \ = 14$
(II) $4s + 2g = 48$
(III) $\ s - 2g = \ 0$

$s = 10;\ g = 4$ in Gleichung (III) einsetzen:
$10 - 2 \cdot 4 = 0$
$2 = 0\ (f) \Rightarrow$ keine Lösung

- Eine Gleichung der Form $a_1 x_1 + \ldots + a_n x_n = b$ heißt **lineare Gleichung** mit n Unbekannten, da die Variablen nur in erster Potenz vorkommen ($n \in \mathbb{N}$).
- Ein **lineares Gleichungssystem** (kurz: LGS) besteht aus m Gleichungen mit n Unbekannten $x_1, x_2, \ldots, x_n$ ($m, n \in \mathbb{N}$).
$a_{11}x_1 + a_{12}x_2 + \ldots + a_{1n}x_n = b_1$
$a_{21}x_1 + a_{22}x_2 + \ldots + a_{2n}x_n = b_2$
$\ \vdots \qquad \vdots \qquad \vdots \qquad \vdots$
$a_{m1}x_1 + a_{m2}x_2 + \ldots + a_{mn}x_n = b_m$
- Dabei heißen a_{ij} Koeffizienten des LGS.
- Die **Lösung** eines LGS muss jede Gleichung des LGS erfüllen. Sie wird Lösungstupel genannt.

Gegeben sind die folgenden Zahlentupel: (1; 3) (6; 6; 0,5) (1; 3; −1) (−2; 6; 4,5) (1; 2)
Prüfen Sie, welches Tupel welches der folgenden LGS löst.

a) $2a + b = 4$
$\ -a + b = 1$

b) $x - y + 2z = 1$
$\ 4x + y \quad\ \ = -2$
$\qquad\ \ y \quad\ \ = 6$

c) $A - 2C = 3$
$2C + \ B = 1$
$3A - \ B = 0$

2 Lineare Gleichungssysteme

Übungen zu 2.1.1

1. Gegeben sind folgende lineare Gleichungssysteme. Formen Sie die Gleichungen so um, dass alle Variablen auf einer Seite des Gleichungssystems stehen, jede Variable nur einmal vorkommt und gleichnamige Variablen untereinander geschrieben sind. Nennen Sie die Anzahl der Unbekannten.

   a) $-3a + b - c = 2$
      $c + 2a = -5$
      $0{,}5c = b$

   b) $1 + x = y - 2$
      $4 + y = 2x - y$
      $y - 1 = x + 2x + 2y$

2. Von einer ganzrationalen Funktion 4. Grades ist Folgendes bekannt: Ihr Schaubild …
   - ist symmetrisch zur y-Achse.
   - verläuft durch den Punkt $(1|4{,}5)$.
   - schneidet die x-Achse bei 2.
   - schneidet die y-Achse bei 8.

   a) Stellen Sie ein LGS auf, das dieses Problem beschreibt.
   b) Paul behauptet, dass das benötigte LGS drei Variablen hat. Anna meint, dass sie nur zwei Variablen benötigt.
      Nehmen Sie Stellung zu diesen Aussagen.

3. Eine Zahl mit drei Ziffern hat die Quersumme 6. Das Doppelte der ersten Ziffer ist so groß wie die Summe der beiden anderen Ziffern. Die Summe der beiden ersten Ziffern entspricht der dritten Ziffer.
   a) Stellen Sie ein passendes LGS auf.
   b) Prüfen Sie, ob es sein kann, dass die Zahl mit 2 beginnt und mit 3 endet.

4. Entscheiden Sie, ob es sich um eine wahre oder eine falsche Aussage handelt.
   a) Ein LGS hat immer drei Gleichungen.
   b) Im LGS darf man Großbuchstaben für die Variablennamen verwenden.
   c) Zu jeder Aufgabe gibt es ein eindeutiges LGS.
   d) Ein LGS kann mehr Zeilen als Unbekannte haben.
   e) Ein LGS kann weniger Zeilen als Unbekannte haben.
   f) Ein LGS kann keine Unbekannte haben.
   g) Bei einem LGS kann mindestens eine der Unbekannten x_1 bis x_n auch mit der Potenz 2 vorkommen.
   h) Es kann sein, dass ein LGS zweimal die gleiche Zeile enthält.

5. Bei dem folgendem „magischen Quadrat" sind die Zahlen so angeordnet, dass die Summe waagrecht, senkrecht und in den Diagonalen jeweils 15 ergibt.

2	?	?
?	5	?
?	1	?

   Lösen Sie diese Aufgabe zuerst ohne und dann mithilfe eines LGS. *Hinweis:* Beim Lösen muss bei jeder Gleichung überprüft werden, ob sie erfüllt ist.

6. Arthur, Oliver und Marco wollen zusammen eine Party geben. Sie haben sich nicht abgesprochen und kaufen unabhängig voneinander Bier, Wasser und Cola im einzigen Getränkemarkt des Ortes ein, zufällig auch jeweils von derselben Marke.
   Jeder der drei hat 3 Kästen Bier gekauft. Oliver hat insgesamt 55,50 € ausgegeben. Arthur hat für seinen Einkauf insgesamt 60 € bezahlt. Marco hat 3 Kästen Cola gekauft, die Anderen weniger.

   Folgendes noch unvollständige LGS beschreibt die Situation:
   $3x + 2y + z = \square$
   $\square + y + 2z = 55{,}50$
   $3x + \square + z = 69{,}50$

   a) Geben Sie an, welche Größen durch die drei Variablen repräsentiert sind.
   b) Ergänzen Sie auf der Basis vom Text die fehlenden Werte im LGS.

7. Im Hotel „Waldblick" können maximal 74 Gäste untergebracht werden. Es gilt als sehr familienfreundlich. So bietet es halb so viele Vierbett- wie Einzelzimmer. In der Gegend gibt es mehr einzelne Wanderer als Paare. Dies erklärt, dass es acht Einzelzimmer mehr als Doppelzimmer gibt.

   a) Definieren Sie passende Variablen und stellen Sie das LGS zu dieser Aufgabe auf.
   b) Überprüfen Sie, wie viele Einzelzimmer es gibt: 16, 26 oder 18?

2.1.2 Elementare Lösungsverfahren und Gauß'scher Algorithmus

Lineare Gleichungssysteme lassen sich auf unterschiedliche Arten lösen. Für Gleichungssysteme mit zwei Gleichungen und zwei Unbekannten gibt es prinzipiell drei Verfahren: Gleichsetzungsverfahren, Einsetzungsverfahren, Additionsverfahren ▶ Grundlagen, Seite 20
Bei einem LGS mit drei oder mehr Gleichungen muss man diese Verfahren häufig „gemischt" anwenden.

Verschiedene Lösungsverfahren

Lösen Sie die folgenden linearen Gleichungssysteme.
a) (I) $\quad x = 29 - y$
   (II) $\quad x - y = 5$
b) (I) $\quad x + y + z = 0$
   (II) $\quad 2x - y + z = 8$
   (III) $\quad 3x + y - z = 2$

a) Da Gleichung (I) schon nach der Variablen x aufgelöst ist, können wir diese Gleichung in die Gleichung (II) einsetzen, also das **Einsetzungsverfahren** anwenden. Anschließend können wir den Wert für y bestimmen und durch Einsetzen in Gleichung (I) auch den Wert für x.

Alternativ könnten wir auch das **Gleichsetzungsverfahren** anwenden: Dazu formen wir Gleichung (II) so um, dass x alleine auf einer Seite der Gleichung steht, und setzen die beiden Gleichungen gleich.

(I) $\quad x = 29 - y$
(II) $\quad x - y = 5$

(I) in (II):
$29 - y - y = 5 \Leftrightarrow -2y = -24$
$\qquad\qquad\qquad\quad \Leftrightarrow \quad y = 12$
$y = 12$ in (I): $x = 29 - 12 = 17$

(I) $\quad x = 29 - y$
(II) $\quad x - y = 5 \Leftrightarrow x = 5 + y$
$29 - y = 5 + y \Leftrightarrow 24 = 2y$
$\qquad\qquad\qquad \Leftrightarrow \quad y = 12$
$y = 12$ in (I): $x = 17$

Das Lösungstupel ist $(17; 12)$.

b) Wir erkennen, dass durch das Aufsummieren der Gleichungen (II) und (III) zwei Variablen wegfallen. Durch das **Additionsverfahren** erhalten wir also eine Gleichung mit nur einer Variablen, die für x den Wert 2 liefert.

Wir wenden das Einsetzungsverfahren an und setzen $x = 2$ in die Gleichungen ein. Dadurch erhalten wir drei Gleichungen mit zwei Unbekannten.

Nun können wir das Additionsverfahren erneut anwenden: Wir addieren die ersten beiden Zeilen und erhalten $z = 1$. Einsetzen in die Gleichungen (II) oder (III) liefert uns den Wert für y.

(I) $\quad x + y + z = 0$
(II) $\quad 2x - y + z = 8$
(III) $\quad 3x + y - z = 2$

(II) + (III) $5x = 8 + 2 = 10 \Leftrightarrow x = 2$

(I) $\quad 2 + y + z = 0 \Leftrightarrow y + z = -2$
(II) $\quad 2 \cdot (2) - y + z = 8 \Leftrightarrow -y + z = 4$
(III) $\quad 3 \cdot (2) + y - z = 2 \Leftrightarrow y - z = -4$

(I) + (II) $2z = -2 + 4 = 2 \Leftrightarrow z = 1$
$z = 1$ in (II):
$-y + 1 = 4 \Leftrightarrow y = 1 - 4 = -3$

Die Lösung ist $(2; -3; 1)$.

In manchen Fällen ist es gar nicht erforderlich, verschiedene Lösungsverfahren anzuwenden. Manchmal kann man Lösungen von Gleichungssystemen auch aufgrund ihrer Gestalt relativ einfach bestimmen.

2 Lineare Gleichungssysteme

4 Spezielle LGS-Formen

Beurteilen Sie, wie „einfach" die folgenden drei Gleichungssysteme zu lösen sind.

a) (I) $x = 1$
(II) $y = -1$
(III) $z = 0$

b) (I) $x + 2y - z = -1$
(II) $4y - 2z = -4$
(III) $-6z = 0$

c) (I) $x + y + z = 0$
(II) $2x - y + z = 8$
(III) $3x + y - z = 2$

a) Bei diesem LGS haben nur die drei Variablen auf der **Hauptdiagonalen** Koeffizienten ungleich null. Dieses LGS hat **Diagonalform**. Dadurch ist es einfach zu lösen. Wir können die Lösung direkt ablesen: $(1;-1;0)$.

(I) $x + 0y + 0z = 1 \Leftrightarrow x = 1$
(II) $0x + y + 0z = -1 \Leftrightarrow y = -1$
(III) $0x + 0y + z = 0 \Leftrightarrow z = 0$

Lösung: $(1; -1; 0)$

b) Das zweite LGS können wir auch ziemlich einfach lösen. Das liegt daran, dass es **Dreiecksform** (oder **Stufenform**) hat: Unterhalb der Hauptdiagonalen steht „nichts" d. h., bei Gleichung (II) ist der Koeffizient 0 vor der Variablen x und bei Gleichung (III) sogar vor x und vor y.
Wir können nun „rückwärts" vorgehen: Aus Gleichung (III) ergibt sich $z = 0$. Diesen Wert setzen wir in (II) ein, und erhalten $y = -1$. Zum Schluss setzen wir die gefundenen Werte in (I) ein und erhalten $x = 1$.

(I) $x + 2y - z = -1$
(II) $0x + 4y - 2z = -4$
(III) $0x + 0y + -6z = 0 \quad |:(-6)$
$z = 0$

$z = 0$ in (II):
$4y - 2 \cdot 0 = -4 \Leftrightarrow 4y = -4 \Leftrightarrow y = -1$

$z = 0; y = -1$ in (I):
$x + 2 \cdot (-1) - (0) = -1 \Leftrightarrow x = 1$

Lösung: $(1; -1; 0)$

c) In diesem LGS kann kein Variablenwert direkt abgelesen werden. Die Lösung erhalten wir durch mehrfaches Anwenden der bekannten Lösungsverfahren. ▶ Beispiel 3, Seite 169

(I) $x + y + z = 0$
(II) $2x - y + z = 8$
(III) $3x + y - z = 2$

Lösung: $(2; -3; 1)$

> Ein LGS lässt sich besonders leicht lösen, wenn es
> - **Diagonalform** hat. In dieser Form treten Variablen mit Koeffizienten ungleich null nur in der Hauptdiagonalen auf. Die Lösung kann nahezu direkt abgelesen werden.
> - **Dreiecksform** hat. In dieser Form haben alle Einträge unterhalb der Hauptdiagonalen den Koeffizienten Null. Die Lösung kann durch „Rückwärtsrechnen" bestimmt werden.

1. Bestimmen Sie die Lösungsmenge möglichst geschickt.

a) $a = 2 - b$
$a = 1 + b$

b) $2x - y + z = 5$
$y - z = -2$
$y = 6$

c) $x = 2y$
$2x - y = 3$
$3x - z = 0$

2. Gegeben ist jeweils die Lösungsmenge eines unvollständigen LGS. Bestimmen Sie die fehlenden Werte.

a) $L = \{(0{,}25 | -1)\}$
$4P_1 + P_2 = \square$
$2P_1 - \square = 1{,}5$

b) $L = \{(1; 2; 3)\}$
$y + 0z = \square$
$0x + 2z = \square$
$0y + x + 0z = \square$

c) $L = \{(0; 4; -1)\}$
$x - y = \square$
$x - y + \square z = -6$
$3x + y - 2z = \square$

170

2.1 Lösungsverfahren

Der Gauß'sche Algorithmus

Bei komplexeren linearen Gleichungssystemen sind die zuvor vorgestellten Lösungsverfahren oft umständlich. Der von Carl Friedrich Gauß (1777–1855) entwickelte **Gauß'sche Algorithmus** stellt ein systematisches Verfahren zum Lösen linearer Gleichungssysteme dar. Mithilfe von Umformungen, die wir aus dem Additionsverfahren kennen, werden schrittweise die einzelnen Variablen eliminiert: Wir dürfen …

- eine Gleichung/Zeile mit einer reellen Zahl $r \neq 0$ multiplizieren.
- das Vielfache einer Gleichung/Zeile zu einer anderen addieren.

Das Ziel ist eine **Dreiecksform**, aus der abschließend die Lösungsmenge gewonnen wird. ▶ Seite 170

Aufstellen einer Funktionsgleichung

Lösen Sie das lineare Gleichungssystem aus Beispiel 1, ▶ Seite 166, mit dem Gauß'schen Algorithmus. Geben Sie die Funktionsgleichung der gesuchten Funktion f in allgemeiner Form an.

1. Wir eliminieren die Variable a aus den Gleichungen (II) und (III):

Zu diesem Zweck multiplizieren wir Gleichung (I) mit -4 und addieren das Ergebnis zu Gleichung (II). Die resultierende Gleichung erhält die Nummer (IV). Wir schreiben kurz: $-4 \cdot$ (I) $+$ (II) $=$ (IV)

(I)	$a + b + c =$	1	$\mid \cdot (-4) \quad \mid \cdot (-9)$
(II)	$4a + 2b + c =$	8	
(III)	$9a - 3b + c =$	-7	

Ebenso wird aus (I) und (III) die neue Gleichung (V) gebildet: $-9 \cdot$ (I) $+$ (III) $=$ (V)

(I) bleibt unverändert.
(IV) ersetzt (II).
(V) ersetzt (III).

(I)	$a + b + c =$	1
(IV)	$- 2b - 3c =$	4
(V)	$- 12b - 8c =$	-16

2. Wir eliminieren die Variable b aus (V):
$-6 \cdot$ (IV) $+$ (V) $=$ (VI)

(I) bleibt unverändert.
(IV) bleibt unverändert.
(VI) ersetzt (V).

(I)	$a + b + c =$	1	
(IV)	$- 2b - 3c =$	4	$\mid \cdot (-6)$
(V)	$- 12b - 8c =$	-16	

Das Gleichungssystem besteht immer noch aus drei Gleichungen. Es hat nun **Dreiecksform**.

(I)	$a + b + c =$	1
(IV)	$- 2b - 3c =$	4
(VI)	$10c =$	-40

3. Aus der Dreiecksform bestimmen wir schrittweise durch „Rückwärtsrechnen" die Lösungsmenge:
Mithilfe der Gleichung (VI) bestimmen wir c.

$10c = -40 \Leftrightarrow c = -4$

Setzen wir den Wert für c in die Gleichung (IV) ein, so können wir b berechnen.

$c = -4$ in (IV): $\quad -2b - 3 \cdot (-4) = 4$
$\Leftrightarrow \quad -2b + 12 = 4$
$\Leftrightarrow \quad b = 4$

Schließlich setzen wir die Werte für b und c in die Gleichung (I) ein. Wir erhalten die Lösung für a.

$b = 4, c = -4$ in (I): $\quad a + 4 - 4 = 1$
$\Leftrightarrow \quad a = 1$

Die Lösung des linearen Gleichungssystems ist ein Zahlentripel. Dieses Tripel enthält die für die Variablen berechneten Werte.

$L = \{(1; 4; -4)\}$

Nun können wir auch die gesuchte Funktionsgleichung angeben.

$f(x) = x^2 + 4x - 4$

Reihenfolge beachten

2 Lineare Gleichungssysteme

- Um Schreibarbeit zu sparen und die Übersichtlichkeit zu erhöhen, können wir ein LGS auch in einer Kurzform darstellen. In dieser sogenannten Matrix-Schreibweise werden die Koeffizienten und die Zahlen rechts vom Gleichheitszeichen tabellarisch erfasst und die Variablen weggelassen. Fehlt in einer Gleichung eine Variable, so wird an der entsprechenden Stelle als Koeffizient eine „0" notiert.

In der Regel verzichten wir bei der Matrix-Schreibweise auf die Ziffern vor den Zeilen, nutzen sie auf dieser Seite aber noch als Hilfe.

$$
\begin{array}{ll}
(I) & a + b + c = 1 \quad |\cdot(-4) \\
(II) & 4a + 2b + c = 8 \\
(III) & 9a - 3b + c = -7
\end{array}
\quad\quad
(I), (II), (III):
\begin{pmatrix} 1 & 1 & 1 & | & 1 \\ 4 & 2 & 1 & | & 8 \\ 9 & -3 & 1 & | & -7 \end{pmatrix}
$$

$$
\begin{array}{ll}
(I) & a + b + c = 1 \\
(IV) & -2b - 3c = 4 \quad |\cdot(-6) \\
(V) & -12b - 8c = -16
\end{array}
\quad\quad
\begin{pmatrix} 1 & 1 & 1 & | & 1 \\ 0 & -2 & -3 & | & 4 \\ 0 & -12 & -8 & | & -16 \end{pmatrix}
$$

$$
\begin{array}{ll}
(I) & a + b + c = 1 \\
(IV) & -2b - 3c = 4 \\
(VI) & 10c = -40 \quad |:10
\end{array}
\quad\quad
\begin{pmatrix} 1 & 1 & 1 & | & 1 \\ 0 & -2 & -3 & | & 4 \\ 0 & 0 & 10 & | & -40 \end{pmatrix} \quad |:10
$$

6 Lösen eines LGS in der Matrix-Schreibweise

Lösen Sie das LGS aus Beispiel 4c) (▸ Seite 170) mithilfe des Gauß'schen Algorithmus.

$$
\begin{array}{ll}
(I) & x + y + z = 0 \\
(II) & 2x - y + z = 8 \\
(III) & 3x + y - z = 2
\end{array}
$$

Wir erfassen die Koeffizienten in der Matrix-Schreibweise und gehen folgendermaßen vor:

$$
(I), (II), (III):
\begin{pmatrix} 1 & 1 & 1 & | & 0 \\ 2 & -1 & 1 & | & 8 \\ 3 & 1 & -1 & | & 2 \end{pmatrix}
$$

1. Wir erwirken jeweils eine „0" an der ersten Position der Zeilen (II) und (III):
$-2 \cdot (I) + (II) = (IV)$
$-3 \cdot (I) + (III) = (V)$
(I) bleibt unverändert.
(IV) ersetzt (II).
(V) ersetzt (III).

$$
\begin{pmatrix} 1 & 1 & 1 & | & 0 \\ 2 & -1 & 1 & | & 8 \\ 3 & 1 & -1 & | & 2 \end{pmatrix} \quad |\cdot(-2) \quad |\cdot(-3)
$$

2. Wir erwirken eine „0" an der zweiten Position der Zeile (V):
$-2 \cdot (IV) + 3 \cdot (V) = (VI)$
(I) und (IV) bleiben unverändert.
(VI) ersetzt (V).

$$
\begin{pmatrix} 1 & 1 & 1 & | & 0 \\ 0 & -3 & -1 & | & 8 \\ 0 & -2 & -4 & | & 2 \end{pmatrix} \quad |\cdot(-2) \quad |\cdot 3
$$

$$
\begin{pmatrix} 1 & 1 & 1 & | & 0 \\ 0 & -3 & -1 & | & 8 \\ 0 & 0 & -10 & | & -10 \end{pmatrix}
$$

3. Aus der Dreiecksform bestimmen wir nun schrittweise durch „Rückrechnen" die Lösungsmenge: Mithilfe von Gleichung (VI) bestimmen wir z. Diesen Wert setzen wir in Gleichung (IV) ein und erhalten den Wert für y. Mit den Werten für b und c erhalten wir aus Gleichung (I) den Wert für x. Damit können wir die Lösungsmenge angeben.

$-10z = -10 \Leftrightarrow \mathbf{z = 1}$

$z = 1$ in (IV): $-3y - 1 \cdot 1 = 8$
$\Leftrightarrow -3y = 9$
$\Leftrightarrow \mathbf{y = -3}$

$z = 1, y = -3$ in (I): $x - 3 + 1 = 0 \Leftrightarrow \mathbf{x = 2}$

$L = \{(2\,;\,-3;\,1)\}$

2.1 Lösungsverfahren

Beim Lösen eines LGS haben wir bisher zwei Arten von Umformungen angewendet, welche die Lösungsmenge nicht ändern:
- Multiplikation einer Gleichung/Zeile mit einer reellen Zahl $r \neq 0$
- Addition des Vielfachen einer Gleichung/Zeile zum Vielfachen einer anderen Gleichung/Zeile

Diese beiden Umformungen sind auch die Grundlage des Additionsverfahrens. Um den Rechenaufwand zu verringern, können wir aber noch eine Umformung anwenden, die die Lösungsmenge nicht verändert: Das Vertauschen zweier Gleichungen bzw. Zeilen.

Vertauschen von Zeilen im LGS

Gesucht ist die Funktionsgleichung einer quadratischen Funktion f (in allgemeiner Form), deren Schaubild durch die Punkte $P_1(1|7)$, $P_2(0|4{,}5)$ und $P_3(-2|2{,}5)$ verläuft.

Wir setzen die Koordinaten der drei Punkte in die allgemeine Funktionsgleichung $f(x) = ax^2 + bx + c$ ein und erhalten so drei Gleichungen.

$$f(1) = 7 \quad \Leftrightarrow \quad a \cdot 1^2 + b \cdot 1 + c = 7$$
$$f(0) = 4{,}5 \quad \Leftrightarrow \quad a \cdot 0^2 + b \cdot 0 + c = 4{,}5$$
$$f(-2) = 2{,}5 \quad \Leftrightarrow \quad a \cdot (-2)^2 + b \cdot (-2) + c = 2{,}5$$

Das so entstandene lineare Gleichungssystem nummerieren wir wieder mit römischen Ziffern (I), (II) und (III).

(I) $\quad a + b + c = 7$
(II) $\quad\quad\quad\quad c = 4{,}5$
(III) $4a - 2b + c = 2{,}5$

In der Matrix-Schreibweise fällt auf, dass in der zweiten Zeile bereits an zwei Positionen die „0" auftaucht. Dies ist eigentlich unser Ziel für die dritte Zeile. Daher vertauschen wir die zweite und dritte Zeile, was den Aufwand auf dem Weg zur Dreiecksform reduziert.

$$\begin{pmatrix} 1 & 1 & 1 & | & 7 \\ 0 & 0 & 1 & | & 4{,}5 \\ 4 & -2 & 1 & | & 2{,}5 \end{pmatrix}$$

Die vertauschten Zeilen behalten ihre Nummern.

Wir gehen nun wie üblich vor und erwirken eine „0" an der ersten Position der „neuen" zweiten Zeile.

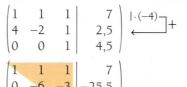

Damit haben wir nach nur zwei Umformungen die **Dreiecksform** erreicht und können die Lösung bestimmen. ▶ „Alles klar?"-Aufgabe 1

$$\begin{pmatrix} 1 & 1 & 1 & | & 7 \\ 0 & -6 & -3 & | & -25{,}5 \\ 0 & 0 & 1 & | & 4{,}5 \end{pmatrix}$$

- Ein lineares Gleichungssystem (LGS) hat **Dreiecksform**, wenn in der Matrix-Schreibweise alle Koeffizienten unterhalb der Hauptdiagonalen den Wert null haben.
- Ziel des **Gauß'schen Algorithmus** ist es, ein lineares Gleichungssystem in Dreiecksform zu bringen.
- Folgende Umformungen sind zulässig:
  - Multiplikation einer Gleichung/Zeile mit einer reellen Zahl $r \neq 0$
  - Addition des Vielfachen einer Gleichung/Zeile zum Vielfachen einer anderen Gleichung
  - Vertauschen von Gleichungen/Zeilen

1. Bestimmen Sie die Lösung des LGS aus Beispiel 7 und geben Sie die Funktionsgleichung an.

2. Schreiben Sie das LGS in Matrix-Schreibweise und lösen Sie es mithilfe des Gauß'schen Algorithmus.
    a) (I) $\quad x + 3y + 2z = 560$
       (II) $\;\, 2x + 2y + 3z = 590$
       (III) $4x + 3y + \;\; z = 810$
    b) (I) $\quad x + 3y + \;\; z = 1$
       (II) $\;\, 2x + 8y + 4z = 6$
       (III) $\quad\quad\;\; 2y + 4z = -2$

2 Lineare Gleichungssysteme

 8 Ein LGS mit vier Gleichungen und vier Unbekannten

Von einer ganzrationalen Funktion dritten Grades ist bekannt, dass sie die Nullstelle -1 hat, ihr Schaubild durch die Punkte $P(1|-4)$ und $Q(-2|-4)$ verläuft und die y-Achse bei -2 schneidet.
Bestimmen Sie eine Funktionsgleichung dieser Funktion.

Aus der allgemeinen Funktionsgleichung einer ganzrationalen Funktion dritten Grades können wir schließen, dass es vier Unbekannte gibt. Wir erstellen vier Gleichungen, die wir mithilfe der Informationen des Aufgabentexts aufstellen können.

Ansatz: $f(x) = ax^3 + bx^2 + cx + d$
Nullstelle: $f(-1) = 0$
$\Leftrightarrow -a + b - c + d = 0$
$P(1|-4): f(1) = -4 \Leftrightarrow a + b + c + d = -4$
$Q(-2|-4):\ f(-2) = -4$
$\Leftrightarrow a \cdot (-2)^3 + b \cdot (-2)^2 + c \cdot (-2) + d = -4$
$\Leftrightarrow -8a + 4b - 2c + d = -4$
$S_y(0|-2):\ f(0) = -2 \Leftrightarrow d = -2$

Eine Funktion n-ten Grades liefert bis zu n + 1 Unbekannte.

Wir verwenden die Matrix-Schreibweise und wenden den Gauß'schen Algorithmus an, um das LGS auf Dreiecksform zu bringen.

$$\begin{pmatrix} -1 & 1 & -1 & 1 & | & 0 \\ 1 & 1 & 1 & 1 & | & -4 \\ -8 & 4 & -2 & 1 & | & -4 \\ 0 & 0 & 0 & 1 & | & -2 \end{pmatrix}$$

$$\begin{pmatrix} -1 & 1 & -1 & 1 & | & 0 \\ 0 & 2 & 0 & 2 & | & -4 \\ 0 & -4 & 6 & -7 & | & -4 \\ 0 & 0 & 0 & 1 & | & -2 \end{pmatrix}$$

Die Lösung erhalten wir durch „Rückrechnen":
$f(x) = x^3 - 3x - 2$ ▶ „Alles klar?"-Aufgabe 1

$$\begin{pmatrix} -1 & 1 & -1 & 1 & | & 0 \\ 0 & 2 & 0 & 2 & | & -4 \\ 0 & 0 & 6 & -3 & | & -12 \\ 0 & 0 & 0 & 1 & | & -2 \end{pmatrix}$$

1. Bestimmen Sie die Lösung aus Beispiel 8 explizit.

2. Vor der Anwendung des Gauß'schen Algorithmus kann das LGS aus Beispiel 8 so vereinfacht werden, dass es nur noch 3 Variablen enthält. Lösen Sie das erhaltene vereinfachte LGS.

Übungen zu 2.1.2

1. Lesen Sie die Lösungsmenge ab.

   a) $\begin{pmatrix} 1 & 0 & 0 & | & 2 \\ 0 & 1 & 0 & | & -3 \\ 0 & 0 & 1 & | & 5 \end{pmatrix}$

   b) $\begin{pmatrix} 1 & 0 & 0 & | & -11 \\ 0 & 1 & 0 & | & 5 \\ 0 & 0 & 1 & | & -3 \end{pmatrix}$

   c) $\begin{pmatrix} 1 & 0 & 0 & | & -7 \\ 0 & 2 & 0 & | & 14 \\ 0 & 0 & 3 & | & 21 \end{pmatrix}$

   d) $\begin{pmatrix} 1 & 1 & | & 3 \\ 0 & 1 & | & 3 \end{pmatrix}$

   e) $\begin{pmatrix} 1 & 0 & 0 & | & 0 \\ 0 & 2 & 0 & | & 1 \\ 0 & 0 & 1 & | & 0 \end{pmatrix}$

   f) $\begin{pmatrix} 1 & 0 & 0 & 1 & | & 5 \\ 0 & 1 & 0 & 0 & | & -2 \\ 0 & 0 & 1 & 1 & | & 3 \\ 0 & 0 & 0 & 1 & | & 4 \end{pmatrix}$

2. Bringen Sie das lineare Gleichungssystem in Dreiecksform und lösen Sie es.

   a) $\begin{pmatrix} 2 & 5 & | & 3 \\ 2 & -5 & | & 3 \end{pmatrix}$

   b) $\begin{pmatrix} 8 & 0 & 4 & | & 8 \\ -2 & 2 & 0 & | & 0 \\ 4 & 0 & 3 & | & 2 \end{pmatrix}$

   c) $\begin{pmatrix} 2 & 3 & | & 10 \\ 1 & 1 & | & 6 \end{pmatrix}$

   d) $\begin{pmatrix} 2 & 5 & 7 & | & 1 \\ -2 & 10 & 0 & | & 1 \\ 2 & 5 & 8 & | & 0 \end{pmatrix}$

3. Stellen Sie die Funktionsgleichung der quadratischen Funktion f auf, deren Schaubild durch die Punkte $P_1(0|2)$, $P_2(1|3)$ und $P_3(3|-1)$ verläuft.

4. Wenden Sie den Gauß'schen Algorithmus an, und bestimmen Sie die Lösungsmenge.

$$\begin{pmatrix} 1 & 0 & 5 & 0 & | & 1 \\ 0 & 1 & 2 & 4 & | & 7 \\ 0 & 0 & 1 & 5 & | & 0 \\ -1 & 0 & -5 & 1 & | & 1 \end{pmatrix}$$

5. Schreiben Sie in verkürzter Schreibweise und lösen Sie das LGS mit dem Gauß'schen Algorithmus.

a) $2a + 8b + 6c = 9000$
   $4a + 6b + c = 5200$
   $7a + 2c = 5100$

c) $-x_1 + 2x_3 = -3$
   $x_1 + 4x_2 + 6x_3 = -21$
   $4x_1 - 6x_2 + 2x_3 = 4$

b) $5x + 2y + z = 5$
   $-3x + y - 4z = -3$
   $8x - 3y + 10z = 8$

Übungen zu 2.1

1. Begründen Sie, warum es in den folgenden Aufgaben nicht unbedingt besser ist, den Gauß'schen Algorithmus anzuwenden. Lösen Sie die Aufgaben in möglichst wenig Schritten.

a) $2x + y = -1$
   $-y = -3$
   $-y + z = -8$

c) $x = z$
   $x + y = z$
   $z - y = 3$

b) $x + z = 6{,}3$
   $6x = 15$
   $x - y = -0{,}5$

2. Bestimmen Sie die Lösungsmenge.

a) $5y + 10z = 45$
   $3y + 2z = 7$

c) $\begin{pmatrix} 10 & 2 & -7 & | & 1 \\ 0 & 0 & 5 & | & -10 \\ 15 & -15 & 3 & | & -3 \end{pmatrix}$

b) $2a + 2b + 4c = 6$
   $-3a - 2b + 5c = -1$
   $0{,}5a + 3b + 2c = -5$

d) $\begin{pmatrix} 3 & -1 & 2 & | & \frac{1}{2} \\ 1 & 0 & 1 & | & 2 \\ -2 & \frac{1}{2} & -1 & | & 0 \end{pmatrix}$

3. Eine Funktion f sei gegeben durch die Gleichung $f(x) = ax^2 + c$. Bestimmen Sie reelle Zahlen a und c so, dass das Schaubild von f

a) durch $P_1(1|-5{,}5)$ und $P_2(-2|-12{,}5)$ verläuft.

b) die x-Achse bei $x = 2$ und die y-Achse bei $y = 4$ schneidet.

4. Stellen Sie die Funktionsgleichung der quadratischen Funktion f auf.

a) Das Schaubild von f verläuft durch die drei Punkte $P_1(0|-2)$, $P_2(1|-3)$ und $P_3(3|1)$.

b) Für f gilt: $f(-2) = 6$, $f(4) = 19$ und $f(6) = 38$.

5. Stellen Sie ein LGS auf, welches die angegebene Lösung hat.

a) $(-1|1|-1)$ b) $(2|5|1)$ c) $(0|0|7)$

6. Lara, Ben und Alyssa kaufen für ein Projekt im Kunstunterricht unabhängig voneinander im örtlichen Bastelgeschäft Materialien ein. Die Anzahl der erworbenen Materialien kann der folgenden Tabelle entnommen werden.

	Federn	Filzplatten	Perlen
Lara	3	2	1
Ben	3	1	2
Alyssa	3	3	1

Lara hat insgesamt 6 € bezahlt, Ben 5,50 € und Alyssa 6,95 €.
Bestimmen Sie die Einzelpreise der Materialien.

7. Jonas erzählt: „Meine Mutter und ich sind zusammen 52 Jahre alt. Wenn ich volljährig bin, wird sie ein halbes Jahrhundert alt sein!".
Bestimmen Sie das Alter der beiden mithilfe eines LGS.

8. Gegeben ist das Schaubild einer ganzrationalen Funktion f. Bestimmen Sie eine Funktionsgleichung dieser Funktion.

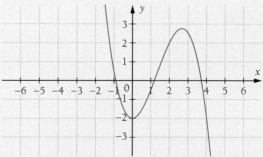

2.1 Lösungsverfahren

Ich kann ...

... zu einem Problem ein **lineares Gleichungssystem** (LGS) aufstellen. ▶ Test-Aufgaben 1, 4, 5	Die Summe zweier Zahlen ist 29, ihre Differenz 5. (I) $z_1 + z_2 = 29$ (II) $z_1 - z_2 = 5$	Für jede Unbekannte wird eine Variable definiert. Mithilfe des Textes werden die Gleichungen aufgestellt.
... prüfen, ob ein Tupel **Lösung eines LGS** ist. ▶ Test-Aufgabe 1	(17; 12) ist Lösung des obigen LGS, denn: (I) $17 + 12 = 29$ (w) (II) $17 - 12 = 5$ (w)	Ein Tupel ist Lösung eines LGS, wenn das Einsetzen der Werte in jeder Gleichung eine wahre Aussage ergibt.
... **elementare Verfahren** zur Lösung eines LGS nennen und anwenden. ▶ Test-Aufgabe 3	(I) $z_1 = 29 - z_2$ (II) $z_1 = 5 + z_2$ $\Rightarrow 29 - z_2 = 5 + z_2 \Leftrightarrow z_2 = 12$ $\Rightarrow z_1 = 17$	**Gleichsetzungsverfahren:** Wenn beide Gleichungen nach einer Variablen aufgelöst sind
	(I) $z_1 = 29 - z_2$ (II) $z_1 - z_2 = 5$ $\Rightarrow 29 - z_2 - z_2 = 5 \Leftrightarrow z_2 = 12$ $\Rightarrow z_1 = 17$	**Einsetzungsverfahren:** Wenn eine der beiden Gleichungen nach einer Variablen aufgelöst ist
	(I) $z_1 + z_2 = 29$ (II) $z_1 - z_2 = 5$ (III) $-2z_2 = -24 \Rightarrow z_2 = 12$ $\Rightarrow z_1 = 17$	**Additionsverfahren:** Stets anwendbar: Das Vielfache einer Gleichung zu einer anderen addieren
... ein LGS mit dem **Gauß-Algorithmus** in *Dreiecksform* bringen ▶ Test-Aufgaben 3, 4, 5	(I) $x + y + z = 0$ (II) $x - y + z = 18$ (III) $3x + y - z = -5$	Folgende Umformungen sind zulässig: • Multiplikation einer Gleichung/Zeile mit einer reellen Zahl $r \neq 0$ • Addition des Vielfachen einer Gleichung/Zeile zum Vielfachen einer anderen Gleichung/Zeile • Vertauschen von Gleichungen/Zeilen
	(I) $x + y + z = 0$ (IV) $2y = -18$ (III) $3x + y - z = -5$	
	(I) $x + y + z = 0$ (IV) $y = -9$ (V) $-2y - 4z = -5$	Es werden nach und nach einzelne Variablen isoliert. Die Dreiecksform erkennt man daran, dass unterhalb der Hauptdiagonalen nur „0" stehen.
	(I) $x + y + z = 0$ (IV) $y = -9$ (VI) $-4z = -23$	
... ein in **Dreiecksform** gegebenes lineares Gleichungssystem lösen. ▶ Test-Aufgaben 3, 4, 5	(VI) liefert $z = 5{,}75$ (IV) liefert $y = -9$ $z = 5{,}75;\ y = -9$ in (I) liefert $x = 3{,}25;\ L = \{(3{,}25;\ -9;\ 5{,}75)\}$	Die Lösung wird durch „Rückrechnen" der einzelnen Gleichungen/Zeilen bestimmt.
... die **Matrix-Schreibweise** anwenden.	$\begin{pmatrix} 1 & 1 & 1 & \vert & 0 \\ 1 & -1 & 1 & \vert & 18 \\ 3 & 1 & -1 & \vert & -5 \end{pmatrix}$	Die Variablen weglassen und nur die Zahlen (Koeffizienten) tabellarisch aufschreiben.

2.1 Lösungsverfahren

Test zu 2.1

1. Gegeben sind jeweils ein LGS in Matrix-Schreibweise und ein zugehöriges Zahlentripel.
   Zeigen Sie, dass das Zahlentripel keine Lösung des zugehörigen LGS ist.
   Ändern Sie das LGS möglichst wenig, aber so, dass das zugehörige Tripel Lösung ist.

   a) $\begin{pmatrix} -0,5 & 2 & -1 & | & 3 \\ 1 & 2 & 0 & | & 0 \\ 0 & 3 & 0 & | & 1 \end{pmatrix}$ $(-2; 1; 0)$

   b) $\begin{pmatrix} 1 & 0 & 2 & | & -3 \\ 0 & -2 & 1 & | & 1 \\ 0 & 0 & 1 & | & 2 \end{pmatrix}$ $(-7; 1; 2)$

2. Eine zweistellige Zahl hat die Quersumme 9. Wenn die „Einerziffer" verdreifacht wird, ist die Quersumme 13. Bestimmen Sie diese Zahl.

3. Lösen Sie das lineare Gleichungssystem mithilfe des Gauß'schen Algorithmus.

   a) $5x_1 - 10x_2 = -5$
   $8x_1 + 4x_2 = 32$

   b) $3x + 5y + z = 0$
   $2x + 4y + 5z = 8$
   $x + 2y + 2z = 3$

   c) $x_1 + 2x_2 + 4x_3 = -7$
   $x_1 + 4x_2 - 3x_3 = 18$
   $2x_1 - 8x_2 + 3x_3 = -23$

4. Bestimmen Sie die Funktionsgleichung.
   a) Das Schaubild einer quadratischen Funktion f mit der Gleichung $f(x) = ax^2 + bx + c$ ($a, b, c \in \mathbb{R}$, $a \neq 0$) verläuft durch die Punkte $P(1|0)$, $Q(0|5)$ und $R(7|3)$.
   b) Der Graph einer quadratischen Funktion f mit der Gleichung $f(x) = ax^2 + bx + c$ ($a, b, c \in \mathbb{R}$, $a \neq 0$) verläuft durch die Punkte $P(-2|6)$ und $Q(2|6)$ und hat den y-Achsenabschnitt -2.
   c) Eine Parabel hat den Scheitelpunkt $S(-4|8)$ und den y-Achsenabschnitt 16.

5. Im Rohstofflager eines Betriebs liegen 560 ME von R_1, 590 ME von R_2 und 810 ME von R_3. Aus diesen Rohstoffen können die Güter E_1, E_2 und E_3 gemäß nebenstehender Stückliste hergestellt werden.
   Ermitteln Sie, wie viele Güter von jeder Sorte hergestellt werden müssen, um das Lager vollständig zu räumen.

	E_1	E_2	E_3
R_1	1	3	2
R_2	2	2	3
R_3	4	3	1

2 Lineare Gleichungssysteme

2.2 Lösungsvielfalt

1 Burgerpreise

In einem Burgerrestaurant gibt es den Veggieburger (V), den Premiumburger (P) und den Luxusburger (L).

a) Für die Kalkulation der Preise hat der Juniorchef die folgende Zeichnung seinen Mitarbeitern überlassen. Ein Luxusburger soll 8,50 € kosten. Geben Sie davon ausgehend die Preise der anderen Burger an.

b) Untersuchen Sie allgemein die Abhängigkeiten zwischen den Burgerpreisen aus a). Wie verändern sich die Preise, wenn ein Luxusburger 7 € oder 9,75 € kosten soll?

c) Stellen Sie die folgenden Abhängigkeiten in Form von Gleichungen dar: Für vier Veggieburger zahlt man so viel wie für einen Premium- und zwei Luxusburger zusammen. Der Luxusburger kostet 2 € mehr als der Premiumburger.
Überprüfen Sie dann die Aussagen (1) „Der Veggieburger kostet 7 €, wenn der Luxusburger 10 € und der Premiumburger 8 € kosten" und (2) „Der Veggieburger kostet 10,50 €, wenn der Luxusburger 12 € und der Premiumburger 10 € kosten" auf ihren Wahrheitsgehalt. Geben Sie ein weiteres Preispaar an, das die Bedingungen erfüllt.

2 Parabeln

Gegeben sind die Punkte $A(-1|0)$, $B(0|2)$, $C(4|0)$ und $D_t(3|t)$. Gesucht ist das Schaubild einer quadratischen Funktion, das durch alle Punkte verläuft.

a) Bestimmen Sie eine Gleichung der Funktion für $t = 2$.
b) Beschreiben Sie, was für $t \neq 2$ passiert und wie dies beim Lösen der Aufgabe deutlich wird.

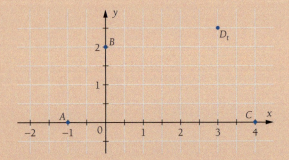

2.2 Lösungsvielfalt

3 Spezielle Punkte

In einem zweidimensionalen Koordinatensystem gibt es Punkte, bei denen die x-Koordinate gleich der y-Koordinate ist.
a) Geben Sie drei Punkte mit dieser Eigenschaft an. Wie viele solcher Punkte gibt es insgesamt?
b) Geben Sie eine Bedingungsgleichung für die gesuchten Punkte an.
Beschreiben Sie, wie viele Variablen und wie viele Gleichungen notwendig sind.
c) Diskutieren Sie, ob sich das Problem auch durch ein LGS mit mehr Gleichungen als in b) darstellen lässt. Falls ja, geben Sie solch ein LGS an.

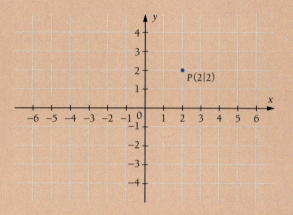

4 Die richtige Mischung

Der Internet-Händler „LeckerMüsli" bietet Müsli-Packungen an, die individuell zusammengesetzt werden können. Packungen sind in 100 g-Schritten zwischen 300 g und 2000 g bestellbar.

Das Einsteiger-Angebot besteht aus einer Kombination der folgenden beiden Sorten:
- Bircher-Müsli zu 9 € je 750 g
- Getrocknete Früchte zu 2,70 € je 45 g

a) Bestimmen Sie, wie viele getrocknete Früchte eine 1000 g-Packung enthält, die 14 € kostet.
b) Für 14 € kann man auch mehr oder weniger getrocknete Früchte bekommen. Dies wirkt sich aber auf das Gesamtgewicht der Müslipackung aus.
Stellen Sie das zugehörige LGS für eine Packung mit einem Gewicht von g_w g auf.
Zeigen Sie, dass die zugehörige Lösungsmenge theoretisch folgende ist:
$L = \{(1{,}25 g_w - 291{,}67 \mid 291{,}67 - 0{,}25 g_w \mid g_w)\}$, wobei $g_w \in \{300, 400 \ldots 1900, 2000\}$
Die erste Koordinate repräsentiert dabei das Gewicht an Bircher-Müsli und die zweite das Gewicht an getrockneten Früchten.
c) Bestimmen Sie die Packungsgröße, wenn man mindestens 80 g getrocknete Früchte haben möchte.
d) Beschreiben Sie das Problem, wenn man für 14 € eine 1200 g-Packung haben möchte.
Wie könnte man es lösen?

2.2 Lösungsvielfalt

2.2.1 Lösbarkeit linearer Gleichungssysteme

 Schnitt von Geraden

Gegeben sind vier Geraden mit ihren zugehörigen Gleichungen:
$g_1: y = x + 2$, $g_2: y = -0{,}5x + 5$, $g_3: y = x - 1$, $g_4: x - y + 2 = 0$
▶ Die Form der Gleichung bei g_4 heißt **allgemeine Form**.
Bestimmen Sie, wie g_1 zu den anderen drei Geraden liegt.

Wir suchen nach gemeinsamen Punkten der jeweiligen Geradenpaare, also nach einem Tupel, das jeweils beide Gleichungen erfüllt.

Wir können diese Aufgabe zeichnerisch lösen. Möchten wir die Lage rechnerisch nachweisen, müssen wir bei allen drei Paarungen ein LGS mit zwei Gleichungen und zwei Variablen lösen.

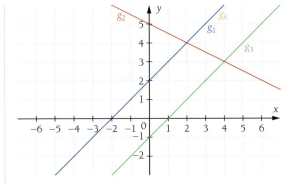

g_1 und g_2:
Bei beiden Gleichungen steht die Variable y allein auf einer Seite. Wir verwenden daher das Gleichsetzungsverfahren und erhalten $x = 2$. Diesen Wert setzen wir in Gleichung (I) oder (II) ein und erhalten den zugehörigen y-Wert 4.
Das LGS hat **genau eine Lösung**.

(I) $g_1: y = x + 2$
(II) $g_2: y = -0{,}5x + 5$
$x + 2 = -0{,}5x + 5 \Leftrightarrow 1{,}5x = 3 \Leftrightarrow x = 2$
$x = 2$ in (I): $y = 2 + 2 = 4$
Die Geraden schneiden sich im Punkt $S(2|4)$.

g_1 und g_3:
Auch hier können wir das Gleichsetzungsverfahren anwenden. Das Auflösen der Gleichung ergibt aber eine falsche Aussage. Es gibt also keine x- und y-Werte, die beide Gleichungen erfüllen.
Das LGS hat **keine Lösung**.

(I) $g_1: y = x + 2$
(III) $g_3: y = x - 1$
$x + 2 = x - 1 \Leftrightarrow 2 = -1$ (f)
Die Geraden schneiden sich nicht.

g_1 und g_4:
Eine Gleichung ist nach y aufgelöst. Wir verwenden das Einsetzungsverfahren. Durch Zusammenfassen erhalten wir eine Gleichung, die immer gilt: $0 = 0$. Diese stets wahre Aussage heißt, dass jedes Tupel, das Gleichung (I) erfüllt, automatisch auch Gleichung (IV) erfüllt.
Das LGS hat **unendlich viele Lösungen**.

(I) $g_1: y = x + 2$
(IV) $g_4: x - y + 2 = 0$

(I) in (IV): $x - (x + 2) + 2 = 0$
$\Leftrightarrow x - x - 2 + 2 = 0 \Leftrightarrow 0 = 0$ (w)
Die Geraden liegen aufeinander.

Es gilt allgemein:

  Ein LGS ist entweder eindeutig lösbar, mehrdeutig lösbar oder unlösbar.

▶ Ist ein LGS mehrdeutig lösbar, so gibt es in der Regel unendlich viele Lösungen. Bei Anwendungsaufgaben kann es sein, dass diese unendlich vielen Lösungen durch Randbedingungen eingeschränkt werden.

2.2 Lösungsvielfalt

Ein unlösbares LGS

Wir betrachten das folgende LGS mit den Variablen x, y und z. Bestimmen Sie die Lösungsmenge.

$2x + 2y + 2z = 6$
$2x + y - z = 2$
$4x + 3y + z = 10$

Wir verwenden die Matrix-Schreibweise und nutzen den Gauß'schen Algorithmus, um die Dreiecksform herbeizuführen.

1. Wir erwirken jeweils eine „0" an der ersten Position der zweiten und dritten Zeile:
$-1 \cdot$ Zeile 1 + Zeile 2 = neue Zeile 2
$-2 \cdot$ Zeile 1 + Zeile 3 = neue Zeile 3

$$\begin{pmatrix} 2 & 2 & 2 & | & 6 \\ 2 & 1 & -1 & | & 2 \\ 4 & 3 & 1 & | & 10 \end{pmatrix} \begin{array}{l} |\cdot(-1) \\ |\cdot(-2) \end{array} +$$

2. Wir erwirken eine „0" an der zweiten Position der letzten Zeile:
$-1 \cdot$ Zeile 2 + Zeile 3 = neue Zeile 3

$$\begin{pmatrix} 2 & 2 & 2 & | & 6 \\ 0 & -1 & -3 & | & -4 \\ 0 & -1 & -3 & | & -2 \end{pmatrix} |\cdot(-1) +$$

Wir erhalten die gewünschte Dreiecksform. Unterhalb der Hauptdiagonalen haben alle Koeffizienten den Wert null. Zugleich fällt auf, dass auch auf der Hauptdiagonalen eine „0" auftaucht.

$$\begin{pmatrix} 2 & 2 & 2 & | & 6 \\ 0 & -1 & -3 & | & -4 \\ 0 & 0 & 0 & | & 2 \end{pmatrix}$$

3. Wir bestimmen die Lösungsmenge des LGS mithilfe der Dreiecksform:

Dazu übersetzen wir die letzte Zeile in eine Gleichung. Diese Gleichung liefert aber eine falsche Aussage – unabhängig davon, welche Werte wir für x, y, z wählen. Das heißt, es gibt kein Zahlentripel, welches das LGS erfüllt.

$0 \cdot x + 0 \cdot y + 0 \cdot z = 2$
$\Leftrightarrow \qquad 0 = 2 \quad \text{(f)}$

Die letzte Zeile heißt auch Widerspruchzeile.

Das LGS ist somit **nicht lösbar**. Die Lösungsmenge des LGS ist leer.

$L = \{\ \}$

> Ergibt sich beim Lösen eines LGS eine **falsche Aussage**, so hat das LGS **keine Lösung**.

1. Gegeben sind drei Geradengleichungen $g_1: y = 2x + 1$; $g_2: y = x + 3$; $g_3: 0{,}5y - x - 0{,}5 = 0$.
a) Überprüfen Sie, ob sich die Geraden g_1 und g_2 bzw. g_1 und g_3 schneiden.
b) Geben Sie eine Gleichung einer Geraden an, die g_1 nicht schneidet. Begründen Sie.

2. Prüfen Sie, ob das lineare Gleichungssystem lösbar ist.

a) $a + b + c = 1$
$a + 3b - 4c = 2$
$a + b + c = 2$

b) $\begin{pmatrix} 1 & 2 & 5 & | & 3 \\ -2 & 4 & 8 & | & 1 \\ -1 & 6 & 13 & | & 9 \end{pmatrix}$

c) $\begin{pmatrix} 1 & 2 & 5 & | & 3 \\ -2 & 4 & 8 & | & 1 \\ -1 & -2 & -3 & | & 7 \end{pmatrix}$

d) $x + y + z = 2$
$2x + y + 2z = 1$
$x + 2y + z = 2$

2 Lineare Gleichungssysteme

3 Ein LGS mit unendlich vielen Lösungen

Bestimmen Sie eine Lösung für das folgende LGS mit den Variablen x, y und z.

$2x + 2y + 2z = 6$
$2x + y - z = 2$
$4x + 3y + z = 8$

Wir verwenden die verkürzte Schreibweise und versuchen, die Dreiecksform herzustellen.

1. Wir erwirken jeweils eine „0" an der ersten Position der zweiten und dritten Zeile:
$-1 \cdot$ Zeile 1 + Zeile 2 = neue Zeile 2
$-2 \cdot$ Zeile 1 + Zeile 3 = neue Zeile 3

$$\begin{pmatrix} 2 & 2 & 2 & | & 6 \\ 2 & 1 & -1 & | & 2 \\ 4 & 3 & 1 & | & 8 \end{pmatrix} \begin{array}{l} |\cdot(-1) \\ \\ \end{array} + \begin{array}{l} |\cdot(-2) \\ \\ \end{array} +$$

2. Wir erwirken eine „0" an der zweiten Position der letzten Zeile:
$-1 \cdot$ Zeile 2 + Zeile 3 = neue Zeile 3

$$\begin{pmatrix} 2 & 2 & 2 & | & 6 \\ 0 & -1 & -3 & | & -4 \\ 0 & -1 & -3 & | & -4 \end{pmatrix} \begin{array}{l} \\ |\cdot(-1) \\ \end{array} +$$

Wir erhalten die gewünschte Dreiecksform. Unterhalb der Hauptdiagonalen haben alle Koeffizienten den Wert null.
Auch auf der Hauptdiagonalen befindet sich eine „0" und zwar in der letzten Zeile. Zugleich fällt auf, dass die ganze letzte Zeile eine **Nullzeile** ist.

$$\begin{pmatrix} 2 & 2 & 2 & | & 6 \\ 0 & -1 & -3 & | & -4 \\ 0 & 0 & 0 & | & 0 \end{pmatrix}$$

3. Wir wollen aus der Dreiecksform die Lösungsmenge des LGS bestimmen:
Dazu übersetzen wir die letzte Zeile in eine Gleichung. Wir erhalten hier eine wahre Aussage.

$0 \cdot x + 0 \cdot y + 0 \cdot z = 0$
$\Leftrightarrow \quad 0 = 0 \quad (w)$

Wir können z.B. für z jede beliebige Zahl wählen und die Gleichung bleibt stets eine wahre Aussage.

Wir können die Variable z frei wählen, z.B. $z = 1$ oder $z = 5$.

Zu jedem gewählten z liefert die zweite Zeile das passende y und die erste Zeile das zu beiden Zeilen passende x. Da wir für die Wahl von z unendlich viele Möglichkeiten haben, hat das Gleichungssystem **unendlich viele Lösungen**.

Um *eine* dieser unendlich vielen Lösungen anzugeben, wählen wir z.B. $z = 1$ und berechnen mithilfe der zweiten Zeile den Wert für y.

$z = 1$ in Zeile 2: $\quad -y - 3 \cdot 1 = -4$
$\Leftrightarrow \quad y = 1$

Dann setzen wir die Werte für y und z in die erste Zeile ein. Wir erhalten einen Wert für x und damit eine Lösung des Gleichungssystems.

$y = 1, z = 1$ in Zeile 1: $\quad 2x + 2 \cdot 1 + 2 \cdot 1 = 6$
$\Leftrightarrow \quad x = 1$

Eine mögliche Lösung ist $(1;\ 1;\ 1)$.

Je nach Wahl der Variablen z ergeben sich andere Lösungen. Alle Lösungen sind von der Wahl von z abhängig.

▶ Für $z = 5$ erhält man die Lösung $(9;\ -11;\ 5)$.

Wir können auch alle Lösungen des LGS aus dem obigen Beispiel in der Lösungsmenge angeben, wie das nächste Beispiel zeigt.

182

2.2 Lösungsvielfalt

Lösungsmenge bei unendlich vielen Lösungen

Geben Sie für das lineare Gleichungssystem aus Beispiel 3 die Lösungsmenge an.

In Beispiel 3 weist die Dreiecksform eine Nullzeile auf. Das bedeutet, dass *eine* Variable, beispielsweise z, frei wählbar ist. Die beiden übrigen Variablen werden in Abhängigkeit von dieser Variablen bestimmt.

$$\begin{pmatrix} 2 & 2 & 2 & | & 6 \\ 0 & -1 & -3 & | & -4 \\ 0 & 0 & 0 & | & 0 \end{pmatrix}$$

Die Variable z ist frei wählbar. Wir nennen ihren Zahlenwert t. Dabei ist t eine reelle Zahl.
Es gilt also $z = t$. Wir setzen $z = t$ in die zweite Gleichung ein und bestimmen den Wert für y in Abhängigkeit von t.

$z = t$ in Zeile 2: $-y - 3t = -4$ $\quad | + 3t$
$\Leftrightarrow \qquad -y = -4 + 3t \quad | : (-1)$
$\Leftrightarrow \qquad y = 4 - 3t$

Dann setzen wir t und den erhalten Term für y in die erste Gleichung ein, um den Wert für x in Abhängigkeit von t zu bestimmen.

$t, y = 4 - 3t$ in Zeile 1:
$\quad 2x + 2 \cdot (4 - 3t) + 2t = 6$
$\Leftrightarrow \quad 2x + 8 - 6t + 2t = 6 \quad | - 8$
$\Leftrightarrow \quad 2x - 4t = -2 \quad | + 4t$
$\Leftrightarrow \quad 2x = -2 + 4t \quad | : 2$
$\Leftrightarrow \quad x = -1 + 2t$

Nun können wir die Lösungsmenge in Abhängigkeit von t angeben. Für t können wir jede beliebige reelle Zahl wählen.

$L = \{(-1 + 2t; 4 - 3t; t) \mid t \in \mathbb{R}\}$

Für t = 1 erhält man wieder $(-1 + 2 \cdot 1; 4 - 3 \cdot 1; 1) = (1; 1; 1)$.

> Hat ein LGS in Dreiecksform mit so vielen Zeilen wie Unbekannten eine **Nullzeile** (oder auch mehrere), so hat das LGS **unendlich viele Lösungen**.

Hinweis: Enthält das LGS neben den Nullzeilen noch eine oder weitere Nullen in der Hauptdiagonalen, so gilt die obige Aussage nicht unbedingt. ▶ Sonderfälle, Seite 185

Zusammengefasst können wir die Lösbarkeit eines LGS mit genauso vielen Unbekannten wie Gleichungen folgendermaßen systematisch untersuchen:
- Wir wenden den Gauß'schen Algorithmus an, um das LGS in Dreiecksform zu bringen.
- Sind alle Einträge auf der Hauptdiagonalen ungleich null, so hat das LGS **genau eine** Lösung.
- Gibt es (mindestens) eine Nullzeile, so hat das LGS **unendlich viele** Lösungen. ▶ siehe aber Seite 187
- Enthält mindestens eine Zeile nur Nullen und in der rechten Spalte einen Eintrag ungleich null, so hat das LGS **keine** Lösung.

1. Gegeben ist folgende Lösungsmenge eines LGS mit unendlich vielen Lösungen:
$L = \{(3t + 1; t - 2; t) \mid t \in \mathbb{R}\}$
Bestimmen Sie drei unterschiedliche Lösungen, wobei eine den Wert 0 als zweite Koordinate haben soll.

2. Bestimmen Sie die Lösungsmenge.

a) $\begin{pmatrix} 1 & -4 & | & 2 \\ -0{,}5 & 2 & | & -1 \end{pmatrix}$
b) $\begin{pmatrix} 1 & -2 & 1 & | & -3 \\ 0 & 5 & -3 & | & 5 \\ 1 & 3 & -2 & | & 2 \end{pmatrix}$
c) $\begin{pmatrix} 1 & 0 & 0 & | & 7 \\ 0 & -1 & 0 & | & 5 \\ 0 & 0 & 0 & | & 0 \end{pmatrix}$

Übungen zu 2.2.1

1. Prüfen Sie, welche linearen Gleichungssysteme unlösbar sind.

   a) $\begin{pmatrix} 2 & 1 & 0 & | & 1 \\ 0 & 1 & 1 & | & 3 \\ -2 & -1 & 0 & | & 0 \end{pmatrix}$
   c) $\begin{pmatrix} 0 & 0 & 0 & | & 1 \\ 0 & 0 & 1 & | & 3 \\ 1 & -1 & 1 & | & 2 \end{pmatrix}$

   b) $\begin{pmatrix} 1 & 3 & | & -1 \\ 3 & 8 & | & -3 \end{pmatrix}$
   d) $\begin{pmatrix} -0,5 & 1 & 3 & | & 1 \\ 0 & -1 & 0 & | & 3 \\ 1 & -2 & 6 & | & -2 \end{pmatrix}$

2. Bestimmen Sie die Lösungsmenge des LGS.

   a) $\begin{pmatrix} 2 & -3 & 0 & | & 4 \\ 0 & 1 & 5 & | & 0{,}25 \\ 0 & 0 & 0 & | & 0 \end{pmatrix}$
   c) $\begin{pmatrix} 0,4 & 1 & | & 2 \\ 0 & 0 & | & 0 \end{pmatrix}$

   b) $\begin{pmatrix} -1 & 0 & 2 & | & 0 \\ 0 & 2 & 0 & | & 1 \\ 0 & 0 & 0 & | & 0 \end{pmatrix}$
   d) $\begin{pmatrix} -2 & 1 & 2 & | & 3 \\ 0 & 0 & 0 & | & 3 \\ 0 & 0 & 0 & | & 0 \end{pmatrix}$

3. Prüfen Sie, ob das lineare Gleichungssystem genau eine, keine oder unendlich viele Lösungen hat. Geben Sie die Lösungsmenge an.

   a) $\begin{pmatrix} 2 & 1 & 0 & | & 8 \\ 0 & 1 & 2 & | & 4 \\ 0 & 0 & 0 & | & 0 \end{pmatrix}$
   c) $\begin{pmatrix} -4 & 0 & 16 & | & -8 \\ 0 & 4 & 5 & | & -3 \\ 0 & -8 & -10 & | & 6 \end{pmatrix}$

   b) $\begin{pmatrix} 1 & 9 & -2 & | & 5 \\ 0 & 0 & 0 & | & 0 \\ 0 & 0 & 0 & | & 0 \end{pmatrix}$
   d) $\begin{pmatrix} 1 & 5 & 0 & | & -1 \\ 0 & 1 & 3 & | & 3 \\ 0 & 0 & 0 & | & 4 \end{pmatrix}$

4. Ändern Sie nur eine Zahl in der rechten Spalte und zwar so, dass das LGS keine Lösung hat.

   a) $\begin{pmatrix} -2 & 1 & | & 4 \\ 1 & -0,5 & | & 0{,}25 \end{pmatrix}$
   b) $\begin{pmatrix} 3 & -1 & 2 & | & 0 \\ 0 & 1 & 2 & | & 8 \\ 0 & 0 & 0 & | & 0 \end{pmatrix}$

5. Folgendes LGS hat unendlich viele Lösungen.
   $\begin{pmatrix} 1 & 0 & -1 & | & 2 \\ 0 & -1 & 1 & | & 1 \\ 0 & 0 & 0 & | & 0 \end{pmatrix}$

   a) Prüfen Sie, ob (5; −2; 3) eine Lösung ist.
   b) Bestimmen Sie die Lösung mit 4 als dritter Koordinate.
   c) Bestimmen Sie die Lösung mit 1 als erster Koordinate.
   d) Bestimmen Sie die Lösungsmenge.

6. Gegeben ist folgendes LGS, das unendlich viele Lösungen hat.
   $x - 2y + z = 1$
   $\quad y - 3z = 3$
   $\quad\quad z = z$

   a) Michael sucht z als frei wählbare Variable aus und bestimmt damit die Lösungsmenge
   $L = \{(7 + 2t; 3 + 3t; t) | t \in \mathbb{R}\}$, die leider einen Fehler enthält. Finden Sie den Fehler, und korrigieren Sie die Lösungsmenge.
   b) Wählen Sie eine andere Variable als frei wählbar und bestimmen Sie dann die Lösungsmenge.

7. Beurteilen Sie, welches Gleichungssystem unendlich viele Lösungen hat.

   a) $\begin{pmatrix} -3 & 0 & | & 4 \\ 5 & -0,5 & | & 0{,}25 \end{pmatrix}$
   c) $\begin{pmatrix} 0,7 & -3,7 & 1 & | & 2 \\ 0 & 0 & \pi & | & 0 \\ 0 & 0 & 0 & | & 0 \end{pmatrix}$

   b) $\begin{pmatrix} 0 & 0 & 0 & 0 & | & 0 \\ 1 & 2 & -3 & 4 & | & 5 \\ 0 & 0 & 0 & 0 & | & 1 \\ 0 & 0 & 0 & 0 & | & 0 \end{pmatrix}$
   d) $\begin{pmatrix} 0 & 0 & | & 0 \\ 0 & 4 & | & 0 \end{pmatrix}$

8. Gegeben sind die Punkte $P_1(-2|1)$, $P_2(0|1)$ und $P_3(2|1)$.
   Untersuchen Sie, ob es jeweils eine oder mehrere Funktionen folgendes Typs gibt, deren Schaubild durch die Punkte P_1, P_2 und P_3 verläuft.
   a) Quadratische Funktionen
   b) ganzrationale Funktion dritten Grades
   c) Lösen Sie die Aufgaben a) und b) ohne Verwendung eines LGS.

9. Bestimmen Sie alle positiven dreistelligen Zahlen mit folgenden Eigenschaften: Die rechte Ziffer ist das Zweifache der linken Ziffer und die Summe der ersten beiden Ziffern beträgt 9.
   Hinweis: In bestimmten Fällen gibt es zwar mehrere Lösungen aber nicht zwangsläufig unendlich viele.
   Tipp: Falls Sie Schwierigkeiten haben, können Sie zuerst versuchen, passende Zahlen durch Probieren zu finden.

2.2 Lösungsvielfalt

2.2.2 Sonderfälle

Überbestimmtes LGS

Gegeben sind drei lineare Gleichungssysteme.
Beschreiben Sie deren Besonderheiten im Vergleich zu den Ihnen bekannten linearen Gleichungssystemen.
Bestimmen Sie die Lösungsmenge für a) und b).

a) (I) $\quad\quad 2x = 2$
   (II) $\quad x - y = 1$
   (III) $\quad y - x = 1$

b) $\begin{pmatrix} 1 & 1 & -1 & | & 4 \\ 0 & 2 & 0 & | & 1 \\ 1 & 0 & 0{,}5 & | & -1 \\ 0 & 0 & -1 & | & 3 \\ 1 & 1 & 0 & | & 1 \end{pmatrix}$

c) $\begin{pmatrix} -3 & 1 & 0 & | & 2 \\ 0 & 1 & 1 & | & 4 \\ 6 & 0 & 2 & | & 4 \\ 3 & -2 & -1 & | & -6 \end{pmatrix}$

Alle drei LGS haben mehr Gleichungen bzw. Zeilen als Variablen: Wir haben bei a) drei Gleichungen und zwei Unbekannte, bei b) fünf Gleichungen und drei Unbekannte und bei c) vier Gleichungen und drei Unbekannte. Ein LGS mit mehr Gleichungen bzw. Zeilen als Unbekannten heißt **überbestimmt**.

Um die Lösungsmenge zu bestimmen gibt es zwei mögliche Lösungswege.

Erster Lösungsweg bei a): Wir verwenden zunächst so viele Gleichungen wie Unbekannte und lösen dieses Teil-LGS mit den Gleichungen (I) und (II). Wir erhalten genau eine Lösung.

Wir prüfen jetzt, ob die „vorläufige" Lösung die übrigen Gleichungen erfüllt, hier die Gleichung (III).
Wir erhalten eine falsche Aussage; also ist das LGS insgesamt unlösbar.

(I) $2x = 2 \Leftrightarrow x = 1$
$x = 1$ in (II):
(II) $1 - y = 1 \Leftrightarrow y = 0$
$\Rightarrow$ vorläufige Lösung für (I) und (II): (1; 0)

$x = 1$, $y = 0$ in (III) einsetzen:
(III) $0 - 1 = 1$
$\Leftrightarrow -1 = 1$ (f)
$\Rightarrow L = \{\ \}$

Zweiter Lösungsweg bei b): Bei diesem Weg wenden wir den Gauß'schen Algorithmus auf alle Zeilen an. Wir erhalten ein LGS, bei dem die ersten drei Zeilen in Dreiecksform sind und die letzten beiden Zeilen Nullzeilen sind.

Die Lösung für die ersten drei Zeilen ist:
(0,5; 0,5; −3).
Die nächsten Zeilen liefern jeweils 0 = 0, also eine wahre Aussage.
Diese Gleichungen sind also insbesondere auch für die gefundene „vorläufige" Lösung der ersten drei Zeilen wahr.

$\begin{pmatrix} 1 & 1 & -1 & | & 4 \\ 0 & 2 & 0 & | & 1 \\ 1 & 0 & 0{,}5 & | & -1 \\ 0 & 0 & -1 & | & 3 \\ 1 & 1 & 0 & | & 1 \end{pmatrix} \rightarrow \begin{pmatrix} 1 & 1 & -1 & | & 4 \\ 0 & 2 & 0 & | & 1 \\ 0 & 1 & -1{,}5 & | & 5 \\ 0 & 0 & -1 & | & 3 \\ 0 & 0 & -1 & | & 3 \end{pmatrix}$

$\begin{pmatrix} 1 & 1 & -1 & | & 4 \\ 0 & 2 & 0 & | & 1 \\ 0 & 0 & 3 & | & -9 \\ 0 & 0 & -1 & | & 3 \\ 0 & 0 & -1 & | & 3 \end{pmatrix} \rightarrow \begin{pmatrix} 1 & 1 & -1 & | & 4 \\ 0 & 2 & 0 & | & 1 \\ 0 & 0 & 3 & | & -9 \\ 0 & 0 & 0 & | & 0 \\ 0 & 0 & 0 & | & 0 \end{pmatrix}$

$L = \{(0{,}5;\ 0{,}5;\ -3)\}$
$\Rightarrow$ eine Lösung

Wäre die letzte Zeile 0 0 0 | 1, so hätte das LGS keine Lösung.

Ein **überbestimmtes** LGS hat mehr Gleichungen als Unbekannte.
Es kann eindeutig lösbar, mehrdeutig lösbar oder unlösbar sein.

Lösen Sie die Aufgaben a), b) und c) aus Beispiel 5 mit einem nicht im Beispiel verwendeten Lösungsweg.

2 Lineare Gleichungssysteme

 Unterbestimmtes LGS

Prüfen Sie, ob es quadratische Funktionen gibt, deren Schaubilder
a) die Nullstelle 1 haben und durch den Punkt $P(1|2)$ verlaufen.
b) durch den Punkt $Q(2|1)$ gehen und die y-Achse bei -1 schneiden.

Wir lösen das Problem jeweils durch Aufstellen eines LGS. Eine quadratische Funktion hat in ihrer allgemeinen Form eine Gleichung der Form $f(x) = ax^2 + bx + c$. Wir erhalten somit drei Unbekannte.
Im Text sind jeweils aber nur zwei Informationen gegeben, die wir in zwei Gleichungen übertragen können. Wir erhalten also sowohl für a) als auch für b) je ein LGS mit zwei Gleichungen und drei Unbekannten. Ein LGS mit weniger Gleichungen bzw. Zeilen als Unbekannten heißt **unterbestimmt**.

a) Wir übertragen die gegebenen Bedingungen in zwei Bedingungsgleichungen, um das Gleichungssystem aufzustellen.
Wir schreiben es in Matrix-Schreibweise und lösen es auf. Aufgrund der falschen Aussage gibt es keine Lösung für das LGS und somit keine passende quadratische Funktion.

- Nullstelle $\quad f(1) = 0: a + b + c = 0$ (I)
- durch $P(1|2) \quad f(1) = 2: a + b + c = 2$ (II)

$$\begin{pmatrix} 1 & 1 & 1 & | & 0 \\ 1 & 1 & 1 & | & 2 \end{pmatrix}$$

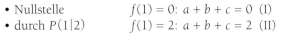
Kann man das nicht schon ohne LGS sehen?

$$\begin{pmatrix} 1 & 1 & 1 & | & 0 \\ 0 & 0 & 0 & | & -2 \end{pmatrix} \Rightarrow 0 = -2 \text{ (f)}$$

b) Auch hier stellen wir zwei Bedingungsgleichungen auf. Dabei nutzen wir, dass das Schaubild durch $Q(2|1)$ verlaufen und den y-Achsenabschnitt -1 haben soll.
Wir erkennen, dass $c = -1$ ist. Die Variable a bzw. b ist aber frei wählbar und die andere ergibt sich aus dem gewählten Wert für a bzw. b.
Es gibt somit unendlich viele Lösungen für dieses lineare Gleichungssystem.

$f(2) = 1: 4a + 2b + c = 1$ (I)
$f(0) = -1: \qquad\qquad c = -1$ (II)

mögliche Lösungen:
$a = 1$ frei gewählt; $c = -1$ in (I):
$4 \cdot (1) + 2b + (-1) = 1 \Leftrightarrow b = -1$
$\Rightarrow f(x) = x^2 - x - 1$

$a = -0,5$ frei gewählt; $c = -1$ in (I):
$4 \cdot (-0,5) + 2b + (-1) = 1 \Leftrightarrow b = 2$
$\Rightarrow f(x) = -0,5x^2 + 2x - 1$

Tatsächlich gibt es bei einem unterbestimmten LGS keine anderen Möglichkeiten als die beiden oben beschriebenen: Ein unterbestimmtes LGS hat entweder keine Lösung oder unendlich viele Lösungen.
Hinweis: Jedem LGS können wir eine beliebige Anzahl von Nullzeilen hinzufügen, sodass die Anzahl der Gleichungen der Anzahl der Unbekannten entspricht. Eine Nullzeile bedeutet eine wahre Aussage und verändert so die Lösungsmenge nicht.

Beispiel: $\begin{pmatrix} -1 & 3 & 0,5 & | & 0 \\ 0 & 1 & -4 & | & 0 \end{pmatrix} \Leftrightarrow \begin{pmatrix} -1 & 3 & 0,5 & | & 0 \\ 0 & 1 & -4 & | & 0 \\ 0 & 0 & 0 & | & 0 \end{pmatrix}$ ▸ Dieses LGS hat unendlich viele Lösungen (Nullzeile und keine sonstige Null in der Hauptdiagonale).

Ein **unterbestimmtes** LGS hat weniger Gleichungen als Unbekannte.
Es kann nur entweder mehrdeutig lösbar oder unlösbar sein.

Bestimmen Sie die Anzahl der Lösungen für die gegebenen linearen Gleichungssysteme.

a) $\begin{pmatrix} 2 & 2 & -1 & | & 0 \\ 1 & -1 & 1 & | & 4 \end{pmatrix}$
b) $\begin{pmatrix} -3 & 2 & | & 4 \end{pmatrix}$
c) $\begin{pmatrix} -3 & 1 & 0 & 7 & | & 2 \\ 0 & 0 & 0 & 0 & | & 5 \\ 0 & 0 & 0 & 0 & | & 0 \end{pmatrix}$

2.2 Lösungsvielfalt

„0" in der Hauptdiagonale

Gegeben sind drei lineare Gleichungssysteme.
Beschreiben Sie die Form und die Besonderheiten. Bestimmen Sie jeweils die Anzahl der Lösungen.

a) $\begin{pmatrix} 3{,}2 & -0{,}5 & 1 & | & 2 \\ 0 & 1{,}3 & 2 & | & 8 \\ 0 & 0 & 0 & | & 5 \end{pmatrix}$
b) $\begin{pmatrix} 1 & -2{,}75 & 5 & | & -2 \\ 0 & 0 & 1 & | & 3 \\ 0 & 0 & 2 & | & 5 \end{pmatrix}$
c) $\begin{pmatrix} 0 & 1 & 2 & | & 7 \\ 0 & -3 & 0 & | & 3 \\ 0 & 0 & 1 & | & 4 \end{pmatrix}$

Alle drei Gleichungssysteme liegen in Dreiecksform vor. Was zusätzlich auffällt ist, dass bei jedem LGS noch eine Null in der Hauptdiagonalen steht. Wenn dies der Fall ist, können wir keine „Standardregeln" zur Lösbarkeit nutzen. Solch ein LGS muss immer explizit untersucht werden.

a) Ist die Null in der letzten Zeile, so können wir die bisherigen Regeln nutzen.
Da die letzte Zeile eine falsche Aussage liefert, hat das LGS keine Lösung.

$\begin{pmatrix} 3{,}2 & -0{,}5 & 1 & | & 2 \\ 0 & 1{,}3 & 2 & | & 8 \\ 0 & 0 & 0 & | & 5 \end{pmatrix}$

letzte Zeile:
$0 = 5$ (f) $\Rightarrow$ keine Lösungen

b) Es gibt eine Null in der Hauptdiagonale, aber keine Nullzeile. Wir müssen daher die Gleichungen gesondert untersuchen.
Da wir eine falsche Aussage erhalten, hat das LGS keine Lösung.

$\begin{pmatrix} 1 & -2{,}75 & 5 & | & -2 \\ 0 & 0 & 1 & | & 3 \\ 0 & 0 & 2 & | & 5 \end{pmatrix} \Rightarrow z = 3$

$z = 3$ in Zeile 3:
$2 \cdot (3) = 5 \Leftrightarrow 6 = 5$ (f)

c) Auch hier gibt es eine Null in der Hauptdiagonale, aber keine Nullzeile. Wir sehen, dass die letzten beiden Zeilen leicht aufzulösen sind. Wir setzen die berechneten Werte für y und z in die erste Gleichung ein. Es ergibt sich eine wahre Aussage. Das LGS hat also unendlich viele Lösungen (y und z sind fest, aber x ist frei wählbar).

$\begin{pmatrix} 0 & 1 & 2 & | & 7 \\ 0 & -3 & 0 & | & 3 \\ 0 & 0 & 1 & | & 4 \end{pmatrix} \begin{matrix} \\ \Rightarrow y = -1 \\ \Rightarrow z = 4 \end{matrix}$

$y = -1, z = 4$ in Zeile 1:
$0 + (-1) + 2 \cdot (4) = 7 \Leftrightarrow 7 = 7$ (w)

Wenn wir ein LGS in Dreiecksform gebracht haben, können wir also nicht nur anhand der letzten Zeile auf die Lösbarkeit schließen. Bei allen drei Gleichungssystemen im oberen Beispiel könnte man bei der letzten Zeile vermuten, dass die Gleichungssysteme eindeutig lösbar sind.
Die zusätzliche Null in der Hauptdiagonale macht es aber erforderlich, dass wir das LGS genauer untersuchen müssen.

> Falls ein LGS in Dreiecksform eine oder mehrere Nullen in der Hauptdiagonale hat, müssen die betroffenen Zeilen genau untersucht werden.

1. Geben Sie die Lösungsmengen zu den Gleichungssystemen aus Beispiel 7 an.

2. Bestimmen Sie die Anzahl der Lösungen des LGS. Begründen Sie jeweils.

a) $\begin{pmatrix} 1 & -4 & 0 & 6 & | & 1 \\ 0 & 1 & 2 & 0 & | & 0 \\ 0 & 0 & 0 & 3 & | & 0 \\ 0 & 0 & 0 & 0 & | & 0 \end{pmatrix}$
b) $\begin{pmatrix} 1 & -4 & 0 & 6 & | & -1 \\ 0 & 1 & 2 & 0 & | & 0 \\ 0 & 0 & 0 & 0 & | & 3 \\ 0 & 0 & 0 & 0 & | & 0 \end{pmatrix}$
c) $\begin{pmatrix} 1 & -4 & 0 & 6 & | & -1 \\ 0 & 0 & 0 & 4 & | & 1 \\ 0 & 0 & 0 & 0 & | & 0 \\ 0 & 0 & 0 & 3 & | & 0 \end{pmatrix}$
d) $\begin{pmatrix} 1 & -4 & 0 & 6 & | & -1 \\ 0 & 0 & 0 & 4 & | & 1 \\ 0 & 0 & 0 & 0 & | & 0 \\ 0 & 0 & 0 & 3 & | & 1 \end{pmatrix}$

Übungen zu 2.2.2

1. Überprüfen Sie, ob es quadratische Funktionen gibt, deren Schaubilder durch die angegebenen Punkte verlaufen. Geben Sie gegebenenfalls eine oder, wenn möglich, zwei zugehörige Gleichungen an.
   a) $P(-1|1)$, $Q(0|-4)$, $R(1|-3)$, $S(3|16)$
   b) $P(-1|1)$, $Q(0|-4)$, $R(1|-3)$, $S(3|17)$
   c) $P(0|2)$, $Q(1|4)$

2. Versuchen Sie, die Anzahl der Lösungen ohne schriftliche Rechnung zu ermitteln.
   Bestimmen Sie anschließend die Lösungsmenge.
   a) $\begin{pmatrix} 0 & -10 & 4 & | & 2 \\ 0 & 1 & 2 & | & 3 \\ 1 & 0 & 0 & | & 0 \end{pmatrix}$
   b) $\begin{pmatrix} 2 & -0,5 & 0 & 0 & | & 1 \\ 0 & 0 & 0 & 1 & | & 19 \\ 23 & 0 & 0 & 0 & | & -0,25 \\ 0 & 0 & 0 & -2 & | & 38 \end{pmatrix}$
   c) $\begin{pmatrix} 2 & 0 & 4 & | & -3 \\ 0 & 0 & 12 & | & -6 \\ 1 & 0 & -1 & | & 0 \end{pmatrix}$
   d) $\begin{pmatrix} 0 & 1 & -2 & 3 & | & 2 \\ 0 & 0 & 1 & 0 & | & 55 \\ 0 & 0 & 0 & 1 & | & 1 \\ 0 & 1 & -2 & 3 & | & 2 \end{pmatrix}$

3. Beschreiben Sie mithilfe der passenden Fachbegriffe die Besonderheiten der vorliegenden linearen Gleichungssysteme.
   Streichen Sie bei jedem LGS eine Zeile bzw. ergänzen Sie jedes LGS um eine Zeile, und zwar so, dass sich die Lösbarkeit ändert.
   Geben Sie die Lösbarkeit vor und nach der Änderung an.
   Hinweis: Teilweise gibt es mehrere Antwortmöglichkeiten.
   a) $\begin{pmatrix} 10 & -15 & | & 8 \\ 0 & 1 & | & 0 \\ 0 & 0 & | & 0 \end{pmatrix}$
   c) $\begin{pmatrix} 0 & 0 & 0 & | & 0 \\ 1 & -1 & 2,5 & | & 0 \\ 0 & 0 & 9 & | & 18 \\ 0 & 8 & -3 & | & 1 \end{pmatrix}$
   b) $\begin{pmatrix} -0,5 & 2 & -1 & | & 0 \\ 0 & 0 & 0 & | & 0 \end{pmatrix}$
   d) $\begin{pmatrix} 3 & 12 & | & 0 \end{pmatrix}$

Übungen zu 2.2

1. Ermitteln Sie die Lösungsmenge des linearen Gleichungssystems.
   a) $\begin{aligned} 2x - 3y - 10z &= 16 \\ 2x + 2y + 3z &= 9 \\ -2x - 5y - 8z &= -2 \end{aligned}$
   b) $\begin{aligned} x + y + 1,5z &= 4,5 \\ -2x + 3y + 10z &= -16 \\ 6x + y - 4z &= 34 \end{aligned}$
   c) $\begin{aligned} 3x + 12y + 18z &= -63 \\ -2x + 3y - z &= 4 \\ 3x - 6z &= 9 \end{aligned}$
   d) $\begin{aligned} x + 5y + 9z &= 5 \\ 2x + 6y + 10z &= 6 \\ 3x + 7y + 11z &= 7 \\ 4x + 8y + 12z &= 8 \end{aligned}$

2. Zeigen Sie, dass das LGS keine Lösung hat.
   $\begin{aligned} x + 3y + z &= 1 \\ 2x + 8y + 4z &= 6 \\ 2y + 2z &= 5 \end{aligned}$

3. Lösen Sie das lineare Gleichungssystem
   $\begin{pmatrix} -1 & 2 & 0 & | & 6 \\ 2 & -5 & 1 & | & 0 \\ 1 & 0 & s & | & -2 \end{pmatrix}$
   a) für $s = 2$.
   b) allgemein für $s \in \mathbb{R}$.
   Tipp: Bringen Sie das LGS zunächst auf Dreiecksform (in Abhängigkeit von s).

4. Begründen Sie, warum das folgende LGS genau eine Lösung hat. Geben Sie die Lösungsmenge an.
   $\begin{pmatrix} 1 & 0 & 0 & | & 0 \\ 0 & 1 & 0 & | & 0 \\ 0 & 0 & 1 & | & 0 \end{pmatrix}$

5. Gegeben ist folgendes LGS.
   $\begin{aligned} 2x + y + 2r &= 5 \\ 3x + 2y + 3r &= 8 \\ 4x + 3y - z + 4r &= 1 \end{aligned}$
   a) Begründen Sie, warum dieses LGS nicht genau eine Lösung haben kann.
   b) Bestimmen Sie die Lösungsmenge. Welche Lösungskoordinaten sind bei jeder Lösung gleich?

6. In einem Betrieb werden die 4 Produkte P_1, P_2, P_3 und P_4 auf 4 verschiedenen Maschinen M_1, M_2, M_3 und M_4 bearbeitet.
Die unten stehende Tabelle gibt an, wie viele Stunden wöchentlich für die Bearbeitung je eines Produkts notwendig sind.

	P_1	P_2	P_3	P_4
M_1	1,5	0,75	4,5	0
M_2	0	1,5	4,5	1,5
M_3	0	3	6	0
M_4	1,5	0	1,5	1,5

Berechnen Sie die Anzahl der Produkte, die jeweils wöchentlich gefertigt werden, wenn
a) alle Maschinen 60 Stunden,
b) M_1 30, M_2 90 und M_3 und M_4 je 60 Stunden,
c) M_1 und M_4 je 90 Stunden, M_2 75 und M_3 60 Stunden eingesetzt werden können.

7. Bei einem Zahlenrätsel werden vierstellige Zahlen mit bestimmten Eigenschaften gesucht.
Es wurde ein lineares Gleichungssystem aufgestellt und gelöst. Die Lösungsmenge, die sich daraus ergab ist:
$L = \{(t + 2;\ 3 + 0,5t;\ 5 - 0,5t;\ t) | t \in \mathbb{R}\}$
a) Beschreiben Sie, warum das nicht stimmen kann.
b) Bestimmen Sie alle passenden Lösungen.

8. Bestimmen Sie jeweils die Lösungsmenge für das lineare Gleichungssystem
• aus den drei Gleichungen
• aus den ersten beiden Gleichungen
• aus der ersten Gleichung

a) $25r - 13s + t = 26$
$-5r + 3s - t = -6$
$-20r + 16s + t = -6$

b) $0,5x_1 - 2x_2 + 3x_3 = 15$
$3x_1 + 10x_2 - 2x_3 = -16$
$6x_1 + 9x_2 + 6x_3 = 27$

c) $7a - 14b + 7c = 21$
$a - 10b + 5c = 15$
$-2a + 4b - 2c = -6$

9. Der Tagesbedarf an Vitamin C für Kinder zwischen einem und vier Jahren beträgt laut DGE 60 mg, der eines Erwachsenen 100 mg. In der Kita „Wühlmäuse", in der Merle zurzeit als Praktikantin arbeitet, werden Kinder im Alter zwischen einem und drei Jahren betreut. Merle wurde gebeten, in der Küche Säfte zu mischen. Ihr stehen drei Sorten zur Auswahl:

	Orange	Kirsch	Banane
Vitamin-C-Gehalt in $\frac{mg}{100\,ml}$	30	19	8

Merle möchte für die Kinder einen Kirsch-Bananen-Saft mixen, der deren Vitamin-C-Bedarf deckt. Für die kleinen Kinder (ein bis zwei Jahre) sollen es 200 ml werden, für die größeren Kinder (älter als zwei Jahre) 400 ml. Merle möchte herausfinden, in welchem Verhältnis sie die Zutaten mischen muss, um die passenden Getränke herzustellen.

a) Begründen Sie: Für die kleinen Kinder muss Merle das folgende LGS lösen:
$\begin{pmatrix} 19 & 8 & | & 60 \\ 1 & 1 & | & 2 \end{pmatrix}$
Lösen Sie das LGS und interpretieren Sie das Ergebnis.
b) Stellen Sie das LGS auf, das Merle lösen muss, um das Zutatenverhältnis für die größeren Kinder herauszufinden. Lösen Sie das LGS.
c) Für die Erwachsenen soll es einen den Tagesbedarf an Vitamin C deckenden Mehrfrucht-Cocktail aus allen drei Saftsorten geben (400 ml). Stellen Sie das entsprechende LGS auf und lösen Sie es.
d) Bestimmen Sie, wie viel Orangensaft mindestens beigemischt werden muss und zeigen Sie, dass maximal etwa 91 ml Bananensaft beigemischt werden muss.

2.2 Lösungsvielfalt

Ich kann ...

... entscheiden, ob ein lineares Gleichungssystem eindeutig, mehrdeutig oder gar nicht lösbar ist.

▶ Test-Aufgaben 2, 4, 6

$x + y + z = 0$
$\phantom{x + {}}y = -9$
$-4z = -23$

⇒ genau eine Lösung:
$x = 3{,}25;\ y = -9;\ z = 5{,}75$
⇒ $L = \{(3{,}25;\ -9;\ 5{,}75)\}$

$\begin{pmatrix} 1 & 2 & 5 & | & 0 \\ 0 & -1 & 5 & | & 7 \\ 0 & 0 & 0 & | & 4 \end{pmatrix}$

⇒ keine Lösung: $L = \{\ \}$

$\begin{pmatrix} 1 & 2 & 5 & | & 0 \\ 0 & -1 & 5 & | & 7 \\ 0 & 0 & 0 & | & 0 \end{pmatrix}$

⇒ unendlich viele Lösungen:
$L = \{(14 - 15z;\ -7 + 5z;\ z) | z \in \mathbb{R}\}$

Eindeutig lösbar:
Für jede Variable lässt sich genau ein Wert angeben.
Das LGS hat genau eine Lösung.

Unlösbar:
Es ergibt sich eine falsche Aussage.
Das LGS hat keine Lösung.

Mehrdeutig lösbar:
Das LGS enthält eine Nullzeile und es gibt keine andere Null in der Hauptdiagonale.
Das LGS hat unendlich viele Lösungen.

... ein überbestimmtes lineares Gleichungssystem lösen.

▶ Test-Aufgaben 3, 5, 6

(I) $\ \ x + y = 8$
(II) $\ \ x - y = 2$ $\Biggr\} \Rightarrow x = 5;\ y = 3$
(III) $2x - y = 6$

Probe in (III):
$2 \cdot (5) - (3) = 6 \Leftrightarrow 7 = 6$ (f)
⇒ $L = \{\ \}$

Ein überbestimmtes LGS hat mehr Gleichungen als Unbekannte.

Beim Lösen löst man zunächst ein „Teil-LGS" und führt bei den restlichen Gleichungen die Probe durch.

... ein unterbestimmtes lineares Gleichungssystem lösen.

▶ Test-Aufgabe 3

$\begin{pmatrix} 1 & -2 & 0 & | & 1 \\ 0 & 3 & 1 & | & 4 \end{pmatrix}$

$\begin{pmatrix} 1 & -2 & 0 & | & 1 \\ 0 & 3 & 1 & | & 4 \\ 0 & 0 & 0 & | & 0 \end{pmatrix}$

⇒ unendlich viele Lösungen

Ein unterbestimmtes LGS hat weniger Gleichungen als Unbekannte.

Beim Lösen „füllt" man das LGS mit Nullzeilen auf, sodass es genauso viele Gleichungen wie Unbekannte gibt.

... Sonderfälle erkennen und berücksichtigen.

$\begin{pmatrix} -1 & 2 & 1 & | & -1 \\ 0 & 1 & 0 & | & -3 \\ 0 & 0 & 1 & | & 1 \end{pmatrix}$

$\begin{pmatrix} -1 & 2 & 1 & | & -1 \\ 0 & 0 & 0 & | & -3 \\ 0 & 0 & 1 & | & 1 \end{pmatrix}$

Das erste LGS hat eine Lösung, das zweite keine.

Bei der Dreiecksform kann eine „0" in der Hauptdiagonalen die Lösbarkeit ändern.

Test zu 2.2

1. Gegeben ist folgende Lösungsmenge eines LGS: $L = \{(3r + 1;\ 3;\ r;\ r - 1)\ |\ r \in \mathbb{R}\}$
a) Geben Sie an, wie viele Unbekannte das LGS hat.
b) Bestimmen Sie zwei Beispiellösungen.

2. Prüfen Sie, ob das lineare Gleichungssystem genau eine, keine oder unendlich viele Lösungen hat. Geben Sie die Lösungsmenge an.

a) $\begin{pmatrix} 5 & 0 & 0 & | & 8 \\ 0 & 6 & 2 & | & 2 \\ 0 & 0 & 0 & | & 0 \end{pmatrix}$
b) $\begin{pmatrix} 4 & 5 & 0 & | & 4 \\ 0 & -4 & 4 & | & 12 \\ 0 & 0 & 0 & | & -4 \end{pmatrix}$
c) $\begin{pmatrix} 1 & 0 & 16 & | & 16 \\ 0 & -4 & 1 & | & 3 \\ 0 & -8 & 0 & | & 4 \end{pmatrix}$
d) $\begin{pmatrix} 1 & -7 & 8 & | & 7 \\ 0 & 0 & 0 & | & 0 \\ 0 & 0 & 0 & | & 0 \end{pmatrix}$

3. Bestimmen Sie die Lösungsmenge des linearen Gleichungssystems.

a) $\begin{pmatrix} 1 & 2 & 0 & 5 & | & 1 \\ -2 & 1 & 0 & 0 & | & 2 \\ 2 & 0 & 1 & 0 & | & -1 \end{pmatrix}$
b) $\begin{pmatrix} 2 & 1 & | & 0 \\ 0 & 2 & | & 1 \\ 8 & 0 & | & 1 \\ 4 & 2 & | & 1 \end{pmatrix}$

4. Beurteilen Sie die Lösbarkeit der gegebenen linearen Gleichungssysteme.

a) $\begin{pmatrix} -5 & 0 & 2 & | & 1 \\ 0 & 0 & 0{,}5 & | & 2 \\ 0 & 0 & 2 & | & 6 \end{pmatrix}$
b) $\begin{pmatrix} 0{,}25 & 3 & -1 & 2 & | & 4 \\ 0 & 1 & -2 & 3 & | & 0 \\ 0 & 0 & 0 & -1 & | & 5 \\ 0 & 0 & 0 & 2 & | & -10 \end{pmatrix}$
c) $\begin{pmatrix} 0 & 1 & -2 & 8 & | & 2 \\ 0 & 0 & -1 & 2 & | & 3 \\ 0 & 0 & 0 & 1 & | & -1 \end{pmatrix}$

5. Gegeben ist folgendes eindeutig lösbares LGS.
$\begin{pmatrix} 1 & -2 & | & 4 \\ 0 & 4 & | & 6 \\ \square & \square & | & \square \end{pmatrix}$

Geben Sie Zahlen für die fehlenden Einträge so an, dass es weiterhin genau eine Lösung hat.

6. Gegeben ist folgendes unlösbares LGS.
$\begin{pmatrix} 3 & -1 & | & 0 \\ -1 & 1 & | & -1 \\ 1 & 1 & | & 4 \end{pmatrix}$

Streichen Sie eine Zeile, sodass das LGS lösbar wird. Bestimmen Sie dann die Lösung.

7. Zeigen Sie, dass es unendlich viele quadratische Funktionen gibt, deren Schaubilder durch die Punkte $P(3|3)$ und $Q(-1|5)$ verlaufen. Geben Sie eine allgemeine Gleichung an.
Bestimmen Sie daraus jeweils die Gleichung der Parabel, die zusätzlich die y-Achse bei 3 schneidet, und der Parabel, die den Streckungsfaktor 2 hat.

3 Differenzialrechnung

3.1 Einführung in die Differenzialrechnung

1 Bungee-Jumping

Bei einem besonderen Bungee-Jumping-Sprung aus einer Höhe von 48 Metern soll der Springer mit dem ganzen Körper in einen See eintauchen und anschließend wieder von dem Seil in die Höhe geschleudert werden. Damit dieser Sprung nicht zu Verletzungen führt, hat sich der Veranstalter rechtlich abgesichert:
Ein Springer darf auf keinen Fall mit einer höheren Geschwindigkeit als $25 \frac{km}{h}$ auf das Wasser auftreffen, um den Sprung verletzungsfrei zu überstehen.
In einem Vorversuch werden Dummys fallen gelassen. Dabei wird zum Zeitpunkt x (in s) die Höhe y der Dummys (in m) über der Wasseroberfläche gemessen.

Messergebnisse:

x (in s)	0	2	4	5
y (in m)	48	$\frac{300}{11}$	0	$\frac{3}{11}$

a) Ermitteln Sie mithilfe der Messergebnisse die Gleichung einer ganzrationalen Funktion 3. Grades, die den Sachverhalt widerspiegelt.

Im Folgenden verwenden wir als Funktion f mit $f(x) = \frac{12}{11}x^3 - \frac{81}{11}x^2 + 48$ ($x \geq 0$).

b) Stellen Sie die Funktion f für $0 \leq x \leq 6$ grafisch dar.
c) Überlegen Sie, wie man aus dem Schaubild aus b) die Durchschnittsgeschwindigkeit zwischen zwei Zeitpunkten ermitteln kann.
d) Ermitteln Sie die Durchschnittsgeschwindigkeit zwischen dem Absprung und dem Eintauchen ins Wasser.
e) Überlegen Sie, wie mithilfe des Schaubildes die Momentangeschwindigkeit zum Zeitpunkt des Eintauchens ins Wasser ermittelt werden kann. Wie groß ist diese?
f) Diskutieren Sie mit Ihrem Nachbarn, ob sichergestellt ist, dass die Besucher den Sprung ohne Gefahren für ihre Gesundheit ausführen können.

3.1 Einführung in die Differenzialrechnung

2 Boxenausfahrt

Für eine neue Formel-1-Rennstrecke soll die Boxenausfahrt entworfen werden. Aus dieser fahren die Rennfahrer beispielsweise nach einem Reifenwechsel wieder zurück auf die Rennstrecke und fädeln sich in den Rennverkehr ein. Um diesen Vorgang für den Fahrer möglichst problemlos zu gestalten, muss der Übergang der Ausfahrt in die Rennstrecke neben anderen Vorgaben auf jeden Fall auf direktem Weg und damit auch knickfrei (also ohne einen abrupten Richtungswechsel) erfolgen.

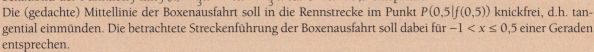

Wir nehmen an, dass die (gedachte) Mittellinie der Rennstrecke im Bereich der Boxenausfahrt (von oben betrachtet und mit einem passenden Maßstab) dem Schaubild der Funktion f mit $f(x) = \frac{2}{3}x^3 - 4x^2 + \frac{19}{3}x$ für $0 < x < 3{,}5$ entspricht.
Die (gedachte) Mittellinie der Boxenausfahrt soll in die Rennstrecke im Punkt $P(0{,}5 \mid f(0{,}5))$ knickfrei, d.h. tangential einmünden. Die betrachtete Streckenführung der Boxenausfahrt soll dabei für $-1 < x \leq 0{,}5$ einer Geraden entsprechen.

a) Stellen Sie diesen Sachverhalt mit 1 LE = 2 cm im jeweils angegebenen Definitionsbereich dar.
b) Stellen Sie die Gleichung des betrachteten geradlinigen Teils der Boxenausfahrt mithilfe Ihrer Zeichnung aus Aufgabenteil a) auf.

3 Umgehungsstraße

Bei der Planung einer neuen Umgehungsstraße durch hügeliges Land soll darauf geachtet werden, dass die Straße an keiner Stelle einen stärkeren Anstieg als 12 % hat. Der Straßenverlauf lässt sich durch die Funktion f mit $f(x) = -0{,}316x^3 + 0{,}613x^2 - 0{,}27x + 0{,}465$ im Intervall $[0;\,1{,}2]$ beschreiben. Dabei ist x die zurückgelegte Strecke entlang der geplanten Straße und $f(x)$ die Höhe über „Normalnull" (alle Angaben in km).

Die auftraggebende Kommune möchte eine Möglichkeit haben, für jede Position der Straße die entsprechende Steigung direkt berechnen zu können. Für die beauftragte Firma ist es hilfreich, Regeln anwenden zu können, mit denen auch die Steigungen bei anderen Straßenverläufen berechnet werden kann.

a) Zeichnen Sie das Schaubild von f mithilfe eines digitalen mathematischen Werkzeugs.
b) Wählen Sie zwei Punkte auf dem Schaubild aus und berechnen Sie die Steigung für eine Gerade durch diese beiden Punkte.
c) Beurteilen Sie, ob Ihr Ergebnis aus Aufgabenteil b) den Verlauf der Straße an Ihrer gewählten Stelle optimal widerspiegelt. Falls es Abweichungen gibt – wie können Sie Ihr Ergebnis aus b) optimieren?
d) Versuchen Sie das Optimierungsverfahren aus Aufgabenteil c) so zu beschreiben, dass Sie es auch an andere Stellen des Schaubildes und auf andere Funktionen anwenden können. Erproben Sie Ihr Verfahren.

3 Differenzialrechnung

3.1 Einführung in die Differenzialrechnung

3.1.1 Änderungsraten erfassen und beschreiben

Änderungsraten sind uns aus unserem Alltag bekannt:

- Zinsen steigen oder fallen.
- Aktienkurse sind auf Höhenflug oder brechen ein.
- Kosten explodieren.
- Pflanzen wachsen unterschiedlich schnell.

Hochwasserwelle

Eine prognostizierte Hochwasserwelle für den Neckar bei Heidelberg kann durch die Funktion f beschrieben werden:

$$f(t) = -\tfrac{1}{6}t^3 + 3t^2 + \tfrac{13}{2}t + \tfrac{610}{3}$$

Dabei gibt t die Zeit in Stunden und $f(t)$ die Höhe der Welle in cm über Pegelnull an.
Zur Planung von Sicherungsmaßnahmen zum Hochwasser ist es erforderlich, den zeitlichen Anstieg des Hochwassers genauer zu untersuchen. Bestimmen Sie die durchschnittliche Steigung des Hochwasserpegels alle vier Stunden zwischen 0 und 16 Uhr.

Die durchschnittliche Steigung des Hochwasserpegels in jedem Vier-Stunden-Intervall können wir mithilfe der Steigungsformel berechnen.
▶ Seite 40

Die durchschnittlichen Steigungen des Hochwasserpegels betragen $15{,}84\,\tfrac{\text{cm}}{\text{h}}$ bzw. $23{,}83\,\tfrac{\text{cm}}{\text{h}}$ zwischen 0 und 12 Uhr. Nach 12 Uhr scheint der Hochwasserpegel zu fallen, da dort die Steigung negativ ist. Sie beträgt zwischen 12 und 16 Uhr $-8{,}17\,\tfrac{\text{cm}}{\text{h}}$.

Da die durchschnittliche Steigung angibt, wie groß die *Änderung* der Pegelhöhe im Mittel ist, heißt sie auch **mittlere Änderungsrate** oder **durchschnittliche Änderungsrate**.

Die durchschnittliche Steigung spiegelt oftmals nicht die tatsächliche Steigung an den einzelnen Messpunkten wider. Im nebenstehenden Schaubild lässt sich erkennen, dass die Hochwasserwelle im Intervall [12; 16] bis 14 Uhr steigt und erst nach diesem Zeitpunkt abnimmt. Die Steigung ist also zunächst positiv, dann negativ. Unsere berechnete durchschnittliche Steigung ist jedoch negativ und stellt den Verlauf der Welle damit nicht optimal dar.

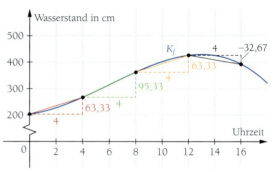

$$m = \frac{\text{Änderung der Pegelhöhe}}{\text{Änderung der Zeit}} = \frac{f(t_2) - f(t_1)}{t_2 - t_1}$$

$$m_1 = \frac{f(4) - f(0)}{4 - 0} \approx \frac{266{,}67 - 203{,}33}{4 - 0} \approx \frac{63{,}34}{4} \approx 15{,}84\,\tfrac{\text{cm}}{\text{h}}$$

$$m_2 = \frac{f(8) - f(4)}{8 - 4} \approx \frac{362 - 266{,}67}{8 - 4} \approx \frac{95{,}33}{4} \approx 23{,}83\,\tfrac{\text{cm}}{\text{h}}$$

$$m_3 = \frac{f(12) - f(8)}{12 - 8} \approx \frac{425{,}33 - 362}{12 - 8} \approx \frac{63{,}33}{4} \approx 15{,}83\,\tfrac{\text{cm}}{\text{h}}$$

$$m_4 = \frac{f(16) - f(12)}{16 - 12} \approx \frac{392{,}67 - 425{,}33}{16 - 12} \approx \frac{-32{,}67}{4}$$
$$\approx -8{,}17\,\tfrac{\text{cm}}{\text{h}}$$

3.1 Einführung in die Differenzialrechnung

Änderungen im Straßenverkehr

In der Fahrschule lernen wir bei diesem Verkehrszeichen:
Auf 100 m Strecke beträgt der Höhenunterschied 12 m.

Doch Straßen sind niemals so gerade: Wir fahren immer über kleine Hügel.
Das Verkehrsschild gibt also den *durchschnittlichen* Höhenunterschied entlang einer bestimmten Strecke an. Die zugehörige mittlere Änderungsrate erfasst diese Änderung der Höhe zahlenmäßig. In diesem Beispiel beträgt sie 0,12 bzw. 12 %.

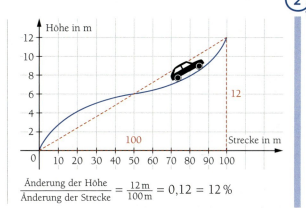

$$\frac{\text{Änderung der Höhe}}{\text{Änderung der Strecke}} = \frac{12\,\text{m}}{100\,\text{m}} = 0{,}12 = 12\,\%$$

Änderungen in der Meteorologie

Der Wetterdienst hat die Temperaturen eines Herbsttages gemessen und in einem Diagramm dargestellt.

Wir können die **mittlere Änderungsrate** der Temperatur für unterschiedlich große Zeitintervalle bestimmen:

Intervall I: 0 bis 2 Uhr

$$\frac{\text{Änderung der Temperatur}}{\text{Änderung der Zeit}} = \frac{-1\,°C}{2\,h} = -0{,}5\,\frac{°C}{h}$$

Intervall II: 2 bis 6 Uhr

$$\frac{\text{Änderung der Temperatur}}{\text{Änderung der Zeit}} = \frac{3\,°C}{4\,h} = 0{,}75\,\frac{°C}{h}$$

Intervall III: 6 bis 14 Uhr

$$\frac{\text{Änderung der Temperatur}}{\text{Änderung der Zeit}} = \frac{4\,°C}{8\,h} = 0{,}5\,\frac{°C}{h}$$

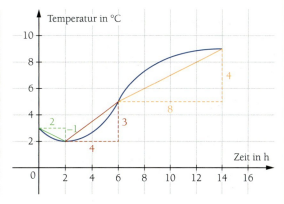

Allgemein bestimmen wir die Änderungsrate in dem Zeitintervall $[a; b]$, indem wir die Differenz der Temperaturwerte $T(b) - T(a)$ durch die Differenz der Zeiten $b - a$ teilen.

$$\frac{\text{Änderung der Temperatur}}{\text{Änderung der Zeit}} = \frac{T(b) - T(a)}{b - a}$$

▶ Steigung der jeweiligen Geraden

Der Quotient $\frac{f(b) - f(a)}{b - a}$ heißt **mittlere Änderungsrate** von f im Intervall $[a; b]$.
Anschaulich ist dies die Steigung m der Geraden durch die Punkte $A(a|f(a))$ und $B(b|f(b))$.

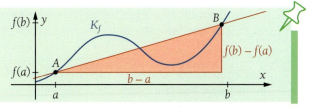

Die Tabelle gibt die Einwohnerzahlen der Stadt Sinsheim an. Bestimmen Sie die mittleren Änderungsraten in den drei Zeitintervallen. Geben Sie das Zeitintervall an, in dem sich die Einwohnerzahl am stärksten verändert hat.

Jahr	2008	2011	2012	2013
Einwohnerzahl	33 955	34 366	34 484	34 674

3 Differenzialrechnung

 4 Radarkontrolle

Auf dem Weg zur Arbeit wird Herr Keller von der Polizei angehalten. Er ist mit einer Geschwindigkeit von 55 $\frac{km}{h}$ „geblitzt" worden. Dabei hat er extra noch auf die Uhr geachtet: Um 7:29 Uhr passierte er das Ortsschild A, drei Minuten später die 2,5 km entfernte Ampel B.

Bestimmen Sie die Durchschnittsgeschwindigkeit von Herrn Keller und diskutieren Sie, ob die Geschwindigkeitsmessung korrekt sein kann.

Die durchschnittliche Geschwindigkeit $\left(=\frac{\text{Änderung der Strecke}}{\text{Änderung der Zeit}}\right)$ betrug $\frac{2{,}5\,\text{km}}{0{,}05\,\text{h}} = 50\,\frac{\text{km}}{\text{h}}$.

Im Durchschnitt ist Herr Keller also nicht zu schnell gefahren. Trotzdem wurde er „geblitzt".

Bei einer Radarkontrolle wird die Geschwindigkeit eines Fahrzeugs zu einem bestimmten Zeitpunkt gemessen. Der Zeitraum, in dem die Messgeräte der Polizei die Änderung der Wegstrecke wahrnehmen, ist quasi unendlich klein. Solch eine Änderung wird durch die **momentane Änderungsrate** beschrieben. Im Beispiel stellt sie die Momentangeschwindigkeit dar.
▶ Die momentane Änderungsrate wird auch lokale Änderungsrate genannt.

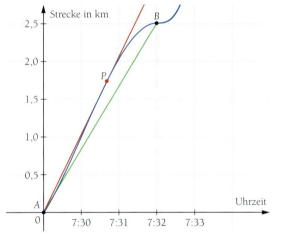

Die momentane Änderungsrate entspricht der Steigung der berührenden Geraden an dem Schaubild der Weg-Zeit-Funktion im Punkt P (▶ Tangente, Seite 198). Wir sehen in der Abbildung, dass die momentane Änderungsrate zum Zeitpunkt der Radarmessung um kurz nach 7:30 Uhr größer ist als die mittlere Änderungsrate im Zeitraum von 7:29 Uhr bis 7:32 Uhr. Herr Keller ist also zurecht angehalten worden.

Wie im Beispiel 4 müssen wir häufig die Steigung bzw. Änderungsrate an genau einem Punkt untersuchen. Die mittlere Änderungsrate kann nur ein ungefähres Bild der tatsächlichen Änderung bzw. Steigung an einem bestimmten Punkt liefern. Je größer dabei das Intervall ist, umso schlechter wird in der Regel die Realität dargestellt. Daher können wir umgekehrt versuchen, beispielsweise die Steigung in einem Punkt anzunähern, indem wir die durchschnittliche Steigung über möglichst kleine Intervalle betrachten.

 Im Gegensatz zur mittleren Änderungsrate, die die Änderung über einem Intervall beschreibt, erfasst die **momentane Änderungsrate** die Änderung in einem bestimmten Punkt.

 Bestimmen Sie die mittlere Änderungsrate in den Intervallen $[-1; 2]$, $[-1; 0]$, $[0; 2]$ und $[1; 1{,}1]$ zur Funktion f mit $f(x) = x^2$.
a) Zeichnen Sie das Schaubild und die Geraden.
b) Welche Geraden geben den Verlauf des Schaubildes von f im jeweiligen Intervall am besten wieder?
c) Beurteilen Sie, welche mittlere Änderungsrate am besten der momentanen Änderungsrate an der linken Grenze des jeweiligen Intervalls entspricht.

3.1 Einführung in die Differenzialrechnung

Übungen zu 3.1.1

1. Berechnen Sie für die folgenden Funktionen die mittlere Änderungsrate im Intervall I.
   a) $f(x) = 3x^2$ $I = [0; 4]$
   b) $f(x) = -2x^3 + 2$ $I = [1; 5]$
   c) $f(x) = 4x^2 - 3x$ $I = [2; 6]$
   d) $f(x) = 4x^3 - 2x^2$ $I = [-2; 3]$

2. Gegeben ist der Flugverlauf eines Segelflugzeugs.

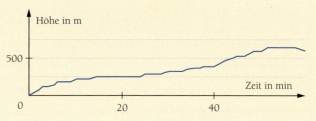

   a) Beschreiben Sie den Flugverlauf des Segelflugzeugs und geben Sie an, wann das Flugzeug langsam bzw. schnell steigt.
   b) Berechnen Sie jeweils die durchschnittliche Steigung in den Zeitintervallen [10;40] und [30;60].
   c) Vergleichen und interpretieren Sie Ihre Ergebnisse aus a) und b).

3. Der Weg eines Balles wird durch die Funktion s mit $s(t) = 4 \cdot t^2$ beschrieben (s in m und t in sec). Bestimmen Sie die mittleren Änderungsraten in den Intervallen [1; 2], [1; 1,5], [1; 1,1], [1; 1,01] und [1; 1,001]. Stellen Sie mithilfe Ihrer Ergebnisse eine Vermutung für die momentane Geschwindigkeit des Balles zum Zeitpunkt $t = 1$ auf.

4. Die Abbildung zeigt eine Prognose über den Anteil der wirtschaftlich Abhängigen (Kinder, Jugendliche, Rentner) an der Bevölkerung im erwerbsfähigen Alter.

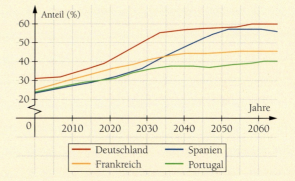

   a) In welchem Jahrzehnt nimmt der Anteil der wirtschaftlich Abhängigen in Deutschland am stärksten zu?
   b) Bestimmen Sie die durchschnittliche Änderungsrate in den Jahren von 2010 bis 2060 von allen vier Ländern.

5. Die Füllkurve vom Gefäß a ist in ein Koordinatensystem eingezeichnet worden.

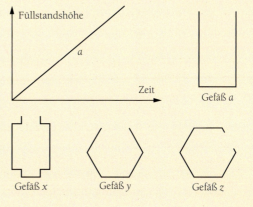

   a) Übertragen Sie diese Zeichnung in Ihr Heft und ergänzen Sie die Schaubilder für die Gefäße x, y und z.
   b) Erstellen Sie ein weiteres Koordinatensystem. Zeichnen Sie zu jedem der vier Gefäße das Schaubild der Geschwindigkeit, mit der sich die Höhe verändert.
   c) Interpretieren Sie die Bedeutung des Schaubildes aus Aufgabenteil b) im Hinblick auf den Begriff der Änderungsrate.

3.1.2 Steigung von Schaubildern von Funktionen

5 Steigung eines Schaubildes

Auf ihrem Urlaubsblog schreibt Andrea über eine Bergtour durch die Alpen. Ihre Freundin Karin liest den Eintrag und schaut sich auch das Bild an: „12 % heißt doch: auf 100 m ein Höhenunterschied von 12 m. Das scheint mir ziemlich viel zu sein. Wie steil wären wohl 100 %? Ob das senkrecht ist?"
Karin überlegt weiter: „So gerade geht eine Straße natürlich nicht aufwärts oder abwärts." Sie skizziert in einem groben Streckenverlauf, wie eine Bergetappe aussehen könnte.

Heute war ich mit dem Fahrrad unterwegs und bin total müde.

Die Tour war nur 20 km lang, aber extrem anstrengend.

Wir sehen, dass die gezeichnete Kurve nicht überall gleich steil ist. Es kann also keinen einheitlichen Steigungswert für die gesamte Kurve geben. Wir müssen daher einzelne Abschnitte betrachten. Und je kleiner wir die Abschnitte wählen, desto genauer können wir die Steigung in einem bestimmten Punkt des Berges bestimmen: Im Punkt B steigt die Kurve beispielsweise stärker als in A. Im Punkt C ist die Kurve auch steiler als in A, aber sie fällt dort. Wie stark die Kurve zahlenmäßig in den betrachteten Punkten steigt oder fällt, können wir jedoch nicht so einfach feststellen.

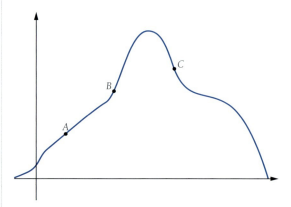

Das gleiche Problem stellt sich, wenn wir bei einer nichtlinearen Funktion das Steigungsverhalten des Schaubildes untersuchen wollen. Wir machen dann von der Tatsache Gebrauch, dass wir die Steigung einer Geraden bereits bestimmen können.

Wir stellen uns vor, dass wir einen Ausschnitt des Schaubildes am Punkt B enorm stark vergrößern. Dann verläuft das Schaubild im Bereich um B nahezu gerade. Wir können also eine Gerade durch B zeichnen, die in diesem Punkt genauso steil ist wie das Schaubild selbst. Eine solche Gerade, die das Schaubild im Punkt B nicht schneidet, sondern nur berührt, nennen wir **Tangente** an dem Schaubild in B. ▶ Seite 70

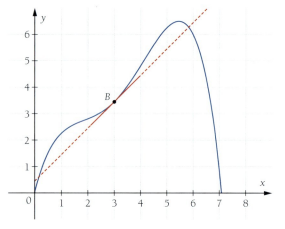

Dabei ist es wichtig, dass wir „Tangente in B" sagen, weil die Gerade außer B noch zwei weitere Punkte mit dem Schaubild gemeinsam hat. Dort ist sie aber keine Tangente an dem Schaubild.
Mithilfe eines Steigungsdreiecks können wir dann die Steigung der Tangente bestimmen. Diesen Wert übernehmen wir für die **Steigung des Schaubildes** im Berührpunkt B.

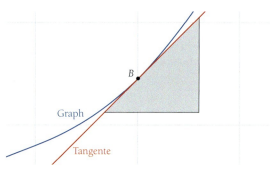

198

3.1 Einführung in die Differenzialrechnung

Die **Steigung des Schaubildes** einer Funktion f in einem Punkt ist gleich der **Steigung der Tangente** an dem Schaubild in diesem Punkt.

Nun stellt sich die Frage, wie wir die Steigung eines Schaubildes in einem Punkt exakt berechnen können. Die Steigung in einem Punkt entspricht der Steigung der Tangente und somit der momentanen Änderungsrate. Die momentane Änderungsrate können wir nicht so ohne Weiteres berechnen.

Die mittlere Änderungsrate hingegen können wir als Steigung einer Geraden durch zwei Punkte mithilfe der Steigungsformel berechnen (▶ Seite 195). Deswegen versuchen wir nun, die Steigung in einem Punkt so durch die mittlere Änderungsrate anzunähern, dass der Abstand zwischen den beiden Punkten immer kleiner wird.

Steigung in einem Punkt

Berechnen Sie die Steigung des Schaubildes von f mit $f(x) = -x^2 + 2$ im Punkt $P(1|1)$ durch Annäherung der mittleren Änderungsrate.

Um die Steigung im Punkt $P(1|1)$ zu bestimmen, wählen wir zunächst einen zweiten Punkt A auf dem Schaubild und ermitteln die durchschnittliche Steigung zwischen den Punkten A und P. Wir bestimmen also die Steigung der Geraden durch A und P.
Eine solche Gerade, die das Schaubild in zwei Punkten schneidet, heißt **Sekante**.

Die Steigung m_s der Sekanten entspricht der mittleren Änderungsrate.

Je näher die beiden Schnittpunkte von Schaubild und Sekante (A und P) nebeneinander liegen, umso genauer stimmt die durchschnittliche Steigung m_s mit der lokalen Steigung m_t im Punkt P überein.

Die tatsächliche Steigung erhalten wir dann, wenn die Gerade mit dem Schaubild nur einen Punkt gemeinsam hat. Diese Gerade berührt dort das Schaubild und ist die **Tangente**.
Die Tangente t besitzt also die gleiche Steigung, die das Schaubild von f im Berührpunkt P hat.

Nun nähern wir uns der Steigung im Punkt P immer mehr an. Dazu verkleinern wir den Abstand zwischen den x-Koordinaten von A und P und berechnen die Steigungen der Sekanten mithilfe des **Differenzenquotienten**:

$m_s = \dfrac{f(x) - f(1)}{x - 1}$

Die berechneten Werte halten wir in einer Tabelle fest. Nun können wir erahnen, dass die Steigung von f an der Stelle $x = 1$ den Wert -2 hat.

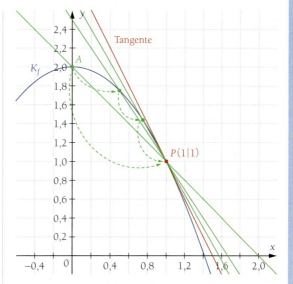

x	$m_s = \dfrac{f(x) - f(1)}{x - 1}$
0	$m_s = \dfrac{f(0) - f(1)}{0 - 1} = -1$
0,5	$m_s = \dfrac{f(0,5) - f(1)}{0,5 - 1} = -1,5$
0,75	$m_s = \dfrac{f(0,75) - f(1)}{0,75 - 1} = -1,75$
0,9	$m_s = \dfrac{f(0,9) - f(1)}{0,9 - 1} = -1,9$
0,95	$m_s = \dfrac{f(0,95) - f(1)}{0,95 - 1} = -1,95$
0,99	$m_s = \dfrac{f(0,99) - f(1)}{0,99 - 1} = -1,99$
↓	↓ ↓
1	m_t -2

3 Differenzialrechnung

- Eigentlich wäre es am günstigsten, wenn wir für die Variable x tatsächlich 1 einsetzen könnten. Dann hätten wir keine Sekantensteigung mehr, sondern direkt die Steigung der Tangente: $m_t = \frac{f(1)-f(1)}{1-1}$.
- Dieser Differenzenquotient ist allerdings nicht definiert, da der Nenner null wäre.
- Um dieses Problem zu umgehen, nähern wir uns der Steigung im Punkt $P(1|1)$ rechnerisch an, indem wir den **Grenzwert (Limes)** der Sekantensteigung bilden:

$$m_t = \lim_{x\to 1}(m_s) = \lim_{x\to 1}\frac{f(x)-f(1)}{x-1} = -2$$

▶ gelesen: „Limes von m_s für x gegen 1 ist gleich …"

Wir lassen dabei x gegen 1 „gehen" (Schreibweise: $x \to 1$)

Dieser Grenzwert des Differenzenquotienten heißt **Differenzialquotient**.

Im Folgenden berechnen wir den exakten Wert der Tangentensteigung an der Stelle $x = 1$.
Dabei formen wir den Differenzenquotienten so lange um, bis wir für x den Wert 1 einsetzen können, ohne dass der Nenner null wird.

Tatsächlich stimmt der erahnte Grenzwert mit dem exakt berechneten Grenzwert überein. Die Tangente, also auch das Schaubild von f, hat in $x = 1$ die Steigung $m_t = -2$.

▶ Limes lateinisch „Grenze"

Der Grenzwert einer Funktion ist der Wert, den $f(x)$ in etwa einnimmt, wenn x gegen einen bestimmten Wert strebt.

$$\begin{aligned} m_t &= \lim_{x\to 1}\frac{f(x)-f(1)}{x-1} \\ &= \lim_{x\to 1}\frac{(-x^2+2)-(-1^2+2)}{x-1} \\ &= \lim_{x\to 1}\frac{-x^2+2-1}{x-1} \\ &= \lim_{x\to 1}\frac{-x^2+1}{x-1} \\ &= \lim_{x\to 1}\frac{-(x^2-1)}{x-1} \quad \text{▶ 3. bin. Formel}\\ &= \lim_{x\to 1}\frac{-((x-1)(x+1))}{x-1} \quad \text{▶ } (x-1) \text{ kürzen}\\ &= \lim_{x\to 1}(-(x+1)) \quad \text{▶ Grenzwert bilden durch Einsetzen von } x = 1\\ &= -2 \end{aligned}$$

Der Grenzwert des Differenzenquotienten gibt die lokale Steigung in einem Punkt des Schaubildes an. Er entspricht der **momentanen Änderungsrate**.

- Steigung m_s der Sekante durch die Punkte $P_0(x_0|f(x_0))$ und $P(x|f(x))$ der Funktion f:

  $m_s = \frac{f(x)-f(x_0)}{x-x_0}$ (**Differenzenquotient**) ▶ mittlere Änderungsrate

- Steigung m_t der Tangente t im Punkt $P_0(x_0|f(x_0))$ und Steigung der Funktion f an der Stelle x_0:

  $m_t = \lim_{x\to x_0}\frac{f(x)-f(x_0)}{x-x_0}$ (**Differenzialquotient**; Grenzwert des Differenzenquotienten für $x \to x_0$)

  ▶ momentane Änderungsrate

1. Berechnen Sie die mittlere Änderungsrate von f mit $f(x) = \frac{3}{4}x^2 - 3x$ auf dem Intervall $[0; 2]$ sowie die momentane Änderungsrate von f an der Stelle $x = 0$.

2. Bestimmen Sie mithilfe des Differenzialquotienten die Steigung der Funktion f mit $f(x) = x^2$ an den Stellen 2 und 4.

3.1 Einführung in die Differenzialrechnung

Momentangeschwindigkeit an einer beliebigen Stelle

Untersuchen Sie die Geschwindigkeit eines PKW während des Anfahrens. Die Gleichung der Weg-Zeit-Funktion f lautet $f(x) = 2{,}5x^2$; $x \in [0; 5]$.
Berechnen Sie die Geschwindigkeit des Fahrzeugs zu einem beliebigen Zeitpunkt x_0.

Die Momentangeschwindigkeit des Autos zu einem beliebigen Zeitpunkt x_0 entspricht der Steigung des Schaubildes von f an der Stelle x_0.
Wir ermitteln die Steigung an der Stelle x_0, indem wir den Grenzwert berechnen.

Die Berechnung der Steigung an der Stelle x_0 liefert die Momentangeschwindigkeit von $5x_0 \frac{m}{s}$ zum Zeitpunkt x_0.

$$\lim_{x \to x_0} m_t$$
$$= \lim_{x \to x_0} \frac{f(x) - f(x_0)}{x - x_0}$$
$$= \lim_{x \to x_0} \frac{(2{,}5x^2) - (2{,}5x_0^2)}{x - x_0} \quad \blacktriangleright \text{2,5 ausklammern}$$
$$= \lim_{x \to x_0} \frac{2{,}5(x^2 - x_0^2)}{x - x_0} \quad \blacktriangleright \text{3. bin. Formel}$$
$$= \lim_{x \to x_0} \frac{2{,}5(x + x_0)(x - x_0)}{x - x_0} \quad \blacktriangleright (x - x_0) \text{ kürzen}$$
$$= \lim_{x \to x_0} 2{,}5(x + x_0) \quad \blacktriangleright \text{Grenzwerte bilden durch Einsetzen von } x = x_0$$
$$= 2{,}5(x_0 + x_0) = 2{,}5 \cdot 2x_0$$
$$= 5x_0$$

Ähnliche Schreibweise, unterschiedliche Bedeutung: x_0 ist ein fester Wert und x nähert sich dem festen x_0 an.

Setzen wir verschiedene Zeitpunkte in $5x_0$ ein, so lässt sich jetzt die Momentangeschwindigkeit einfach berechnen. Zum Beispiel beträgt die Momentangeschwindigkeit nach 2,5 Sekunden $5 \cdot 2{,}5 = 12{,}5 \frac{m}{s}$.

Zeitpunkt (in Sekunden)	Geschwindigkeit (in m/s)
x_0	$5x_0$
2	$5 \cdot 2 = 10$
2,5	$5 \cdot 2{,}5 = 12{,}5$
4,5	$5 \cdot 4{,}5 = 22{,}5$

Zur Funktion $f(x) = 2{,}5x^2$ gibt der Grenzwert $m_t = 5x_0$ die lokale Steigung an einer beliebigen Stelle x_0 an.

Funktionen, denen man für jede Stelle x_0 ihres Definitionsbereichs eine Steigung m_t zuordnen kann, nennt man **differenzierbare** Funktionen. Ganzrationale Funktionen sind in ihrem gesamten Definitionsbereich differenzierbar.
Allgemein nennt man den oben berechneten Grenzwert m_t die **Ableitung von f an der Stelle x_0**. Wir schreiben $f'(x_0)$ (gelesen: „f Strich an der Stelle x_0"). Die Zuordnung, die jedem $x \in D_f$ den entsprechenden Ableitungswert von f zuordnet, ist die **Ableitungsfunktion f'**.

> Die Ableitung einer Funktion f gibt die Steigung im Punkt $P_0(x_0|f(x_0))$ an:
> $$f'(x_0) = \lim_{x \to x_0} \frac{f(x) - f(x_0)}{x - x_0}$$
> Eine Funktion f heißt **differenzierbar**, wenn die Ableitung an jeder Stelle aus D_f existiert.

1. Berechnen Sie die Steigung der Funktion f mit $f(x) = 2x^2$ an den Stellen -2; 3 und 0.

2. Die Funktion s mit $s(t) = 20t$ beschreibt eine Bewegung. ▶ s in Metern, t in Sekunden
   a) Zeichnen Sie das Schaubild der Funktion s.
   b) Berechnen Sie die Momentangeschwindigkeit nach 3 Sekunden und nach 10 Sekunden.
   c) Geben Sie an, um welche Art von Bewegung es sich handelt.

3 Differenzialrechnung

Exkurs: Gegenüberstellung von $(x - x_0)$-Methode und h-Methode

Die Berechnung des Differenzenquotienten und somit auch des Differenzialquotienten kann mit zwei unterschiedlichen, jedoch sehr ähnlichen Verfahren erfolgen:

$(x - x_0)$-Methode

Wenn ich die Steigung der Funktion f mit $f(x) = x^2$ an der Stelle $x_0 = 0{,}5$ berechnen möchte, dann wähle ich einen Punkt $R(x|f(x))$ in der Nähe von $P(0{,}5|f(0{,}5))$. Den Punkt R lasse ich nun immer näher an P heranrücken. Man sagt auch: „x nähert sich $x_0 = 0{,}5$ an." bzw. „x konvergiert gegen $x_0 = 0{,}5$."

h-Methode

Ich berechne die Steigung der Funktion f mit $f(x) = x^2$ an der Stelle $x_0 = 0{,}5$. Dazu wähle ich einen zweiten Punkt R, der in der Nähe von $P(0{,}5|f(0{,}5))$ liegt. Den Abstand der x-Koordinaten von R und P nenne ich h. In der Skizze liegt R rechts von P. Daher hat R die Koordinaten $R(0{,}5 + h|f(0{,}5 + h))$. Nun rücke ich R immer näher an P heran. Der Abstand h wird also immer kleiner. Man sagt auch: „h konvergiert gegen 0".

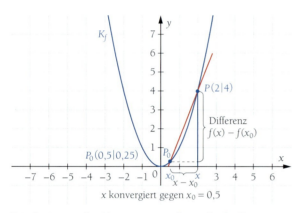

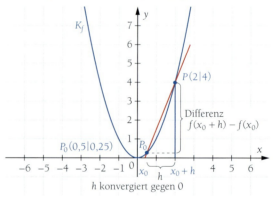

Die Steigung der Tangente errechne ich als Grenzwert des Differenzenquotienten:

$$\lim_{x \to x_0} \frac{f(x) - f(x_0)}{x - x_0}$$

Die Steigung der Funktion $f(x) = x^2$ an der Stelle $x_0 = 0{,}5$ berechne ich durch Einsetzen von $x_0 = 0{,}5$ und anschließender Umformung:

$$\lim_{x \to 0{,}5} \frac{f(x) - f(0{,}5)}{x - 0{,}5} = \lim_{x \to 0{,}5} \frac{x^2 - 0{,}25}{x - 0{,}5}$$
$$= \lim_{x \to 0{,}5} \frac{(x - 0{,}5)(x + 0{,}5)}{x - 0{,}5}$$
$$= \lim_{x \to 0{,}5} (x + 0{,}5)$$
$$= 0{,}5 + 0{,}5 = \mathbf{1}$$

Für die Steigung an der Stelle $x_0 = 0{,}5$ erhalte ich so den Wert 1.

Die Steigung der Tangente errechne ich als Grenzwert des Differenzenquotienten:

$$\lim_{h \to 0} \frac{f(x_0 + h) - f(x_0)}{h}$$

Die Steigung der Funktion $f(x) = x^2$ an der Stelle $x_0 = 0{,}5$ errechne ich durch Einsetzen:

$$\lim_{h \to 0} \frac{f(0{,}5 + h) - f(0{,}5)}{h} = \lim_{h \to 0} \frac{(0{,}5 + h)^2 - 0{,}25}{h}$$
$$= \lim_{h \to 0} \frac{0{,}25 + h + h^2 - 0{,}25}{h}$$
$$= \lim_{h \to 0} \frac{h + h^2}{h} = \lim_{h \to 0} \frac{\cancel{h}(1 + h)}{\cancel{h}}$$
$$= \lim_{h \to 0} (1 + h) = \mathbf{1}$$

Für die Steigung an der Stelle $x_0 = 0{,}5$ erhalte ich ebenfalls den Wert 1.

1. Vollziehen Sie die Erklärungen der beiden Schüler nach. Nennen Sie die Stellen, an denen sich die Lösungswege unterscheiden. Erklären Sie, warum trotzdem beide zum selben Ergebnis kommen.

2. Berechnen Sie die Steigung der Funktion f mit $f(x) = x^2$ an der Stelle $x = -3$ sowohl mithilfe der $(x - x_0)$-Methode und der h-Methode.

Übungen 3.1.2

1. Berechnen Sie von den folgenden Funktionen jeweils die Steigung an den Stellen $x_1 = -2$, $x_2 = 0$ und $x_3 = 4$.
   a) $f(x) = -2x^2$ b) $f(x) = 3x^2 + 4$ c) $f(x) = \frac{x^2}{3}$

2. Gegeben sind die ganzrationalen Funktionen f und g mit $f(x) = 0{,}25 x^2$ und $g(x) = x^2 + 4x + 7$.
   a) Berechnen Sie jeweils die Steigung von f und g an der Stelle $x = -2$.
   b) Berechnen Sie die Steigung von f und g an einer beliebigen Stelle x_0.
   c) Verwenden Sie Ihr Ergebnis aus b), um jeweils die Steigung an der Stelle $x = 5$ zu berechnen.

3. Maria untersucht das Höhenwachstum ihrer Sonnenblume innerhalb von 200 Tagen. Sie hält die Wachstumsentwicklung in einer Tabelle fest:

Zeit t in Tagen	0	10	25	50	100	125	150	200
Höhe h in cm	0	12	39	73	124	140	160	192

   a) Bestimmen Sie den Beobachtungszeitraum, in dem die Sonnenblume am schnellsten bzw. am langsamsten wuchs.
   b) Die Wachstumsgeschwindigkeit zwischen dem 10. und 100. Tag lässt sich mithilfe der Funktion v mit $v(x) = \frac{291\,t^2 - 46\,394\,t + 3\,182\,000}{1\,372\,500}$ beschreiben.
   Wie schnell wuchs die Pflanze am 25. und am 100. Tag?
   c) Vergleichen und interpretieren Sie Ihre Ergebnisse aus a) und b).

4. Die Bewegung eines Körpers im freien Fall wird durch die Weg-Zeit-Funktion s mit $s(t) = 0{,}5\,g\,t^2$ mit $g \approx 10$ (in $\frac{m}{s^2}$) beschrieben.
   a) Zeichnen Sie das Schaubild der Weg-Zeit-Funktion in ein Koordinatensystem.
   b) Bestimmen Sie die Momentangeschwindigkeit nach 2; 5; 10 und 20 Sekunden.
   c) Mit welcher Geschwindigkeit schlägt ein Körper auf, der aus einer Höhe von 5 m, 20 m, 45 m, 80 m bzw. 125 m zur Erde fällt?

5. Eine Radfahrerin fährt im ersten Teil ihrer Strecke immer schneller, bis sie nach 5 Minuten 1 km zurückgelegt hat.
   In dem dann erreichten Tempo fährt die Radfahrerin weitere 5 Minuten, bis sie ihr Ziel erreicht hat.
   Der in den ersten 5 Minuten zurückgelegte Weg kann durch die Funktion s mit $s(t) = 0{,}04\,t^2$ beschrieben werden.

   a) Stellen Sie die zurückgelegte Strecke in einem Weg-Zeit-Diagramm dar. Zeichnen Sie den Streckenabschnitt bis 1 km mithilfe einer Wertetabelle und skizzieren Sie dann den weiteren Streckenabschnitt.
   Tipp: 1 LE auf der x-Achse: 1 min; 1 LE auf der y-Achse: 500 m
   b) Berechnen Sie die Momentangeschwindigkeit in $\frac{km}{h}$ zum Zeitpunkt 5 Minuten.
   c) Ermitteln Sie die Länge der zurückgelegten Strecke rechnerisch.
   d) Vergleichen Sie Ihre Skizze aus a) mit Ihren Ergebnissen aus b) und c). Korrigieren Sie gegebenenfalls Ihre Skizze.

3 Differenzialrechnung

3.1.3 Ableitungsregeln

In diesem Kapitel betrachten wir Verfahren zur einfacheren Bestimmung von Ableitungen, die sogenannten Differenzierungs- oder **Ableitungsregeln**. Durch diese Regeln ist es für viele Funktionen möglich, den oft mühsamen Weg über die Berechnung von Grenzwerten zu vermeiden und stattdessen die Ableitung formelmäßig zu bestimmen.

8 Herleitung von Ableitungsregeln

Berechnet man für verschiedene ganzrationale Funktionen die Ableitungsfunktionen, so erhält man:

$f(x)$	x^2	$3x^2$	x^3	x^4	$2x$	5	$-2{,}5$	$3x^4$	$3x^4 + 5$	$5x^3 - 2x$
$f'(x)$	$2x$	$6x$	$3x^2$	$4x^3$	2	0	0	$12x^3$	$12x^3$	$15x^2 - 2$

Analysieren Sie die Einträge der Tabelle und halten Sie fest, was Sie beobachten.
Leiten sie allgemeine Ableitungsregeln her.

- Die Exponenten der Funktionen treten als Koeffizienten im Term der Ableitungsfunktion f auf.

$$f(x) = x^2 \quad \text{(Exponent, Koeffizient)}$$
$$\Rightarrow f'(x) = 2x$$
$$g(x) = 3x^4 \quad \text{(Exponent, Koeffizient)}$$
$$\Rightarrow g'(x) = 12x^3 = 3 \cdot 4 \cdot x^3$$

- Der Exponent in der Ableitungsfunktion ist um 1 geringer als derjenige in der Ausgangsfunktion.

$$f(x) = x^4$$
$$\Rightarrow f'(x) = 4x^3 = 4x^{4-1}$$
$$g(x) = 2x = 2x^1$$
$$\Rightarrow g'(x) = 2 = 2x^0$$

- Bei Summen werden die Summanden einzeln abgeleitet.

$$f(x) = 3x^4 + 5$$
$$\Rightarrow f'(x) = 12x^3 + 0$$

- Die Ableitung einer konstanten Funktion ist immer 0.

$$f(x) = 5$$
$$\Rightarrow f'(x) = 0$$

Aus diesen Beobachtungen können wir die Ableitungsregeln herleiten:

Potenzregel:
$f(x) = x^n \quad \Rightarrow f'(x) = n \cdot x^{n-1}$ \qquad $f(x) = x^3 \quad \Rightarrow f'(x) = 3x^2$

Konstantenregel:
$f(x) = c \quad \Rightarrow f'(x) = 0$ \qquad $f(x) = -2{,}5 \quad \Rightarrow f'(x) = 0$

Faktorregel:
$f(x) = a \cdot u(x) \quad \Rightarrow f'(x) = a \cdot u'(x)$ \qquad $f(x) = 3x^2 \quad \Rightarrow f'(x) = 3 \cdot 2 \cdot x^1 = 6x$

Summenregel:
$f(x) = u(x) + v(x) \Rightarrow f'(x) = u'(x) + v'(x)$ \qquad $f(x) = 5x^3 - 2x \quad \Rightarrow f'(x) = 15x^2 - 2$

3.1 Einführung in die Differenzialrechnung

Anwendung der Ableitungsregeln

Bestimmen Sie die Funktionsgleichungen der Ableitungsfunktionen mithilfe der Ableitungsregeln.

Anwendung der Potenzregel:
Den Potenzterm multiplizieren wir mit dem Exponenten. Den Exponenten vermindern wir um 1.

$f(x) = x \Rightarrow f'(x) = 1$
$f(x) = x^5 \Rightarrow f'(x) = 5x^4$
$f(x) = x^{11} \Rightarrow f'(x) = 11x^{10}$

Anwendung der Konstantenregel:
Die Ableitung einer konstanten Funktion ist immer 0. Dies ist auch anschaulich klar, da eine konstante Funktion parallel zur x-Achse verläuft und somit weder steigt noch fällt. Ihre Steigung muss also an jeder Stelle 0 sein.

$f(x) = 0{,}2 \Rightarrow f'(x) = 0$
$f(x) = 15 \Rightarrow f'(x) = 0$
$f(x) = -3 \Rightarrow f'(x) = 0$

Das Schaubild ist eine Parallele zur x-Achse, hat also überall die Steigung 0.

Anwendung der Faktorregel:
Wir multiplizieren die Ableitung des Potenzterms mit dem Koeffizienten.

$f(x) = 2x^4 \Rightarrow f'(x) = 2 \cdot 4 \cdot x^3 = 8x^3$
$f(x) = -5x^2 \Rightarrow f'(x) = (-5) \cdot 2 \cdot x = -10x$
$f(x) = 0{,}5x \Rightarrow f'(x) = 0{,}5 \cdot 1 \cdot x^0 = 0{,}5$

Anwendung der Summenregel:
Wir leiten jeden Summanden einzeln ab.

$f(x) = 5x^2 - x$
$\Rightarrow f'(x) = 10x - 1$

Für die Ableitung ganzrationaler Funktionen gelten folgende **Ableitungsregeln**:

Potenzregel: $f(x) = x^n \Rightarrow f'(x) = n \cdot x^{n-1}$ $(n \in \mathbb{N})$

Konstantenregel: $f(x) = c \Rightarrow f'(x) = 0$ $(c \in \mathbb{R})$

Faktorregel: $f(x) = a \cdot u(x) \Rightarrow f'(x) = a \cdot u'(x)$ $(a \in \mathbb{R})$

Summenregel: $f(x) = u(x) + v(x) \Rightarrow f'(x) = u'(x) + v'(x)$

---

1. Bestimmen Sie die erste Ableitung der folgenden Funktionen.

a) $f(x) = 2x^3 + 4x + 2$
b) $f(x) = 5 - 0{,}5x^2$
c) $f(x) = 0{,}05x^5 - 0{,}3x^4$
d) $f(x) = \frac{1}{42}x^7 - \frac{1}{30}x^6 + \frac{1}{20}x^5$
e) $f(x) = \frac{1}{4}x^4 + \frac{1}{3}x^3$
f) $f(x) = 2x^0$
g) $f(x) = \frac{1}{2}x^2 - \frac{1}{5}x^5$
h) $f(x) = -\frac{1}{4}x^3 + 8$

2. Bestimmen Sie zu den folgenden Funktionen die Gleichung der Ableitungsfunktion f'. Zeichnen Sie die Schaubilder von f und f'.

a) $f(x) = 2x - 5$
b) $f(x) = -0{,}25x^2 + 4x$
c) $f(x) = \frac{1}{2}x^3 - 3x$
d) $f(x) = 0{,}25x^4$
e) $f(x) = 3$
f) $f(x) = x^2 + 3x$

3. Bestimmen Sie zu den gegebenen Funktionen die Werte für: $f(-1), f'(-1), f(2)$ und $f'(2)$:

a) $f(x) = x^3$
b) $f(x) = -2x^4 + 3x^2$
c) $f(x) = 0{,}5x^4 - 2x^2 + 2$
d) $f(x) = -4x^3 - 8x$
e) $f(x) = 5$
f) $f(x) = -x^2 - x^3$

3 Differenzialrechnung

Ganzrationale Funktionen können wir mithilfe der bisherigen Regeln ableiten.
Bei Exponentialfunktionen und trigonometrischen Funktionen reichen diese Regeln nicht aus.
▸ 1.5 Exponentialfunktionen, Seite 114
▸ 1.6 Trigonometrische Funktionen, Seite 138

  Ableitung der e-Funktion

Berechnen Sie näherungsweise die Steigung des Schaubildes von f mit $f(x) = e^x$ an verschiedenen Stellen mithilfe einer Sekantensteigung, die möglichst nah an der Tangentensteigung liegt (▸ Beispiel 6, Seite 199).
Erstellen Sie damit eine Wertetabelle der „vermuteten" Ableitungsfunktion von f.
Skizzieren Sie das Schaubild von f und f'.

Wir berechnen näherungsweise die Steigung im Punkt $P(0|1)$. Dazu bestimmen wir die Steigung der Sekante, die durch P und einen Punkt mit geringem Abstand von P verläuft. Wir wählen für die x-Koordinate den Abstand 0,01 Längeneinheiten, sodass der zweite Punkt $Q(0,01|f(0,01))$ lautet. Die Steigung von f an der Stelle $x = 0$ nähert sich dem Wert 1 an.

Das gleiche Verfahren können wir an verschiedenen weiteren Stellen x durchführen und eine Wertetabelle für die „vermutete" Ableitung von f erstellen.

Beim Vergleich der errechneten Werte für die „ungefähre" Ableitung mit den Funktionswerten von f fällt auf, dass Funktions- und Ableitungswerte nahezu identisch sind!

Es liegt die Vermutung nahe, dass die Ableitung der e-Funktion die e-Funktion selbst ist.

Sekantensteigung durch $P(0|1)$ und $Q(0,01|f(0,01))$:

$$m_s = \frac{f(0,01) - f(0)}{0,01 - 0}$$
$$\approx \frac{1,01 - 1}{0,01}$$
$$= 1 \approx f'(0)$$

x	$f'(x) \approx m_s \approx \frac{f(x+0,01) - f(x)}{0,01}$	$f(x)$
−2	≈ −0,14	$e^{-2} \approx +0,14$
−1	≈ −0,37	$e^{-1} \approx +0,37$
0	≈ 1	$e^0 = 1$
1	≈ 2,73	$e^1 \approx 2,72$
2	≈ 7,43	$e^2 \approx 7,37$
3	≈ 20,19	$e^3 \approx 20,08$
4	≈ 54,87	$e^4 \approx 54,60$
5	≈ 149,16	$e^5 \approx 148,41$
6	≈ 405,45	$e^6 \approx 403,43$

Auch beim Zeichnen der „vermuteten" Ableitungsfunktion fällt auf, dass ihr Schaubild dem der e-Funktion entspricht.

Tatsächlich ist dies der Fall. Es gilt:
$$f(x) = e^x$$
$$\Rightarrow f'(x) = e^x$$
▸ Beweis in Aufgabe 9 auf Seite 211

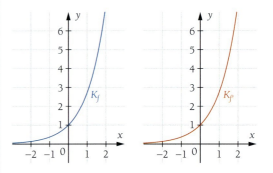

 Die e-Funktion ist eine Funktion, bei der Ableitungs- und Ausgangsfunktion identisch sind.

 Für die **Ableitung der e-Funktion** gilt:
$f(x) = e^x \Rightarrow f'(x) = e^x$

3.1 Einführung in die Differenzialrechnung

Ableitung der Sinusfunktion

Ermitteln Sie zeichnerisch die Steigung des Schaubildes der Sinusfunktion an den Stellen $x_1 = 0$, $x_2 = \frac{\pi}{2}$, $x_3 = \pi$, $x_4 = \frac{3}{2}\pi$ und $x_5 = 2\pi$. Skizzieren Sie anschließend das Schaubild der Ableitungsfunktion.

Wir zeichnen das Schaubild der Sinusfunktion.

An den gegebenen Stellen zeichnen wir jeweils die zugehörigen Tangenten ein und bestimmen so nach Augenmaß die Steigung des Schaubildes.

An den Stellen $x_1 = 0$ und $x_5 = 2\pi$ ist die Steigung der Sinusfunktion gleich eins.

An den Stellen $x_2 = \frac{\pi}{2}$ und $x_4 = \frac{3}{2}\pi$ ist die Steigung der Sinusfunktion gleich null.

An der Stelle $x_3 = \pi$ ist die Steigung der Sinusfunktion gleich minus eins.

Um noch mehr Funktionswerte der Ableitungsfunktion zu erhalten, bestimmen wir näherungsweise an weiteren Stellen die Steigung der Sinusfunktion.

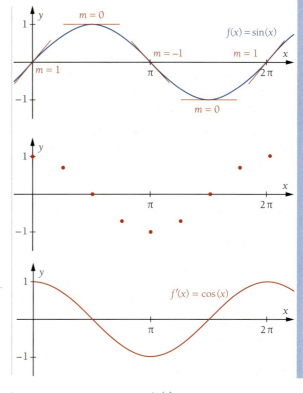

x	0	$\frac{\pi}{4}$	$\frac{\pi}{2}$	$\frac{3}{4}\pi$	π	$\frac{5}{4}\pi$	$\frac{3}{2}\pi$	$\frac{7}{4}\pi$	2π
$f'(x)$	1	0,7	0	$-0,7$	-1	$-0,7$	0	0,7	1

Jetzt können wir das Schaubild der Ableitungsfunktion f in einem neuen Koordinatensystem skizzieren. Wir stellen fest, dass es sich dabei um das Schaubild der Kosinusfunktion handelt.

Für die Kosinusfunktion können analoge Überlegungen gemacht werden. Das Schaubild der Ableitungsfunktion ist das an der x-Achse gespiegelte Schaubild der Sinusfunktion. ▶ „Alles klar?"-Aufgabe

Ausgehend davon können wir die Ableitungen der grundlegenden trigonometrischen Funktionen in der abgebildeten Grafik veranschaulichen.

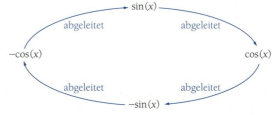

- Die **Ableitung der Sinusfunktion** ist die Kosinusfunktion: $f(x) = \sin(x) \Rightarrow f'(x) = \cos(x)$
- Die **Ableitung der Kosinusfunktion** ist die an der x-Achse gespiegelte Sinusfunktion: $g(x) = \cos(x) \Rightarrow g'(x) = -\sin(x)$

Ermitteln Sie grafisch die Ableitung der Kosinusfunktion.

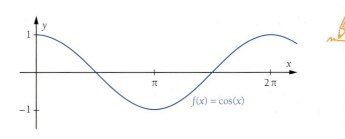

3 Differenzialrechnung

 Faktor-, Summen- und Konstantenregel

Bestimmen Sie die erste Ableitung von f mit $f(x) = 2\,e^x + \cos(x) + 5$.

Wir können die Ableitungen bilden, indem wir die Faktor-, Summen- und Konstantenregel anwenden. Unsere Funktion besteht aus drei Summanden: $2\,e^x$, $\cos(x)$ und 5. Alle drei Summanden werden einzeln abgeleitet und anschließend wieder addiert. Ein konstanter Faktor wie die Zahl 2 bleibt beim Ableiten stets erhalten. Ein konstanter Summand wie die Zahl 5 wird beim Ableiten null bzw. fällt weg.

$$f(x) = 2\,e^x + \cos(x) + 5$$

$$s_1(x) = 2\,e^x \quad \Rightarrow \quad s_1'(x) = 2\,e^x$$
$$s_2(x) = \cos(x) \quad \Rightarrow \quad s_2'(x) = -\sin(x)$$
$$s_3(x) = 5 \quad \Rightarrow \quad s_3'(x) = 0$$
$$f(x) = 2\,e^x + \cos(x) + 5$$
$$\hphantom{f(x) = } \downarrow \hphantom{2\,e^x} \downarrow \hphantom{\cos(x)} \downarrow$$
$$f'(x) = 2\,e^x + (-\sin(x)) + 0$$
$$\hphantom{f'(x)} = 2\,e^x - \sin(x)$$

 Verkettung von Funktionen und deren Ableitung

Betrachten Sie die Funktion f mit $f(x) = (3x + 1)^2$. Beschreiben Sie zunächst, wie Sie Funktionswerte von f berechnen würden.
Stellen Sie dann Vermutungen über die Ableitung an. Formulieren Sie eine Regel.

Zur Berechnung von Funktionswerten gehen wir beim Funktionsterm von f in zwei Schritten vor: Der Term in der Klammer wird im ersten Schritt berechnet. Im zweiten Schritt führen wir dann die Potenzierung durch. Wir „verketten" also die **innere Funktion** v mit $v(x) = 3x + 1$ mit der **äußeren Funktion** $u(v) = v^2$, kurz: $f(x) = u(v(x))$.

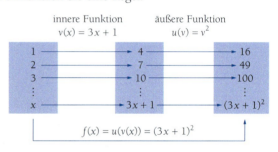

Es liegt die Vermutung nahe, dass für die Ableitung von f die Potenzregel genutzt werden kann. Multiplizieren wir aber den Term von f aus und leiten gemäß der bekannten Regeln ab, erhalten wir ein anderes Ergebnis als bei der simplen Anwendung der Potenzregel. Die Vermutung ist also falsch!
Beim Vergleich mit dem korrekten Ergebnis stellen wir fest, dass ein Faktor 3 fehlt. Dieser Faktor entsteht durch die Ableitung der inneren Funktion u mit $u(x) = 3x + 1$.

Tatsächlich können wir die Ableitung verketteter Funktionen folgendermaßen bilden: Wir bestimmen zunächst die Ableitung der äußeren Funktion (bei der wir den Term der inneren Funktion unverändert lassen). Anschließend bestimmen wir die Ableitung der inneren Funktion.

Die ermittelten Terme multiplizieren wir und erhalten damit die Ableitung der verketteten Funktion f. Diese Ableitungsregel für eine verkettete Funktion f heißt **Kettenregel**.

Ausgangsfunktion:
$f(x) = (3x + 1)^2$
Vermutung für die Ableitung:
$2 \cdot (3x + 1) = 6x + 2$
Überprüfung der Ableitung:
$f(x) = (3x + 1)^2$
$\hphantom{f(x)} = 9x^2 + 6x + 1$
$f'(x) = 18x + 6 \neq 6x + 2$
Aber: $3 \cdot (6x + 2) = 18x + 6$

Ausgangsfunktion: $f(x) = (3x + 1)^2 = u(v(x))$

äußere Ableitung: $u'(v(x)) = 2 \cdot (3x + 1) = 6x + 2$

innere Funktion: $v(x) = 3x + 1$

innere Ableitung: $v'(x) = 3$

Ableitung von f:
$f(x) = u(v(x))$
$f'(x) = u'(v(x)) \cdot v'(x) = (6x + 2) \cdot 3 = 18x + 6$

3.1 Einführung in die Differenzialrechnung

Kettenregel bei Exponentialfunktionen und trigonometrischen Funktionen

Leiten Sie die Funktionen g mit $g(x) = e^{3x}$ und h mit $h(x) = \sin(3x)$ ab.

Für g mit $g(x) = e^{3x}$ nutzen wir die Kettenregel. Die innere Funktion bei der Funktion g hat den Term $3x$, also den Exponenten der e-Funktion. Die e-Funktion „umschließt" quasi diesen Term und ist daher die äußere Funktion.

Wir bestimmen die Ableitungen der äußeren Funktion und der inneren Funktion.

Nun können wir die Kettenregel anwenden und die Ableitung g' bestimmen.

$g(x) = e^{3x}$

innere Funktion: $v(x) = 3x$
äußere Funktion: $u(v) = e^v$
äußere Ableitung: $u'(v) = e^v$
innere Ableitung: $v'(x) = 3$

$g'(x) = u'(v(x)) \cdot v'(x)$
$g'(x) = e^{3x} \cdot 3$
$\qquad = 3 e^{3x}$

Für die Funktion h mit $h(x) = \sin(3x)$ gehen wir ganz analog vor.

Die innere Funktion hat den Term $3x$. Auf diesen wird die Sinusfunktion angewendet. Die Sinusfunktion ist folglich die äußere Funktion. Beide Funktionen werden abgeleitet.

Mit der Kettenregel können wir die Ableitung von h bilden.

$h(x) = \sin(3x)$

innere Funktion: $v(x) = 3x$
äußere Funktion: $u(v) = \sin(v)$
äußere Ableitung: $u'(v) = \cos(v)$
innere Ableitung: $v'(x) = 3$

$h'(x) = u'(v) \cdot v'(x)$
$h'(x) = \cos(3x) \cdot 3$
$\qquad = 3 \cos(3x)$

Betrachtet man die Funktionsterme von Ausgangsfunktion und Ableitung im obigen Beispiel, so lässt sich folgendes Muster erkennen: Für $f(x) = e^{kx}$ gilt $f'(x) = k \cdot e^{kx}$ und für $g(x) = \sin(kx)$ gilt $g'(x) = k \cdot \cos(kx)$. In Kombination mit der Faktorregel und Konstantenregel erhalten wir:

$f(x) = a \cdot e^{kx} + b \quad \Rightarrow \quad f'(x) = a \cdot k \cdot e^{kx}$
$f(x) = a \cdot \sin(kx) + b \quad \Rightarrow \quad f'(x) = a \cdot k \cdot \cos(kx)$
$f(x) = a \cdot \cos(kx) + b \quad \Rightarrow \quad f'(x) = -a \cdot k \cdot \sin(kx)$

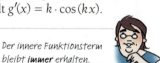
Der innere Funktionsterm bleibt immer erhalten.

- Für eine verkettete Funktion f mit der inneren Funktion v und der äußeren Funktion u gilt die **Kettenregel**: $f(x) = u(v(x)) \Rightarrow f'(x) = u'(v(x)) \cdot v'(x)$

- Es gilt insbesondere:
  $f(x) = e^{kx} \quad \Rightarrow \quad f'(x) = k \cdot e^{kx}$
  $f(x) = \sin(kx) \quad \Rightarrow \quad f'(x) = k \cdot \cos(kx)$
  $f(x) = \cos(kx) \quad \Rightarrow \quad f'(x) = -k \cdot \sin(kx)$

1. Bilden Sie die Ableitung.
a) $f(x) = 2e^x + x^2 - 2$
b) $f(x) = 3\sin(x) + x^2 - 2$
c) $f(x) = 8e^{0,5x}$
d) $f(x) = 2x^5 - 4e^x + 1$
e) $f(x) = 2x^4 - 5\cos(x) + 3$
f) $f(x) = 4\sin(0,25x)$
g) $f(x) = e \cdot e^x$
h) $f(x) = \cos(3x) - 4$
i) $f(x) = e \cdot x^4 - \frac{1}{2}e^x$

2. Gegeben ist die Funktion f mit $f(x) = (2x + 1)^2$.
a) Leiten Sie die Funktion mithilfe der Kettenregel ab.
b) Multiplizieren Sie die Funktionsgleichung aus. Leiten Sie die Funktion anschließend mithilfe der Summen-, Produkt- und Konstantenregel ab. Vergleichen Sie Ihr Ergebnis mit dem aus Aufgabenteil a).

3 Differenzialrechnung

15 Ableitungen höherer Ordnung

Leiten Sie die Funktion f mit
$f(x) = 0,05x^4 - \frac{2}{15}x^3 - 0,8x^2$
dreimal ab.

Mithilfe der Ableitungsregeln erhalten wir die Gleichung von f':
$f'(x) = 0,2x^3 - 0,4x^2 - 1,6x$
f' heißt genauer **erste Ableitung von f**.

Wenn wir f' wiederum ableiten, erhalten wir die **zweite Ableitung von f**:
$f''(x) = 0,6x^2 - 0,8x - 1,6$
(gelesen: „f zwei Strich von x")

Wenn wir f'' ableiten, erhalten wir die **dritte Ableitung von f**:
$f'''(x) = 1,2x - 0,8$
(gelesen: „f drei Strich von x")

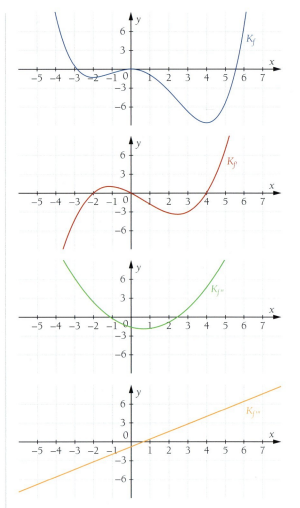

Entsprechend werden die weiteren Ableitungen gebildet. Bei der **vierten Ableitung** und allen höheren Ableitungen ist eine andere Schreibweise üblich:

$f^{(4)}(x) = 1,2 \qquad f^{(5)}(x) = 0 \qquad f^{(6)}(x) = 0 \quad$ usw.

Da beim Ableiten stets ein Grad der Funktion „verloren geht", wird der Ableitungsterm einer ganzrationalen Funktion durch mehrfaches Ableiten null, sobald die Ordnung der Ableitung höher ist als der Grad der Funktion.

> Eine ganzrationale Funktion f kann beliebig oft abgeleitet werden.
> - f' heißt **erste Ableitung von f**.
> - f'' ist die Ableitung von f' und heißt **zweite Ableitung von f**.
> - f''' ist die Ableitung von f'' und heißt **dritte Ableitung von f**.
> - $f^{(4)}$ ist die Ableitung von f''' und heißt **vierte Ableitung von f**.
>
> Entsprechend können höhere Ableitungen gebildet werden: $f^{(5)}$; $f^{(6)}$; $f^{(7)}$ usw.

Leiten Sie die folgenden Funktionen so oft ab, bis der Ableitungsterm den Wert 0 hat.
a) $f(x) = 2,5x^4 + 3x^2$
b) $f(x) = 0,25x^3 - 5x + 1$
c) $f(x) = -x^5 + 0,2x^4 - 6x^3 - 8$
d) $f(x) = -\frac{1}{6}x^4 + \frac{5}{6}x^3 - \frac{1}{3}x^2 - \frac{4}{3}x + 3$

Übungen zu 3.1.3

1. Bestimmen Sie die Funktionsgleichung der Ableitung f'.
   a) $f(x) = 2x^2$
   b) $f(x) = 0{,}5x^3$
   c) $f(x) = 0{,}5x^3$
   d) $f(x) = 0{,}5x^5$
   e) $f(x) = -\frac{1}{9}x^7 + \frac{2}{3}x^2$
   f) $f(x) = 3x^3 + 3x^2$
   g) $f(x) = 5x$
   h) $f(x) = -3$
   i) $f(x) = -\frac{1}{3}x^3 + 2x$
   j) $f(x) = -\frac{x^3}{3}$
   k) $f(x) = \frac{2}{5}x^4 + x^5$
   l) $f(x) = 3x^4 + \frac{x^2}{2}$

2. Bestimmen Sie die Funktionsgleichung der Ableitung f'.
   a) $f(x) = e^x + 2$
   b) $f(x) = 5e^x$
   c) $f(x) = e^{2x}$
   d) $f(x) = 3e^{-x}$
   e) $f(x) = -e^{0{,}5x}$
   f) $f(x) = -2e^{-2x} + 2$
   g) $f(x) = 0{,}2e^{-x}$
   h) $f(x) = e \cdot e^{ex}$
   i) $f(x) = 3e^2 \cdot e^x$

3. Bestimmen Sie die Funktionsgleichung der Ableitung f'.
   a) $f(x) = \cos(x) + 3$
   b) $f(x) = \sin(0{,}5x)$
   c) $f(x) = \cos\left(\frac{1}{3}x\right)$
   d) $f(x) = \sin(5x) + 4$
   e) $f(x) = 4\cos\left(\frac{x}{2}\right)$
   f) $f(x) = \sin\left(\frac{\pi}{2 \cdot x}\right) + 1$
   g) $f(x) = -\pi \cdot \cos(\pi x) + \pi$
   h) $f(x) = \cos\left(\frac{\pi}{2}\right)$
   i) $f(x) = 2\sin(0{,}5x) - \cos(2x) + x^2 - 2$

4. Leiten Sie ab und vereinfachen Sie gegebenenfalls das Ergebnis:
   a) $f(x) = \sin(2x) - 2\cos(x)$
   b) $f(x) = 2\sin(0{,}5x) - \cos(2x) + x^2 - 2$
   c) $f(x) = (2x + 5)^4$
   d) $f(x) = \sin(e^x)$

5. Berechnen Sie den exakten Wert der Steigung des Schaubildes von f an der Stelle x_0:
   a) $f(x) = \frac{1}{3}\sin(x) + \frac{4}{3}$; $x_0 = \frac{\pi}{3}$
   b) $f(x) = \sqrt{3}\sin(x) - \cos(x)$; $x_0 = \frac{\pi}{3}$
   c) $f(x) = 1{,}5x^4$; $x_0 = 4$
   d) $f(x) = 0{,}5x^3$; $x_0 = 2$
   e) $f(x) = \sin(x) + \frac{1}{4}x^2$; $x_0 = 0$
   f) $f(x) = \frac{1}{4}x + \cos(x)$; $x_0 = 2 \cdot \frac{\pi}{3}$
   g) $f(x) = 2{,}5x^5 + 1$; $x_0 = 1$
   h) $f(x) = -3x^7 + 1$; $x_0 = 3$

6. Gegeben ist die Funktion f mit $f(x) = 2 - \frac{3}{2}\cos(x)$. Geben Sie den exakten Wert der Steigung an der Stelle $x_0 = \frac{\pi}{8}$ an. Geben Sie den Wertebereich von f' an und begründen Sie Ihre Antwort.

7. Leiten Sie die folgenden Funktionen so oft ab, bis die jeweilige Ableitungsfunktion eine konstante Funktion ist.
   a) $f(x) = 2{,}5x^5 + 3x^4$
   b) $f(x) = 0{,}25x^8 + 0{,}4x^{10} - 3$
   c) $f(x) = 3x^7 - 0{,}5x^3$
   d) $f(x) = ax^3$; $a \in \mathbb{R}$
   e) $f(x) = \sin(2x)$
   f) $f(x) = 2e^{0{,}5x} + 1$

8. Geben Sie jeweils eine Funktionsgleichung von f an, sodass die Ableitungsfunktion der Funktion die angegebene Gleichung besitzt.
   a) $f'(x) = 0$
   b) $f'(x) = 2$
   c) $f'(x) = \pi$
   d) $f'(x) = -3x^2 + 4{,}12$
   e) $f'(x) = \frac{1}{2}x^3 - 5x^4$
   f) $f'(x) = -\frac{1}{9}x^8 + \frac{2}{3}x^2$
   g) $f'(x) = e^x$
   h) $f'(x) = 2\sin(x)$
   i) $f'(x) = 4e^{-0{,}5x} + 2$

9. Beweisen Sie mithilfe der h-Methode (▶ Seite 202), dass die Ableitung der natürlichen Exponentialfunktion wieder die Exponentialfunktion ergibt. Wählen Sie dafür einen beliebigen Punkt $(x_0 | e^{x_0})$ aus und bilden Sie den Differenzialquotienten.

3 Differenzialrechnung

3.1.4 Tangenten und gegenseitige Lage zweier Schaubilder

Bestimmen der Tangentengleichung

Bestimmen Sie die Gleichung der Tangente t, die das Schaubild der Funktion f mit $f(x) = -\frac{1}{2}x^2 + 5$ im Punkt $P(2|3)$ berührt.

Die Tangente t und die Funktion f haben zwei gemeinsame Eigenschaften:
1. Beide Schaubilder verlaufen durch denselben Punkt $P(2|3)$.
2. Beide Schaubilder haben in dem Punkt $P(2|3)$ dieselbe Steigung.

Die Tangente t ist das Schaubild einer linearen Funktion. Sie besitzt daher eine Funktionsgleichung der Form $t(x) = mx + b$.
Wir wollen die Gleichung der Tangente aufstellen. Dazu berechnen wir zunächst die Steigung m und anschließend den y-Achsenabschnitt b:

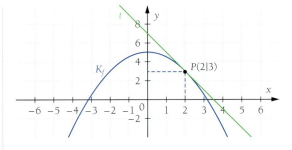

Berechnung der Steigung m:
Die Funktion f hat im Punkt $P(2|3)$ die gleiche Steigung wie ihre Tangente t. Es reicht also, wenn wir die Steigung von f an der Stelle $x = 2$ berechnen. Die Steigung an der Stelle $x = 2$ erhalten wir mithilfe der Ableitungsfunktion f'. ▶ Seite 201
Entweder lesen wir am Schaubild von f' die Steigung ab oder wir setzen $x = 2$ in $f'(x)$ ein.

Grafische Bestimmung der Steigung:

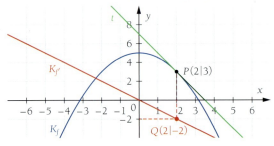

Für die Steigung von f an der Stelle $x = 2$ erhalten wir $f'(2) = -2$.
Die Steigung der Tangente beträgt demnach $m = -2$.
Die Funktionsgleichung der Tangente t hat nun die Form $t(x) = -2x + b$.

Rechnerische Bestimmung der Steigung:
$f(x) = -\frac{1}{2}x^2 + 5$
$f'(x) = -\frac{1}{2} \cdot 2 \cdot x^{2-1} = -x$
$f'(2) = -2$
$\Rightarrow m = f'(2) = -2$

Berechnung des y-Achsenabschnitts b:
Das Schaubild von t verläuft durch den Punkt $P(2|3)$. Es besitzt die Steigung $m = -2$.
Wir setzen die Werte $x = 2$, $y = 3$ und $m = -2$ in $t(x) = mx + b$ ein. Anschließend lösen wir nach b auf. Nun setzen wir $m = -2$ und $b = 7$ in die Tangentengleichung ein. Als Gleichung für die Tangente ergibt sich $t(x) = -2x + 7$.

Berechnung des y-Achsenabschnitts:
$t(x) = mx + b$ ▶ $P(2|3); m = -2$
$3 = -2 \cdot 2 + b$
$3 = -4 + b$ | $+4$
$7 = b$

Angabe der Tangentengleichung:
$t(x) = -2x + 7$

Alternative: Mithilfe der Punkt-Steigungsform einer Geradengleichung lässt sich folgende Formel für die Gleichung einer Tangente t an das Schaubild von f im Punkt $P(u|f(u))$ herleiten: $t(x) = f'(u)(x - u) + f(u)$.
Für das obige Beispiel erhalten wir damit ebenfalls: $t(x) = -2(x - 2) + 3 = -2x + 7$.

Berechnen Sie die Gleichung der Tangente von f mit $f(x) = 0{,}1x^3 - 2x^2$ an der Stelle $x = -3$.

212

3.1 Einführung in die Differenzialrechnung

Bestimmen von Punkten bei gegebener Steigung

Geben Sie die Punkte P an, in denen das Schaubild von f mit $f(x) = \frac{1}{2}x^2 + 5x$ die Steigung 2 hat.

Zunächst bestimmen wir die Ableitungsfunktion f' mithilfe der Ableitungsregeln.

Ableitungsfunktion bestimmen:

$$f(x) = \frac{1}{2}x^2 + 5x$$

$$f'(x) = x + 5$$

Der Funktionswert der Ableitungsfunktion f' gibt die Steigung an. Diese ist hier mit 2 vorgegeben. Also muss für die x-Koordinate von P gelten $f'(x_P) = 2$. Wir ersetzen $f'(x_P)$ durch den Funktionsterm $x_P + 5$ und erhalten als einzige Lösung $x_P = -3$.

Berechnung der zugehörigen Stelle:

$$f'(x_P) = 2$$
$$\Leftrightarrow x_P + 5 = 2 \quad |-5$$
$$\Leftrightarrow x_P = -3$$

Gesucht ist aber nicht nur die Stelle, sondern der Punkt, in dem f die Steigung 2 hat.
Wir müssen also $x_P = -3$ in die Gleichung der Ausgangsfunktion f einsetzen, um die zugehörige y-Koordinate zu erhalten.

Berechnung der y-Koordinate von P:

$$f(-3) = \frac{1}{2} \cdot (-3)^2 + 5 \cdot (-3) = -10{,}5$$

$$\Rightarrow P(-3|-10{,}5)$$

Das Schaubild der Funktion f hat somit im Punkt $P(-3|-10{,}5)$ die Steigung 2.
Eine Tangente mit der Steigung $m_t = 2$ berührt also das Schaubild K_f in dem Punkt $P(-3|-10{,}5)$.

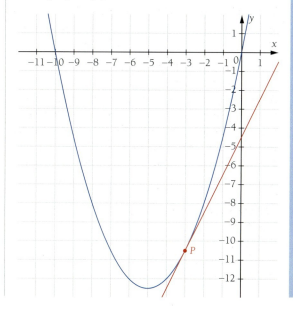

Gegeben ist ein Punkt $P(u|f(u))$ des Schaubildes K_f der Funktion f. Dann gilt:
Die **Tangente** t an K_f in P hat dann die Steigung $m_t = f'(u)$.

---

1. Berechnen Sie die Gleichung der Tangente im Punkt $P(1|f(1))$ am Schaubild der Funktion f mit $f(x) = 3x^2 - 5x + 3$.

2. Gegeben ist die Funktion f mit $f(x) = \frac{1}{2}x^2 - x - \frac{3}{2}$. Zeichnen Sie das Schaubild von f und die zugehörige Tangente im Punkt $B(1|f(1))$. Bestimmen Sie anhand der Zeichnung die Gleichung der Tangente. Prüfen Sie Ihr Ergebnis rechnerisch.

3. Berechnen Sie die Stellen, an denen das Schaubild der Funktion f die Steigung −2; 0; 2 und 4 hat.
a) $f(x) = 2x^2 - 12$ b) $f(x) = x^2 + 6x + 5$ c) $f(x) = x^4$

3 Differenzialrechnung

18 Zwei Schaubilder berühren sich

Gegeben sind die Funktionen f und g mit $f(x) = x^2 - 1$ und $g(x) = -3x^2 - 8x - 5$.
Zeigen Sie, dass die Schaubilder der beiden Funktionen genau einen gemeinsamen Punkt B besitzen.
Begründen Sie, dass B ein **Berührpunkt** der beiden Schaubilder ist.
Bestimmen Sie die Tangentensteigung von f und g in diesem Punkt B. Erstellen Sie eine Skizze.

Zur Ermittlung der x-Koordinate von B setzen wir die beiden Gleichungen gleich und erhalten $x_{S_{1,2}} = -1$ als doppelte Lösung.
Da wir eine „doppelte Schnittstelle" haben, handelt es sich eine Berührstelle. ▶ Seite 104

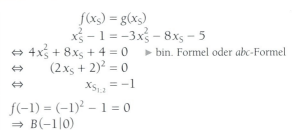

Die y-Koordinate erhalten wir durch Einsetzen in die Funktionsgleichung von f oder g.
Der gemeinsame Punkt der Schaubilder von f und g ist somit der Berührpunkt $B(-1|0)$.

$f(-1) = (-1)^2 - 1 = 0$
$\Rightarrow B(-1|0)$

Die Tangentensteigung im Punkt B entspricht dem Wert der ersten Ableitung der beiden Funktionen. Wir erhalten sowohl mit f' als auch mit g' den gleichen Wert: Die Steigung der Tangente in $B(-1|0)$ ist $m = -2$.

Ableitungen sind: Steigung im Punkt B:
$f'(x) = 2x$ $f'(-1) = -2$
$g'(x) = -6x - 8$ $g'(-1) = -2$

Tatsächlich gilt allgemein, dass zwei Schaubilder in einem gemeinsamen Punkt genau dann einen Berührpunkt haben, wenn sie dort auch die gleiche Steigung (bzw. Tangente) haben.

Die Skizze wird mithilfe einer Wertetabelle erstellt:

x	-5	-4	-3	-2	-1	0	1
$f(x)$	24	15	8	3	0	-1	0
$g(x)$	-40	-21	-8	-1	0	-5	-16

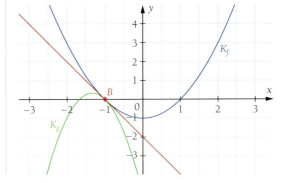

Der **Berührpunkt** $B(x_S|y_S)$ zweier Schaubilder K_f und K_g ist ein gemeinsamer Punkt, in dem beide Schaubilder die gleiche Steigung haben. Für den Nachweis gibt es zwei verschiedene Möglichkeiten:
- Der Ansatz für Schnittstellen $f(x_S) = g(x_S)$ liefert eine doppelte Lösung („doppelte Schnittstelle").
- An der Berührstelle gilt $f(x_S) = g(x_S)$ und $f'(x_S) = g'(x_S)$.

1. Zeigen Sie, dass das Schaubild von h mit $h(x) = -0{,}5x^2 - 3x - 2{,}5$ die Schaubilder f und g aus Beispiel 18 im Punkt $B(-1|0)$ berührt.

2. Zeigen Sie, dass sich die Schaubilder von f und g mit $f(x) = 2x^3 - x^2 + x - 2$ und $g(x) = x - 2$ in einem Punkt berühren.

3. Gegeben sind f und g mit $f(x) = e^{2x} + 1$ und $g(x) = x^3 - x^2 + 2x + 2$.
Zeigen Sie, dass $B(0|2)$ ein Berührpunkt der beiden Schaubilder ist.

3.1 Einführung in die Differenzialrechnung

Zwei Schaubilder schneiden sich senkrecht

Gegeben sind die Funktionen f und g mit $f(x) = -\frac{1}{2}x^2 + 4$ und $g(x) = -\frac{1}{2}(x - 2{,}5)^2 + \frac{17}{8}$.
Bestimmen Sie die gemeinsamen Punkte der Schaubilder von f und g.
Weisen Sie nach, dass sich die Schaubilder senkrecht schneiden.

Wir setzen die Funktionsgleichungen gleich und lösen die entstandene Gleichung nach x_S auf.

$$f(x_S) = g(x_S)$$
$$-\frac{1}{2}x_S^2 + 4 = -\frac{1}{2}(x_S - 2{,}5)^2 + \frac{17}{8}$$
$$\Leftrightarrow -\frac{1}{2}x_S^2 + 4 = -\frac{1}{2}x_S^2 + 2{,}5x_S - 1$$
$$\Leftrightarrow 5 = 2{,}5x_S$$
$$\Leftrightarrow x_S = 2$$

Da es eine einfache Lösung ist, handelt es sich um eine Schnittstelle.

Es gibt nur eine Lösung: $x_S = 2$.
Die zugehörige y-Koordinate ist $y_S = 2$.
Somit schneiden sich die beiden Schaubilder im Schnittpunkt $S(2|2)$.

$$f(2) = -\frac{1}{2} \cdot 2^2 + 4 = 2$$
$$\Rightarrow S(2|2)$$

Wenn sich die Schaubilder senkrecht schneiden sollen, heißt das, dass sich die jeweiligen Tangenten im Schnittpunkt senkrecht schneiden.
Die Bedingung für Orthogonalität zweier Geraden ist $m_1 \cdot m_2 = -1$. ▶ Seite 50
Die Steigung der Tangenten an f und g im Schnittpunkt S ist aber genau der jeweilige Wert der Ableitungen von f und g. Also müssen wir prüfen, ob gilt: $f'(2) \cdot g'(2) = -1$

$$g(x) = -\frac{1}{2}(x - 2{,}5)^2 + \frac{17}{8}$$
$$= -\frac{1}{2}x^2 + 2{,}5x - 1$$

Ableitungen sind: Steigung im Punkt S:
$f'(x) = -x$ $f'(2) = -2$
$g'(x) = -x + 2{,}5$ $g'(2) = -2 + 2{,}5 = 0{,}5$

Prüfung der Orthogonalität:
$f'(2) \cdot g'(2) = -2 \cdot 0{,}5 = -1$

Dies ist der Fall. Also schneiden sich die Schaubilder von f und g im Punkt S senkrecht. Die nebenstehende Abbildung verdeutlicht dies mithilfe der Tangenten an K_f und K_G im Schnittpunkt.

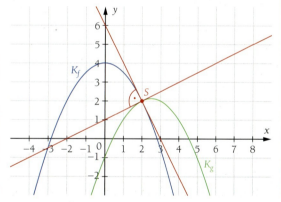

> Zwei Schaubilder K_f und K_g schneiden sich **senkrecht** in einem Punkt $S(x_S|y_S)$, wenn gilt:
> - $f(x_S) = g(x_S)$ (Schnittstellenbedingung) und
> - $f'(x_S) \cdot g'(x_S) = -1$ (Orthogonalitätsbedingung)

1. Zeigen Sie, dass sich die Schaubilder von f und g mit $f(x) = 0{,}5\sin(x)$ und $g(x) = 2e^{-x} - 2$ senkrecht im Ursprung schneiden.

2. Bestimmen Sie den Schnittpunkt der Schaubilder von f und g mit $f(x) = 2x^2 - 6x + 4$ und $g(x) = 2x^2 - 3{,}5x + 1{,}5$. Prüfen Sie, ob sich die Schaubilder senkrecht schneiden.

3 Differenzialrechnung

Übungen zu 3.1.4

1. Stellen Sie die Gleichung der Tangente an das Schaubild K_f von f im Punkt P auf. Zeichnen Sie K_f sowie die Tangente im Intervall $[-4; 4]$.

a) $f(x) = x^2$ $\qquad P(1|f(1))$
b) $f(x) = -x^2 + 4x$ $\qquad P(3|f(3))$
c) $f(x) = 1{,}25x^2 + 2{,}5x - 5$ $\qquad P(0|f(0))$
d) $f(x) = e^{2x}$ $\qquad P(0|f(0))$
e) $f(x) = -\frac{1}{2}x^3 + x^2 + 5x$ $\qquad P(0|f(0))$
f) $f(x) = -0{,}5x^4 + x^2 + 4$ $\qquad P(-2|f(-2))$
g) $f(x) = \frac{1}{\pi}\sin\left(\frac{\pi}{2}x\right)$ $\qquad P(2|f(2))$
h) $f(x) = 2e^{0{,}5x} - 1$ $\qquad P(2|f(2))$

2. Bestimmen Sie die Punkte, an denen das Schaubild von f die angegebene Steigung m besitzt. Ermitteln Sie an diesen Punkten die jeweilige Tangentengleichung.

a) $f(x) = -x^2 - 2x + 3$ $\qquad m = 0$
b) $f(x) = \frac{1}{8}x^2 - \frac{1}{4}x - \frac{15}{8}$ $\qquad m = 0{,}5$
c) $f(x) = 2\sin(x) - 1;\ x \in [0; 2\pi]$ $\qquad m = -2$
d) $f(x) = \frac{1}{3}x^3 - \frac{4}{3}x$ $\qquad m = -\frac{1}{3}$
e) $f(x) = 0{,}5e^{0{,}5x}$ $\qquad m = \ln(4)$
f) $f(x) = 0{,}06x^3 - 0{,}36x^2$ $\qquad m = 2{,}16$
g) $f(x) = \frac{1}{36}x^4 - \frac{1}{3}x^3 + x^2 + 2$ $\qquad m = 0$
h) $f(x) = \frac{1}{48}x^4 + \frac{1}{6}x^3 - \frac{8}{3}x - \frac{16}{3}$ $\qquad m = -\frac{8}{3}$

3. Gegeben ist die Funktion f mit $f(x) = \frac{x^2}{2} \cdot (x+2)(x+4)$. K_f ist das Schaubild von f.
a) Bestimmen Sie jeweils die Tangente von K_f an den Stellen $x_1 = -2$ und $x_2 = -1$.
b) Berechnen Sie die Koordinaten des Schnittpunktes der beiden Tangenten.
c) Skizzieren Sie K_f und die Tangenten.

4. Gegeben ist die Funktion f mit $f(x) = (x-1)^2 \cdot (2+x) = x^3 - 3x + 2$.
a) Bestimmen Sie die Stellen mit waagrechter Tangente.
b) Ermitteln Sie die Gleichung der Tangente t an der Stelle $x = -2$. Gibt es eine weitere Tangente, die dieselbe Steigung wie t besitzt? Wenn ja, bestimmen Sie deren Gleichung.

5. Gegeben ist die Funktion f mit $f(x) = -x^4 + x + 2$. Das Schaubild ist K_f.
Bestimmen Sie die Gleichung derjenigen Tangenten, die orthogonal zur 2. Winkelhalbierenden ist.
▶ 2. Winkelhalbierende: $g(x) = -x$

6. Zeigen Sie, dass sich die Schaubilder von f und g in mindestens einem Punkt berühren. Ermitteln Sie die Koordinaten der Berührpunkte.

a) $f(x) = \frac{1}{4}x^2;\qquad g(x) = -\frac{1}{8}x^2 + \frac{3}{2}x - 1{,}5$
b) $f(x) = 0{,}5x^2;\qquad g(x) = -0{,}25x^3 + 2x^2$
c) $f(x) = 2e^x - 1;\qquad g(x) = e^{2x}$

7. Zeigen Sie, dass sich die Schaubilder von f und g senkrecht schneiden. Bestimmen Sie die Koordinaten des Schnittpunktes.

a) $f(x) = \frac{1}{2}x^2 - 2;\qquad g(x) = \frac{1}{4}x^2 - \frac{3}{2}x + 2;\ x > 0$
b) $f(x) = \sin\left(\frac{\pi}{2}x\right);\qquad g(x) = -\cos\left(\frac{\pi}{4}x\right);\ x \in [0; 3]$
c) $f(x) = e^x;\qquad g(x) = \cos(x) + x$

8. Zeigen Sie, dass die Schaubilder von f und g mit $f(x) = \sin(x)$ und $g(x) = \cos(x) + \sqrt{2}$ an der Stelle $x_B = \frac{3}{4}\pi$ berühren.

9. K_f ist das Schaubild der Funktion f mit $f(x) = -x^3 + x^2 + 3x$. Prüfen Sie rechnerisch, ob die Gerade G das Schaubild K_f senkrecht schneidet. Begründen Sie Ihre Antwort.

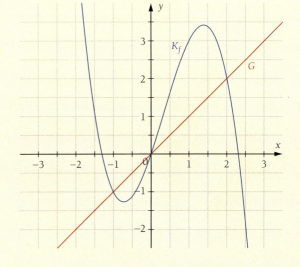

Übungen zu 3.1

1. Gegeben ist die Funktion f mit $f(x) = \frac{1}{4}x^2 - x + 1$.
   a) Berechnen Sie die Änderungsrate in den Intervallen $[1; 1,5]$, $[-4; -2,5]$ und $[2; 3]$ und geben Sie die Sekantengleichungen an.
   b) Berechnen Sie die momentane Änderungsrate jeweils an der linken Grenze der Intervalle und vergleichen Sie diese mit der Sekantensteigung.

2. Der ICE 77 fährt auf einer Teilstrecke Frankfurt–Basel durch Baden-Württemberg (Stand 2015).

Bahnhof	Ankunft	Abfahrt	Entfernung in km
Frankfurt (Main) Hbf	16:00	16:05	
			87
Mannheim Hbf	16:43	16:45	
			62
Karlsruhe Hbf	17:08	17:10	
			29
Baden-Baden	17:25	17:27	
			103
Freiburg (Breisgau) Hbf	18:10	18:12	
			66
Basel Bad Bf	18:45	18:48	

   a) Berechnen Sie die Durchschnittsgeschwindigkeit des Zuges zwischen den angegebenen Bahnhöfen und berechnen Sie die Durchschnittsgeschwindigkeit insgesamt.
   b) Machen Sie Aussagen über die errechneten Durchschnittsgeschwindigkeiten und die tatsächlich erreichten Geschwindigkeiten während der Fahrt von Bahnhof zu Bahnhof.

3. Leiten Sie zweimal ab.
   a) $f(x) = x^2 + 5$
   b) $f(x) = x^3 - 2x^2 + 1$
   c) $f(x) = 3\sin\left(\frac{1}{3}x\right) + x$
   d) $f(x) = e^{2x} + \sin(2x) + 2x$
   e) $f(x) = e^{\pi x} + e \cdot x$
   f) $f(x) = \cos(x) + x$
   g) $f(x) = \sin(2x)$
   h) $f(x) = e^x$
   i) $f(x) = 2\sin(3x) - 4\cos\left(\frac{x}{2}\right)$
   j) $f(x) = \sin(\pi x) + e^{2x} - x + e$
   k) $f(x) = e^1$

4. Beweisen Sie die Konstantenregel: Ist die Funktion f eine konstante Funktion, also $f(x) = c$ mit $c \in \mathbb{R}$, dann gilt für die Ableitung von f: $f'(x) = 0$.

5. Ein Kleintransporter beschleunigt aus dem Stand 6 Sekunden lang mit der Beschleunigung $5\frac{m}{s^2}$ und fährt dann mit gleichförmiger Bewegung weiter. Die Abhängigkeit zwischen dem Weg s und der Zeit t lässt sich durch die Funktion s beschreiben:
$$s(t) = \begin{cases} 2,5t^2 & \text{für } t \in [0; 6] \\ 30t - 90 & \text{für } t \in \,]6; \infty[\end{cases}$$
▶ s in m; t in sec

   a) Berechnen Sie die Geschwindigkeit zu den Zeitpunkten $t_{0_1} = 5$ und $t_{0_2} = 7$.
   b) Zeigen Sie, dass die Ableitungen der beiden Teile der Funktion bei $t_0 = 6$ übereinstimmen. Bestimmen Sie die Geschwindigkeit zu diesem Zeitpunkt und zeichnen Sie das Schaubild von s.

6. Die Abbildung zeigt das Schaubild der Funktion f mit $f(x) = 0,03x^4 - 0,44x^3 + 1,44x^2$.

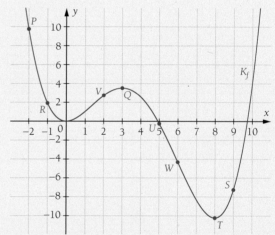

   Außerdem sind die Gleichungen von acht Tangenten an das Schaubild von f gegeben:
   $t_1(x) = -4,32x + 21,6$ $t_5(x) = -10,24$
   $t_2(x) = 1,44x - 0,16$ $t_6(x) = 6,48x - 65,61$
   $t_3(x) = -12x - 14,24$ $t_7(x) = 3,51$
   $t_4(x) = -4,32x - 2,41$ $t_8(x) = -3,6x + 17,75$
   Ordnen Sie jedem markierten Punkt des Schaubildes die passende Tangentengleichung zu. Überprüfen Sie die Zuordnung auch rechnerisch.

7. Erläutern Sie, warum ein konstanter Summand im Funktionsterm keinen Einfluss auf das Steigungsverhalten des Schaubildes der Funktion hat. Skizzieren Sie ein Beispiel.

8. Ordnen Sie die Funktionen f, g, h und k mit
$f(x) = 5x^2 - 2x + 3$, $g(x) = -2x^2 + 5$,
$h(x) = -2x^3 + 5x$ und
$k(x) = 3x^3 - 3x^2 - 12x + 12$ den abgebildeten Schaubildern zu.
Berechnen Sie die Steigung des einzelnen Schaubildes jeweils an den Stellen $x_1 = -1{,}4$; $x_2 = -1$; $x_3 = 0$ und $x_4 = 0{,}5$.

a)
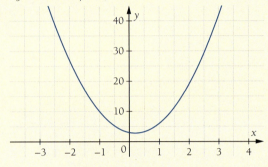

b)
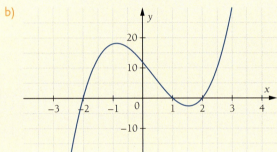

c)
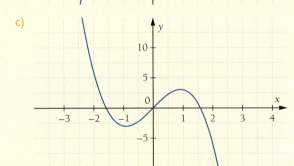

d)
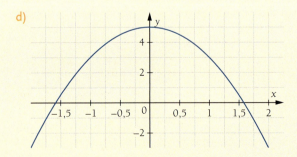

9. Stellen Sie die Gleichung der Tangente an dem Schaubild von f mit $f(x) = x^3 - 6x^2$ im Punkt $P(2|f(2))$ auf. Zeichnen Sie das Schaubild von f und die Tangente im Intervall $[-4;\ 4]$.

10. Gegeben ist die Funktion f mit $f(x) = x + e^{-0{,}5x}$
a) Bestimmen Sie die Stelle, an der das Schaubild von f eine waagrechte Tangente besitzt.
b) Ermitteln Sie die Tangentengleichung am Schaubild von f im Ursprung.

11. Gegeben ist die Funktion f mit $f(x) = 2x^2 + 2$. Ihr Schaubild sei K_f.
a) Bestimmen Sie die Gleichung der Tangente an das Schaubild von f an der Stelle $x = 1$.
b) Bestimmen Sie die Gleichung einer Gerade, die durch den Berührpunkt von K_f und der in a) bestimmten Tangente verläuft und die orthogonal zur Tangente ist (eine sogenannte „Normale").
c) Bestimmen sie die Größe der Fläche des Dreiecks, das von der Tangente, der Normalen und der x-Achse eingeschlossen wird.

12. Gegeben ist das Schaubild K_f einer Funktion f. Sie hat eine Gleichung der Form
$f(x) = 0{,}5(x-a)^2(x-b)$.

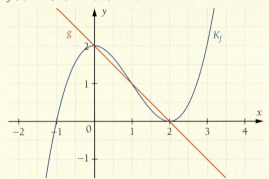

a) Geben Sie die Funktionsgleichung an.
b) Bestimmen Sie die Schnittpunkte mit den Koordinatenachsen.
c) Im Schaubild ist die Gerade g eingezeichnet. Geben Sie alle Tangenten an K_f an, die parallel zu g sind.
Bestimmen Sie die Koordinaten der Berührpunkt dieser Tangenten mit K_f.
d) Bestimmen Sie die Größe des Winkels, unter dem die Gerade g die x-Achse schneidet.
Bestimmen Sie die Größe des Winkels, unter dem K_f die x-Achse schneidet.

13. Herr Söst macht einen Wochenendausflug von Heidelberg nach Sigmaringen. Er möchte benzinsparend fahren und im Durchschnitt nicht mehr als 9 ℓ pro 100 km verbrauchen.
Nach 150 km Fahrt lässt er sich von seinem Bordcomputer eine Grafik zum Benzinstand während der bisherigen Fahrt geben.

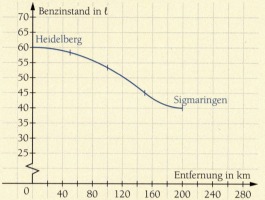

In dem Streckenabschnitt 0 km bis 150 km kann der Benzinstand durch die Funktion f mit $f(x) = -\frac{1}{1500}x^2 + 60$ beschrieben werden.

Herr Söst wundert sich über den hohen durchschnittlichen Verbrauch auf den ersten 150 km. Als er zwischen 20 km und 80 km den Verbrauch überprüfte, lag dieser doch unter 9 ℓ pro 100 km. Erklären Sie den unterschiedlichen Benzinverbrauch. Beraten Sie Herrn Söst bezüglich seiner Fahrweise.

a) Berechnen Sie den durchschnittlichen Benzinverbrauch im Streckenabschnitt 0 km bis 150 km.
b) Berechnen Sie den lokalen Benzinverbrauch an der Stelle 50 km.
c) Interpretieren Sie Ihre Ergebnisse aus a) und b).
d) Erklären Sie den unterschiedlichen Benzinverbrauch.

14. Die Gesamtkosten des vorangegangenen Geschäftsjahres eines Unternehmens werden durch $K_1(x) = 0{,}02x^3 - 1{,}5x^2 + 50x + 400$ beschrieben.
Im kommenden Geschäftsjahr wird mit folgendem Gesamtkostenverlauf gerechnet:
$K_2(x) = 0{,}05x^3 - 1{,}5x^2 + 30x + 400$.
Schon letztes Jahr war eine Produktionssteigerung geplant. Das Unternehmen wollte jedoch noch ein Jahr abwarten, da der Markt unsicher ist.
War die Entscheidung richtig? Begründen Sie.

15. Durch die Gleichung $f(x) = \frac{1}{6}x^3 - 2x^2 + \frac{7}{2}x + 9$ ist die Funktion f gegeben.
a) Zeichnen Sie das Schaubild im Intervall $[-2; 10]$.
b) Bestimmen Sie jeweils die Gleichung der Tangente an das Schaubild von f in den Punkten $P(-1|f(-1))$ und $Q(2|f(2))$. Zeichnen Sie die Punkte sowie die Tangenten ein.
c) Ermitteln Sie zeichnerisch und rechnerisch die Punkte, in denen die Tangente an das Schaubild von f parallel zu der Tangente in P bzw. Q ist. Stellen Sie auch die Gleichungen dieser Tangenten auf und zeichnen Sie die Tangenten.
d) Prüfen Sie, ob die Gerade mit der angegebenen Gleichung Tangente an das Schaubild von f ist. Bestimmen Sie ggf. den Berührpunkt.
   d_1) $y = 3{,}5x + 9$ d_2) $y = -\frac{22}{3}$ d_3) $y = 8x$
e) Ermitteln Sie anhand der Zeichnung die Tangente, deren Steigung beim Schaubild der Funktion von f nur ein einziges Mal vorkommt. Bestimmen Sie die Gleichung der Tangente und den Berührpunkt. Welche Besonderheiten fallen auf?
f) Zeigen Sie durch Rechnung, dass in keinem Punkt des Schaubildes die Tangente die Steigung -5 hat.

16. Musa hat in einer Fernsehsendung gesehen, dass der Wasserdruck mit der Höhe einer Wassersäule steigt. Zu Hause versucht er, dies in einem Experiment anzuwenden. Er lässt seine Badewanne bis zu einer Höhe von 50 cm volllaufen, zieht den Stöpsel und beobachtet, wie das Wasser abläuft. Durch den Druckabfall wird die pro Zeiteinheit abfließende Wassermenge immer weniger. Doch nach 5 Minuten ist die Wanne leer. Musa versucht, seine Beobachtungen zu mathematisieren.
Musa glaubt, die Höhe h des Wasserstands in der Wanne (in cm) in Abhängigkeit von der Zeit t (in min) durch die Gleichung $h(t) = 2t^2 - 20t + 50$ beschreiben zu können. Äußern Sie sich dazu.

3.1 Einführung in die Differenzialrechnung

Ich kann ...

... die Formel für die **mittlere Änderungsrate** angeben.
▶ Test-Aufgabe 1

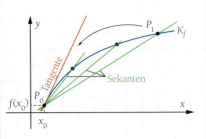

Mittlere Änderungsrate im Intervall $[x_0; x]$:
$\frac{f(x) - f(x_0)}{x - x_0}$ ▶ Differenzquotient

... die Formel für die **lokale Änderungsrate** anwenden.

Lokale Änderungsrate an einer Stelle x_0:
$\lim\limits_{x \to x_0} \frac{f(x) - f(x_0)}{x - x_0}$ ▶ Differenzialquotient

... den Zusammenhang zwischen **Sekantensteigungen** und **Tangentensteigung** erläutern.

Sekantensteigung: mittlere Änderungsrate
Tangentensteigung: lokale Änderungsrate

Durch Annäherung des Punktes $P(x|f(x))$ an P_0 wird die Sekante zur Tangente in P_0. Die lokale Änderungsrate ist der Grenzwert des Differenzquotienten.

... die **Steigung an der Stelle x_0** berechnen.
▶ Test-Aufgaben 2, 3

$f(x) = 3x^2 - 5; f'(x) = 6x$
Steigung bei $x_0 = 2$
$m = f'(2) = 6 \cdot 2 = 12$

Für die Steigung m an der Stelle x_0 gilt:
$m = f'(x_0) = \lim\limits_{x \to x_0} \frac{f(x) - f(x_0)}{x - x_0}$

... durch Anwenden der Ableitungsregeln die **ersten drei Ableitungen** einer ganzrationalen Funktion bilden.
▶ Test-Aufgaben 2, 3

$f(x) = 0{,}25x^4 + 0{,}5x^3 + 4x^2 + 6x + 2$
$f'(x) = x^3 + 1{,}5x^2 + 8x + 6$
$f''(x) = 3x^2 + 3x + 8$
$f'''(x) = 6x + 3$

Summenregel: Jeder Summand wird einzeln abgeleitet.
Faktorregel: Konstante Faktoren bleiben beim Ableiten erhalten.
Potenzregel: Zahl im Exponenten vorziehen und Exponenten um 1 verringern.

... **Exponentialfunktionen** und **trigonometrische Funktionen** ableiten.
▶ Test-Aufgabe 2

$f(x) = 2e^{-3x}$
$f'(x) = 2e^{-3x} \cdot (-3)$
$\quad = -6e^{-3x}$

$f(x) = \cos(5x) + 3$
$f'(x) = 5 \cdot (-\sin(5x)) + 0$
$\quad = -5\sin(5x)$

$f(x) = e^x \Rightarrow f'(x) = e^x$
$f(x) = \sin(x) \Rightarrow f'(x) = \cos(x)$
$f(x) = \cos(x) \Rightarrow f'(x) = -\sin(x)$
Kettenregel:
$f(x) = a \cdot e^{kx} + b \Rightarrow f'(x) = a \cdot k \cdot e^{kx}$
$f(x) = a \cdot \sin(kx) + b$
$\quad \Rightarrow f'(x) = a \cdot k \cdot \cos(kx)$
„innere mal äußere Ableitung"

... die **Gleichung der Tangente** an das Schaubild einer Funktion f im Punkt $P(x_0|f(x_0))$ bestimmen.
▶ Test-Aufgabe 4

Gegeben: $f(x) = 3x^2 - 5$ und $P(2|f(2)) = P(2|7)$
m berechnen: $m = f'(2) = 12$
Koordinaten und Steigung in $t(x) = m \cdot x + b$ einsetzen:
$7 = 12 \cdot 2 + b \Leftrightarrow n = -17$
$\Rightarrow t(x) = 12x - 17$

1. Steigung der Tangente im Punkt $P(x_0|f(x_0))$ berechnen: $m = f'(x_0)$.
2. Koordinaten des gegebenen Punktes und die errechnete Steigung in die Geradengleichung $t(x) = m \cdot x + n$ einsetzen.
3. y-Achsenabschnitt b berechnen.
4. Gleichung der Tangenten aufstellen.

... die **Lagebeziehungen** zweier Schaubilder rechnerisch beschreiben.

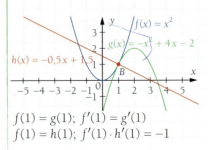

$f(1) = g(1); f'(1) = g'(1)$
$f(1) = h(1); f'(1) \cdot h'(1) = -1$

Berührpunkt:
$f(x_S) = g(x_S)$ und $f'(x_S) = g'(x_S)$
senkrecht schneiden:
$f(x_S) = g(x_S)$ und $f'(x_S) \cdot g'(x_S) = -1$

3.1 Einführung in die Differenzialrechnung

Test zu 3.1

1. Die Abbildung zeigt die Preisentwicklung von 1990–2014 in Stuttgart für die Lebenshaltung, die Mieten, die Baukosten und die Baulandpreise. Die abgebildeten Werte sind bezogen auf das Jahr 2005 normiert (2005 = 100 %).

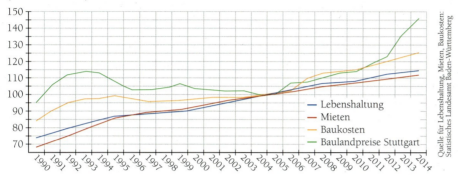

a) Bestimmen Sie die mittlere Änderungsrate der vier Datenreihen im Zeitraum von 1990 bis 2010.
b) Geben Sie einen Zeitraum an, in dem der Anstieg der Baulandpreise am stärksten gewesen ist.
c) Geben Sie einen Zeitraum an, in dem die Baulandpreise abgenommen haben.
d) Begründen Sie, für welche der vier Kurvenverläufe die in Aufgabenteil a) errechnete mittlere Änderungsrate aussagekräftig ist.

2. Gegeben sind die Funktionen f, g, h und k mit $f(x) = -x^2 + 6x$, $g(x) = 0{,}5x^3 - 4$, $h(x) = \frac{1}{4}e^{2x}$ und $k(x) = -6\cos(\pi x)$.
a) Bestimmen Sie jeweils die Ableitungsfunktion.
b) Berechnen Sie jeweils die Steigung an der Stelle $x = -2$.
c) In welchen Punkten haben die Schaubilder von f, g, h und k die Steigung 6?

3. Gegeben sind die Funktionen f und g mit $f(x) = -x^2 + 8x$ und $g(x) = \frac{1}{3}x^3 - \frac{2}{3}$.
a) Bestimmen Sie die Ableitungsfunktionen für f und g.
b) Ermitteln Sie die Stellen, an denen f und g denselben Ableitungswert haben. Beschreiben Sie, wie sich dieser Sachverhalt in den Schaubildern äußert.
c) Bestimmen Sie die Steigung des Schaubildes von f im Punkt $A(3|f(3))$ sowie die Steigung des Schaubildes von g im Punkt $B(3|g(3))$.
d) Ermitteln Sie für die Schaubilder von f und g alle Punkte, an denen die Tangente waagrecht ist.

4. Bestimmen Sie die Tangentengleichung t am Schaubild der Normalparabel an der Stelle $x = 1{,}5$. Bestimmen Sie die Gleichung der Geraden n, die orthogonal zu t steht und durch den Berührpunkt von t und der Normalparabel verläuft.
Geben Sie die Fläche des Dreiecks an, das von n, t und der y-Achse eingeschlossen wird.

3 Differenzialrechnung

3.2 Untersuchung von Funktionen

1 Quadfahrt

Quads sind Fahrzeuge, die großen Fahrspaß vermitteln und damit immer beliebter werden. Der marktführende Hersteller wirbt für sein neues Modell mit dem Slogan „Der Mountain-Climber schafft Steigungen von 40° auch aus dem Stand."
Sie sind als Mitglied eines Quad-Clubs daran interessiert, die neuesten Modelle zu prüfen und stellen den Mountain-Climber auf einem abgesperrten Testgelände auf die Probe. Das Höhenprofil des Testhügels ist im folgenden Bild dargestellt. Die Gleichung der zugehörigen Funktion f lautet
$f(x) = -\frac{1}{1000}x^3 + \frac{1}{20}x^2$ für $x \in [0; 40]$.

a) Geben Sie an, wo und in welcher Höhe der höchste Punkt des Testhügels liegt. Begründen Sie rechnerisch.
b) Überlegen Sie, in welchem Punkt des Testhügels das Anfahren aus dem Stand für das Quad am schwierigsten ist. Geben Sie die Koordinaten des Punktes an.
c) Berechnen Sie den maximalen Steigungswinkel des so modellierten Hügelprofils. Ist es möglich, mit dem Mountain-Climber an jedem Punkt des Testhügels aus dem Stand zu starten?

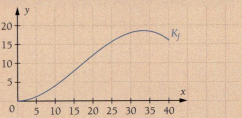

2 Straßenverlauf

Zwei waagrechte Straßenstücke werden durch einen Übergangsbogen verbunden. Wenn man die reale Situation entsprechend skaliert, erhält man modellhaft die unten stehende Abbildung. Wir betrachten im Folgenden nur die Mittellinie der Straße (also die rote Linie in der unteren Abbildung). Die Mittellinie kann durch die Funktion f mit $f(x) = -2x^3 + 3x^2$ modelliert werden.

a) Bestimmen Sie die Steigung der Funktion an den Übergangsstellen zu den waagrechten Straßenstücken.
b) Stellen Sie sich vor, Sie fahren über die Straße. In welchen Bereichen müssen Sie nach links bzw. nach rechts lenken? An welchen Stellen steht das Lenkrad „neutral"?
c) Leiten Sie die Funktion zweimal ab. Zeichnen Sie das Schaubild der Ableitungsfunktion f' und markieren Sie den Hochpunkt im Schubild der ersten Ableitung. Setzen Sie den Wert der x-Koordinate in die zweite Ableitung ein. Was fällt Ihnen auf?
Welche „Lenkradposition" liegt an dieser Stelle beim Schaubild von f vor?

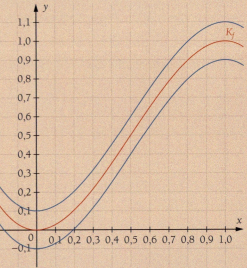

3.2 Untersuchung von Funktionen

3 Hochseil

Im Jahr 2013 überquerte Nik Wallenda den Grand Canyon, genauer gesagt die Schlucht über dem Little Colorado River im US-Bundesstaat Arizona spektakulär auf einem Hochseil – ohne Sicherung. Nur ein fünf Zentimeter dickes Stahlseil befand sich zwischen ihm und dem Grund der Schlucht in 450 Meter Tiefe. Mit seinem Drahtseilakt überwand er in rund 23 Minuten die 420 Meter breite Schlucht. Ein neuer Weltrekord.

Wir betrachten das durchhängende Seil zunächst als parabelförmig. Wird der Koordinatenursprung in den tiefsten Punkt in der Mitte der Schlucht gelegt, so wird das Seil durch die Funktion f mit $f(x) = \frac{1}{882}x^2 + 400$ näherungsweise beschrieben. Dabei ist x der Abstand vom Koordinatenursprung und $f(x)$ der jeweilige Abstand des Seils zum Boden der Schlucht (alle Angaben in Metern).

a) Geben Sie einen Definitionsbereich für die Funktion f an, der im Sachzusammenhang sinnvoll ist.
b) Berechnen Sie die Tiefe der Schlucht.
c) Bestimmen Sie den maximalen Durchhang des Stahlseils.
d) Welchen maximalen Steigungswinkel musste Nik auf seinem Weg über die Schlucht bewältigen?

Eine alternative, genauere Modellierung des gespannten Seils über der Schlucht ist eine Funktion g mit $g(x) = \frac{k}{2} \cdot \left(e^{\frac{x}{k}} + e^{-\frac{x}{k}}\right)$. Diese Funktion hat in der Mathematik den Fachnamen „Seillinie" bzw. „Kettenlinie". Sie beschreibt allgemein den Durchhang eines an beiden Enden befestigten Seils aufgrund der Schwerkraft.

e) Berechnen Sie den Wert für k unter der Voraussetzung, dass der Koordinatenursprung wieder der tiefste Punkt der Schlucht ist.
f) Geben Sie an, wie groß mit diesem Ansatz die Tiefe der Schlucht und der Durchhang des Seils sind.
g) Bestimmen Sie den maximalen Steigungswinkel, den Nik bei seinem Weg über die Schlucht bewältigen musste.
h) Zeichnen Sie die Schaubilder von f und g in ein gemeinsames Koordinatensystem und vergleichen Sie Ihre Ergebnisse für die beiden Ansätze. Was fällt Ihnen auf?

3.2 Untersuchung von Funktionen

3.2.1 Monotonie und Extrempunkte

Bei der Untersuchung eines Kurvenverlaufs können wir uns vorstellen, dass das Schaubild das Höhenprofil einer Fahrstrecke im Gebirge ist. Es kann also aufwärts und abwärts verlaufen bzw. steigen und fallen. Dabei sind wichtige charakteristische Punkte eines Schaubildes diejenigen, wo sich das Steigungsverhalten ändert.

1 Charakteristische Punkte eines Schaubildes

Ein Punkt T heißt **Tiefpunkt** des Schaubildes einer Funktion, wenn es von einem gewissen Punkt an bis zum Punkt T fällt und danach zunächst wieder steigt. Ein Punkt H heißt **Hochpunkt** des Schaubildes einer Funktion, wenn das Schaubild von einem gewissen Punkt an bis zum Punkt H steigt und danach zunächst wieder fällt. Die Hoch- und Tiefpunkte gliedern das Schaubildes einer Funktion in steigende und fallende Abschnitte.

Hoch- und Tiefpunkte des Schaubildes einer Funktion werden unter dem Begriff **Extrempunkte** zusammengefasst. Die Koordinaten eines Extrempunktes bezeichnen wir allgemein mit x_E und y_E. x_E heißt **Extremstelle** von f, und y_E heißt **Extremwert** oder **Extremum**.

Das abgebildete Schaubild einer Funktion hat die beiden Tiefpunkte T_1 und T_2.
Die y-Koordinate von T_2 ist das **globale Minimum** des Schaubildes K_f, da kein Punkt des Schaubildes der Funktion f tiefer liegt als T_2.
Die y-Koordinate von T_1 dagegen ist nur ein **lokales Minimum** von f, da T_1 nur in Bezug auf seine „nähere Umgebung", also lokal gesehen, der tiefste Punkt des Schaubildes von f ist.
Die x-Koordinate x_E eines Tiefpunktes $T(x_E|y_E)$ heißt **Minimalstelle** von f.

Der Punkt H liegt höher als die Punkte des Schaubildes in der „näheren Umgebung" von H. Deshalb ist H ein Hochpunkt des Schaubildes.
Allerdings ist die y-Koordinate von H nur ein **lokales Maximum** von f, denn das Schaubild hat auch Punkte, die noch höher liegen als H.
Da die Funktionswerte von f sowohl für immer größer werdende als auch für immer kleiner werdende x-Werte ins Unendliche wachsen, hat das Schaubild von f keinen absolut höchsten Punkt. Also hat f kein **globales Maximum**.
Der x-Wert x_E eines Hochpunktes $H(x_E|y_E)$ heißt **Maximalstelle** von f.

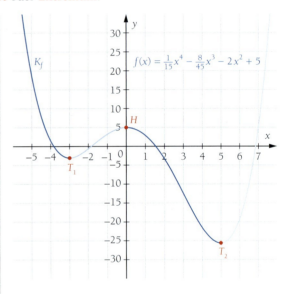

▶ Das *globale* Maximum bzw. Minimum wird auch *absolutes* Maximum bzw. Minimum genannt.
Das *lokale* Maximum bzw. Minimum wird auch *relatives* Maximum bzw. Minimum genannt.

 In einem **Extrempunkt** (Hoch- oder Tiefpunkt) ändert das Schaubild einer Funktion sein Steigungsverhalten.

 Zeichnen Sie die Schaubilder der Funktionen. Markieren Sie die Extrempunkte. Geben Sie an, ob bei den Extrempunkten globale oder lokale Extremwerte vorliegen.

a) $f(x) = x^4 - 5x^2 + 4$ b) $f(x) = 0{,}1x^3 + x^2 + 0{,}9x$ c) $f(x) = -x^3 + x$ d) $f(x) = -0{,}25x^4 - x^3$

3.2 Untersuchung von Funktionen

Mithilfe der Extremwerte können wir den Kurvenverlauf in steigende und fallende Intervalle aufteilen. Aus Abschnitt 3.1 (► Seite 201) wissen wir, dass die erste Ableitung angibt, wie stark ein Schaubild steigt oder fällt. Wir können also das Steigungsverhalten eines Schaubildes mithilfe der ersten Ableitung beschreiben. Statt von Steigungsverhalten sprechen wir nun vom **Monotonieverhalten** einer Funktion.

Monotonieverhalten

Untersuchen Sie den Kurvenverlauf von f mit $f(x) = 0{,}125x^3 - 0{,}375x^2 - 1{,}125x + 2{,}375;\ x \in \mathbb{R}$ mithilfe der ersten Ableitung auf steigende und fallende Abschnitte.

Zur Ermittlung des Steigungsverhaltens bilden wir die erste Ableitung und zeichnen sowohl das Schaubild von f als auch das von f' in ein Koordinatensystem.

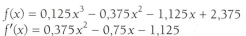

Nun betrachten wir die Intervalle, in denen das Schaubild K_f steigt bzw. fällt:
Im Intervall $M_1 = \,]-\infty;\,-1]$ **steigt** das Schaubild K_f bis zu seinem Hochpunkt H. Die Tangenten an K_f haben eine positive Steigung oder die Steigung null (im Hochpunkt). Dementsprechend gilt auch, dass auf M_1 die Funktionswerte der ersten Ableitung f' größer oder gleich null sind.
Gilt $f'(x) \geq 0$, so sagt man, dass das Schaubild von f auf dem Intervall **monoton steigend** ist.
Im Intervall $M_2 = [-1;\,3]$ **fällt** das Schaubild ausgehend vom Hochpunkt H hin zum Tiefpunkt T. Die Tangenten haben eine negative Steigung bzw. die Steigung null (in den Extrempunkten). Auf M_2 sind die Funktionswerte von f' also kleiner oder gleich null.
Ist $f'(x) \leq 0$, so heißt der Verlauf des Schaubildes von f auf dem Intervall **monoton fallend**.
Analog zu M_1 gilt, dass im Intervall M_3 der Kurvenverlauf von K_f wieder **monoton steigend** ist.

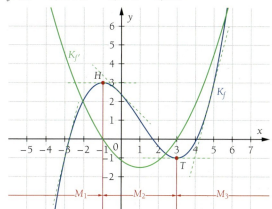

$M_1 = \,]-\infty;\,-1]$: $f'(-2) = 1{,}875 \geq 0$
$\Rightarrow f$ steigt in M_1 monoton.
$M_2 = [-1;\,3]$: $f'(0) = -1{,}125 \leq 0$
$\Rightarrow f$ fällt in M_2 monoton.
$M_3 = [3;\,\infty[$: $f'(4) = 1{,}875 \geq 0$
$\Rightarrow f$ steigt in M_3 monoton.

Für eine Funktion f gilt:
Die **Extremstellen** der Funktion f bilden die Grenzen der **Monotonieintervalle** M von f. Diese Monotonieintervalle zerlegen den Definitionsbereich von f in „Abschnitte", in denen das Schaubild von f entweder steigt oder fällt.
$f'(x) \geq 0$ für alle $x \in M \iff f$ ist im Intervall M **monoton steigend**.
$f'(x) \leq 0$ für alle $x \in M \iff f$ ist im Intervall M **monoton fallend**.

Beschreiben Sie das Monotonieverhalten der abgebildeten Schaubilder.

a) $f(x) = 0{,}25x^2 - 0{,}5x - 1{,}75$ b) $g(x) = -\frac{1}{8}x^3 + \frac{3}{4}x^2$ c) $h(x) = -\frac{1}{8}x^4 + x^3 + x^2 - 12x$

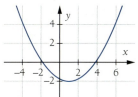 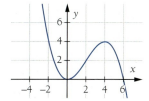 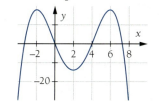

3 Differenzialrechnung

 Grafisches Differenzieren mit Monotonieintervallen

Indem wir die Monotonieintervalle einer Funktion f bzw. ihres Schaubildes betrachten, können wir Aussagen über den Verlauf des Schaubildes der ersten Ableitung treffen.
Das Vorgehen, das Schaubild der Ableitung zeichnerisch zu bestimmen und darzustellen, nennt man auch **grafisches Differenzieren**.

Wir betrachten das Schaubild K_f einer ganzrationalen Funktion 4. Grades und bestimmen die Monotonieintervalle. Innerhalb der monoton steigenden Abschnitte ergeben sich bis auf die Grenzen der Monotonieintervalle positive Steigungswerte für das Schaubild von f ($f'(x) > 0$). Entsprechendes gilt für die monoton fallenden Abschnitte des Schaubildes: Hier sind die Steigungswerte bis auf die Extrempunkte negativ ($f'(x) < 0$). An den Übergängen erhalten wir jeweils eine waagrechte Tangente, d. h. $f'(x) = 0$.

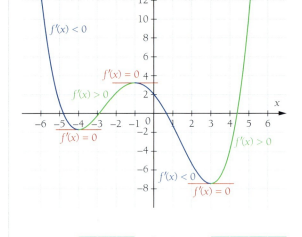

Um das Schaubild der Ableitungsfunktion zu skizzieren, markieren wir zunächst auf der x-Achse die Stellen, an denen K_f die Steigung 0 hat. An den markierten Stellen hat das Schaubild von f' jeweils den Funktionswert 0. Die rot markierten Stellen sind also schon Punkte des gesuchten Schaubildes von f'.

Nun überlegen wir, wie das Schaubild von f' zwischen den markierten Punkten aussieht.
Im ganz linken Abschnitt ist das Schaubild von f monoton fallend. Es gilt: $f'(x) < 0$. Also verläuft das Schaubild von f' in diesem Abschnitt unterhalb der x-Achse.

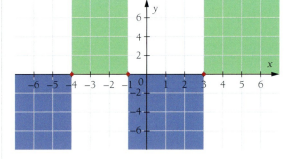

Im nächsten Abschnitt steigt K_f monoton. Es gilt hier $f'(x) > 0$. Folglich verläuft das Schaubild von f' zwischen -4 und -1 oberhalb der x-Achse.

Zwischen -1 und 3 verläuft das Schaubild von f' wieder unterhalb der x-Achse und im ganz rechten Abschnitt oberhalb der x-Achse.

Nun wissen wir, wo das Schaubild von f' unterhalb bzw. oberhalb der x-Achse liegt und an welchen Stellen es die x-Achse schneidet. So können wir es bereits recht genau skizzieren.

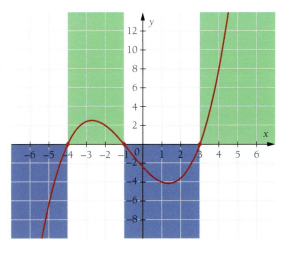

3.2 Untersuchung von Funktionen

Grafisches Differenzieren über die exakte Tangentensteigung

Zeichnen Sie das Schaubild der Ableitungsfunktion von f mit $f(x) = \frac{1}{2}x^2 + 5x$ mithilfe der Tangentensteigungen möglichst exakt.

Am Schaubild erkennen wir, dass f für $x \in\,]-\infty; -5]$ monoton fallend ist, für $x \in [-5; \infty]$ monoton steigend. Also schneidet das Schaubild der Ableitungsfunktion f' die x-Achse bei -5. Es liegt für $x < -5$ unterhalb und für $x > -5$ oberhalb der x-Achse. Um den genauen Verlauf grafisch zu bestimmen, zeichnen wir an ausgewählten Stellen die Tangente nach Augenmaß ein. Die Steigung der einzelnen Tangenten lässt sich nun jeweils anhand eines Steigungsdreiecks ermitteln (▶ Beispiel 3, Seite 40).

Schaubild der Funktion:

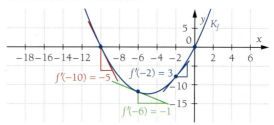

x	-10	-8	-6	-4	-2	0
$f'(x)$	-5	-3	-1	1	3	5

Wir zeichnen diese Punkte in ein Koordinatensystem ein und erhalten das Schaubild der Ableitungsfunktion f'. Ihre Funktionswerte geben die Steigung der Funktion f an der jeweiligen Stelle an.

Das Schaubild von f' ist also eine Gerade. Dies bestätigt auch grafisch, dass wir mithilfe der Ableitungsregeln für f' die Gleichung einer linearen Funktion erhalten: $f'(x) = x + 5$.

Schaubild der Ableitungsfunktion:

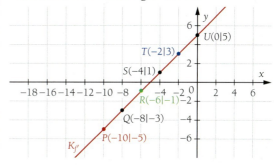

> Mithilfe der Monotonieintervalle einer Funktion f kann das Schaubild der Ableitungsfunktion f' grafisch bestimmt werden. Dieser Vorgang heißt **grafisches Differenzieren**.

1. Welches der roten Schaubilder ist das Schaubild von f'? Begründen Sie.

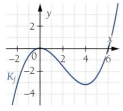 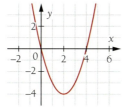 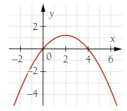 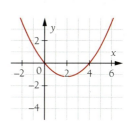

2. Zeichnen Sie zu den gegebenen Schaubildern das Schaubild der Ableitungsfunktion.

a) 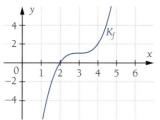 b) 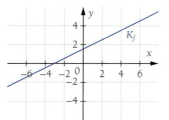 c)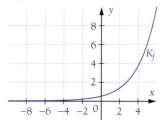

3 Differenzialrechnung

Wir haben gesehen, dass die Extremstellen einer Funktion die Grenzen der Monotonieintervalle sind. Dort ändert sich die Steigung des Schaubildes also von negativ zu positiv bzw. umgekehrt. Am folgenden Beispiel machen wir uns nochmal deutlicher, welche Rolle die erste Ableitung für die Extrempunkte spielt.

5 Notwendige Bedingung für Extremstellen

Bestimmen Sie rechnerisch die Extrempunkte von f mit $f(x) = 0{,}125x^3 - 0{,}375x^2 - 1{,}125x + 2{,}375$; $x \in \mathbb{R}$.
Betrachten Sie dafür die Steigung an den Extrempunkten und nutzen Sie die erste Ableitung f'.

Wir zeichnen das Schaubild K_f und erkennen, dass das Schaubild eine waagrechte Tangente sowohl im Hoch- als auch im Tiefpunkt besitzt.

Für die beiden Extremstellen x_E gilt also, dass dort die Steigung null ist.
Für die Ableitung f' bedeutet dies, dass an beiden Extremstellen x_E eine Nullstelle vorliegt:
$f'(x_E) = 0$

Rechnerisch erhalten wir hier also die Extremstellen, indem wir die beiden Nullstellen der Ableitungsfunktion bestimmen.
Dafür nutzen wir hier die *abc*-Formel. ▶ Seite 18

Wir erhalten die beiden Stellen $x_{E_1} = -1$ und $x_{E_2} = 3$. Anhand der Zeichnung sehen wir, dass bei $x_{E_1} = -1$ ein Hochpunkt und bei $x_{E_2} = 3$ ein Tiefpunkt vorliegt. *Rechnerisch* haben wir jedoch nur bewiesen, dass das Schaubild von f an diesen beiden Stellen die Steigung null hat.
Zum Schluss können wir noch mithilfe der „Ausgangsfunktion" die y-Koordinaten berechnen. Wir erhalten die Extrempunkte $H(-1|3)$ und $T(3|-1)$.

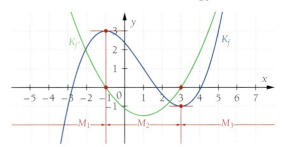

$f(x) = 0{,}125x^3 - 0{,}375x^2 - 1{,}125x + 2{,}375$
$f'(x) = 0{,}375x^2 - 0{,}75x - 1{,}125$

$$f'(x_E) = 0$$
$\Leftrightarrow 0{,}375x_E^2 - 0{,}75x_E - 1{,}125 = 0 \quad \blacktriangleright abc\text{-Formel}$
$x_{E_{1;2}} = \dfrac{0{,}75 \pm \sqrt{(-0{,}75)^2 - 4 \cdot 0{,}375 \cdot (-1{,}125)}}{2 \cdot 0{,}375} = \dfrac{0{,}75 \pm 1{,}5}{0{,}75}$
$\Rightarrow x_{E_1} = -1; \quad x_{E_2} = 3$

Berechnung der y-Koordinaten:
$f(-1) = 3$
$f(3) = -1$

Es kann keine Extremstelle geben mit einer Steigung ungleich 0.

Wie wir im obigen Beispiel gesehen haben, liegt an einem Extrempunkt immer eine waagrechte Tangente vor. Es muss also an einer Extremstelle x_E notwendigerweise immer $f'(x_E) = 0$ gelten. Deswegen heißt diese Bedingung auch **notwendige Bedingung für die Existenz einer Extremstelle**.

Tatsächlich kann es aber Fälle geben, wo die Steigung eines Schaubildes zwar null ist, aber doch keine Extremstelle vorliegt. Es bleiben also zwei Fragen offen:
Wie können wir prüfen, ob eine Stelle mit einer Steigung gleich null tatsächlich eine Extremstelle ist?
Wie können wir herausfinden, ob es sich bei einer Extremstelle um eine Maximalstelle oder eine Minimalstelle handelt? Beides klären wir in den Beispielen auf den folgenden Seiten.

Die **notwendige Bedingung für Extremstellen** lautet:
Wenn eine Funktion f an der Stelle x_E eine Extremstelle besitzt, dann gilt stets $f'(x_E) = 0$.

Bestimmen Sie alle Kurvenpunkte, die eine waagrechte Tangente besitzen.
a) $f(x) = -\frac{1}{3}x^3 - \frac{1}{2}x^2 + 2x$
b) $g(x) = \frac{1}{4}x^4 - x^3 + 2$
c) $h(x) = e^{2x} - 4e^x + 4$
d) $k(x) = 2$
e) $l(x) = -2\sin(x) + x$; $x \in [0; 6]$

3.2 Untersuchung von Funktionen

Hinrichende Bedingung für Extremstellen (mit dem Vorzeichenwechselkriterium)

Untersuchen Sie die Funktionen f und g mit den Gleichungen $f(x) = x^3 - 3x^2 + 3x$ und $g(x) = x^3 - 3x$ auf Extrempunkte.

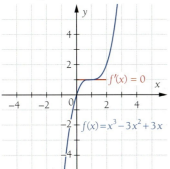
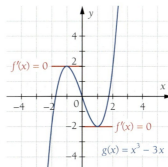

Anhand der Abbildungen erkennen wir, dass das Schaubild von f keine Extrempunkte besitzt, während das Schaubild von g einen Hochpunkt und einen Tiefpunkt hat. Mithilfe der notwendigen Bedingung $f'(x_E) = 0$ erhalten wir aber in beiden Fällen Lösungen der Gleichungen als mögliche Extremstellen.

1. Ableitung: $f'(x) = 3x^2 - 6x + 3$
Notwendige Bedingung: $f'(x_E) = 0$

$$3x_E^2 - 6x_E + 3 = 0$$
$$\Leftrightarrow x_E^2 - 2x_E + 1 = 0$$
$$\Leftrightarrow (x_E - 1)^2 = 0$$
$$\Leftrightarrow (x_E - 1)(x_E - 1) = 0$$
$$\Leftrightarrow x_E = 1 \quad \blacktriangleright \text{ doppelte Lösung}$$

Nach dieser Rechnung ist 1 eine mögliche Extremstelle von f. Die Abbildung zeigt jedoch, dass dieser „rechnerische Kandidat" keine Extremstelle ist, da dort weder ein Hoch- noch ein Tiefpunkt vorliegt.

1. Ableitung: $g'(x) = 3x^2 - 3$
Notwendige Bedingung: $g'(x_E) = 0$

$$3x_E^2 - 3 = 0$$
$$\Leftrightarrow 3x_E^2 = 3$$
$$\Leftrightarrow x_E^2 = 1$$
$$\Leftrightarrow x_E = -1 \quad \vee \quad x_E = 1$$

Mögliche Extremstellen von g sind -1 und 1. Anhand der Abbildung ist zu sehen, dass dies genau die Stellen sind, an denen sich der Hochpunkt und der Tiefpunkt befinden.

Im obigen Beispiel ist die notwendige Bedingung für alle drei Werte erfüllt. Sie ist jedoch offensichtlich nicht hinreichend (ausreichend) für den Nachweis einer Extremstelle. Sie liefert nur *mögliche* Extremstellen.

Um eine hinreichende Bedingung für das Vorliegen einer Extremstelle zu finden, betrachten wir das Steigungsverhalten der Schaubilder in der Umgebung der möglichen Extrema.

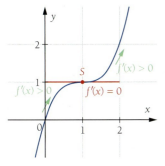
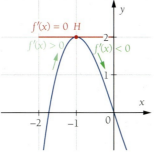
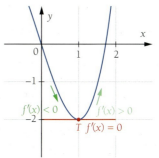

Die Steigungswerte sind sowohl links als auch rechts von S positiv ($f'(x) > 0$). Das Vorzeichen wechselt nicht.

Die Steigungswerte sind links von H positiv ($f'(x) > 0$) und rechts von H negativ ($f'(x) < 0$). Das Vorzeichen wechselt von $+$ nach $-$.

Die Steigungswerte sind links von T negativ ($f'(x) < 0$) und rechts von T positiv ($f'(x) > 0$). Das Vorzeichen wechselt von $-$ nach $+$.

3 Differenzialrechnung

Verallgemeinern wir die Beobachtungen der vorigen Seite, so erhalten wir das **Vorzeichenwechselkriterium** (VZW-Kriterium). Damit ergibt sich eine **hinreichende Bedingung** für die Existenz einer Extremstelle:
Wenn an einer Stelle x_E die Steigung der Funktion eines Schaubildes gleich 0 ist ($f'(x_E) = 0$) und die Steigungswerte links von x_E ein anderes Vorzeichen haben als rechts von x_E, so ist x_E eine Extremstelle.
Entsprechend gilt: Wenn an einer Stelle x_E die Steigung der Funktion eines Schaubildes gleich 0 ist ($f'(x_E) = 0$) und die Steigungswerte links und rechts von x_E das gleiche Vorzeichen haben, so ist x_E keine Extremstelle. Solche Stellen heißen Sattelstellen. ▶ Seite 241
Mit dem Vorzeichenwechselkriterium können wir nicht nur die *Existenz* einer Extremstelle nachweisen, sondern auch die *Art* einer Extremstelle bestimmen:
- Bei einem Vorzeichenwechsel von „+" nach „−" liegt eine Maximalstelle vor.
- Bei einem Vorzeichenwechsel von „−" nach „+" liegt eine Minimalstelle vor.

Das VZW-Kriterium lässt sich auch gut am Schaubild der Ableitungsfunktion nachvollziehen. Wir betrachten dazu noch einmal die Schaubilder von f und g sowie die der Ableitungsfunktionen f' und g'.

Das Schaubild von f' liegt rechts *und* links von der Stelle 1 oberhalb der x-Achse, d. h., an der Stelle 1 findet *kein* Vorzeichenwechsel bei der ersten Ableitung statt. Also ist 1 keine Extremstelle von f, und S ist kein Extrempunkt. Punkte, in denen das Schaubild die Steigung 0 hat, die aber keine Extrempunkte sind, heißen Sattelpunkte. ▶ Seite 241

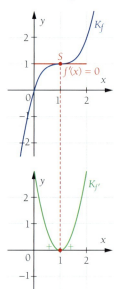
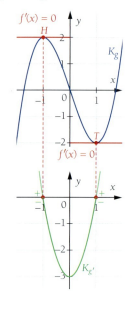

Das Schaubild von g' liegt links von −1 oberhalb und rechts von −1 unterhalb der x-Achse. Also findet dort ein Vorzeichenwechsel der ersten Ableitung von + nach − statt. Damit ist −1 Maximalstelle von f.

Das Schaubild von g' liegt links von 1 unterhalb und rechts von 1 oberhalb der x-Achse. Also findet dort ein Vorzeichenwechsel von − nach + statt. Damit ist 1 Minimalstelle von f.

7 Hinreichende Bedingung für Extremstellen (mit der zweiten Ableitung)

Untersuchen Sie die Funktion f mit $f(x) = \frac{1}{12}x^3 - x^2 + 3x + \frac{1}{3}$ auf Extremstellen.

Zunächst betrachten wir die Schaubilder von f' und f''. f' hat die Nullstellen 2 und 6.

Der VZW von + nach − bei 2 weist darauf hin, dass f hier eine Maximalstelle hat. Der VZW von + nach − bedeutet aber auch, dass das Schaubild von f' an der Stelle 2 fällt. Die zweite Ableitung f'', die gleichzeitig die Steigungsfunktion von f' ist, hat an dieser Stelle also einen negativen Wert.

Entsprechend zeigt der VZW von − nach + bei 6 eine Minimalstelle der Funktion f an. Hier steigt das Schaubild von f', also hat f'' als Steigungsfunktion von f' an der Stelle 6 einen positiven Wert.

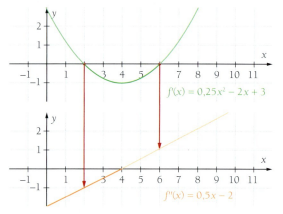

3.2 Untersuchung von Funktionen

Durch Verallgemeinerung dieser Zusammenhänge erhalten wir eine weitere **hinreichende Bedingung** für die Bestimmung von Extremstellen:

Gilt an einer Stelle x_E sowohl $f'(x_E) = 0$ als auch $f''(x_E) < 0$, so ist x_E eine Maximalstelle von f, d.h., f hat hier ein lokales Maximum und das Schaubild von f einen Hochpunkt.

Gilt an einer Stelle x_E sowohl $f'(x_E) = 0$ als auch $f''(x_E) > 0$, so ist x_E eine Minimalstelle von f, d.h., f hat hier ein lokales Minimum und das Schaubild von f einen Tiefpunkt.

Wir kehren zu unserem Beispiel zurück und betrachten nach den Schaubildern von f' und f'' nun das Schaubild der Ausgangsfunktion f. Das Schaubild hat den Hochpunkt $H(2|3)$ und den Tiefpunkt $T(6|0,3)$.

▶ „Alles klar?"-Aufgabe 2 b

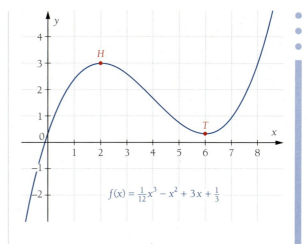

- Die Extremstellen x_E einer Funktion f werden mithilfe der notwendigen und hinreichenden Bedingung bestimmt:
  Notwendige Bedingung für Extremstellen:
  x_E Extremstelle von f $\Rightarrow$ $f'(x_E) = 0$.
  Hinreichende Bedingung für Extremstellen (mit dem Vorzeichenwechselkriterium):
  Es gilt die notwendige Bedingung und VZW bei f' von + nach − $\Rightarrow$ x_E ist Maximalstelle von f
  Es gilt die notwendige Bedingung und VZW bei f' von − nach + $\Rightarrow$ x_E ist Minimalstelle von f
  Hinreichende Bedingung für Extremstellen (mit der zweiten Ableitung):
  Es gilt die notwendige Bedingung und $f''(x_E) < 0$ $\Rightarrow$ x_E ist Maximalstelle von f
  Es gilt die notwendige Bedingung und $f''(x_E) > 0$ $\Rightarrow$ x_E ist Minimalstelle von f
- Ist für eine Stelle x_E die notwendige Bedingung erfüllt, das VZW-Kriterium jedoch nicht, so ist x_E keine Extremstelle von f.
- Ist für eine Stelle x_E die notwendige Bedingung erfüllt, $f''(x_E) \neq 0$ jedoch nicht, so heißt das nicht, dass x_E keine Extremstelle von f ist. Eine weitere Klärung ist mit dem VZW-Kriterium möglich.

Das Vorgehen bei der rechnerischen Bestimmung von Extremstellen können wir uns folgendermaßen veranschaulichen:

Extremstelle ja oder nein?

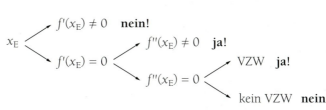

1. Untersuchen Sie die Funktion f auf Extrempunkte des Schaubildes. Verwenden Sie bei der hinreichenden Bedingung das Vorzeichenwechselkriterium. Skizzieren Sie das Schaubild.
   a) $f(x) = -x^2 + 6x - 4$ b) $f(x) = x^3 + 3x^2 - 24x$ c) $f(x) = 0{,}25x^3 - 1{,}5x^2 + 3x - 2$

2. Untersuchen Sie die Funktion f auf Extrempunkte des Schaubildes. Verwenden Sie bei der hinreichenden Bedingung die zweite Ableitung. Skizzieren Sie das Schaubild.
   a) $f(x) = 2x^2 + 6x + 1$ c) $f(x) = 0{,}2x^3 + 0{,}6x^2 + 1{,}8x + 2$ e) $f(x) = -x^3 + 6x^2 - 18x + 18$
   b) $f(x) = \frac{1}{12}x^3 - x^2 + 3x + \frac{1}{3}$ d) $f(x) = \frac{1}{3}x^3 - 2x^2 + \frac{16}{3}$ f) $f(x) = 0{,}25x^4 - 2x^2 + 3$

3 Differenzialrechnung

 Extrempunktbestimmung bei ganzrationalen Funktionen

Untersuchen Sie die Funktion f mit $f(x) = \frac{1}{15}x^4 - \frac{8}{45}x^3 - 2x^2 + 5$ auf Extremstellen und bestimmen Sie die Extrempunkte des Schaubildes.

Die ersten beiden Ableitungen sind:

$f'(x) = \frac{4}{15}x^3 - \frac{8}{15}x^2 - 4x$

$f''(x) = \frac{4}{5}x^2 - \frac{16}{15}x - 4$

Die notwendige Bedingung ist für die Stellen $x_{E_1} = 0$; $x_{E_2} = -3$ und $x_{E_3} = 5$ erfüllt.

Für $x_{E_1} = 0$ ist mit $f''(0) = -4$ außerdem die Bedingung $f''(x_E) < 0$ erfüllt. Also hat f an dieser Stelle ein lokales Maximum und das Schaubild einen Hochpunkt.

Für $x_{E_2} = -3$ ist mit $f''(-3) = 6{,}4$ auch die Bedingung $f''(x_E) > 0$ erfüllt. Also hat f an dieser Stelle ein lokales Minimum und das Schaubild einen Tiefpunkt.

Für $x_{E_3} = 5$ ist mit $f''(5) = 10{,}\overline{6}$ auch die Bedingung $f''(x_E) > 0$ erfüllt. Also hat f an der Stelle 5 ein lokales Minimum, und das Schaubild von f hat dort einen Tiefpunkt.

Dem Schaubild entnehmen wir, dass es sich dabei sogar um einen **globalen Tiefpunkt** handelt. Durch Einsetzen der x_E-Werte in die Gleichung von f erhalten wir die y-Werte und die gesuchten Extrempunkte:

$f(0) = 5 \quad \Rightarrow H(0|5)$
$f(-3) = -2{,}8 \Rightarrow T_1(-3|-2{,}8)$
$f(5) = -25{,}\overline{5} \Rightarrow T_2(5|-25{,}\overline{5})$

Notwendige Bedingung: $f'(x_E) = 0$

$\frac{4}{15}x_E^3 - \frac{8}{15}x_E^2 - 4x_E = 0$
$\Leftrightarrow \frac{4}{15}x_E(x_E^2 - 2x_E - 15) = 0$
$\Leftrightarrow \frac{4}{15}x_E = 0 \quad \lor \quad x_E^2 - 2x_E - 15 = 0$
$\Leftrightarrow x_E = 0 \quad \lor \quad x_E = \frac{2 \pm \sqrt{4+60}}{2} = 1 \pm 4$
$x_{E_1} = 0;\ x_{E_2} = -3;\ x_{E_3} = 5$

Hinreichende Bedingung: $f''(x_E) \neq 0$

$x_{E_1} = 0: f''(0) = -4 < 0$
$\Rightarrow x_{E_1} = 0$ ist Maximalstelle

$x_{E_2} = -3: f''(-3) = 6{,}4 > 0$
$\Rightarrow x_{E_2} = -3$ ist Minimalstelle

$x_{E_3} = 5: f''(5) = 10{,}\overline{6} > 0$
$\Rightarrow x_{E_3} = 5$ ist Minimalstelle

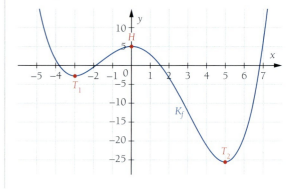

 Extrempunkte bei e-Funktionen

Gegeben ist die Funktion f mit $f(x) = e^x - 0{,}25\,e^{2x}$.
Untersuchen Sie f auf Extremstellen und bestimmen Sie die Koordinaten der Extrempunkte.

Wir ermitteln zunächst die erste und zweite Ableitung.

$f'(x) = e^x - 0{,}5\,e^{2x}$
$f''(x) = e^x - e^{2x}$

Die notwendige Bedingung für Extrempunkte lautet $f'(x_E) = 0$, die nur für $x_E = \ln(2)$ erfüllt ist. Ob dort tatsächlich ein Extrempunkt vorliegt, prüfen wir mit der hinreichenden Bedingung.

Notwendige Bedingung: $f'(x_E) = 0$
$\Leftrightarrow\ e^{x_E} - 0{,}5\,e^{2x_E} = 0$
$\Leftrightarrow\ e^{x_E}(1 - 0{,}5\,e^{x_E}) = 0 \qquad \blacktriangleright e^x > 0$
$\Leftrightarrow\ 1 - 0{,}5\,e^{x_E} = 0$
$\Leftrightarrow\ 0{,}5\,e^{x_E} = 1$
$\Leftrightarrow\ e^{x_E} = 2$
$\Leftrightarrow\ x_E = \ln(2)$

Da $f''(x_E) = -2 < 0$ gilt, liegt an der Stelle $x_E = \ln(2)$ ein (globaler) Hochpunkt vor: $H(\ln(2)|1)$.

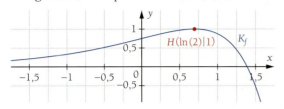

Hinreichende Bedingung: $f''(x_E) \neq 0$
$f''(\ln(2)) = e^{(\ln(2))} - e^{(2 \cdot \ln(2))} = 2 - 4 = -2 < 0$
Ermittlung der y-Koordinate:
$f(\ln(2)) = e^{\ln(2)} - 0{,}25 \cdot e^{(2 \cdot \ln(2))} = 1$

Extrempunkte bei trigonometrischen Funktionen

Gegeben ist die Funktion f mit $f(x) = 0{,}5 \cos\left(\frac{\pi}{2}x\right)$. Bestimmen Sie die Extrempunkte im Intervall $[-1;\,5]$.

Zunächst bilden wir die ersten beiden Ableitungen f' und f'' mithilfe der Kettenregel.

$f'(x) = -\frac{\pi}{4} \sin\left(\frac{\pi}{2}x\right)$
$f''(x) = -\frac{\pi^2}{8} \cdot \cos\left(\frac{\pi}{2}x\right)$

Die notwendige Bedingung liefert uns als erste Lösung $x_{E_1} = 0$. Da die erste Ableitung eine Sinusfunktion ist, bestimmen wir die zweite Lösung mit $x_{E_2} = \frac{p}{2} - x_{E_1}$.
(▶ Seite 152).

Notwendige Bedingung: $f'(x_E) = 0$
$-\frac{\pi}{4} \cdot \sin\left(\frac{\pi}{2} x_E\right) = 0 \quad | : \left(-\frac{\pi}{4}\right)$
$\Leftrightarrow \quad \sin\left(\frac{\pi}{2} x_E\right) = 0$
$\Rightarrow \quad \frac{\pi}{2} x_E = 0 \quad | : \frac{\pi}{2}$
$\Leftrightarrow \quad x_E = 0$

Wir müssen also zunächst die Periode p berechnen. Für diese gilt $p = \frac{2\pi}{b}$. Da b in unserem Fall $\frac{\pi}{2}$ ist, beträgt die Periodenlänge 4.

Berechnung der Periodenlänge:
$p = \frac{2\pi}{\frac{\pi}{2}} = \frac{4\pi}{\pi} = 4$
$x_{E_2} = \frac{p}{2} - x_{E_1} \Rightarrow x_{E_2} = \frac{4}{2} - 0 = 2$

Die zweite mögliche Extremstelle ist also $x_{E_2} = 2$. Alle anderen Lösungen ergeben sich durch Addition der ganzzahligen Vielfachen der Periode zu diesen Lösungen. Somit reicht es, x_{E_1} und x_{E_2} mit der hinreichenden Bedingung zu untersuchen.

Hinreichende Bedingung: $f''(x_E) \neq 0$
$f''(0) = -\frac{\pi^2}{8} \cos\left(\frac{\pi}{2} 0\right) = -\frac{\pi^2}{8} \cdot 1 = -\frac{\pi^2}{8} < 0 \Rightarrow$ Max.
$f''(2) = -\frac{\pi^2}{8} \cos\left(\frac{\pi}{2} \cdot 2\right) = -\frac{\pi^2}{8} \cdot (-1) = \frac{\pi^2}{8} > 0 \Rightarrow$ Min.
$f(0) = f(4) = 0{,}5;\ f(2) = -0{,}5$

Wir bestimmen die Funktionswerte mithilfe der Ausgangsfunktion.
Da f die Periode vier hat, liegt im Intervall $[-1;\,5]$ noch die weitere Maximalstelle $x_{E_3} = 0 + 4 = 4$.

Das Schaubild der Funktion f besitzt die Extrempunkte $H_1(0|0{,}5)$, $T(2|-0{,}5)$, $H_2(4|0{,}5)$.

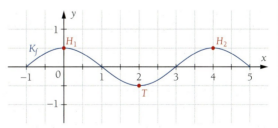

Untersuchen Sie das Schaubild K_f von f auf Hoch- und Tiefpunkte und skizzieren sie K.
a) $f(x) = \frac{1}{3}x^3 - 2x^2 + 3x$
b) $f(x) = \frac{1}{16}x^4 - x^2$
c) $f(x) = -x - e^{-x}$
d) $f(x) = 4\sin(0{,}5x) + 0{,}5;\ x \in [-5;\,5]$

3 Differenzialrechnung

Übungen zu 3.2.1

1. Das Schaubild einer Funktion f ist in blau abgebildet.
   (1) Entscheiden und begründen Sie, welches der roten Schaubilder das Schaubild von f' ist.
   (2) Begründen Sie, warum die jeweils anderen beiden Schaubilder falsch sind.

   a)

   b)

2. Zeichnen Sie zu den gegebenen Schaubildern jeweils das Schaubild der zugehörigen Ableitungsfunktion.

   a)   c)   e)

   b)   d)   f)

3. Ordnen Sie das jeweilige Schaubild aus der linken Abbildung dem Schaubild der zugehörigen Ableitungsfunktion aus der rechten Abbildung zu.

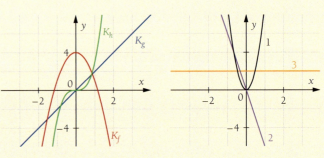

4. Bestimmen Sie rechnerisch die Stellen, in denen das Schaubild von f eine waagrechte Tangente hat.
   a) $f(x) = x^2 - 3x - 4$
   b) $f(x) = 8x^3 - 3x^2$
   c) $f(x) = e^x - 2x$
   d) $f(x) = 2x^3 - 9x^2 + 7{,}5x + 6$
   e) $f(x) = 3\cos\left(\frac{1}{2}x\right); x \in [-\pi; \pi]$
   f) $f(x) = x^4 - 16x^3$
   g) $f(x) = 0{,}5\,e^{-x} + x - 1$
   h) $f(x) = 2\,e^{0{,}25x}$
   i) $f(x) = \sin\left(\frac{\pi}{8}x\right) - 1; x \in [0; 3]$

5. Bestimmen Sie rechnerisch exakt die Koordinaten der Hoch- und Tiefpunkte des Schaubildes von f. Skizzieren Sie mithilfe der Extrempunkte das Schaubild. Stellen Sie anhand der Zeichnung fest, welche der ermittelten lokalen Extremwerte auch globale Extremwerte sind.

a) $f(x) = 2x^2 + 8x - 3$
b) $f(x) = 0{,}5x^2 - 4x$
c) $f(x) = \frac{1}{3}x^3 - x$
d) $f(x) = x^3 - 3x^2 + 3x - 1$
e) $f(x) = \frac{1}{16}x^4 - \frac{3}{2}x^2 + 5$
f) $f(x) = x^4 + x^2$
g) $f(x) = 3\sin(2x);\ x \in [-1;\ 4]$
h) $f(x) = 2e^{0{,}25x} - e^{0{,}5x} - 2$
i) $f(x) = e^{0{,}75x} - x - 2$
j) $f(x) = e^x - x$
k) $f(x) = e^x + e^{-x} - 1$
l) $f(x) = ex - e^x$

6. Die Abbildungen zeigen jeweils die Schaubilder von f' und f''.
Ermitteln Sie, an welchen Stellen f eine Extremstelle hat, und stellen Sie auch fest, ob es sich um eine Maximal- oder eine Minimalstelle handelt. Beschreiben Sie das Monotonieverhalten von f.

a)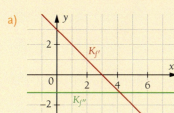
d)
g)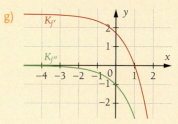
b)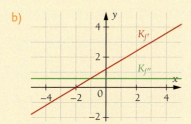
e)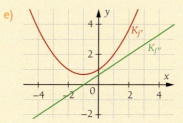
h)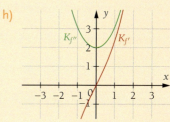
c)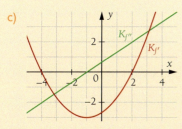
f)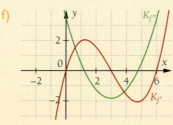
i)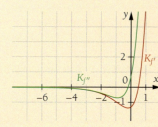

7. Zeigen Sie, dass die Schaubilder der folgenden Funktionen keine Extrempunkte besitzen.

a) $f(x) = x^3 + x - 4$
b) $f(x) = 2\sin\left(\frac{\pi}{4}x\right) + 1;\ x \in [-1;\ 1]$
c) $f(x) = 3x + 1$
d) $f(x) = 0{,}5e^{2x} - 1$

8. Das Schaubild der Funktion f mit $f(x) = -0{,}5x^2 + 1{,}5x^2 - 2$ ist K_f. Zeigen Sie,
a) dass der Punkt $P(0|-2)$ Extrempunkt ist.
b) dass das Schaubild bei $x = 2$ einen gemeinsamen Punkt mit der x-Achse hat.
c) dass das Schaubild bei $x = 2$ die x-Achse nur berührt, aber nicht schneidet.

9. Bestimmen Sie b so, dass das Schaubild von f mit $f(x) = -\frac{1}{12}x^3 + bx^2 + 1$ in $x = 2$ ein Extremum hat. Entscheiden Sie, ob ein Maximum oder Minimum vorliegt.

3.2.2 Krümmung und Wendepunkte

 Krümmungsverhalten

Gegeben ist die Funktion f mit $f(x) = 0{,}25x^4 - x^3 + 1$. Stellen Sie sich das zugehörige Schaubild K_f als Straße vor, die Sie von links nach rechts mit dem Fahrrad „entlangfahren". Beschreiben Sie das Kurvenverhalten von K_f. Leiten Sie mithilfe der ersten beiden Ableitungen von f Regeln für das Krümmungsverhalten her.

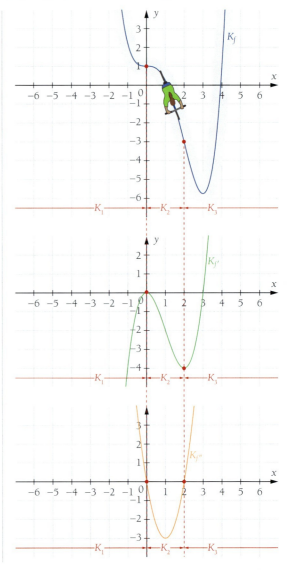

„Fahren" wir das Schaubild der Funktion f mit $f(x) = 0{,}25x^4 - x^3 + 1$ von links nach rechts entlang, so müssen wir bis zum Punkt $W_1(0|1)$ den Lenker leicht nach links drehen; vom Punkt $W_1(0|1)$ bis zum Punkt $W_2(2|-3)$ rechtsherum steuern und anschließend wieder nach links.

Man sagt:
Das Schaubild von f ist im Intervall $K_1 = \,]-\infty, 0[$ **linksgekrümmt**, im Intervall $K_2 = \,]0, 2[$ **rechtsgekrümmt** und im Intervall $K_3 = \,]2, \infty[$ wieder linksgekrümmt.

In den Punkten $W_1(0|1)$ und $W_2(2|-3)$ ändert K_f sein Krümmungsverhalten. Solche Punkte heißen **Wendepunkte**; die Stellen 0 und 2 entsprechend **Wendestellen**.

Für die ersten beiden Ableitungen von f gilt:
$f'(x) = x^3 - 3x^2$ und $f''(x) = 3x^2 - 6x$

Betrachten wir die Schaubilder von f, f' und f'' so fällt auf, dass K_f in den Intervallen **linksgekrümmt** ist, in denen f' monoton steigt und insbesondere $f''(x) > 0$ gilt.
In dem Intervall, in dem K_f **rechtsgekrümmt** ist, fällt das Schaubild von f' monoton und es gilt $f''(x) < 0$.
Folglich sind die Monotonieintervalle von f' die **Krümmungsintervalle** von f (wenn man die Grenzen außen vor lässt).

Ferner stellen wir fest:
Ist x_W eine Wendestelle von f, bei der sich die Krümmung des zugehörigen Schaubildes von einer Links- in eine Rechtskrümmung ändert, so hat f' dort eine lokale Maximalstelle.

Für eine Funktion f gilt:
Die Extremstellen der Ableitungsfunktion f' bilden die Grenzen der **Krümmungsintervalle** K von f:
- $f''(x) > 0$ für alle $x \in K$ $\Leftrightarrow$ f ist im Intervall K linksgekrümmt.
- $f''(x) < 0$ für alle $x \in K$ $\Leftrightarrow$ f ist im Intervall K rechtsgekrümmt.

3.2 Untersuchung von Funktionen

Schauen wir uns noch einmal Beispiel 11 von der vorigen Seite an, so erkennen wir, dass der Wendepunkt bei $x = 0$ im Schaubild der ersten Ableitung einen Hochpunkt ergibt; der Wendepunkt bei $x = 2$ im Schaubild der ersten Ableitung einen Tiefpunkt. In beiden Fällen sind die Wendepunkte einer Funktion also die Extrempunkte der ersten Ableitung. Aus Abschnitt 3.2.1 wissen wir, dass wir mögliche Extremstellen eines Schaubildes über die Nullstellen der Ableitung ermitteln können. Folglich können mögliche Wendestellen – da sie Extremstellen der ersten Ableitung sind – mithilfe der Nullstellen der zweiten Ableitung ermittelt werden.

Notwendige Bedingung für Wendestellen

Gegeben ist die Funktion f mit $f(x) = -x^3 + 6x^2 + 15x - 56$. Beschreiben Sie das Krümmungsverhalten von f und veranschaulichen Sie den Zusammenhang zwischen den Schaubildern von f und f'. Leiten Sie eine notwendige Bedingung für Wendestellen her.

Das Schaubild von f ist zunächst linksgekrümmt und ab der Wendestelle rechtsgekrümmt.

Wie wir wissen, gilt für Extremstellen die notwendige Bedingung $f'(x_E) = 0$. Diese können wir in abgewandelter Form für Wendestellen nutzen. In der Abbildung erkennen wir, dass der Wendepunkt eine lokale Extremstelle der ersten Ableitung ist.

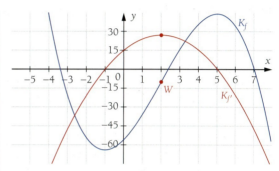

Wir bestimmen also die Extremstellen der ersten Ableitung f', indem wir f' ableiten und gleich null setzen. Damit ergibt sich als **notwendige Bedingung für eine Wendestelle** x_W der Ansatz $f''(x_W) = 0$.

$f(x) = -x^3 + 6x^2 + 15x - 56$
$f'(x) = -3x^2 + 12x + 15$
$f''(x) = -6x + 12$

Wir berechnen mithilfe der notwendigen Bedingung die mögliche Wendestelle $x_W = 2$. In der Abbildung können wir erkennen, dass es sich tatsächlich um die Wendestelle handelt.

$$\begin{aligned} & f''(x_W) = 0 \\ \Leftrightarrow \quad & -6x_W + 12 = 0 \quad | -12 \\ \Leftrightarrow \quad & -6x_W = -12 \quad | :(-6) \\ \Rightarrow \quad & x_W = 2 \end{aligned}$$

Mithilfe der Ausgangsgleichung berechnen wir die y-Koordinate und können den Wendepunkt $W(2|-10)$ angeben.

Berechnung der y-Koordinate:
$f(2) = -2^3 + 6 \cdot 2^2 + 15 \cdot 2 - 56 = -10$

> Die **notwendige Bedingung für Wendestellen** lautet:
> Wenn eine Funktion f an der Stelle x_W eine Wendestelle besitzt, dann gilt stets $f''(x_W) = 0$.

Geben Sie Intervalle an, in denen die folgenden Schaubilder links- bzw. rechtsgekrümmt sind. Geben Sie auch die dazugehörigen Wendestellen an.

a)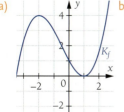
b)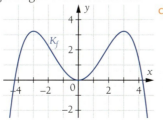
c)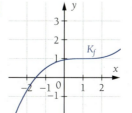
d)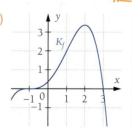

3 Differenzialrechnung

Da die Wendestellen einer Funktion zugleich die Extremstellen ihrer Ableitungsfunktion sind, benötigen wir auch hier eine notwendige Bedingung, um die Existenz der Wendestellen nachzuweisen. Analog zur Bestimmung der Existenz und Art der Extremstellen von f können wir die Existenz und Art der Extremstellen der Ableitung f' mithilfe der notwendigen Bedingung $f''(x) = 0$ und der hinreichenden $f'''(x) \neq 0$ bestimmen. Da die Extremstellen von f' die Wendestellen von f sind, ist zusammen mit der notwendigen Bedingung $f''(x_W) = 0$ die Bedingung $f'''(x_W) \neq 0$ eine **hinreichende Bedingung** für den Nachweis der Existenz der Wendestellen der Funktion f.

13 Wendestellenbestimmung mit der hinreichenden Bedingung

Die Funktion f mit $f(x) = \frac{1}{15}x^4 - \frac{8}{45}x^3 - 2x^2 + 5$ haben wir in Beispiel 8 (▶ Seite 232) bereits auf Extremstellen hin geprüft. Untersuchen Sie das Schaubild der Funktion f auf Wendepunkte. Geben Sie deren Koordinaten an.

Wir bilden die ersten drei Ableitungen:
$f'(x) = \frac{4}{15}x^3 - \frac{8}{15}x^2 - 4x$
$f''(x) = \frac{4}{5}x^2 - \frac{16}{15}x - 4$
$f'''(x) = \frac{8}{5}x - \frac{16}{15}$

Wir bestimmen die Kandidaten für Wendestellen mithilfe der notwendigen Bedingung.

Für die Werte $x_{W_1} = -\frac{5}{3}$ und $x_{W_2} = 3$ ist die notwendige Bedingung erfüllt, d. h., es gibt zwei mögliche Wendestellen.

Wir prüfen $x_{W_1} = -\frac{5}{3}$.
Die hinreichende Bedingung ist erfüllt, also hat f bei $x_{W_1} = -\frac{5}{3}$ eine Wendestelle.
Wir berechnen den zugehörigen Funktionswert.
Das Schaubild hat den Wendepunkt $W_1\left(-\frac{5}{3}\middle|0{,}78\right)$.

Wir prüfen den Kandidaten $x_{W_2} = 3$.
Auch hier ist die hinreichende Bedingung erfüllt und wir können den Funktionswert der Wendestelle berechnen.
Das Schaubild hat den Wendepunkt $W_2(3|-12{,}4)$.

Notwendige Bedingung: $f''(x_W) = 0$

$\frac{4}{5}x_W^2 - \frac{16}{15}x_W - 4 = 0$

$\Leftrightarrow x_{W_{1;2}} = \dfrac{\frac{16}{15} \pm \sqrt{\left(\frac{16}{15}\right)^2 + \frac{64}{5}}}{\frac{8}{5}}$

$= \dfrac{\frac{16}{15} \pm \sqrt{\frac{3136}{225}}}{\frac{8}{5}}$

$= \frac{2}{3} \pm \frac{7}{3}$

$\Rightarrow x_{W_1} = -\frac{5}{3}; \quad x_{W_2} = 3$

Hinreichende Bedingung: $f'''(x_W) \neq 0$

$f'''\left(-\frac{5}{3}\right) = \frac{8}{5} \cdot \left(-\frac{5}{3}\right) - \frac{16}{15} = -\frac{56}{15} \neq 0$

$f\left(-\frac{5}{3}\right) \approx 0{,}78$

$f'''(3) = \frac{8}{5} \cdot 3 - \frac{16}{15} = \frac{56}{15} \neq 0$

$f(3) = -12{,}4$

Die Wendestellen x_W einer Funktion f werden mithilfe der notwendigen und hinreichenden Bedingung bestimmt:
Notwendige Bedingung für Wendestellen:
$f''(x_W) = 0 \Rightarrow x_W$ ist mögliche Wendestellte von f.
Hinreichende Bedingung für Wendestellen:
Es gilt die notwendige Bedingung und $f'''(x_W) \neq 0 \Rightarrow x_W$ ist tatsächlich Wendestelle von f.

Hinweis: Bei der Prüfung der hinreichenden Bedingung $f''(x_W) = 0 \land f'''(x_W) \neq 0$ kann es vorkommen, dass wir für einen x_W-Kandidaten das Ergebnis $f'''(x_W) = 0$ erhalten. In diesem Fall können wir ohne weitere Untersuchungen keine Aussage darüber machen, ob x_W Wendestelle ist oder nicht. Jedenfalls ist damit nicht gezeigt, dass x_W nicht Wendestelle ist. Um zu einer Aussage zu kommen, können wir – ähnlich wie bei der Extremstellenbestimmung – das VZW-Kriterium verwenden, hier aber mit der zweiten Ableitung.

Wendepunkte bei trigonometrischen Funktionen

Das Schaubild der Funktion f mit $f(x) = 0{,}5\cos\left(\frac{\pi}{2}x\right)$ haben wir in Beispiel 10 ▶ Seite 233 auf Extrempunkte untersucht. Bestimmen Sie nun im Intervall $[0;\,4]$ die Koordinaten der Wendepunkte.

Wir bilden zunächst die Ableitungen von f:
$f'(x) = -\frac{\pi}{4}\sin\left(\frac{\pi}{2}x\right)$
$f''(x) = -\frac{\pi^2}{8}\cos\left(\frac{\pi}{2}x\right)$
$f'''(x) = \frac{\pi^3}{16}\sin\left(\frac{\pi}{2}x\right)$

Über die notwendige Bedingung für Wendestellen erhalten wir die möglichen Wendestellen bei $x_{W_1} = 1$ und $x_{W_2} = 3$. Da die Periode $p = 4$ ist, gibt es im betrachteten Intervall keine weiteren „Kandidaten". Mit der hinreichenden Bedingung bestätigen wir, dass es sich tatsächlich um Wendestellen handelt.

Die y-Koordinaten der Wendepunkte errechnen wir mithilfe der Funktionsgleichung von f.

Die Koordinaten der Wendepunkte lauten $W_1(1\,|\,0)$ und $W_2(3\,|\,0)$.

Notwendige Bedingung: $f''(x_W) = 0$
$\Leftrightarrow -\frac{\pi^2}{8}\cos\left(\frac{\pi}{2}x_W\right) = 0 \quad |:\left(-\frac{\pi^2}{8}\right)$
$\Leftrightarrow \cos\left(\frac{\pi}{2}x_W\right) = 0$
$\Rightarrow \frac{\pi}{2}x_{W_1} = \frac{\pi}{2} \Rightarrow x_{W_1} = 1$

Symmetrie beim Kosinus:
$x'_{W_1} = -1 \notin [0;\,4]$
$x_{W_2} = -1 + 4 = 3$ ▶ Periodenlänge $p = 4$, Seite 233
$f'''(1) = \frac{\pi^3}{16}\sin\left(\frac{\pi}{2}\right) = \frac{\pi^3}{16} \neq 0$
$f'''(3) = \frac{\pi^3}{16}\sin\left(\frac{3\pi}{2}\right) = -\frac{\pi^3}{16} \neq 0$
$f(1) = 0{,}5\cos\left(\frac{\pi}{2}\right) = 0$
$f(3) = 0{,}5\cos\left(\frac{3\pi}{2}\right) = 0$

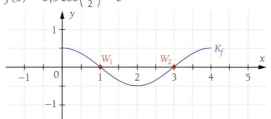

Wendepunkte bei e-Funktionen

Zeigen Sie, dass das Schaubild der Funktion f mit $f(x) = e^x + x$ keine Wendepunkte besitzt.

Wir bestimmen zunächst die erste und die zweite Ableitung von f:
$f'(x) = e^x + 1$
$f''(x) = e^x$
Die möglichen Wendestellen sind die Lösungen der Gleichung $f''(x_W) = 0$. Da für alle x gilt $e^x > 0$, besitzt das Schaubild von f keinen Wendepunkt.

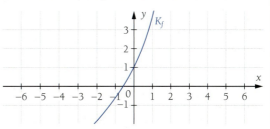

Bestimmen Sie die Wendepunkte des Schaubildes der Funktion f.

a) $f(x) = x^3 + 6x^2 + 9x + 2$
b) $f(x) = -x^3 + 3x^2 - 3x$
c) $f(x) = \frac{1}{18}x^4 + \frac{1}{3}x^3 + 3$
d) $f(x) = x^4 + x^2$

e) $f(x) = \cos(x);\ x \in [0;\,\pi]$
f) $f(x) = 0{,}5\sin\left(\frac{\pi}{4}x\right);\ x \in [0;\,4]$
g) $f(x) = \frac{1}{4}e^{2x} - 2e^x$
h) $f(x) = e^x - \frac{e}{2} \cdot x^2$

3 Differenzialrechnung

16 Wendetangenten

Die Tangenten an das Schaubild einer Funktion in den Wendepunkten heißen **Wendetangenten**. Sie sind durch eine besondere Eigenschaft gekennzeichnet. Um diese Eigenschaft zu beschreiben, betrachten wir die Funktion f mit $f(x) = \frac{1}{8}x^3 - \frac{3}{4}x^2$ und bestimmen zunächst den Wendepunkt.

Wir bilden die ersten drei Ableitungen und wenden die notwendige und hinreichende Bedingung an.

$f'(x) = \frac{3}{8}x^2 - \frac{3}{2}x$
$f''(x) = \frac{3}{4}x - \frac{3}{2}$
$f'''(x) = \frac{3}{4}$

Notwendige Bedingung für Wendestellen:
$f''(x_W) = 0$

$f''(x_W) = \frac{3}{4}x_W - \frac{3}{2} = 0$
$\Leftrightarrow \quad x_W = 2$

Hinreichende Bedingung für Wendestellen:
$f'''(x_W) \neq 0$

$f'''(2) = \frac{3}{4} \neq 0$

Das Schaubild von f hat den Wendepunkt $W(2|-2)$.

$f(2) = -2 \Rightarrow W(2|-2)$

Die Steigung m der Wendetangente entspricht der Steigung des Schaubildes in W und wird mithilfe der ersten Ableitung bestimmt.

$m = f'(2) = -\frac{3}{2}$

Wir berechnen b, indem wir den Steigungswert und die Koordinaten von W in die allgemeine Gleichung $y = mx + b$ einsetzen.

$y = mx + b$
$-2 = -\frac{3}{2} \cdot 2 + b \quad \Leftrightarrow \quad b = 1$

Gleichung der Wendetangente:
$y = -\frac{3}{2}x + 1$

Es fällt auf, dass die Wendetangente das Schaubild in W nicht nur berührt, sondern zudem auch schneidet. Man sagt auch, dass sie das Schaubild berührt und durchdringt. Wir können uns dies folgendermaßen erklären:

„Vor" dem Wendepunkt ist das Schaubild rechtsgekrümmt, und die Tangenten berühren das Schaubild von oben.
„Nach" dem Wendepunkt verläuft das Schaubild in einer Linkskurve, und die Tangenten berühren das Schaubild von unten.
Im Wendepunkt selbst findet der Übergang statt, d.h., die Tangente „wechselt die Seite". Die eine „Hälfte" liegt noch oberhalb, die andere schon unterhalb des Schaubildes.

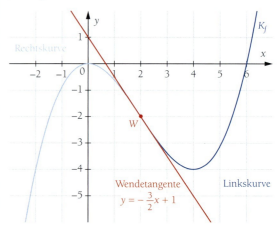

Die Tangente an einem Schaubild in einem Wendepunkt heißt **Wendetangente**.
Sie unterscheidet sich von anderen Tangenten am Schaubild dadurch, dass sie das Schaubild berührt und gleichzeitig auch schneidet bzw. durchdringt.

Bestimmen Sie die Gleichung der Wendetangente an dem Schaubild der Funktion.
a) $f(x) = 0{,}5x^3 - 3x^2 + 4{,}5x$
b) $f(x) = \frac{1}{12}x^4 - 2x^2$
c) $f(x) = \cos(2x) + 1;\ x \in [0; \frac{\pi}{2}]$

3.2 Untersuchung von Funktionen

Wendepunkte und Sattelpunkte

Der Förderverein der Tageseinrichtung „Abenteuerwelt" hat anlässlich des 20-jährigen Bestehens der Einrichtung eine Festschrift herausgegeben. In einer Abbildung ist dort die Entwicklung der Mitgliederzahlen dargestellt.

Die dargestellte Kurve entspricht im Intervall [0; 20] annähernd dem Schaubild der Funktion f mit der Gleichung:

$f(x) = -0{,}016x^4 + 0{,}64x^3 - 7{,}2x^2 + 32x + 20$

Wir fragen uns, zu welchem Zeitpunkt und auf welchem Stand die Mitgliederzahl stagnierte. Außerdem interessiert uns, wann der Mitgliederzuwachs am höchsten war. Am Schaubild erkennen wir, dass wir die Wendestellen von f bestimmen müssen.

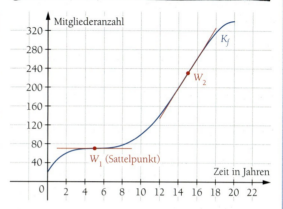

Wir bilden zunächst die Ableitungen von f:
$f'(x) = -0{,}064x^3 + 1{,}92x^2 - 14{,}4x + 32$
$f''(x) = -0{,}192x^2 + 3{,}84x - 14{,}4$
$f'''(x) = -0{,}384x + 3{,}84$
Für die Werte 5 und 15 ist die notwendige Bedingung erfüllt.

Notwendige Bedingung: $f''(x_W) = 0$
$-0{,}192x_W^2 + 3{,}84x_W - 14{,}4 = 0$
$\Leftrightarrow \quad x_W^2 - 20x_W + 75 = 0$
$x_{W_{1;2}} = 10 \pm \sqrt{10^2 - 75}$
$\Rightarrow x_{W_1} = 5; \quad x_{W_2} = 15$

Die Funktion f hat bei $x_W = 5$ eine Wendestelle und das Schaubild von f den Wendepunkt $W_1(5|70)$. Außerdem ist die Steigung des Schaubildes in W_1 gleich null, d.h. die Tangente ist waagrecht. Wendepunkte mit waagrechter Tangente heißen **Sattelpunkte**. In unserem Beispiel heißt dies, dass kein Anstieg an Mitgliedern zu verzeichnen ist.

Hinreichende Bedingung: $f'''(x_W) \neq 0$
$x_W = 5: f'''(5) = 1{,}92 \neq 0$
$f(5) = 70$
$f'(5) = 0$
$\Rightarrow$ Sattelpunkt, da Steigung gleich null

Die Funktion f hat bei $x_W = 15$ eine Wendestelle, und das Schaubild von f hat den Wendepunkt $W_2(15|230)$. Die Steigung in W_2 beträgt 32.

$x_W = 15: f'''(15) = -1{,}92 < 0$
$f(15) = 230$
$f'(15) = 32$

Fünf Jahre nach Gründung des Vereins stagniert die Zahl der Mitglieder auf einem Niveau von 70 Mitgliedern. Zwei Jahre später kommt der Mitgliederzuwachs jedoch wieder in Fahrt und erreicht nach insgesamt 15 Jahren mit 32 neuen Mitgliedern pro Jahr sein Maximum.

> Ein **Sattelpunkt** ist ein Wendepunkt, in dem die Tangente an das Schaubild waagrecht ist. Es ist also zusätzlich die Bedingung $f'(x_W) = 0$ erfüllt.

Ermitteln Sie die Wendepunkte der Funktion f mit $f(x) = x^4 - 6x^3 + 12x^2 - 8x$.
Ist einer der Wendepunkte ein Sattelpunkt? Geben Sie die Gleichungen der Wendetangenten an.

3 Differenzialrechnung

Das folgende Schema soll einen Überblick über die Eigenschaften und die möglichen Zusammenhänge zwischen f, f', f'' und f''' bzw. ihren Schaubildern geben.

f, K_f	$f', K_{f'}$	f''	f'''
f hat Nullstelle x_N; $f(x_N) = 0$.			
f ist monoton steigend in I.	$f'(x) \geq 0$ für alle $x \in I$		
f ist monoton fallend in I.	$f'(x) \leq 0$ für alle $x \in I$		
K_f hat Rechtskrümmung in I (abnehmende Steigung).	$K_{f'}$ fällt in I.	$f''(x) < 0$ für alle $x \in I$	
K_f hat Linkskrümmung in I (zunehmende Steigung).	$K_{f'}$ steigt in I.	$f''(x) > 0$ für alle $x \in I$	
K_f hat lokalen Extrempunkt bei x_E: als Hochpunkt (abnehmende Steigung), als Tiefpunkt (zunehmende Steigung).	$f'(x_E) = 0$ $K_{f'}$ fällt in der Nähe von x_E. $K_{f'}$ steigt in der Nähe von x_E.	$f''(x_E) < 0$ $f''(x_E) > 0$	
K_f hat Wendepunkt bei x_W:	$K_{f'}$ hat lokalen Extrempunkt.	$f''(x_W) = 0$	$f'''(x_W) \neq 0$
K_f hat Sattelpunkt bei x_W (Wendepunkt mit waagrechter Tangente).	$K_{f'}$ hat lokalen Extrempunkt. $f'(x_W) = 0$	$f''(x_W) = 0$	$f'''(x_W) \neq 0$

▶ Im nächsten Abschnitt wird mit der NEW-Regel eine weitere Übersicht zum Zusammenhang zwischen f, f' und f'' und deren charakteristischen Punkten vorgestellt.

Übungen zu 3.2.2

1. Lesen Sie aus den Abbildungen die Wendepunkte ab. Prüfen Sie nach Augenmaß, welcher der Wendepunkte ein Sattelpunkt ist.

a) 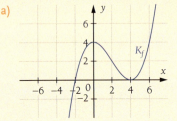 b) 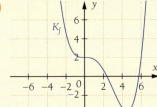 c)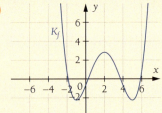

2. Bestimmen Sie die Wendestellen der gegebenen Funktionen und stellen Sie fest, welche Wendestellen auch Sattelstellen sind. Berechnen Sie die Koordinaten der Wendepunkte bzw. Sattelpunkte exakt.

a) $f(x) = x^3 + 3x^2$

b) $f(x) = -0{,}3x^3 + 8{,}1$

c) $f(x) = \frac{1}{3}x^3 - 4x$

d) $f(x) = -\frac{1}{9}x^3 - x^2$

e) $f(x) = x^3 - 9x^2 + 27x - 19$

f) $f(x) = -0{,}2x^3 + 3x^2 - 9{,}6x$

g) $f(x) = \frac{1}{8}x^4 - 3x^2$

h) $f(x) = 0{,}25x^4 - 2x^3 + 4{,}5x^2$

i) $f(x) = 2\cos\left(\frac{\pi}{2}x\right) + 1;\ x \in [-2;\ 4]$

j) $f(x) = \frac{\pi}{2} 0{,}5 \cos(\pi x);\ x \in [-3;\ 2]$

k) $f(x) = 0{,}5 \sin(x) - 0{,}5x\ ;\ x \in [-4;\ 6]$

l) $f(x) = 2e^{2x} - 2e^x$

m) $f(x) = -e^{2x} + 2x$

n) $f(x) = e^x$

3. Bestimmen Sie für die Funktionen aus Aufgabe 2 das Krümmungsverhalten. Zeichnen Sie dann die zugehörigen Schaubilder.

4. Bestimmen Sie die Intervalle, in denen das Schaubild der Funktion f rechtsgekrümmt ist.
a) $f(x) = \frac{1}{12}x^4 - 2x^2$ b) $f(x) = \cos(x) + x$ c) $f(x) = e^{0,5x}$

5. Die Abbildungen zeigen jeweils die Schaubilder der Ableitungsfunktionen f', f'' und f''' einer ganzrationalen Funktion f.
(1) Prüfen Sie, ob das Schaubild von f Wendestellen hat, und geben Sie diese Stellen an.
(2) Lesen Sie für jede ermittelte Wendestelle die Steigung der Wendetangente ab.
(3) Prüfen Sie für jede ermittelte Wendestelle, ob es sich um eine Sattelstelle handelt.

a) 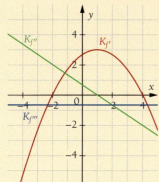 b) 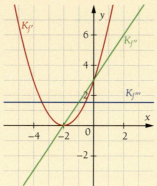 c)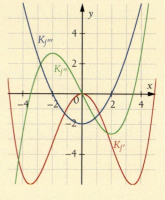

6. Gegeben ist die Funktion f mit $f(x) = 2\sin(0,5x) - 1$. Zeigen Sie, dass alle Wendepunkte auf einer Geraden liegen, die parallel zur x-Achse ist.

7. Zeigen Sie, dass die Gerade g mit der Gleichung $y = -x + \frac{4}{3}$ Wendetangente an dem Schaubild von f mit $f(x) = \frac{1}{3}x^3 - x^2 + 1$ ist.

8. Ermitteln Sie jeweils die Gleichung der Wendetangente für die Wendepunkte aus Aufgabe 2.

9. Gegeben ist die Funktion f mit $f(x) = \frac{1}{10} \cdot (x-3)(x^2+3)$.
Prüfen Sie, ob das Schaubild von f eine waagrechte Wendetangente hat.

10. Gegeben ist die Funktion f mit $f(x) = -\frac{1}{6}x^4 - x^2 + 1$.
a) Bestimmen Sie die Koordinaten des Wendepunktes für $x > 0$.
b) Begründen Sie, warum es genau noch einen weiteren Wendepunkt gibt, und geben Sie dessen Koordinaten ohne Rechnung an.
c) Stellen Sie die Gleichungen der Wendetangenten auf.
d) Die beiden Wendetangenten bilden zusammen mit der x-Achse ein Dreieck. Berechnen Sie, wie groß dessen Flächeninhalt ist.

11. Gegeben ist das Schaubild einer Ableitungsfunktion f'. Begründen Sie, dass das Schaubild von f zwei Extrempunkte und einen Wendepunkt hat. Erläutern Sie, ob sich nur anhand des gegebenen Schaubildes auch sagen lässt, bei welchem Extrempunkt es sich um einen Hoch- und einen Tiefpunkt handelt.

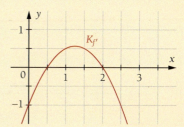

12. Untersuchen und begründen Sie den Zusammenhang zwischen dem Grad einer ganzrationalen Funktion und der Anzahl ihrer Wendestellen.

3 Differenzialrechnung

3.2.3 Beispiele zur Kurvenuntersuchung

Die vollständige Bestimmung der globalen und lokalen Eigenschaften einer Funktion und ihres Schaubildes, das Zeichnen des Schaubildes inbegriffen, wird **Kurvendiskussion** genannt.

Bei der Untersuchung der einzelnen Merkmale ist stets der **Definitionsbereich** der Funktion zu beachten. Für ganzrationale Funktionen gilt $D = \mathbb{R}$, sofern kein Sachzusammenhang eine Einschränkung erfordert.
Bei trigonometrischen Funktionen ist der Definitionsbereich in der Regel als Intervall angegeben.

1. Symmetrieeigenschaften   **Achsensymmetrie zur y-Achse:** Bedingung $f(-x) = f(x)$ prüfen.
Alternativ prüfen: nur geradzahlige Exponenten im Funktionsterm
Punktsymmetrie zum Ursprung: Bedingung $f(-x) = -f(x)$ prüfen.
Alternativ prüfen: nur ungeradzahlige Exponenten im Term

2. Globalverlauf   **Verhalten von $f(x)$ für $x \to -\infty$ und $x \to +\infty$** prüfen; dabei das Vorzeichen des Streckfaktors beachten.
Verlauf des Schaubildes durch die Quadranten des Koordinatensystems beschreiben.

3. Achsenschnittpunkte   **y-Achsenschnittpunkt:** $f(0)$ berechnen und $S_y(0|f(0))$ angeben.
x-Achsenschnittpunkte: Mit der Bedingung $f(x_N) = 0$ die Nullstellen berechnen; Vielfachheit der Nullstellen beachten.
Punkte $N(x_N|0)$ angeben; dabei ggf. Symmetrie ausnutzen.

4. Ableitungen   Die **Gleichungen von f', f'' und f'''** angeben.

5. Extrempunkte 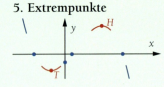   Mit der **notwendigen Bedingung $f'(x_E) = 0$** mögliche Extremstellen ermitteln.
Hinreichende Bedingung $f''(x_E) \neq 0$ prüfen:
$f''(x_E) < 0 \Rightarrow x_E$ Maximalstelle $\to$ Hochpunkt
$f''(x_E) > 0 \Rightarrow x_E$ Minimalstelle $\to$ Tiefpunkt
Im Fall $f''(x_E) = 0$ das VZW-Kriterium für f' verwenden. Prüfen, ob es sich um globale oder nur lokale Extrema handelt. Punkte $H(x_E|f(x_E))$ und $T(x_E|f(x_E))$ angeben; dabei ggf. Symmetrie ausnutzen.

6. Wendepunkte 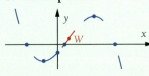   Mit der **notwendigen Bedingung $f''(x_W) = 0$** mögliche Wendestellen ermitteln.
Hinreichende Bedingung $f'''(x_W) \neq 0$ prüfen:
$f'''(x_W) \neq 0 \Rightarrow x_W$ Wendestelle
Für die Untersuchung auf Sattelstellen die Bedingung $f'(x_W) = 0$ prüfen.
Punkte $W(x_W|f(x_W))$ bzw. $S(x_W|f(x_W))$ angeben; dabei ggf. Symmetrie ausnutzen.

7. Schaubild   Ermittelte Punkte in ein Koordinatensystem eintragen.
Ggf. Punkte mittels einer Wertetabelle ergänzen.
Verlauf des Schaubildes zeichnen.

3.2 Untersuchung von Funktionen

Kurvendiskussion einer ganzrationalen Funktion 3. Grades

Untersuchen Sie die Funktion f mit $f(x) = x^3 - 12x$ im Hinblick auf Globalverlauf, Symmetrie sowie auf Extrem- und Wendepunkte. Zeichnen Sie das Schaubild.

Symmetrie: Da der Funktionsterm nur x-Potenzen mit ungeraden Exponenten enthält, ist das Schaubild punktsymmetrisch zum Ursprung.

Für alle $x \in \mathbb{R}$ gilt:
$$f(-x) = (-x)^3 - 12 \cdot (-x) = -x^3 + 12x$$
$$= -(x^3 - 12x) = -f(x)$$

Globalverlauf: Da f eine Funktion 3. Grades mit positivem Streckfaktor ist, verläuft das Schaubild vom III. in den I. Quadranten.

Für alle $x \in \mathbb{R}$ gilt:
$f(x) \to -\infty$ für $x \to -\infty$ und $f(x) \to +\infty$ für $x \to +\infty$

y-Achsenschnittpunkt: $S_y(0|0)$

$f(0) = 0$

x-Achsenschnittpunkte:
Durch Ausklammern des Faktors x faktorisieren wir den Funktionsterm, sodass der Satz vom Nullprodukt angewendet werden kann.
Die Funktion hat drei einfache Nullstellen:
$x_{N_1} = -2\sqrt{3}$, $x_{N_2} = 0$ und $x_{N_3} = 2\sqrt{3}$.
Das Schaubild schneidet die x-Achse in $N_1(-2\sqrt{3}|0)$; $N_2(0|0)$ und $N_3(2\sqrt{3}|0)$.

Bedingung: $f(x_N) = 0$
$$x_N^3 - 12x_N = 0$$
$\Leftrightarrow \quad x_N(x_N^2 - 12) = 0$
$\Leftrightarrow \quad x_N = 0 \;\vee\; x_N^2 - 12 = 0$
$\Leftrightarrow \quad x_N = 0 \;\vee\; x_N^2 = 12$
$\Leftrightarrow \quad x_N = 0 \;\vee\; x_N = -2\sqrt{3} \;\vee\; x_N = 2\sqrt{3}$

Ableitungen: Wir bestimmen die Ableitungen.

$f'(x) = 3x^2 - 12; \quad f''(x) = 6x; \quad f'''(x) = 6$

Extrempunkte: Wir lösen die Gleichung $f'(x_E) = 0$ durch Umstellen und Wurzelziehen. Wir erhalten zwei mögliche Extremstellen.
Wegen $f'(-2) = 0$ und $f''(-2) < 0$ ist $x_{E_1} = -2$ eine Maximalstelle von f. Analog erhalten wir, dass $x_{E_2} = 2$ eine Minimalstelle ist.

Notwendige Bedingung: $f'(x_E) = 0$
$3x_E^2 - 12 = 0 \Leftrightarrow x_E^2 = 4$
$\qquad\qquad\quad \Leftrightarrow x_E = -2 \;\vee\; x_E = 2$

Hinreichende Bedingung: $f''(x_E) \neq 0$

$x_E = -2:\; f''(-2) = -12 < 0 \;\Rightarrow\;$ Maximum
$x_E = 2:\quad f''(2) = 12 > 0 \;\Rightarrow\;$ Minimum

Durch Einsetzen der Extremstellen in die Gleichung von f erhalten wir $H(-2|16)$ und $T(2|-16)$.

$f(-2) = 16 \Rightarrow$ Hochpunkt $\quad H(-2|16)$
$f(2) = -16 \Rightarrow$ Tiefpunkt $\quad T(2|-16)$

Wendepunkte: Wegen $f''(0) = 0$ und $f'''(0) > 0$ ist $x_W = 0$ Wendestelle. Einsetzen von $x_W = 0$ in die Funktionsgleichung von f liefert den Wendepunkt $W(0|0)$.
Dass der Wendepunkt im Ursprung liegt, folgt auch aus der Symmetrie, denn das Schaubild einer ganzrationalen Funktion 3. Grades hat stets im Symmetriezentrum seinen Wendepunkt.
Die Bedingung $f'(0) = 0$ ist nicht erfüllt. Also ist W kein Sattelpunkt.

Notwendige Bedingung: $f''(x_W) = 0$
$6x_W = 0 \Leftrightarrow x_W = 0$

Hinreichende Bedingung: $f'''(x_W) \neq 0$
$f'''(0) = 6 \neq 0$
$f'(0) = -12 \neq 0$
$f(0) = 0 \;\Rightarrow\; W(0|0)$

Schaubild: Die ermittelten Punkte tragen wir in ein Koordinatensystem ein. Unter Berücksichtigung des Steigungs- und Krümmungsverhaltens verbinden wir die Punkte. Zusätzliche Punkte zum Zeichnen erhält man durch eine Wertetabelle.

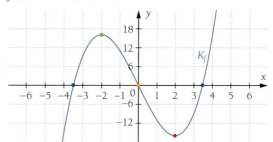

3 Differenzialrechnung

Bei einer Anwendungssituation liefert jeder Teil der Kurvendiskussion einen Erkenntnisgewinn über die Situation.

19 Wirkung eines Medikaments

Nach Einnahme eines Medikaments kann die Reaktionsstärke R des Wirkstoffs in Abhängigkeit von der Dosis x (in mg) durch die Funktion R mit $R(x) = -0{,}5x^3 + 1{,}5x^2$ beschrieben werden. Es werden Wirkstoffdosen zwischen 0 und 3 mg untersucht. Diskutieren Sie die Funktion. Interpretieren Sie die Ergebnisse.

Definitionsbereich: Bei der Diskussion der Funktion sind nur Wirkstoffmengen zwischen 0 und 3 mg relevant.

Der Definitionsbereich ist $D_R = [0; 3]$.

Achsenschnittpunkte: Der Schnittpunkt mit der y-Achse liegt im Ursprung. Dies ist sinnvoll, da bei der Wirkstoffmenge 0 auch keine Reaktion vorhanden sein sollte. Die zweite Nullstelle besagt, dass der Wirkstoff auch bei 3 mg keine Reaktion hervorruft.

$S_y(0|0)$ ▶ $x = 0$; y-Koordinate aus Gleichung abgelesen
Bedingung für Nullstellen: $R(x_N) = 0$
$-0{,}5x_N^3 + 1{,}5x_N^2 = 0$
$\Leftrightarrow x_N^2(-0{,}5x_N + 1{,}5) = 0$ ▶ Satz vom Nullprodukt
$\Leftrightarrow x_{N_1} = 0;\ x_{N_2} = 3$

Ableitungen: Die 1. Ableitung gibt an, wie stark sich die Reaktion auf den Wirkstoff bei verschiedenen Dosen ändert.

$R'(x) = -1{,}5x^2 + 3x$
$R''(x) = -3x + 3;\quad R'''(x) = -3$

Extrempunkte: Wir erhalten ein lokales Maximum bei der Wirkstoffmenge 2 mg und ein lokales Minimum bei 0 mg.

Notwendige Bedingung: $R'(x_E) = 0$
$-1{,}5x_E^2 + 3x_E = 0 \Leftrightarrow -1{,}5x_E(x_E - 2) = 0$
$\Leftrightarrow x_{E_1} = 0;\ x_{E_2} = 2$

Hinreichende Bedingung: $R''(x_E) \neq 0$
$R''(2) = -3 < 0 \Rightarrow$ Hochpunkt
$R''(0) = 3 > 0 \Rightarrow$ Tiefpunkt
$R(2) = 2 \Rightarrow H(2|2);\ R(0) = 0 \Rightarrow T(0|0)$

Wendepunkte: Bei einer Wirkstoffkonzentration von 1 mg liegt ein Wendepunkt vor. Die Bedeutung entnehmen wir dem Schaubild.

Notwendige Bedingung: $R''(x_W) = 0$
$-3x_W + 3 = 0 \Leftrightarrow x_W = 1$

Hinreichende Bedingung: $R'''(x_W) \neq 0$
$R'''(1) = -3 \neq 0 \Rightarrow$ Wendepunkt
y-Wert berechnen: $R(1) = 1 \Rightarrow W(1|1)$

Schaubild: Da die Funktion R nur im Intervall [0; 3] definiert ist, gibt es keine Funktionswerte, die kleiner als 0 sind. Also liegt bei 0 und auch bei 3 ein globales Minimum vor.
Bis zu einer Dosis von 1 mg steigt die Reaktion immer schneller an (progressiv). Der stärkste Anstieg liegt bei einer Dosis von 1 mg vor (Wendestelle). Danach steigt die Reaktion immer schwächer (degressiv). Bei 2 mg wird die stärkste Reaktion gemessen. Hier liegt ein lokales und wegen des eingeschränkten Definitionsbereichs auch das globale Maximum der Funktion R vor.

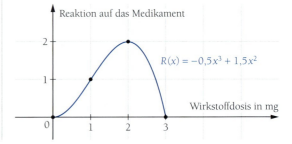

Untersuchen Sie die Funktionen auf markante Punkte und den Globalverlauf.
Zeichnen Sie das Schaubild.

a) $f(x) = 2x^2 - 6x - 8$ b) $f(x) = x^3 - 12x^2 + 36x$ c) $f(x) = 2x^4 - 4x^2$

3.2 Untersuchung von Funktionen

Meist ist nicht eine vollständige Untersuchung aller Eigenschaften einer Funktion gefordert, sondern es werden nur verschiedene Aspekte untersucht, manchmal auch mit weiterführenden Aufgabenstellungen.

Symmetrie und Extrempunkte

20 Gegeben ist die Funktion f mit $f(x) = 0{,}25x^4 - 4{,}5x^2 + 8$. Zeigen Sie, dass das Schaubild der Funktion achsensymmetrisch zur y-Achse ist. Bestimmen Sie die Koordinaten der Extrempunkte und zeichnen Sie das Schaubild. Nutzen Sie, wenn möglich, die Symmetrieeigenschaften aus.

Symmetrie: Jede x-Potenz im Funktionsterm hat einen geradzahligen Exponenten. Daher ist das Schaubild symmetrisch zur y-Achse.

Für alle $x \in \mathbb{R}$ gilt:
$$f(-x) = 0{,}25(-x)^4 - 4{,}5(-x)^2 + 8$$
$$= 0{,}25x^4 - 4{,}5x^2 + 8 = f(x)$$

Ableitungen: Wir bestimmen die Ableitungen.

$f'(x) = x^3 - 9x; \quad f''(x) = 3x^2 - 9; \quad f'''(x) = 6x$

Extrempunkte: Durch Ausklammern faktorisieren wir den Term, um den Satz vom Nullprodukt anwenden zu können. Wir erhalten drei mögliche Extremstellen.

Notwendige Bedingung: $f'(x_E) = 0$
$$x_E^3 - 9x_E = 0$$
$$\Leftrightarrow x_E(x_E^2 - 9) = 0$$
$$\Leftrightarrow x_E = 0 \vee x_E^2 - 9 = 0$$
$$\Rightarrow x_{E_1} = 0;\ x_{E_2} = -3;\ x_{E_3} = 3$$

Wegen $f'(0) = 0$ und $f''(0) < 0$ ist $x_{E_1} = 0$ Maximalstelle. Wegen $f'(-3) = 0$ und $f''(-3) > 0$ ist $x_{E_2} = -3$ Minimalstelle. Aufgrund der Symmetrie zur y-Achse ist auch $x_{E_3} = 3$ Minimalstelle.

Hinreichende Bedingung: $f''(x_E) \neq 0$
$x_{E_1} = 0$: $\quad f''(0) = -9$
$x_{E_2} = -3$: $\quad f''(-3) = 18$

Ebenfalls aufgrund der Symmetrie können wir uns Rechenarbeit bei der Bestimmung der y-Koordinaten der Tiefpunkte sparen.
Die Extrempunkte sind $H(0|8)$, $T_1(-3|-12{,}25)$ und $T_2(3|-12{,}25)$.

Berechnung der y-Koordinaten:
$f(0) = 8; f(-3) = -12{,}25 = f(3)$

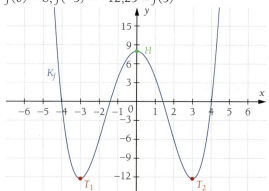

Abschließend wird mithilfe einer Wertetabelle das Schaubild skizziert. Markante Punkte sind die ermittelten Extremstellen. Die Symmetrie erspart uns Rechenarbeit beim Aufstellen der Wertetabelle.

x	−5	−4	−3	−2	−1	0
x	5	4	3	2	1	0
$f(x)$	51,75	0	−12,25	−6	3,75	8

---

1. Betrachten Sie die Funktion aus Beispiel 20.
a) Berechnen Sie die Koordinaten der Wendepunkte.
b) Geben Sie die Gleichung der Wendetangenten an.
c) Begründen Sie auf zwei verschiedene Arten, dass sich die Wendetangenten auf der x-Achse schneiden.

2. Gegeben ist die Funktion f mit $f(x) = x^3 - 2x - 1{,}5$.
a) Bestimmen Sie rechnerisch die Art und Lage der Extrempunkte.
b) Begründen Sie, dass das Schaubild die x-Achse nur genau einmal schneidet.

3 Differenzialrechnung

21 Krümmungsverhalten und Wendetangente

Gegeben ist die Funktion f mit $f(x) = -\frac{1}{8}x^3 + \frac{3}{4}x^2 - \frac{3}{2}x + 2$. Bestimmen Sie die Gleichungen der Wendetangenten und beschreiben Sie das Krümmungsverhalten des Schaubildes. Fertigen Sie eine Skizze an.

Ableitungen:
Zur Ermittlung der Wendetangente müssen zunächst die Wendepunkte bestimmt werden. Dafür werden die ersten drei Ableitungen benötigt.

$f'(x) = -\frac{3}{8}x^2 + \frac{3}{2}x - \frac{3}{2}$
$f''(x) = -\frac{3}{4}x + \frac{3}{2}$
$f'''(x) = -\frac{3}{4}$

Wendepunkte:
Wir erhalten mithilfe der notwendigen Bedingung $x_W = 2$. Wegen $f''(2) = 0$ und $f'''(2) \neq 0$ ist $x_W = 2$ Wendestelle des Schaubildes.

Notwendige Bedingung: $f''(x_W) = 0$
$-\frac{3}{4}x_W + \frac{3}{2} = 0 \Leftrightarrow x_W = 2$

Hinreichende Bedingung: $f'''(x_W) \neq 0$
$f'''(2) = -\frac{3}{4} \neq 0$

Mit der Funktionsgleichung von f erhalten wir den Wendepunkt $W(2|1)$.

Berechnung der y-Koordinate:
$f(2) = 1 \Rightarrow W(2|1)$

Tangente: Zunächst müssen wir die Steigung im Punkt W ermitteln und diese in die Tangentengleichung einsetzen: Die Steigung im Wendepunkt ist null. Somit liegt ein Sattelpunkt vor und die Wendetangente ist parallel zur x-Achse. Ihre Gleichung lautet $y = 1$.

Steigung an der Wendestelle:
$f'(2) = 0$

Einsetzen in die Punkt-Steigungsform:
$t: \quad y = f'(2) \cdot (x - 2) + f(2)$
$\Leftrightarrow y = 0 \cdot (x - 2) + 1 = 1$

Krümmungsverhalten:
Der Wendepunkt stellt die Grenze der Krümmungsintervalle dar. Deswegen untersuchen wir mithilfe einer „Teststelle" jeweils vor und nach der Wendestelle den Wert von $f''(x)$.
Wegen $f''(x) > 0$ ist das Schaubild von f linksgekrümmt für $x < 2$ und rechtsgekrümmt für $x > 2$, da für $x > 2$ gilt $f''(x) < 0$.

x	1	2	3
$f''(x)$	$-\frac{3}{4} + \frac{3}{2}$ $= 0{,}75 > 0$	0	$-\frac{3}{4} \cdot 3 + \frac{3}{2}$ $= -0{,}75 < 0$
Krümmung	links		rechts

Schaubild:
Abschließend können wir das Schaubild skizzieren. Eine Wertetabelle kann das Anfertigen der Zeichnung erleichtern.

x	−2	−1	0	1	2	3	4	5	6
$f(x)$	9	4,4	2	1,1	1	0,9	0	−2,3	−7

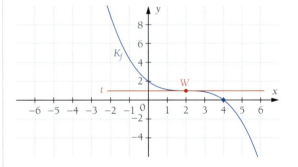

Einer der markanten Punkte ist der Wendepunkt $W(2|1)$. An diesem wird die Wendetangente $y = 1$ eingezeichnet.

Gegeben ist die Funktion f mit $f(x) = -0{,}5x^4 + x^3$.
a) Zeigen Sie, dass das Schaubild von f zwei Punkte mit waagrechter Tangente besitzt. Prüfen Sie, welcher der beiden Punkte ein Sattelpunkt ist.
b) Zeigen Sie, dass $W(1|0{,}5)$ ein weiterer Wendepunkt ist.
c) Bestimmen Sie die Funktionsgleichung der Wendetangente an diesem Punkt.

3.2 Untersuchung von Funktionen

Extrempunkte und Krümmungsverhalten

Ermitteln Sie die Extrempunkte des Schaubildes von g mit $g(x) = 0{,}5\,e^{-x} + x$.
Beschreiben Sie damit das Krümmungsverhalten des Schaubildes und überprüfen Sie es rechnerisch.
Skizzieren Sie das Schaubild der Funktion.

Zur Ermittlung von **Extrempunkten** werden die ersten beiden Ableitungen benötigt.

$g'(x) = -0{,}5\,e^{-x} + 1$
$g''(x) = 0{,}5\,e^{-x}$

Die notwendige Bedingung für Extremstellen liefert uns die mögliche Extremstelle $x_E = -\ln(2)$. Diese setzen wir zur Überprüfung der hinreichenden Bedingung in die zweite Ableitung ein. Es gilt $g''(-\ln(2)) = 1$ und damit $g''(x_E) > 0$.

Notwendige Bedingung: $g'(x_E) = 0$
$\Leftrightarrow -0{,}5\,e^{-x_E} + 1 = 0$
$\Leftrightarrow e^{-x_E} = 2$
$\Leftrightarrow -x_E = \ln(2)$
$\Leftrightarrow x_E = -\ln(2)$
$\quad\quad \approx -0{,}69$

Hinreichende Bedingung: $g''(x_E) \neq 0$
$g''(-\ln(2)) = 0{,}5\,e^{\ln(2)}$
$\quad\quad\quad\quad = 0{,}5 \cdot 2$
$\quad\quad\quad\quad = 1 > 0$

Somit haben wir an der Stelle $x = 0$ einen Tiefpunkt. Wir berechnen mithilfe der Funktionsgleichung den y-Wert an der Stelle $x = -\ln(2)$. Die Koordinaten des Tiefpunktes sind $T(-\ln(2)\,|\,1-\ln(2))$.

Berechnung der y-Koordinate:
$g(-\ln(2)) = 0{,}5\,e^{\ln(2)} - \ln(2)$
$\quad\quad\quad\quad = 1 - \ln(2) \approx 0{,}31$
$\Rightarrow$ Tiefpunkt $T(-\ln(2)\,|\,1-\ln(2))$

Krümmungsverhalten: Da das Schaubild von g als Extrempunkt nur einen Tiefpunkt hat, muss das Schaubild von g über den gesamten Definitionsbereich linksgekrümmt sein.

Rechnerisch überprüfen wir das mit der zweiten Ableitung. Da $g''(x) = 0{,}5\,e^{-x} > 0$ für alle $x \in \mathbb{R}$ ist, kann es keine Wendestellen geben – die Kurve ist über den gesamten Definitionsbereich linksgekrümmt.

Um das **Schaubild** zu zeichnen, können wir eine Wertetabelle zuhilfe nehmen.

x	-2	-1	0	1	2	3	4	5	6
$f(x)$	$1{,}7$	$0{,}4$	$0{,}5$	$1{,}2$	2	3	4	5	6

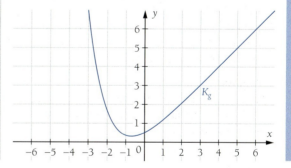

---

1. Zeigen Sie, dass die Schaubilder der folgenden Funktionen keine Extrempunkte besitzen.
a) $f(x) = \frac{1}{2}e^x - 1$
b) $f(x) = e - e^{-x}$
c) $f(x) = 0{,}2\,e^{2x} + 2$

2. Gegeben ist die Funktion f mit $f(x) = -e^x + x$.
a) Untersuchen Sie f auf Extrempunkte.
b) Beschreiben Sie das Krümmungsverhalten von f.

3 Differenzialrechnung

23 Untersuchung einer trigonometrischen Funktion

Gegeben ist die Funktion h mit $h(x) = \sin(\pi x) + 1$ mit $x \in [-1; 3]$.
Bestimmen Sie die Schnittpunkte mit den Koordinatenachsen und zeigen Sie, dass $H_1\left(\frac{1}{2} \mid 2\right)$ und $H_2\left(\frac{5}{2} \mid 2\right)$ Hochpunkte des Schaubildes sind.
Begründen Sie, warum die Schnittpunkte mit der x-Achse zugleich die Tiefpunkte sind. Skizzieren Sie das Schaubild.

Den Schnittpunkt mit der y-Achse erhalten wir durch Einsetzen von 0 in die Funktionsgleichung.

$h(0) = \sin(0) + 1 = 1 \Rightarrow S_y(0 \mid 1)$

Bei der Berechnung der Nullstellen substituieren wir: $z = \pi x_N$. Anschließend überlegen wir, für welche z-Werte $\sin(z) = -1$ gilt. ▶ Seite 153
Bei der anschließenden Rücksubstitution betrachten wir von allen möglichen Lösungen nur diejenigen, die im Intervall $[-1; 3]$ liegen.
Wir erhalten die Nullstellen $x_{N_1} = -\frac{1}{2}$ und $x_{N_2} = \frac{3}{2}$.

$$\begin{aligned} & h(x_N) = 0 \\ \Leftrightarrow\ & \sin(\pi x_N) + 1 = 0 \\ \Leftrightarrow\ & \sin(\pi x_N) = -1 \\ \Rightarrow\ & \sin(z) = -1 \\ \Rightarrow\ & z = \ldots;\ -\tfrac{\pi}{2};\ \tfrac{3}{2}\pi;\ \tfrac{7}{2}\pi;\ \ldots \\ \Rightarrow\ & \pi x_N = \ldots;\ -\tfrac{\pi}{2};\ \tfrac{3}{2}\pi;\ \tfrac{7}{2}\pi; \\ \Leftrightarrow\ & x_N = \ldots;\ -\tfrac{1}{2};\ \tfrac{3}{2};\ \tfrac{7}{2};\ \ldots \end{aligned}$$

Für die Überprüfung der **Extrempunkte** werden die ersten zwei Ableitungen benötigt.
Wir prüfen die x-Koordinaten der gegebenen Punkte mithilfe der notwendigen Bedingung. Da diese in beiden Fällen erfüllt ist, müssen wir nur noch prüfen, ob die zweite Ableitung an den möglichen Extremstellen kleiner als null ist (hinreichende Bedingung).
Da auch dies der Fall ist, sind $H_1\left(\frac{1}{2} \mid 2\right)$ und $H_2\left(\frac{5}{2} \mid 2\right)$ Hochpunkte des Schaubildes.

$h'(x) = \pi \cdot \cos(\pi x)$
$h''(x) = -\pi^2 \cdot \sin(\pi x)$

Prüfen der notwendigen Bedingung:
$H_1\left(\frac{1}{2} \mid 2\right)$:
$h'\left(\frac{1}{2}\right) = \pi \cdot \cos\left(\pi \cdot \frac{1}{2}\right) = \pi \cdot \cos\left(\frac{\pi}{2}\right) = \pi \cdot 0 = 0$
$H_2\left(\frac{5}{2} \mid 2\right)$:
$h'\left(\frac{5}{2}\right) = \pi \cdot \cos\left(\pi \cdot \frac{5}{2}\right) = \pi \cdot \cos\left(5\frac{\pi}{2}\right) = \pi \cdot 0 = 0$

Prüfen der hinreichenden Bedingung:
$H_1\left(\frac{1}{2} \mid 2\right)$:
$h''\left(\frac{1}{2}\right) = -\pi^2 \cdot \sin\left(\pi \cdot \frac{1}{2}\right) = -\pi^2 \cdot 1 = -\pi^2 < 0$
$H_2\left(\frac{5}{2} \mid 2\right)$:
$h''\left(\frac{5}{2}\right) = -\pi^2 \cdot \sin\left(\pi \cdot \frac{5}{2}\right) = -\pi^2 \cdot 1 = -\pi^2 < 0$

Die beiden Schnittpunkte mit der x-Achse haben die y-Koordinate null. Die Hochpunkte haben die y-Koordinate 2. Die Amplitude des Schaubildes von h ist 1, da der Faktor vor dem Sinusterm 1 ist. Damit ist die y-Differenz zwischen Hoch- und Tiefpunkt also $2 \cdot 1 = 2$. Somit gibt es keine Punkte mit einer y-Koordinate kleiner als 0. Dies heißt, die Schnittpunkte mit der x-Achse sind die Tiefpunkte des Schaubildes von h.

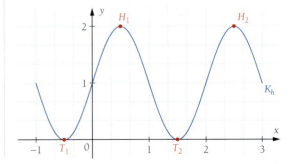

Untersuchen Sie das Schaubild von f auf Schnittpunkte mit den Koordinatenachsen sowie auf Extrem- und Wendepunkte.
a) $f(x) = 2\cos(x) - 0{,}5;\ x \in [0; 8]$ b) $f(x) = \frac{2}{\pi}\sin(x);\ x \in [-1; 7]$ c) $f(x) = -\cos(2\pi x);\ x \in [0; 1]$

250

3.2 Untersuchung von Funktionen

Bei der Untersuchung von Schaubildern ist es hilfreich, sich noch einmal den Zusammenhang zwischen den Eigenschaften von f, f' und f'' bezogen auf Nullstellen, Extrempunkte und Wendepunkte zu verdeutlichen. Diese kennen wir bereits aus Abschnitt 3.2.2 (▶ Seite 242). Hier entwickeln wir aber eine Merkregel, die wir auch bei der Untersuchung von Funktionen bzw. ihren Schaubildern nutzen können.

NEW-Regel

Gegeben ist das Schaubild einer Funktion f. Beschreiben Sie den Zusammenhang zwischen den Nullstellen, Extrempunkten und Wendepunkten von f, f' und f'' anhand ihrer Schaubilder.

Wir erkennen, dass die **E**xtrempunkte von f genau die **N**ullstellen mit Vorzeichenwechsel im Schaubild von f' sind.

Die **W**endepunkte von f sind genau die **E**xtremstellen bei f' und damit wiederum die **N**ullstellen mit Vorzeichenwechsel bei f''.

Wir erhalten die gleichen Zusammenhänge, wenn wir von f' oder f'' ausgehen würden.

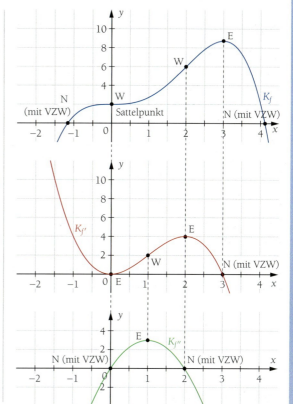

Diese Zusammenhänge können wir schematisch zu der **NEW-Regel** zusammenfassen.

f	**N**ullstelle (mit VZW)	**E**xtremstelle	**W**endestelle	
f'		**N**ullstelle (mit VZW)	**E**xtremstelle	**W**endestelle
f''			**N**ullstelle (mit VZW)	**E**xtremstelle	**W**endestelle

Das Schema wird spaltenweise gelesen, je nach Zusammenhang von unten nach oben oder auch umgekehrt:
  Nullstelle von f''
= **E**xtremstelle von f'
= **W**endestelle von f

Achtung: Wichtig ist, dass das „N" in NEW nicht nur mit „Nullstelle" übersetzt wird. Die Merkregel gilt nur für Nullstellen mit Vorzeichenwechsel, also nicht bei Berührpunkten.

Erläutern Sie anhand der in Beispiel 24 abgebildeten Schaubilder von f und f', warum die NEW-Regel bei einer Nullstelle ohne Vorzeichenwechsel nicht gilt.

3 Differenzialrechnung

  Anwendung der NEW-Regel

Gegeben sind die folgenden drei Schaubilder.

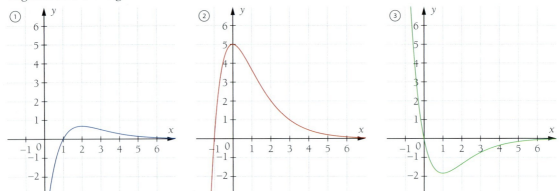

Es sind die Schaubilder einer Funktion f, ihrer ersten Ableitung f' und ihrer zweiten Ableitung f''. Geben Sie an, welches Schaubild zu f, welches zu f' und welches zu f'' gehört. Begründen Sie Ihre Antwort.

Gemäß der NEW-Regel hat an der Extremstelle einer Funktion das Schaubild der Ableitungsfunktion eine Nullstelle (mit VZW).

Für die Zuordnung suchen wir also in den Schaubildern nach Extremstellen – und in welchem Schaubild es an der gleichen Stelle eine Nullstelle gibt.

Zur Extremstelle bei $x = 0$ in Schaubild 2 gibt es eine Nullstelle in Schaubild 3.
In Schaubild 3 gibt es zur Extremstelle bei $x = 1$ eine Nullstelle in Schaubild 1.
Somit ist Schaubild 2 das Schaubild von f, Schaubild 3 dasjenige von f' und Schaubild 1 das Schaubild von f''.

	Extremstellen	Nullstellen	Schaubild
①	$x = 2$	$x = 1$	f''
②	$x = 0$	$x = -1$	f
③	$x = 1$	$x = 0$	f'

 Gegeben sind die Schaubilder von f, f' und f''. Geben Sie an, welches Schaubild zu welcher Funktion gehört.

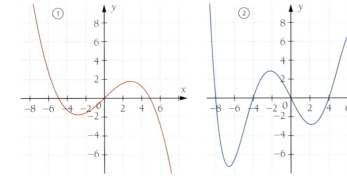
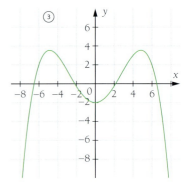

3.2 Untersuchung von Funktionen

Exkurs: Physikalisch-technische Anwendung

Bei technischen Anwendungen sind viele Größen oft vom Zeitpunkt des Betrachtens abhängig. Häufig können sie als Funktion abhängig von der Zeit dargestellt werden. Das ist beispielsweise der Fall bei Bewegungsabläufen, bei Mehrkörpersystemen in der Mechanik, aber auch in der Wechselstromtechnik, etwa in Schwingkreisen oder an elektronischen Bauteilen wie Spule, Kondensator und Widerstand.

Testfahrt

Während der Entwicklung und Erprobung eines neuen Fahrzeugmodells werden vom Hersteller umfangreiche Testfahrten durchgeführt. Hierzu werden die Fahrzeuge mit verschiedenen Sensoren bestückt, die zahlreiche Werte aufzeichnen können. Der Fahrtenschreiber hat den zurückgelegten Weg bei einer Testfahrt als Weg-Zeit-Funktion s mit $s(t) = \frac{1}{125}t^4 - \frac{6}{25}t^3 + \frac{12}{5}t^2 + 20t$ in $I = [0; 15]$ dokumentiert (s in Metern, t in Sekunden).
Ermitteln Sie für die weitere Analyse der Testfahrt die Teilintervalle, in denen das Fahrzeug beschleunigte bzw. abbremste, sowie den maximalen Bremswert und die Geschwindigkeit zu diesem Zeitpunkt.

Im Allgemeinen sind bei Bewegungsvorgängen die Geschwindigkeit und die Beschleunigung zeitabhängig. So ist die Geschwindigkeit die (momentane) Änderung des Weges in Abhängigkeit von der Zeit. Mathematisch ist dies nichts anderes als die erste Ableitung des Weges nach der Zeit:

$v(t) = s'(t)$

Die Beschleunigung ist die (momentane) Änderung der Geschwindigkeit in Abhängigkeit von der Zeit. Die Ableitung der Geschwindigkeit nach der Zeit ist die Beschleunigung:

$a(t) = v'(t) = s''(t)$

Nach dieser Vorüberlegung bilden wir nun zuerst die ersten drei Ableitungen der Ausgangsfunktion.

Wir wollen die Beschleunigungs- und Bremsintervalle bestimmen. Dazu müssen wir herausfinden, an welchen Stellen die Beschleunigung ihr Vorzeichen wechselt. Dies entspricht der Bestimmung der Nullstellen von a.
Wir nutzen hier die pq-Formel (▶ Seite 18) und erhalten als Nullstellen der Beschleunigungsfunktion a die Werte $t_{N_1} = 5$ und $t_{N_2} = 10$.

Somit können wir im Intervall $I = [0; 15]$ drei Teilintervalle bestimmen. Die Beschleunigungsintervalle werden durch die Nullstellen begrenzt.

Im nächsten Schritt überprüfen wir das Beschleunigungsverhalten des Fahrzeugs im ersten Teilintervall. Wir setzen dazu einen beliebigen t-Wert aus dem Teilintervall in die Beschleunigungsfunktion ein.

$s(t) = \frac{1}{125}t^4 - \frac{6}{25}t^3 + \frac{12}{5}t^2 + 20t$
$s'(t) = \frac{4}{125}t^3 - \frac{18}{25}t^2 + \frac{24}{5}t + 20 = v(t)$
$s''(t) = \frac{12}{125}t^2 - \frac{36}{25}t + \frac{24}{5} \qquad = v'(t) = a(t)$
$s'''(t) = \frac{24}{125}t - \frac{36}{25} \qquad\qquad = v''(t) = a'(t)$

$$a(t_N) = 0$$
$$\Leftrightarrow \frac{12}{125}t_N^2 - \frac{36}{25}t_N + \frac{24}{5} = 0$$
$$\Leftrightarrow t_N^2 - 15t_N + 50 = 0$$
$$\Leftrightarrow t_{N_{1;2}} = -\frac{-15}{2} \pm \sqrt{\left(-\frac{15}{2}\right)^2 - 50}$$
$$\Rightarrow t_{N_1} = 5;\ t_{N_2} = 10$$

$I_{B_1} =]0;\ 5[;\ I_{B_2} =]5;\ 10[;\ I_{B_3} =]10;\ 15[$

$I_{B_1} =]0;\ 5[$

$a(3) = \frac{12}{125} \cdot 3^2 - \frac{36}{25} \cdot 3 + \frac{24}{5} = \frac{168}{125} = 1{,}344 \frac{m}{s^2} > 0$

$\Rightarrow$ In I_{B_1} beschleunigt das Fahrzeug.

3 Differenzialrechnung

- In den anderen beiden Teilintervallen gehen wir
- analog vor.

$I_{B_2} = \;]5; 10[$

$a(8) = \frac{12}{125} \cdot 8^2 - \frac{36}{25} \cdot 8 + \frac{24}{5} = -\frac{72}{125} = -0{,}576 \frac{m}{s^2}$

$\Rightarrow$ In I_{B_2} bremst das Fahrzeug.

$I_{B_3} = \;]10; 15[$

$a(12) = \frac{12}{125} \cdot 12^2 - \frac{36}{25} \cdot 12 + \frac{24}{5} = \frac{168}{125} = 1{,}344 \frac{m}{s^2}$

$\Rightarrow$ In I_{B_3} beschleunigt das Fahrzeug.

Wir wollen nun die maximale Bremswirkung bestimmen. Dazu ermitteln wir das Minimum von a mit der notwendigen und hinreichenden Bedingung. Als mögliche Extremstelle erhalten wir $t_E = 7{,}5$.

Notwendige Bedingung für Extrema: $a'(t_E) = 0$

$\frac{24}{125} t_E - \frac{36}{25} = 0$

$\Leftrightarrow 24 t_E - 180 = 0 \Leftrightarrow \mathbf{t_E = 7{,}5}$

Die Überprüfung mit der hinreichenden Bedingung bestätigt t_E als lokale Minimalstelle von a.

Hinreichende Bedingung: $a''(t_E) \neq 0$

$a''(t_E) = \frac{24}{125} > 0 \Rightarrow t_E$ ist Minimalstelle

Den Wert der maximalen Bremswirkung berechnen wir, indem wir t_E in die Funktionsgleichung von a einsetzen.
Die zugehörige Geschwindigkeit erhalten wir durch das Einsetzen von t_E in die Gleichung von v. Das Ergebnis für die Geschwindigkeit rechnen wir von $\frac{m}{s}$ in $\frac{km}{h}$ um, indem wir mit 3,6 multiplizieren.

Das Fahrzeug bremst im angegebenen Intervall nach 7,5 s am stärksten. Die maximale Bremswirkung beträgt $-0{,}6 \frac{m}{s^2}$ bei einer Geschwindigkeit von ca. $105 \frac{km}{h}$.

Berechne Funktionswert:
$a(7{,}5) = -0{,}6 \frac{m}{s^2}$

$v(7{,}5) = 29 \frac{m}{s} = 104{,}4 \frac{km}{h}$

Bremsen bedeutet negative Beschleunigung.

Oftmals wird die erste Ableitung einer Funktion nach der Zeit t statt mit einem kleinen Strich mit einem Punkt über dem Funktionsnamen gekennzeichnet. Die höheren Ableitungen werden demnach mit mehreren Punkten versehen. Man schreibt: $v(t) = \dot{s}(t)$ bzw. $a(t) = \dot{v}(t) = \ddot{s}(t)$

1. Eine gegebene Bewegung kann beschrieben werden durch die Funktion s mit $s(t) = \frac{1}{2} a \cdot t^2$. Geben Sie die zugehörige Geschwindigkeitsfunktion v an. Zeigen Sie zudem, dass eine konstante Beschleunigung vorliegt.

2. Untersuchen Sie mithilfe eines digitalen mathematischen Werkzeugs, in welchen charakteristischen Punkten einer beliebigen Weg-Zeit-Funktion s die maximale Geschwindigkeit vorliegt. Begründen Sie Ihre Vermutung.

3. Bei einem Fahrzeug wurde die Geschwindigkeit v mit $v(t) = -\frac{2}{45} t^2 + \frac{4}{3} t$ in $I = [0; 20]$ ermittelt.
   a) Berechnen Sie, wann der Fahrer den Bremsvorgang beginnt.
   b) Bestimmen Sie die Funktionsgleichung einer möglichen Weg-Zeit-Funktion s für die Fahrt des Fahrzeugs.

Übungen zu 3.2.3

1. Untersuchen Sie die folgenden Funktionen auf Symmetrie, Globalverlauf, Schnittpunkte mit den Koordinatenachsen, Hoch-, Tief- und Wendepunkte. Fertigen Sie jeweils eine Zeichnung an.
   a) $f(x) = \frac{1}{3}x^3 - x$
   b) $f(x) = \frac{1}{6}x^3 + x^2 + 2x$
   c) $f(x) = x^4 + x^2 - 20$
   d) $f(x) = \frac{1}{4}x^3 + x^2 - 2$
   e) $f(x) = -0{,}5x^4 + 3x^2$
   f) $f(x) = e^{2x} - e^x$
   g) $f(x) = x + e^{-2x}$
   h) $f(x) = 2e^x - e^{2x}$
   i) $f(x) = 2\sin(x) + 1{,}5;\ x \in [-3;\ 6]$
   j) $f(x) = \cos(x) - x - 1;\ x \in [-3;\ 4]$
   k) $f(x) = 1 - \sin(\pi x);\ x \in [-1;\ 3]$

2. Untersuchen Sie das Schaubild von f mit $f(x) = \frac{1}{8}x^4 - \frac{3}{4}x^2$ auf Wendepunkte. Berechnen Sie die beiden Wendetangenten und zeigen Sie, dass die Tangenten sich senkrecht schneiden.

3. Gegeben ist die Funktion f mit $f(x) = -8x^3 + 6x^2 - 1$. Das Schaubild von f ist K.
   a) Beschreiben Sie den Verlauf von K.
   b) Berechnen Sie die Koordinaten der Extrempunkte von K.
      Wie viele Nullstellen hat das Schaubild?
   c) In welchem Intervall ist K linksgekrümmt?

4. Ermitteln Sie die Nullstellen der Funktion f mit $f(x) = -\frac{1}{30}x^4 + \frac{1}{30}x^3 + x^2$.
   In welchem Intervall ist das Schaubild von f linksgekrümmt?
   Berechnen Sie die Schnittpunkte des Schaubildes von f mit der Normalparabel $g(x) = x^2$.
   In welchen Intervallen verläuft das Schaubild der Normalparabel über dem Schaubild von f?

5. Überprüfen Sie, ob f mit $f(x) = \sin(x) - x - 1$; $x \in [-1;\ 10]$ Extrempunkte besitzt.
   Bestimmen Sie – falls vorhanden – die Wendestellen und nenne Sie deren Besonderheit.
   Zeigen Sie, dass das Schaubild von f die x-Achse nicht berührt.

6. Gegeben ist f mit $f(x) = \frac{1}{4}e^{2x} - 2e^x + c$
   a) Bestimmen Sie c so, dass das Schaubild von f die x-Achse berührt.
   b) Zeigen Sie, dass f für alle c für $x > 0$ stets linksgekrümmt ist.

7. Gegeben ist das Schaubild der 1. Ableitung einer Funktion f.

   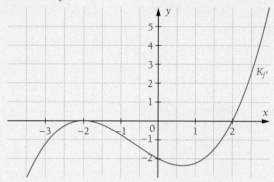

   Entscheiden Sie begründet, ob folgende Aussagen wahr, falsch oder nicht entscheidbar sind.
   a) Das Schaubild von f hat zwei Wendepunkte.
   b) Das Schaubild von f hat zwei Extrempunkte.
   c) Das Schaubild von f hat eine Nullstelle.
   d) Das Schaubild von f hat einen Hochpunkt.
   e) Das Schaubild von f'' hat einen Extrempunkt.

8. Corinna ist die ältere Schwester von Marie. Jedes Mal, wenn Marie einen Monat älter wird, misst Corinna nach, wie groß ihre kleine Schwester geworden ist. Jetzt hat sie gelesen, dass sich das Wachstum eines Kindes in den ersten neun Lebensmonaten annähernd durch die Funktion g mit $g(t) = -0{,}02t^3 + 0{,}09t^2 + 3{,}285t + 50{,}625$ beschreiben lässt.
   a) Zeichnen Sie das Schaubild von g im Intervall $[0;\ 9]$ mithilfe einer Wertetabelle und beschreiben Sie anhand der Zeichnung das Wachstum eines Kindes in den ersten neun Lebensmonaten.
   b) Untersuchen Sie die Funktion g auf Extrem- und Wendestellen. Bestimmen Sie die Punktkoordinaten und markieren Sie die Punkte in der Zeichnung.
   c) Interpretieren Sie die Bedeutung des Wendepunktes im Kontext der Aufgabe.
   d) Begründen Sie, warum g nicht geeignet ist, das Wachstum eines Kindes im gesamten ersten Lebensjahr darzustellen.

Übungen zu 3.2

1. Gegeben sind die Schaubilder zweier Funktionen. Geben Sie an, ob und für welche der beiden Funktionen die folgenden Eigenschaften jeweils erfüllt sind.

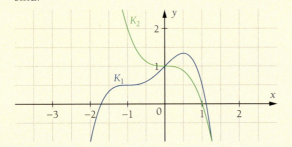

a) $f'(0) = 0$
b) $f'(1) = 0$
c) f ist monoton fallend.
d) $f'(x) < 0$ für $x > 0$
e) f ist monoton steigend für $x < 0$.
f) $f''(0) = 0$
g) $f'(0) > 0$
h) f ist rechtsgekrümmt für $x > 1$.
i) $f''(-1) > 0$
j) Es gibt zwei Stellen mit $f'(x) = 0$.
k) f hat kein Extremum.

2. Entscheiden Sie, ob folgende Aussagen wahr oder falsch sind. Begründen Sie jeweils Ihre Entscheidung, ggf. durch ein Gegenbeispiel.
a) Das Schaubild einer quadratischen Funktion hat keinen Wendepunkt.
b) Das Schaubild einer ganzrationalen Funktion 3. Grades hat entweder zwei Extrempunkte oder einen Sattelpunkt.
c) Das Schaubild einer ganzrationalen Funktion 4. Grades hat drei Extrempunkte.
d) Zwischen zwei Extrempunkten liegt immer ein Wendepunkt.
e) Zwischen zwei Wendepunkten liegt immer ein Extrempunkt.
f) Wenn für eine Stelle x_E die notwendige Bedingung nicht erfüllt ist, ist x_E keine Extremstelle.
g) Wenn für eine Stelle x_E die hinreichende Bedingung $f''(x_E) \neq 0$ nicht erfüllt ist, ist x_E keine Extremstelle.
h) Wenn für eine Stelle x_E die notwendige Bedingung $f'(x_E) = 0$ erfüllt und das VZW-Kriterium nicht erfüllt ist, ist x_E keine Extremstelle.

3. Folgende Werte sind von einer ganzrationalen Funktion f und ihren Ableitungen bekannt.

x	-2	-1	0	1	2
$f(x)$	$-1,6$	0	$-0,8$		0
$f'(x)$		0		0	$3,6$
$f''(x)$	$-4,8$	$-2,4$		$2,4$	

Entscheiden Sie begründet, ob die folgenden Aussagen wahr, falsch oder unentscheidbar sind.
a) Der Punkt $P(-2|-1,6)$ liegt auf K_f.
b) f hat eine doppelte Nullstelle bei $x = -1$.
c) f ist monoton steigend.
d) f hat ein Maximum bei $x = -1$.
e) f hat genau zwei Extremstellen.
f) f hat genau zwei Nullstellen.

4. Gegeben ist das Schaubild einer ganzrationalen Funktion dritten Grades.
Die Funktionsgleichung hat Produktform: $f(x) = a(x - x_1)(x - x_2)(x - x_3)$.

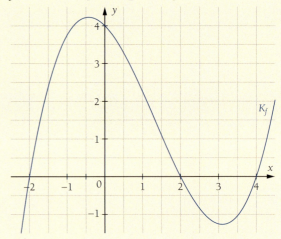

Geben Sie die Funktionsgleichung mithilfe der Zeichnung an. Bestimmen Sie die Koordinaten des Hochpunktes und des Tiefpunktes.

5. Gegeben ist f mit $f(x) = -12x^3 + x + d$.
a) Bestimmen Sie d so, dass das Minimum auf der x-Achse liegt.
b) Bestimmen Sie d so, dass das Maximum auf der x-Achse liegt.

6. Bestimmen Sie die Extremstellen von f mit $f(x) = (x^2 - 1)^2$. Zeigen Sie, dass alle Extremstellen auf der Parabel $g(x) = -x^2 + 1$ liegen. Besitzen die Schaubilder von f und g einen Berührpunkt?

3.2 Untersuchung von Funktionen

7. Gegeben ist die Funktion f mit $f(x) = x^3 - \frac{1}{4}x^4$.
a) Wie lauten die Gleichungen der Tangenten in den Wendepunkten von f?
Ermitteln Sie den Schnittpunkt der beiden Tangenten.
b) Geben Sie die Gleichung der Sekante durch die beiden Wendepunkte an und skizzieren Sie das Schaubild.
Zeigen Sie, dass die Sekante die Kurve an den Stellen $x_{1;2} = 1 \pm \sqrt{5}$ nochmals schneidet.

8. Gegeben ist die Funktion f mit
$f(x) = -\frac{1}{2}x^4 + 3x^3 - 6x^2 + 4x$.
a) Bestimmen Sie die Extremstellen des Schaubildes von f.
b) Geben Sie die Gleichung g der Wendetangente mit negativer Steigung an.
c) Skizzieren Sie das Schaubild und die Wendetangente.
d) Die Koordinatenachsen und g bilden ein Dreieck. Bestimmen Sie die Fläche des Dreiecks.
e) Die Wendetangente g schneidet das Schaubild von f in einem weiteren Punkt P.
Geben Sie die Koordinaten von P an.

9. Gegeben ist die Funktion f mit
$f(x) = 2e^{-0,5x} + x - 2$. Die folgende Abbildung zeigt das Schaubild von f und das Schaubild von f'.

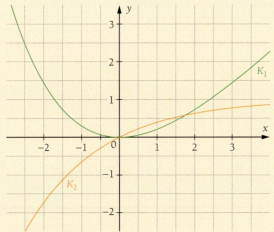

a) Entscheiden Sie, welches Schaubild das von f ist und welches dasjenige von f'.
b) Zeigen Sie sowohl grafisch als auch rechnerisch, dass das Schaubild von f die x-Achse berührt.
c) Beschreiben Sie das Krümmungsverhalten von f.

10. Gegeben ist f mit $f(x) = 2\cos(2x) + 1; x \in [-\pi; \pi]$.
a) Bestimmen Sie die Extrempunkte von f.
b) Zeigen Sie, dass sich die Wendetangenten auf der y-Achse schneiden.
c) Prüfen Sie, ob diese senkrecht aufeinander stehen.

11. Untersuchen Sie das Schaubild von f mit $f(x) = 2x^3 - 3x^5$ auf Symmetrie.
Bestimmen Sie die Koordinaten der Extrem- und Wendepunkte.
Besitzt das Schaubild von f einen Sattelpunkt?
Welchen Abstand haben die beiden parallelen Wendetangenten?

12. Gegeben ist die Funktion f mit
$f(x) = 0,5x^3 - 1,5x + 1$.
a) Zeigen Sie, dass $P(-1|2)$ und $Q(1|0)$ Extrempunkte des Schaubildes sind.
b) Geben Sie die Art der Extrempunkte aus Aufgabenteil a) an.
c) Bestimmen Sie die Krümmungsintervalle von f.
d) Schreiben Sie die Gleichung von f in Produktform auf.
Tipp: Nullstellen
e) Geben Sie eine Funktionsgleichung an, sodass gilt: Das Schaubild von f wird so verschoben, dass es drei Nullstellen gibt.

13. Gegeben ist die Funktion f mit $f(x) = -e^{\frac{1}{2}x} - e^{-\frac{1}{2}x}$.
a) Zeigen Sie, dass f keine Nullstellen besitzt.
b) Zeigen Sie, dass das Schaubild von f symmetrisch ist.
c) Bestimmen Sie den Extrempunkt des Schaubildes von f. Geben Sie auch an, ob es ein Hoch- oder ein Tiefpunkt ist.
d) Begründen Sie, warum das Schaubild von f nur rechtsgekrümmt sein kann, und weisen Sie dies rechnerisch nach.

14. Bei einer U-Bahn-Fahrt wird der Weg s (in m) zwischen zwei Haltestellen als Funktion der Zeit t (in sec) mit folgender Funktion modelliert:
$$s(t) = \begin{cases} 0,5t^2 & \text{für } 0 \leq t \leq 12 \\ 0,2(t+18)^2 - 108 & \text{für } 12 < t \leq 35 \\ 21,2(t-35) + 453,8 & \text{für } 35 < t \leq 38 \\ -0,48(t-60)^2 + 749,72 & \text{für } 38 < t \leq 60 \end{cases}$$
a) Zeichnen Sie das Schaubild von s für $t \in [0; 60]$.
b) Bestimmen Sie die maximale Geschwindigkeit und Beschleunigung der U-Bahn.

3.2 Untersuchung von Funktionen

Ich kann ...

... das **Monotonieverhalten** des Schaubildes einer Funktion bestimmen.
▶ Test-Aufgabe 2

$f(x) = \frac{1}{3}x^3 - 3x$
$f'(x) = x^2 - 3$

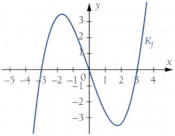

f in $M_1 =]-\infty; -2]$ monoton steigend
f in $M_2 = [-2; 2]$ monoton fallend
f in $M_3 = [2; \infty[$ monoton steigend

$f'(x) \geq 0$ für $x \in M$
$\Leftrightarrow f$ monoton steigend in M
$f'(x) \leq 0$ für $x \in M$
$\Leftrightarrow f$ monoton fallend in M

... das **Krümmungsverhalten** des Schaubildes einer Funktion bestimmen.
▶ Test-Aufgabe 3

$f''(x) = 2x$
f in $K_1 =]-\infty; 0[$ rechtsgekrümmt
f in $K_2 =]0; \infty[$ linksgekrümmt

$f''(x) > 0$ für $x \in K$
$\Leftrightarrow f$ ist linksgekrümmt in K
$f''(x) < 0$ für $x \in K$
$\Leftrightarrow f$ ist rechtsgekrümmt in K

... **Extrempunkte** bestimmen.
▶ Test-Aufgaben 3, 4

$f'(x_E) = 0$
$x_E^2 - 3 = 0$
$x_{E_1} = \sqrt{3}; x_{E_2} = -\sqrt{3}$
$f''(x_{E_1}) = 2\sqrt{3} > 0 \Rightarrow$ Minimum
$f''(x_{E_2}) = -2\sqrt{3} < 0 \Rightarrow$ Maximum
$f(\sqrt{3}) = -2\sqrt{3}; f(-\sqrt{3}) = 2\sqrt{3}$
Tiefpunkt $T(\sqrt{3}|-2\sqrt{3})$
Hochpunkt $H(-\sqrt{3}|2\sqrt{3})$

1. Notwendige Bedingung: $f'(x_E) = 0$
2. Hinreichende Bedingung:
   $f''(x_E) \neq 0$
   $f''(x_E) < 0 \Rightarrow$ lokales Maximum
   $f''(x_E) > 0 \Rightarrow$ lokales Minimum
3. Funktionswerte bestimmen

... **Wendepunkte** bestimmen.
▶ Test-Aufgaben 3, 4, 5

$f''(x_W) = 0$
$2x_W = 0 \Rightarrow x_W = 0$
$f'''(x_W) = 2 \neq 0 \Rightarrow$ Wendepunkt
$f(0) = 0$

1. Notwendige Bedingung: $f''(x_W) = 0$
2. Hinreichende Bedingung:
   $f'''(x_W) \neq 0$
3. Funktionswerte bestimmen

... feststellen, ob ein Wendepunkt ein **Sattelpunkt** ist.

$f'(0) = -3 \neq 0$
$\Rightarrow W$ ist kein Sattelpunkt

Sattelpunkte:
Wendepunkte mit $f'(x_W) = 0$

... das **Schaubild** skizzieren.
▶ Test-Aufgabe 1

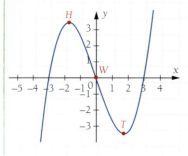

Wertetabelle anfertigen und ermittelte Punkte in Koordinatensystem eintragen

Test zu 3.2

1. Fertigen Sie, soweit möglich, eine Skizze der beschriebenen Schaubilder an. Erläutern Sie gegebenenfalls, warum es nicht möglich ist.
a) Das Schaubild einer ganzrationalen Funktion 3. Grades ist punktsymmetrisch zum Ursprung und hat in $E(2|4)$ einen Extrempunkt.
b) Das Schaubild einer ganzrationalen Funktion 3. Grades berührt die x-Achse bei -1 und hat den Wendepunkt $W(1|-2)$.
c) Das Schaubild einer ganzrationalen Funktion 3. Grades ist punktsymmetrisch zum Ursprung und hat in $W(4|3)$ einen Wendepunkt.
d) Das Schaubild einer ganzrationalen Funktion 4. Grades ist symmetrisch zur y-Achse, schneidet diese bei 2 und hat einen Extrempunkt in $E(2|4)$.
e) Das Schaubild einer Sinusfunktion schneidet die y-Achse bei -2 und berührt die positive x-Achse zum ersten Mal an der Stelle $x = \pi$.

2. Übertragen Sie die folgenden Schaubilder in Ihr Heft und skizzieren Sie jeweils die Schaubilder der ersten und zweiten Ableitung. Kennzeichnen Sie Monotonie- und Krümmungsintervalle.

a)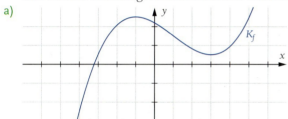
b)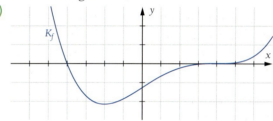

3. Gegeben ist f mit $f(x) = -8(x^2 - 0{,}25)(x - 1{,}5)$.
a) Bestimmen Sie die Extrempunkte.
b) Bestimmen Sie den Wendepunkt.
c) Die Wendetangente bildet mit den Koordinatenachsen ein Dreieck. Berechnen Sie dessen Flächeninhalt.

4. Gegeben ist f mit $f(x) = 2e^{-0{,}5x} - 2$.
a) Zeigen Sie, dass das Schaubild von f weder Extrem- noch Wendepunkte besitzt.
b) Geben Sie die Gleichung der Asymptote an.
c) Zeigen Sie, dass es eine Tangente an das Schaubild von f gibt, die parallel zur Geraden mit $h(x) = -x + 2$ ist.

5. Gegeben ist f mit $f(x) = -\cos\left(\frac{2}{3}x\right) + 1$; $x \in [-2; 5]$.
a) Zeigen Sie, dass das Schaubild von f die x-Achse berührt.
b) Geben Sie die Koordinaten des Punktes an, in dem das Schaubild von f die größte Steigung hat. Bestimmen Sie den Wert der Steigung.

3 Differenzialrechnung

3.3 Anwendungen der Differenzialrechnung

1 Skisprungschanze

Die Mühlenkopfschanze in Willingen ist die größte Skisprung-Großschanze der Welt. Zur Nachwuchsförderung möchte der Skiclub Willingen eine weitere Übungsschanze mit folgenden Abmessungen errichten:
– Höhe der Schanze: 15 m
– Länge der Schanze: 30 m
Die Tangentensteigung am Schanzentisch soll $-\frac{1}{4}$ betragen. Dies entspricht ca. 8,5°.

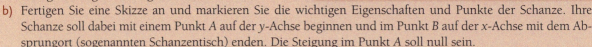

a) Die zu modellierende ganzrationale Funktion ist vom Grad 3. Schreiben Sie eine passende Funktionsgleichung in der allgemeinen Form auf.
b) Fertigen Sie eine Skizze an und markieren Sie die wichtigen Eigenschaften und Punkte der Schanze. Ihre Schanze soll dabei mit einem Punkt A auf der y-Achse beginnen und im Punkt B auf der x-Achse mit dem Absprungort (sogenannten Schanzentisch) enden. Die Steigung im Punkt A soll null sein.
c) Vervollständigen Sie folgende Tabelle in Ihrem Heft und berechnen Sie anschließend eine passende Funktionsgleichung für die Skisprungschanze.

Informationen im Text	Bedingung in mathematischer Schreibweise	Resultierende Gleichung
$A(0\,\vert\,15)$	$f(0) = 15$	…
Stelle mit Steigung $-\frac{1}{4}$	…	…

2 Brückenbogen

Im Zuge der verkehrstechnischen Erschließung eines neuen Stadtteils in Karlsruhe muss eine Brücke in den Rheinhäfen Karlsruhe statisch gefestigt werden. Die denkmalgeschützte Stahlkonstruktion ist dem heutigen Schwerlastverkehr nicht mehr gewachsen. Die beiden Brückenbögen müssen mit einem zusätzlichen Stahlüberbau verstärkt werden. Ermitteln Sie für die weiteren Planungen die Funktionsgleichung des neuen Überbaus.

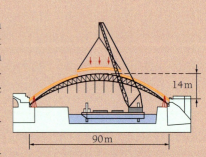

a) Beschreiben Sie den Verlauf des Brückenbogens und legen Sie ein geeignetes Koordinatensystem für eine Skizze fest.
b) Überlegen Sie anhand der Skizze, welche allgemeine Form eine passende Funktionsgleichung hat.
c) Erstellen Sie eine Tabelle mit den Spalten: „Information im Text", „Bedingung in mathematischer Schreibweise" und „Resultierende Gleichung". Berechnen Sie eine passende Funktionsgleichung durch Lösen des aufgestellten Gleichungssystems.

3.3 Anwendungen der Differenzialrechnung

3 Schafsgehege

Ein Schäfer möchte mit seiner Herde nach einem langen Tagesmarsch ein Nachtlager aufschlagen. Als er am Abend an einem großen Anwesen vorbeikommt, kann ihm der Landwirt allerdings keinen freien Stall mehr anbieten. Dies ist kein Problem für den Schäfer, da er seinen 500 Meter langen Zaun immer aufgerollt in seinem Wagen dabei hat. Für ein möglichst großes Gehege bietet der Landwirt ihm an, dass er eine lange Mauer für die Unterbringung seiner Schafe mitbenutzen darf. Entlang dieser Mauer bringt der Schäfer natürlich keinen Zaun an. Er möchte ein rechteckiges Feld umzäunen und überlegt, wie er dies am besten machen kann.

a) Fertigen Sie eine Skizze der im Text beschriebenen Situation an. Geben Sie nun den Term einer Funktion an, der die umzäunte Fläche in Abhängigkeit von der Rechteckbreite x ausdrückt.
Tipp: Bezeichnen Sie die Breite des Rechtecks jeweils mit x und umschreiben Sie die Länge des Rechtecks mit einem Ausdruck, in dem als Variable ebenfalls x vorkommt.
b) Nutzen Sie eine Wertetabelle und überlegen Sie, wie breit (und damit natürlich auch wie lang) der Schäfer seinen Zaun aufstellen muss, damit seine Tieren eine möglichst große Fläche zur Nachtruhe haben.

4 Fußballstadion

Sie sind Vermessungsingenieur und sollen die Rasenfläche eines Fußballstadions berechnen. In den meisten Sportstadien wird die Rasenfläche von einer 400 m langen Innenlaufbahn umgeben. Überlegen Sie, wie die Länge der Parallelstrecken auf der Laufbahn und der Radius der Halbkreise zu wählen sind, wenn das rechteckige Spielfeld einen möglichst großen Flächeninhalt haben soll.

a) Fertigen Sie eine Skizze an und beschriften Sie die Seitenlängen des Fußballfeldes sinnvoll.
b) Überlegen Sie sich zusammen mit Ihrem Nachbarn eine mögliche Funktionsgleichung für Ihr Berechnungsziel.
c) Überlegen Sie sich gemeinsam, was eine einschränkende Bedingung für Ihre weiteren Berechnungen darstellt.

3.3 Anwendungen der Differenzialrechnung

3.3.1 Bestimmen von Funktionsgleichungen

 Warteschlange

Im Briefkasten der Schülervertretung (SV) fand sich eine Beschwerde über die langen Wartezeiten bei der Essensausgabe in der Mittagspause: Circa 10 Minuten nach dem Klingeln, also um 13:10 Uhr, sei die Schlange am längsten, heißt es. Und erst 5 Minuten vor Beginn der 7. Stunde, also um 13:25 Uhr, hätten alle ihr Essen bekommen. Patrick vom SV-Team möchte sich die Situation anschauen. Am folgenden Tag zählt er um 13:00 Uhr 15 Personen in der Schlange. Bald werden es mehr, und es ist kaum mehr möglich, die anstehenden Personen zu zählen. Daher beschließt Patrick, das Problem rechnerisch zu lösen, und zwar mit einer quadratischen Funktion, die jeder Zeit (in Minuten) die Anzahl der Personen in der Schlange zuordnet.
Stellen Sie die Funktionsgleichung auf.

Wir geben die Gleichung einer ganzrationalen Funktion 2. Grades in allgemeiner Form an und bilden auch die ersten beiden Ableitungen.

Allgemeine Funktionsgleichung:
$f(x) = ax^2 + bx + c \quad (a \neq 0)$
$f'(x) = 2ax + b; \quad f''(x) = 2a$

Bedingungsgleichungen:

Zu Beginn der Mittagspause, also zum Zeitpunkt 0, stehen 15 Personen in der Schlange, d. h., der y-Achsenabschnitt liegt bei 15.

Bedingung I: $f(0) = 15$
Einsetzen in die allgemeine Gleichung von f:
$a \cdot 0^2 + b \cdot 0 + c = 15 \Leftrightarrow c = 15$ (I)

Zehn Minuten später ist die Schlange am längsten, d. h., die Funktion f hat an der Stelle 10 ein lokales Maximum. Also ist die 1. Ableitung dort gleich 0.

Bedingung II: $f'(10) = 0$
Einsetzen in die allgemeine Gleichung von f':
$2a \cdot 10 + b = 0 \Leftrightarrow 20a + b = 0$ (II)

Um 13:25 Uhr steht erstmals niemand mehr in der Schlange, d. h., an der Stelle 25 ist der Funktionswert gleich 0.

Bedingung III: $f(25) = 0$
Einsetzen in die allgemeine Gleichung von f:
$a \cdot 25^2 + b \cdot 25 + c = 0 \Leftrightarrow 625a + 25b + c = 0$ (III)

Aus Bedingung (I) erhalten wir für c den Wert 15. Diesen setzen wir in (III) für c ein und erhalten ein 2×2-Gleichungssystem, bestehend aus den beiden **Bedingungsgleichungen** (II) und (III).

Für die Lösung verwenden wir das Subtraktions- und das Einsetzungsverfahren.

Gleichungssystem:

(II)	$20a + b$	$= 0$	
(III)	$625a + 25b + 15$	$= 0$	$\mid -15 \mid : 25$
(II)	$20a + b$	$= 0$	$\mid (III) - (II) = (IV)$
(III)	$25a + b$	$= -0{,}6$	$\mid -25a$
(IV)	$5a$	$= -0{,}6$	$\mid : 5$
(III)	b	$= -0{,}6 - 25a$	
(IV)	a	$= -0{,}12$	$\mid$ einsetzen in (III)
(III)	b	$= 2{,}4$	

Wir setzen die Werte für a, b und c in die allgemeine Gleichung von f ein und erhalten die gesuchte Funktionsgleichung:

$f(x) = -0{,}12x^2 + 2{,}4x + 15$

Anhand des Schaubildes von f können wir überprüfen, ob die ermittelte Funktion die Bedingungen (I) bis (III) tatsächlich erfüllt.

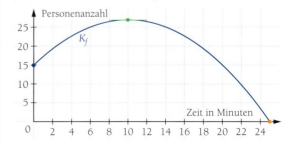

3.3 Anwendungen der Differenzialrechnung

Funktionsgleichung gesucht

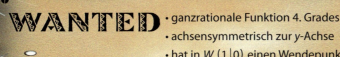

- ganzrationale Funktion 4. Grades
- achsensymmetrisch zur y-Achse
- hat in $W(1|0)$ einen Wendepunkt
- Tangente an das Schaubild im Punkt W hat die Gleichung $y = -2x + 2$

Bestimmen Sie die Funktionsgleichung der gesuchten Funktion.

Zunächst geben wir die Gleichung einer ganzrationalen Funktion 4. Grades in allgemeiner Form an.

Allgemeine Funktionsgleichung:
$f(x) = ax^4 + bx^3 + cx^2 + dx + e$

Da das Schaubild achsensymmetrisch zur y-Achse ist, kann der Funktionsterm nur x-Potenzen mit geraden Exponenten enthalten. Also „fehlen" die Summanden bx^3 und dx. Folglich gilt sowohl $b = 0$ als auch $d = 0$.

Unter Berücksichtigung der Symmetrie:
$f(x) = ax^4 + cx^2 + e$

Nun bilden wir die ersten beiden Ableitungen.

$f'(x) = 4ax^3 + 2cx; \quad f''(x) = 12ax^2 + 2c$

Der Steckbrief enthält drei Angaben, die sich auf den Punkt W und damit auf die Stelle $x_W = 1$ beziehen:
- $W(1|0)$ ist ein Punkt des Schaubildes.
- Die Tangente in $W(1|0)$ hat die Steigung -2.
- $W(1|0)$ ist ein Wendepunkt, also erfüllt die Stelle $x = 1$ die notwendige Bedingung für eine Wendestelle: $f''(x_W) = 0$.

Bedingungsgleichungen:

$f(1) = 0 \quad \Leftrightarrow \quad a \cdot 1^4 + c \cdot 1^2 + e = 0 \quad$ (I)
$f'(1) = -2 \quad \Leftrightarrow \quad 4a \cdot 1^3 + 2c \cdot 1 \quad\quad = -2 \quad$ (II)
$f''(1) = 0 \quad \Leftrightarrow \quad 12a \cdot 1^2 + \quad 2c \quad\quad = 0 \quad$ (III)

Gleichungssystem:

(I) $\quad\quad\quad a + c + e = 0$
(II) $\quad\quad\quad 4a + 2c \quad\quad = -2$
(III) $\quad\quad\quad 12a + 2c \quad\quad = 0$

Wir ermitteln den Wert für a durch Subtraktion der Gleichungen (II) und (III).

(IV) = (II) $-$ (III) $\quad -8a \quad\quad = -2$
$\quad\quad\quad \Leftrightarrow \quad a = 0{,}25$

Die Koeffizienten c und e lassen sich mit dem Einsetzungsverfahren bestimmen.

$a = 0{,}25$ in (II): $4 \cdot 0{,}25 + 2c = -2$
$\quad\quad\quad \Leftrightarrow \quad c = -1{,}5$

$a = 0{,}25; c = -1{,}5$ in (I): $0{,}25 - 1{,}5 + e = 0$
$\quad\quad\quad \Leftrightarrow \quad e = 1{,}25$

Durch Einsetzen der ermittelten Werte in die allgemeine Gleichung von f erhalten wir die gesuchte **Funktionsgleichung**:

$f(x) = 0{,}25x^4 - 1{,}5x^2 + 1{,}25$

Mithilfe der Funktionsgleichung können wir das Schaubild zeichnen. Offensichtlich besitzt es alle im Steckbrief beschriebenen Eigenschaften.

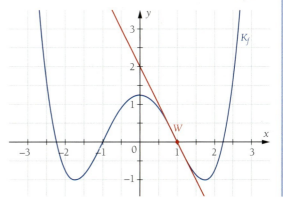

3 Differenzialrechnung

Bei der Bestimmung der Gleichung einer ganzrationalen Funktion geht man folgendermaßen vor:
1. Man gibt die **allgemeine Funktionsgleichung** an.
   Symmetrieeigenschaften sollten bei der Angabe der Gleichung ausgenutzt werden.
   Gegebenenfalls bildet man die erste und zweite Ableitung ebenfalls in allgemeiner Form.
2. Man entnimmt der Aufgabe (mindestens) so viele verschiedene Angaben, wie Koeffizienten in der Funktionsgleichung vorhanden sind. Aus jeder Angabe ermittelt man eine **Bedingungsgleichung**.
3. Man löst das **Gleichungssystem**, das sich aus den Bedingungsgleichungen ergibt.
4. Die für die **Koeffizienten** berechneten Werte setzt man in die allgemeine Gleichung von f ein.

Beim Aufstellen der Bedingungsgleichungen ist zu beachten:
- Die Koordinaten gegebener Punkte des Schaubildes werden in die allgemeine Gleichung von f eingesetzt.
- Bei Aussagen über Steigungen oder Extremstellen wird die erste Ableitung in allgemeiner Form verwendet.
- Bei Aussagen über Wendestellen wird die zweite Ableitung in allgemeiner Form benötigt.

Einige Formulierungen und deren „Übersetzung" in die Funktionsschreibweise liefert folgende Übersicht.

In der folgenden Tabelle stehen x_0 und y_0 sowie m für konkrete Zahlen.

Formulierung	Übersetzung		
Das Schaubild der Funktion f	$f(x)$	$f'(x)$	$f''(x)$
• schneidet die x-Achse an der Stelle x_0 (Nullstelle).	$f(x_0) = 0$		
• berührt die x-Achse an der Stelle x_0.	$f(x_0) = 0$	$f'(x_0) = 0$	
• schneidet die y-Achse an der Stelle y_0.	$f(0) = y_0$		
• geht durch den Punkt $P(x_0\|y_0)$.	$f(x_0) = y_0$		
• hat einen Hochpunkt/Tiefpunkt an der Stelle x_0.		$f'(x_0) = 0$	
• hat den Hochpunkt/Tiefpunkt $P(x_0\|y_0)$.	$f(x_0) = y_0$	$f'(x_0) = 0$	
• hat an der Stelle x_0 die Steigung m.		$f'(x_0) = m$	
• hat einen Wendepunkt an der Stelle x_0.			$f''(x_0) = 0$
• hat die größte Steigung/das größte Gefälle an der Stelle x_0.			$f''(x_0) = 0$
• hat in $P(x_0\|y_0)$ einen Wendepunkt.	$f(x_0) = y_0$		$f''(x_0) = 0$
• berührt das Schaubild von g in x_0.	$f(x_0) = g(x_0)$	$f'(x_0) = g'(x_0)$	
• schneidet das Schaubild von g senkrecht.	$f(x_0) = g(x_0)$	$f'(x_0) \cdot g'(x_0) = -1$	
• hat im Punkt $P(x_0\|y_0)$ einen Sattelpunkt.	$f(x_0) = y_0$	$f'(x_0) = 0$	$f''(x_0) = 0$
Die Tangente in $P(x_0\|y_0)$ hat die Steigung m.	$f(x_0) = y_0$	$f'(x_0) = m$	
Die Tangente im Wendepunkt $W(x_0\|y_0)$ hat die Steigung m.	$f(x_0) = y_0$	$f'(x_0) = m$	$f''(x_0) = 0$

Bestimmen Sie jeweils die Funktionsgleichung.
a) Das Schaubild einer ganzrationalen Funktion 2. Grades schneidet bei $x = -1$ die x-Achse und hat im Punkt $P(3|2)$ eine waagrechte Tangente.
b) Das Schaubild einer Funktion 3. Grades ist punktsymmetrisch zu $O(0|0)$ und hat den Hochpunkt $H(-\frac{1}{2}|1)$.
c) Das Schaubild einer ganzrationalen Funktion 4. Grades ist symmetrisch zur y-Achse, schneidet die y-Achse bei -8 und berührt die x-Achse bei 2.
d) Das Schaubild einer ganzrationalen Funktion 4. Grades hat im Ursprung einen Sattelpunkt. Die Tangente des Schaubildes in $N(4|0)$ hat die Gleichung $y = 3{,}2x - 12{,}8$.

Flugbahn

Im CERN in der Schweiz wird ein Teilchen auf eine Bahn gezwungen. Diese Bahn kann näherungsweise beschrieben werden durch f mit $f(x) = -e^{-ax} + b$ mit $a, b \in \mathbb{R}$. Im Punkt $P(0|f(0))$ soll das Teilchen aus der Flugbahn austreten und tangential auf der Bahn $g(x) = 0{,}1x + 1$ weiterfliegen, damit es im Punkt $Q(10|2)$ eine Auffangvorrichtung trifft.
Für welche Werte a und b trifft das Teilchen diese Auffangvorrichtung?

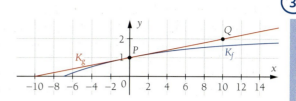

Der allgemeine Ansatz ist bereits gegeben.

Allgemeine Funktionsgleichung:
$f(x) = -e^{-ax} + b$

Wir bilden die erste Ableitung.

$f'(x) = a \cdot e^{-ax}$

Der Aufgabenstellung können wir folgende Bedingungen entnehmen:
- f und g verlaufen beide durch den Punkt P, dessen y-Koordinate mithilfe von g bestimmt werden kann.

Bedingungsgleichungen:
$f(0) = g(0) \quad = 1 \qquad \blacktriangleright g(0) = 0{,}1 \cdot 0 + 1 \Rightarrow P(0|1)$
$\Leftrightarrow -e^{-a \cdot (0)} + b = 1 \qquad \blacktriangleright e^0 = 1$
$\Leftrightarrow \qquad\qquad b = 2$

- g ist Tangente an f an der Stelle 0. f hat dort also die Steigung $0{,}1$.

$f'(0) = a \cdot e^{-a \cdot 0} = 0{,}1$
$\Leftrightarrow \qquad\qquad a = 0{,}1$

Die Gleichung der Flugbahn lautet:
$f(x) = -e^{-0{,}1x} + 2$

Funktionsterm einer trigonometrischen Funktion

Der Funktionsterm einer trigonometrischen Funktion f hat die Form $f(x) = a \cdot \sin(2x) + b$ mit $a, b \in \mathbb{R}$. An der Stelle $x = \frac{\pi}{2}$ hat das zugehörige Schaubild eine Tangente mit der Gleichung $y = -x + 2$.

Der allgemeine Ansatz ist bereits gegeben.

Allgemeine Funktionsgleichung:
$f(x) = a \cdot \sin(2x) + b$

Wir bilden die erste Ableitung.

$f'(x) = 2a \cdot \cos(2x)$

Anhand der Aufgabenstellung können wir folgende Bedingungen formulieren:
- f hat an der Stelle $\frac{\pi}{2}$ den gleichen y-Wert wie die Tangente.

Bedingungsgleichungen:
$f(\frac{\pi}{2}) = -\frac{\pi}{2} + 2 \qquad\qquad \blacktriangleright y = -\frac{\pi}{2} + 2$
$\Leftrightarrow a \cdot \sin(2 \cdot \frac{\pi}{2}) + b = -\frac{\pi}{2} + 2$
$\Leftrightarrow \qquad\qquad b = -\frac{\pi}{2} + 2$

- f hat an der Stelle $\frac{\pi}{2}$ die Steigung -1.

$f'(\frac{\pi}{2}) = 2a \cdot \cos(2 \cdot \frac{\pi}{2}) = -1$
$\Leftrightarrow -2a = -1$
$\Leftrightarrow \quad a = \frac{1}{2}$

Der gesuchte Funktionsterm lautet:
$f(x) = \frac{1}{2}\sin(2x) - \frac{\pi}{2} + 2$

1. Das Schaubild der Funktion f mit $f(x) = a \cdot e^{kx}$ mit $a, k \in \mathbb{R}$ hat im Punkt $P(0|-1)$ eine Tangente, die parallel zur Geraden $y = -2x$ verläuft. Bestimmen Sie den Funktionsterm von f.

2. Das Schaubild von f mit $f(x) = a \cdot \sin(kx) + b$ hat die Periode 24 und im Schnittpunkt mit der y-Achse eine Wendetangente mit der Gleichung $y = \frac{\pi}{4}x + 4{,}5$. Bestimmen Sie den Funktionsterm.

3 Differenzialrechnung

Übungen zu 3.3.1

1. Gesucht sind die Funktionsgleichungen zu den abgebildeten Schaubildern. Ermitteln Sie die Gleichung ausschließlich mithilfe der rot gekennzeichneten Merkmale des Schaubildes.

a)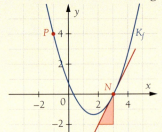
b)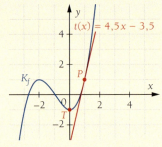
c)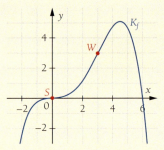

2. In den folgenden Teilaufgaben wird jeweils das Schaubild einer ganzrationalen Funktion beschrieben. Fertigen Sie – sofern nicht gegeben – eine Skizze des beschriebenen Schaubildes an. Stellen Sie die Funktionsgleichung auf und prüfen Sie anschließend, ob das Schaubild der ermittelten Funktion tatsächlich die gegebenen Eigenschaften hat.

a) Das Schaubild einer quadratischen Funktion schneidet die y-Achse bei 5 und hat im Punkt $P(1|2)$ die Steigung -4.

b) Das Schaubild einer quadratischen Funktion geht durch $P(-4|-18)$ und hat in $E(2|9)$ seinen Extrempunkt.

c) Das Schaubild einer quadratischen Funktion berührt die x-Achse bei 2 und geht durch den Punkt $P(-1|11{,}25)$.

d) Das Schaubild einer quadratischen Funktion hat an der Stelle 3 eine waagrechte Tangente. Im Punkt $P(1|4{,}5)$ hat die Tangente an den Schaubildern die Steigung 2.

e) Das Schaubild einer quadratischen Funktion ist symmetrisch zur y-Achse. Die Tangente im Punkt $P(-4|2)$ ist parallel zur 1. Winkelhalbierenden mit der Gleichung $f(x) = x$. ▶ Abbildung 1

f) Das Schaubild einer quadratischen Funktion schneidet die Parabel mit der Gleichung $g(x) = x^2$ in $S_1(1|y_1)$ und $S_2(-2|y_2)$. Im Schnittpunkt S_1 schneiden sich die Schaubilder senkrecht. ▶ Abbildung 2

g) Das Schaubild einer ganzrationalen Funktion 3. Grades ist punktsymmetrisch zum Ursprung und hat den Tiefpunkt $T(2|-4)$.

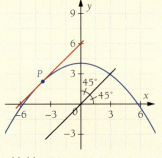

Abbildung 1

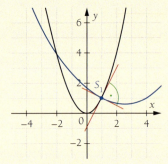

Abbildung 2

h) Das Schaubild einer ganzrationalen Funktion 3. Grades geht durch den Koordinatenursprung und hat an der Stelle 2 eine waagrechte Tangente. Die Tangente im Wendepunkt $W(4|y_W)$ hat die Steigung -4.

i) Das Schaubild einer ganzrationalen Funktion 3. Grades hat den Hochpunkt $H(0|7{,}2)$. Die Funktion hat die Nullstellen $x_{N_1} = -2$ und $x_{N_2} = 3$.

j) Das Schaubild einer Funktion 3. Grades geht durch $O(0|0)$ und hat in $S(1|2)$ einen Sattelpunkt.

k) Das Schaubild einer ganzrationalen Funktion 4. Grades ist achsensymmetrisch zur y-Achse und schneidet die x-Achse bei -2. Die Tangente an den Schaubildern in $P(1|-3)$ hat die Steigung -1.

l) Eine ganzrationale Funktion 3. Grades hat die Nullstellen 0 und -3. An der Stelle 3 hat die Funktion ein lokales Minimum mit dem Wert -6.

m) Eine ganzrationale Funktion 3. Grades hat bei $x_N = 4$ eine doppelte Nullstelle und bei $x_W = \frac{8}{3}$ ihre Wendestelle. Die Tangente im Wendepunkt hat die Steigung $-\frac{4}{3}$.

n) Eine ganzrationale Funktion 4. Grades hat bei -1 eine doppelte Nullstelle und bei 2 eine Sattelstelle. Die Tangente im Sattelpunkt hat die Gleichung $t(x) = 6{,}75$.

3. Erstellen Sie selbst eine Steckbriefaufgabe inklusive einer Lösung auf einem Extrablatt für Ihren Nachbarn. Tauschen Sie Ihre erstellten Aufgaben danach aus und lösen Sie die Aufgabe Ihres Nachbarn. Vergleichen Sie Ihre Ergebnisse und klären Sie ggf. entstandene Fragen.

4. Durch die Wertetabelle ist eine ganzrationale Funktion f 4. Grades gegeben.

x	−3	−2	−1	0	1	2	3	4
f(x)	48,25	13	2,25	1	0,25	−3	−5,75	1
f'(x)	−54	−20	−4	0	−2	−4	0	16
f''(x)	45	24	9	0	−3	0	9	26

a) Treffen Sie anhand der Tabelle begründete Aussagen zu den Eigenschaften des Schaubildes von f. Gehen Sie dabei ein auf Achsenschnittpunkte, Extrempunkte und Wendepunkte.
b) Stellen Sie die Funktionsgleichung von f auf. Vergleichen Sie anschließend in der Klasse, wie viele verschiedene Lösungsansätze es gibt.

5. Das Schaubild einer Funktion hat die Gleichung $f(x) = a e^{0,5x} + b$ mit $a, b \in \mathbb{R}$. Bestimmen Sie die Werte von a und b so, dass das Schaubild im Punkt $P(0|3)$ eine Tangente mit der Steigung −2 hat.

6. Das Schaubild einer Funktion hat die Gleichung $g(x) = b + a \cdot e^{-0,5ax}$ mit $a, b \in \mathbb{R}$.
Für welche Werte von a und b hat das Schaubild im Punkt $P(0|3)$ eine Tangente parallel zur Geraden mit der Gleichung $y = -2x + 1$?

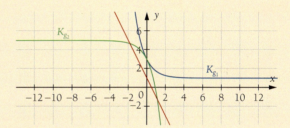

7. Das Schaubild von $f(x) = a \cdot e^{-x+1} + bx$ berührt die Parabel mit der Gleichung $p(x) = -x(x-3)$ an der Stelle $x = 1$. Berechnen Sie passende Werte für a und b und geben Sie den Funktionsterm an.
Hinweis: $(e^{-x+1})' = -e^{-x+1}$

8. Das Schaubild der Funktion f mit $f(x) = a \cdot e^x + b e^{-x} - 3$ verläuft durch die Punkte $P(\ln(4)|-0,5)$ und $Q(\ln(2)|-1)$. Berechnen Sie a und b und geben Sie den Funktionsterm an.

9. K_f ist das Schaubild der Funktion f mit $f(x) = a - b \cdot \sin(2x); x \in \mathbb{R}$. Die Tangente an K_f im Punkt $P(\frac{\pi}{2}|2)$ ist parallel zur Geraden mit der Gleichung $y = -x + 1$. Bestimmen Sie eine Funktionsgleichung von f.

10. Die Abbildung zeigt das Schaubild der Ableitung f' einer ganzrationalen Funktion f 3. Grades. Das Schaubild von f geht durch den Punkt $P(1|2)$. Ermitteln Sie einen passenden Funktionsterm für f.

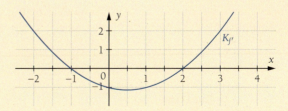

11. Gegeben ist eine Funktion f mit $f(x) = ae^{-2x} + b$ mit $a, b \in \mathbb{R}$ und $a > 0$. Ihr Schaubild heißt K_f. Die Normale von K_f hat bei $x = 0$ die Steigung 0,5. Das Schaubild K_f geht durch den Punkt $P(0|2)$. Dabei ist die Normale von K_f bei $x = 0$ die Gerade, die senkrecht zur Tangente an K_f in $x = 0$ verläuft. Berechnen Sie die Funktionsgleichung von f exakt.

3.3.2 Optimierungsprobleme

Viele Probleme technischer, naturwissenschaftlicher, ökonomischer und mathematischer Art bestehen darin, eine Fläche, ein Volumen, den Materialverbrauch oder die Kosten zu optimieren. Dazu bestimmt man für gewisse Funktionen einen maximalen oder minimalen Funktionswert. Diese Berechnungen bezeichnet man als Optimierungsprobleme der **Extremwertberechnungen**.

5 Baustelleneinrichtung

Im Zuge der Arbeitsvorbereitung plant Polier Hubert für die Baustelle „Erschließung Südwerk" die Baustelleneinrichtung.
Für die Einzäunung hat der Bauhof 100 laufende Meter Bauzaunelemente geliefert. Die Lagerfläche soll möglichst groß werden.
Per Skizze probiert Hubert verschiedene Möglichkeiten aus. Er merkt, dass die Lagerfläche unterschiedlich groß wird. Um die größtmögliche Fläche zu finden, rechnet er einige Beispiele durch und erfasst die Seitenlängen und zugehörigen Flächen in einer Tabelle.

a	5	10	15	20	35	48
b	45	40	35	30	15	2
$a \cdot b$	225	400	525	600	525	96

Für den Flächeninhalt eines Rechtecks mit den Seitenlängen a und b gilt $A = a \cdot b$. Wir können den Flächeninhalt als Funktion mit den Variablen a und b auffassen. Diese Funktionsgleichung wird **Hauptbedingung** für a und b genannt.

$A(a,b) = a \cdot b$ ▸ Hauptbedingung

Damit wir die Funktion A untersuchen und das Schaubild zeichnen können, müssen wir die Anzahl der Variablen auf eine Variable reduzieren.
Wir nutzen aus, dass für eine gewählte Seitenlänge a die andere Seitenlänge b mithilfe des Umfangs berechnet werden kann. Die Gleichung für den Umfang U eines Rechtecks liefert eine weitere Bedingung für a und b. Sie wird **Nebenbedingung** genannt.

$U(a,b) = 2a + 2b$
$100 = 2a + 2b$
$\Leftrightarrow 2b = 100 - 2a$
$\Leftrightarrow b = 50 - a$ ▸ Nebenbedingung

Ersetzen wir im Funktionsterm von A die Variable b durch den Term $50 - a$, so erhalten wir eine Funktion, die nur noch von der Variablen a abhängig ist. Sie wird **Zielfunktion** genannt.

$A(a) = a \cdot (50 - a) = -a^2 + 50a$ ▸ Zielfunktion

Da a eine Seitenlänge der Lagerfläche ist, gilt $a \geq 0$. Andererseits gilt $a \leq 50$, da nur 100 m Bauzaun vorhanden sind. Daraus ergibt sich für die Zielfunktion der **Definitionsbereich**.

$a \geq 0 \wedge b \geq 0 \Rightarrow 50 - a \geq 0$
$\Rightarrow 50 \geq a$
$\Rightarrow D_A = [0; 50]$

3.3 Anwendungen der Differenzialrechnung

Anhand des Schaubildes von A können wir zu jeder „zulässigen" Seitenlänge a den Flächeninhalt des Rechtecks ablesen. Insbesondere erkennen wir, dass aufgrund der Symmetrie des Schaubildes der größte Funktionswert an der Stelle $a = 25$ vorliegt.

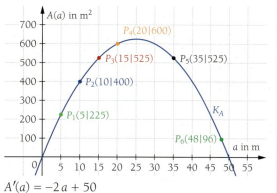

Um dies rechnerisch zu bestätigen, führen wir eine **Extremwertberechnung** durch. Zunächst bilden wir die ersten beiden Ableitungen von A.

$A'(a) = -2a + 50$
$A''(a) = -2$

Mit der notwendigen und hinreichenden Bedingung für Extrema ermitteln wir analytisch das lokale Maximum der Flächeninhaltsfunktion. Wie bereits vermutet, erhalten wir das Maximum der Lagerfläche, wenn die Seite a eine Länge von 25 m aufweist.
Wir berechnen den entsprechenden Funktionswert und erhalten den zugehörigen, maximalen Flächeninhalt.

Notwendige Bedingung für Extrema:
$\quad A'(a_E) = 0$
$\Rightarrow \quad -2a_E + 50 = 0$
$\Leftrightarrow \quad a_E = 25$

Hinreichende Bedingung: $A''(a_E) \neq 0$
$A''(25) = -2 < 0$
$\Rightarrow a_E = 25$ ist Maximalstelle

Berechne Funktionswert:
$A(25) = 625$

Wir müssen prüfen, dass A bei $a_E = 25$ nicht nur ein lokales, sondern das globale Maximum in D_A annimmt. Dazu betrachten wir das Verhalten des Schaubildes an den **Rändern des Definitionsbereichs**.

Randwerte:
$A(0) = -0^2 + 50 \cdot 0 = 0 < 625$
$A(50) = -50^2 + 50 \cdot 50 = 0 < 625$

Die Funktionswerte sind in beiden Fällen kleiner als 625. Bei $a_E = 25$ liegt also das globale Maximum von A.

Mithilfe der Nebenbedingung ermitteln wir den zugehörigen Wert für die **übrigen Größen**, hier die Seitenlänge b.

$a = 25\,\text{m}$
$b = 50 - a = 25\,\text{m}$

Die Lagerfläche für die Baustelleneinrichtung wird maximal, wenn beide Seiten 25 m lang sind. Von allen Rechtecken mit einem Umfang von 100 m hat das Quadrat mit der Seitenlänge 25 m den größten Inhalt. Allgemein hat von allen Rechtecken mit dem Umfang U das Quadrat mit der Seitenlänge $\frac{U}{4}$ den größten Inhalt.

Stephanie arbeitet als Praktikantin im Nikolaus-Kindergarten. Gestern hat ein Kind aus ihrer Gruppe zwei Kaninchen mitgebracht, die nach Absprache auch dort bleiben dürfen. Eine Hausecke scheint der geeignete Platz für einen Auslauf zu sein. Für die Umzäunung kann Stephanie eine Rolle mit 4,80 m Maschendraht verwenden.
Wie muss sie den Zaun setzen, wenn die eingefasste Fläche rechteckig sein soll und die Kaninchen möglichst viel Auslauf haben sollen?
a) Berechnen Sie die Seitenlängen und die maximale Fläche.
b) Zeichnen Sie das Schaubild der Zielfunktion und markieren Sie die berechneten Größen.

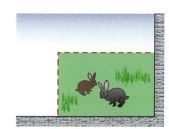

3 Differenzialrechnung

6 Baustelleneinrichtung mit „Randextremum"

Polier Hubert möchte wie berechnet die Lagerfläche für die Baustelle „Erschließung Südwerk" einzäunen. Vor Ort stellt er fest, dass auf dem Werksgelände bereits 50 m alter Zaun vorhanden ist. Hubert fügt die 100 m neuen Bauzaun so hinzu, dass eine möglichst große rechteckige Lagerfläche entsteht.
Berechnen Sie den maximalen Flächeninhalt des neuen Lagers.

Um den Sachverhalt besser zu verstehen, erstellen wir zunächst eine **Skizze**. Demnach wird der vorhandene Zaun, also eine Seite der Lagerfläche, um x Meter verlängert.

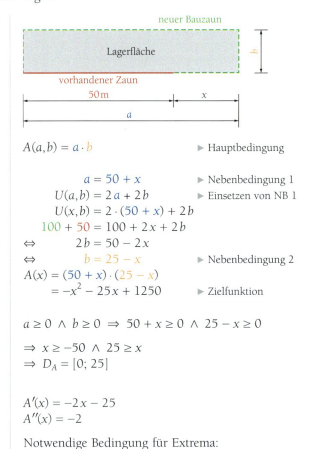

Die Lagerfläche soll maximal werden. Somit lautet die **Hauptbedingung** $A(a,b) = a \cdot b$.

Da die Hauptfunktion von zwei Variablen abhängt, können wir sie nicht so einfach ableiten. Außerdem haben wir in der Skizze als veränderliche Größe x gewählt. Somit müssen wir mit (mindestens) einer **Nebenbedingung** versuchen, a und b durch x auszudrücken.
Die erste Nebenbedingung ergibt sich aus der Verlängerung des vorhandenen Zauns, die zweite aus dem Umfang der Lagerfläche. Durch Einsetzen der Nebenbedingungen in die Hauptbedingung erhalten wir die **Zielfunktion**.
Den **Definitionsbereich** erhalten wir aus folgender Überlegung: x hat einen positiven Wert, da der vorhandene Zaun verlängert und nicht abgerissen werden soll. Es gilt $x \geq 0$. Wenn die Seite b null wird, nimmt x als maximalen Wert 25 an.
Zunächst bilden wir die erste und zweite Ableitung von A und nutzen die notwendige bzw. hinreichende Bedingung zur **Extremwertberechnung**.

Der berechnete Extremwert ist negativ und liegt nicht im Definitionsbereich. Bei der **Randwertbetrachtung**, erkennen wir, dass der Maximalwert der Lagerfläche bei $x = 0$ liegt. Den Sachverhalt können wir am Schaubild erkennen.
Dies bedeutet, dass das bestehende Zaunstück nicht verlängert werden muss. Es stellt bereits die Seite a der Lagerfläche dar. Für die Seite b ergibt sich somit eine Länge von 25 m.

Der maximale Flächeninhalt der Baustelleneinrichtung beträgt 1250 m².

$A(a,b) = a \cdot b$ ▶ Hauptbedingung

$a = 50 + x$ ▶ Nebenbedingung 1
$U(a,b) = 2a + 2b$ ▶ Einsetzen von NB 1
$U(x,b) = 2 \cdot (50 + x) + 2b$
$100 + 50 = 100 + 2x + 2b$
$\Leftrightarrow \quad 2b = 50 - 2x$
$\Leftrightarrow \quad b = 25 - x$ ▶ Nebenbedingung 2
$A(x) = (50 + x) \cdot (25 - x)$
$\quad\quad = -x^2 - 25x + 1250$ ▶ Zielfunktion

$a \geq 0 \wedge b \geq 0 \Rightarrow 50 + x \geq 0 \wedge 25 - x \geq 0$
$\Rightarrow x \geq -50 \wedge 25 \geq x$
$\Rightarrow D_A = [0; 25]$

$A'(x) = -2x - 25$
$A''(x) = -2$

Notwendige Bedingung für Extrema:
$A'(x_E) = 0$
$-2x_E - 25 = 0$
$\Rightarrow x_E = -12{,}5 \notin D_A$

Randwerte:
$A(0) = -0^2 - 25 \cdot 0 + 1250 = 1250 = A_{max}$
$A(25) = -25^2 - 25 \cdot 25 + 1250 = 0$

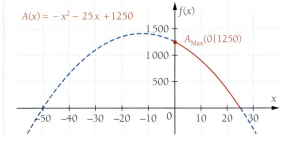

3.3 Anwendungen der Differenzialrechnung

Schultüte

An einem Berufskolleg in Stuttgart werden neue Schülerinnen und Schüler von „alten Hasen" mit selbstgebastelten Schultüten begrüßt. Diese sollen die Seitenkante 1 m haben. Julia schlägt vor, außerdem den Karton so zuzuschneiden, dass später möglichst viel in die Tüten hineinpasst.

Berechnen Sie, wie groß das maximale Fassungsvermögen ist und welchen Durchmesser die Öffnung dafür haben muss.

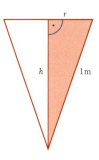

Hier soll das Volumen eines Kegels maximiert werden. Die entsprechende Formel liefert als Hauptbedingung eine Funktion mit den Variablen r und h.
Laut Skizze sind r und h die Katheten eines rechtwinkligen Dreiecks. Die Hypotenuse ist die Seitenkante, von der wir aus der Aufgabenstellung wissen, dass sie die Länge 1 hat.
Mithilfe des Satzes von Pythagoras erhalten wir eine Nebenbedingung für r und h. Umstellen liefert für r^2 den Term $1 - h^2$, den wir in die Hauptbedingung einsetzen. Die Zielfunktion V ist eine ganzrationale Funktion 3. Grades mit der Variablen h.
Als Höhe eines Kegels hat h auf jeden Fall einen nicht negativen Wert, d. h. $h \geq 0$. Andererseits kann die Höhe eines Kegels auf keinen Fall größer als die Seitenkante sein, also gilt $h \leq 1$. Daraus ergibt sich der Definitionsbereich $D_V = [0; 1]$.

Für die Berechnung des maximalen Volumens führen wir die Extremwertbestimmung durch.

Die notwendige Bedingung liefert zwei mögliche Extremwerte. Aber nur eine der Lösungen liegt im Definitionsbereich.

Durch Einsetzen des Wertes in die zweite Ableitung wird bestätigt, dass $h_E = \frac{\sqrt{3}}{3}$ eine Maximalstelle von V ist. An den Rändern des Definitionsbereichs ist der Funktionswert jeweils gleich null. Das lokale Maximum ist also das globale Maximum von V in D_V.
Der Funktionswert an dieser Stelle entspricht dem maximalen Volumen. Es beträgt ca. 0,403 m³.

Einsetzen des Wertes für h in die Nebenbedingung liefert den Radius r und damit den Durchmesser d.

Das Volumen der Schultüte ist maximal, wenn sie ungefähr 58 cm hoch ist und die Öffnung einen Durchmesser von 1,63 m hat.

$V(r, h) = \frac{1}{3}\pi \cdot r^2 \cdot h$ ▶ Hauptbedingung

$r^2 + h^2 = 1^2$ ▶ Pythagoras

$\Leftrightarrow \quad r^2 = 1 - h^2$ ▶ Nebenbedingung
$V(h) = \frac{1}{3}\pi \cdot (1 - h^2) \cdot h = \frac{1}{3}\pi \cdot (1 \cdot h - h^2 \cdot h)$
$\qquad = \frac{1}{3}\pi \cdot h - \frac{1}{3}\pi \cdot h^3$ ▶ Zielfunktion

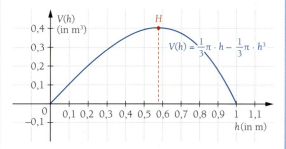

$V'(h) = \frac{1}{3}\pi - \pi \cdot h^2; \quad V''(h) = -2\pi \cdot h$

Notwendige Bedingung: $V'(h_E) = 0$

$\frac{1}{3}\pi - \pi \cdot h_E^2 = 0 \Leftrightarrow \frac{1}{3} - h_E^2 = 0 \Leftrightarrow h_E^2 = \frac{1}{3}$

$\Leftrightarrow \quad \underbrace{h_E = -\frac{\sqrt{3}}{3}}_{\notin D_V} \vee h_E = \frac{\sqrt{3}}{3}$

Hinreichende Bedingung: $V''(h_E) \neq 0$

$V''\left(\frac{\sqrt{3}}{3}\right) = -2\pi \cdot \frac{\sqrt{3}}{3} < 0 \Rightarrow \frac{\sqrt{3}}{3}$ ist Maximalstelle.

Berechne Funktionswert:
$V\left(\frac{\sqrt{3}}{3}\right) = \frac{1}{3}\pi \cdot \frac{\sqrt{3}}{3} - \frac{1}{3}\pi \cdot \left(\frac{\sqrt{3}}{3}\right)^3 \approx 0{,}403$

Randwerte: $V(0) = 0 < 0{,}403; \quad V(1) = 0 < 0{,}403$

$r^2 = 1 - h^2$ ▶ $h_E = \frac{\sqrt{3}}{3} \approx 0{,}58$

$\Rightarrow r^2 = \frac{2}{3}$

$\Rightarrow r = \sqrt{\frac{2}{3}} \approx 0{,}816$

$\Rightarrow d \approx 1{,}632$

Die Klasse hat Julias Vorschlag abgelehnt. Warum?

3 Differenzialrechnung

 8 Abstandsberechnung

Gegeben sind zwei Funktionen f und g mit $f(x) = -e^{-0,25x} - 0,5x + 2$ und $g(x) = 0,5x - 1$.
Berechnen Sie den maximalen senkrechten Abstand der zugehörigen Schaubilder im Intervall $[-6; 3]$.

Wir skizzieren die beiden Schaubilder und markieren den Abstand an einer beliebigen Stelle u.

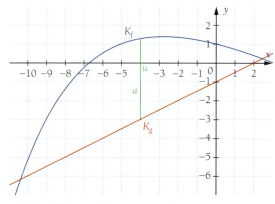

Der Abstand bzw. die Länge der Strecke kann mithilfe der Differenz der y-Koordinaten an der gewählten Stelle berechnet werden. Dies ist die **Hauptbedingung**.

$d(u) = f(u) - g(u)$ ▸ Hauptbedingung

Den Funktionsterm von $g(u)$ müssen wir einklammern, damit die Differenz richtig berechnet wird.

Wir berechnen also die Differenzfunktion d. Diese Funktion gibt den Abstand der Schaubilder in Abhängigkeit von der Position u an und ist damit unsere **Zielfunktion**.

$$\begin{aligned}d(u) &= -e^{-0,25u} - 0,5u + 2 - (0,5u - 1)\\ &= -e^{-0,25u} - 0,5u + 2 - 0,5u + 1\\ &= -e^{-0,25u} - u + 3\end{aligned}$$ ▸ Zielfunktion

Da der maximale Abstand im Intervall $[-6; 3]$ gesucht ist, gilt für den **Definitionsbereich** $D_d = [-6; 3]$.

Mithilfe der notwendigen und hinreichenden Bedingung für **Extrema** berechnen wir das Maximum von d. Dazu bilden wir zunächst die ersten beiden Ableitungen.

$d'(u) = 0,25 e^{-0,25u} - 1$
$d''(u) = -0,0625 e^{-0,25u}$

Dann setzen wir $d'(u_E) = 0$ und lösen die Gleichung mit den bekannten Mitteln nach u_E auf.

Notwendige Bedingung für Extrema: $d'(u_E) = 0$
$0,25 e^{-0,25 u_E} - 1 = 0$
$\Leftrightarrow \quad 0,25 e^{-0,25 u_E} = 1 \qquad | \cdot 4$
$\Leftrightarrow \quad e^{-0,25 u_E} = 4 \qquad | \ln$
$\Leftrightarrow \quad -0,25 u_E = \ln(4) \qquad | \cdot (-4)$
$\Leftrightarrow \quad u_E = -4 \cdot \ln(4)$

Anschließend überprüfen wir mithilfe der zweiten Ableitung von d, ob $u_E = -4 \cdot \ln(4)$ auch wirklich ein Maximum ist.

Hinreichende Bedingung: $d''(u_E) \neq 0$
$d''(-4 \cdot \ln(4)) = -\frac{1}{16} e^{-0,25 \cdot (-4\ln(4))} < 0$
$\Rightarrow -4\ln(4)$ ist Maximalstelle.

Der Funktionswert liefert uns den maximalen Abstand im Intervall, da wir bei der Untersuchung der Randwerte $u = -6$ und $u = 3$ keine größeren Abstände erhalten. Er beträgt 4,55 LE.

Berechne Funktionswert:
$d(-4\ln(4)) = -1 + 4\ln(4) \approx 4,55$

Randwerte:
$d(-6) \approx 4,52; \ d(3) \approx -0,47$

Maximaler Umfang

Gegeben ist die Funktion f mit $f(x) = 2\cos(x) + 2$; $x \in [0; \pi]$.
Dem Schaubild soll ein Rechteck mit maximalem Umfang einbeschrieben werden.
Wie muss der Eckpunkt P gewählt werden?
Geben Sie den maximalen Umfang des Rechtecks an.

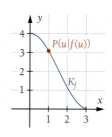

Wir zeichnen zunächst ein beliebiges Rechteck mit dem Eckpunkt $P(u|f(u))$ ein.

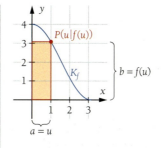

Für den Umfang eines Rechtecks mit den Seitenlängen a und b gilt: $U = 2a + 2b$. Dies ist die **Hauptbedingung**.

$U(a,b) = 2a + 2b$ ▸ Hauptbedingung

Anhand der Abbildung können wir erkennen, dass die Seitenlänge a durch u und die Seitenlänge b durch $f(u)$ ausgedrückt werden kann. Setzen wir diese **Nebenbedingungen** in die Hauptbedingung ein, so erhalten wir unsere **Zielfunktion**, die den Umfang in Abhängigkeit der Lage von P und Q (festgelegt durch u) angibt.

$a = u$ ▸ Nebenbedingung 1
$b = f(u)$ ▸ Nebenbedingung 2

Einsetzen der Nebenbedingungen:
$U(a,b) = 2a + 2b$
$U(u) = 2u + 2f(u) = 2u + 2(2\cos(u) + 2)$
$\quad\quad = 2u + 4\cos(u) + 4$ ▸ Zielfunktion

Da die Seitenlängen des Rechtecks nicht negativ sein können, gilt für den **Definitionsbereich** von U:
$D_U = [0; \pi]$.

$u \geq 0 \wedge f(u) \geq 0$
$\Rightarrow D_U = [0; \pi]$

Unser Ziel ist es nun, dasjenige u zu finden, für das der Umfang des einbeschriebenen Rechtecks maximal ist. Dazu führen wir eine **Extremwertberechnung** durch und erhalten die Maximalstelle 0,52.

$U'(u) = 2 - 4\sin(u)$
$U''(u) = -4\cos(u)$
Notwendige Bedingung für Extrema: $U'(u_E) = 0$
$\quad\quad 2 - 4\sin(u_E) = 0$
$\Leftrightarrow \quad\quad 2 = 4\sin(u_E)$
$\Leftrightarrow \quad\quad \frac{1}{2} = \sin(u_E) \Rightarrow u_E = \frac{\pi}{6} \approx 0{,}52$
Hinreichende Bedingung: $U''(u_E) \neq 0$
$U''\left(\frac{\pi}{6}\right) \approx -3{,}46 < 0$
$\Rightarrow \frac{\pi}{6} \approx 0{,}52$ ist Maximalstelle.

Der Funktionswert an dieser Stelle liefert uns den maximalen Umfang, da der Umfang an den Randwerten 0 beträgt. Der maximale Umfang beträgt also 8,51 LE.
Zuletzt berechnen wir noch die y-Koordinate des Punktes P. Wir erhalten $P(0{,}52 | 3{,}73)$.

Berechne Funktionswert: $U\left(\frac{\pi}{6}\right) \approx 8{,}51$
Randwerte:
$U(0) = 0$ und $U(\pi) = 0$

Berechne die y-Koordinate von P:
$f\left(\frac{\pi}{6}\right) \approx 3{,}73$

3 Differenzialrechnung

Arbeitsschritte zur Lösung von Extremwertaufgaben:
- **Skizze** erstellen; die in der Hauptbedingung auftretenden Variablen verwenden.
- **Hauptbedingung** aufstellen: Formel für die zu optimierende Größe als Funktion mit ggf. mehreren Variablen angeben.
- **Nebenbedingung(en)** aufstellen: Gleichung(en) mit weiteren Beziehungen zwischen den Variablen der Hauptbedingung ermitteln. Im Fall zweier Variablen ist meist eine Nebenbedingung ausreichend.
- **Zielfunktion** aufstellen: Variablen der Hauptbedingung durch Einsetzen der Nebenbedingungen auf *eine* Variable reduzieren. Hat die Hauptbedingung nur eine Variable, ist es bereits die Zielfunktion.
- **Definitionsbereich** festlegen: Alle möglichen Werte der Zielfunktionsvariablen berücksichtigen.
- Zielfunktion auf **lokale Extremwerte** innerhalb des Definitionsbereichs untersuchen.
- **Randwerte** berechnen und mit lokalem Extremwert vergleichen.
- **Übrige** gesuchte **Größen** bestimmen.
- **Ergebnis** im Sachzusammenhang formulieren.

1. Die JoRo GmbH möchte eine große Werbefläche auf ihrem Grundstück befestigen. Diese Werbefläche soll rechteckig sein. Für den Rahmen dieses Werbereiters hat die Werbeabteilung 20 laufende Meter eines besonders schönen Kunststoffs gekauft. Berechnen Sie die Breite und Länge der Werbefläche, wenn diese möglichst groß sein soll.

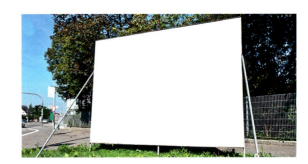

2. Die Zahl 20 soll so in zwei Summanden zerlegt werden, dass
   a) ihr Produkt möglichst groß wird.
   b) die Summe ihrer Quadrate möglichst klein wird.

Übungen zu 3.3.2

1. Schüler einer Berufskollegklasse möchten aufgrund der aktuellen Umweltdebatten die Maße eines 1-ℓ-Tetrapaks mit dem geringstmöglichen Materialverbrauch berechnen. Die Packung soll eine quadratische Grundfläche haben und bis unter den Rand gefüllt sein, sodass das Volumen genau 1 dm³ beträgt. Um die Rechnung zu vereinfachen, werden die Falzungen vernachlässigt und nur die Außenflächen betrachtet. Ermitteln Sie die Maße des gesuchten Tetrapaks.

2. Gegeben ist die Gleichung einer Parabel:
$p(x) = -x^2 + 4x$
$P(u|f(u))$ ist ein beliebiger Punkt auf der Parabel. Außerdem sind die Punkte Q und R gegeben mit $Q(u|0)$ und $R(0|f(u))$.
   a) Zeichnen Sie für $0 \leq x \leq 4$ die Parabel und markieren Sie für ein beliebiges u die gegebenen Punkte.
   b) Für welchen Punkt P hat das Rechteck $OQPR$ den größtmöglichen Flächeninhalt?
   c) Für welchen Punkt P hat das Rechteck $OQPR$ den größtmöglichen Umfang?

3. Gegeben ist das Schaubild K_f der Funktion f mit $f(x) = 0{,}25\,x(x^2 - 12)$ und die 1. Winkelhalbierende. Die Gerade mit der Gleichung $x = u$ schneidet K_f für $0 \leq u \leq 3{,}4$ im Punkt A und die 1. Winkelhalbierende im Punkt B.

a) Zeichnen Sie K_f und die 1. Winkelhalbierende in ein gemeinsames Koordinatensystem ein und entnehmen Sie dem Schaubild die Länge der Strecke $\overline{AB}$ für $u = 2$.

b) Berechnen Sie u so, dass die Länge der Strecke $\overline{AB}$ maximal wird.

4. K ist das Schaubild der Funktion f mit $f(x) = \sin(x)$, $0 \leq x \leq \pi$.
In die Fläche zwischen K und der x-Achse ist ein Rechteck mit Eckpunkt $P(u|f(u))$ einbeschrieben.

a) Fertigen Sie eine Skizze an und zeichnen Sie die Symmetrieachse von K innerhalb des oben gegebenen Definitionsbereichs ein.

b) Berechnen Sie den maximalen Umfang des Rechtecks.

c) Berechnen Sie den maximalen Flächeninhalt des Rechtecks mithilfe eines digitalen mathematischen Werkzeugs.

5. Aus einer rechteckigen Holzplatte soll gemäß der Abbildung eine Kiste mit größtmöglichem Fassungsvermögen gefertigt werden.

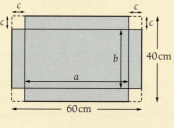

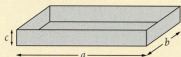

a) Stellen Sie eine geeignete Zielfunktion auf.

b) Berechnen Sie mithilfe der Zielfunktion die Länge, Breite und Höhe sowie das Volumen der gesuchten Kiste.

c) Zeichnen Sie das Schaubild der Zielfunktion. Erläutern Sie seinen Verlauf im Kontext der Aufgabenstellung.

6. Gegeben sind die Funktionen f und g mit $f(x) = e^x - 2$ und $g(x) = e^{-x} + 0{,}5$.
Die Gerade mit $x = u$; $u \in [-1; 1]$ schneidet das Schaubild von f im Punkt A, das Schaubild von g im Punkt B.
Skizzieren Sie die Schaubilder und berechnen Sie u so, dass die Strecke $\overline{AB}$ maximal wird.

7. Die Kurve K_g mit $g(x) = -0{,}5x^2 - 2$ und die Gerade mit $y = -4$ begrenzen eine Fläche. In diese Fläche soll ein zur y-Achse symmetrisches Dreieck mit den Eckpunkten $S(0|-8)$ und $P(u|g(u))$ mit $0 \leq u \leq 2$ einbeschrieben werden.

a) Fertigen Sie eine Skizze für $u = 0{,}5$ an.

b) Berechnen Sie den Inhalt des Dreiecks mit dem größtmöglichen Flächeninhalt.

8. Gegeben ist das Schaubild K_f der Funktion f mit $f(x) = 0{,}25\,x^3 - 3x$ und die 1. Winkelhalbierende.

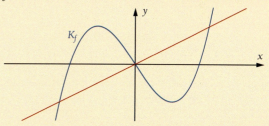

Die Gerade mit der Gleichung $x = u$ schneidet K_f im Punkt A und die 1. Winkelhalbierende im Punkt B.

a) Entnehmen Sie einem selbst gezeichneten Schaubild die Länge für $u = 2$.

b) Berechnen Sie u so, dass die Länge der Strecke $\overline{AB}$ maximal wird.

9. Die Klasse BK 2 produziert ihr neues Massagekissen mit dem Namen „Chill mal, Bruder!" in einer kleinen leerstehenden Fabrikhalle. Natürlich möchte die Klasse ihr Produkt möglichst gewinnbringend verkaufen. Die Gesamtkosten K für die Produktion werden mithilfe der Gleichung $K(x) = x^3 - 7x^2 + 17x + 12$ beschrieben. Der Erlös kann durch die Funktion E mit $E(x) = 13x$ dargestellt werden. Dabei ist x die Produktionsmenge in ME (Mengeneinheiten). Kosten und Erlös werden in GE (Geldeinheiten) erfasst. Für welche Produktionsmenge x (mit $2 \leq x \leq 6$) erwirtschaftet das Klassenunternehmen den größten Gewinn?

Übungen zu 3.3

1. Gesucht ist eine ganzrationale Funktion möglichst niedrigen Grades, deren Schaubild in $H(0|4)$ einen Extrempunkt hat, für $x = 1$ die x-Achse schneidet und durch $C(-1|2)$ verläuft. Bestimmen Sie einen passenden Funktionsterm.

2. Eine ganzrationale Funktion 3. Grades hat die Nullstellen $x_{N_1} = -2$; $x_{N_2} = 0$ und $x_{N_3} = 2$. Ihr Schaubild hat im Ursprung die Steigung -16.
   a) Bestimmen Sie die Funktionsgleichung.
   b) Welche zusätzliche Eigenschaft zu dem in a) gefundenen Term hätte die Aufgabe deutlich vereinfacht?

3. Gegeben ist folgende Wertetabelle einer ganzrationalen Funktion f.

x	-2	-1	0	1	2
$f(x)$	-7	-4	1	-4	-7
$f'(x)$	-8	8	0	-8	8
$f''(x)$	36	0	-12	0	36

   a) Begründen Sie, welchen Grad die Funktion f hat.
   b) Bestimmen Sie eine passende Funktionsgleichung.

4. Das Schaubild K einer ganzrationalen Funktion 4. Grades ist symmetrisch zur y-Achse und schneidet diese in $P(0|2)$ rechtwinklig. Zudem ist $W\left(\sqrt{\frac{4}{3}}\bigg|-\frac{2}{9}\right)$ ein Wendepunkt. Bestimmen Sie eine passende Funktionsgleichung.

5. Gegeben ist die Funktion g mit $g(x) = ax + \sin(bx) + 1$; $x \in [-2; 2]$. Ihr Schaubild ist K_g.
   Weisen Sie nach, dass für geeignete Werte von a und b das Schaubild K für $x = 0$ die Steigung $\pi + 1$ besitzt und an der Stelle $x = 1$ einen Wendepunkt hat.

6. Das Schaubild K einer Funktion f mit $f(x) = 2ae^{ax} - ax - b$; $x, b \in \mathbb{R}$, $a \neq 0$, hat in $T(0|-3)$ einen Tiefpunkt. Berechnen Sie a und b.

7. Die Funktion h mit $h(x) = \sin(a\pi x) + 1$ hat bei $x = 1$ ihre kleinste positive Nullstelle. Bestimmen Sie a.

8. Die Ausbreitung einer Infektion lässt sich anhand der Anzahl der neu erkrankten Personen in Abhängigkeit von der Zeit dokumentieren.
   a) Skizzieren Sie den Verlauf der Ausbreitung eines Virus im Wohngebiet einer Stadt mithilfe der folgenden Angaben: Am ersten Tag wurden bereits 500 Krankheitsfälle gemeldet. Noch am Tag zuvor hatte es keine Meldung dieser Erkrankung gegeben. Der größte Anstieg an Neuerkrankungen war am zweiten Tag zu verzeichnen. Nach fünf Tagen wurde die größte Zahl an neuerkrankten Personen registriert. Danach ging die Zahl der Neuerkrankungen deutlich zurück.
   b) Modellieren Sie die Verbreitung des Virus durch eine geeignete ganzrationale Funktion 3. Grades.
   c) Zeichnen Sie das Schaubild der in b) ermittelten Funktion. Prüfen Sie sowohl anhand der Zeichnung als auch mit der aufgestellten Gleichung, ob die Funktion tatsächlich die unter a) genannten Fakten darstellt.
   d) Berechnen Sie die Höchstzahl der an einem Tag gemeldeten Neuerkrankungen.
   e) Berechnen Sie, um wie viele Neuerkrankungen die Zahl der Infizierten maximal an einem Tag zunahm.
   f) Berechnen Sie, nach wie vielen Tagen nicht mehr mit Neuerkrankungen zu rechnen war.

9. Gegeben sind der Punkt $B(u|f(u))$ und der Punkt $D(-u|0)$ für $0 \leq u \leq \sqrt{2}$ und $f(x) = -2x^2 + 3,125$; $x \in \mathbb{R}$.
   B und D sind Eckpunkte eines zur y-Achse symmetrischen Rechtecks $ABCD$.
   Berechnen Sie den maximalen Umfang dieses Rechtecks.

10. Gegeben sind die Funktionen f mit $f(x) = e^x - 2$ und g mit $g(x) = -\frac{1}{2}e^{-2x} + 1$; $x \in \mathbb{R}$.
    Die Gerade mit der Gleichung $x = u$ schneidet das Schaubild K_f im Punkt A und das Schaubild K_g im Punkt B.
    a) Skizzieren Sie den Sachverhalt.
    b) Berechnen Sie u einmal so, dass die Strecke $\overline{AB}$ am längsten wird für $-1 \leq u \leq 1{,}5$.
    c) Berechnen Sie u einmal so, dass die Strecke $\overline{AB}$ am längsten wird für $-1 \leq u \leq 2$.

11. Zwei Seiten eines Rechtecks liegen auf den Koordinatenachsen. Ein Eckpunkt $P(a|f(a))$ des Rechtecks liegt auf dem Schaubild K von f mit $f(x) = 1 + \cos(x); x \in [0; 1{,}6]$. Berechnen Sie a so, dass der Umfang $U(a)$ maximal groß wird.

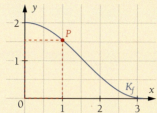

12. Gegeben ist das Schaubild der Funktion f mit der Gleichung $f(x) = -\frac{1}{4}x^3 + \frac{27}{8}$. $Q(u|v)$ mit $u \geq 0$ und $v \geq 0$ ist ein Punkt des Schaubildes von f.

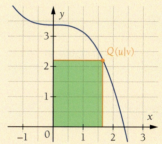

a) Bestimmen Sie u und v so, dass der Flächeninhalt des Rechtecks $OPQR$ mit $O(0|0)$, $P(u|0)$ und $R(0|v)$ maximal wird. Wie groß ist der maximale Flächeninhalt?

b) Berechnen Sie den maximalen Flächeninhalt und zeichnen Sie das Schaubild der Zielfunktion im definierten Bereich.

c) Bestimmen Sie u und v so, dass der Umfang des in a) beschriebenen Rechtecks maximal (minimal) wird.

d) Berechnen Sie auch den maximalen (minimalen) Umfang und zeichnen Sie das Schaubild der Zielfunktion im definierten Bereich.

13. Dem Schaubild der ganzrationalen Funktion f mit $f(x) = -(x-2)^2 + 4$ soll in dem über der x-Achse liegenden Teil ein rechtwinkliges Dreieck mit maximalem Flächeninhalt einbeschrieben werden. Die Katheten des Dreiecks sollen dabei parallel zu den Koordinatenachsen verlaufen. Berechnen Sie den größtmöglichen Flächeninhalt eines solchen Dreiecks.

14. Annika hat ihr Zimmer auf dem Spitzboden des Hauses. Für die Giebelwand ohne Fenster wünscht sie sich einen Schrank, der die Wand möglichst gut ausfüllt. Sie hat die Wand ausgemessen und möchte nun wissen, wie breit und wie hoch der Schrank sein müsste.

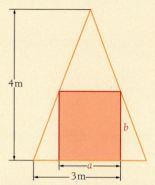

a) Bestimmen Sie die gesuchten Maße und berechnen Sie auch, wie viel Prozent der Wandfläche durch den Schrank ausgefüllt wird.

b) Zeichnen Sie das Schaubild der Zielfunktion im definierten Bereich und kennzeichnen Sie die berechneten Größen.

15. Ein Unternehmen hat für ein veraltetes Produkt ein neues Modell entwickelt und möchte die Gesamtkosten für beide Modelle vergleichen.
Die Gesamtkosten für das ältere Modell können durch die Funktion K mit
$K(x) = x^3 - 18x^2 + 129x + 572$ beschrieben werden. Die Gesamtkosten für das neue Modell werden durch die Funktion K^* mit
$K^*(x) = \frac{5}{3}x^3 - 36x^2 + 273x + 684$ modelliert.

a) Zeichnen Sie die Schaubilder von K und K^*. Gehen Sie dabei von dem Definitionsbereich $D = [0; 15]$ aus. Beschreiben Sie den Verlauf der beiden Schaubilder im Sachzusammenhang.

b) Ermitteln Sie zeichnerisch und rechnerisch, bei welcher Ausbringungsmenge der Unterschied der Gesamtkosten für beide Modelle minimal bzw. maximal ist. Berechnen Sie auch die jeweiligen Unterschiede.

3.3 Anwendungen der Differenzialrechnung

Ich kann ...

... die **allgemeine Funktionsgleichung** einer gesuchten Funktion angeben und ableiten. ▶ Test-Aufgaben 1, 3	ganzrational, Grad 4: $f(x) = ax^4 + bx^3 + cx^2 + dx + c$ $f'(x) = 4ax^3 + 3bx^2 + 2cx + d$ $f''(x) = 12ax^2 + 6bx + 2c$	exponential: $f(x) = a \cdot e^{kx} + b$ trigonometrisch: $f(x) = a \cdot \sin(kx) + b$ $g(x) = a \cdot \cos(kx) + b$
... Angaben über **Symmetrie, Punkte, Extrem- und Wendepunkte** sowie **Steigung und Krümmung** in **Bedingungsgleichungen** übersetzen. ▶ Test-Aufgaben 1, 2, 3	Extrempunkt $E(1\|5)$: $f(1) = 5$ $f'(1) = 0$	Das Schaubild von f hat in $x = 3$ die Steigung 4: $f'(3) = 4$ Tabelle auf Seite 264
... anhand der Bedingungsgleichungen die unbekannten **Koeffizienten** bestimmen und die **Funktionsgleichung** angeben. ▶ Test-Aufgaben 1, 2, 3	1. Gleichungen nach Unbekannten umformen bzw. LGS lösen 2. Funktionsgleichung angeben	• Einfache Umformungen, Gauß'schen Algorithmus, Additionsverfahren oder Einsetzungsverfahren anwenden. • Ermittelte Koeffizienten in $f(x)$ einsetzen.
... zu **Extremwertaufgaben** eine Skizze anfertigen und die gegebenen Variablen festlegen. ▶ Test-Aufgabe 5	An ein Rechteck wird ein Halbkreis angelegt. Der Umfang ist 10 m. Bestimmen Sie die Maße, bei denen die Fläche maximal wird.	
... die **Haupt- und Nebenbedingung** aufstellen. ▶ Test-Aufgaben 4, 5, 6	Hauptbedingung: $A = 2r \cdot b + 0{,}5\pi r^2$ Nebenbedingung: $10 = 2r + 2b + \pi r$	**Hauptbedingung:** Formel für die zu maximierende (minimierende) Größe **Nebenbedingung:** Formel, die zusätzlich erfüllt sein muss
... die **Zielfunktion** ermitteln und einen sinnvollen **Definitionsbereich** angeben. ▶ Test-Aufgaben 4, 5, 6	$A = 2r \cdot b + 0{,}5\pi r^2; \; 5 - r - \frac{\pi r}{2} = b$ $A(r) = 2r \cdot (5 - r - \frac{\pi r}{2}) + 0{,}5\pi r^2$ $ = (-2 - 0{,}5\pi)r^2 + 10r$ $D_A = \in [0; 2{,}8]$	Nebenbedingung in Hauptbedingung einsetzen. Zielfunktion hängt von einer Variablen ab.
... die **Extremstellen** der Zielfunktion ermitteln und Extremwert(e) mit **Randwerten** vergleichen. ▶ Test-Aufgaben 4, 5, 6	$A'(r) = 10 - 4r - \pi r$ $A''(r) = -4 - \pi$ $10 - 4r_E - \pi r_E = 0 \Rightarrow r_E \approx 1{,}4$ $A''(1{,}4) \approx -7{,}14 < 0$ Randwerte: $A(0) = 0; \; A(2{,}8) \approx 0$ $A(1{,}4) \approx 7{,}0$ $\Rightarrow$ globales Maximum bei 1,4	Extremwerte ermitteln. Bei Extremwerten, die am Rand des Definitionsbereichs liegen, muss die Ableitung der Zielfunktion nicht zwangsläufig null sein.
... die **übrigen Variablen** bestimmen und einen **Antwortsatz** formulieren. ▶ Test-Aufgaben 4, 5, 6	$10 = 2{,}8 + 2b + \pi \cdot 1{,}4 \Rightarrow b = 1{,}4$ Bei einer Breite von 1,4 m und einem Radius von 1,4 m wird die Fläche mit etwa 7 m^2 maximal.	Ermittelte Größe in die Nebenbedingung einsetzen, um die weiteren Größen zu berechnen.

Test zu 3.3

1. Ermitteln Sie anhand des Schaubildes eine passende Funktionsgleichung.

a)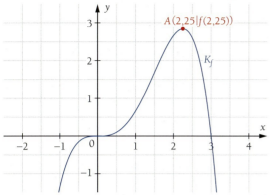

b)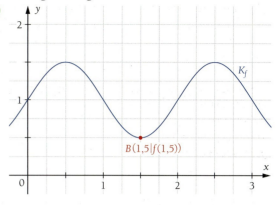

2. Gegeben ist die Funktion f mit $f(x) = e^{-2x} + ax + b$.
Das Schaubild von f berührt die x-Achse im Ursprung.
Bestimmen Sie die Funktionsgleichung von f.

3. Eine ganzrationale Funktion 5. Grades f ist punktsymmetrisch zum Ursprung. Sie hat in $W(1|1)$ einen Wendepunkt. Die Steigung beträgt -9. Bestimmen Sie die Funktionsgleichung von f.

4. Mit 24 m Maschendraht soll ein rechteckiges Stück Wiese eingezäunt und gemäß Skizze unterteilt werden. Alle drei Teilflächen sollen gleich groß sein.
Ermitteln Sie, wie a, b und c gewählt werden müssen, damit der Inhalt der gesamten eingezäunten Fläche maximal wird.
Wie groß ist der maximale Flächeninhalt?

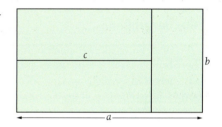

5. Gegeben ist die Funktion f mit $f(x) = 2e^x - 3$. Bestimmen Sie den maximalen Abstand des Schaubildes von f zur 1. Winkelhalbierenden im Intervall $[-2,5;\, 0,5]$.

6. Gegeben ist die Funktion f mit
$f(x) = 0,5x^4 - 2x^2 + 2$.
Der Punkt $P(u|f(u))$ mit $u \in [0;\, \sqrt{2}]$ ist der Eckpunkt eines Dreiecks, das die Spitze $S(0|-1)$ hat und symmetrisch zur y-Achse ist.
Zeigen Sie, dass sich der Flächeninhalt des Dreiecks durch die Funktion A mit $A(u) = \frac{1}{2}u^5 - 2u^3 + 3u$ beschreiben lässt. Bestimmen Sie den maximalen Flächeninhalt des Dreiecks und die entsprechenden Koordinaten des Punktes P.

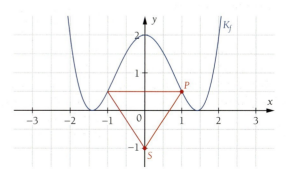

4 Integralrechnung

4.1 Einführung in die Integralrechnung

1 Reißfestigkeit

Für elastische Materialien wie beispielsweise Gymnastikbänder muss gewährleistet sein, dass das Material nicht bei Beanspruchung reißt. Um die benötigte Energie zu bestimmen, bei der ein bestimmtes Material reißt, muss ein sogenannter Zugversuch durchgeführt werden. Das nebenstehende Diagramm ist bei einem Zugversuch erstellt worden. In der Versuchsauswertung ist die mechanische Spannung auf der y-Achse gegen die Dehnung des Materials auf der x-Achse aufgetragen. Je größer die Fläche unter der Kurve, desto mehr Energie wird benötigt, bis das Material reißt.

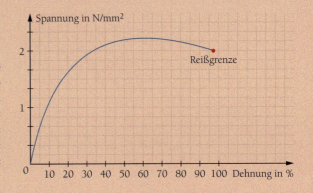

a) Schätzen Sie grob die Größe der Fläche bis zur Reißgrenze ab.
b) Übertragen Sie das Diagramm in Ihr Heft und unterteilen Sie für eine genauere Schätzung die Fläche in Teilflächen. Schätzen Sie die Größe der Teilflächen ab.
c) Entwickeln Sie ein Verfahren, um die Fläche möglichst exakt bestimmen zu können.

2 Flächengrößen

Für die Gestaltung eines Klassenraumes sollen geometrische Formen zusammengesetzt und in unterschiedlichen Farben ausgemalt werden. Der rechts abgebildete Entwurf von Stefanie soll an die Wand projiziert und ausgemalt werden.

a) Benennen Sie die Formen, die Stefanie ausmalt.
b) Übertragen Sie die Skizze in Ihr Heft. Wählen Sie einen für einen Klassenraum geeigneten Maßstab für die Koordinatenachsen. Berechnen Sie den Inhalt der Fläche, die grün ausgemalt werden soll.
c) Begründen Sie, weshalb die Inhalte der roten und der blauen Fläche nicht so einfach zu berechnen sind.
d) Bestimmen Sie den Flächeninhalt unter der Parabel möglichst genau.
e) Setzen Sie weitere Formen mit den Ihnen bekannten Schaubildern zusammen und bestimmen Sie soweit möglich die Größen der Flächen unter oder zwischen den Kurven.

4.1 Einführung in die Integralrechnung

3 Von der Geschwindigkeit zum Weg

Wenn bei einer Autofahrt die Durchschnittsgeschwindigkeit $\bar{v}$ bekannt ist, lässt sich der zurückgelegte Weg s in der Zeit t recht einfach berechnen. Es gilt: $s = \bar{v} \cdot t$. Bei konstanter Beschleunigung von $0\frac{km}{h}$ auf die Endgeschwindigkeit v_{end} gilt: $s = \frac{1}{2} \cdot v_{end} \cdot t$.
Ein Auto fährt jedoch nicht nur konstant dieselbe Geschwindigkeit oder beschleunigt gleichmäßig. Aufgrund des Verkehrs, Geschwindigkeitsbeschränkungen und anderer Einflüsse ändert sich die momentane Geschwindigkeit ständig. Das Schaubild zeigt einen Ausschnitt eines möglichen Geschwindigkeits-Zeit-Diagramms.

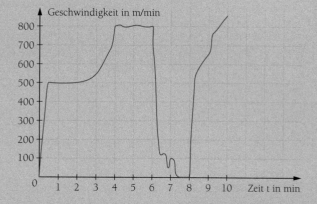

a) Berechnen Sie den zurückgelegten Wegs in den Abschnitten, in denen
   – eine (annähernd) konstante Geschwindigkeit gefahren wird.
   – eine (annähernd) konstante Beschleunigung vorliegt.
b) Die Intervalle, für die Sie eine Berechnung in Aufgabenteil a) ausgeführt haben, weisen besondere geometrische Formen auf. Stellen Sie einen Zusammenhang zwischen den gegebenen Formeln und der geometrischen Form der Fläche im Intervall her.
   Lassen sich die Angaben der Formeln in den Abmessungen der Flächen wiederfinden?
c) Bestimmen Sie die übrigen Wegabschnitte näherungsweise so genau wie möglich.

4 Tafeldienst

Finden Sie heraus, wie der Tafelanschrieb vorher aussah.

$f(x) = \text{▓▓} + 4$ $f(x) = \sin(\text{▓▓}) + 3$
$f'(x) = 3$ $f'(x) = 0{,}5 \cos(0{,}5x)$

$f(x) = 2 c\text{▓▓}$ $f(x) = \text{▓}^{2x+3}$
$f'(x) = 2\sin(x)$ $f'(x) = 2e^{2x+3}$

4 Integralrechnung

4.1 Einführung in die Integralrechnung

4.1.1 Stammfunktionen und unbestimmte Integrale

In der Differenzialrechnung werden zur Untersuchung einer gegebenen Funktion f die erste Ableitung f' und weitere Ableitungsfunktionen gebildet. Die Funktion f bildet dabei den „Stamm", von dem f', f'', f''' usw. abgeleitet werden. In der Integralrechnung kehren wir diese Vorgehensweise um: Wir ermitteln zu einer gegebenen Funktion f diejenige Funktion F, von der f selbst abstammt. Diese Funktion F heißt **Stammfunktion von f**.

Stammfunktion

Als die Schülerinnen und Schüler einer Berufskollegklasse den Unterrichtsraum betreten, ist das Tafelbild der vorhergehenden Mathematikstunde in Teilen noch zu sehen. Malte betrachtet den Tafelanschrieb und sagt: „Wenn es eine Ableitung gibt, muss es doch eigentlich auch eine Aufleitung geben. Dann könnte ich auch sagen, um welche Funktion es bei der Aufgabe geht."

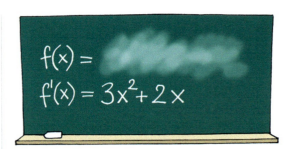

Malte vermutet richtig:

Wir können zu einer gegebenen Funktion f überlegen, von welcher Funktion F sie abstammt.

Um zu f eine Stammfunktion F zu finden, müssen wir den Vorgang der Ableitung umkehren, also eine „Aufleitung" bilden.

$$f' \xrightarrow[\text{abgeleitet zu}]{\text{stammt von}} f \xrightarrow[\text{abgeleitet zu}]{\text{stammt von}} F$$

f'	f	F
0	2	$2x$
2	$2x$	x^2
$2x$	x^2	$\frac{1}{3}x^3$
$6x$	$3x^2$	x^3

Bei ganzrationalen Funktionen bilden wir die Stammfunktion folgendermaßen:
- Der Exponent jeder x-Potenz wird um 1 erhöht.
- Der Koeffizient der x-Potenz wird durch den um 1 erhöhten Exponenten dividiert.

$f(x) = 2x^1 \to F(x) = \frac{2}{1+1}x^{1+1} = x^2$

$f(x) = 1x^2 \to F(x) = \frac{1}{2+1}x^{2+1} = \frac{1}{3}x^3$

$f(x) = 3x^2 \to F(x) = \frac{3}{2+1}x^{2+1} = x^3$

> Eine differenzierbare Funktion F heißt **Stammfunktion** einer gegebenen Funktion f, falls gilt: $F'(x) = f(x)$.
> Das Bilden der Stammfunktion ist die Umkehrung des Ableitens.

1. Prüfen Sie, ob F eine Stammfunktion von f ist.
a) $F(x) = 2{,}5x^2$; $f(x) = 5x$
b) $F(x) = 0{,}25x^4$; $f(x) = x^3$
c) $F(x) = 6x^3$; $f(x) = 2x^2$
d) $F(x) = -0{,}4x^5$; $f(x) = -2x^4$

2. Geben Sie zu folgenden Funktionen eine Stammfunktion an.
a) $f(x) = x$
b) $f(x) = x^2$
c) $f(x) = x^5$
d) $f(x) = x^7$
e) $f(x) = 0{,}6x$
f) $f(x) = -4$
g) $f(x) = 2x^3$
h) $f(x) = -1$
i) $f(x) = 2{,}6x^4$
j) $f(x) = \frac{4}{5}x^3$
k) $f(x) = -\frac{1}{5}x^2$
l) $f(x) = 2x^9$

4.1 Einführung in die Integralrechnung

Während die Ableitung einer Funktion f stets eindeutig bestimmt werden kann, ist dies bei der Bildung von Stammfunktionen nicht der Fall.

Eine Zahl ohne x fällt beim Ableiten weg. Im umgekehrten Fall weiß man aber nicht, was vorher da gestanden hat.

Eine Funktion – viele Stammfunktionen

Ist die Funktion f mit $f(x) = x^3$ gegeben, so ist F_1 mit $F_1(x) = 0{,}25\,x^4$ eine Stammfunktion von f.

$F_1(x) = 0{,}25\,x^4$
$\Rightarrow F_1'(x) = x^3 \quad \Rightarrow F_1'(x) = f(x)$
$\Rightarrow F_1$ ist Stammfunktion von f

Ebenso ist etwa F_2 mit $F_2(x) = 0{,}25\,x^4 + 1$ eine Stammfunktion von f, da der Summand 1 beim Ableiten 0 wird.

$F_2(x) = 0{,}25\,x^4 + 1$
$\Rightarrow F_2'(x) = x^3 + 0 \quad \Rightarrow F_2'(x) = f(x)$
$\Rightarrow F_2$ ist Stammfunktion von f

Statt 1 können wir jede beliebige reelle Zahl addieren und erhalten immer eine Stammfunktion von f.

$F_3(x) = 0{,}25\,x^4 - 17$
$\Rightarrow F_3'(x) = x^3 + 0 \quad \Rightarrow F_3'(x) = f(x)$
$\Rightarrow F_3$ ist Stammfunktion von f

Also sind alle Funktionen F mit $F(x) = 0{,}25\,x^4 + C$ mit $C \in \mathbb{R}$ Stammfunktionen der gegebenen Funktion f.

Allgemein:
$F(x) = 0{,}25\,x^4 + C$
$\Rightarrow F'(x) = x^3 + 0 \quad \Rightarrow F'(x) = f(x)$
$\Rightarrow F$ ist Stammfunktion von f

Während die Bildung von Ableitungen einer Funktion als Differenzieren bezeichnet wird, nennt man das Bilden von Stammfunktionen **Integrieren**. So wie die Ableitungen einer Funktion durch einen Strich oder mehrere Striche am Funktionsnamen kenntlich gemacht werden, gibt es auch für die Stammfunktionen einer Funktion f eine Schreibweise, die den Funktionsterm von f enthält.

$\int f(x)\,dx = F(x) + C$ ▸ gelesen: **Unbestimmtes Integral** f von x dx

Diese Schreibweise geht auf Gottfried Wilhelm Leibniz (1646–1716) zurück. An erster Stelle steht das Integralzeichen $\int$, dann folgt der Funktionsterm und zum Schluss dx (bzw. dt, wenn t die Variable ist).

Die Konstante C heißt **Integrationskonstante** und kann jede beliebige reelle Zahl sein. Daher gibt es zu jeder Funktion, wenn sie eine Stammfunktion hat, unendlich viele Stammfunktionen. Das unbestimmte Integral entspricht der Menge aller Stammfunktionen von f.

Da das Integrieren die Umkehrung des Differenzierens ist, können wir die Ableitungsregeln „umkehren" und erhalten damit Regeln für das Integrieren von Funktionen.

Integrationsregeln

Potenzregel
Für die ganzrationale Funktion f mit $f(x) = x^n$ gilt:
$\int x^n\,dx = \frac{1}{n+1} x^{n+1} + C$

$\int x^4\,dx = \frac{1}{4+1} x^{4+1} + C = \frac{1}{5} x^5 + C$

Faktorregel
Für jede integrierbare Funktion f gilt:
$\int a \cdot f(x)\,dx = a \cdot \int f(x)\,dx$

$\int 5 \cdot x^3\,dx = 5 \cdot \int x^3\,dx = 5 \cdot \left(\frac{1}{4} x^4 + C^*\right) = \frac{5}{4} x^4 + C$

▸ Den Summanden $5\,C^*$, der sich beim Ausmultiplizieren ergibt, haben wir als neue Konstante C bezeichnet.

Summenregel
Für integrierbare Funktionen f und g gilt:
$\int (f(x) + g(x))\,dx = \int f(x)\,dx + \int g(x)\,dx$

$\int (x^2 + x)\,dx = \int x^2\,dx + \int x\,dx = \frac{1}{3} x^3 + \frac{1}{2} x^2 + C$

▸ Die beiden Teilintegrale liefern bei der Summenregel die Integrationskonstanten C_1 bzw. C_2, die sich zu $C = C_1 + C_2$ zusammenfassen lassen.

4 Integralrechnung

4 Summen-, Faktor- und Potenzregel

Durch Kombinieren der Summen-, Faktor- und Potenzregel können wir zu jeder ganzrationalen Funktion das unbestimmte Integral, d.h. die Menge ihrer Stammfunktionen angeben.

$f(x) = 2x^3 + 3x^2 - x + 4$
$\int f(x)\,dx = \int (2x^3 + 3x^2 - x + 4)\,dx$
$\qquad = \frac{2}{4}x^4 + \frac{3}{3}x^3 - \frac{1}{2}x^2 + 4x + C$
$\qquad = \frac{1}{2}x^4 + x^3 - \frac{1}{2}x^2 + 4x + C$

5 Bestimmung einer eindeutigen Stammfunktion

Bestimmen Sie zur Funktion f mit $f(x) = -5x^3 + 2x$ diejenige Stammfunktion, deren Schaubild durch den Punkt $P(1|-10)$ geht.

Mithilfe der Summen-, Faktor- und Potenzregel bilden wir die Menge alle Stammfunktionen von f. Die Stammfunktionen unterscheiden sich voneinander nur durch den Wert der Integrationskonstante C.

$\int (-5x^3 + 2x)\,dx = -\frac{5}{4}x^4 + x^2 + C$

Zwei Stammfunktionen einer Funktion unterscheiden sich nur durch eine Konstante.

Diese Konstante muss so gewählt werden, dass die Stammfunktion F die Gleichung $F(1) = -10$ erfüllt. Dazu setzen wir den Wert 1 in den allgemeinen Funktionsterm von F ein und stellen nach C um. Wir erhalten $C = -9{,}75$.

$\qquad\qquad F(1) = -10$
$\Leftrightarrow -\frac{5}{4} \cdot 1^4 + 1^2 + C = -10$
$\Leftrightarrow \quad -1{,}25 + 1 + C = -10 \quad | +0{,}25$
$\Leftrightarrow \qquad\qquad\qquad C = -9{,}75$

Mit diesem Wert ergibt sich die Funktionsgleichung der gesuchten Stammfunktion.

$F(x) = -\frac{5}{4}x^4 + x^2 - 9{,}75$

- Hat eine Funktion f eine Stammfunktion, so gibt es unendlich viele Stammfunktionen von f.
- Alle Stammfunktionen von f unterscheiden sich nur durch die **Integrationskonstante** C. Das Bilden von Stammfunktionen wird **Integrieren** genannt.
- Ist F eine Stammfunktion von f, dann ist $F(x) + C$ mit $C \in \mathbb{R}$ die Menge aller Stammfunktionen von f. Diese Menge heißt auch **unbestimmtes Integral**. Schreibweise: $\int f(x)\,dx = F(x) + C$
- Es gelten folgende **Integrationsregeln**:

  Potenzregel: $\int x^n\,dx = \frac{1}{n+1}x^{n+1} + C \;(n \in \mathbb{N})$

  Faktorregel: $\int a \cdot f(x)\,dx = a \cdot \int f(x)\,dx \;(a \in \mathbb{R})$

  Summenregel: $\int (f(x) + g(x))\,dx = \int f(x)\,dx + \int g(x)\,dx$

1. Bilden Sie zwei Stammfunktionen zur Funktion f.
a) $f(x) = 12x^2$ c) $f(x) = 3x$ e) $f(x) = -4x^3$ g) $f(x) = 5x^4$
b) $f(x) = 0{,}5x^3$ d) $f(x) = 7$ f) $f(x) = \frac{1}{5}x^4$ h) $f(x) = 0$

2. Berechnen Sie das unbestimmte Integral von f. Benennen Sie die verwendeten Integrationsregeln.
a) $f(x) = 5x$ b) $f(x) = 8x^3 + 2x$ c) $f(x) = 4x^3 - 2x^2 + 5$

3. Bestimmen Sie zur Funktion f mit $f(x) = 2x^2 - \frac{1}{2}x$ diejenige Stammfunktion, deren Schaubild durch den Punkt $P\left(2\left|\frac{16}{3}\right.\right)$ geht.

4.1 Einführung in die Integralrechnung

Integration von Exponentialfunktionen zur Basis e

Geben Sie die Menge aller Stammfunktionen von f mit $f(x) = e^{3x}$ an.

Die Ableitung der natürlichen Exponentialfunktion ist wieder die natürliche Exponentialfunktion. ▶ Seite 206

$$\int e^x dx = e^x + C$$

Also vermuten wir, dass H mit $H(x) = e^{3x}$ eine Stammfunktion von f ist.
Zur Probe bilden wir die Ableitung von H mithilfe der Kettenregel. ▶ Seite 209
Wir stellen fest, dass die Ableitung H' aufgrund des Faktors 3 nicht mit f übereinstimmt.

$$H(x) = e^{3x}$$
$$H'(x) = \underbrace{e^{3x}}_{} \cdot \underbrace{3}_{} = 3e^{3x} \neq f(x)$$
„äußere Ableitung · innere Ableitung"

Um den Faktor 3 im Funktionsterm von H' zu eliminieren, multiplizieren wir den Funktionsterm von H mit dem Kehrwert $\frac{1}{3}$. Die resultierende Funktion F ist eine Stammfunktion von f.

$$F(x) = \tfrac{1}{3}e^{3x}$$
$$F'(x) = \tfrac{1}{3}e^{3x} \cdot 3 = e^{3x} = f(x)$$

Addieren wir zum Funktionsterm von F die Integrationskonstante C, so erhalten wir das gesuchte unbestimmte Integral von f.

$$\int e^{3x} dx = \tfrac{1}{3}e^{3x} + C$$

Integration von trigonometrischen Funktionen

Geben Sie jeweils die Menge aller Stammfunktionen von f und g mit $f(x) = \sin(x)$ und $g(x) = \cos(2x)$ an.

Die Ableitung der Kosinusfunktion ist die negative Sinusfunktion. ▶ Seite 207

$$H(x) = \cos(x) \Rightarrow H'(x) = -\sin(x)$$
$$F(x) = -\cos(x) \Rightarrow F'(x) = \sin(x) = f(x)$$

Somit ist die negative Kosinusfunktion eine Stammfunktion der Sinusfunktion.

$$\int f(x)\,dx = \int \sin(x)\,dx = -\cos(x) + C$$

Auf der Suche nach einer Stammfunktion von g betrachten wir zunächst die Hilfsfunktion H mit $H(x) = \sin(2x)$. Mithilfe der Kettenregel ergibt sich $H'(x) = \cos(2x) \cdot 2 \neq g(x)$.
Um den Faktor 2, der sich aus der „inneren Ableitung" ergibt, zu eliminieren, erweitern wir den Funktionsterm von H mit dem Kehrwert $\frac{1}{2}$.

$$H(x) = \sin(2x) \Rightarrow H'(x) = \cos(2x) \cdot 2$$
$$G(x) = \tfrac{1}{2}\sin(2x) \Rightarrow G'(x) = \tfrac{1}{2}\cos(2x) \cdot 2$$
$$= \cos(2x) = g(x)$$
$$\int g(x)\,dx = \int \cos(2x)\,dx = \tfrac{1}{2}\sin(2x) + C$$

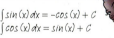
$$\int \sin(x)\,dx = -\cos(x) + C$$
$$\int \cos(x)\,dx = \sin(x) + C$$

Es gelten die folgenden **Integrationsregeln** für $k \in \mathbb{R}^*$:
$$\int e^{kx}\,dx = \tfrac{1}{k}e^{kx} + C \qquad \int \sin(kx)\,dx = -\tfrac{1}{k}\cos(kx) + C \qquad \int \cos(kx)\,dx = \tfrac{1}{k}\sin(kx) + C$$

---

1. Geben Sie die Menge aller Stammfunktionen an.
   a) $f(x) = e^{-x}$
   b) $f(x) = e^{2x}$
   c) $f(x) = 2e^x$
   d) $f(x) = -3\cos(2x)$
   e) $f(x) = 3\sin(-7x) - 2$
   f) $f(x) = \cos(x) - 2\sin(x) + 3e^{-4x}$

2. Bestimmen Sie zu f diejenige Stammfunktion F, deren Schaubild durch den Punkt $P(0|1)$ geht.
   a) $f(x) = ex - e^x$
   b) $f(x) = \tfrac{1}{4}x^3 - \cos(x)$
   c) $f(x) = e^{2x} - \sin(2x)$

Übungen zu 4.1.1

1. Geben Sie zu folgenden Funktionen jeweils zwei verschiedene Stammfunktionen an.
a) $f(x) = -3x + 8$
b) $f(x) = 2x^4 - x$
c) $f(x) = e^{3x}$
d) $f(x) = 3e^x$
e) $f(x) = \cos(7x)$
f) $f(x) = \sin(-2x)$

2. Geben Sie jeweils die Menge aller Stammfunktionen an. Benennen Sie die verwendeten Integrationsregeln.
a) $f(x) = \frac{1}{2}x^2 + 2x$
b) $f(x) = 1 - 4x^3$
c) $f(x) = 4$
d) $f(x) = -\frac{4}{5}x^3 + 10x$
e) $f(x) = -x^4 - 6x^2 + 8$
f) $f(x) = -\frac{1}{6}x^2 + 81$

3. Bestimmen Sie das unbestimmte Integral der Funktion f.
a) $f(x) = x + 5$
b) $f(x) = 5x$
c) $f(x) = x^5$
d) $f(x) = 2{,}7x^2 - 6x$
e) $f(x) = 3{,}5x - 4{,}8x^3$
f) $f(x) = 2{,}5x^4 - 12x^2 + 4$
g) $f(x) = \frac{1}{8}x^3 - \frac{1}{2}x^2 - 6x$
h) $f(x) = 1 - e^x$
i) $f(x) = 0{,}1e^{2x}$
j) $f(x) = \cos(-6x) + 4$
k) $f(x) = -\sin(-2x) + 5x$
l) $f(x) = \cos(x) + \sin(x)$
m) $f(x) = -\cos\left(\frac{1}{3}x\right) + 2\sin\left(-\frac{1}{2}x\right) - 1$
n) $f(x) = e^{7x} + \sin(7x)$
o) $f(x) = x^9 - \sin(x) + e^{-x}$

4. Vervollständigen Sie die Lücken in den Termen so, dass F eine Stammfunktion von f ist.
a) $f(x) = \Box x^3 + \frac{1}{2}x^\Box$; $F(x) = 2x^\Box + \Box x^2$
b) $f(x) = \Box e^{2x} + 4e^\Box$; $F(x) = \frac{1}{2}e^\Box + 4ex$
c) $f(x) = \Box x^2 + \Box$; $F(x) = 3x^\Box + 3x^2 + 3$
d) $f(x) = -4\sin\left(\frac{1}{2}x\right)$; $F(x) = \Box \cdot \Box\left(\frac{1}{2}x\right)$
e) $f(x) = \frac{1}{\Box}\cos(\Box x)$; $F(x) = \Box \sin(\pi x)$

5. Begründen Sie, warum eine Funktion, wenn sie eine Stammfunktion hat, gleich unendlich viele Stammfunktionen besitzt.

6. Geben Sie zwei Funktionen f und g an, bei denen es besonders günstig ist, für die Bestimmung einer Stammfunktion die Summenregel von rechts nach links anzuwenden.

7. Wenden Sie die Integrationsregeln an, um die folgenden Ausdrücke umzuformen und das unbestimmte Integral zu bestimmen.
a) $\int (3x^3 + 6x^2 + 3x)\,dx$
b) $\int (14x^2 + 49x)\,dx$
c) $\int (18x^3 + 81x)\,dx$
d) $\int (3ax^3 + 2ax)\,dx;\ a \in \mathbb{R}$
e) $\int (4a^2 x^2 + 16ax)\,dx;\ a \in \mathbb{R}$
f) $\int (9ax + 6a)\,dx;\ a \in \mathbb{R}$

8. Bestimmen Sie zu f diejenige Stammfunktion F, deren Schaubild durch den Ursprung verläuft.
a) $f(x) = x^2 - \pi$
b) $f(x) = e^x - 1$
c) $f(x) = 3e^x$
d) $f(x) = \frac{1}{3}e^{3x}$
e) $f(x) = \sin(2x) - e^{-x}$
f) $f(x) = e^{-2x} + \cos(x) + 2x$

9. Gegeben ist f mit $f(x) = 3x - 5$. Bestimmen Sie eine Stammfunktion F von f, deren Schaubild die x-Achse im Ursprung schneidet. Geben Sie eine weitere Stammfunktion F^* an, deren Schaubild oberhalb der x-Achse liegt.

10. Die erste Ableitung einer Funktion f hat die Funktionsgleichung $f'(x) = x^4 + \cos(x)$. Das Schaubild von f schneidet die y-Achse bei 2. Bestimmen Sie die Funktionsgleichung von f.

11. Bestimmen Sie für $f(x) = -\frac{1}{3}x^3 + a$ eine reelle Zahl a sowie eine Stammfunktion F von f, sodass K_F die x-Achse bei -6 und 0 schneidet.

12. Die zweite Ableitung einer Funktion f hat die Gleichung $f''(x) = 6x^2 + e^x$. Das Schaubild von f schneidet die x-Achse bei 1 mit Steigung 2. Bestimmen Sie die Funktionsgleichung von f.

4.1 Einführung in die Integralrechnung

4.1.2 Zusammenhang zwischen den Schaubildern von F und f

Das folgende Beispiel zeigt, dass der Verlauf des Schaubildes einer Funktion f bereits durch wenige Eigenschaften des Schaubildes einer Stammfunktion F festgelegt ist.

Von K_F auf K_f schließen

Gegeben ist das Schaubild K_F einer Stammfunktion F von f. Skizzieren Sie das Schaubild K_f.

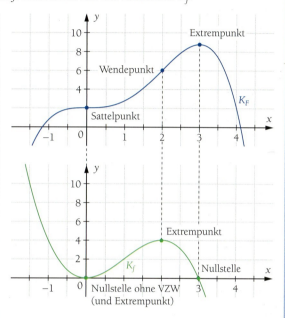

Bis zur Stelle $x = 3$ ist das Schaubild K_F der Stammfunktion monoton steigend. Somit gilt für die Ableitung von F bis zu dieser Stelle: $F'(x) = f(x) \geq 0$. Das Schaubild K_f von f liegt also oberhalb (oder auf) der x-Achse.
Ab $x = 3$ ist K_F monoton fallend und somit liegt K_f unterhalb (oder auf) der x-Achse.

Das Schaubild K_F der Stammfunktion hat in $x = 3$ eine Extremstelle. Somit ist hier die Steigung von K_F null: $F'(3) = f(3) = 0$. Die Funktion f hat also die Nullstelle $x = 3$.

Die Stelle $x = 0$ ist eine Sattelstelle von K_F. Also hat K_F auch an dieser Stelle die Steigung null und die Funktion f eine weitere Nullstelle.

Die Stelle $x = 2$ ist eine Wendestelle von K_F. Das bedeutet, dass die zweite Ableitung von F, also f', an dieser Stelle den Wert 0 annimmt und das Vorzeichen wechselt. Somit ist $x = 2$ eine Extremstelle von K_f.

Die Stelle $x = 0$ ist die zweite Wendestelle von K_F, d. h. zweite Extremstelle von K_f.

Sei F eine Stammfunktion von f. Es bestehen folgende Zusammenhänge:
- K_F ist monoton steigend $\Leftrightarrow$ $f(x) \geq 0$ (K_f liegt oberhalb oder auf der x-Achse).
- K_F ist monoton fallend $\Leftrightarrow$ $f(x) \leq 0$ (K_f liegt unterhalb oder auf der x-Achse).
- x_0 ist Extremstelle von F $\Leftrightarrow$ x_0 ist eine Nullstelle von f mit Vorzeichenwechsel (VZW).
- x_0 ist Sattelstelle von F $\Leftrightarrow$ x_0 ist eine Nullstelle von f ohne Vorzeichenwechsel (VZW).
- x_0 ist Wendestelle von F $\Leftrightarrow$ x_0 ist eine Extremstelle von f.

---

1. Gegeben ist das Schaubild K_F einer Stammfunktion F von f.
   a) Treffen Sie Aussagen über die Null- und Extremstellen von f. Geben Sie die Intervalle an, in denen K_f ober- bzw. unterhalb der x-Achse liegt.
   b) Skizzieren Sie K_f.

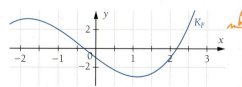

2. Über die Funktion F ist bekannt, dass sie eine Stammfunktion von f ist und dass ihr Schaubild K_F den Hochpunkt $H(4|10)$ hat. Treffen Sie Aussagen über den Verlauf des Schaubildes K_f von f in der Umgebung von $P(4|f(4))$.

4 Integralrechnung

Die unendlich vielen Stammfunktionen einer Funktion unterscheiden sich lediglich durch einen konstanten Summanden. In den wesentlichen Eigenschaften wie Monotonie, Extrem-, Wende- und Sattelstellen stimmen die Stammfunktionen hingegen überein. Das folgende Beispiel zeigt, dass diese Eigenschaften bereits am Schaubild der „Ausgangsfunktion" abgelesen werden können.

9 Von K_f auf K_F schließen

Gegeben ist das Schaubild K_f einer Funktion f. Die Funktion F sei diejenige Stammfunktion von f, deren Schaubild K_F durch den Ursprung verläuft. Skizzieren Sie K_F.

Wir lesen die im Merkekasten auf Seite 287 aufgeführten Eigenschaften „von rechts nach links".

Im Intervall $[-1{,}2;\ 2{,}2]$ liegt das Schaubild K_f oberhalb (oder auf) der x-Achse. *Alle* Stammfunktionen von f sind in diesem Intervall monoton steigend. Außerhalb des Intervalls liegt K_f unterhalb der x-Achse, also sind die Stammfunktionen hier monoton fallend.

Das Schaubild K_f schneidet die x-Achse bei $x = -1{,}2$ und $x = 2{,}2$. Diese beiden Stellen sind also Extremstellen von allen Stammfunktionen.

Das Schaubild K_f berührt die x-Achse bei $x = 0$. 0 ist eine Sattelstelle aller Stammfunktionen von f.

Die drei Extremstellen $-0{,}8$; 0 und 1,6 von K_f sind die Wendestellen der Stammfunktionen.

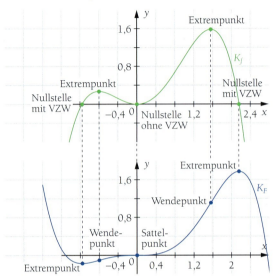

Gegeben ist das Schaubild K_f der Funktion f.
a) Formulieren Sie begründete Aussagen zur Monotonie sowie Extrem- und Wendestellen der Stammfunktionen von f.
b) Skizzieren Sie das Schaubild der Stammfunktion F von f mit $F(0) = -5$.

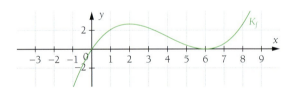

Die im Merkekasten auf Seite 287 angegebenen Zusammenhänge gelten allgemein für eine Funktion und ihre Ableitung, also beispielsweise für f' und f''. Die **NEW-Regel** (▶ Seite 251) fasst die Zusammenhänge in folgendem Schema zusammen:

F	Nullstelle mit VZW	Extremstelle	Wendestelle	
f		Nullstelle mit VZW	Extremstelle	Wendestelle
f'			Nullstelle mit VZW	Extremstelle	Wendestelle
f''				Nullstelle mit VZW	Extremstelle	Wendestelle

> Das N in NEW darf nicht mit „Nullstelle" übersetzt werden. Die Merkregel gilt nur für Nullstellen mit Vorzeichenwechsel.

Das Schema wird spaltenweise gelesen. Zum Beispiel:
Nullstelle mit VZW von f' = **E**xtremstelle von f = **W**endestelle von F

4.1 Einführung in die Integralrechnung

Übungen zu 4.1.2

1. Betrachten Sie das nebenstehende Schaubild einer Stammfunktion F von f. Entscheiden Sie, ob folgende Aussagen wahr oder falsch sind.
   a) $f(-3) \leq 0$
   b) f hat genau drei Nullstellen.
   c) f hat genau zwei Extremstellen
   d) K_f liegt in allen vier Quadranten.

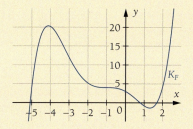

2. Ordnen Sie begründet den drei Funktionen f (Schaubilder der mittleren Reihe) jeweils eine Stammfunktion F (Schaubilder der oberen Reihe) sowie die erste Ableitung f' (Schaubilder der unteren Reihe) zu.

a)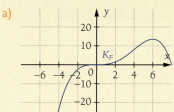
b)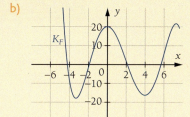
c)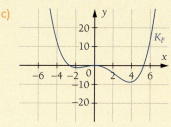

d)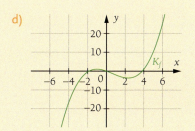
e)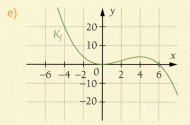
f)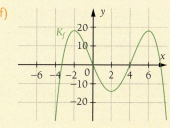

g)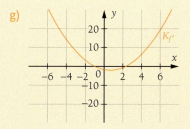
h)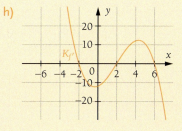
i)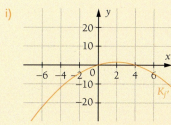

3. Übertragen Sie das Schaubild von f in Ihr Heft. Skizzieren Sie in das gleiche Koordinatensystem das Schaubild der Ableitungsfunktion f' sowie das Schaubild einer beliebigen Stammfunktion F.

a)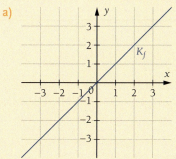
b)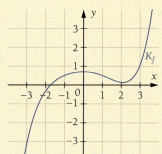
c)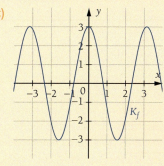

4 Integralrechnung

4.1.3 Flächeninhalt und bestimmtes Integral

10 Frontfläche des „Berliner Bogens" I

Das Klinikum in Freiburg soll ein neues Gebäude erhalten, das nach dem Vorbild des „Berliner Bogens" in Hamburg konstruiert ist. Der Querschnitt des Gebäudes hat die Form einer Parabel.
Nach den Plänen des Architekten soll beim Neubau in Freiburg die Frontfassade mit hochwertigem Glas verkleidet werden.
Die Parabel des Neubaus lässt sich durch das Schaubild von f mit $f(x) = -0{,}025\,x^2 + 32{,}4$ beschreiben.

Eine Berufskolleg-Klasse erhält von ihrer Lehrerin die Aufgabe, die Größe der Frontfläche abzuschätzen.

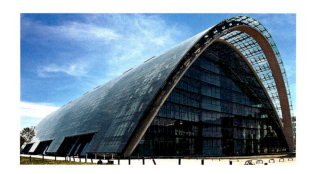

Da die Fläche nicht überall geradlinig begrenzt wird, reichen die bekannten Formeln zur Flächenberechnung nicht aus. In drei Gruppen werden folgende Lösungswege entwickelt:

In **Gruppe 1** werden zunächst das Schaubild von f und eine Parallele zur x-Achse durch den Punkt $S(0|15{,}5)$ gezeichnet. So entstehen zwei etwa gleich große Teilflächen, die rechts und links jedoch wiederum krummlinig begrenzt sind. Johanna möchte die untere Teilfläche durch ein Rechteck ersetzen, das zwar mit der linken oberen Ecke „übersteht", dafür aber rechts ein etwa gleich großes Flächenstück „übrig lässt".
Mithilfe der Koordinaten des Eckpunkts $P(26|15{,}5)$ und der Nullstelle -36 ergeben sich die Rechteckseiten a und b. Damit ermittelt die Gruppe den Flächeninhalt A. Durch Verdopplung ergibt sich eine Annäherung für den Flächeninhalt des gesamten Bogens.

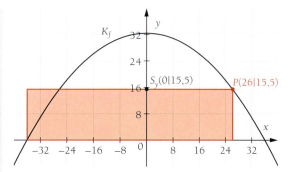

$a = 36 + 26 = 62;\ b = 15{,}5$
$A = 62 \cdot 15{,}5 = 961$ ▸ $A_{\text{Rechteck}} = a \cdot b$
Annäherung: $2 \cdot 961\,\text{m}^2 = 1922\,\text{m}^2$

Die Mitglieder der **Gruppe 2** zeichnen ebenfalls zunächst die Parabel. Anschließend verbinden sie die x-Achsenschnittpunkte jeweils mit dem Scheitelpunkt der Parabel und erhalten dadurch ein Dreieck. Allerdings müssen sie einsehen, dass das Dreieck die Fläche unter der Parabel nicht besonders gut ausfüllt. Deniz ist besonders unzufrieden und schlägt vor, die Spitze des Dreiecks nach oben zu verschieben, um eine bessere Abdeckung zu erreichen. Der Flächeninhalt A dieses Dreiecks lässt sich mithilfe der Koordinaten der Eckpunkte und der Formel für den Flächeninhalt eines Dreiecks berechnen. Damit erhält die Gruppe eine Annäherung des Flächeninhalts der Frontseite.

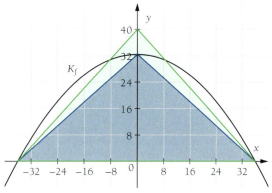

$g = 36 + 36 = 72;\ h = 40$
$A = \tfrac{1}{2} \cdot 72 \cdot 40 = 1440$ ▸ $A_{\text{Dreieck}} = \tfrac{1}{2} \cdot g \cdot h$
Annäherung: $1440\,\text{m}^2$

Gruppe 3 verständigt sich darauf, wegen der Achsensymmetrie nur die Fläche rechts von der y-Achse zu betrachten und den ermittelten Flächeninhalt später zu verdoppeln. Als Nina das Schaubild vor Augen hat, fällt ihr ein, wie sie in ihrem Zimmer eine Wand mit Dachschräge tapeziert hat. Das bringt sie auf die Idee, die Fläche unter der Parabel ebenfalls mit senkrechten Streifen abzudecken. Die Streifen sollen jeweils 12 m breit sein.

Beim Vergleichen der Zeichnungen sehen die Gruppenmitglieder, dass sie mit verschieden langen Streifen gearbeitet haben, je nachdem, wo sie diese „abgeschnitten" haben. Bei der sparsamen Variante zeigt sich zudem, dass für einen dritten Streifen kein Platz mehr ist. Da mit den langen Streifen zu viel und mit den kurzen Streifen zu wenig Fläche abgedeckt wird, bildet Nina den Mittelwert.

Durch Verdopplung (für die linke Seite) ergibt sich eine Annäherung des Inhalts der Frontfläche.

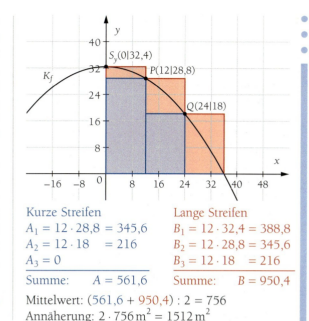

Kurze Streifen
$A_1 = 12 \cdot 28{,}8 = 345{,}6$
$A_2 = 12 \cdot 18 = 216$
$A_3 = 0$
Summe: $\quad A = 561{,}6$

Lange Streifen
$B_1 = 12 \cdot 32{,}4 = 388{,}8$
$B_2 = 12 \cdot 28{,}8 = 345{,}6$
$B_3 = 12 \cdot 18 = 216$
Summe: $\quad B = 950{,}4$

Mittelwert: $(561{,}6 + 950{,}4) : 2 = 756$
Annäherung: $2 \cdot 756 \, \text{m}^2 = 1512 \, \text{m}^2$

1. Bewerten Sie die Lösungswege der drei Gruppen und entwickeln Sie weitere Möglichkeiten, den gesuchten Flächeninhalt zu ermitteln.

2. Variieren Sie das Vorgehen der dritten Gruppe, indem Sie die Anzahl der Streifen auf 4 bzw. 6 erhöhen. Vergleichen und bewerten Sie die Ergebnisse.

Ober- und Untersumme für $n = 4$

Am Beispiel der Funktion f mit $f(x) = x^2$ und der Fläche A zwischen der x-Achse und dem Schaubild von f im Intervall $[0; 2]$ machen wir uns mit der von Gruppe 3 genutzten **Streifenmethode** näher vertraut.

Wir zerlegen das Intervall $[0; 2]$ in vier gleiche Teile und zeichnen über jedem Teilintervall ein Rechteck, dessen rechter oberer Eckpunkt auf dem Schaubild von f liegt. Die Breite der Rechtecke beträgt 0,5; die Höhe ist jeweils durch den Funktionswert von f bestimmt. Da die Rechtecke teilweise oberhalb von K_f liegen, wird die Summe ihrer Flächeninhalte **Obersumme** genannt und mit O_4 bezeichnet.

Entsprechend zeichnen wir Rechtecke ein, deren linker oberer Eckpunkt auf dem Schaubild von f liegt. Die entstehende Treppenfläche liegt unterhalb des Schaubildes und heißt daher **Untersumme**. Im Fall $n = 4$ schreiben wir U_4.

Da das erste Rechteck von U_4 den Flächeninhalt 0 hat, unterscheiden sich U_4 und O_4 nur durch den letzten Summanden von O_4.

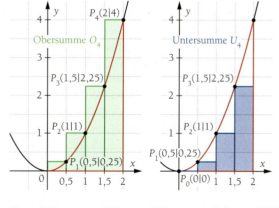

$O_4 = 0{,}5 \cdot 0{,}25 + 0{,}5 \cdot 1 + 0{,}5 \cdot 2{,}25 + 0{,}5 \cdot 4 = 3{,}75$
$U_4 = 0{,}5 \cdot 0 + 0{,}5 \cdot 0{,}25 + 0{,}5 \cdot 1 + 0{,}5 \cdot 2{,}25 = 1{,}75$

Da die Obersumme mehr und die Untersumme weniger als die gesuchte Fläche abdeckt, liegt der zu bestimmende Flächeninhalt A zwischen U_4 und O_4, d. h., es gilt: $1{,}75 < A < 3{,}75$.

4 Integralrechnung

 12 Ober- und Untersumme für $n \to \infty$

In Beispiel 11 erhielten wir bei $n = 4$ Teilintervallen eine Breite von $\frac{2}{4} = 0{,}5$ für jedes Rechteck.

Teilen wir das Intervall $[0; 2]$ in n Teilintervalle, so beträgt die Länge jedes Teilintervalls und damit die Streifenbreite $\frac{2}{n}$.

Die Höhe der Streifen ist durch den Funktionswert von f an den jeweiligen Stellen festgelegt.

Stelle x	$0 \cdot \frac{2}{n}$	$1 \cdot \frac{2}{n}$	$2 \cdot \frac{2}{n}$	...	$n \cdot \frac{2}{n}$
Höhe $f(x)$	$\left(0 \cdot \frac{2}{n}\right)^2$	$\left(1 \cdot \frac{2}{n}\right)^2$	$\left(2 \cdot \frac{2}{n}\right)^2$	...	$\left(n \cdot \frac{2}{n}\right)^2$

Wir berechnen zunächst die Obersumme und klammern so viel wie möglich aus.

Für die Summe in der eckigen Klammer gibt es eine Formel: $1 + 2^2 + 3^3 + \cdots + n^2 = \frac{1}{6} n \cdot (n+1)(2n+1)$

Wir fassen nun so weit wie möglich zusammen.

Wenn wir für n immer größere Werte einsetzen, werden die Werte des zweiten und dritten Summanden immer kleiner, sodass sie das Ergebnis schließlich nicht mehr beeinflussen.
Also erhalten wir als Grenzwert (Limes) für O_n den Wert $\frac{8}{3} = 2{,}\overline{6}$.

Die Treppenfläche der Untersumme unterscheidet sich von der Treppenfläche der Obersumme nur um den Flächeninhalt zweier Rechtecke: Neu hinzu kommt bei U_n das erste Rechteck, das hier jedoch den Flächeninhalt 0 hat und deshalb nicht ins Gewicht fällt. Dafür „fehlt" das letzte, also das n-te Rechteck von O_n. Wir erhalten folglich U_n, indem wir von O_n den Flächeninhalt des n-ten Rechtecks subtrahieren. Dieser beträgt $\frac{8}{n}$. Wenn wir für n immer größere Werte einsetzen, wird der Summand $\frac{8}{n}$ immer kleiner und strebt gegen 0.
Daher stimmen die Grenzwerte für die Ober- und die Untersumme überein. Wenn dies der Fall ist, heißt eine Funktion f **integrierbar**.
Der ermittelte Wert ist das **bestimmte Integral** von f (hier: $2{,}\overline{6}$). Es gibt in unserem Beispiel den Inhalt der Fläche an, die das Schaubild K_f von $f(x) = x^2$ mit der x-Achse im Intervall $[0; 2]$ einschließt.

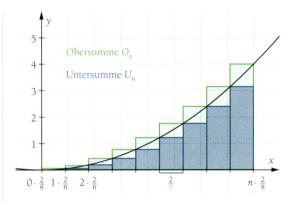

$$O_n = \frac{2}{n} \cdot \left(1 \cdot \frac{2}{n}\right)^2 + \frac{2}{n} \cdot \left(2 \cdot \frac{2}{n}\right)^2 + \cdots + \frac{2}{n} \cdot \left(n \cdot \frac{2}{n}\right)^2$$

$$= \frac{2}{n} \cdot \left[\left(1 \cdot \frac{2}{n}\right)^2 + \left(2 \cdot \frac{2}{n}\right)^2 + \cdots + \left(n \cdot \frac{2}{n}\right)^2\right]$$

$$= \frac{2}{n} \cdot \left[1^2 \cdot \left(\frac{2}{n}\right)^2 + 2^2 \cdot \left(\frac{2}{n}\right)^2 + \cdots + n^2 \cdot \left(\frac{2}{n}\right)^2\right]$$

$$= \frac{2}{n} \cdot \left(\frac{2}{n}\right)^2 \cdot \left[1^2 + 2^2 + \cdots + n^2\right] \quad \blacktriangleright \text{Formel}$$

$$= \frac{8}{n^3} \cdot \left[\frac{1}{6} n \cdot (n+1)(2n+1)\right]$$

$$= \frac{8n}{6n^3} \cdot [(n+1)(2n+1)] = \frac{4}{3n^2} \cdot [2n^2 + 3n + 1]$$

$$= \frac{8n^2}{3n^2} + \frac{12n}{3n^2} + \frac{4}{3n^2} = \frac{8}{3} + \frac{4}{n} + \frac{4}{3n^2}$$

$$\Rightarrow \lim_{n \to \infty} O_n = \lim_{n \to \infty} \left(\frac{8}{3} + \frac{4}{n} + \frac{4}{3n^2}\right) = \frac{8}{3} = 2{,}\overline{6}$$
$$ \downarrow \downarrow$$
$$ 0 0$$

$$U_n = O_n - \frac{2}{n} \cdot \left(n \cdot \frac{2}{n}\right)^2$$

$$= O_n - \frac{2}{n} \cdot 2^2$$

$$= O_n - \frac{8}{n}$$

$$\Rightarrow \lim_{n \to \infty} U_n = \lim_{n \to \infty} \left(O_n - \frac{8}{n}\right) = \lim_{n \to \infty} O_n = \frac{8}{3} = 2{,}\overline{6}$$
$$ \downarrow$$
$$ 0$$

Wir schreiben: $\int_0^2 x^2 \, dx = \frac{8}{3} = 2{,}\overline{6}$

obere Grenze — Integrand — Flächeninhalt
untere Grenze — Integrationsvariable

Wir lesen:
„Integral von x Quadrat dx im Intervall von 0 bis 2"

Das Integralzeichen ∫ stammt vom Buchstaben „S". Es steht für „Summe" und erinnert daran, dass die Fläche als Summe von Teilflächen berechnet wird. Das d in dx soll an den griechischen Buchstaben Δ (Delta) erinnern, der häufig für eine Differenz steht. In diesem Fall ist die Differenz der x-Werte zweier benachbarter Teilpunkte auf der x-Achse gemeint, also die Breite der Rechteckstreifen. Das x in dx gibt an, dass x die Funktionsvariable ist.

Für die obere Grenze können wir auch eine andere Zahl wählen oder allgemein den Parameter b. Führen wir dann eine analoge Rechnung aus, so erhalten wir für die Fläche im Intervall $[0; b]$:

$A = \int_0^b x^2 \, dx = \frac{1}{3} b^3$ ▶ „Alles klar?"-Aufgabe 2

> Liegt das Schaubild K_f einer Funktion f im Intervall $[0; b]$ oberhalb der x-Achse, so kann der Inhalt der Fläche, die in $[0; b]$ zwischen K_f und der x-Achse liegt, mithilfe der **Streifenmethode** berechnet werden:
> - Die Fläche wird in n Rechtecke mit jeweils der Breite $\frac{b}{n}$ aufgeteilt. Die Höhe der Rechtecke ergibt sich durch die Funktionswerte an den Teilintervallgrenzen.
> - Die Treppenfläche, die vollständig unterhalb von K_f liegt, heißt **Untersumme**. Die Treppenfläche, deren Rechtecke zum Teil oberhalb von K_f liegen, heißt **Obersumme**.
> - Falls die Grenzwerte der Ober- und Untersumme für $n \to \infty$ existieren und übereinstimmen, so heißt die Funktion f **integrierbar**. Der gemeinsame Grenzwert heißt **bestimmtes Integral** und gibt den Inhalt der Fläche im Intervall $[0; b]$ an:
> $\int_0^b f(x) \, dx$ (gelesen: Integral über f von x dx von 0 bis b)
>
> *Bestimmtes Integral: mit Grenzen – liefert Maßzahl*
> *Unbestimmtes Integral: ohne Grenzen – liefert Stammfunktionen*

1. Gegeben ist die Funktion f mit $f(x) = -x^2 + 6x$. Teilen Sie das Intervall $[0; 6]$ in acht gleich große Teilintervalle. Zeichnen und berechnen Sie die Treppenflächen der Unter- und Obersumme.

2. Ersetzen Sie in Beispiel 12 die rechte Intervallgrenze durch b und weisen Sie nach, dass gilt:
$A = \int_0^b x^2 \, dx = \frac{1}{3} b^3$

Übungen zu 4.1.3

1. Gegeben ist die Funktion f mit $f(x) = -x^2 + 4x$.
a) Bestimmen Sie den Scheitelpunkt mit einem geeigneten Verfahren.
b) Zeichnen Sie das Schaubild der Funktion.
c) Markieren Sie die Fläche A, die das Schaubild der Funktion mit der x-Achse einschließt.
d) Berechnen Sie näherungsweise den Flächeninhalt von A durch Unterteilung in vier Teilflächen.

2. Gegeben ist die Funktion f mit $f(x) = -\frac{1}{3}x^2 + 3$. Gesucht ist die Größe der Fläche zwischen dem Schaubild K_f und der x-Achse im Intervall $[0; 3]$.
a) Zeichnen Sie das Schaubild K_f und markieren Sie die zu bestimmende Fläche.
b) Zeichnen Sie die Ober- und Untersumme für $n = 4$ ein und berechnen Sie diese.

3. Gegeben ist die Funktion f mit $f(x) = x^3$.
a) Zeichnen Sie K_f im Intervall $[0; 2]$.
b) Zerlegen Sie das Intervall $[0; 2]$ in vier gleich große Teilintervalle, zeichnen Sie wie in Beispiel 11 (▶ Seite 291) die Rechtecke ein und bestimmen Sie die Obersumme O_4 sowie die Untersumme U_4.
c) Bestimmen Sie die Grenzwerte von Ober- und Untersumme für $n \to \infty$, wenn das Intervall in n Teilintervalle aufgeteilt ist.
▶ Summenformel: $1^3 + 2^3 + 3^3 + \cdots + n^3 = \frac{(n+1)^2 \cdot n^2}{4}$

4. Um die Fläche unterhalb von Schaubildern näherungsweise zu berechnen, wurden Rechtecke gewählt. Diskutieren Sie andere Möglichkeiten, die Flächen zu bestimmen.

4 Integralrechnung

4.1.4 Zusammenhang zwischen Flächeninhalt und Stammfunktion

Die Bestimmung des Flächeninhalts einer krummlinig begrenzten Fläche mit der Streifenmethode ist sehr aufwendig. Um einen weiteren Lösungsansatz zu finden, betrachten wir zunächst drei Beispiele mit geradlinig begrenzten Flächen, also als Randfunktion jeweils eine lineare Funktion.

Als Intervall wählen wir bei jedem der drei Beispiele zunächst [0; 4] und dann allgemein [0; x] mit $x > 0$.

13 Fläche unterhalb von K_f mit $f(x) = 2$

Da es sich bei der Fläche um ein Rechteck handelt, verwenden wir die Formel $A_{\text{Rechteck}} = a \cdot b$.

Um die Abhängigkeit der Fläche von der Grundseite $a = 4$ bzw. im allgemeinen Fall $a = x$ zu kennzeichnen, schreiben wir $A(4)$ bzw. $A(x)$.

Für das Intervall [0; 4] ergibt sich:

$A(4) = 4 \cdot 2 = 8$

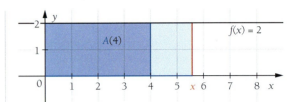

Für [0; x] gilt: $A(x) = x \cdot 2 = 2x$

14 Fläche unterhalb von K_f mit $f(x) = 0{,}6x$

Da es sich bei der Fläche um ein Dreieck handelt, verwenden wir die Formel $A_{\text{Dreieck}} = \frac{1}{2} \cdot g \cdot h$.

Für die Grundseite gilt $g = 4$. Die Höhe ist gleich dem Funktionswert von f an der Stelle 4, also $h = f(4) = 2{,}4$.

Für das Intervall [0; 4] ergibt sich:

$A(4) = \frac{1}{2} \cdot 4 \cdot 2{,}4 = 4{,}8$

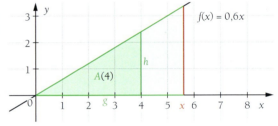

Für [0; x] gilt: $A(x) = \frac{1}{2} \cdot x \cdot 0{,}6x = 0{,}3x^2$

15 Fläche unterhalb von K_f mit $f(x) = 0{,}6x + 2$

Wir teilen die zu bestimmende Fläche A auf in die dreieckige Fläche A_1 und die rechteckige Fläche A_2.

Die beiden Teilflächen stimmen mit den Flächen aus den Beispielen 13 und 14 überein.

Für das Intervall [0; 4] ergibt sich:

$A(4) = A_1(4) + A_2(4)$
$ = 4{,}8 + 8 = 12{,}8$

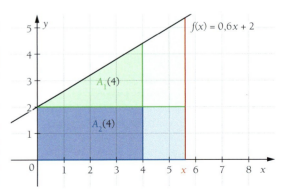

Für [0; x] gilt: $A(x) = A_1(x) + A_2(x) = 0{,}3x^2 + 2x$

In allen drei Beispielen ist A eine sogenannte **Flächeninhaltsfunktion**, bei der die Intervallgrenze $x > 0$ die Variable darstellt.

Bei einer Flächeninhaltsfunktion gibt der x-Wert die Länge der Grundseite an und der Funktionswert den Flächeninhalt.

294

4.1 Einführung in die Integralrechnung

Es fällt auf, dass die „Randfunktion" f in den Beispielen 13 bis 15 jeweils die Ableitung der Flächeninhaltsfunktion A ist. Also ist umgekehrt A eine Stammfunktion von f.

In der zweiten „Alles klar?"-Aufgabe auf Seite 293 konnten wir mithilfe der Streifenmethode nachweisen, dass für die Randfunktion f mit $f(x) = x^2$ die Fläche im Intervall $[0; b]$ die Maßzahl $\frac{1}{3}b^3$ hat.
Ersetzen wir b durch x, so ergibt sich $A(x) = \frac{1}{3}x^3$.
Auch hier gilt $f(x) = A'(x)$, d.h., die Flächeninhaltsfunktion A ist eine Stammfunktion von f.

Randfunktion	Flächeninhaltsfunktion
$f(x) = 2$	$A(x) = 2x$
$f(x) = 0{,}6x$	$A(x) = 0{,}3x^2$
$f(x) = 0{,}6x + 2$	$A(x) = 0{,}3x^2 + 2x$
$f(x) = x^2$	$A(x) = \frac{1}{3}x^3$

Angesichts der Tabelle vermuten wir: Flächen, die durch das Schaubild einer Funktion begrenzt sind, können mithilfe einer Stammfunktion bestimmt werden. Tatsächlich gilt für eine Funktion f, deren Schaubild im Intervall $[0; x]$ oberhalb der x-Achse liegt:

Die Flächeninhaltsfunktion A ist Stammfunktion von f. Es gilt also $A'(x) = f(x)$.

Bisher haben wir nur Flächen in einem Intervall $[0; b]$ bzw. $[0; x]$ bestimmt. Nun verallgemeinern wir auch die linke Intervallgrenze und betrachten Flächen im Intervall $[a; b]$.

Fläche in einem Intervall $[a; b]$

Berechnen Sie den Inhalt der Fläche, die im Intervall $[1; 2]$ zwischen der x-Achse und dem Schaubild K_f der Funktion f mit $f(x) = x^2$ liegt.

Ist A eine Flächeninhaltsfunktion von f, so gibt $A(1)$ den Flächeninhalt im Intervall $[0; 1]$ an und $A(2)$ den Flächeninhalt im Intervall $[0; 2]$.

Der gesuchte Flächeninhalt im Intervall $[1; 2]$ ist also die Differenz von $A(2)$ und $A(1)$:

$A = A(2) - A(1)$

Da die Flächeninhaltsfunktion A eine Stammfunktion von f ist, hat sie folgende Form:

$A(x) = F(x) = \frac{1}{3}x^3 + C$

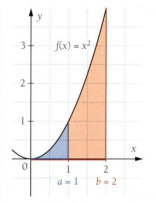

Wir setzen nun nacheinander zuerst die obere und dann die untere Grenze in den Funktionsterm von F ein und subtrahieren die beiden entstehenden Terme. Beim Zusammenfassen wird $+C - C$ zu null. Deshalb ist die Integrationskonstante nicht von Bedeutung. Der gesuchte Flächeninhalt beträgt $\frac{7}{3}$ FE.

$$A = A(2) - A(1)$$
$$= F(2) - F(1)$$
$$= \frac{1}{3} \cdot 2^3 + C - \left(\frac{1}{3} \cdot 1^3 + C\right)$$
$$= \frac{8}{3} - \frac{1}{3} = \frac{7}{3}$$

Zusammenfassend ist die folgende Schreibweise üblich: $A = \int_{1}^{2} x^2\, dx = \frac{1}{3} \cdot 2^3 - \frac{1}{3} \cdot 1^3 = \left[\frac{1}{3}x^3\right]_1^2 = \frac{8}{3} - \frac{1}{3} = \frac{7}{3}$

Allgemein ergibt sich der **Hauptsatz der Differenzial- und Integralrechnung**:
$$\int_a^b f(x)\, dx = [F(x)]_a^b = F(b) - F(a)$$
Liegt das Schaubild K_f im Intervall $[a; b]$ oberhalb der x-Achse, so entspricht das bestimmte Integral in den Grenzen a und b dem Inhalt der Fläche zwischen dem Schaubild und der x-Achse in diesem Intervall.

4 Integralrechnung

17 Fläche unterhalb der Sinuskurve

Berechnen Sie den Inhalt der markierten Fläche.

Das Schaubild der Sinusfunktion mit $f(x) = \sin(x)$ liegt im Intervall $[0; \pi]$ oberhalb der x-Achse. Also können wir zur Flächenberechnung den Hauptsatz der Differenzial- und Integralrechnung anwenden. Als Stammfunktion wählen wir die negative Kosinusfunktion.
Wir setzen zuerst die obere Grenze π und dann die untere Grenze 0 in die Stammfunktion ein, subtrahieren beide Werte und erhalten für den gesuchten Flächeninhalt den Wert 2.

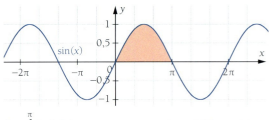

$A = \int_0^\pi \sin(x)\,dx$ ▶ $(-\cos(x))' = \sin(x)$

$= [-\cos(x)]_0^\pi$

$= -\cos(\pi) - (-\cos(0))$ ▶ $\cos(\pi) = -1;\ \cos(0) = 1$

$= -(-1) - (-1) = \mathbf{2}$

18 Frontfläche des „Berliner Bogens" II

Bestimmen Sie die Materialkosten, die entstehen, wenn die Frontseite des „Berliner Bogens" mit Glas verkleidet wird und ein Quadratmeter Glas 2000 € kostet. ▶ Seite 290, Beispiel 10

Zunächst berechnen wir den Flächeninhalt der Frontseite. Dazu wenden wir den Hauptsatz der Differenzial- und Integralrechnung an:
Wir bestimmen eine Stammfunktion F von f und setzen nacheinander zuerst die obere und dann die untere Grenze in den Funktionsterm von F. Als Ergebnis erhalten wir die Maßzahl der Frontfläche. Sie beträgt $1555{,}2\,\text{m}^2$.
Wir multiplizieren die Maßzahl der Frontfläche mit dem Quadratmeterpreis des Materials. Das Produkt stellt die gesuchten Gesamtkosten dar.

$A = \int_{-36}^{36} (-0{,}025 x^2 + 32{,}4)\,dx$

$= \left[-\frac{0{,}025}{3} x^3 + 32{,}4 x\right]_{-36}^{36}$

$= -\frac{0{,}025}{3} \cdot 36^3 + 32{,}4 \cdot 36$
$\quad - \left(-\frac{0{,}025}{3} \cdot (-36)^3 + 32{,}4 \cdot (-36)\right)$

$= 777{,}6 - (-777{,}6) = \mathbf{1555{,}2}$

$1555{,}2 \cdot 2000\,€ = \mathbf{3\,110\,400\,€}$

> **Hauptsatz der Differenzial- und Integralrechnung:**
>
> Das **bestimmte Integral** $\int_a^b f(x)\,dx$ wird wie folgt berechnet:
>
> 1. Stammfunktion F von f mit Integrationskonstante $C = 0$ bilden
> 2. Obere Grenze $x = b$ in $F(x)$ einsetzen; untere Grenze $x = a$ in $F(x)$ einsetzen
> 3. Differenz $F(b) - F(a)$ bestimmen
>
> Schreibweise: $\int_a^b f(x)\,dx = [F(x)]_a^b = F(b) - F(a)$
>
> Liegt das Schaubild von f im Intervall $[a; b]$ oberhalb der x-Achse, so entspricht das bestimmte Integral dem Inhalt der Fläche zwischen Schaubild und x-Achse in diesem Intervall.

Bestimmen Sie den Inhalt der Fläche, die im Intervall $[1; 5]$ zwischen dem Schaubild von f und der x-Achse liegt. Verwenden Sie zur Berechnung den Hauptsatz der Differenzial- und Integralrechnung. Skizzieren Sie das Schaubild und markieren Sie die zu berechnende Fläche.

a) $f(x) = -x + 5$ b) $f(x) = x^3 + 1$ c) $f(x) = \cos(2x) + 2$ d) $f(x) = e^x$ e) $f(x) = 2e^{0{,}25 x}$

4.1 Einführung in die Integralrechnung

Das bestimmte Integral über f von a bis b beschreibt nur dann einen Flächeninhalt, wenn a kleiner als b ist und das Schaubild von f im Intervall [a; b] oberhalb der x-Achse liegt. Es können jedoch auch Integrale berechnet werden, die diese Bedingungen nicht erfüllen. Die Interpretation solcher Integrale lernen wir in Abschnitt 4.2 kennen (▶ Seite 304).
Für bestimmte Integrale gelten ähnliche Rechenregeln wie für unbestimmte Integrale. ▶ Seite 321

Integrationsregeln für bestimmte Integrale

Faktorregel
Ist f im Intervall [a; b] integrierbar, so auch $c \cdot f$ mit $c \in \mathbb{R}$. Es gilt:
$$\int_a^b c \cdot f(x)\,dx = c \cdot \int_a^b f(x)\,dx$$

$$\int_1^4 7x^2\,dx = 7 \cdot \int_1^4 x^2\,dx$$
$$= 7 \cdot \left[\tfrac{1}{3}x^3\right]_1^4$$
$$= 7 \cdot \left(\tfrac{64}{3} - \tfrac{1}{3}\right) = 7 \cdot 21 = 147$$

Summenregel
Sind f und g im Intervall [a;b] integrierbar, so auch $f + g$ mit $(f + g)(x) = f(x) + g(x)$. Es gilt:
$$\int_a^b f(x)\,dx + \int_a^b g(x)\,dx = \int_a^b (f(x) + g(x))\,dx$$

$$\int_2^3 (3x^2 + 4x)\,dx + \int_2^3 (2x^2 - 4x)\,dx$$
$$= \int_2^3 (3x^2 + 4x + 2x^2 - 4x)\,dx$$
$$= \int_2^3 5x^2\,dx = \left[\tfrac{5}{3}x^3\right]_2^3 = 45 - \tfrac{40}{3} = \tfrac{95}{3}$$

Intervalladditivität
Ist f in den Intervallen [a; b] und [b; c] integrierbar, so auch im Intervall [a; c]. Es gilt:
$$\int_a^b f(x)\,dx + \int_b^c f(x)\,dx = \int_a^c f(x)\,dx$$

$$\int_{-1}^2 6x^2\,dx + \int_2^5 6x^2\,dx = \int_{-1}^5 6x^2\,dx$$
$$= \left[2x^3\right]_{-1}^5$$
$$= 250 - (-2) = 252$$

Vertauschen der Integrationsgrenzen
Ist f im Intervall [a; b] integrierbar, so gilt:
$$\int_a^b f(x)\,dx = -\int_b^a f(x)\,dx$$

Links: $\int_1^4 x^3\,dx = \left[\tfrac{1}{4}x^4\right]_1^4 = 64 - \tfrac{1}{4} = 63{,}75$

Rechts: $-\int_4^1 x^3\,dx = -\left[\tfrac{1}{4}x^4\right]_4^1 = -\left(\tfrac{1}{4} - 64\right) = 63{,}75$

Daraus folgt: $\int_1^4 x^3\,dx = -\int_4^1 x^3\,dx$

Faktorregel:
$$\int_a^b c \cdot f(x)\,dx = c \cdot \int_a^b f(x)\,dx$$

Summenregel:
$$\int_a^b f(x)\,dx + \int_a^b g(x)\,dx = \int_a^b (f(x) + g(x))\,dx$$

Intervalladditivität:
$$\int_a^b f(x)\,dx + \int_b^c f(x)\,dx = \int_a^c f(x)\,dx$$

Vertauschen der Integrationsgrenzen:
$$\int_a^b f(x)\,dx = -\int_b^a f(x)\,dx$$

Berechnen Sie den Wert der folgenden Ausdrücke.

a) $\int_0^1 (17x^3 + 17x^2 + 17x)\,dx$

b) $\int_1^2 (e^{2x} - x^{-19})\,dx + \int_1^2 (e^x + x^{-19})\,dx$

c) $\int_0^{0{,}5\pi} \sin(x)\,dx + \int_{0{,}5\pi}^\pi \sin(x)\,dx$

d) $107 \cdot \int_2^6 \tfrac{4}{107}x^3\,dx$

e) $\int_9^3 x\,dx - \int_3^9 x\,dx$

f) $\int_6^2 4x^3\,dx$

Übungen zu 4.1.4

1. Betrachten Sie die folgenden Schaubilder.

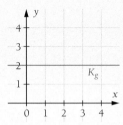
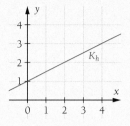
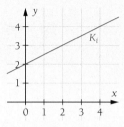

a) Geben Sie für die Größe der Fläche zwischen der x-Achse und den abgebildeten Schaubildern im Intervall $[0; x]$ mit $x > 0$ jeweils eine Funktionsgleichung an.
b) Übertragen Sie die Schaubilder in Ihr Heft. Markieren Sie die Fläche im Intervall $[0; 4]$ und berechnen Sie den zugehörigen Flächeninhalt.

2. Schreiben Sie mit dem Integralzeichen.
 a) Bestimmtes Integral von f mit $f(x) = x^2 + 3$ mit unterer Grenze 0 und oberer Grenze 4
 b) Bestimmtes Integral von g mit $g(t) = t^3 + 2t$ mit unterer Grenze 1 und oberer Grenze 6
 c) Bestimmtes Integral von h mit $h(x) = x^3 + 2t$ mit unterer Grenze -1 und oberer Grenze 1

3. Wie wird der folgende Ausdruck gelesen?
$$\int_2^5 x^2\, dx$$

4. Berechnen Sie die folgenden Integrale.
 a) $\int_0^2 (x^2 + 2x)\, dx$ e) $\int_2^4 (6x^2 + 3x)\, dx$
 b) $\int_0^5 (x^3 + 7x^2)\, dx$ f) $\int_1^5 (x^3 + x)\, dx$
 c) $\int_0^3 2(2x^3 + 5x^2)\, dx$ g) $\int_0^{\ln(4)} (e^x - 2e^{-x})\, dx$
 d) $\int_3^4 5(x - 2)\, dx$ h) $\int_{-\pi}^{\pi} -2\sin\left(\tfrac{1}{2}x\right) dx$

5. Berechnen Sie den Wert der folgenden Ausdrücke.
 a) $\int_1^5 (2x^3 + 4x^2)\, dx + \int_5^7 (2x^3 + 4x^2)\, dx$
 b) $\int_0^1 (x^4 + x^3 + x + 1)\, dx + \int_1^4 (x^4 + x^3 + x + 1)\, dx$
 c) $\int_0^1 (-13e^{2x} - 13x - 13)\, dx$
 d) $\int_0^{0,5\pi} \cos(x)\, dx - \int_{0,5\pi}^0 \cos(x)\, dx$ e) $\int_{\ln(2)}^{\ln(4)} (2x + e^x)\, dx$

6. Gegeben ist die Funktion f mit $f(x) = -x^2 + x + 2$.
 a) Skizzieren Sie K_f.
 b) Berechnen Sie die Größe der Fläche, die durch K_f und die x-Achse begrenzt wird.

7. Skizzieren Sie das Schaubild der Funktion f mit $f(x) = \tfrac{1}{9}x^3$ im Intervall $[0; 4]$. Markieren Sie die Fläche, die von der x-Achse, dem Schaubild und den zur y-Achse parallelen Geraden mit den Gleichungen $x = 1$ und $x = 3$ begrenzt wird. Bestimmen Sie den Flächeninhalt.

8. Das Schaubild K_f der Funktion f liegt im angegebenen Intervall oberhalb der x-Achse. Berechnen Sie den Inhalt der Fläche zwischen K_f und der x-Achse in diesem Intervall. Skizzieren Sie mit geeigneten Mitteln K_f und prüfen Sie, ob das Ergebnis der Flächenberechnung stimmig ist.
 a) $f(x) = \tfrac{2}{3}x^2$; $[1; 4]$
 b) $f(x) = -x^2 + x + 20$; $[-3; 3]$
 c) $f(x) = -2x^2 + 2x + 6$; $[-1; 2]$
 d) $f(x) = 2x^3 - 2x^2 + 4x + 4$; $[0; 3]$
 e) $f(x) = \tfrac{1}{3}x^3 - 3x$; $[-2; -1]$
 f) $f(x) = e^x$; $[-1; 3]$
 g) $f(x) = e^{1,5x}$; $[-2; 1]$
 h) $f(x) = e^{-0,75x}$; $[-2; 2]$
 i) $f(x) = 2\cos(x)$; $[0; \tfrac{\pi}{4}]$
 j) $f(x) = 2\cos(x)$; $[0; 1]$
 k) $f(x) = \cos(x) - x$; $[-2; 0]$
 l) $f(x) = \tfrac{1}{3}\cos(3x)$; $[-\tfrac{\pi}{6}, \tfrac{\pi}{6}]$

9. Bestimmen Sie die Gleichungen der Funktionen, auf deren Schaubildern die dargestellten Strecken liegen. Berechnen Sie anschließend mithilfe des Integrals jeweils die Größe der Fläche, die zwischen einer Strecke und der x-Achse liegt.

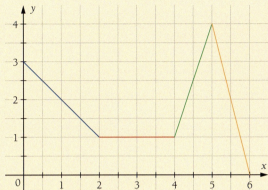

10. Bestimmen Sie den Inhalt der markierten Fläche mithilfe des bestimmten Integrals.

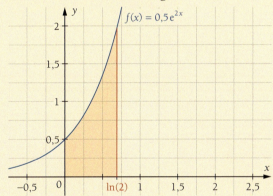

11. Gegeben sind die Funktionen f, g und h:
$f(x) = \sin(2x) + 2$
$g(x) = 2\cos(x) + 2$
$h(x) = 2$
a) Skizzieren Sie die Schaubilder der drei Funktionen im Intervall $[0; \pi]$.
b) Berechnen Sie jeweils den Inhalt der Fläche, die im Intervall $[0; \pi]$ zwischen der x-Achse und dem Schaubild von f, g bzw. h liegt.

12. Die Funktion f hat die Gleichung $f(x) = 3 - e^x$.
a) Berechnen Sie die Nullstelle von f.
b) Berechnen Sie den Inhalt der Fläche, die das Schaubild von f zusammen mit den Koordinatenachsen im I. Quadranten umschließt.

13. Das Schaubild einer ganzrationalen Funktion 2. Grades verläuft durch den Ursprung und hat Nullstellen bei $x = 3$ und $x = 5$. Der Punkt $P(1|8)$ liegt auf dem Schaubild der Funktion.
a) Bestimmen Sie die Funktionsgleichung.
b) Skizzieren Sie das Schaubild.
c) Markieren Sie die Fläche, die das Schaubild der Funktion mit der x-Achse im Intervall $[0; 3]$ einschließt, und berechnen Sie den Flächeninhalt.

14. Bestimmen Sie $m \in \mathbb{R}$ so, dass die Größe der Fläche, die das Schaubild von f mit $f(x) = mx + 4$ im Intervall $I = [1; 4]$ mit der x-Achse einschließt, 34,5 FE beträgt.

15. Gegeben ist die Funktion f mit der Gleichung $f(x) = 0,5x^2 - 2$. Bestimmen Sie die Grenze b so, dass das Schaubild mit der x-Achse im Intervall $[2; b]$ eine Fläche von $\frac{16}{3}$ FE einschließt.

16. Bereits der griechische Mathematiker und Physiker Archimedes (287–212 v. Chr.) beschäftigte sich mit der Berechnung krummlinig begrenzter Flächen. Er verwendete dafür die Streifenmethode.
▶ Beispiele 11 und 12, Seite 291 und 292

▶ Isaac Newton (1643–1726)

▶ Gottfried Wilhelm Leibniz (1646–1716)

Erst etwa 2000 Jahre später fanden die Mathematiker Newton und Leibniz unabhängig voneinander heraus, welche Bedeutung die Stammfunktion zur Berechnung von Flächen hat. Zwischen beiden Gelehrten entbrannte ein heftiger Streit.
Informieren Sie sich über die Auseinandersetzung zwischen Newton und Leibniz.

17. Erklären Sie den Unterschied zwischen einem unbestimmten und einem bestimmten Integral.

Übungen zu 4.1

1. Geben Sie für die Funktion f die Menge aller Stammfunktionen an.

a) $f(x) = 0{,}5x^2 + 3x$ c) $f(x) = \frac{1}{3}x^3 + 2x^2 + 5x + 6$
b) $f(x) = e^x$ d) $f(x) = 2x^3 + 0{,}25x^2 + \pi$

2. Betrachten Sie das folgende Schaubild K_f.

a) Formulieren Sie begründete Aussagen zur Monotonie sowie Extrem- und Wendestellen der Stammfunktionen von f.
b) Skizzieren Sie das Schaubild der Stammfunktion F von f mit $F(0) = 0$.
c) Die Funktionsgleichung von f hat die Form $f(x) = 0{,}5x^3 - 3x^2 + 4$. Berechnen Sie die folgenden Integrale.

$\int_0^1 f(x)\,dx$; $\int_0^{1{,}5} f(x)\,dx$; $\int_0^2 f(x)\,dx$

d) Setzen Sie die Ergebnisse aus c) in Beziehung sowohl zur obigen Abbildung als auch zu Ihrer Skizze.

3. Die Abbildungen zeigen die Schaubilder einer Funktion f, ihrer Ableitungsfunktion f', einer Stammfunktion F sowie einer weiteren Funktion g. Begründen Sie, welches Schaubild zu welcher Funktion gehört.

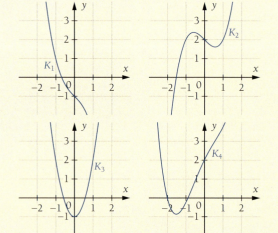

4. Gegeben ist die Funktion f mit $f(x) = 2\cos(\pi x) - 0{,}5$ sowie zwei Schaubilder K_1 und K_2.

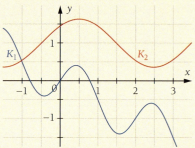

a) Begründen Sie, welches der beiden Schaubilder nicht zu einer Stammfunktion von f gehören kann.
b) Prüfen Sie, ob F mit $F(x) = 2\sin(\pi x) - 0{,}5x + 1$ eine Stammfunktion von f ist.

5. Gegeben ist die Funktion f mit $f(x) = -0{,}25x^2 + 9$. Gesucht ist die Größe der Fläche zwischen dem Schaubild von f und der x-Achse im Intervall $[0; 6]$.

a) Zeichnen Sie das Schaubild von f und markieren Sie die zu berechnende Fläche.
b) Ermitteln Sie eine Annäherung an den gesuchten Flächeninhalt mithilfe der Streifenmethode. Wählen Sie zunächst drei und dann sechs Streifen. Vergleichen Sie die Ergebnisse.
c) Berechnen Sie die Grenzwerte von Obersumme und Untersumme für $n \to \infty$.

6. Berechnen Sie den Wert der folgenden Ausdrücke.

a) $\int_{-2}^{2} (24x^4 - 72x^2 + 48)\,dx$

b) $\int_{-\pi}^{\pi} (3x^2 + \cos(x) + x)\,dx + \int_{\pi}^{-\pi} x\,dx$

c) $\int_0^{\frac{\pi}{4}} (ex - e^{-x})\,dx + \int_{\frac{\pi}{4}}^{1} (ex - e^{-x})\,dx$

d) $\int_0^{\pi/2} (2\sin(2x) - \cos(3x))\,dx$

7. Die Funktion f hat zwei Nullstellen. Zwischen diesen Nullstellen verläuft das Schaubild K_f oberhalb der x-Achse. Berechnen Sie zunächst die beiden Nullstellen und anschließend den Inhalt der eingeschlossenen Fläche.

a) $f(x) = 4x - x^2$ c) $f(x) = \frac{3}{2}x^3 - 6x^2 + 6x$
b) $f(x) = -x^3 + 2x^2$ d) $f(x) = \frac{1}{3}x^4 - 2x^3 + 3x^2$

8. Gegeben sind die zwei Funktionen f und g mit $f(x) = -0{,}25x^3 + x^2$ und $g(x) = -0{,}25x^3 + x^2 + 1$ sowie die Funktion h mit $h(x) = -0{,}25x^3 + x^2 + 3$. Gesucht ist die Fläche, die von der x-Achse und dem Schaubild von f, g bzw. h jeweils im Intervall $[0; 4]$ umschlossen wird.

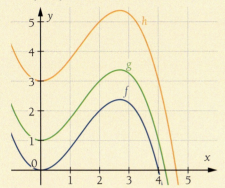

a) Überlegen Sie anhand der Abbildung, um welchen Betrag sich die Maßzahlen unterscheiden.
b) Berechnen Sie die Größe der drei Flächen und vergleichen Sie die Ergebnisse.

9. Gegeben ist die Funktion f mit der Gleichung $f(x) = -\frac{1}{2}e^{2x} + \frac{1}{2}e^2$.

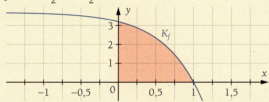

a) Bestimmen Sie die Achsenschnittpunkte von K_f.
b) Berechnen Sie den Inhalt der Fläche, die von den Koordinatenachsen und dem Schaubild von f im I. Quadranten eingeschlossen wird.

10. Gegeben ist die Funktion f mit $f(x) = 0{,}8x(x-5)^2$.
a) Geben Sie die x-Achsenschnittpunkte des Schaubildes der Funktion f an. Ermitteln Sie durch Rechnung die Extrempunkte.
b) Skizzieren Sie das Schaubild der Funktion f und markieren Sie die in a) ermittelten Punkte.
c) Berechnen Sie die Größe der Fläche, die durch das Schaubild und die x-Achse umschlossen wird, und kennzeichnen Sie diese Fläche.
d) Zeichnen Sie eine senkrechte Gerade durch den Hochpunkt. Ermitteln Sie, in welchem Verhältnis diese Gerade die in c) bestimmte Fläche teilt.

11. Die kleinste positive Nullstelle der Funktion f mit $f(x) = 2 - 2\sin(0{,}5x)$ ist $x_N = \pi$.

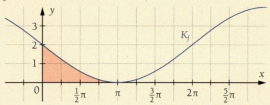

a) Berechnen Sie den Inhalt der rot markierten Fläche.
b) Prüfen Sie, ob die senkrechte Gerade durch $x = 1$ die rote Fläche in zwei gleich große Teilflächen teilt.
c) Das Schaubild K_f wird um zwei Einheiten nach oben verschoben. Geben Sie an, wie groß die Fläche ist, die im Intervall $[0; \pi]$ zwischen dem verschobenen Schaubild und der x-Achse liegt.

12. Im Außengelände einer Tageseinrichtung für Senioren soll gemäß folgender Skizze ein Blumenbeet angelegt werden.
Bestimmen Sie die Menge an Saaterde in Kubikmetern, die benötigt wird, wenn eine 10 cm dicke Schicht aufgebracht werden soll.

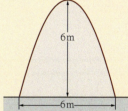

Hinweis: Legen Sie in geeigneter Form ein Koordinatensystem über die Fläche und ermitteln Sie zunächst die Funktionsgleichung der Parabel.

13. Aus einer rechteckigen Spiegelplatte mit den Abmessungen 2 m und 3 m soll ein parabelförmiger Spiegel so ausgeschnitten werden, dass möglichst wenig Verschnitt entsteht.
Folgende beide Varianten sind möglich:

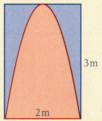 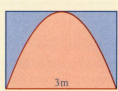

Berechnen Sie für die beiden abgebildeten Varianten jeweils die Fläche des Spiegels und den zugehörigen Verschnitt.

4.1 Einführung in die Integralrechnung

Ich kann ...

... die Begriffe Stammfunktion, Integrationskonstante und unbestimmtes Integral erklären.
▶ Test-Aufgabe 3

F_1 mit $F_1(x) = x^2 + 4x$ ist eine Stammfunktion von f mit $f(x) = 2x + 4$, denn:
$F_1'(x) = 2x + 4 = f(x)$

F_2 mit $F_2(x) = x^2 + 4x + 2$ ist ebenso eine Stammfunktion von f, denn:
$F_2'(x) = 2x + 4 = f(x)$

$\int (2x+4)\,dx = F(x) + C = x^2 + 4x + C$ ist das unbestimmte Integral von f.

F ist eine Stammfunktion von f, falls gilt:
$F'(x) = f(x)$

Zwei Stammfunktionen F_1 und F_2 unterscheiden sich jeweils um eine Konstante C, die Integrationskonstante:
$F_2(x) - F_1(x) = C$ mit $C \in \mathbb{R}$

Die Menge aller Stammfunktionen einer Funktion f heißt unbestimmtes Integral.

... mithilfe von Integrationsregeln eine Stammfunktion von f angeben.
▶ Test-Aufgaben 1, 3

$\int x^5\,dx = \frac{1}{5+1} x^{5+1} + C$
$\qquad = \frac{1}{6} x^6 + C$

$\int 7 \cdot x^3\,dx = 7 \cdot \int x^3\,dx$
$\qquad = 7 \cdot \frac{1}{4} x^4 + C = \frac{7}{4} x^4 + C$

$\int (x^2 + x)\,dx = \int x^2\,dx + \int x\,dx$
$\qquad = \frac{1}{3} x^3 + \frac{1}{2} x^2 + C$

Potenzregel:
$\int x^n\,dx = \frac{1}{n+1} x^{n+1} + C$

Faktorregel:
$\int a \cdot f(x)\,dx = a \cdot \int f(x)\,dx$

Summenregel:
$\int (f(x) + g(x))\,dx = \int f(x)\,dx + \int g(x)\,dx$

... Exponentialfunktionen der Form e^{kx} integrieren.
▶ Test-Aufgaben 1, 3

$\int e^{3x}\,dx = \frac{1}{3} e^{3x} + C$

$\int e^{kx}\,dx = \frac{1}{k} e^{kx} + C; \quad k \neq 0$

... trigonometrische Funktionen der Form $\sin(kx)$ und $\cos(kx)$ integrieren.
▶ Test-Aufgaben 1, 4, 5

$\int \sin(9x)\,dx = -\frac{1}{9} \cos(9x) + C$

$\int \cos\left(\frac{1}{2}x\right)dx = 2 \sin\left(\frac{1}{2}x\right) + C$

$\int \sin(kx)\,dx = -\frac{1}{k} \cos(kx) + C; k \neq 0$

$\int \cos(kx)\,dx = \frac{1}{k} \sin(kx) + C; k \neq 0$

... Zusammenhänge zwischen den Schaubildern einer Funktion und ihren Stammfunktionen benennen.
▶ Test-Aufgaben 2

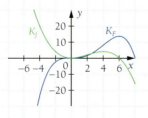

- K_F monoton steigend $\Leftrightarrow f(x) \geq 0$
- K_F monoton fallend $\Leftrightarrow f(x) \leq 0$
- Extremstelle von F = Nullstelle von f mit VZW
- Sattelstelle von F = Nullstelle von f ohne VZW
- Wendestelle von F = Extremstelle von f

... den Hauptsatz der Differenzial- und Integralrechnung nennen und anwenden und damit bestimmte Integrale berechnen.
▶ Test-Aufgaben 5, 6, 7

$\int_1^3 (x^2 + 3x)\,dx = \left[\frac{1}{3} x^3 + \frac{3}{2} x^2\right]_1^3$
$= \frac{1}{3} \cdot 3^3 + \frac{3}{2} \cdot 3^2 - \left(\frac{1}{3} \cdot 1^3 + \frac{3}{2} \cdot 1^2\right)$
$= \frac{62}{3}$

Hauptsatz der Differenzial- und Integralrechnung:
$\int_a^b f(x)\,dx = [F(x)]_a^b = F(b) - F(a)$

Test zu 4.1

1. Geben Sie die Menge aller Stammfunktionen an.
a) $f(x) = -\frac{1}{2}x^2 + 1$
b) $f(x) = 4x^3 + 2x^2 + x$
c) $f(x) = 2\sin(\pi x) + 1$
d) $f(x) = \frac{1}{2}e^{3x} + 230$
e) $f(x) = ax^{n+1} - bx^n;\ n \in \mathbb{N}$
f) $f(x) = -3\sin(7x) + \frac{1}{3}$

2. Die Abbildungen zeigen die Schaubilder einer Funktion f, ihrer Ableitungsfunktion f' und einer Stammfunktion F. Begründen Sie, welches Schaubild zu welcher Funktion gehört.

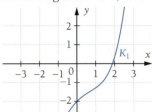
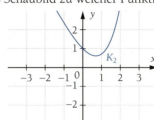
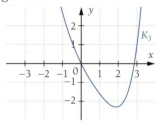

3. Bestimmen Sie diejenige Stammfunktion F von f mit $f(x) = 4x^3 + 2x^2 + 2$, deren Schaubild K_F durch den Punkt $P(2|27)$ verläuft.

4. Zeigen Sie, dass die Funktion F mit $F(x) = -\sin(\pi x) - \pi x + \pi$ eine Stammfunktion von f mit $f(x) = -\pi(\cos(\pi x) + 1)$ ist.

5. Berechnen Sie den Wert der folgenden Ausdrücke.
a) $\int_0^3 \left(\frac{1}{3}x^4 + 2x^2\right) dx$
b) $\int_1^3 (x^3 + 0{,}5x^2 + 1{,}5)\, dx + \int_3^4 (x^3 + 0{,}5x^2 + 1{,}5)\, dx$
c) $\int_1^{-1} -2{,}8 e^{-x} - 2{,}8\cos(-x)\, dx$

6. Berechnen Sie den Inhalt der gekennzeichneten Fläche.
a) $f(x) = 0{,}5x^3 - 4x^2 + 8x$
b) $f(x) = 0{,}25x^4 - 2x^2 + 5$
c) $f(x) = e^{0{,}4x} + 1$

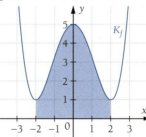
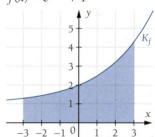

7. Der abgebildete Swimmingpool in einem Schweizer Kurhotel ist 8 m lang. Der Außenrand ist parabelförmig und lässt sich im Intervall [0; 8] durch die Funktion f mit $f(x) = -0{,}05x^2 + 0{,}5x + 2$ beschreiben. ▸ 1 LE ≙ 1 m
a) Zeichnen Sie die Parabel.
b) Bestimmen Sie den Inhalt der Grundfläche des Swimmingpools.
c) Geben Sie an, wie viele Liter Wasser im Becken sind, wenn es bis zu einer Höhe von 1,50 m gefüllt ist.

4 Integralrechnung

4.2 Anwendungen der Integralrechnung

1 Obstanbau

In der Landwirtschaft ist es üblich, Luftaufnahmen zu machen (sogenannte Orthofotos), um die Größe von Obstanbauflächen zu bestimmen. Die erhobenen Daten werden dann beispielsweise verwendet, um die Prämien für die Hagelversicherung oder die zu kaufende Menge an Pflanzenschutzmitteln zu ermitteln.

Die Abbildung zeigt eine zu bestimmende Fläche, die von einer Straße g und einem Fluss f begrenzt wird. Die Straße g verläuft näherungsweise durch die beiden Punkte $A(1|5)$ und $B(3|7)$.

Der Fluss f hat annähernd die Form einer zum Ursprung symmetrischen Parabel 3. Grades mit den Punkten $C(2|3\frac{1}{3})$ und $D(3|0)$.

a) Ermitteln Sie die Funktionsgleichungen von f und g.
b) Berechnen Sie die Fläche, die von den Schaubildern von f und g im Bereich zwischen 0,5 und 2,5 eingeschlossen wird.

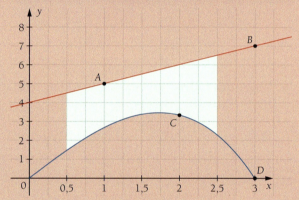

2 Start-up

Das Start-up-Unternehmen „Leggere" bietet kostenlose eBooks an. Der Webdienst finanziert sich durch Werbung. Anfängliche Verluste hofft das Unternehmen mittelfristig durch Gewinne ausgleichen zu können.

Der Gewinn bzw. Verlust wird durch die Funktion f mit $f(x) = -x^3 + 3x^2 + 46x - 48$ prognostiziert. Dabei wird x in Jahren und $f(x)$ in Geldeinheiten verwendet.

a) Ermitteln Sie den Gewinn bzw. den Verlust des Start-up-Unternehmens „Leggere" nach einem halben Jahr und nach 2 Jahren.
b) Zeichnen Sie das Schaubild von f im Bereich $0 \leq x \leq 8$. Markieren Sie den Verlust- und den Gewinnbereich.
c) Berechnen Sie das Integral $\int_0^5 f(x)\,dx$ und stellen Sie eine Vermutung an, was das Ergebnis im Sachzusammenhang bedeutet.

4.2 Anwendungen der Integralrechnung

3 Skateranlage

Die Stadtverwaltung baut in einem öffentlichen Park eine Skateranlage, die in eine vorhandene Grünfläche eingepasst wird. Ein geschwungener Fußweg f mit $f(x) = \frac{1}{64}x(x-16)^2$ und ein geradliniger Radweg auf der x-Achse begrenzen im Bereich [0; 22] die Grünfläche.

a) Zeichnen Sie das Schaubild von f und markieren Sie die beschriebene Grünfläche.
b) Ermitteln Sie den Flächeninhalt der gesamten Grünfläche.
c) Die Vorgaben besagen, dass höchstens 20 % der gesamten Grünfläche für die Skateranlage versiegelt werden dürfen. Die Anlage soll durch den Fuß- und Radweg begrenzt sein und im Ursprung beginnen. Ermitteln Sie die größtmögliche rechte Grenze, sodass die Vorgaben eingehalten werden.
Tipp: Stellen Sie eine Gleichung auf und lösen Sie diese mithilfe eines digitalen mathematischen Werkzeugs.

4 Mäusepopulation

Der Mäusebestand in einem abgelegenen, halb verfallenen Bauernhof wird über einen längeren Zeitraum beobachtet. Hausmäuse vermehren sich das ganze Jahr und haben eine Tragzeit von ca. 3 Wochen. Pro Wurf bringt ein Weibchen zwischen 4 und 16 Junge zur Welt. Pro Jahr kann es bis zu 8 Würfe geben. Ca. 10 Wochen nach der Geburt ist eine Hausmaus geschlechtsreif.
Die Analyse der Beobachtung führt auf die Bestandsfunktion f mit $f(x) = 3 - 2{,}8\,e^{-0{,}09x}$. Dabei ist x die Zeit in Monaten ($x \geq 0$) und $f(x)$ die Anzahl der Mäuse zum Zeitpunkt x. Eine Einheit der Funktionswerte entspricht 10 000 Mäusen.

a) Ermitteln Sie die Anzahl der Mäuse zu Beobachtungsbeginn.
b) Zeichnen Sie das Schaubild der Funktion f für $0 \leq x \leq 30$ (Schrittweite 5).
c) Geben Sie an, wie groß die Mäusepopulation maximal werden kann.
d) Berechnen Sie den Wert $\frac{10\,000}{20} \cdot \int_{8}^{28} f(x)\, dx$.
e) Erläutern Sie den unter d) errechneten Wert mithilfe des Begriffs „durchschnittlicher Bestand".

4 Integralrechnung

4.2 Anwendungen der Integralrechnung

4.2.1 Flächen zwischen Schaubild und x-Achse

 Flächen unterhalb und oberhalb der x-Achse

Eine Berufskolleg-Klasse soll mit dem bestimmten Integral den Inhalt der Fläche bestimmen, die das Schaubild K_f mit $f(x) = -x^3 + 4x$ und die x-Achse umschließen. Die Integrationsgrenzen sind die Nullstellen von f.

Gruppe 1 ermittelt mithilfe des Satzes vom Nullprodukt die Nullstellen 0 und 2.

Folglich berechnet Gruppe 1 die Fläche zwischen dem Schaubild K_f und der x-Achse im Intervall [0; 2]. Sie erhält für das Integral durch Anwendung des Hauptsatzes der Differenzial- und Integralrechnung das Ergebnis 4. ▶ Seite 296

$$\int_0^2 (-x^3 + 4x)\,dx = \left[-\tfrac{1}{4}x^4 + 2x^2\right]_0^2$$
$$= -4 + 8 - (0 + 0) = 4$$

Gruppe 2 faktorisiert den Funktionsterm durch Ausklammern und mithilfe der 3. binomischen Formel.

$$f(x) = -x^3 + 4x = -x(x^2 - 4) = -x(x+2)(x-2)$$
$$f(x_N) = 0$$
$$\Leftrightarrow -x_N(x_N + 2)(x_N - 2) = 0$$
$$\Leftrightarrow x_N = 0 \;\lor\; x_N = -2 \;\lor\; x_N = 2$$

Mit dem Satz vom Nullprodukt erhält Gruppe 2 die Nullstellen −2; 0 und 2.

Da −2 und 2 die beiden äußeren Nullstellen sind, wählen die Gruppenmitglieder diese als Integrationsgrenzen. Für das Integral ermitteln sie den Wert 0. Darüber wundern sie sich sehr, da die Fläche in einer Skizze deutlich erkennbar ist.

$$\int_{-2}^2 (-x^3 + 4x)\,dx = \left[-\tfrac{1}{4}x^4 + 2x^2\right]_{-2}^2$$
$$= -4 + 8 - (-4 + 8) = 0$$

Warum kann das nicht sein?

Gruppe 3 bestimmt die gleichen Nullstellen wie Gruppe 2. Sie überlegt sich aber, dass man drei verschiedene Intervalle betrachten kann: [−2; 0], [−2; 2] und [0; 2]. Für das Integral über das erste Intervall [−2; 0] berechnet die Gruppe den Wert −4. Da Flächeninhalte nicht negativ sein können, vermuten die Gruppenmitglieder einen Rechenfehler.

$$\int_{-2}^0 (-x^3 + 4x)\,dx = \left[-\tfrac{1}{4}x^4 + 2x^2\right]_{-2}^0$$
$$= (0 + 0) - (-4 + 8) = -4$$

Gruppe 4 hat ebenfalls die gleichen Nullstellen bestimmt und fertigt eine Skizze des Schaubildes an. Dafür nutzt sie, dass das Schaubild
- durch den Ursprung geht (y-Achsenabschnitt 0),
- punktsymmetrisch zum Ursprung ist (nur ungerade Exponenten) und
- vom II. in den IV. Quadranten verläuft (negativer Streckfaktor).

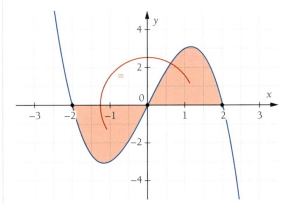

Beim Betrachten der Skizze bemerkt Gruppe 4, dass die beiden rot gefärbten Flächen zwischen dem Schaubild und der x-Achse aufgrund der Symmetrie gleich groß sein müssen.

4.2 Anwendungen der Integralrechnung

Wir werten die Ergebnisse der Gruppen aus:

Wenn man die Integrale für die beiden Teilflächen A_1 und A_2 einzeln berechnet, erhält man die Werte 4 und -4. ▶ Gruppen 1 und 3

Für das Flächenstück unterhalb der x-Achse hat das bestimmte Integral also einen negativen Wert.

Flächen, die unterhalb der x-Achse liegen, heißen deshalb **negativ orientiert**, solche oberhalb der x-Achse entsprechend **positiv orientiert**.

Da das Schaubild punktsymmetrisch zum Ursprung ist, stimmen die Flächenstücke in den Intervallen $[-2; 0]$ und $[0; 2]$ in ihrer Größe überein. ▶ Gruppe 4

Also hat auch die negativ orientierte Teilfläche die Größe 4. Um die Größe solcher Flächen anzugeben, benötigen wir vom Wert des bestimmten Integrals den Betrag, hier: $|-4| = 4$. Das entspricht grafisch einer Spiegelung der Fläche an der x-Achse.

Der Inhalt der gesamten Fläche zwischen K_f und der x-Achse ergibt sich als Summe der Inhalte beider Teilflächen. Er beträgt $4 + 4 = 8$.

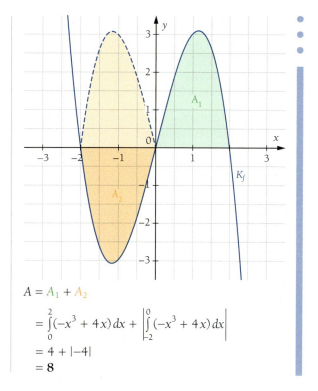

$$A = A_1 + A_2$$
$$= \int_0^2 (-x^3 + 4x)\,dx + \left|\int_{-2}^0 (-x^3 + 4x)\,dx\right|$$
$$= 4 + |-4|$$
$$= \mathbf{8}$$

Das Integral in den Grenzen -2 und 2 hat den Wert 0, da 4 und -4 sich aufheben (▶ Gruppe 2). Das Ergebnis heißt **Flächenbilanz**, weil positiv und negativ orientierte Teilflächen gegeneinander aufgerechnet werden. Die Flächenbilanz muss nicht gleich 0 sein, sie kann auch einen positiven oder einen negativen Wert haben.

Wenn wir die Größe einer Fläche zwischen der x-Achse und dem Schaubild einer Funktion in einem Intervall $[a; b]$ bestimmen wollen, dürfen wir also *nicht* die Flächenbilanz bestimmen. Deswegen müssen wir uns zunächst Klarheit darüber verschaffen, ob die Fläche in mehrere Teilflächen zerfällt und ob diese oberhalb oder unterhalb der x-Achse liegen. Mehrere Teilflächen ergeben sich immer dann, wenn die Funktion im Intervall $[a; b]$ Nullstellen hat. Diese sind dann zusammen mit a und b die Integrationsgrenzen für die zu berechnenden Integrale.

Mithilfe einer Skizze oder der Berechnung einzelner Funktionswerte zwischen den Nullstellen stellen wir fest, ob eine Teilfläche positiv oder negativ orientiert ist. In jedem Fall entspricht der Flächeninhalt dem Betrag des Integrals. Bei positiv orientierten Flächen können, bei negativ orientierten müssen wir Betragsstriche setzen.

Sollte es zu aufwendig sein, die Orientierung der Teilflächen festzustellen, so müssen „auf Verdacht" alle Integrale in Betragsstriche gesetzt werden.

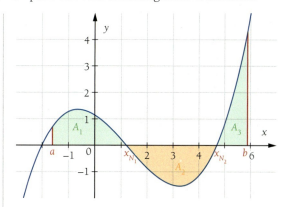

$$A = \quad A_1 \quad + \quad A_2 \quad + \quad A_3$$
$$= \left|\int_a^{x_{N_1}} f(x)\,dx\right| + \left|\int_{x_{N_1}}^{x_{N_2}} f(x)\,dx\right| + \left|\int_{x_{N_2}}^b f(x)\,dx\right|$$
$$= \int_a^{x_{N_1}} f(x)\,dx \; + \left|\int_{x_{N_1}}^{x_{N_2}} f(x)\,dx\right| + \int_{x_{N_2}}^b f(x)\,dx$$

4 Integralrechnung

2 Berechnung einer geteilten Fläche

Bestimmen Sie die Größe der Fläche, die von der x-Achse und dem Schaubild der Funktion f mit $f(x) = x(x+2)(x-1)$ vollständig umschlossen wird.

Um die Integrationsgrenzen zu finden, bestimmen wir zunächst die Nullstellen von f. Diese sind hier leicht zu ermitteln, da die Funktionsgleichung in Produktform vorliegt. Man erhält: 0; -2; 1.

Durch die Nullstellen sind die Teilintervalle festgelegt: $[-2; 0]$ und $[0; 1]$.
In diesem Beispiel sind die Grenzen a und b selbst Nullstellen von f, da nach der Fläche gefragt ist, die durch K_f und x-Achse *vollständig* umschlossen wird.
Um die Stammfunktion ermitteln zu können, lösen wir die Klammern des Funktionsterms auf:

$f(x) = x(x-1)(x+2) = (x^2 - x)(x+2)$
$= x^3 + x^2 - 2x$

Anhand einer Skizze erkennen wir, welche Flächenstücke unter- bzw. oberhalb der x-Achse liegen.
Da die Fläche im Intervall $[0; 1]$ unterhalb der x-Achse liegt, müssen wir hier Betragsstriche setzen.

Die gesuchte Größe der Fläche beträgt etwa 3,08 Flächeneinheiten (FE).

Bedingung für Nullstellen: $f(x_N) = 0$
$x_N(x_N + 2)(x_N - 1) = 0$ ▸ Satz vom Nullprodukt
$\Leftrightarrow x_N = 0 \lor x_N = -2 \lor x_N = 1$

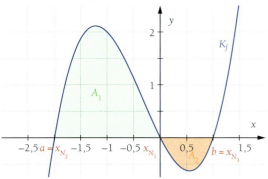

$A = A_1 + A_2$
$= \int_{-2}^{0} (x^3 + x^2 - 2x)\,dx + \left|\int_{0}^{1} (x^3 + x^2 - 2x)\,dx\right|$
$= \left[\frac{1}{4}x^4 + \frac{1}{3}x^3 - x^2\right]_{-2}^{0} + \left|\left[\frac{1}{4}x^4 + \frac{1}{3}x^3 - x^2\right]_{0}^{1}\right|$
$= 0 - \left(\frac{1}{4}\cdot(-2)^4 + \frac{1}{3}\cdot(-2)^3 - (-2)^2\right)$
$\quad + \left|\frac{1}{4}\cdot 1^4 + \frac{1}{3}\cdot 1^3 - 1^2 - 0\right|$
$= -\left(4 - \frac{8}{3} - 4\right) + \left|\frac{1}{4} + \frac{1}{3} - 1\right|$
$= \frac{8}{3} + \left|-\frac{5}{12}\right| = \frac{8}{3} + \frac{5}{12} = \frac{37}{12} = \mathbf{3{,}08\overline{3}}$

- Eine Fläche zwischen der x-Achse und dem Schaubild einer Funktion f in einem Intervall $[a; b]$ heißt **positiv orientiert**, wenn sie oberhalb der x-Achse liegt, und **negativ orientiert**, wenn sie unterhalb der x-Achse liegt. Das bestimmte Integral hat bei einer positiv orientierten Fläche einen positiven Wert und bei einer negativ orientierten Fläche einen negativen Wert.
- Für den Flächeninhalt gilt: $A = \left|\int_a^b f(x)\,dx\right| = \left|[F(x)]_a^b\right| = |F(b) - F(a)|$
  Bei einer positiv orientierten Fläche können die Betragsstriche weggelassen werden.
- Bei mehreren Teilflächen im Intervall $[a; b]$ müssen deren Flächeninhalte getrennt berechnet werden. Die Integrationsgrenzen sind a und b sowie diejenigen Nullstellen der Funktion f, die zwischen a und b liegen.
  Ist x_N die einzige Nullstelle von f im Intervall $[a; b]$, so gilt für die Fläche: $A = \left|\int_a^{x_N} f(x)\,dx\right| + \left|\int_{x_N}^b f(x)\,dx\right|$
  (Bei mehreren Nullstellen erhöht sich die Anzahl der Integrale.)
- Die Summe der bestimmten Integrale ohne Betragsstriche ergibt die **Flächenbilanz**.

1. Bestimmen Sie die Größe der Fläche, die von der x-Achse und dem Schaubild K_f vollständig umschlossen wird. Skizzieren Sie mit geeigneten Mitteln das Schaubild und markieren Sie die Fläche.
   a) $f(x) = x^2 + 3x - 10$ b) $f(x) = 2x^3 + 8x^2 + 8x$ c) $f(x) = (x^2 - 4)(x - 4)$

2. Bestimmen Sie die Fläche zwischen der x-Achse und dem Schaubild von f in dem Intervall.
   a) $f(x) = -x^2 + 4$; $[0; 3]$ b) $f(x) = \sin(2x)$; $[-\pi; \pi]$ c) $f(x) = -x^3 + 6x^2 - 5x$; $[-1; 4]$

4.2 Anwendungen der Integralrechnung

Flächenbilanz

Betrachten Sie das Schaubild der Funktion f mit $f(x) = x^2 + 2x$ im Intervall $[-2; 1]$. Berechnen Sie das bestimmte Integral über f von -2 bis 1. Interpretieren Sie das Ergebnis geometrisch.

Das bestimmte Integral von -2 bis 1 ist die Flächenbilanz beider markierten Teilflächen.

Da die Flächenbilanz 0 ist, können wir schließen, dass die positiv orientierte Teilfläche und die negativ orientierte Teilfläche gleich groß sind.

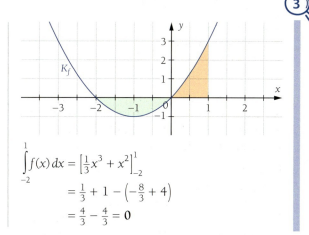

$$\int_{-2}^{1} f(x)\,dx = \left[\tfrac{1}{3}x^3 + x^2\right]_{-2}^{1}$$
$$= \tfrac{1}{3} + 1 - \left(-\tfrac{8}{3} + 4\right)$$
$$= \tfrac{4}{3} - \tfrac{4}{3} = \mathbf{0}$$

Flächenberechnung bei einer trigonometrischen Funktion

Das Schaubild der Funktion f mit $f(x) = 2\cos(2x) - 1$ und die x-Achse schließen im Intervall $\left[-\tfrac{1}{6}\pi; \tfrac{5}{6}\pi\right]$ zwei Teilflächen ein. Berechnen Sie die Summe beider Flächeninhalte. Vergleichen Sie das Ergebnis mit dem bestimmten Integral in den Grenzen $-\tfrac{1}{6}\pi$ und $\tfrac{5}{6}\pi$.

Das Schaubild K_f schneidet die x-Achse innerhalb des gegebenen Intervalls bei $\tfrac{1}{6}\pi$.

Die positiv orientierte Fläche liegt im Intervall $\left[-\tfrac{1}{6}\pi; \tfrac{1}{6}\pi\right]$.

Die negativ orientierte Fläche liegt im Intervall $\left[\tfrac{1}{6}\pi; \tfrac{5}{6}\pi\right]$.

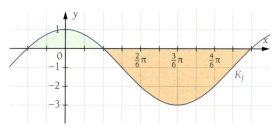

Da Betragsstriche nur bei negativ orientierten Flächen notwendig sind, müssen wir lediglich um das zweite Integral welche setzen.

Der Inhalt der gesamten Fläche beträgt etwa 4,5 FE.

$$A = \int_{-\tfrac{\pi}{6}}^{\tfrac{\pi}{6}} f(x)\,dx + \left|\int_{\tfrac{\pi}{6}}^{\tfrac{5\pi}{6}} f(x)\,dx\right|$$
$$= \left[\sin(2x) - x\right]_{-\tfrac{\pi}{6}}^{\tfrac{\pi}{6}} + \left|\left[\sin(2x) - x\right]_{\tfrac{\pi}{6}}^{\tfrac{5\pi}{6}}\right|$$
$$\approx 0{,}34 - (-0{,}34) + |-3{,}48 - 0{,}34|$$
$$= 0{,}68 + 3{,}82 = \mathbf{4{,}5}$$

Bei der Flächenberechnung darf man im Allgemeinen nicht über Nullstellen hinweg integrieren.

Das Integral über das gesamte Intervall nimmt mit $-3{,}14$ einen negativen Wert an. Das bedeutet, dass von beiden Teilflächen die negativ orientierte die größere Teilfläche ist.

$$\int_{-\tfrac{\pi}{6}}^{\tfrac{5\pi}{6}} f(x)\,dx = \left[\sin(2x) - x\right]_{-\tfrac{\pi}{6}}^{\tfrac{5\pi}{6}}$$
$$\approx -3{,}48 - (-0{,}34)$$
$$= \mathbf{-3{,}14}$$

Berechnen Sie den Gesamtinhalt der beiden Teilflächen, die im Intervall $[-3; 3]$ zwischen der x-Achse und dem Schaubild der Funktion f mit $f(x) = 2x + 4$ liegen. Erklären Sie, warum das Ergebnis größer ist als das bestimmte Integral über f von -3 bis 3.

4 Integralrechnung

5 Flächenberechnung im Intervall [a; b] mit doppelter Nullstelle von f

Bestimmen Sie die Größe der Fläche, die im Intervall [0; 4] zwischen der x-Achse und dem Schaubild der Funktion f mit $f(x) = 0{,}5x^3 - 3x^2 + 4{,}5x$ liegt.

Wir faktorisieren den Funktionsterm durch Ausklammern des Faktors $0{,}5x$ und Anwendung der 2. binomischen Formel.

Anhand der Nullstellen und der Zeichnung ist erkennbar, dass beide Teilflächen im Intervall [0; 4] positiv orientiert sind. Daher können wir die beiden Integrale zusammenfassen und die Gesamtfläche in den Grenzen von 0 bis 4 ermitteln.

$f(x) = 0{,}5x^3 - 3x^2 + 4{,}5x$
$ = 0{,}5x \cdot (x^2 - 6x + 9)$
$ = 0{,}5x \cdot (x - 3)^2$

$\Rightarrow x_{N_1} = 0$ einfache Nullstelle
$ x_{N_{2,3}} = 3$ doppelte Nullstelle

$\Rightarrow$ Teilintervalle [0; 3] und [3; 4]

$A = A_1 + A_2$

$= \int_0^3 (0{,}5x^3 - 3x^2 + 4{,}5x)\,dx$
$ + \int_3^4 (0{,}5x^3 - 3x^2 + 4{,}5x)\,dx$

$= \int_0^4 (0{,}5x^3 - 3x^2 + 4{,}5x)\,dx$ ▶ Intervalladditivität

$= [0{,}125x^4 - x^3 + 2{,}25x^2]_0^4$

$= 0{,}125 \cdot 4^4 - 4^3 + 2{,}25 \cdot 4^2 - 0$

$= 32 - 64 + 36 = \mathbf{4}$

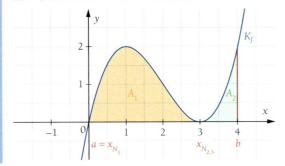

Anmerkung: Die Regel von der Intervalladditivität kann *nicht* angewendet werden, wenn eines der Integrale oder beide in Betragsstrichen stehen.

6 Flächenberechnung bei einer Exponentialfunktion

Gegeben ist die Funktion f mit $f(x) = e^x - 1$. Bestimmen Sie die Größe der Fläche zwischen dem Schaubild von f und der x-Achse im Intervall [−3; 2].

Das Schaubild von f geht durch den Ursprung.

Also zerfällt die zu bestimmende Fläche in die Teilflächen A_1 über [−3; 0] und A_2 über [0; 2].

$f(0) = e^0 - 1 = 1 - 1 = 0$

$A = A_1 + A_2$

$= \left| \int_{-3}^0 (e^x - 1)\,dx \right| + \left| \int_0^2 (e^x - 1)\,dx \right|$

$= \left| [e^x - x]_{-3}^0 \right| + \left| [e^x - x]_0^2 \right|$

$= \left| 1 - 0 - (e^{-3} - (-3)) \right| + \left| e^2 - 2 - (1 - 0) \right|$

$= \left| 1 - e^{-3} - 3 \right| + \left| e^2 - 3 \right|$

$\approx |-2{,}05| + |4{,}39|$

$= 2{,}05 + 4{,}39$

$= \mathbf{6{,}44}$

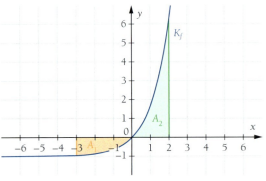

Der gesuchte Flächeninhalt beträgt etwa 6,44 FE.

Die beiden folgenden Beispiele zeigen, wie die Flächenberechnung vereinfacht werden kann, wenn das zugrunde liegende Schaubild **symmetrisch** ist.

4.2 Anwendungen der Integralrechnung

Flächenberechnung bei Symmetrie zur y-Achse

Bestimmen Sie den Inhalt der Fläche zwischen der x-Achse und dem Schaubild der Funktion f mit $f(x) = 0{,}25x^4 - 2x^2 + 4$ im Intervall $[-2;\,2]$.

Anhand des Schaubildes und der Funktionsgleichung sehen wir, dass eine Achsensymmetrie zur y-Achse vorliegt.

Die markierten Flächen links und rechts der y-Achse sind folglich gleich groß.

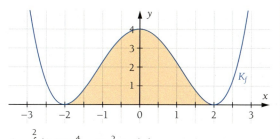

Wir können deshalb den gesuchten Flächeninhalt berechnen, indem wir die Größe der rechten Teilfläche bestimmen und den Wert verdoppeln.

Auf Betragsstriche können wir verzichten, da die Skizze zeigt, dass die markierte Fläche positiv orientiert ist.

$$A = \int_{-2}^{2} (0{,}25x^4 - 2x^2 + 4)\,dx$$
$$= 2 \cdot \int_{0}^{2} (0{,}25x^4 - 2x^2 + 4)\,dx$$
$$= 2 \cdot \left[\tfrac{1}{20}x^5 - \tfrac{2}{3}x^3 + 4x\right]_0^2$$
$$= 2 \cdot \left(\tfrac{32}{20} - \tfrac{16}{3} + 8\right) = 2 \cdot \tfrac{64}{15} = \tfrac{128}{15} \approx \mathbf{8{,}53}$$

Der gesuchte Flächeninhalt beträgt ungefähr 8,53 FE.

Flächenberechnung bei Symmetrie zum Ursprung

Bestimmen Sie den Inhalt der Fläche zwischen der x-Achse und dem Schaubild der Funktion f mit
$f(x) = (x+4)(x+2)x(x-2)(x-4)$.

Der Funktionsterm von f ist in Produktform gegeben. Daher können wir die Nullstellen direkt ablesen:
$x_{N_1} = -4;\ x_{N_2} = -2;\ x_{N_3} = 0;\ x_{N_4} = 2;\ x_{N_5} = 4$

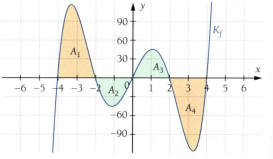

Um eine Stammfunktion bilden zu können, lösen wir die Klammern des Funktionsterms auf.
Nun wird ersichtlich, dass alle Exponenten von x ungerade sind. Das Schaubild K_f ist daher punktsymmetrisch zum Ursprung.

Die Flächeninhalte A_1 und A_4 sind identisch, ebenso die Flächeninhalte A_2 und A_3.

Wir müssen also lediglich A_3 und A_4 berechnen. Anschließend verdoppeln wir die Summe beider Werte:

$A = 2 \cdot (A_3 + A_4) \approx 2 \cdot (58{,}67 + 144) = 405{,}34$

Der gesuchte Flächeninhalt beträgt ungefähr 405 FE.

$f(x) = x(x+4)(x-4)(x+2)(x-2)$ ▶ 3. bin. Formel
$= x(x^2 - 16)(x^2 - 4)$
$= x(x^4 - 20x^2 + 64)$
$= x^5 - 20x^3 + 64x$

$$A_3 = \left|\int_0^2 f(x)\,dx\right|$$
$$= \left|\left[\tfrac{1}{6}x^6 - 5x^4 + 32x^2\right]_0^2\right|$$
$$= \left|\tfrac{64}{6} - 80 + 128 - 0\right| = \tfrac{176}{3} \approx \mathbf{58{,}67}$$

$$A_4 = \left|\int_2^4 f(x)\,dx\right| = \mathbf{144}$$

Übertragen Sie das Vorgehen aus Beispiel 7 auf die Berechnung der Frontfläche des „Berliner Bogens".
▶ Seite 296, Beispiel 18

Übungen zu 4.2.1

1. Berechnen Sie den Inhalt der Fläche, die im angegebenen Intervall zwischen der x-Achse und dem Schaubild von f liegt. *Hinweis:* Die Funktion f hat im Inneren des Intervalls keine Nullstelle.

   a) $f(x) = 6x - x^2$; $[2; 5]$
   b) $f(x) = 0{,}5x^2 - 0{,}1x^3$; $[1; 4]$
   c) $f(x) = \frac{1}{6}x^3 - x^2$; $[0; 6]$
   d) $f(x) = -\frac{1}{8}x^4 + \frac{1}{2}x^2$; $[2; 4]$
   e) $f(x) = 4 - 0{,}2e^x$; $[-3; 2]$
   f) $f(x) = e^{4x} - 2$; $[-5; 0]$
   g) $f(x) = -2e^{-x} + x$; $[2; 3]$
   h) $f(x) = \sin(0{,}5x) + 1$; $[0; 3\pi]$
   i) $f(x) = \cos(x) + \sin(x)$; $[-3; -2]$

2. Die x-Achse und das Schaubild von f umschließen eine zusammenhängende Fläche. Berechnen Sie die Nullstellen von f und anschließend den Inhalt der eingeschlossenen Fläche.

   a) $f(x) = \frac{1}{3}x^2 - 3$
   b) $f(x) = -0{,}75x^2 - 3{,}75x$
   c) $f(x) = \frac{1}{24}x^3 + \frac{1}{2}x^2 + \frac{3}{2}x$
   d) $f(x) = -1{,}25x^3 + 5x^2$
   e) $f(x) = 0{,}25(x+2)(x-2)^3$
   f) $f(x) = -0{,}4x^4 + 2{,}1x^2 + 2{,}5$

3. Berechnen Sie jeweils den Gesamtinhalt aller eingefärbten Flächen. Die Integrationsgrenzen können aus den Zeichnungen abgelesen werden.

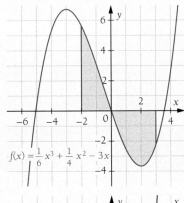

$f(x) = \frac{1}{6}x^3 + \frac{1}{4}x^2 - 3x$

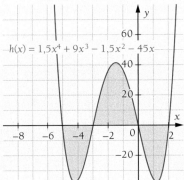

$h(x) = 1{,}5x^4 + 9x^3 - 1{,}5x^2 - 45x$

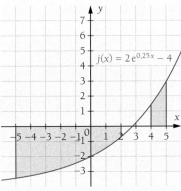

$j(x) = 2e^{0{,}25x} - 4$

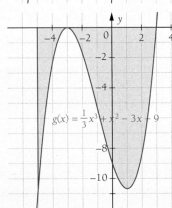

$g(x) = \frac{1}{3}x^3 + x^2 - 3x - 9$

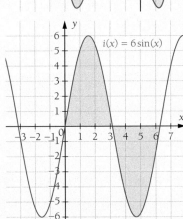

$i(x) = 6\sin(x)$

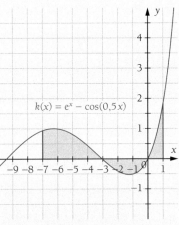

$k(x) = e^x - \cos(0{,}5x)$

4. Berechnen Sie den Inhalt der Fläche zwischen der x-Achse und dem Schaubild von f im angegebenen Intervall. Skizzieren Sie zunächst mit geeigneten Mitteln das Schaubild K_f und markieren Sie die gesuchte Fläche.

   a) $f(x) = x^2 - 4$; $[-1; 3]$
   b) $f(x) = -x^2 + 2x - 4$; $[-2; 3]$
   c) $f(x) = -\frac{1}{9}(x-3)^3$; $[0; 6]$
   d) $f(x) = 0{,}25x^4 - 4$; $[-1; 3]$
   e) $f(x) = e^x - 1$; $[-4{,}5; 1{,}5]$
   f) $f(x) = -e^{2x} + e^2$; $[-2; 2]$
   g) $f(x) = \sin(x) - 1$; $[0; 2\pi]$
   h) $f(x) = -\cos(0{,}5x)$; $[\pi; 4\pi]$
   i) $f(x) = \sin(x) + x + 1$; $[0; 2\pi]$

5. Die x-Achse und das Schaubild der Funktion f mit $f(x) = \cos(2x) + x$ schließen im Intervall $[-3; 3]$ zwei Flächen ein. Berechnen Sie die Flächenbilanz dieser beiden Flächen.

6. Die x-Achse und das Schaubild von f mit der Gleichung $f(x) = 0{,}1x^4 - 1{,}7x^2 + 1{,}6$ schließen drei Teilflächen ein.
a) Berechnen Sie den Inhalt A der Gesamtfläche.
b) Erläutern Sie ohne Rechnung, warum die folgende Ungleichung gilt:
$$\left| \int_{-4}^{4} f(x)\,dx \right| < A$$

7. Gegeben ist die Funktion f mit der Gleichung $f(x) = -0{,}1x^2(x-3)(x+3)$.
a) Skizzieren Sie mit geeigneten Mitteln das Schaubild von f.
b) Berechnen Sie den Gesamtinhalt aller Flächen, die von der x-Achse und dem Schaubild von f eingeschlossen werden.
c) Erläutern Sie, warum der Wert des folgenden Integrals ohne zusätzliche Rechnung angegeben werden kann:
$$\int_{-3}^{3} f(x)\,dx$$
d) Das Schaubild K_f wird um eine Einheit nach oben verschoben. Verändert sich der Inhalt der Fläche, die vollständig vom Schaubild und der x-Achse umschlossen ist, um mehr, weniger oder genau 6 FE?

8. Gegeben ist die Funktion f mit der Gleichung $f(x) = -9x^5 + 18x^3 - 9x$.
a) Berechnen Sie die Nullstellen von f.
Hinweis: Ausklammern und Substitution
b) Skizzieren Sie mit geeigneten Mitteln das Schaubild von f.
c) Berechnen Sie den Gesamtinhalt aller Flächen, die von der x-Achse und dem Schaubild von f eingeschlossen werden.
d) Bestimmen Sie ohne weitere Rechnung den Wert des folgenden Integrals:
$$\int_{-17}^{17} f(x)\,dx$$

9. Interpretieren Sie jeweils den Wert des bestimmten Integrals.
a) $\int_{-1}^{3}(x-1)\,dx$ b) $\int_{-1}^{4}(x-1)\,dx$ c) $\int_{-2}^{3}(x-1)\,dx$

10. Die Abbildung zeigt das Schaubild einer ganzrationalen Funktion mit einer Funktionsgleichung der Form $f(x) = (x+a)(x+b)(x+c)$.

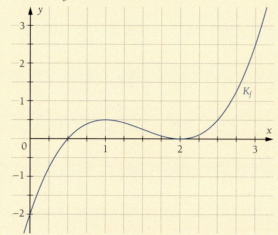

a) Bestimmen Sie die Werte von a, b und c.
b) Berechnen Sie den Gesamtinhalt der Flächen, die im Intervall $I = [0; 3]$ zwischen der x-Achse und dem Schaubild von f liegen.

11. Bei Lärmschutzwällen an Autobahnen sind Abflussgräben an beiden Seiten des Walls erforderlich. Für einen Wall, der 8 m breit und 4 m hoch ist und dessen Abflussgräben jeweils 1 m breit sein sollen, arbeitet ein Bauunternehmer daher mit einem Profil, das durch die Funktion f mit $f(x) = \frac{1}{100}x^4 - \frac{41}{100}x^2 + 4$ beschrieben werden kann. Beim Bau des Lärmschutzwalls wird der Aushub der Abflussgräben verwendet, um den eigentlichen Wall aufzuschütten.

Berechnen Sie das Volumen des Materials in Kubikmetern, das zusätzlich angeliefert werden muss, um einen Wallabschnitt von 100 m Länge fertigzustellen.

4.2.2 Flächen zwischen zwei Schaubildern

 Fläche zwischen zwei Schaubildern

Bestimmen Sie die Größe der Fläche, die von den Schaubildern der Funktionen f und g umschlossen wird. Die Funktionsgleichungen lauten:

$f(x) = -\frac{1}{4}x^2 + 2x + 4$; $g(x) = x + \frac{11}{4}$

Zunächst entnehmen wir der Abbildung die Schnittstellen der beiden Schaubilder: $x_{S_1} = -1$ und $x_{S_2} = 5$.

Der gesuchte Flächeninhalt entspricht der Differenz zwischen dem Flächeninhalt unterhalb von K_f und dem Flächeninhalt unterhalb von K_g. Die beiden zugehörigen bestimmten Integrale subtrahieren wir mithilfe der Integrationsregeln.

Die Differenz $f(x) - g(x)$ nennen wir $h(x)$. Die Funktion h bezeichnet man als **Differenzfunktion**.

Wir können also statt der gesuchten Fläche zwischen K_f und K_g auch die Fläche betrachten, die das Schaubild K_h der Differenzfunktion mit der x-Achse einschließt. Um diesen Zusammenhang zu veranschaulichen, zeichnen wir das Schaubild der Differenzfunktion. Wir stellen Folgendes fest:
- Die Nullstellen von h sind die Schnittstellen von f mit g.
- Die beiden markierten Flächen sind gleich groß, da sie wegen $h(x_0) = f(x_0) - g(x_0)$ an jeder Stelle x_0 dieselbe Höhe haben.

Da im Intervall $[-1; 5]$ die Funktionswerte von f größer sind als die von g, hat die Differenzfunktion hier positive Funktionswerte. Also liegt die Fläche zwischen K_h und der x-Achse oberhalb der x-Achse. Somit können wir auf Betragsstriche verzichten.

Das bestimmte Integral liefert den Flächeninhalt.

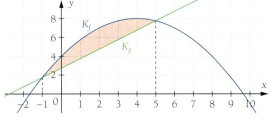

$\int_{-1}^{5} f(x)\,dx - \int_{-1}^{5} g(x)\,dx = \int_{-1}^{5} (f(x) - g(x))\,dx$

$= \int_{-1}^{5} \left(\left(-\frac{1}{4}x^2 + 2x + 4\right) - \left(x + \frac{11}{4}\right)\right)dx$

$= \int_{-1}^{5} \left(-\frac{1}{4}x^2 + 2x + 4 - x - \frac{11}{4}\right)dx$

$= \int_{-1}^{5} \underbrace{\left(-\frac{1}{4}x^2 + x + \frac{5}{4}\right)}_{h(x)} dx$

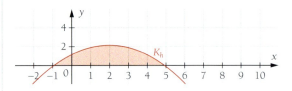

$A = \int_{-1}^{5} h(x)\,dx = \int_{-1}^{5} \left(-\frac{1}{4}x^2 + x + \frac{5}{4}\right)dx$

$= \left[-\frac{1}{12}x^3 + \frac{1}{2}x^2 + \frac{5}{4}x\right]_{-1}^{5}$

$= -\frac{1}{12} \cdot 5^3 + \frac{1}{2} \cdot 5^2 + \frac{5}{4} \cdot 5$

$\quad - \left(-\frac{1}{12} \cdot (-1)^3 + \frac{1}{2} \cdot (-1)^2 + \frac{5}{4} \cdot (-1)\right)$

$= -\frac{125}{12} + \frac{25}{2} + \frac{25}{4} - \frac{1}{12} - \frac{1}{2} + \frac{5}{4} = \mathbf{9}$

Man bestimmt die Größe der Fläche zwischen den Schaubildern zweier Funktionen f und g, indem man
- die **Differenzfunktion** h mit $h(x) = f(x) - g(x)$ bildet und
- die Fläche zwischen dem Schaubild von h und der x-Achse berechnet.

Die Integrationsgrenzen sind die Schnittstellen von f und g, die auch die Nullstellen von h sind.

Bestimmen Sie die Größe der Fläche, die von den Schaubildern der Funktionen f und g umschlossen wird. Skizzieren Sie die Schaubilder mit geeigneten Mitteln und markieren Sie die Fläche.

a) $f(x) = x^2 - 6x + 5$; $g(x) = x - 1$
b) $f(x) = x^2 - 4$; $g(x) = -0{,}5x^2 + 3x + 0{,}5$

Mehrere Teilflächen zwischen zwei Schaubildern

Gegeben sind die Funktionen f und g mit den Gleichungen $f(x) = 0{,}1x^3 - 0{,}2x^2 + 0{,}1x + 3$ und $g(x) = x + 3$.
Bestimmen Sie den Flächeninhalt A der Fläche, die von den Schaubildern K_f und K_g vollständig umschlossen wird.

Die Lösung erfolgt in drei Arbeitsschritten:
1. Ermitteln der Differenzfunktion h
2. Bestimmen der Nullstellen von h
3. Berechnen des Flächeninhalts A als Summe von A_1 und A_2

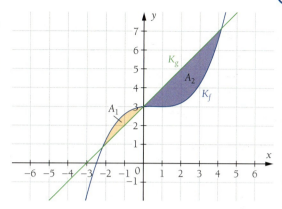

Zu 1. Wir erhalten die Gleichung der Differenzfunktion h, indem wir die Funktionsterme von f und g subtrahieren.

$$\begin{aligned} h(x) &= f(x) - g(x) \\ &= 0{,}1x^3 - 0{,}2x^2 + 0{,}1x + 3 - (x+3) \\ &= 0{,}1x^3 - 0{,}2x^2 - 0{,}9x \\ &= 0{,}1 \cdot (x^3 - 2x^2 - 9x) \end{aligned}$$

Zu 2. Wir bestimmen die Nullstellen der Funktion h mithilfe der Bedingung $h(x_N) = 0$.

$$\begin{aligned} h(x_N) &= 0 \\ \Leftrightarrow 0{,}1 \cdot (x_N^3 - 2x_N^2 - 9x_N) &= 0 \qquad |:0{,}1 \\ \Leftrightarrow x_N^3 - 2x_N^2 - 9x_N &= 0 \\ \Leftrightarrow x_N \cdot (x_N^2 - 2x_N - 9) &= 0 \\ \Leftrightarrow x_N = 0 \; \vee \; x_N^2 - 2x_N - 9 &= 0 \end{aligned}$$

Ausklammern von x_N ermöglicht die Anwendung des Satzes vom Nullprodukt. Um herauszufinden, an welchen Stellen der zweite Faktor den Wert null annimmt, wenden wir die *abc*-Formel an.

$x_{N_1} = 0; \; x_{N_{2;3}} = \dfrac{2 \pm \sqrt{(-2)^2 - 4 \cdot 1 \cdot (-9)}}{2 \cdot 1}$

$x_{N_1} = 0; \; x_{N_2} \approx 4{,}16; \; x_{N_3} \approx -2{,}16$

Die drei Nullstellen der Funktion h sind die Integrationsgrenzen bei der anschließenden Flächenberechnung.

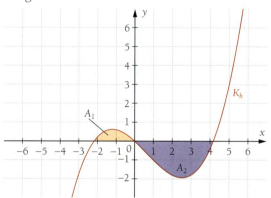

Zu 3. Wir berechnen den gesuchten Flächeninhalt A als Summe der Teilflächeninhalte A_1 und A_2. Diese entsprechen den Größen der beiden Flächen zwischen dem Schaubild der Differenzfunktion d und der x-Achse in den Intervallen $[-2{,}16; 0]$ bzw. $[0; 4{,}16]$.
Der gesuchte Flächeninhalt A beträgt ca. 5,98 FE.

$$\begin{aligned} A &= A_1 + A_2 \\ &= \left| \int_{-2{,}16}^{0} h(x)\,dx \right| + \left| \int_{0}^{4{,}16} h(x)\,dx \right| \\ &= 0{,}1 \cdot \left| \int_{-2{,}16}^{0} (x^3 - 2x^2 - 9x)\,dx \right| \\ &\quad + 0{,}1 \cdot \left| \int_{0}^{4{,}16} (x^3 - 2x^2 - 9x)\,dx \right| \\ &= 0{,}1 \cdot \left| \left[\tfrac{1}{4}x^4 - \tfrac{2}{3}x^3 - \tfrac{9}{2}x^2 \right]_{-2{,}16}^{0} \right| \\ &\quad + 0{,}1 \cdot \left| \left[\tfrac{1}{4}x^4 - \tfrac{2}{3}x^3 - \tfrac{9}{2}x^2 \right]_{0}^{4{,}16} \right| \\ &\approx 0{,}1 \cdot (0 - (-8{,}83)) \\ &\quad + 0{,}1 \cdot (-51 - 0) \\ &= 0{,}883 + 5{,}1 = \mathbf{5{,}983} \end{aligned}$$

4 Integralrechnung

Haben zwei Funktionen mehr als zwei Schnittstellen, so zerfällt die von den Schaubildern umschlossene Fläche in mehrere Teilflächen. Diese müssen getrennt berechnet werden, da die entsprechenden Flächenstücke bei der Differenzfunktion oberhalb oder unterhalb der x-Achse liegen können.
Folgende Arbeitsschritte sind erforderlich:
1. Bestimmung der Differenzfunktion h ($\to$ Integrand)
2. Bestimmung der Nullstellen von h ($\to$ Integrationsgrenzen)
3. Berechnung des Integrals bzw. der Integrale ($\to$ Fläche ggf. als Summe von Teilflächen)

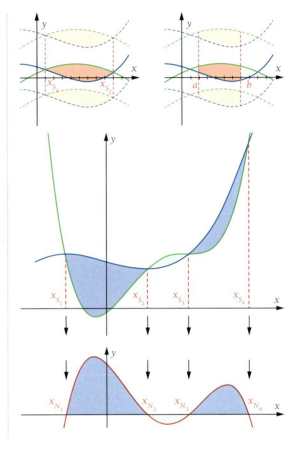

Bei der Berechnung von Flächen zwischen zwei Schaubildern ist Folgendes zu beachten:

- Wir können die gesamte Fläche berechnen, die von zwei Schaubildern umschlossen wird. ▶ linkes Bild

- Wir können die Fläche zwischen zwei Schaubildern in einem Intervall $[a; b]$ berechnen. ▶ rechtes Bild

- Es ist nicht von Bedeutung, ob die Fläche oberhalb, unterhalb oder teilweise oberhalb und teilweise unterhalb der x-Achse liegt. Die Lage hat keinen Einfluss auf die Größe der Fläche.

- Je nach Anzahl der Schnittstellen von f und g ergeben sich mehrere Teilflächen.

- Je zwei benachbarte Schnittstellen bilden die Integrationsgrenzen bei der Berechnung der Teilflächen.

- Die Nullstellen der Randfunktionen f und g sind nicht von Bedeutung.

- Die Teilflächen können positiv oder negativ orientiert sein, je nachdem, welche der beiden Randfunktionen die größeren Funktionswerte hat.
Deshalb müssen die Teilflächen getrennt berechnet und die Integrale in Betragsstriche gesetzt werden:

$$A = \left| \int_{x_{S_1}}^{x_{S_2}} h(x)\,dx \right| + \left| \int_{x_{S_2}}^{x_{S_3}} h(x)\,dx \right| + \left| \int_{x_{S_3}}^{x_{S_4}} h(x)\,dx \right|$$

1. Bestimmen Sie die Größe der Fläche, die von den Schaubildern K_f und K_g umschlossen wird. Skizzieren Sie die Schaubilder mit geeigneten Mitteln und markieren Sie die Fläche.
 a) $f(x) = -0{,}5x^2 + 2x$; $g(x) = x^3 - x$
 b) $f(x) = 0{,}2x^3 - 0{,}4x^2 - 3x$; $g(x) = 1{,}8x$
 c) $f(x) = 0{,}1x^3$; $g(x) = 0{,}2x^2 + 0{,}8x$
 d) $f(x) = 0{,}1x^3 - 1{,}2x - 0{,}6$; $g(x) = 0{,}1x + 0{,}6$

2. Im angegebenen Intervall wird von den Schaubildern der Funktionen f und g genau eine Fläche umschlossen. Bestimmen Sie die Größe dieser Fläche.
 a) $f(x) = 0{,}3x^2 + 0{,}6x - 2{,}4$; $g(x) = -0{,}3x + 3$; $[-5; 1]$
 b) $f(x) = -0{,}15x^3 + 2{,}4x$; $g(x) = -0{,}25x^2 + 0{,}5x - 2$; $[-2; 4]$
 c) $f(x) = 0{,}5e^{2x} - 4e^x$; $g(x) = x$; $[0; 1]$

4.2 Anwendungen der Integralrechnung

Übungen zu 4.2.2

1. Berechnen Sie jeweils den Inhalt der eingefärbten Fläche. Die Integrationsgrenzen können aus den Zeichnungen abgelesen werden.

a)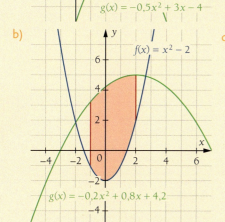

b)

c)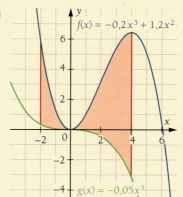

d)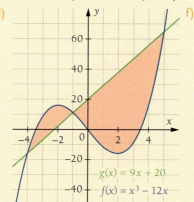

e)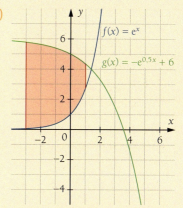

f)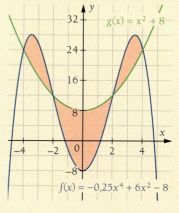

2. Bestimmen Sie den Inhalt der Fläche, die von den Schaubildern K_f und K_g vollständig umschlossen wird. Prüfen Sie zunächst, ob die Fläche in Teilflächen zerfällt. Skizzieren Sie die Schaubilder.

a) $f(x) = \frac{1}{8}x^2 - 3$; $g(x) = \frac{1}{2}x + 1$

b) $f(x) = 0{,}2x^2 - 0{,}4x - 3$; $g(x) = \frac{1}{9}(x-1)^2$

c) $f(x) = \frac{1}{24}x^3 - \frac{5}{6}x$; $g(x) = \frac{2}{3}x$

d) $f(x) = x^3 - 2x^2 - 10x$; $g(x) = -2x$

e) $f(x) = -0{,}2x^4 + 0{,}2x^3 + 1{,}2x^2 + 2$; $g(x) = 2$

f) $f(x) = (e-1)x + 1$; $g(x) = e^x$

3. Die Abbildung zeigt das Schaubilder der Funktion f mit $f(x) = -\sin(x) + 2$ sowie eine Wendetangente von f.

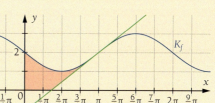

a) Bestimmen Sie die Funktionsgleichung der eingezeichneten Wendetangente.
b) Das Schaubild von f, die Wendetangente und die Koordinatenachsen schließen im I. Quadranten eine Fläche ein. Berechnen Sie deren Inhalt.
c) Stellen Sie die Funktionsgleichung derjenigen Geraden auf, die parallel zur x-Achse und durch die Hochpunkte von K_f verläuft.
d) Berechnen Sie den Inhalt der Fläche, die von K_f, der Geraden aus c) und den Koordinatenachsen im I. Quadranten eingeschlossen wird.

317

4 Integralrechnung

4.2.3 Weiterführende Flächenberechnungen

11 Subtraktion zweier Flächeninhalte

Gegeben sind die Funktion f mit $f(x) = 2e^{0,25x}$ und die Tangente an K_f im Punkt $P(4|2e)$. Berechnen Sie den Inhalt der farbig hinterlegten Fläche.

Zunächst bestimmen wir die Funktionsgleichung der Tangente. Ihre Steigung entspricht der Steigung von K_f an der Stelle $x = 4$:

$f'(x) = 0,5 e^{0,25x}$; $f'(4) = 0,5e$

Nun setzen wir die Punktkoordinaten von P und die errechnete Steigung in die allgemeine Geradengleichung $t(x) = mx + b$ ein und stellen nach b um:

$2e = 0,5e \cdot 4 + b \Rightarrow b = 0$

Somit lautet die Gleichung der Tangente:

$t(x) = 0,5e \cdot x$

Eine Möglichkeit, den gesuchten Flächeninhalt zu ermitteln, besteht darin, vom Inhalt der Fläche zwischen K_f und der x-Achse im Intervall $[-4; 4]$ den Inhalt der Fläche zwischen K_t und der x-Achse im Intervall $[0; 4]$ zu subtrahieren.

Da beide Flächen *oberhalb* der x-Achse liegen, kann in beiden Rechnungen auf Betragsstriche verzichtet werden.

$A = A_1 - A_2 \approx 7,93$

Der Inhalt der markierten Fläche beträgt ca. 7,93 FE.

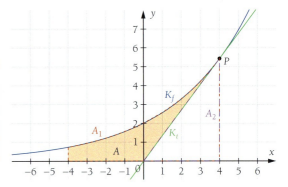

A_1: Inhalt der Fläche zwischen K_f und der x-Achse im Intervall $[-4; 4]$

A_2: Inhalt der Fläche zwischen K_t und der x-Achse im Intervall $[0; 4]$

Achtung! $\int_{-4}^{4}(f(x)-t(x))dx$ ist falsch!

$A_1 = \int_{-4}^{4} f(x)\,dx$
$= [8e^{0,25x}]_{-4}^{4}$
$= 8e - 8e^{-1}$
$\approx 18,80$

$A_2 = \int_{0}^{4} t(x)\,dx$
$= [0,25e \cdot x^2]_{0}^{4}$
$= 4e - 0$
$\approx 10,87$

12 Addition zweier Flächeninhalte

Berechnen Sie den Inhalt der markierten Fläche zwischen der x-Achse, der Sinuskurve und der Kosinuskurve im Intervall $[0; \frac{\pi}{2}]$.

Die zu berechnende Fläche setzt sich zusammen aus der Fläche zwischen Sinuskurve und x-Achse im Intervall $[0; \frac{\pi}{4}]$ und der Fläche zwischen Kosinuskurve und x-Achse im Intervall $[\frac{\pi}{4}; \frac{\pi}{2}]$.

$A = \int_{0}^{\frac{\pi}{4}} \sin(x)\,dx + \int_{\frac{\pi}{4}}^{\frac{\pi}{2}} \cos(x)\,dx$

$= [-\cos(x)]_0^{\frac{\pi}{4}} + [\sin(x)]_{\frac{\pi}{4}}^{\frac{\pi}{2}} \approx 0,29 + 0,29 = \mathbf{0,58}$

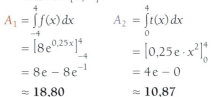

Begründen Sie, warum die folgende Summe ebenfalls den Flächeninhalt aus Beispiel 11 wiedergibt.

$\int_{-4}^{4} (f(x) - t(x))\,dx + \int_{-4}^{0} t(x)\,dx$

4.2 Anwendungen der Integralrechnung

Bei den bisherigen Beispielen zur Flächenberechnung waren stets eine oder mehrere Randfunktionen sowie ein Intervall gegeben, und der Flächeninhalt sollte berechnet werden. Wir können aber auch bei gegebenem Flächeninhalt eine der beiden Integrationsgrenzen ermitteln.

Bestimmung der oberen Grenze

Gegeben ist die Funktion f mit $f(x) = 0{,}04\,x^3$. Wie muss die Intervallgrenze b mit $b > 0$ gewählt werden, damit die Größe der Fläche zwischen der x-Achse und dem Schaubild von f im Intervall $[2;\,b]$ genau 12,8 FE beträgt?

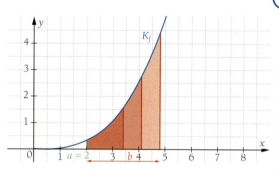

Wir stellen uns vor, dass wir den Wert des genannten Flächeninhalts noch nicht kennen, und bestimmen die Fläche in $[2;\,b]$ mit dem bestimmten Integral.

Da die Fläche oberhalb der x-Achse liegt, können wir in dieser Rechnung auf Betragsstriche verzichten.

$$A = \int_2^b 0{,}04\,x^3\,dx = \left[0{,}01\,x^4\right]_2^b$$
$$= 0{,}01\,b^4 - 0{,}01 \cdot 2^4$$
$$= 0{,}01\,b^4 - 0{,}16$$

Wir ersetzen A durch den gegebenen Wert 12,8 und erhalten eine Gleichung mit der Variablen b.

$$\begin{aligned} & 12{,}8 = 0{,}01\,b^4 - 0{,}16 \quad |+0{,}16\\ \Leftrightarrow\ & 12{,}96 = 0{,}01\,b^4 \quad |:0{,}01\\ \Leftrightarrow\ & 1296 = b^4\\ \Leftrightarrow\ & \underbrace{b = -6}_{\text{nicht relevant}} \vee b = 6 \end{aligned}$$

Von den beiden Lösungen erfüllt nur der Wert 6 die Bedingung $b > 0$.

Durch die Probe wird bestätigt, dass die Fläche im Intervall $[2;\,6]$ tatsächlich die Größe 12,8 FE hat.

Probe: $\int_2^6 0{,}04\,x^3\,dx = \left[0{,}01\,x^4\right]_2^6$
$$= 0{,}01 \cdot 6^4 - 0{,}01 \cdot 2^4 = \mathbf{12{,}8}$$

Bestimmung der unteren Grenze

Bestimmen Sie eine reelle Zahl a mit $0 \le a \le 2\pi$, sodass gilt $\int_a^{2\pi} 2\cos(x)\,dx = 2$.

Auf der linken Seite der Gleichung bilden wir die Stammfunktion des Integranden, setzen die obere Grenze 2π und die untere Grenze a ein. Dann stellen wir um und erhalten die Gleichung $\sin(a) = -1$.

$$\begin{aligned} & \int_a^{2\pi} 2\cos(x)\,dx = 2\\ \Leftrightarrow\ & [2\sin(x)]_a^{2\pi} = 2\\ \Leftrightarrow\ & 0 - 2\sin(a) = 2 \quad |:(-2)\\ \Leftrightarrow\ & \sin(a) = -1 \end{aligned}$$

Gesucht ist also eine Stelle a im Intervall $[0;\,2\pi]$, an der die Sinusfunktion den Wert -1 annimmt. Anhand der Sinuskurve erkennen wir, dass dies nur für $a = 1{,}5\pi$ der Fall ist.

$\sin(a) = -1 \wedge 0 \le a \le 2\pi \Rightarrow a = \mathbf{1{,}5\pi}$

Bestimmen Sie für die Funktion f und die Fläche zwischen der x-Achse und dem Schaubild von f in $[1;\,b]$ die Intervallgrenze $b > 0$ so, dass die Fläche den angegebenen Flächeninhalt hat. Skizzieren Sie K_f und markieren Sie die genannte Fläche.

a) $f(x) = x^3$; $A = 63{,}75$
b) $f(x) = -1{,}5\,x^2$; $A = 62$
c) $f(x) = \frac{1}{4}x^4$; $A = 12{,}1$

4 Integralrechnung

15 Verhältnis zweier Flächeninhalte

Die Gerade durch die Punkte $P(0|0{,}64)$ und $Q(\pi|0)$ teilt die Fläche, die im I. Quadranten durch die Koordinatenachsen und das Schaubild K_f mit $f(x) = 2\cos(0{,}5x)$ eingeschlossen wird, in zwei Teilflächen. Berechnen Sie das Verhältnis dieser beiden Teilflächen.

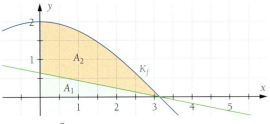

Die Fläche unterhalb von K_f im Intervall $[0;\pi]$ ist genau 4 FE groß. ▶ „grün + orange"

$$A_1 + A_2 = \int_0^\pi f(x)\,dx = \left[4\sin(0{,}5x)\right]_0^\pi = 4 - 0 = 4$$

Die Fläche unterhalb der Geraden im Intervall $[0;\pi]$ ist ca. 1 FE groß. ▶ grün

$A_2 = \tfrac{1}{2}\pi \cdot 0{,}64 \approx 1$ ▶ $A_{\text{Dreieck}} = \tfrac{1}{2} \cdot g \cdot h$

Die Fläche zwischen beiden Schaubildern im Intervall $[0;\pi]$ ist somit ca. 3 FE groß. ▶ orange

$A_1 \approx 4 - 1 = 3$

Das Verhältnis $A_1 : A_2 \approx 3 : 1$ besagt, dass die obere Teilfläche annähernd dreimal so groß ist wie die untere Teilfläche.

$\dfrac{A_1}{A_2} \approx \dfrac{3}{1}$

16 Halbierung einer Fläche

Die Parabel K_f mit der Funktionsgleichung $f(x) = -0{,}75\,(x-1)(x-9)$ schließt im Intervall $[1;9]$ eine Fläche oberhalb der x-Achse ein. Bestimmen Sie eine positive reelle Zahl a, sodass die Parabel K_g mit der Funktionsgleichung $g(x) = -a\,(x-1)(x-9)$ diese Fläche halbiert.

Zunächst bestimmen wir den Inhalt der zwischen K_f und der x-Achse liegenden Fläche:
▶ „grün + orange"

$$\int_1^9 f(x)\,dx = -0{,}75 \cdot \int_1^9 (x^2 - 10x + 9)\,dx$$
$$= -0{,}75 \cdot \left[\tfrac{1}{3}x^3 - 5x^2 + 9x\right]_1^9$$
$$= -0{,}75 \cdot \left(-81 - \tfrac{13}{3}\right) = 64$$

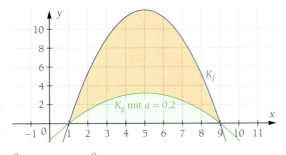

Auf ganz ähnliche Weise bestimmen wir den Inhalt der von K_g begrenzten Fläche. ▶ grün

Dieser Flächeninhalt wird in Abhängigkeit von a ausgedrückt und beträgt $\tfrac{256}{3}a$ FE.

Der Parameter a muss so gewählt werden, dass die von K_g begrenzte Fläche 32 FE groß ist. Es ergibt sich $a = 0{,}375$.

$$\int_1^9 g(x)\,dx = -a \cdot \int_1^9 (x^2 - 10x + 9)\,dx$$
$$= -a \cdot \left[\tfrac{1}{3}x^3 - 5x^2 + 9x\right]_1^9$$
$$= -a \cdot \left(-81 - \tfrac{13}{3}\right)$$
$$= \tfrac{256}{3}a$$

$\tfrac{256}{3}a = \tfrac{64}{2}$
$\Rightarrow a = \mathbf{0{,}375}$

Die y-Achse teilt die Fläche, die das Schaubild von f mit $f(x) = \tfrac{1}{100}(x+10)(x-4)(x-12)$ oberhalb der x-Achse einschließt in zwei Teilflächen.
Berechnen Sie das Verhältnis der beiden Teilflächen.

4.2 Anwendungen der Integralrechnung

Aufstellen einer Funktionsgleichung

Das Schaubild einer ganzrationalen Funktion 3. Grades schneidet die y-Achse bei $y = 8{,}4$ und hat den Wendepunkt $W(2|3)$. Im Intervall $[0; 2]$ liegt zwischen dem Schaubild und der x-Achse im I. Quadranten eine Fläche mit dem Inhalt $A = 11{,}8$ FE.
Ermitteln Sie ausschließlich anhand dieser Angaben die Funktionsgleichung.

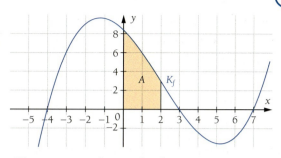

Wir geben die Gleichung einer ganzrationalen Funktion 3. Grades in allgemeiner Form an.

Allgemeine Funktionsgleichung:
$f(x) = ax^3 + bx^2 + cx + d$

Der Wert des Koeffizienten d ist durch den gegebenen y-Achsenabschnitt eindeutig bestimmt.

Unter Berücksichtigung des y-Achsenabschnitts:
$f(x) = ax^3 + bx^2 + cx + 8{,}4$

Die Information über den Wendepunkt liefert zwei Bedingungsgleichungen:
- Zum einen ist $W(2|3)$ ein Punkt, der auf K_f liegt, also muss $f(2) = 3$ gelten.
- Zum anderen erfüllt $x = 2$ die notwendige Bedingung für eine Wendestelle: $f''(2) = 0$

Bedingung I: $f(2) = 3$
$f(2) = 3 \Leftrightarrow 8a + 4b + 2c + 8{,}4 = 3$
$ \Leftrightarrow 8a + 4b + 2c = -5{,}4 \quad$ (I)

Bedingung III: $f''(2) = 0$
$f'(x) = 3ax^2 + 2bx + c$
$f''(x) = 6ax + 2b$
$f''(2) = 0 \Leftrightarrow 12a + 2b = 0 \quad$ (II)

Eine weitere Bedingungsgleichung ergibt sich aus dem gegebenen Flächeninhalt. Da die Fläche im I. Quadranten liegt, ist der Wert des Integrals positiv.

Bedingung IV: $A = 11{,}8$
$$\int_0^2 f(x)\,dx = 11{,}8$$
$\Leftrightarrow \left[\frac{a}{4}x^4 + \frac{b}{3}x^3 + \frac{c}{2}x^2 + 8{,}4x\right]_0^2 = 11{,}8$
$\Leftrightarrow 4a + \frac{8}{3}b + 2c + 16{,}8 = 11{,}8$
$\Leftrightarrow 4a + \frac{8}{3}b + 2c = -5 \quad$ (III)

Es liegen nun drei Bedingungsgleichungen mit drei Unbekannten vor, also ein 3×3-Gleichungssystem.

Durch Subtraktion der Bedingungsgleichungen (I) und (III) eliminieren wir die Unbekannte c. Die resultierende Gleichung nennen wir (IV).

(I) $ 8a + 4b + 2c = -5{,}4$
(III) $ 4a + \frac{8}{3}b + 2c = -5$
(IV) = (I) − (III) $ 4a + \frac{4}{3}b = -0{,}4$

Die Bedingungsgleichung (II) stellen wir nach b um und setzen sie in (IV) ein. So ergibt sich der Wert von a.

(II) $ b = -6a$ in (IV) einsetzen:
$4a + \frac{4}{3}(-6a) = -0{,}4 \Leftrightarrow \mathbf{a = 0{,}1}$

Aus der umgestellten Gleichung (II) folgt unmittelbar der Wert von b.

$a = 0{,}1$ in (II) einsetzen: $\mathbf{b = -0{,}6}$

Schließlich setzen wir die Werte von a und b in (I) ein und erhalten den Wert von c.

$a = 0{,}1$ und $b = -0{,}6$ in (I) einsetzen: $\mathbf{c = -1{,}9}$

Die gesuchte Funktionsgleichung lautet: $f(x) = 0{,}1x^3 - 0{,}6x^2 - 1{,}9x + 8{,}4$.

Eine ganzrationale Funktion 2. Grades hat die Nullstellen $x_{N_1} = -1$ und $x_{N_2} = 4$. Die Parabel schließt oberhalb der x-Achse eine Fläche von $\frac{125}{6}$ FE ein. Ermitteln Sie die Funktionsgleichung.

4 Integralrechnung

Übungen zu 4.2.3

1. Berechnen Sie den Inhalt der Fläche, den das Schaubild K_f, das Schaubild K_g und die x-Achse zwischen der positiven Nullstelle von f und der positiven Nullstelle von g einschließen. Die beiden Funktionsgleichungen lauten:
$f(x) = \frac{1}{2}x^2 - x - \frac{3}{2}$; $g(x) = -\frac{1}{4}x^2 + \frac{1}{2}x + 6$

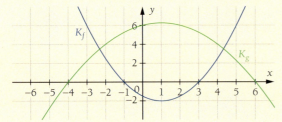

2. Die Gemeinde Bietigheim überlegt, für den Neubau einer Mensa ein Grundstück zu kaufen.

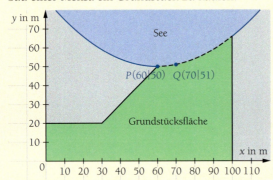

Bestimmen Sie den Preis für die grün markierte Fläche, wenn pro Quadratmeter 180 € gezahlt werden müssen. *Hinweis:* Das Seeufer wird durch eine quadratische Funktion modelliert.

3. Bestimmen Sie für die Funktion f die obere Intervallgrenze b bzw. die untere Intervallgrenze a so, dass die Fläche zwischen der x-Achse und dem Schaubild von f den angegebenen Flächeninhalt hat. Skizzieren Sie das Schaubild und markieren Sie die Fläche.
   a) $f(x) = 2x^2$; $[0; b]$; $A = 18$
   b) $f(x) = \frac{1}{16}x^4$; $[2; b]$; $A = 12{,}4$
   c) $f(x) = x^2 + 4x$; $[0; b]$; $A = 405$
   d) $f(x) = e^x$; $[1; b]$; $A = 4e$
   e) $f(x) = x^3 - 25x$; $[a; 0]$; $A = 92{,}25$
   f) $f(x) = e^{-x}$; $[a; 2]$; $A = 19e^{-2}$

4. Gegeben ist die ganzrationale Funktion f mit $f(x) = \frac{1}{8}x^3 - \frac{3}{4}x^2 + 4$.
Bestimmen Sie den Inhalt der Fläche, die durch das Schaubild von f, die Wendetangente und die y-Achse begrenzt wird.

5. Gegeben ist die Funktion f mit $f(x) = 2\cos(x)$.
   a) Skizzieren Sie das Schaubild von f im Intervall $[-2\pi; 2\pi]$.
   b) Berechnen Sie eine reelle Zahl u mit folgenden Eigenschaften:
   $-2\pi \leq u \leq 0$ und $\int_u^{2\pi} f(x)\,dx = 2$.
   c) Die in Beispiel 14 (▶ Seite 319) ermittelte Zahl a erfüllt ebenfalls die Gleichung aus b), wenn man die Einschränkung für u ignoriert. Erläutern Sie anhand der Skizze, wie man u zeichnerisch ermitteln kann, wenn a bereits bekannt ist.

6. Gegeben ist die Funktion f mit $f(x) = -x^2 + 4$.
   a) Bestimmen Sie die Achsenschnittpunkte von K_f.
   b) Skizzieren Sie K_f und die Winkelhalbierende mit der Gleichung $g(x) = x$.
   c) Die Winkelhalbierende teilt die Fläche, die K_f im I. Quadranten mit den Koordinatenachsen einschließt, in zwei Teilflächen. Berechnen Sie das Verhältnis dieser beiden Teilflächen.

7. Die Abbildung zeigt das Schaubild der Funktion f mit $f(x) = -\frac{3}{8}(x-1)(x-9)$. Die Strecke zwischen den Nullstellen bildet die Grundkante eines Dreiecks, dessen Spitze S innerhalb der Fläche liegt, die K_f mit der x-Achse einschließt.

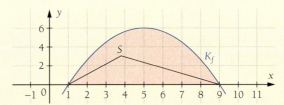

   a) Berechnen Sie, auf welcher Höhe S liegen muss, damit das Dreieck genau die Hälfte der roten Fläche einnimmt.
   b) Geben Sie beide Möglichkeiten an, die Spitze S so zu legen, dass sie zusätzlich zur Bedingung aus a) auf K_f liegt.

8. Gegeben sind die beiden Funktionen f und g mit $f(x) = -x^2 + 6x - 3$ und $g(x) = e^{0,4x} - 4$.

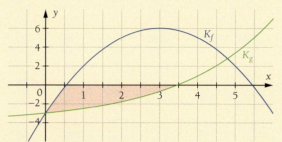

a) Formulieren Sie einen Aufgabentext, der nach dem Inhalt der roten Fläche fragt und ohne eine Zeichnung auskommt.
b) Berechnen Sie den gesuchten Flächeninhalt.
c) Die vertikale Gerade mit der Gleichung $x = a$ und $1 < a < 3$ soll die rote Fläche halbieren. Stellen Sie eine Gleichung auf, die a beschreibt. Lösen Sie diese Gleichung mithilfe geeigneter Software.

9. Bestimmen Sie für die Funktion f mit der Gleichung $f(x) = ax^2 + 5x + 3$ den Wert für a so, dass die Größe der im Intervall $[1; 2]$ von der Parabel und der x-Achse begrenzten Fläche $\frac{14}{3}$ FE beträgt.

10. Von einer ganzrationalen Funktion 2. Grades sind die Nullstellen $x_{N_1} = -2$ und $x_{N_2} = -1$ bekannt. Das Schaubild schließt mit der x-Achse eine Fläche von $\frac{16}{3}$ FE ein. Wie lautet die Funktionsgleichung?

11. Das Schaubild einer ganzrationalen Funktion 3. Grades berührt im Ursprung die x-Achse. Die Tangente an das Schaubild im Punkt $P\left(1 \mid \frac{4}{3}\right)$ ist parallel zur Geraden mit der Gleichung $y = 2x$.
a) Ermitteln Sie aus diesen Angaben die Funktionsgleichung. ▶ Zur Kontrolle: $f(x) = -\frac{2}{3}x^3 + 2x^2$
b) Berechnen Sie den Inhalt der Fläche, die das Schaubild und die x-Achse einschließen.

12. Das Schaubild einer ganzrationalen Funktion 3. Grades hat im Ursprung eine Tangente mit der Steigung $m = 0$. Die Wendestelle liegt bei $x = \frac{2}{3}$. Das Schaubild schließt mit der x-Achse eine Fläche von $A = \frac{8}{3}$ FE ein.
a) Bestimmen Sie die Funktionsgleichung.
b) Bestimmen Sie den Inhalt der Fläche, die das Schaubild der Funktion mit der x-Achse im Intervall $I = [0; 2]$ einschließt.

13. Auf der Landesgartenschau in Zülpich waren Musterbeete zu besichtigen, die von angehenden Landschaftsgärtnerinnen und -gärtnern nach bestimmten Vorgaben angelegt wurden. Zwei Beispiele sind in den Abbildungen dargestellt.

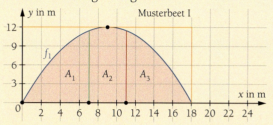

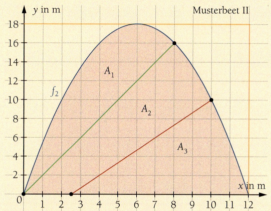

Die Vorgaben waren unter anderem:
- Auf einem rechteckigen Rasenstück der Größe 12 m × 18 m soll ein Blumenbeet angelegt werden, das zwei Drittel der Rechteckfläche bedeckt.
- Das Blumenbeet soll in drei gleich große Flächen aufgeteilt werden, die in unterschiedlichen Farbkombinationen bepflanzt werden sollen.

a) Weisen Sie nach, dass die Beete durch die Schaubilder der folgenden Funktionen begrenzt bzw. unterteilt werden:
$f_1(x) = -\frac{4}{27}x^2 + \frac{8}{3}x$; $f_2(x) = -0{,}5x^2 + 6x$
$g_1(x) = 2x$; $g_2(x) = \frac{4}{3}x - \frac{10}{3}$

b) Überprüfen Sie für beide Musterbeete, ob die Vorgaben eingehalten werden.
Hinweis: Die Koordinaten der in den Abbildungen schwarz gekennzeichneten Punkte können den Abbildungen entnommen und für die Rechnungen verwendet werden.

c) Entwerfen Sie unter Beachtung der Vorgaben ein Musterbeet III, indem Sie die Beetform von Musterbeet II und die senkrechte Aufteilung von Musterbeet I übernehmen. ▶ Sie benötigen für die Lösung ein digitales mathematisches Werkzeug.

4 Integralrechnung

Übungen zu 4.2

1. Berechnen Sie jeweils den Inhalt der eingefärbten Fläche. Die Integrationsgrenzen können aus den Zeichnungen abgelesen werden.

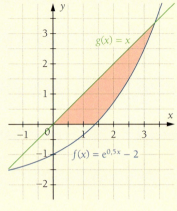

2. Gegeben ist die Funktion f mit $f(x) = e^{2x}$. Bestimmen Sie die Intervallgrenze a so, dass die Größe der Fläche zwischen der x-Achse und dem Schaubild von f im Intervall $[0; a]$ genau $0{,}5(e^2 - 1)$ FE beträgt.

3. Der Querschnitt eines Wassergrabens kann durch die Parabel zu $f(x) = 1{,}125x^2 - 0{,}72$ dargestellt werden. Vor einer Brücke soll ein Gitter eingelassen werden, das verhindern soll, dass sperrige Gegenstände unter die Brücke gespült werden und dort stecken bleiben. Der Brückenbogen ist ebenfalls parabelförmig und entspricht dem Schaubild zu $g(x) = -0{,}75x^2 + 0{,}48$.

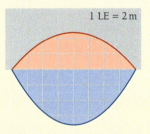

a) Wie tief ist der Graben?
b) Berechnen Sie, welchen Flächeninhalt das Gitter mindestens haben muss, wenn es den gesamten Durchlass verschließen soll.
c) Berechnen Sie das Verhältnis der Gitterflächen innerhalb und oberhalb des Wassergrabens.

4. Gegeben sind die Funktionen f und g mit $f(x) = \cos\left(\frac{\pi}{2}x\right) - 1$ und $g(x) = 0{,}25x^4 - 2x^2 + 2$. Bestimmen Sie die Größe der Fläche, die von den beiden Schaubildern von f und g im Intervall $[2; 4]$ eingeschlossen wird.

5. Gegeben ist f mit $f(x) = 2e^{0{,}5x} - 4$.
a) Berechnen Sie die exakten Koordinaten der Schnittpunkte von K_f mit den Koordinatenachsen.
b) Skizzieren Sie K_f und markieren Sie die Fläche, die K_f mit den Koordinatenachsen einschließt.
c) Berechnen Sie die Größe der in b) markierten Fläche.

6. Gegeben ist das Schaubild einer Funktion f. Begründen Sie, ob folgende Aussagen wahr oder falsch sind. Sie können grafisch argumentieren oder rechnerisch (Funktionsgleichung aufstellen und integrieren).

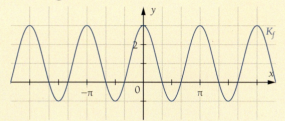

a) $\int_{-\frac{\pi}{2}}^{\frac{\pi}{2}} f(x)\,dx = 0$

b) $\int_{\frac{\pi}{2}}^{\pi} f(x)\,dx > 2\pi$

c) Das Schaubild einer Stammfunktion F hat in $\frac{\pi}{2}$ einen Tiefpunkt.

7. In einer Holzwerkstatt werden Tierfiguren mit der Laubsäge ausgesägt. Eine Mitarbeiterin hat am Computer den folgenden Entwurf erstellt:

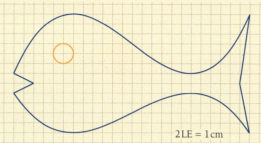

2 LE = 1 cm

Für die krummlinigen Ränder hat die Mitarbeiterin die Schaubilder folgender Funktionen gewählt:

$f(x) = -\frac{1}{54}x^3 + \frac{1}{3}x^2 - \frac{3}{2}x - 0{,}5$

$g(x) = \frac{1}{36}x^3 - \frac{1}{2}x^2 + \frac{9}{4}x + 0{,}5$

a) Übertragen Sie die Zeichnung und ergänzen Sie die Koordinatenachsen so, dass der Fisch „richtig" liegt.

b) Wie schwer ist ein ausgesägter Fisch mit aufgemaltem Auge, wenn eine 1 m² große Platte des verwendeten Sperrholzes 2 kg wiegt? Wie schwer ist er bei einem „ausgesägten Auge"?

8. Der Kindergarten „Zwergenland" bekommt einen neuen Sandkasten. Die Grube ist bereits 60 cm tief ausgehoben und hat einen geschwungenen Randverlauf.

Jetzt muss noch der Sand bestellt werden. Die Lieferung erfolgt nur in ganzen Kubikmetern gestaffelt. Zur Abschätzung, wie viel Sand benötigt wird, wurde die Grube vermessen: Von der Wand des Kita-Gebäudes hat die Grube einen Abstand von 1 m, der größte Abstand des hinteren Bogens von der Gebäudewand beträgt 5 m. Die beiden Endpunkte A und B der Randlinien sind mit Pflöcken markiert. Pflock A hat einen Abstand von 2 m vom Zaun und von 4,2 m vom Gebäude, bei Pflock B sind es 8 m bzw. 1,8 m.

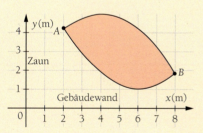

Die parabelförmigen Schaubilder der Randfunktionen f und g sind durch die Punkte A(2|4,2), B(8|1,8), C(4|5) und D(6|1) festgelegt.
a) Erstellen Sie mithilfe dieser Punktangaben jeweils ein lineares Gleichungssystem und bestimmen Sie die Funktionsgleichungen der quadratischen Funktionen f und g.
b) Bestimmen Sie durch Integration die Sandkastenfläche F_S und das Volumen V_S der ausgehobenen Grube.
c) Wie viel Sand muss für die Grube bestellt werden, wenn die Lieferung nur in ganzen Kubikmetern erfolgt?

4 Integralrechnung

Integralrechnung – ein mathematisches Konzept für viele Anwendungen

Führen Sie in Gruppen die folgenden Experimente durch.
Vergleichen Sie dann untereinander die Ergebnisse der Experimente und stellen Sie dar, inwieweit die Integralrechnung ein hilfreiches Instrument ist.

■ Nehmen Sie einen 10-Liter-Eimer in ein Badezimmer mit Badewanne. Öffnen Sie den Wasserhahn voll und messen Sie die Dauer, die Sie zum vollständigen Füllen des Eimers benötigen.
Berechnen Sie damit die maximale Zulaufgeschwindigkeit in Liter pro Sekunde $\left(\frac{\ell}{s}\right)$ für diese Badewanne, indem Sie $10\,\ell$ durch die Zeit in Sekunden teilen.
Kippen Sie nun den Eimer in die Badewanne aus und messen Sie, wie lange es dauert, bis das Wasser komplett abgelaufen ist.
Berechnen Sie analog zur Zulaufgeschwindigkeit nun die Ablaufgeschwindigkeit der Badewanne.
Erstellen Sie ein Diagramm, das die Zu- und Ablaufgeschwindigkeit der Badewanne in Abhängigkeit der Zeit zeigt.

■ In dem Schaubild sind zwei verschiedene Experimentverläufe dargestellt.
Beschreiben Sie diese beiden jeweils.

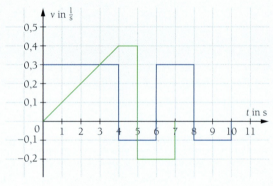

■ Erstellen Sie passend zu Ihrer ermittelten Zu- bzw. Ablaufgeschwindigkeit ein Schaubild, das den Füllstand der Badewanne in Abhängigkeit von der Zeit zeigt.
Überprüfen Sie die Richtigkeit Ihres Schaubildes anhand von Messungen (z. B. mithilfe eines Messbechers, Eimers o. Ä.).
Erläutern Sie den Zusammenhang der Schaubilder zur Zu- und Ablaufgeschwindigkeit und dem Füllstand mit Bezugnahme auf die Integralrechnung.

4.2 Anwendungen der Integralrechnung

Zusammenhänge der Integralrechnung mit GeoGebra erforschen

Im Beispiel 9 (▶ Seite 314) wurde der Flächeninhalt zwischen zwei Schaubildern bestimmt. Wir betrachten diesen Sachverhalt nochmal mithilfe eines digitalen, mathematischen Werkzeugs, hier der Software *GeoGebra*.

■ Zunächst visualisieren wir die Schaubilder zweier Funktionen f und g, ermitteln die Schnittstellen und berechnen den gesuchten Flächeninhalt als Differenz der beiden Flächeninhalte zwischen den Schaubildern und der x-Achse.

1. Geben Sie die Funktionsgleichungen $f(x) = -\frac{1}{4}x^2 + 2x + 4$ und $g(x) = x + \frac{11}{4}$ in die Eingabezeile am unteren Bildschirmrand ein.
    ▶ Wenn Sie mit der rechten Maustaste auf die Schaubilder klicken, können Sie im Kontextmenü die **Eigenschaften** der Schaubilder (z. B. die Farben) verändern, um diese besser unterscheiden zu können.

2. In der Symbolleiste wählen Sie den Befehl **Schneide** und klicken danach im Algebrafenster zunächst auf den Funktionsterm von f und danach auf g. *GeoGebra* stellt daraufhin die Schnittpunkte A und B im Grafik- und im Algebrafenster mit den zugehörigen Koordinaten dar.

3. Lassen Sie mithilfe des Befehls **Integral** die Größen der Flächen zwischen den beiden Schaubildern und der x-Achse berechnen und im Grafikfenster darstellen. Als Integrationsgrenzen wählen Sie die Schnittstellen -1 und 5 der beiden Schaubilder.
    ▶ Formatieren Sie die Flächen mithilfe des Kontextmenüs in der Farbe der zugehörigen Berandungsfunktion.

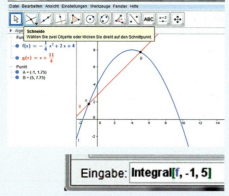

4. Im Algebrafenster können Sie durch Klicken auf die blauen Punkte die Darstellung der einzelnen Elemente im Grafikfenster ein- bzw. ausschalten. Nutzen Sie diese Möglichkeit der Visualisierung, um nochmals nachzuvollziehen: Der gesuchte Flächeninhalt zwischen den beiden Schaubildern ist die Differenz der Flächeninhalte jeweils unterhalb der einzelnen Schaubilder.
Geben Sie den gesuchten Flächeninhalt an.

■ Nun wollen wir erforschen, wie bzw. warum man den gesuchten Flächeninhalt mithilfe der Differenzfunktion ermitteln kann.

1. Geben Sie den Term der Differenzfunktion h in der Eingabezeile ein: $h(x) = f(x) - g(x)$.
Beschreiben Sie, welcher Sachverhalt durch die Differenzfunktion ausgedrückt wird.

2. Variieren Sie die Funktionsgleichungen von f und g um einen Parameter n im Absolutglied. Erstellen Sie hierzu einen Schieberegler (▶ Seite 111).
    ▶ Erweitern Sie die beiden Funktionsgleichungen um den Parameter n zu $f(x) = -\frac{1}{4}x^2 + 2x + 4 + n$ und $g(x) = x + \frac{11}{4} + n$ durch Doppelklick auf den jeweiligen Funktionsterm im Algebrafenster.

    Untersuchen Sie, wie sich der Parameter n auf die Schaubilder von f und g und h auswirkt. Erläutern Sie, warum sich die Schaubilder von f und g in ihrer Lage ändern, das Schaubild von h jedoch nicht.

3. Erläutern Sie, warum man den gesuchten Flächeninhalt mithilfe der Differenzfunktion berechnen kann. Gehen Sie dabei auch auf den Zusammenhang zwischen den Schnittstellen von f und g sowie den Nullstellen von h ein.

> Durch den Befehl **Integralzwischen** ist es in GeoGebra möglich, die Maßzahl der Fläche zwischen zwei Schaubildern direkt ermitteln zu lassen.

4.2 Anwendungen der Integralrechnung

Ich kann ...

... den Unterschied zwischen **Flächeninhalt** und **Flächenbilanz** erklären.

$f(x) = x^3 - 4x$ und $I = [-1; 1]$

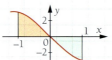

Flächeninhalt: positiv ($1{,}75 + 1{,}75$)
Flächenbilanz: null ($1{,}75 - 1{,}75$)

Das Integral bestimmt die Flächenbilanz. Der Flächeninhalt gibt die tatsächliche Größe der Fläche an, die sich aus den Teilflächen oberhalb und unterhalb der x-Achse zusammensetzt. Die Integrale der Teilflächen werden betragsmäßig addiert.

... den **Flächeninhalt** der Fläche berechnen, die zwischen dem **Schaubild einer Funktion** und der **x-Achse** liegt.

▶ Test-Aufgaben 1, 2, 6

$f(x) = x^3 - 5x^2 + 6x$

Nullstellen: $\quad f(x_N) = 0$
$\qquad x_N^3 - 5x_N^2 + 6x_N = 0$
$\Leftrightarrow x_N(x_N^2 - 5x_N + 6) = 0$
$x_{N_1} = 0,\ x_{N_2} = 2$ und $x_{N_3} = 3$

Stammfunktion:
$F(x) = \frac{1}{4}x^4 - \frac{5}{3}x^3 + 3x^2$

Integrale:
$A = A_1 + A_2$
$= \left| \int_0^2 f(x)\,dx \right| + \left| \int_2^3 f(x)\,dx \right|$
$= \left| [F(x)]_0^2 \right| + \left| [F(x)]_2^3 \right|$
$= |F(2) - F(0)| + |F(3) - F(2)|$
$= \left| \frac{8}{3} - 0 \right| + \left| \frac{9}{4} - \frac{8}{3} \right|$
$= \frac{8}{3} + \frac{5}{12} = \frac{37}{12}$

1. Nullstellen von f bestimmen
 → Integrationsgrenzen
2. Stammfunktion ermitteln
3. Integrationsgrenzen einsetzen und Integrale berechnen:

$A = \left| \int_{x_{N_1}}^{x_{N_2}} f(x)\,dx \right| + \left| \int_{x_{N_2}}^{x_{N_3}} f(x)\,dx \right|$
$= \left| [F(x)]_{x_{N_1}}^{x_{N_2}} \right| + \left| [F(x)]_{x_{N_2}}^{x_{N_3}} \right|$

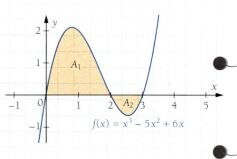

$f(x) = x^3 - 5x^2 + 6x$

... den **Flächeninhalt** der Fläche berechnen, die **zwischen zwei Schaubildern** liegt.

▶ Test-Aufgaben 2, 3, 4

$f(x) = x^2 - 1$ und $g(x) = x + 1$
$h(x) = (x^2 - 1) - (x + 1)$
$\quad = x^2 - x - 2$

Nullstellen: $h(x_N) = 0$
$\qquad x_N^2 - x_N - 2 = 0$
$x_{N_1} = -1$ und $x_{N_2} = 2$

Stammfunktion:
$H(x) = \frac{1}{3}x^3 - \frac{1}{2}x^2 - 2x$

Integral:
$A = \left| \int_{-1}^{2} h(x)\,dx \right|$
$= \left| [H(x)]_{-1}^{2} \right|$
$= |H(2) - H(-1)|$
$= \left| -\frac{10}{3} - \frac{7}{6} \right|$
$= \frac{27}{6} = \frac{9}{2}$

1. Differenzfunktion h bilden:
 $h(x) = f(x) - g(x)$
2. Nullstellen von h bestimmen
 → Integrationsgrenzen
3. Stammfunktion von h ermitteln
4. Integrationsgrenzen einsetzen und Integrale berechnen

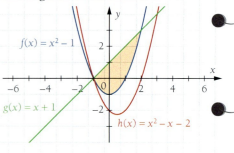

Test zu 4.2

1. Bestimmen Sie den Inhalt der Fläche, die vom Schaubild der Funktion f mit $f(x) = -0,5x^3 + x^2 + 2,5x - 3$ und der x-Achse eingeschlossen wird.

2. Gegeben ist die ganzrationale Funktion f mit $f(x) = 0,25x^4 - 0,5x^2$.
   a) Ermitteln Sie die Nullstellen, Extrem- und Wendepunkte und zeichnen Sie das Schaubild K_f.
   b) Bestimmen Sie den Inhalt der Fläche, die K_f mit der x-Achse einschließt.
   c) Bestimmen Sie den Inhalt der Fläche, die K_f mit der Geraden durch die beiden Tiefpunkte einschließt.

3. Berechnen Sie den Inhalt der Fläche im Intervall $[0; 2\pi]$ zwischen den Schaubildern der Funktionen f und g mit den folgenden Gleichungen:

   $f(x) = \sin(0,5x + 1)$

   $g(x) = \cos(x)$

   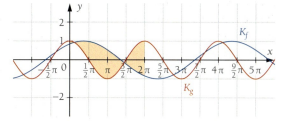

4. Die Abbildung zeigt die Schaubilder der Funktionen f und g mit den folgenden Gleichungen:
   $f(x) = -x^2 + 4$
   $g(x) = -x^2 - x + 3$
   a) Berechnen Sie die Nullstellen beider Funktionen sowie die Schnittstelle ihrer Schaubilder.
   b) Ermitteln Sie den Inhalt der markierten Fläche.
   c) Geben Sie das Verhältnis an, in dem die y-Achse die markierte Fläche teilt.

   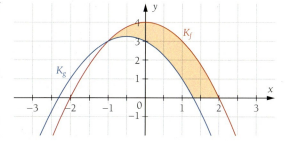

5. Das Schaubild einer ganzrationalen Funktion 4. Grades ist achsensymmetrisch zur y-Achse und schneidet die y-Achse im Punkt $P(0|1,25)$. Der Streckfaktor ist 0,25. Im Intervall $[0; 1]$ wird durch das Schaubild der Funktion eine Fläche von 0,8 FE mit der x-Achse eingeschlossen. Bestimmen Sie die Funktionsgleichung.

6. Im Botanischen Garten werden zum Schutz empfindlicher Pflanzen Zelte aus Folie aufgestellt. ▶ Abbildung
   Bestimmen Sie das Volumen eines Zeltes, wenn die Querschnittsfläche des Zeltes parabelförmig begrenzt wird.

   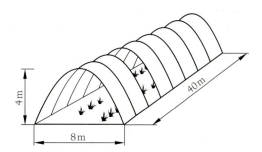

7. Gegeben ist die Funktion f mit $f(x) = 3e^{-3x}$. Ermitteln Sie die Intervallgrenze a mit $a < 0$ so, dass die Größe der Fläche zwischen der x-Achse und dem Schaubild von f im Intervall $[a; 0]$ genau $e^6 - 1$ FE beträgt.

5 Projektvorschläge

5.1 Vektorgeometrie

1 Koordinaten im Raum

Ein dreidimensionales Koordinatensystem kann man sich als Haus mit acht Räumen vorstellen. Vier Räume liegen im Erdgeschoss (blau) und vier Räume liegen im Keller (rot). Die einzelnen „Räume" werden Oktanten genannt. Jeder Oktant besteht aus unendlich vielen Punkten. Die Punkte des I. Oktanten besitzen nur positive Koordinaten.

a) Erläutern Sie die möglichen Vorzeichen der Punkte in den weiteren sieben Oktanten.
b) Ordnen Sie die Punkte den einzelnen Oktanten zu:
$P_1(3|2|9)$, $P_2(-4|2|-8)$, $P_3(3|-2|-8)$, $P_4(-5|-12|6)$, $P_5(-7|-2|-11)$, $P_6(8|1|-4)$, $P_7(-3|5|1)$, $P_8(6|-2|-3)$

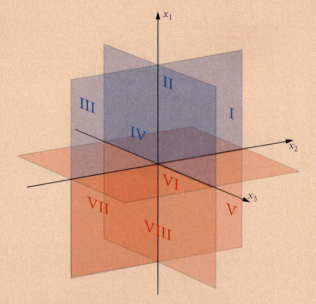

2 Klettergerüst

Zur Konstruktion eines Klettergerüstturms dienen Punkte eines dreidimensionalen Koordinatensystems. An den Punkten $K(0|0|-1)$, $L(2|0|-1)$, $M(2|2|-1)$ und $N(0|2|-1)$ sind die senkrechten Stangen des Turms in der Erde verankert. Sie liegen 1 m tief in der Erde und ragen 3 m hoch über den Sand. Das Dach des Turms hat die Form einer quadratischen Pyramide. Die Spitze S des Dachs liegt mittig der Punkte K, L, M und N und 1 m über dem Ende der Stangen.

a) Bei Punkten eines dreidimensionalen Koordinatensystems sind immer drei Koordinaten gegeben: die x_1-Koordinate, die x_2-Koordinate und die x_3-Koordinate. Lesen Sie sich den Aufgabentext noch einmal genau durch und überlegen Sie, welche Koordinate sich ändern würde, wenn die Stangen des Turms 2 m tief in der Erde verankert werden sollen.
b) Zeichnen Sie die Punkte K, L, M und N in ein dreidimensionales Koordinatensystem. ▶ Seite 332
1 LE auf der x_2- und x_3-Achse soll dabei 2 cm betragen.
c) Die Säulen durchstechen in den Punkten A, B, C und D die Sandebene. Die Sandebene hat die Höhe 0. Geben Sie die Koordinaten von A, B, C und D an, wobei A über K liegt.
d) Die oberen Enden der Säulen sind die Punkte E, F, G und H, wobei E über A liegt. Zeichnen Sie die Punkte A bis H und die Spitze S in Ihr Koordinatensystem aus Aufgabenteil b) ein.

5.1 Vektorgeometrie

3 Kunstobjekt

Auf dem Marktplatz in Karlsruhe steht eine 1825 erbaute Pyramide aus Sandstein. Sie bedeckt das Grabmal von Karl Wilhelm von Baden-Durlach, dem Begründer von Karlsruhe. In einem dreidimensionalen Koordinatensystem bilden die Punkte A, B, C und D die Eckpunkte der Grundfläche auf der Marktplatzebene. Gegeben sind die Punkte $A(-3|-3|0)$, $B(3|-3|0)$ und $C(3|3|0)$. Die Spitze der Pyramide wird mit S bezeichnet.

a) Erstellen Sie ein dreidimensionales Koordinatensystem (▶ Seite 332). Die x_1-Achse soll von -3 bis 3; die x_2-Achse von $-4,5$ bis $4,5$ und die x_3-Achse von -1 bis 8 gezeichnet werden. 1 LE auf der x_2- und x_3-Achse soll dabei 2 cm betragen.

b) Zeichnen Sie die quadratische Grundfläche ABCD der Pyramide in Ihr Koordinatensystem aus Aufgabenteil a). Geben Sie die Koordinaten von D an.

c) Der Abstand zweier Punkte $A(a_1|a_2)$ und $B(b_2|b_2)$ lässt sich in der Ebene mithilfe der Formel
$d(A,B) = \sqrt{(b_2 - a_1)^2 + (b_2 - a_1)^2}$ berechnen.

Überlegen Sie gemeinsam mit Ihrem Nachbarn, wie eine Formel für den Abstand zweier Punkte A und B im Raum aussehen könnte. Tipp: $A(a_1|a_2|a_3)$, $B(b_1|b_2|b_3)$.

d) In einer Broschüre über Karlsruhe ist zu lesen, dass die Länge der Seitenkanten der Pyramide ca. 8 m beträgt. Überprüfen Sie diese Aussage. Gehen Sie dabei davon aus, dass die Spitze der Pyramide in $S(0|0|6,8)$ liegt.

e) Am Punkt $L(0|-2|8)$ ist eine Lichtquelle. Zeichnen Sie die Lichtquelle in Ihr Koordinatensystem ein. Die Lichtquelle leuchtet in folgende Richtung: 0 Einheiten in x_1-Richtung, 1 Einheit in x_2-Richtung und $-0,5$ Einheiten in x_3-Richtung. Trifft der Lichtstrahl auf die Pyramide? Falls ja, wo?

4 Pizzalieferung per Drohne

Ein Pizzalieferservice hat eine Drohne zur Auslieferung von Pizzen in ländliche Gebiete. So kann sichergestellt werden, dass auch abgelegene Höfe schnell beliefert werden können. Die Position der Drohne wird in einem räumlichen Koordinatensystem durch die drei Koordinaten x_1, x_2 und x_3 festgelegt. Die Ebene, die sich zwischen der x_1- und der x_2-Achse bildet, stellt die Erdoberfläche dar. Eine Einheit entspricht 1 m. Die Drohne startet an der Pizzeria im Punkt $P_1(2|-2|0)$ zur Belieferung des Huber-Hofes. Der Flug der Drohne ändert sich in den Punkten $P_2(1|3|8)$ und $P_3(3|7|8)$. Auf dem Hof der Hubers landet die Drohne im Punkt $P_4(8|12|0)$. Zwischen diesen vier Punkten fliegt die Drohne geradlinig.

a) Berechnen Sie, wie weit das Ziel vom Startplatz entfernt ist. ▶ Seite 333
b) Berechnen Sie die Gesamtstrecke, die die Drohne bei ihrem Flug in der Luft zurücklegt. ▶ Seite 333
c) Finden Sie durch geeignete Mittel heraus (digitales mathematisches Werkzeug, Versuchsanordnung mit Objekten im Raum o. Ä.), ob die Drohne beim Flug von Punkt P_2 zu P_3 einen Augenzeugen des Fluges im Punkt $Q(3|7|0)$ am Boden überquert.

5 Projektvorschläge

5.1 Vektorgeometrie

Punkte im Raum

Für die Darstellung von Punkten im Raum benötigen wir ein dreidimensionales Koordinatensystem. Dazu wird das zweidimensionale Koordinatensystem um eine dritte Achse erweitert.

Koordinatendarstellung von Punkten im Raum

Beschreiben Sie, wie Punkte im Raum durch Koordinaten dargestellt werden können.

In einem rechtwinkligen **dreidimensionalen Koordinatensystem** beschreiben wir die Lage eines Punktes durch Angabe seiner Koordinaten p_1, p_2, p_3. Die Schreibweise ist das Zahlentripel $P(p_1|p_2|p_3)$.
Für die Darstellung auf Papier zeichnen wir die x_2-Achse als Horizontale und die x_3-Achse als Vertikale. Die x_1-Achse bildet *in der Zeichnung* einen Winkel von 135° zur x_2-Achse.
Bei folgender Achseneinteilung erscheint ein Körper im Koordinatensystem unserem Auge natürlich: Wenn auf kariertem Papier die Einheit auf der x_2-Achse und x_3-Achse jeweils 1 cm ist, wird als Einheit auf der x_1-Achse eine Kästchendiagonale gewählt, also $\sqrt{2} \cdot \frac{1}{2} \approx 0{,}71$ cm.

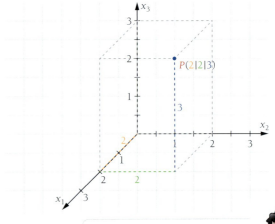

Für die räumliche Vorstellung zeichne ich die Pfade zu den Punkten ein.

Koordinaten im Raum

Für einen Architekturwettbewerb hat Theo folgende Skizze eines Gebäudes eingereicht, in der einige Kantenlängen gegeben sind. Zusätzlich ist bereits ein dreidimensionales Koordinatensystem eingezeichnet. Bestimmen Sie die Koordinaten der Punkte A und B.

Zum Punkt A gelangen wir, indem wir 30 Einheiten in x_1-Richtung, 20 Einheiten in x_3-Richtung und 20 Einheiten in x_2-Richtung gehen.
Wir erhalten also $A(30|20|20)$.

Zum Punkt B gelangen wir, indem wir 25 Einheiten in x_2-Richtung, 10 Einheiten in x_1-Richtung und 15 Einheiten in x_3-Richtung gehen.
Wir erhalten $B(10|25|15)$.

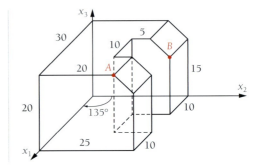

Im **dreidimensionalen Koordinatensystem** zeichnet man die x_2-Achse als Horizontale und die x_3-Achse als Vertikale ein. Die x_1-Achse bildet in der Zeichnung einen Winkel von 135° zur x_2-Achse.

Gegeben sind die Punkte $A(3|4|6)$, $B(2|8|3)$, $C(2|1|-5)$ und $D(0|0|0)$. Zeichnen Sie das Dreieck ABC sowie das Viereck $ABCD$ in ein dreidimensionales Koordinatensystem.

Abstand zwischen zwei Punkten

Tragen Sie die Punkte $A(4|3|0)$, $B(4|3|3)$ und $C(4|0|3)$ in ein Koordinatensystem ein. Bestimmen Sie die Abstände zwischen je zwei Punkten.

Die Punkte A und B unterscheiden sich nur in der x_3-Koordinate. Somit gibt diese den Abstand zwischen den Punkten an. Die Punkte liegen im Koordinatensystem im Abstand von 3 Einheiten senkrecht übereinander. Man schreibt $d(A;B) = 3$.

Die Punkte B und C unterscheiden sich nur in der x_2-Koordinate. Der Abstand zwischen B und C beträgt 3 Einheiten. Somit ist $d(B;C) = 3$.

Allgemein berechnet man den Abstand zwischen zwei Punkten $A(a_1|a_2|a_3)$ und $B(b_1|b_2|b_3)$ mithilfe der Formel:
$d(A;B) = \sqrt{(b_1 - a_1)^2 + (b_2 - a_2)^2 + (b_3 - a_3)^2}$

▶ Diese Formel basiert auf der zweifachen Anwendung des Satzes von Pythagoras.

Daraus ergibt sich für den Abstand von A und C:
$d(A;C) = \sqrt{(4 - 4)^2 + (0 - 3)^2 + (3 - 0)^2}$
$= \sqrt{18} \approx 4{,}24$

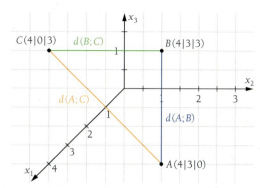

▶ In einem zweidimensionalen Koordinatensystem lautet die Formel: $d(A;B) = \sqrt{(b_1 - a_1)^2 + (b_2 - a_2)^2}$

Auch $d(A;B)$ und $d(B;C)$ lassen sich mithilfe der Formel berechnen.

Zwei Punkte $A(a_1|a_2|a_3)$ und $B(b_1|b_2|b_3)$ haben im Raum den **Abstand** $d(A;B)$ mit:
$d(A;B) = \sqrt{(b_1 - a_1)^2 + (b_2 - a_2)^2 + (b_3 - a_3)^2}$

---

1. Zeichnen Sie das Viereck $ABCD$ mit $A(1|1|0)$, $B(1|4|0)$, $C(0|1|3)$ und $D(0|4|3)$ in ein Koordinatensystem und bestimmen Sie die Längen der Viereckseiten.

2. Gegeben ist die Skizze des Gebäudes aus Beispiel 2.

   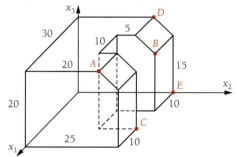

   a) Berechnen Sie die Koordinaten der angegebenen Punkte C, D und E.
   b) Berechnen Sie die Längen der Strecken $\overline{AB}$, $\overline{CE}$ und $\overline{AD}$.

3. Die folgende Skizze einer Pyramide möchte Theo am Computer vergrößern.

   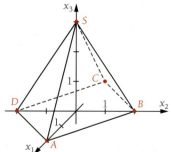

   a) Bestimmen Sie die Koordinaten der fünf Eckpunkte. Berechnen Sie alle Kantenlängen.
   b) Vergrößern Sie die Pyramide im Maßstab 2:1 und geben Sie die Koordinaten der neuen Eckpunkte an.

5 Projektvorschläge

Der Vektorbegriff

Wie Wegweiser zeigen uns Vektoren die Richtung und die Entfernung zum Ziel an. Die Strecke, die ein Wegweiser markiert, ist durch ihre Länge, ihre Richtung und ihre Orientierung eindeutig festgelegt.
Im Alltag werden vor allem technische und physikalische Größen durch Vektoren dargestellt, aber auch viele Grafik- oder Bildbearbeitungsprogramme arbeiten mit Vektoren.

4 Vektoren

Das Dreieck ABC mit $A(4|3|0)$, $B(4|3|3)$ und $C(4|0|3)$ wird parallel verschoben, sodass der Bildpunkt A' die Koordinaten $A'(0|3|0)$ hat. Beschreiben Sie diese Verschiebung.

Die Verschiebung des Dreiecks lässt sich mithilfe der roten Pfeile beschreiben.
- Die roten Pfeile haben die gleiche **Länge**.
- Die roten Pfeile sind parallel, haben also die gleiche **Richtung**.
- Da alle roten Pfeile mit der Spitze nach rechts zeigen, haben sie dieselbe **Orientierung**.

Daher reicht ein einzelner der Pfeile $\overrightarrow{AA'}$, $\overrightarrow{BB'}$ und $\overrightarrow{CC'}$ aus, um die Verschiebung darzustellen.

Die Menge aller Pfeile gleicher Länge, gleicher Richtung und gleicher Orientierung bezeichnet man als **Vektor**. Ein einzelner Pfeil aus dieser Menge heißt **Repräsentant** des Vektors.

Vektoren werden in der Regel mit Kleinbuchstaben und einem Pfeil bezeichnet.

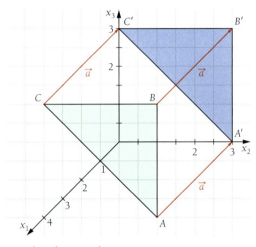

▶ $\overrightarrow{AA'}$, $\overrightarrow{BB'}$ und $\overrightarrow{CC'}$ sind Repräsentanten von $\vec{a}$.

5 Koordinaten eines Vektors

Beschreiben Sie die Verschiebung aus Beispiel 4, indem Sie die Koordinaten des Vektors $\vec{a}$ angeben.

Der Vektor $\vec{a}$ beschreibt die Verschiebung des Punktes A um -4 Einheiten in x_1-Richtung, 0 Einheiten in x_2-Richtung und 0 Einheiten in x_3-Richtung. Diese Angaben beschreiben die Verschiebung vollständig. Die drei Werte heißen **Koordinaten** des Vektors $\vec{a}$. Sie werden als Zahlentripel in einer Spalte zusammengefasst:
Der Vektor $\vec{a}$ lautet $\vec{a} = \begin{pmatrix} -4 \\ 0 \\ 0 \end{pmatrix}$.

$$\vec{a} = \overrightarrow{AA'} = \begin{pmatrix} 0-4 \\ 3-3 \\ 0-0 \end{pmatrix} = \begin{pmatrix} -4 \\ 0 \\ 0 \end{pmatrix}$$

- Ein **Vektor** $\vec{a}$ ist die Menge aller Pfeile mit gleicher Länge, gleicher Orientierung und gleicher Richtung.
- Jeder Vektor $\vec{a}$ kann durch einen frei verschiebbaren Pfeil repräsentiert werden. Für einen Pfeil vom Punkt A zum Punkt B wird die Schreibweise $\overrightarrow{AB}$ verwendet.

Ortsvektor

Bestimmen Sie den Vektor, der durch den Pfeil vom Ursprung zum Punkt $P(2|5|3)$ gegeben ist.

Wir wählen als Repräsentanten des gesuchten Vektors den Pfeil, der vom Koordinatenursprung aus zum Punkt P geht. Ein solcher Vektor heißt **Ortsvektor** $\vec{p}$ **zum Punkt P**.

Wir bestimmen die Koordinaten des Vektors $\vec{p}$:
$$\vec{p} = \overrightarrow{OP} = \begin{pmatrix} 2-0 \\ 5-0 \\ 3-0 \end{pmatrix} = \begin{pmatrix} 2 \\ 5 \\ 3 \end{pmatrix}$$
Die Koordinaten des Ortsvektors $\vec{p}$ entsprechen den Koordinaten des Punktes P.

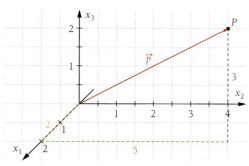

Länge eines Vektors

Die Länge des Vektors $\vec{p}$ nennt man auch den **Betrag** von $\vec{p}$ und schreibt dafür $|\vec{p}|$.

Wir zeichnen die Hilfslinie d in die Zeichnung ein und markieren die rechten Winkel.

Nach dem Satz des Pythagoras gelten:
$|\vec{p}|^2 = d^2 + 3^2$ und $d^2 = 2^2 + 5^2$

Daraus ergibt sich für die Länge des Vektors $\vec{p}$
$$|\vec{p}| = \sqrt{d^2 + 3^2}$$
$$= \sqrt{2^2 + 5^2 + 3^2} = \sqrt{38} \approx 6{,}16$$

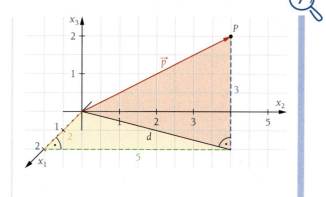

Auf die gleiche Weise wie in Beispiel 7 lässt sich die Länge eine beliebigen Vektors $\vec{a} = \begin{pmatrix} a_1 \\ a_2 \\ a_3 \end{pmatrix}$ mithilfe der folgenden Formel bestimmen:
$$|\vec{a}| = \left| \begin{pmatrix} a_1 \\ a_2 \\ a_3 \end{pmatrix} \right| = \sqrt{a_1^2 + a_2^2 + a_3^2}$$

> - Ein Vektor $\vec{a}$, der repräsentiert wird durch einen Pfeil vom Ursprung O des Koordinatensystems zum Punkt A, heißt **Ortsvektor** von A. Er hat dieselben Koordinaten wie der Punkt A.
> - Der **Betrag** $|\vec{a}|$ eines Vektors gibt die Länge der zugehörigen Pfeile an.
> $$|\vec{a}| = \left| \begin{pmatrix} a_1 \\ a_2 \\ a_3 \end{pmatrix} \right| = \sqrt{a_1^2 + a_2^2 + a_3^2}$$

Vektoren haben beliebig viele Koordinaten: im Raum immer drei, in der Ebene immer zwei.

Gegeben sind die Punkte $A(-2|1)$, $B(1|-1)$, $C(2|4)$, $D(5|2)$, $O(0|0)$ und $P(3|-2)$.
a) Zeigen Sie durch Bestimmung der Vektorkoordinaten, dass die Pfeile $\overrightarrow{AB}$, $\overrightarrow{CD}$ und $\overrightarrow{OP}$ alle denselben Vektor $\vec{a}$ repräsentieren.
b) Berechnen Sie die Länge des Vektors $\vec{a}$.

5 Projektvorschläge

8 Abstand zwischen zwei Punkten

Bestimmen Sie den Abstand zwischen den Punkten $A(3|1|-5)$ und $B(7|-2|-5)$ mithilfe eines Vektors.

Der Vektor $\overrightarrow{AB} = \begin{pmatrix} 4 \\ -3 \\ 0 \end{pmatrix}$ verbindet die Punkte A und B.

$\overrightarrow{AB} = \begin{pmatrix} 7-3 \\ -2-1 \\ -5-(-5) \end{pmatrix} = \begin{pmatrix} 4 \\ -3 \\ 0 \end{pmatrix}$

Wir bestimmen den Abstand von A und B als Länge des Vektors $\overrightarrow{AB}$ und erhalten $|\overrightarrow{AB}| = 5$. Der Abstand der beiden Punkte beträgt also 5 Einheiten.

$|\overrightarrow{AB}| = \left|\begin{pmatrix} 4 \\ -3 \\ 0 \end{pmatrix}\right|$

$= \sqrt{4^2 + (-3)^2 + 0^2} = \sqrt{25} = 5$

Rechnen mit Vektoren

9 Addition von Vektoren

Stellen Sie die Summe der Vektoren $\vec{a} = \begin{pmatrix} 1 \\ 2 \end{pmatrix}$ und $\vec{b} = \begin{pmatrix} 4 \\ 1 \end{pmatrix}$ grafisch dar.

Wir addieren die beiden Vektoren, indem wir ihre Koordinaten addieren:

$\begin{pmatrix} 1 \\ 2 \end{pmatrix} + \begin{pmatrix} 4 \\ 1 \end{pmatrix} = \begin{pmatrix} 1+4 \\ 2+1 \end{pmatrix} = \begin{pmatrix} 5 \\ 3 \end{pmatrix}$

Die Addition stellt eine Hintereinanderausführung von Verschiebungen dar, die entlang der Vektoren verlaufen. Ein Punkt wird also zuerst um den Vektor $\vec{a}$ und anschließend um den Vektor $\vec{b}$ verschoben (oder umgekehrt).

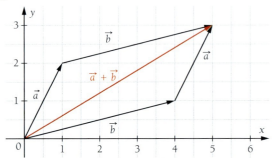

10 Subtraktion von Vektoren

Stellen Sie die Differenz der Vektoren $\vec{a} = \begin{pmatrix} 1 \\ 2 \end{pmatrix}$ und $\vec{b} = \begin{pmatrix} 4 \\ 1 \end{pmatrix}$ grafisch dar.

Wir subtrahieren den Vektor $\vec{b}$ vom Vektor $\vec{a}$, indem wir den Gegenvektor $-\vec{b}$ zu $\vec{a}$ addieren:

$\begin{pmatrix} 1 \\ 2 \end{pmatrix} - \begin{pmatrix} 4 \\ 1 \end{pmatrix} = \begin{pmatrix} 1 \\ 2 \end{pmatrix} + \begin{pmatrix} -4 \\ -1 \end{pmatrix} = \begin{pmatrix} 1-4 \\ 2-1 \end{pmatrix} = \begin{pmatrix} -3 \\ 1 \end{pmatrix}$

Der **Gegenvektor** $-\vec{b}$ hat die gleiche Länge und die gleiche Richtung wie der Vektor $\vec{b}$, aber eine entgegengesetzte Orientierung.
Somit stellt die Subtraktion ebenfalls eine Hintereinanderausführung von Verschiebungen dar.

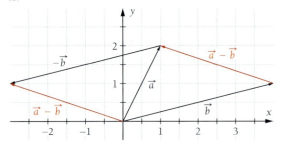

Addition und **Subtraktion** von Vektoren entsprechen der Hintereinanderausführung von Verschiebungen entlang der Vektoren.

Gegeben sind die Vektoren $\vec{a} = \begin{pmatrix} 2 \\ -2 \\ 1 \end{pmatrix}$ und $\vec{b} = \begin{pmatrix} 1 \\ 0 \\ 1 \end{pmatrix}$.

Berechnen Sie die Summe und die Differenz der beiden Vektoren.

5.1 Vektorgeometrie

Vielfache eines Vektors – Skalarmultiplikation

Stellen Sie die Multiplikation des Vektors $\vec{a} = \begin{pmatrix} 1 \\ 2{,}5 \\ 1{,}5 \end{pmatrix}$ mit dem Faktor 2 bzw. dem Faktor −0,5 grafisch dar.

Multiplizieren wir den Vektor $\vec{a}$ mit dem Faktor 2, so ist das Ergebnis ein Vektor doppelter Länge:

$2 \cdot \vec{a} = 2 \cdot \begin{pmatrix} 1 \\ 2{,}5 \\ 1{,}5 \end{pmatrix} = \begin{pmatrix} 2 \cdot 1 \\ 2 \cdot 2{,}5 \\ 2 \cdot 1{,}5 \end{pmatrix} = \begin{pmatrix} 2 \\ 5 \\ 3 \end{pmatrix}$

Multiplizieren wir den Vektor $\vec{a}$ mit dem Faktor −0,5, so ist das Ergebnis ein Vektor halber Länge:

$-0{,}5 \cdot \vec{a} = -0{,}5 \cdot \begin{pmatrix} 1 \\ 2{,}5 \\ 1{,}5 \end{pmatrix} = \begin{pmatrix} -0{,}5 \cdot 1 \\ -0{,}5 \cdot 2{,}5 \\ -0{,}5 \cdot 1{,}5 \end{pmatrix} = \begin{pmatrix} -0{,}5 \\ -1{,}25 \\ -0{,}75 \end{pmatrix}$

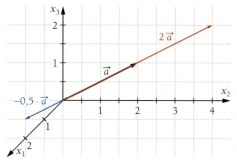

Durch die **Skalarmultiplikation** mit einer reellen Zahl r ändert sich die Länge des Vektors. Ist r negativ, so ändert sich zusätzlich die Orientierung des Vektors.

Vektorzug

Gegeben sind die dargestellten Vektoren $\vec{u}, \vec{v}, \vec{w}$. Bestimmen Sie rechnerisch und zeichnerisch den Vektor $\vec{x} = \vec{u} + \vec{v} + 2\vec{w}$.

Die Vektoren liegen in der Ebene, haben also jeweils zwei Koordinaten, die wir ablesen:

$\vec{u} = \begin{pmatrix} 2 \\ 1 \end{pmatrix}, \vec{v} = \begin{pmatrix} 2 \\ 0 \end{pmatrix}, \vec{w} = \begin{pmatrix} 1 \\ -1 \end{pmatrix}$

Wir berechnen den Vektor $\vec{x}$:

$\vec{x} = \begin{pmatrix} 2 \\ 1 \end{pmatrix} + \begin{pmatrix} 2 \\ 0 \end{pmatrix} + 2 \cdot \begin{pmatrix} 1 \\ -1 \end{pmatrix} = \begin{pmatrix} 6 \\ -1 \end{pmatrix}$

Zeichnerisch lösen wir die Aufgabe, indem wir die Vektoren $\vec{u}, \vec{v}$ und $2\vec{w}$ aneinandersetzen. Dabei verdoppeln wir die Länge des Vektors $\vec{w}$. Es entsteht ein **Vektorzug**. Die Vektoren werden wie die Waggons eines Zuges aneinandergereiht. Der gesuchte Vektor $\vec{x}$ führt vom Anfang zum Ende des Vektorzugs, d. h. vom Anfangspunkt des ersten Pfeils zur Spitze des letzten. Der Vektor $\vec{x}$ bewirkt die gleiche Verschiebung wie die drei Vektoren $\vec{u}, \vec{v}$ und $2\vec{w}$ zusammen.

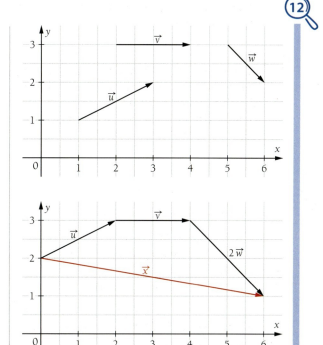

- Die **Skalarmultiplikation** mit einer reellen Zahl r ($|r| \neq 1$) ändert die Länge eines Vektors.
- Ein **Vektorzug** entspricht der Aneinanderreihung mehrerer Vektoren bzw. ihrer Vielfachen.

Gegeben sind die Vektoren $\vec{a} = \begin{pmatrix} 2 \\ -2 \\ 1 \end{pmatrix}$ und $\vec{b} = \begin{pmatrix} 1 \\ 0 \\ 1 \end{pmatrix}$.

a) Multiplizieren Sie die beiden Vektoren jeweils mit dem Faktor 2.
b) Bestimmen Sie sowohl rechnerisch als auch zeichnerisch den Vektor $\vec{c} = 2\vec{a} + \vec{b}$.
c) Zeigen Sie, dass folgende Regeln gelten: $\vec{a} + \vec{0} = \vec{a}$ und $r \cdot (\vec{a} + \vec{b}) = r \cdot \vec{a} + r \cdot \vec{b}$ für $r \in \mathbb{R}$.

5 Projektvorschläge

Skalarprodukt

Nachdem wir auf der vorhergehenden Doppelseite die Rechenoperationen Addition, Subtraktion und Skalarmultiplikation geometrisch gedeutet haben, widmen wir uns nun dem Skalarprodukt zweier Vektoren.

 Skalarprodukt

Berechnen Sie das Skalarprodukt $\vec{a} \cdot \vec{b}$ der Vektoren $\vec{a} = \begin{pmatrix} 2 \\ -2 \\ 3 \end{pmatrix}$ und $\vec{b} = \begin{pmatrix} 1 \\ 0 \\ -1 \end{pmatrix}$.

Wir berechnen das Skalarprodukt, indem wir die Koordinaten der beiden Vektoren koordinatenweise multiplizieren und die drei Produkte addieren. Das Skalarprodukt ist eine reelle Zahl.

$$\vec{a} \cdot \vec{b} = \begin{pmatrix} 2 \\ -2 \\ 3 \end{pmatrix} \cdot \begin{pmatrix} 1 \\ 0 \\ -1 \end{pmatrix}$$
$$= 2 \cdot 1 + (-2) \cdot 0 + 3 \cdot (-1) = -1$$

Wir beweisen den folgenden geometrischen Zusammenhang: Zwei Vektoren $\vec{a} = \begin{pmatrix} a_1 \\ a_2 \end{pmatrix}$ und $\vec{b} = \begin{pmatrix} b_1 \\ b_2 \end{pmatrix}$ sind genau dann orthogonal, wenn ihr Skalarprodukt null ergibt. Kurz:

$\vec{a} \perp \vec{b} \Leftrightarrow \vec{a} \cdot \vec{b} = 0$

Wir betrachten ein Dreieck OAB, welches einen rechten Winkel bei O aufweist. Nach dem Satz des Pythagoras gilt:

$|\vec{a}|^2 + |\vec{b}|^2 = |\vec{c}|^2$ bzw. $|\vec{a}|^2 + |\vec{b}|^2 = |\vec{a} - \vec{b}|^2$

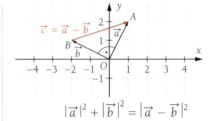

Wir wenden die Definition des Betrags an.

$|\vec{a}|^2 + |\vec{b}|^2 = |\vec{a} - \vec{b}|^2$

Wir lösen die Klammern auf der rechten Seite mit der 2. binomischen Formel auf.

$\Leftrightarrow a_1^2 + a_2^2 + b_1^2 + b_2^2 = (a_1 - b_1)^2 + (a_2 - b_2)^2$.

$\Leftrightarrow a_1^2 + a_2^2 + b_1^2 + b_2^2$
$\quad = a_1^2 - 2a_1b_1 + b_1^2 + a_2^2 - 2a_2b_2 + b_2^2$

Dann sortieren wir die rechte Seite der Gleichung um.

So ist ersichtlich, dass die vier Summanden der linken Seite auch auf der rechten Seite stehen, bei Subtraktion auf beiden Seiten also entfallen.

$\Leftrightarrow a_1^2 + a_2^2 + b_1^2 + b_2^2$
$\quad = a_1^2 + a_2^2 + b_1^2 + b_2^2 - 2a_1b_1 - 2a_2b_2$

Wir klammern auf der rechten Seite der Gleichung den Faktor −2 aus.

$\Leftrightarrow 0 = -2a_1b_1 - 2a_2b_2$

$\Leftrightarrow 0 = -2(a_1b_1 + a_2b_2)$

Wir teilen durch den Faktor −2 und erkennen, dass das Skalarprodukt von $\vec{a}$ und $\vec{b}$ tatsächlich 0 ergibt.

$\Leftrightarrow 0 = a_1b_1 + a_2b_2$

$\Leftrightarrow 0 = \vec{a} \cdot \vec{b}$

Da alle Gleichungen dieser Rechnung äquivalent sind, ergibt sich $\vec{a} \perp \vec{b} \Leftrightarrow \vec{a} \cdot \vec{b} = 0$.

Der Beweis lässt sich auf Vektoren beliebiger Dimension übertragen, sodass wir den Zusammenhang $\vec{a} \perp \vec{b} \Leftrightarrow \vec{a} \cdot \vec{b} = 0$ auch für Vektoren im Raum nutzen können. ▶ Seite 343, Aufgabe 14

 Orthogonale Vektoren

Weisen Sie nach, dass die Vektoren $\vec{a} = \begin{pmatrix} 0 \\ 0 \\ 2 \end{pmatrix}$ und $\vec{b} = \begin{pmatrix} 3 \\ 4 \\ 0 \end{pmatrix}$ orthogonal sind.

- Wir erbringen den Nachweis auf zwei Arten. Zunächst zeigen wir mit dem Satz des Pythagoras, dass das von den beiden Vektoren aufgespannte Dreieck OAB rechtwinklig ist. Zudem wenden wir den im Vorfeld bewiesenen Satz an.

5.1 Vektorgeometrie

Die Seiten des Dreiecks OAB werden durch die folgenden Vektoren beschrieben:
$\vec{a} = \begin{pmatrix} 0 \\ 0 \\ 2 \end{pmatrix}$, $\vec{b} = \begin{pmatrix} 3 \\ 4 \\ 0 \end{pmatrix}$, $\vec{a} - \vec{b} = \begin{pmatrix} -3 \\ -4 \\ 2 \end{pmatrix}$

Die Längen dieser drei Vektoren erfüllen den Satz des Pythagoras:
$|\vec{a}|^2 + |\vec{b}|^2 = 2^2 + 5^2 = 29 = |\vec{a} - \vec{b}|^2$

Also liegt zwischen $\vec{a}$ und $\vec{b}$ ein rechter Winkel vor.

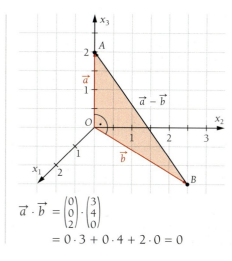

Wir berechnen das Skalarprodukt $\vec{a} \cdot \vec{b}$. Da sich 0 ergibt, sehen wir, dass die beiden Vektoren $\vec{a}$ und $\vec{b}$ im rechten Winkel zueinander stehen.

$\vec{a} \cdot \vec{b} = \begin{pmatrix} 0 \\ 0 \\ 2 \end{pmatrix} \cdot \begin{pmatrix} 3 \\ 4 \\ 0 \end{pmatrix}$
$= 0 \cdot 3 + 0 \cdot 4 + 2 \cdot 0 = 0$

Mithilfe des Skalarprodukts zweier Vektoren $\vec{a}$ und $\vec{b}$ kann der Winkel α zwischen beiden Vektoren berechnet werden. Es gilt folgender Zusammenhang: $\vec{a} \cdot \vec{b} = |\vec{a}| \cdot |\vec{b}| \cdot \cos(\alpha)$.
Die Herleitung dieser Formel basiert auf der Anwendung des sogenannten Kosinussatzes. Auf weitere Ausführungen verzichten wir an dieser Stelle.

Winkel zwischen zwei Vektoren

Berechnen Sie die Größe des Winkels α, der von den Vektoren $\vec{a} = \begin{pmatrix} 2 \\ 1 \\ 5 \end{pmatrix}$ und $\vec{b} = \begin{pmatrix} 7 \\ 5 \\ 3 \end{pmatrix}$ eingeschlossen wird.

Da die Längen beider Vektoren ungleich 0 sind, können wir die Gleichung $\vec{a} \cdot \vec{b} = |\vec{a}| \cdot |\vec{b}| \cdot \cos(\alpha)$ nach $\cos(\alpha)$ auflösen.

Wir berechnen das Skalarprodukt $\vec{a} \cdot \vec{b}$ sowie die Vektorlängen $|\vec{a}|$ und $|\vec{b}|$.

Um nun α zu berechnen, nutzen wir die Taste $\boxed{\cos^{-1}}$ des Taschenrechners. Wir erhalten als Ergebnis den Winkel $\alpha \approx 47{,}05°$.

$\vec{a} \cdot \vec{b} = |\vec{a}| \cdot |\vec{b}| \cdot \cos(\alpha)$ ▶ $\vec{a} \neq \vec{0}, \vec{b} \neq \vec{0}$

$\Leftrightarrow \cos(\alpha) = \dfrac{\vec{a} \cdot \vec{b}}{|\vec{a}| \cdot |\vec{b}|}$

$\Leftrightarrow \cos(\alpha) = \dfrac{2 \cdot 7 + 1 \cdot 5 + 5 \cdot 3}{\sqrt{2^2 + 1^2 + 5^2} \cdot \sqrt{7^2 + 5^2 + 3^2}}$

$\Leftrightarrow \cos(\alpha) = \dfrac{34}{\sqrt{2490}}$

$\Rightarrow \alpha \approx 47{,}05°$

> - Zwei Vektoren $\vec{a}$ und $\vec{b}$ sind genau dann **orthogonal** (senkrecht zueinander), wenn ihr Skalarprodukt null ergibt: $\vec{a} \cdot \vec{b} = 0$
> - Sind $\vec{a}$ und $\vec{b}$ zwei vom Nullvektor verschiedene Vektoren, dann gilt für den von ihnen eingeschlossenen **Winkel α**: $\cos(\alpha) = \dfrac{\vec{a} \cdot \vec{b}}{|\vec{a}| \cdot |\vec{b}|}$

1. Berechnen Sie das Skalarprodukt der Vektoren $\vec{a} = \begin{pmatrix} 3 \\ -2 \\ 1 \end{pmatrix}$ und $\vec{b} = \begin{pmatrix} 1 \\ 1 \\ -2 \end{pmatrix}$.

2. Zeigen Sie, dass die Vektoren $\vec{a} = \begin{pmatrix} -5 \\ 2 \\ -1 \end{pmatrix}$ und $\vec{b} = \begin{pmatrix} -1 \\ -2 \\ 1 \end{pmatrix}$ orthogonal sind.

3. Berechnen Sie die Innenwinkel des Dreiecks ABC mit $A(2|1|0)$, $B(1|4|1)$ und $C(0|3|6)$.

5 Projektvorschläge

Geraden im Raum und in der Ebene

Eine Gerade g ist durch zwei verschiedene Punkte A und B eindeutig festgelegt. Jeder weitere Punkt X auf ihr muss daher Spitze eines Vielfachen des Pfeils $\overrightarrow{AB}$ sein.

Eine Gerade g, die durch die Punkte A und B geht, ist definiert durch ihre **Punkt-Richtungs-Gleichung** $\overrightarrow{OX} = \overrightarrow{OA} + r \cdot \overrightarrow{AB}$ bzw. $\vec{x} = \vec{a} + r \cdot \vec{u}$ mit $r \in \mathbb{R}$. Der Ortsvektor $\overrightarrow{OX}$ jedes beliebigen Punktes X auf der Geraden g lässt sich also durch eine Kombination des Ortsvektors von A und des Vektors $\overrightarrow{AB}$ beschreiben. Den Vektor $\overrightarrow{OA}$ nennt man auch **Stützvektor** und den Vektor $\overrightarrow{AB}$ **Richtungsvektor**. Während der Stützvektor $\overrightarrow{OA}$ die Lage des Anfangspunktes angibt, erhält die Gerade durch den Richtungsvektor $\overrightarrow{AB}$ ihre Orientierung.

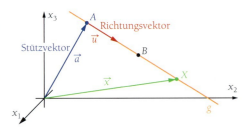

Da der Richtungsvektor $\overrightarrow{AB}$ die Differenz der beiden Ortsvektoren von A und B ist, lässt sich die Gerade g auch in der Form $\overrightarrow{OX} = \overrightarrow{OA} + r \cdot (\overrightarrow{OB} - \overrightarrow{OA})$ mit $r \in \mathbb{R}$ darstellen. Diese Form nennt man **Zwei-Punkte-Gleichung** der Geraden g. Man schreibt auch $\vec{x} = \vec{a} + r \cdot (\vec{b} - \vec{a})$.

16 Geradengleichung

Bestimmen Sie die Gleichung der Geraden g durch die Punkte $A(3|2|1)$ und $B(2|1|4)$.

Da in der Aufgabenstellung zwei Punkte gegeben sind, wenden wir die Zwei-Punkte-Gleichung an.
Als Stützvektor können wir den Ortsvektor eines der beiden Punkte verwenden. Wir entscheiden uns für den Punkt A.
Anschließend bilden wir die Differenz der Ortsvektoren A und B. Dabei müssen wir darauf achten, dass wir den Stützvektor $\vec{a}$ vom Ortsvektor $\vec{b}$ des zweiten Punktes abziehen, hier also: $\vec{b} - \vec{a}$.
Berechnen wir in der Zwei-Punkte-Gleichung die Differenz $\vec{b} - \vec{a}$, so erhalten wir den Verbindungsvektor der beiden Punkte A und B. Dies ist der Richtungsvektor $\vec{u}$ in der Punkt-Richtungs-Gleichung der Geraden.

Zwei-Punkte-Gleichung

$g: \vec{x} = \vec{a} + r \cdot (\vec{b} - \vec{a})$

$g: \vec{x} = \underbrace{\begin{pmatrix} 3 \\ 2 \\ 1 \end{pmatrix}}_{\text{Stützvektor}} + r \cdot \left(\begin{pmatrix} 2 \\ 1 \\ 4 \end{pmatrix} - \begin{pmatrix} 3 \\ 2 \\ 1 \end{pmatrix} \right)$

Punkt-Richtungs-Gleichung

$g: \vec{x} = \vec{a} + r \cdot \vec{u}$

$g: \vec{x} = \underbrace{\begin{pmatrix} 3 \\ 2 \\ 1 \end{pmatrix}}_{\text{Stützvektor}} + r \cdot \underbrace{\begin{pmatrix} -1 \\ -1 \\ 3 \end{pmatrix}}_{\text{Richtungsvektor}}$

17 Spurpunkt

Ermitteln Sie den Punkt S, an dem die Gerade $g: \vec{x} = \begin{pmatrix} 2 \\ -1 \\ 2 \end{pmatrix} + r \cdot \begin{pmatrix} -2 \\ 6 \\ 4 \end{pmatrix}$ die x_1x_2-Koordinatenebene durchstößt.

Da in der x_1x_2-Ebene die 3. Koordinate eines Punktes null ist, müssen wir den Skalar r so bestimmen, dass die 3. Koordinate des Ortsvektors von S gleich null ist. Es ergibt sich $r = -0{,}5$. Mit diesem Wert berechnen wir nun die beiden ersten Koordinaten von S. S hat die Koordinaten $(3|-4|0)$. Der Punkt S heißt **Spurpunkt**.

$\overrightarrow{OS} = \begin{pmatrix} 2 \\ -1 \\ 2 \end{pmatrix} + r \cdot \begin{pmatrix} -2 \\ 6 \\ 4 \end{pmatrix} = \begin{pmatrix} x_1 \\ x_2 \\ 0 \end{pmatrix}$

$\Rightarrow 2 + 4r = 0 \Leftrightarrow r = -0{,}5$

$\Rightarrow \overrightarrow{OS} = \begin{pmatrix} 2 \\ -1 \\ 2 \end{pmatrix} - 0{,}5 \cdot \begin{pmatrix} -2 \\ 6 \\ 4 \end{pmatrix} = \begin{pmatrix} 3 \\ -4 \\ 0 \end{pmatrix}$

Punktprobe

Prüfen Sie, ob die Punkte $A(0|-1|10)$ und $B(5|4|-2)$ auf der Geraden $g\colon \vec{x} = \begin{pmatrix}3\\2\\1\end{pmatrix} + r \cdot \begin{pmatrix}-1\\-1\\3\end{pmatrix}$ liegen.

Falls A ein Punkt auf der Geraden ist, muss die Gleichung
$$\vec{a} = \begin{pmatrix}3\\2\\1\end{pmatrix} + r \cdot \begin{pmatrix}-1\\-1\\3\end{pmatrix}$$
erfüllt werden, wobei $\vec{a}$ der Ortsvektor von A ist.
Diese Gleichung führt zu einem linearen Gleichungssystem mit drei Gleichungen und einer Variablen, das die Lösung $r = 3$ besitzt. Somit liegt der Punkt A auf der Geraden g.

Falls B ein Punkt der Geraden g ist, muss der Ortsvektor von B die Punkt-Richtungs-Gleichung von g erfüllen.
Diese Gleichung führt zu einem LGS mit drei Gleichungen und einer Variablen, das keine Lösung besitzt, da sich ein Widerspruch ergibt ($r = -2$ und $r = -1$). Der Punkt B liegt daher nicht auf g.

$\vec{a} = \begin{pmatrix}3\\2\\1\end{pmatrix} + r \cdot \begin{pmatrix}-1\\-1\\3\end{pmatrix}, \vec{a} = \begin{pmatrix}0\\-1\\10\end{pmatrix}$

$\Rightarrow \begin{pmatrix}0\\-1\\10\end{pmatrix} = \begin{pmatrix}3\\2\\1\end{pmatrix} + r \cdot \begin{pmatrix}-1\\-1\\3\end{pmatrix}$

(I) $0 = 3 - r \Leftrightarrow s = 3$
(II) $-1 = 2 - r \Leftrightarrow s = 3$
(III) $10 = 1 + 3r \Leftrightarrow s = 3$

$\begin{pmatrix}5\\4\\-2\end{pmatrix} = \begin{pmatrix}3\\2\\1\end{pmatrix} + r \cdot \begin{pmatrix}-1\\-1\\3\end{pmatrix}$

(I) $5 = 3 - r \Leftrightarrow r = -2$
(II) $4 = 2 - r \Leftrightarrow r = -2$
(III) $-2 = 1 + 3r \Leftrightarrow r = -1$

Geradengleichungen der Koordinatenachsen

Bestimmen Sie die Gleichung der Geraden, die jeweils eine der drei Koordinatenachsen darstellt.
Jede der drei Koordinatenachsen kann durch eine Geradengleichung ausgedrückt werden.

Hierbei stellt der Nullvektor $\vec{n} = \begin{pmatrix}0\\0\\0\end{pmatrix}$ für alle drei Achsen den Stützvektor dar. Als Richtungsvektor wählen wir jeweils den Ortsvektor eines auf der entsprechenden Koordinatenachse liegenden Punktes. Wir erkennen, dass sich die Richtungsvektoren in genau einer Koordinate unterscheiden.

x_1-Achse: $g\colon \vec{x} = \begin{pmatrix}0\\0\\0\end{pmatrix} + r \cdot \begin{pmatrix}1\\0\\0\end{pmatrix}$

x_2-Achse: $g\colon \vec{x} = \begin{pmatrix}0\\0\\0\end{pmatrix} + r \cdot \begin{pmatrix}0\\1\\0\end{pmatrix}$

x_3-Achse: $g\colon \vec{x} = \begin{pmatrix}0\\0\\0\end{pmatrix} + r \cdot \begin{pmatrix}0\\0\\1\end{pmatrix}$

Ist eine Gerade g durch zwei verschiedene Punkte A und B mit den Ortsvektoren $\vec{a}$ und $\vec{b}$ festgelegt, dann gilt für die Ortsvektoren $\vec{x}$ der Punkte von g:
- $\vec{x} = \vec{a} + r \cdot \vec{u}$ mit $\vec{u} = \vec{b} - \vec{a}$ ▶ Punkt-Richtungs-Gleichung
- $\vec{x} = \vec{a} + r \cdot (\vec{b} - \vec{a})$ ▶ Zwei-Punkte-Gleichung

Der Vektor $\vec{a}$ heißt **Stützvektor** der Geraden und der Vektor $\vec{u}$ **Richtungsvektor**.

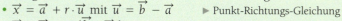

Die Gerade g geht durch die Punkte $A(1|2|-1)$ und $B(2|0|1)$.
a) Stellen Sie die Gleichung der Geraden g auf.
b) Überprüfen Sie, ob die Punkte $P(-1|2|-2)$ und $Q(3|-1|1)$ auf der Geraden g liegen.
c) Geben Sie zwei weitere Punkte an, die auf der Geraden g liegen.
d) Geben Sie den Spurpunkt der Geraden mit der x_2x_3-Koordinatenachse an.

Übungen zu 5.1

1. In der Abbildung ist eine regelmäßige Pyramide mit quadratischer Grundfläche dargestellt. Sie ist 5 LE hoch.

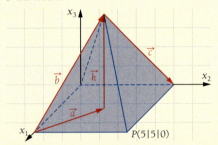

a) Bestimmen Sie die Koordinaten aller Eckpunkte.
b) Bestimmen Sie die Länge aller Kanten sowie die Grundfläche der Pyramide.
c) Geben Sie die eingezeichneten Pfeile als Spaltenvektoren an.
d) Bestimmen Sie den Winkel zwischen $\vec{a}$ und $\vec{b}$.

2. Geben Sie jeweils alle Pfeile an, die ein Repräsentant des Vektors $\vec{a}$ sind.

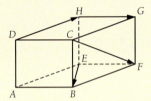

a) $\vec{a} = \overrightarrow{DH}$
b) $\vec{a} = \overrightarrow{HG}$
c) $\vec{a} = \overrightarrow{CF}$
d) $\vec{a} = \overrightarrow{EB}$

3. Der folgende Quader ist gegeben.

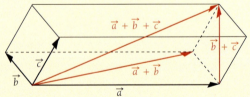

a) Begründen Sie anhand der Figur die Gültigkeit des Assoziativgesetzes der Addition für Vektoren im Raum: $(\vec{a} + \vec{b}) + \vec{c} = \vec{a} + (\vec{b} + \vec{c})$.
b) Begründen Sie grafisch die Gültigkeit des Kommutativgesetzes für die Vektoraddition: $\vec{a} + \vec{b} = \vec{b} + \vec{a}$
Fertigen Sie dazu eine zweidimensionale Skizze an.

4. Ein Quader $ABCDEFGH$ hat als Grundfläche die Punkte A, B, C und D. Gegeben seien die Punkte $A(1|2|3)$, $B(1|4|3)$, $C(-1|4|3)$ und $F(1|4|5)$. Zeichnen Sie den Quader in ein räumliches Koordinatensystem und bestimmen Sie die Koordinaten der restlichen Eckpunkte D, E, G und H.

5. Geben Sie jeweils die Koordinaten eines Punktes im Raum an, der
a) auf der x_1-Achse,
b) auf der x_3-Achse,
c) in der Ebene, die durch die x_1- und x_2-Achse aufgespannt wird,
d) in der Ebene, die durch die x_2- und x_3-Achse aufgespannt wird, liegt.

6. Berechnen Sie die Länge des Vektors.

a) $\vec{a} = \begin{pmatrix} 3 \\ 4 \\ -1 \end{pmatrix}$
b) $\vec{b} = \begin{pmatrix} -1 \\ 0 \\ 1 \end{pmatrix}$
c) $\vec{c} = \begin{pmatrix} -1 \\ -6 \\ 1 \end{pmatrix}$

7. Berechnen Sie $t \in \mathbb{R}$, sodass $\vec{a} = \begin{pmatrix} 1 \\ t \\ 2t \end{pmatrix}$ die Länge 5 hat, also: $|\vec{a}| = 5$.

8. Zeichnen Sie die Einheitsvektoren
$\vec{a} = \begin{pmatrix} 1 \\ 0 \\ 0 \end{pmatrix}; \vec{b} = \begin{pmatrix} 0 \\ 1 \\ 0 \end{pmatrix}; \vec{c} = \begin{pmatrix} 0 \\ 0 \\ 1 \end{pmatrix}$ in ein Koordinatensystem und ergänzen Sie folgende Ortsvektoren:
a) $\vec{r} = \vec{a} + \vec{b} + \vec{c}$
b) $\vec{r} = \vec{a} + 2\vec{b} + \vec{c}$
c) $\vec{r} = \vec{a} - 2\vec{b} + \vec{c}$
d) $\vec{r} = \vec{a} - \vec{b} - \vec{c}$

9. Berechnen Sie für $\vec{a} = \begin{pmatrix} 2 \\ 3 \\ 4 \end{pmatrix}$ und $\vec{b} = \begin{pmatrix} -1 \\ 5 \\ -3 \end{pmatrix}$:
a) $4\vec{a}$
b) $-2{,}25\vec{b}$
c) $\vec{a} + 3\vec{b}$
d) $2\vec{a} - \vec{b}$
e) $3\vec{a} - 2\vec{b}$
f) $-2\vec{a} - 3\vec{b}$

10. Gegeben ist das Dreieck ABC mit den Eckpunkten $A(2|-4|0)$, $B(-2|0|0)$ und $C(0|-3|2)$.
a) Stellen Sie die Seitenkanten des Dreiecks durch Vektoren dar.
b) Berechnen Sie die Länge der Seitenkanten und geben Sie den Umfang des Dreiecks an.

11. Gegeben ist das Dreieck ABC mit den Eckpunkten $A(5|1|0)$, $B(3|7|-3)$ und $C(-1|4|2)$.
a) Zeigen Sie, dass das Dreieck gleichschenklig ist.
b) Geben Sie die Koordinaten eines Punktes D an, der das Dreieck zu einem Parallelogramm ergänzt.

12. Bestimmen Sie rechnerisch und zeichnerisch die angegebenen Vektorzüge.

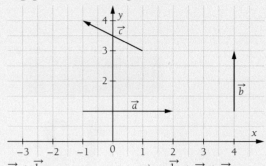

a) $\vec{a} + \vec{b}$
b) $\vec{a} + \vec{b} + \vec{c}$
c) $\vec{a} - \vec{c}$
d) $\vec{a} - \vec{b} - \vec{c}$
e) $-\vec{b} + \vec{c} + \vec{a}$
f) $2\vec{a} + \vec{b}$
g) $\vec{a} - 0{,}5\vec{b} + 3\vec{c}$
h) $2\vec{a} - 3\vec{b} + 0{,}5\vec{c}$

13. Berechnen Sie das Skalarprodukt der Vektoren $\vec{a}$ und $\vec{b}$.

a) $\vec{a} = \begin{pmatrix} 4 \\ 3 \\ -2 \end{pmatrix}$; $\vec{b} = \begin{pmatrix} 2 \\ 0 \\ 1 \end{pmatrix}$
b) $\vec{a} = \begin{pmatrix} 0 \\ 4 \\ 3 \end{pmatrix}$; $\vec{b} = \begin{pmatrix} -3 \\ 8 \\ 11 \end{pmatrix}$

14. Beweisen Sie für $\vec{a} = \begin{pmatrix} a_1 \\ a_2 \\ a_3 \end{pmatrix}$ und $\vec{b} = \begin{pmatrix} b_1 \\ b_2 \\ b_3 \end{pmatrix}$ den Zusammenhang $\vec{a} \perp \vec{b} \Leftrightarrow \vec{a} \cdot \vec{b} = 0$.

15. Untersuchen Sie, ob die beiden Vektoren orthogonal sind.

a) $\begin{pmatrix} 4 \\ 3 \\ 2 \end{pmatrix}$; $\begin{pmatrix} -2 \\ 4 \\ 2 \end{pmatrix}$
b) $\begin{pmatrix} -3 \\ 5 \\ 3 \end{pmatrix}$; $\begin{pmatrix} 6 \\ 3 \\ 1 \end{pmatrix}$
c) $\begin{pmatrix} 2 \\ 4 \\ 3 \end{pmatrix}$; $\begin{pmatrix} 4 \\ -2 \\ 0 \end{pmatrix}$

16. Berechnen Sie die Innenwinkel des Dreiecks ABC mit $A(2|1|0)$, $B(1|4|1)$ und $C(0|3|6)$.

17. Berechnen Sie die Größe des Winkels, der von den Vektoren $\vec{a}$ und $\vec{b}$ eingeschlossen wird.

a) $\vec{a} = \begin{pmatrix} 2 \\ 3 \end{pmatrix}$; $\vec{b} = \begin{pmatrix} 4 \\ 7 \end{pmatrix}$
b) $\vec{a} = \begin{pmatrix} 10 \\ 10 \\ 2 \end{pmatrix}$; $\vec{b} = \begin{pmatrix} 3 \\ 0{,}5 \\ 1 \end{pmatrix}$
c) $\vec{a} = \begin{pmatrix} -2 \\ 5 \end{pmatrix}$; $\vec{b} = \begin{pmatrix} 8 \\ -2 \end{pmatrix}$
d) $\vec{a} = \begin{pmatrix} 6 \\ 4{,}5 \\ 6 \end{pmatrix}$; $\vec{b} = \begin{pmatrix} 2 \\ -4 \\ 1 \end{pmatrix}$

18. Eine Pyramide hat als Grundfläche das Dreieck mit den Eckpunkten $A(2|2|0)$, $B(8|3|0)$ und $C(5|8|0)$ sowie die Spitze in $S(6|4|8)$.

a) Zeichnen Sie die Pyramide.
b) Geben Sie die Vektoren an, welche die Seitenkanten der Pyramide beschreiben.
c) Bestimmen Sie die Längen der Seitenkanten.
d) Bestimmen Sie die Größe der Innenwinkel der Grundfläche der Pyramide.

19. Geben Sie eine Geradengleichung in Punkt-Richtungs-Form an. Die Gerade g ist gegeben durch den Stützvektor $\vec{a}$ und den Richtungsvektor $\vec{u}$. Beschreiben Sie die Lage der Geraden im Klassenzimmer. Stellen Sie sich vor, dass die untere vordere linke Ecke des Klassenzimmers der Koordinatenursprung ist.

a) $\vec{a} = \begin{pmatrix} 2 \\ 5 \\ 3 \end{pmatrix}$; $\vec{u} = \begin{pmatrix} 0 \\ 0 \\ 3 \end{pmatrix}$
b) $\vec{a} = \begin{pmatrix} 4 \\ 3 \\ 4 \end{pmatrix}$; $\vec{u} = \begin{pmatrix} 0 \\ 1 \\ 0 \end{pmatrix}$
c) $\vec{a} = \begin{pmatrix} -2 \\ -3 \\ -2 \end{pmatrix}$; $\vec{u} = \begin{pmatrix} -2 \\ -2 \\ 0 \end{pmatrix}$

20. Geben Sie sowohl die Zwei-Punkte-Gleichung als auch die Punkt-Richtungs-Gleichung für die Gerade an, die durch die Punkte A und B geht.

a) $A(1|-3|5)$; $B(0|-2|3)$
b) $A(-2|-2|2)$; $B(3|0|-3)$
c) $A(0|0|1)$; $B(1|0|0)$

21. Bestimmen Sie eine Geradengleichung g.

a) Die Gerade g verläuft durch den Punkt $P(3|2|-6)$ und hat den Richtungsvektor $\vec{u} = \begin{pmatrix} -1 \\ 3 \\ -1 \end{pmatrix}$.
b) Die Gerade g verläuft durch $A(-3|2|-1)$ und $B(4|2|7)$.
c) Die Gerade g verläuft durch $P(0|0|0)$ und $Q(-3|3|4{,}5)$.

22. Untersuchen Sie, ob der Punkt P auf der Geraden liegt, die durch $A(2|4|-3)$ und $B(6|-8|0)$ geht.

a) $P(4|-2|-1{,}5)$ c) $P(0|10|-4{,}5)$
b) $P(-10|30|-12)$ d) $P(2{,}4|2{,}8|-2{,}7)$

23. Prüfen Sie, für welche reellen Zahlen a, b und c der Punkt P auf der Geraden durch A und B liegt.

a) $A(2|1|1)$, $B(0|1|2)$, $P(a|2|c)$
b) $A(2|1|4)$, $B(3|3|1)$, $P(a|0|c)$
c) $A(3|1|0)$, $B(2|2|1)$, $P(0|b|c)$

24. Bestimmen Sie zu den gegebenen Geraden die Spurpunkte mit der x_1x_2-Koordinatenebene und mit der x_2x_3-Koordinatenebene.

a) $g: \vec{x} = \begin{pmatrix} 3 \\ 4 \\ 3 \end{pmatrix} + s \cdot \begin{pmatrix} 2 \\ 2 \\ 2 \end{pmatrix}$
b) $g: \vec{x} = \begin{pmatrix} 1 \\ 3 \\ 3 \end{pmatrix} + s \cdot \begin{pmatrix} 8 \\ 6 \\ 3 \end{pmatrix}$
c) $g: \vec{x} = \begin{pmatrix} 0 \\ 2 \\ -4 \end{pmatrix} + s \cdot \begin{pmatrix} 0 \\ 3 \\ 1 \end{pmatrix}$

5 Projektvorschläge

5.2 Stochastik

1 Gewinnchance „1 zu ..."

„Jackpot! Gewinnchance 1:139 838 160" – so kann man es auf Werbeplakaten für das Lottospiel „6 aus 49" lesen oder im Radio hören.
Ein einfacheres Glücksspiel mit höherer Gewinnwahrscheinlichkeit wäre das Folgende: Hinter einer von drei verschlossenen Türen liegt ein Gewinn. Der Spieler hat die freie Wahl, genau eine Tür zu öffnen. Bei diesem Spiel liegt die Gewinnchance bei 1:3.

a) Beschreiben Sie weitere Glücksspiele und geben Sie die Gewinnwahrscheinlichkeiten an.
b) Früher wurde mit dem Slogan „es trifft mehr als man denkt" für das Lottospielen geworben. Stellen Sie die Chance auf den Jackpot und den Slogan gegenüber.
c) Mona sagt: „Ich spiele jede Woche mit neuen Zahlen um meine Chancen zu verbessern." Fabian sagt: „Wenn man die Zahlen der Vorwoche tippt, sind die Chancen größer."
Nehmen Sie Stellung zu diesen beiden Aussagen.
d) Wie verändern sich die Gewinnchancen, wenn mehr Menschen Lotto spielen: Ist es ratsam zu spielen, wenn viele Mitspieler dabei sind (häufig bei einem großen Jackpot) oder wenn wenige Leute spielen?

2 Zweite Wahl

Bei der Handyproduktion wird auf beste Verarbeitungsqualität geachtet. Dennoch kommt es hin und wieder zu Produktionsfehlern. Etwa 1 % aller Handys haben einen produktionsbedingten Fehler, sodass sie nicht mehr als einwandfrei betrachtet werden können.

a) Ein Elektrohändler kauft 50 Handys. Wenn er auf eine Qualitätsgarantie durch den Hersteller verzichtet, kann er im Einkauf Geld sparen.
Beurteilen Sie, ob dieses Vorgehen sinnvoll ist.
b) Einem größeren Händler werden zu einem günstigen Preis 1000 zunächst aussortierte Handys mit kleineren Fehlern angeboten. Etwa 5 % der Handys haben Kratzer am Gehäuse, 2 % haben einen leichten Farbfehler im Display. Die Fehler treten unabhängig voneinander auf. Bei Kratzern am Gehäuse möchte der Händler 20 € vom Normalpreis nachlassen, bei Displayfehlern 30 € und bei beiden Fehlern 40 €. Wie viel Nachlass muss der Händler beim Einkauf mindestens heraushandeln, damit sich das Geschäft für ihn lohnt? Dabei geht er davon aus, alle Handys verkaufen zu können.

5.2 Stochastik

3 Poker – Vorhersage der Siegchance

Beim Poker wird mit dem abgebildeten Kartensatz gespielt, dem sogenannten Deck.
a) Informieren Sie sich über die Wertigkeit der Kartenkombinationen, die man am Ende „auf der Hand" haben kann.
b) Begründen Sie, weshalb ein Drilling ein besseres Blatt als ein Zwilling ist.

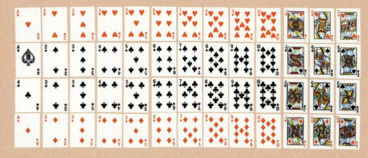

2009 wurde im Fernsehen ein aufsehenerregendes Pokerspiel in der Spielvariante „Texas Hold'em" übertragen, bei dem letztendlich in einer Runde um insgesamt 1,1 Million US-Dollar gespielt wurde.

Die Ausgangssituation für die beiden Spieler Phil Ivey und Tom Dwan sah wie folgt aus:

Der „Flop" enthielt die abgebildeten drei Karten, die für beide Spieler als Ergänzung zu ihren eigenen Karten nutzbar sind. Im Verlauf des weiteren Spiels werden noch zwei weitere Gemeinschaftskarten aufgedeckt.

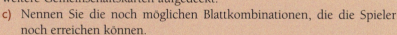

c) Nennen Sie die noch möglichen Blattkombinationen, die die Spieler noch erreichen können.
d) Während der Übertragung wurden die Gewinnchancen eingeblendet:
   Ivey: 63 % und Dwan: 37 %
   Begründen Sie, weshalb Iveys Chancen deutlich höher sind.
e) Überlegen Sie, warum Dwan noch weiterspielt, obwohl seine Chancen im Vergleich zu Ivey so schlecht sind.
f) Welche Informationen sind zur Berechnung dieser Gewinnchancen notwendig?

4 KfZ-Versicherung – Ein Spiel mit vielen Variablen

Frau Kessler ist von Heilbronn-Stadt in den Landkreis Ludwigsburg gezogen. Nachdem sie ihr Auto umgemeldet hat, erhält sie von ihrer Versicherung eine neue günstigere Beitragsrechnung.

a) Der Grund für die Beitragssenkung bei Frau Kessler ist eine veränderte Regionalklasse. Begründen Sie, weshalb die Versicherung ihre Konditionen aufgrund des Wohnorts anpasst.
b) Beim Abschluss einer Kfz-Versicherung müssen sehr viele Angaben zum Auto und zum Fahrer gemacht werden, von denen viele einen Einfluss auf den Versicherungsbetrag haben. Nennen Sie mögliche Einflussfaktoren auf die Versicherungssumme.

Eine Versicherung kalkuliert damit, dass 70 % ihrer Kunden keine Kosten verursacht, 22 % verursachen kleine Schäden bis maximal 1500 €, 6 % verursachen Kosten von bis zu 8000 € und die verbleibenden Kunden verursachen Kosten von durchschnittlich 60 000 €.

c) Berechnen Sie den Versicherungsbetrag pro Kunde, wenn man davon ausgeht, dass in den genannten Schadensklassen die Höchstsummen erreicht werden und jeder Kunde gleich viel bezahlen müsste.
d) Schlagen Sie eine Beitragsstaffelung für ein Versicherungsjahr vor, die Schadenfreiheit im Vorjahr begünstigt.

5 Projektvorschläge

5.2 Stochastik

Die Stochastik ist die „Kunst des Vermutens". Die Wahrscheinlichkeitsrechnung als Bestandteil der Stochastik hat sich im 17. Jahrhundert aus der Untersuchung von Glücksspielen entwickelt.
Ziel der Wahrscheinlichkeitsrechnung ist es, Vermutungen über das Eintreten zukünftiger Ereignisse zu stützen und ihr Risiko einzuschätzen.

Zufallsexperiment, Ergebnisse und Ereignisse

Es gibt Experimente, bei denen man den Ausgang vorhersagen kann, z.B. schwappt ein 1-Liter-Gefäß über, wenn wir 2 Liter hineingießen. Bei vielen Experimenten oder Versuchen aber ist der Ausgang vom Zufall abhängig. Ein solches Experiment, dessen Ausgang nicht vorhersagbar ist, heißt **Zufallsexperiment**. Glücksspiele werden als Zufallsexperimente aufgefasst, aber auch die Wirksamkeiten von Medikamenten oder Entscheidungen von Personen können als Zufallsexperimente angesehen werden.

Jeder mögliche Ausgang eines Zufallsexperiments heißt **Ergebnis**.
Die Zusammenfassung aller möglichen Ergebnisse eines Zufallsexperiments in einer Menge ergibt die **Ergebnismenge** Ω (sprich: „Omega").

  Einfacher Münzwurf

Beschreiben Sie das Zufallsexperiment „einmaliges Werfen einer Münze" und geben Sie die Ergebnismenge an.

Bei einer **idealen Münze** gibt es keine Unregelmäßigkeiten für die Ergebnisse des Münzwurfs: Sie zeigt genauso häufig Kopf (K) wie Zahl (Z).

Kopf (K)   Zahl (Z)

Die zwei möglichen Ergebnisse K und Z werden in der Ergebnismenge Ω aufgelistet.

Ergebnismenge: $\Omega = \{K; Z\}$

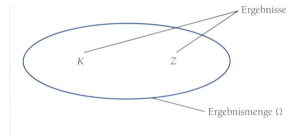

1. Geben Sie die Ergebnismenge für das einmalige Drehen des Glücksrades an.

2. In einer Urne befinden sich nummerierte Kugeln von 0 bis 10. Geben Sie die Anzahl der Elemente der Ergebnismenge an.

3. Geben Sie ein Beispiel für ein mögliches Zufallsexperiment an, das die Ergebnismenge $\Omega = \{1; 2; 3; 4; 5; 6\}$ liefert.

4. Nennen Sie drei weitere Zufallsexperimente und geben Sie jeweils die zugehörige Ergebnismenge an.

5.2 Stochastik

Das einmalige Werfen einer Münze ist ein **einstufiges Zufallsexperiment**. Wird ein Zufallsexperiment mehrfach wiederholt oder werden verschiedene Zufallsexperimente hintereinander ausgeführt, spricht man von einem **mehrstufigen Zufallsexperiment**.
Mehrstufige Zufallsexperimente können in einem **Baumdiagramm** veranschaulicht werden.

Zweifacher Münzwurf

Stellen Sie ein Baumdiagramm für das zweimalige Werfen einer Münze auf. Geben Sie die Ergebnismenge an.

Beim ersten Wurf (1. Stufe) gibt es die zwei Möglichkeiten Kopf (K) oder Zahl (Z).
Beim zweiten Wurf (2. Stufe) gibt es wieder dieselben Möglichkeiten, die jeweils sowohl nach Kopf als auch nach Zahl auftreten können.
Die Enden der Pfade zeigen nun alle möglichen Ergebnisse des zweistufigen Zufallsexperiments an.

Baumdiagramm:

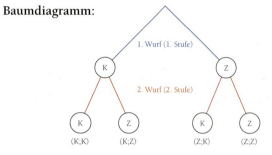

Ergebnismenge Ω = {(K; K); (K; Z); (Z; K); (Z; Z)}

Mehrere Ergebnisse können zu einem **Ereignis** zusammengefasst werden. Ereignisse werden mit Großbuchstaben bezeichnet. Sie sind Teile der Ergebnismenge.

Mehrmaliges Würfeln

Geben Sie die Ergebnismenge und folgende Ereignisse für das zweimalige Würfeln an.
E_1: „Eine 6 wurde gewürfelt" und E_2: „Die Augensumme ist 6."

Die Ergebnismenge besteht aus 36 Elementen.
Bei dem Ereignis E_1 ist es egal, ob die 6 an erster oder zweiter Stelle gewürfelt wurde. Es gehören also alle Ergebnisse zu diesem Ereignis, bei denen mindestens eine 6 vorkommt. Diese fassen wir zur Menge E_1 zusammen.

Für das Ereignis E_2 betrachten wir beide Einträge jedes Ergebnisses.

Ω = {(1; 1); (1; 2); (1; 3); (1; 4); (1; 5); (1; 6);
(2; 1); (2; 2); (2; 3); (2; 4); (2; 5); (2; 6);
(3; 1); (3; 2); (3; 3); (3; 4); (3; 5); (3; 6);
(4; 1); (4; 2); (4; 3); (4; 4); (4; 5); (4; 6);
(5; 1); (5; 2); (5; 3); (5; 4); (5; 5); (5; 6);
(6; 1); (6; 2); (6; 3); (6; 4); (6; 5); (6; 6)}
E_1 = {(1; 6); (2; 6); (3; 6); (4; 6); (5; 6); (6; 1);
(6; 2); (6; 3); (6; 4); (6; 5); (6; 6)}
E_2 = {(1; 5); (2; 4); (3; 3); (4; 2); (5; 1)}

- Der Ausgang eines **Zufallsexperiments** heißt **Ergebnis**.
- Die Menge aller Ergebnisse heißt **Ergebnismenge** Ω.
- Die Zusammenfassung von einem oder mehreren Ergebnissen zu einer Menge heißt **Ereignis**.

1. a) Zeichnen Sie das Baumdiagramm für ein Tennisspiel auf 2 Gewinnsätze und geben Sie die Ergebnismenge an.
   b) Fassen Sie die Ergebnisse zu sinnvollen Ereignissen zusammen.

2. Ein Zufallsexperiment hat die Ergebnismenge Ω = {(000); (001); (010); (100); (011); (101); (110); (111)}. Beschreiben Sie ein mögliches Zufallsexperiment. Zeichnen Sie das Baumdiagramm.

5 Projektvorschläge

Der Wahrscheinlichkeitsbegriff

Die Wahrscheinlichkeit eines Ereignisses E ist die Chance, dass dieses Ereignis eintritt. Sie wird mit $P(E)$ bezeichnet. Dabei steht P für „probability" (englisch: Wahrscheinlichkeit).

4 Wahrscheinlichkeit für besondere Ereignisse

Geben Sie die Wahrscheinlichkeiten der Ereignisse E_1 und E_2 beim Werfen eines fairen Würfels an.
E_1: „Es wird eine 8 gewürfelt." E_2: „Es wird eine Zahl zwischen 1 und 6 gewürfelt."

E_1 kann beim einmaligen Werfen eines Würfels mit den Augenzahlen 1 bis 6 nicht auftreten. Ein solches Ereignis heißt **unmöglich**.	$\Omega = \{1; 2; 3; 4; 5; 6\}$ $E_1 = \{8\}$ $P(E_1) = 0 = 0\,\%$
Bei E_2 wird eines der Ergebnisse immer erzielt. Das Ereignis tritt auf jeden Fall ein. Ein solches Ereignis heißt **sicher**.	$E_2 = \{1; 2; 3; 4; 5; 6\}$ $P(E_2) = 1 = 100\,\%$

Bei einem Zufallsexperiment liegen alle Wahrscheinlichkeitswerte zwischen dem des unmöglichen Ereignisses und dem des sicheren Ereignisses, also zwischen 0 und 1.

> Für die **Wahrscheinlichkeit** P eines Ereignisses E gilt:
> $0 \le P(E) \le 1$ bzw. $0\,\% \le P(E) \le 100\,\%$

In vielen Fällen sind Wahrscheinlichkeiten bekannt oder leicht zu erschließen. Wir wissen intuitiv, dass die Wahrscheinlichkeit für eine Seite eines Würfels $\frac{1}{6}$ beträgt. Es gibt aber auch Zufallsexperimente, bei denen sich die Wahrscheinlichkeiten nicht so einfach direkt angeben lassen.

5 Statistische Definition der Wahrscheinlichkeit

Eine Reißzwecke wird 100-mal geworfen. Stellen Sie eine Vermutung über die Wahrscheinlichkeiten der Ergebnisse „Kopf" und „Seite" auf. Führen Sie das Zufallsexperiment durch und dokumentieren Sie.

Aufgrund der Form der Reißzwecke werden die Wahrscheinlichkeiten für die Ergebnisse „Kopf" und „Seite" nicht gleich groß sein.
Nach 100-maligem Werfen ist das Ergebnis „Kopf" 43-mal aufgetreten, „Seite" 57-mal.
Teilen wir die Anzahl des Eintretens der Ergebnisse (**absolute Häufigkeit**) durch die Anzahl der gesamten Durchführungen des Experiments, so erhalten wir die **relative Häufigkeit**.
Bei mehrmaligem Werfen werden die relativen Häufigkeiten noch genauer gegen bestimmte Werte streben, die wir dann als Wahrscheinlichkeiten der Ergebnisse definieren können.

Ereignis	absolute Häufigkeit	relative Häufigkeit
(Kopf)	43	$\frac{43}{100} = 0{,}43 \;(= 43\,\%)$
(Seite)	57	$\frac{57}{100} = 0{,}57 \;(= 57\,\%)$

> **Empirisches Gesetz der großen Zahlen:**
> Wird ein Zufallsexperiment häufig hintereinander durchgeführt, so nähert sich die relative Häufigkeit eines Ereignisses immer mehr der „statistischen Wahrscheinlichkeit" des Ereignisses an.

5.2 Stochastik

Wahrscheinlichkeiten berechnen

Zufallsexperimente, bei denen alle Ergebnisse gleich wahrscheinlich sind, heißen **Laplace-Experimente**. Der Mathematiker Pierre Simon de Laplace (1749–1827) formulierte für solche Experimente eine Regel zur Berechnung der Wahrscheinlichkeiten.

Laplace-Experimente

Geben Sie die Wahrscheinlichkeiten der folgenden Ereignisse beim Werfen eines idealen Würfels an.
A: „Es fällt eine gerade Zahl." B: „Es fällt eine Zahl, die durch drei teilbar ist."

Es handelt sich um ein Laplace-Experiment, da jedes Ergebnis gleichwahrscheinlich ist.	$\Omega = \{1; 2; 3; 4; 5; 6\}$ $P(1) = P(2) = P(3) = P(4) = P(5) = P(6)$ $= \frac{1}{6} \approx 16{,}7\%$
Da alle Ergebnisse gleichwahrscheinlich sind und A jedes zweite Element aus Ω enthält, liegt die Wahrscheinlichkeit bei 50 %.	$A = \{2; 4; 6\}$ $P(A) = \frac{1}{6} + \frac{1}{6} + \frac{1}{6} = \frac{3}{6} = \frac{1}{2} = 50\%$
Das Ereignis B umfasst genau zwei von insgesamt sechs möglichen Ergebnissen.	$B = \{3; 6\}$ $P(B) = \frac{1}{6} + \frac{1}{6} = \frac{2}{6} = \frac{1}{3} \approx 33{,}3\%$

Bei Laplace-Experimenten kann die Wahrscheinlichkeit durch Abzählen der Ergebnisse berechnet werden. Dabei teilen wir die Anzahl der für das Ereignis E „günstigen" Ergebnisse durch die Anzahl aller „möglichen" Ergebnisse.

> Bei einem **Laplace-Experiment** gilt für die Wahrscheinlichkeit des Ereignisses E:
> $$P(E) = \frac{\text{Anzahl der für } E \text{ günstigen Ergebnisse}}{\text{Anzahl aller möglichen Ergebnisse}} = \frac{|E|}{|\Omega|}$$

Berechnung mithilfe des Gegenereignisses

Ermitteln Sie die Wahrscheinlichkeit, beim einmaligen Würfeln keine 4 zu würfeln.

Wir nutzen die Laplace-Formel mit 5 günstigen Ergebnissen bei insgesamt 6 möglichen.	$P(\text{„keine 4"}) = \frac{|\{1; 2; 3; 5; 6\}|}{|\{1; 2; 3; 4; 5; 6\}|} = \frac{5}{6} \approx 83{,}3\%$
Häufig kann man aber auch die Wahrscheinlichkeit des **Gegenereignisses** schneller bestimmen und somit auf die Wahrscheinlichkeit des Ereignisses schließen. Das Gegenereignis zu „keine 4" ist „4". Die Wahrscheinlichkeit eines Ereignisses und die des Gegenereignisses ergeben als Summe 1.	Alternative über das Gegenereignis: $P(4) = \frac{1}{6}$ $P(\text{„keine 4"}) = 1 - P(4) = 1 - \frac{1}{6} = \frac{5}{6} \approx 83{,}3\%$

> Für die Wahrscheinlichkeiten des Ereignisses E und seines **Gegenereignisses** $\overline{E}$ gilt:
> $P(E) + P(\overline{E}) = 1$ bzw. $P(E) = 1 - P(\overline{E})$

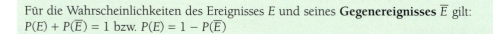

1. Nennen Sie zwei Beispiele und zwei Gegenbeispiele für ein Laplace-Experiment.

2. Geben Sie die Wahrscheinlichkeit beim dreimaligen Münzwurf an.
   A: „zweimal Kopf" B: „mindestens einmal Zahl"

5 Projektvorschläge

Berechnungen am Baumdiagramm

Ein mehrstufiges Zufallsexperiment können wir mithilfe eines Baumdiagramms übersichtlich darstellen (▶ Beispiel 2, S. 347). Die Wahrscheinlichkeiten von Ereignissen können wir damit oft einfach berechnen.

  Urnenexperiment

In einer Urne liegen 5 rote und 5 schwarze Kugeln. Nacheinander werden 3 Kugeln entnommen, ohne dass die gezogenen Kugeln wieder in die Urne zurückgelegt werden. Berechnen Sie die Wahrscheinlichkeiten der folgenden Ereignisse:
E_1: „Es werden nur rote Kugeln gezogen."
E_2: „Auf zwei rote folgt eine schwarze Kugel."
E_3: „Unter den gezogenen Kugeln sind mindestens zwei rote."

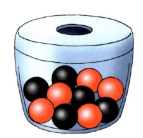

Wir veranschaulichen das Experiment in einem Baumdiagramm. Es besteht aus 3 Stufen (3 Ziehungen) und besitzt 8 Pfade. Jeder Pfad führt zu einem Ergebnis des Zufallsexperiments.

An die Äste des Baumdiagramms schreiben wir jeweils die Wahrscheinlichkeit, mit der das Ergebnis der nächsten Ziehung eintritt.
Diese berechnen wir mit der Regel von Laplace.

Dabei ist zu beachten, dass nach jeder Ziehung eine Kugel weniger in der Urne liegt. Als Hilfe schreiben wir am Baumdiagramm in eckige Klammern, wie viele Kugeln der beiden Farben in jeder Stufe in der Urne liegen.

Um die Wahrscheinlichkeit des Ereignisses E_1 zu erhalten, werden die Wahrscheinlichkeiten der drei Äste des Pfades multipliziert, der zu E_1 gehört. Genauso können wir bei E_2 vorgehen.
Wir nutzen die sogenannte **1. Pfadregel**.

Die 1. Pfadregel alleine hilft für E_3 nicht weiter. E_3 besteht nämlich aus mehreren Ergebnissen. Für jedes Ergebnis, das zu E_3 gehört, können wir aber die Wahrscheinlichkeit berechnen und anschließend addieren.
Dieses Vorgehen heißt **2. Pfadregel**.

Für E_1 (nur rote Kugeln, linker Pfad):
1. Stufe: 5 günstige durch 10 mögliche: $\frac{5}{10}$
2. Stufe: 4 günstige durch 9 mögliche: $\frac{4}{9}$
3. Stufe: 3 günstige durch 8 mögliche: $\frac{3}{8}$

$$P(E_1) = P(\{(r; r; r)\}) = \frac{5}{10} \cdot \frac{4}{9} \cdot \frac{3}{8} = \frac{1}{12} \approx 8{,}33\,\%$$

$$P(E_2) = P(\{(r; r; s)\}) = \frac{5}{10} \cdot \frac{4}{9} \cdot \frac{5}{8} = \frac{5}{36} \approx 13{,}89\,\%$$

$E_3 = \{(r; r; r); (r; r; s); (r; s; r); (s; r; r)\}$
$P(E_3) = P(\{(r; r; r); (r; r; s); (r; s; r); (s; r; r)\})$
$= P(\{(r; r; r)\}) + P(\{(r; r; s)\}) + P(\{(r; s; r)\})$
$\quad + P(\{(s; r; r)\})$
$= \frac{1}{12} + \frac{5}{36} + \frac{5}{36} + \frac{5}{36} = \frac{1}{2} = 50\,\%$

Längs des Pfades wird multipliziert, waagrecht wird addiert.

Wie das folgende Beispiel zeigt, können die Wahrscheinlichkeiten mehrstufiger Zufallsexperimente mithilfe nur einzelner Pfade oder sogar ganz ohne Baumdiagramm bestimmt werden.

Glücksrad

Ein Glücksrad hat acht gleich große Felder. Bestimmen Sie jeweils die Wahrscheinlichkeit der beiden folgenden Ereignisse:
E_1: „Die Buchstabenfolge ist N-E-I-N." (bei viermaligem Drehen)
E_2: „Beide Buchstaben sind gleich." (bei zweimaligem Drehen)

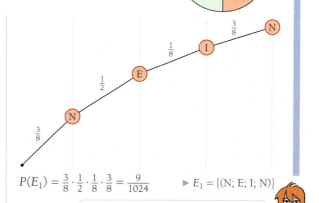

Das Ereignis E_1 gehört zu einem vierstufigen Zufallsexperiment. Wir betrachten jedoch nicht das vollständige Baumdiagramm, sondern nur den Pfad N-E-I-N. Die Wahrscheinlichkeiten der einzelnen Stufen multiplizieren wir und erhalten für die Buchstabenfolge NEIN die Wahrscheinlichkeit $\frac{9}{1024}$.
Das Ereignis E_2 gehört zu einem zweistufigen Zufallsexperiment. Es interessieren die Pfade N-N, E-E und I-I.
Durch Multiplikation der Wahrscheinlichkeiten an den Zweigen erhalten wir die Wahrscheinlichkeiten der zugehörigen Elementarereignisse {(N; N)}, {(E; E)} und {(I; I)} (1. Pfadregel). Durch Addition dieser drei Wahrscheinlichkeiten erhalten wir die gesuchte Wahrscheinlichkeit des Ereignisses E_2 (2. Pfadregel).
Die Wahrscheinlichkeit, bei zweimaligem Drehen zwei gleiche Buchstaben zu erhalten, beträgt $\frac{13}{32}$.

$P(E_1) = \frac{3}{8} \cdot \frac{1}{2} \cdot \frac{1}{8} \cdot \frac{3}{8} = \frac{9}{1024}$ ▶ $E_1 = \{(N; E; I; N)\}$

Das vollständige Baumdiagramm zu E_1 hätte ganz schön viele Verzweigungen.

$P(E_2) = \frac{3}{8} \cdot \frac{3}{8} + \frac{1}{2} \cdot \frac{1}{2} + \frac{1}{8} \cdot \frac{1}{8} = \frac{13}{32}$

▶ $E_2 = \{(N; N); (E; E); (I; I)\}$

> Mehrstufige Zufallsexperimente können übersichtlich durch **Baumdiagramme** dargestellt werden. Jeder Pfad symbolisiert dabei ein Ergebnis des Zufallsexperiments.
>
> **1. Pfadregel:** Um die Wahrscheinlichkeit eines Elementarereignisses zu bestimmen, werden die **Wahrscheinlichkeiten** der einzelnen Stufen entlang eines Pfades **multipliziert**.
>
> **2. Pfadregel:** Um die Wahrscheinlichkeit eines beliebigen Ereignisses zu ermitteln, werden die zugehörigen **Pfadwahrscheinlichkeiten addiert**.

1. Bei einem Glücksspiel werden die Zufallsexperimente „Werfen einer 1-Euro-Münze" und „Werfen eines idealen 6-seitigen Würfels" hintereinander durchgeführt.
a) Stellen Sie dieses zweistufige Experiment mithilfe eines Baumdiagramms dar.
b) Bestimmen Sie die Wahrscheinlichkeit dafür, dass die Zahl oben liegt und eine 5 gewürfelt wird.

2. Eine 1-Euro-Münze wird dreimal hintereinander geworfen. Bestimmen Sie die Wahrscheinlichkeit, dreimal bzw. genau zweimal Zahl zu werfen.

3. Aus einer Urne mit 5 roten und 6 schwarzen Kugeln wird eine Kugel gezogen. Wie hoch ist die Wahrscheinlichkeit, dass beim 2. Zug eine schwarze Kugel gezogen wird, wenn
a) die erste Kugel zurückgelegt wird;   b) die erste Kugel nicht zurückgelegt wird?

4. Fertigen Sie ein Baumdiagramm für einen Multiple-Choice-Test an, bei dem zu jeder von drei Fragen vier mögliche Antworten angegeben werden, von denen jeweils genau eine richtig ist. Bestimmen Sie die Wahrscheinlichkeit, den Test ohne Kenntnisse fehlerlos zu bestehen.

5 Projektvorschläge

Kombinatorische Abzählverfahren

Aus Baumdiagrammen können wir mögliche und günstige Ergebnisse ermitteln. Allerdings ist der Aufwand bei mehrstufigen Zufallsexperimenten sehr hoch. Die **Kombinatorik** beschäftigt sich mit der Anzahl der verschiedenen Möglichkeiten, Elemente aus einer Menge auszuwählen und anzuordnen.

 Menüauswahlangebot

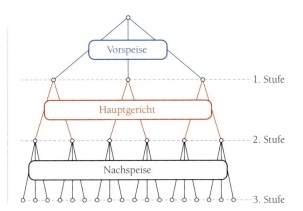

Eine Mensa wirbt damit, 18 verschiedene Menüs anzubieten. Beurteilen Sie die Werbung, wenn man unter 3 Vorspeisen, 2 Hauptgerichten und 3 Nachspeisen wählen kann.

Wir suchen die Anzahl möglicher Menüs.

Im ersten Schritt wird zwischen 3 Vorspeisen, im zweiten Schritt zwischen 2 Hauptgerichten und im dritten Schritt zwischen 3 Nachspeisen gewählt.

Das Baumdiagramm enthält $3 \cdot 2 \cdot 3 = 18$ Pfade. Es gibt also tatsächlich 18 verschiedene Menüs.

Die Verallgemeinerung dieses Vorgehens ergibt die sogenannte **Produktregel**.

Die Anzahl der Ergebnisse eines mehrstufigen Zufallsexperiments erhält man, indem man die Anzahl der Ergebnisse aus jeder Stufe miteinander multipliziert.

Alia überlegt, was sie morgens anziehen soll. Sie besitzt zwölf T-Shirts, sieben Hosen und drei Jacken. Bestimmen Sie die Anzahl der Möglichkeiten, T-Shirt, Hose und Jacke zu kombinieren. Wie ändert sich das Ergebnis, wenn Alia drei T-Shirts und zwei Hosen ihrer Schwester hinzunimmt?

 Anordnungen ohne Wiederholung (Permutation)

Yannick kauft für sich und seine 10 Mitspieler im Hockeyteam je eine Kugel Eis. Da er seine Mitspieler nicht nach ihren Lieblingssorten gefragt hat, wählt er 11 verschiedene Eissorten aus. Der Erste kann also zwischen 11 Eissorten wählen. Der Zweite hat dann nur noch 10 Sorten zur Auswahl, der Dritte 9 usw. Ermitteln Sie die Anzahl der Möglichkeiten die 11 Eistüten auf das Hockeyteam zu verteilen.

Mithilfe der Produktregel ergeben sich also $11 \cdot 10 \cdot 9 \cdot 8 \cdot \ldots \cdot 2 \cdot 1$ Möglichkeiten, die 11 verschiedenen Eishörnchen zu verteilen.
▶ Keine Kugel wiederholt sich, alle Kugeln werden „verbraucht".

Anzahl der Möglichkeiten:
$11 \cdot 10 \cdot 9 \cdot 8 \cdot \ldots \cdot 2 \cdot 1 = \mathbf{39\,916\,800}$
Kurzschreibweise:
$11 \cdot 10 \cdot 9 \cdot 8 \cdot \ldots \cdot 2 \cdot 1 = \mathbf{11!}$
(gelesen: „11 **Fakultät**")

Besteht eine Menge aus n verschiedenen Elementen, dann gibt es $n \cdot (n-1) \cdot (n-2) \cdot \ldots \cdot 2 \cdot 1 = n!$ (gelesen „n **Fakultät**") verschiedene Anordnungen dieser Elemente. Für $n = 0$ gilt: $0! = 1$.

Geordnete Stichprobe mit Zurücklegen

Auch Lisanne, Leonie und Hannah essen gerne Eis. Sie kaufen sich jeweils eine Kugel im Hörnchen. Dabei können die Freundinnen aus 11 Eissorten wählen.
Bestimmen Sie die Anzahl der Möglichkeiten.

Wir stellen uns die 3 Mädchen in einer bestimmten Reihenfolge an der Theke vor: Die Erste (Lisanne) hat 11 Möglichkeiten, sich für eine Sorte zu entscheiden. Auch die Zweite (Leonie) hat 11 Möglichkeiten, da sie auch aus allen 11 Sorten wählen kann. Das gleiche gilt für die Dritte (Hannah).

Mithilfe der Produktregel ergibt sich für die Anzahl der Möglichkeiten:
$11 \cdot 11 \cdot 11 = 11^3 = \mathbf{1331}$

Das obige Beispiel ist ein **Auswahlproblem**, da 3 aus 11 Kugeln gewählt werden.
Es kommt auf die **Reihenfolge** der Kugeln an, da es einen Unterschied macht, ob Lisanne oder Leonie z.B. die Sorte „Schokolade" erhält.
Die **Wiederholung** ist möglich, da eine Eissorte mehrfach gewählt werden kann.

Übertragen auf ein Urnenmodell lässt sich das Beispiel wie folgt interpretieren:
Aus einer Urne mit 11 Kugeln werden 3 **ausgewählt**. Die Reihenfolge beim Ziehen wird berücksichtigt.

Die Kugeln werden nach jedem Ziehen in die Urne **zurückgelegt** und können erneut gezogen werden.

> Werden aus einer Urne mit n unterscheidbaren Kugeln nacheinander k Kugeln **mit Berücksichtigung der Reihenfolge** und **mit Zurücklegen** gezogen, dann gibt es n^k verschiedene Ergebnisse.

Geordnete Stichprobe ohne Zurücklegen

Da das Wetter sehr gut ist, möchten Lisanne, Leonie und Hannah auch am nächsten Tag wieder Eis essen. Diesmal kaufen sie aber *unterschiedliche* Eissorten, um von den anderen probieren zu können. Bestimmen Sie die Anzahl der Möglichkeiten.

Wir stellen uns die drei Mädchen wieder in der Reihenfolge der vorigen Seite an der Eistheke vor:

Die Erste (Lisanne) hat 11 Möglichkeiten, sich für eine Sorte zu entscheiden.

Die Zweite (Leonie) hat diesmal aber nur noch 10 Möglichkeiten, eine Kugel zu wählen.

Die Dritte (Hannah) hat nur noch 9 Möglichkeiten.

Es gibt insgesamt also 990 Kombinationen.

Anzahl der Möglichkeiten:
$11 \cdot 10 \cdot 9 = \mathbf{990}$

Wir interpretieren die Situation analog zu oben im Urnenmodell und erhalten allgemein folgenden Sachverhalt:

> Werden aus einer Urne mit n unterscheidbaren Kugeln nacheinander k Kugeln **mit Berücksichtigung der Reihenfolge** und **ohne Zurücklegen** gezogen, dann gibt es $n \cdot (n-1) \cdot (n-2) \cdot \ldots \cdot (n-k+1) = \frac{n!}{(n-k)!}$ verschiedene Ergebnisse.

5 Projektvorschläge

14 Ungeordnete Stichprobe ohne Zurücklegen

Es ist ein heißer Sommer und Yannick geht erneut in einen Eisladen. Er möchte nun 3 von 11 verschiedenen Geschmackssorten kosten.
Bestimmen Sie die Anzahl der möglichen Zusammenstellungen.

Es liegt eine Auswahl von 3 aus 11 Sorten vor. Würden wir die Reihenfolge berücksichtigen, mit der die 3 Kugeln in das Hörnchen kommen, hätten wir $11 \cdot 10 \cdot 9 = 990$ Kombinationsmöglichkeiten.

Da Yannick aber egal ist, in welcher Reihenfolge die Kugeln im Hörnchen liegen, kommt es *nicht* auf die Reihenfolge an.

Für je 3 Kugeln gibt es $3! = 6$ Möglichkeiten der Anordnung. Diese 6 Möglichkeiten, die sich nur in der Reihenfolge unterscheiden, fallen in dieser Situation also auf genau *eine* Möglichkeit zusammen.

Damit gibt es insgesamt auch nur ein Sechstel der Möglichkeiten, also $990 : 6 = \mathbf{165}$ Möglichkeiten.

Anzahl der Möglichkeiten
mit Beachtung der Reihenfolge:
$$11 \cdot 10 \cdot 9 = \frac{11!}{(11-3)!} = 990 \quad \blacktriangleright \text{Beispiel 13}$$

1 Möglichkeit

Anzahl der Möglichkeiten
ohne Berücksichtigung der Reihenfolge:
$$\frac{11 \cdot 10 \cdot 9}{3!} = \frac{11 \cdot 10 \cdot 9 \cdot 8!}{3! \cdot 8!} = \frac{11!}{3! \cdot 8!} = \frac{11!}{3! \cdot (11-3)!} = \mathbf{165}$$

Obiges Beispiel ist ein Auswahlproblem, da 3 aus 11 Kugeln gewählt werden. Es kommt nicht auf die Reihenfolge an, mit der die Kugeln auf das Hörnchen verteilt werden. Es gibt keine Wiederholung, da die drei Eissorten verschieden sein sollen. Übertragen auf ein Urnenmodell gilt:

> Werden aus einer Urne mit n verschiedenen Kugeln k Kugeln **ohne Berücksichtigung der Reihenfolge** und **ohne Zurücklegen** gezogen, gibt es $\frac{n!}{k! \cdot (n-k)!} = \binom{n}{k}$ verschiedene Ergebnisse.

Für $\frac{n!}{k! \cdot (n-k)!}$ schreibt man auch kurz $\binom{n}{k}$ (gelesen: „n über k").
Der Term $\binom{n}{k}$ heißt **Binomialkoeffizient**.

Mit der Taste `nCr` wird der Wert $\binom{n}{k}$ ausgerechnet.

1. Entscheiden Sie, auf welchem Weg die Anzahl der Möglichkeiten berechnet werden kann.
   a) Der Sieger darf vor dem Zweiten und Dritten einen Gewinn auswählen.
   b) Stefanie hat die Kombination für ihr Zahlenschloss vergessen.
   c) Für eine Schulaufführung werden zwei Helfer aus einer 20-köpfigen Klasse gesucht.
   d) In der Schulbücherei werden die Filme nach Beliebtheit geordnet.

2. Ein Kfz-Kennzeichen besteht aus zwei Buchstaben und nachfolgend vier Ziffern. Geben Sie die Anzahl der Möglichkeiten an.

3. Fünfzehn Jugendliche bewerben sich auf einen Ausbildungsplatz. Drei werden zu einem Vorstellungsgespräch in der Rangfolge eins bis drei eingeladen. Bestimmen Sie die Anzahl der möglichen Konstellationen.

4. Ein Bäcker hat acht Kuchensorten im Angebot. Wie viele Möglichkeiten gibt es
   a) drei verschiedene
   b) vier verschiedene Kuchenstücke auszuwählen?

Kombinatorische Methoden helfen dabei, neben der Anzahl der möglichen Ergebnisse auch die Anzahl der günstigen Ergebnisse eines Zufallsexperiments zu bestimmen. Damit können wir die Wahrscheinlichkeit eines Ereignisses berechnen.

Lotto

Ermitteln Sie die Wahrscheinlichkeit, im „6 aus 49"-Lotto genau 6 Richtige bzw. genau 4 Richtige zu tippen.

Aus 49 Zahlen werden 6 Zahlen ohne Zurücklegen und ohne Berücksichtigung der Reihenfolge gezogen. Die Anzahl aller Tippmöglichkeiten kann mit dem Binomialkoeffizienten bestimmt werden. Der Fall, alle 6 Zahlen richtig zu tippen, ergibt nur eine günstige Möglichkeit.	Ungeordnete Stichprobe ohne Zurücklegen $n = 49$, $k = 6$ $$\binom{49}{6} = \frac{49!}{6! \cdot (49-6)!} = 13\,983\,816$$ $P(\text{„6 Richtige"}) = \frac{1}{13\,983\,816}$
Das Ereignis „4 Richtige" tritt ein, wenn 4 Zahlen aus den 6 Gewinnzahlen und die anderen 2 Zahlen aus den 43 „Verliererzahlen" stammen. Die Reihenfolge ist nicht von Bedeutung. Insgesamt erhalten wir $\binom{6}{4}\binom{43}{2}$ günstige Ergebnisse für das Ereignis „4 Richtige".	4 aus 6 Zahlen auszuwählen: $\binom{6}{4} = \frac{6!}{4! \cdot (6-4)!}$ $= 15$ 2 aus 43 Zahlen auszuwählen: $\binom{43}{2} = \frac{43!}{2! \cdot (43-2)!}$ $= 903$

$$P(\text{„4 Richtige"}) = \frac{\binom{6}{4} \cdot \binom{43}{2}}{\binom{49}{6}} = \frac{15 \cdot 903}{13\,983\,816} \approx 0{,}001$$

> Kombinatorische Regeln können zur Berechnung von Wahrscheinlichkeiten eingesetzt werden. Insbesondere kann bei einem Zufallsexperiment, bei dem alle Ergebnisse gleich wahrscheinlich sind, die **Regel von Laplace** angewendet werden.

1. In einem Test sollen sechs Fragen mit ja oder nein beantwortet werden. Julia hat sich nicht vorbereitet und muss bei jeder Frage raten. Bestimmen Sie die Wahrscheinlichkeit, dass
  a) keine ihrer Antworten richtig ist.   b) genau zwei Antworten richtig sind.

2. Aus einer Urne mit drei roten und vier grünen Kugeln werden zwei Kugeln gezogen. Bestimmen Sie die Wahrscheinlichkeit der folgenden Ereignisse, wenn die erste gezogene Kugel
  a) zurückgelegt,   b) nicht zurückgelegt wird.
  E_1: „Beide Kugeln sind grün." E_2: „Beide Kugeln sind rot." E_3: „Eine Kugel ist rot, die andere grün."

3. Im Herbst steht im Lehrerzimmer einer Schule ein Korb mit 30 Äpfeln, darunter 12 der Sorte Elstar. Herr Krause greift für seinen Mathematikkurs 10 Äpfel heraus, ohne auf die Sorte zu achten.
  Bestimmen Sie die Wahrscheinlichkeit, mit der sich genau sechs Elstar-Äpfel in der Auswahl befinden.

4. In einer Box mit 20 Schrauben sind zwei Schrauben länger als die restlichen. Es werden fünf Schrauben blind herausgenommen. Bestimmen Sie die Wahrscheinlichkeit, dass unter den gezogenen Schrauben
  a) die 2 langen Schrauben sind.   b) keine der langen Schrauben ist.   c) genau 1 lange Schraube ist.

5. In einer Lieferung von 100 Polohemden befinden sich zehn Hemden zweiter Wahl, also solche mit kleinen Fehlern. Ermitteln Sie die Wahrscheinlichkeit, mit der eine Stichprobe von fünf Polohemden
  a) genau drei Hemden zweiter Wahl enthält.
  b) höchstens vier Hemden zweiter Wahl enthält.
  c) mindestens zwei Hemden zweiter Wahl enthält.
  d) kein Hemd zweiter Wahl enthält.
  e) genau fünf Hemden zweiter Wahl enthält.

Zufallsvariable und Erwartungswert

 Zufallsvariable beim Eishockey

Im Ligabetrieb beim Eishockey ist der Endstand eines Spiels weniger wichtig als die Anzahl der erspielten Punkte für die Tabelle. Gewinnt eine Mannschaft in der regulären Spielzeit, so erhält sie drei Punkte, bei Gleichstand wird eine Verlängerung und falls notwendig ein Penaltyschießen durchgeführt. Ein Sieg nach Verlängerung (n. V.) ergibt zwei Punkte, der Verlierer nach Verlängerung erhält aber auch noch einen Punkt. Beschreiben Sie die Zuordnung, die einem Endstand die erzielten Punkte zuordnet.

Die Ergebnismenge des Zufallsexperiments „Eishockeyspiel" umfasst alle möglichen Endstände, die man sich bei einem Eishockey-Spiel vorstellen kann: 1:0, 3:2, 2:3 n. V., 2:0, 5:4 etc.
Relevant für die Ligatabelle sind aber nur die erspielten Punkte. Wir können also die Zuordnung X: „Endstand $\mapsto$ erspielte Punkte" betrachten. Diese Funktion ordnet also jedem Ergebnis des Zufallsexperiments als Funktionswerte eine Zahl zwischen 0 und 3 zu. Sie ist ein typisches Beispiel für eine **Zufallsvariable**.

Möglicher Endstand	1:0	4:2 n.V.	4:5 n.V.	1:6
Ereignis	Sieg	Sieg n.V.	Niederlage n.V.	Niederlage
Punkte	3	2	1	0

Zufallsvariable X: „Endstand $\mapsto$ erspielte Punkte"
$X(1:0) = 3$; $X(\text{„}4:2\text{ n.V."}) = 2$
Definitionsmenge von X: Ω
Wertemenge von X: $\{0; 1; 2; 3\}$

Allgemein ist eine Zufallsvariable X eine Funktion, die jedem Ergebnis eines Zufallsversuchs eine reelle Zahl zuordnet.

 Wahrscheinlichkeitsberechnung mit Zufallsvariablen

Eine Münze wird zweimal geworfen. Legen Sie eine sinnvolle Zufallsvariable fest und geben Sie für jeden Wert der Zufallsvariablen die zugehörige Wahrscheinlichkeit an.

Mithilfe der Zufallsvariablen X kann die Zahl der Wappen gezählt werden. Jedem Funktionswert von X kann dann wiederum eine Wahrscheinlichkeit zugeordnet werden. Diese ergeben sich hier mithilfe der Pfadregeln.

X: Anzahl Wappen

Ereignis	WW	WZ	ZW	ZZ
Wert x_i der Zufallsvariable	2	1		0
$P(X = x_i)$	$\frac{1}{4}$	$\frac{1}{2}$		$\frac{1}{4}$

Die Zuordnung von Wahrscheinlichkeiten zu den einzelnen Werten der Zufallsvariable X heißt allgemein **Wahrscheinlichkeitsverteilung** P der Zufallsvariable X.

Das folgende Schema fasst die durchgeführten Schritte zusammen:
Die Zufallsvariable X ordnet den Ergebnissen aus Ω Werte zu. Diesen Werten werden wiederum durch die Wahrscheinlichkeitsverteilung P Wahrscheinlichkeiten zugeordnet.

 Eine **Zufallsvariable** X ordnet jedem Ergebnis aus einer Ergebnismenge Ω eine reelle Zahl x_i zu.
- Die Funktion P, die allen möglichen Werten x_i Wahrscheinlichkeiten $P(X = x_i)$ zuordnet, heißt **Wahrscheinlichkeitsverteilung** von X.
- Die Summe aller Wahrscheinlichkeiten einer Wahrscheinlichkeitsverteilung beträgt 1 bzw. 100 %.

Was ist zu erwarten?

In einer Spielshow kann der Kandidat im Finale eine von drei geschlossenen Schachteln öffnen. In diesen befinden sich der Hauptgewinn von 50 000 €, der Trostpreis von 1000 € und eine Niete.
Überlegen Sie, ob es sich für den Produzenten lohnen würde, dem Kandidaten vor dem Öffnen der Schachtel ein Gegenangebot von 15 000 € zu machen.

Wir gehen davon aus, dass auf lange Sicht jeder Fall gleich häufig auftreten wird, da es sich um ein Laplace-Experiment handelt.
Die durchschnittliche Gewinnausschüttung errechnet sich, indem alle möglichen Gewinne mit der zugehörigen Eintrittswahrscheinlichkeit multipliziert und dann diese Produkte addiert werden.
Da das Gegenangebot unter der durchschnittlichen Gewinnausschüttung liegt, ist es lohnend für den Betreiber.

X: Wert des Gewinns in €

x_i	50 000	1000	0
$P(x = x_i)$	$\frac{1}{3}$	$\frac{1}{3}$	$\frac{1}{3}$

Durchschnittliche Gewinnausschüttung:
$E(X) = \frac{1}{3} \cdot 50\,000 + \frac{1}{3} \cdot 1000 + \frac{1}{3} \cdot 0 = 17\,000$

$15\,000\,€ < 17\,000\,€$

Den auf lange Sicht im Durchschnitt zu erwartenden Wert einer Zufallsvariable X nennt man **Erwartungswert der Zufallsvariable X**. Der Erwartungswert wird mit $E(X)$ bezeichnet.

> Nimmt eine Zufallsvariable X die Werte $x_1, x_2, \ldots, x_n$ mit den Wahrscheinlichkeiten $P(X = x_i)$ an, dann ist der **Erwartungswert der Zufallsvariablen X** die Zahl
> $E(X) = x_1 \cdot P(X=x_1) + x_2 \cdot P(X=x_2) + \cdots + x_n \cdot P(X=x_n)$

Wer profitiert beim Spiel?

Tugba und Michael spielen folgendes Spiel: Tugba wirft dreimal nacheinander eine Münze. Erscheint dreimal Kopf oder dreimal Zahl, erhält sie von Michael 4 €. Wenn die Münzen in der Reihenfolge K, K, Z bzw. Z, Z, K fallen, muss Tugba 2 € an Michael zahlen. In allen restlichen Fällen muss sie nur 1 € abgeben.
Untersuchen Sie, wer langfristig von diesem Spiel profitiert.

Wir betrachten das Spiel aus Sicht von Tugba.

Der Verlust wird durch das Minuszeichen verdeutlicht.

Mithilfe der Wahrscheinlichkeitsverteilung kann der Erwartungswert berechnet werden.
Bei einem Erwartungswert von null macht Tugba (und damit auch Michael) weder Verlust noch Gewinn.

X: Gewinn aus Sicht von Tugba

Ergebnis	(K; K; K) (Z; Z; Z)	(K; Z; K) (Z; K; K) (K; Z; Z) (Z; K; Z)	(K; K; Z) (Z; Z; K)
Gewinn/Verlust x_i	4 €	−1 €	−2 €
$P(X = x_i)$	$\frac{1}{4}$	$\frac{1}{2}$	$\frac{1}{4}$

$E(X) = \frac{1}{4} \cdot 4 + \frac{1}{2} \cdot (-1) + \frac{1}{4} \cdot (-2) = 0$

Ein Spiel mit dem Erwartungswert null heißt **faires Spiel**. Weder Spieler noch Spielbetreiber gewinnen oder verlieren dann auf lange Sicht.

In einer Urne befinden sich 3 Lose: 2 Nieten und ein Gewinn. Wird im ersten Zug der Gewinn gezogen, so werden 12 € ausbezahlt. Wird der Gewinn im zweiten Zug gezogen, sind es 3 €.
a) Geben Sie die Wahrscheinlichkeitsverteilung für den Gewinn X an.
b) Berechnen Sie den Erwartungswert von X.
c) Wie hoch muss der Einsatz für ein faires Spiel sein?
d) Geben Sie eine andere Zufallsvariable als den Gewinn an.

Übungen zu 5.2

1. Entscheiden Sie jeweils, ob es sich um ein Zufallsexperiment handelt.
   a) Elena und Laura spielen „Schnick-Schnack-Schnuck" um das letzte Stück Schokolade.
   b) Peter schreibt eine Mathearbeit, für die er nicht gelernt hat.
   c) Sina, Tina und Lea ziehen jeweils eine Karte.
   d) Isabelle drückt den Lichtschalter 100-mal.
   e) Die Sonne geht auf.

2. Maßgeblich für die Entwicklung der Wahrscheinlichkeitsrechnung waren Aussagen über die Gewinnchancen bei Glücksspielen. Im 17. Jahrhundert schrieb Chevalier de Méré (1607–1684) einen Brief an Blaise Pascal (1623–1662) und schilderte Probleme, die ihm beim Spiel mit Würfeln aufgefallen waren. Unter anderem beschäftigte ihn die Frage, warum mit drei Würfeln die Augensumme 11 häufiger auftritt als die Augensumme 12, obwohl er für beide Augensummen jeweils sechs Möglichkeiten sah. Schreiben Sie einen Antwortbrief an de Méré.

3. Eine Schulklasse fährt für drei Tage nach Berlin. Jan möchte wissen, ob es regnen wird. Im Internet findet er folgende Prognose:

	Mo	Di	Mi
Regenwahrscheinlichkeit	10 %	25 %	30 %

   a) Erstellen Sie ein Baumdiagramm, um den Sachverhalt zu verdeutlichen.
   b) Bestimmen Sie die Menge aller Ergebnisse für das Ereignis E: „höchstens ein Regentag". Berechnen Sie die Wahrscheinlichkeit von E.
   c) Formulieren Sie das Gegenereignis $\overline{E}$ in Worten und berechnen Sie $P(\overline{E})$.
   d) Unter welchen Voraussetzungen kann diese Aufgabe überhaupt als Zufallsexperiment aufgefasst werden? Nennen Sie zwei Annahmen.

4. In der 1. Fußball-Bundesliga spielen 18 Vereine gegeneinander. Bestimmen Sie die Anzahl der Spiele pro Saison (Hin- und Rückrunde).

5. Eine Familie mit vier Kindern gewinnt zwei Eintrittskarten für den Zoo. Berechnen Sie die Möglichkeiten, die Karten auf die vier Kinder zu verteilen.

6. Ein idealer 6-seitiger Würfel wird sechsmal geworfen. Bestimmen Sie die Wahrscheinlichkeit, dass
   a) mindestens eine 6 erscheint.
   b) keine 6 erscheint.
   c) beim dritten Wurf eine 2 erscheint.
   d) beim ersten und beim letzten Wurf die gleiche Zahl erscheint.
   e) keine gerade Zahl erscheint.
   f) alle Zahlen von 1 bis 6 einmal vorkommen.

7. Wählen Sie zunächst das geeignete Modell und geben Sie dann die Formel an.
   a) Aus einer Urne mit den Buchstaben E, N, O und S wird fünfmal ein Buchstabe mit Zurücklegen gezogen. Mit welcher Wahrscheinlichkeit wird das Wort SONNE gezogen?
   b) Ein Byte besteht aus 8 Bit. Jedes Bit hat den Wert 1 oder 0. Wie viele verschiedene Zeichen kann ein Byte darstellen?
   c) Ein Mutiple-Choice-Test enthält acht Fragen mit je drei Antwortmöglichkeiten. Nur eine Antwort ist richtig. Wie groß ist die Wahrscheinlichkeit, dass Paul ohne Vorkenntnisse den Test besteht, wenn dafür mindestens sechs Fragen richtig beantwortet werden müssen?
   d) Berechnen Sie die Wahrscheinlichkeit für den Test in c), wenn auch mehrere oder keine Antwort richtig sein kann.

8. Ein Würfel wird zweimal geworfen. Bestimmen Sie die Wahrscheinlichkeitsverteilung der Zufallsvariablen X.
   a) X gibt die Summe der Augenzahlen an.
   b) X gibt den Betrag der Augendifferenz an.
   c) X gibt die größere der beiden Zahlen an.

9. Berechnen Sie den Erwartungswert der Zufallsvariablen X. Ergänzen Sie fehlende Werte.

   a)
x_i	3	4	5	6
$P(X = x_i)$	0,5	0,3	0,1	0,1

   b)
x_i	−5	0	10	
$P(X = x_i)$	40 %	40 %	20 %	−

   c)
x_i	−4	7	18	20
$P(X = x_i)$	$\frac{1}{4}$	$\frac{3}{8}$	$\frac{1}{8}$	?

   d)
x_i	2	−2	1	−1
$P(X = x_i)$	$\frac{1}{6}$	$\frac{1}{6}$	?	$\frac{2}{3}$

10. Ein Spielautomat besteht aus zwei Scheiben, die sich unabhängig voneinander drehen. Jede Scheibe ist in zehn gleich große Segmente eingeteilt, die mit 0 bis 9 durchnummeriert sind. Der Spieleinsatz beträgt 1 €. Man erhält 20 €, wenn auf beiden Scheiben die Zahl 9 oder auf beiden Scheiben die Zahl 0 erscheint. Erscheinen auf beiden Scheiben zwei andere gleiche Zahlen, so erhält man 5 €.
a) Berechnen Sie den Gewinn bzw. Verlust, den der Spieler langfristig im Mittel erwarten kann.
b) Beschreiben Sie, wie das Spiel fair gestaltet werden kann.

11. Das Spiel „Pentagramm" wird mit 3 sechsseitigen idealen Würfeln gespielt. Fällt eine Fünf, erhält der Spieler 5 €, bei zwei Fünfen 9 € und bei drei Fünfen 30 €. Berechnen Sie den Einsatz des Spielers, damit das Spiel fair wird.

12. Beim „Mensch ärgere dich nicht" beginnen alle Spieler mit ihren vier Figuren im Haus. Das Haus darf erst verlassen werden, wenn eine 6 gewürfelt wird. Der Spieler kommt dann auf das Startfeld, darf erneut würfeln und um die gewürfelte Augenzahl vorziehen. Würfelt der Spieler erneut die 6, darf er ziehen und nochmals würfeln. Ist das Startfeld frei, muss jedoch zunächst das Haus geleert werden. Ist keine Spielfigur im Feld, darf der Spieler dreimal versuchen eine 6 zu würfeln.
a) Berechnen Sie die Wahrscheinlichkeit für die folgenden Ereignisse:
A: „Ein Spieler würfelt erst die 6 und dann die 3."
B: „Ein Spieler kommt aus dem Haus."
C: „Ein Spieler bleibt nach 3 Würfen im Haus."

Es gibt eine Zusatzregel: Ein Spieler, der dreimal hintereinander die 6 würfelt, muss eine Runde aussetzen.
b) Berechnen Sie die Wahrscheinlichkeit dafür, dass ein Spieler, der noch alle Spieler im Haus hatte, aussetzen muss.
c) Sarah behauptet, dass nachdem schon zweimal keine 6 fiel, auch im letzten Versuch nur sehr selten die erhoffte 6 fällt. Nehmen Sie Stellung zu Sarahs These.
d) Berechnen Sie den Erwartungswert für die Anzahl der Figuren auf dem Feld nach einem Zug, wenn der Spieler mit allen vier Figuren im Haus beginnt. Berechnen Sie einmal mit der Zusatzregel aus b) und einmal ohne.

13. Die Kinder in der Spielgruppe „wilde Mäuse" spielen sehr gerne ein Lege-Spiel, bei dem ein Clown aus mehreren unterschiedlich großen Teilen zusammengesetzt werden muss. Der Spieler mit dem größten Clown gewinnt. Insgesamt gibt es jeweils 3 verschiedene Arten von Köpfen, 3 verschiedene Oberkörper, 3 verschiedene Beine und 3 verschiedene Füße.
a) Berechnen Sie, wie viele verschiedene Clowns gelegt werden können.

Die Karten sind mit den Zahlen 1 bis 3 durchnummeriert. Die Auswahl der Karte erfolgt über einen sechsseitigen Würfel. Auf diesem sind die Zahlen 1 bis 3 (jeweils zweimal) abgebildet. Die Augenzahl gibt ebenfalls die Höhe der Karte in Zentimetern an.
b) Geben Sie an, welche Größen für die Figuren möglich sind.
c) Begründen Sie, dass bei häufigem Spielen die Figurenhöhe durchschnittlich bei 6 cm liegt.
d) Berechnen Sie die Wahrscheinlichkeit dafür, dass bei zwei aufeinanderfolgenden Spielen mindestens 3 von 4 Teilen mit der vorherigen Figur übereinstimmen.

14. Ein Supermarkt bietet all seinen Kunden nach dem Einkauf anlässlich der Fußball-EM die kostenfreie Teilnahme an einem Gewinnspiel an: In einer Urne befinden sich 10 Kugeln: 5 rote, 3 goldene und 1 schwarze. Ein Spieler darf dreimal ziehen.
a) Zeichnen Sie ein passendes Baumdiagramm und berechnen Sie die Wahrscheinlichkeit der folgenden Ereignisse.
A: „Ein Spieler zieht schwarz-rot-gold (in dieser Reihenfolge)."
B: „Ein Spieler zieht jeweils eine schwarze, eine rote und eine goldene Kugel."
C: „Ein Spieler zieht drei gleiche Farben."

Wenn ein Spieler die Farben der Deutschland-Flagge zieht, gewinnt er ein kleines Geschenk im Wert von 2 €. Zieht der Spieler dreimal „gold", so erhält er einen Hauptgewinn im Wert von 20 €.
b) Mit welchen Ausgaben muss der Supermarkt rechnen, wenn er davon ausgeht, dass etwa 200 000 Kunden am Gewinnspiel teilnehmen?

5 Projektvorschläge

5.3 Kostentheorie

1 Analyse der Rohr GmbH

Sie sind Berater der Rohr GmbH, einem Unternehmen, das Edelstahlrohre für den Kaminbau herstellt. Ihre Aufgabe ist die Analyse des Betriebes, um letztlich den maximalen Gewinn zu erzielen. Für eine Verkaufsmenge von x Mengeneinheiten (ME) ermitteln Sie die Kostenfunktion für Rohstoffe, Fertigungslöhne usw. mit $K_v(x) = 0{,}1x^3 - 3x^2 + 35x$ Geldeinheiten (GE). Dazu kommen noch feste Kosten für die Miete in Höhe von $K_f(x) = 500$ GE.

a) Geben Sie den Funktionsterm für die Gesamtkosten K der Rohr GmbH an.
b) Gegeben ist die Funktionsgleichung der Erlösfunktion E mit
   $E(x) = -3x^2 + 102{,}5x$. Stellen Sie die Funktionsgleichung für die Gewinnfunktion G auf. ▶ Gewinn = Erlös – Kosten
c) Zeichnen Sie die Schaubilder der drei Funktionen K, E und G in ein gemeinsames Koordinatensystem.
d) Berechnen Sie die Ableitungsfunktionen der Kostenfunktion und der Erlösfunktion.
e) Berechnen Sie die Stelle, an welcher der Gewinn der Rohr GmbH maximal ist, und den zugehörigen maximalen Gewinn.
f) Verschieben Sie das Schaubild der Erlösfunktion E in Richtung der y-Achse so weit nach unten, bis es das Schaubild der Kostenfunktion K tangential berührt.
   Tipp: Benutzen Sie zur Berechnung dieses Berührpunktes die Bedingung $E'(x^*) = K'(x^*)$. Was fällt Ihnen hinsichtlich der Berührstelle x^* auf? Zeigen Sie, dass Ihre Vermutung allgemeingültig ist.

2 Wirtschaftlichkeit der Büchse KG

Sie werden als Sachverständiger zur Untersuchung der Wirtschaftlichkeit der Büchse KG engagiert. Diese stellt nur ein Produkt her: Dosen mit einem Nennvolumen von 1 Liter. Bei Ihrer Untersuchung geht es darum, festzustellen, wie die Büchse KG ihre Produktion hinsichtlich des erzielbaren Gewinns optimieren kann. Zunächst analysieren Sie den Produktionsprozess hinsichtlich der Kosten, indem Sie entsprechende Daten erheben. Die Auswertung ergibt folgende Kostensituation:

Produktionsmenge x in Mengeneinheiten (in ME)	0	1	2	4
Gesamtkosten K in Geldeinheiten (in GE)	24	35	40	56

a) Ermitteln Sie anhand dieser Daten und mithilfe eines digitalen mathematischen Werkzeuges die Kostenfunktion K der Büchse KG als ganzrationale Funktion 3. Grades.
   (Zwischenergebnis: $K(x) = x^3 - 6x^2 + 16x + 24$)
b) Untersuchen Sie, ob diese Kostenfunktion ertragsgesetzlich ist, d.h. für alle Produktionsmengen monoton steigt.
c) Berechnen Sie die Koordinaten des Wendepunktes der Kostenfunktion und interpretieren Sie diesen Punkt hinsichtlich seiner Bedeutung für den Produktionsprozess der Büchse KG.

5.3 Kostentheorie

3 Einnahmesituation der Büchse KG

Gegeben ist die Gesamtkostenfunktion K der Büchse KG mit $K(x) = x^3 - 6x^2 + 16x + 24$. Für eine Mengeneinheit wird der konstante Preis von $20 \frac{GE}{ME}$ verlangt. Analysieren Sie die Einnahmesituation.

a) Geben Sie den Funktionsterm der zugehörigen Erlösfunktion E an. Dieser berechnet sich aus dem Preis multipliziert mit der verkauften Menge.

Natürlich wird an Sie als Analyst die wichtige Frage gerichtet, wie groß einerseits die Verkaufsmengen sein müssen, damit die Büchse KG Gewinn macht, und wie groß die Verkaufsmengen höchstens sein dürfen, um nicht wieder Verlust zu machen.

b) Geben Sie einen Funktionsterm für die Gewinnfunktion G der Büchse KG an.
c) In der nebenstehenden Abbildung sind die Schaubilder der Funktionen K, E und G dargestellt. Ordnen Sie die Funktionen den Schaubildern zu.
d) Interessant ist natürlich auch, bei welcher Absatzmenge der Gewinn der Büchse KG maximal wird. Berechnen Sie die Koordinaten des Hochpunktes der Gewinnfunktion G der Büchse KG.
e) Wie kann man grafisch mithilfe der Kostenfunktion K und der Erlösfunktion E den gewinnmaximalen Punkt ermitteln?
f) Gegeben ist die Stückkostenfunktion k_v mit $k_v(x) = x^2 - 6x + 16$. Berechnen Sie die Produktionsmenge, bei der die variablen Stückkosten minimal sind, und geben Sie den zugehörigen Punkt an.

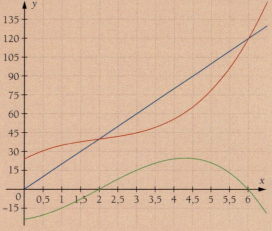

Die x-Koordinate des Tiefpunktes der variablen Stückkostenfunktion wird als Betriebsminimum bezeichnet. Unterschreitet der Produktpreis die zugehörigen Kosten, so kann kein Deckungsbeitrag mehr erzielt werden und die Produktion müsste eingestellt werden.

5 Projektvorschläge

5.3 Kostentheorie

Kostenfunktionen

Funktionen dienen häufig zur Modellierung der Realität. Mit ihrer Hilfe können Zusammenhänge dargestellt und Entscheidungen getroffen werden. Besonders im wirtschaftlichen Bereich spielen Funktionen eine wichtige Rolle. Sie werden beispielsweise verwendet, um Kosten und Gewinne zu berechnen.

Schulfest

Silja hat die Idee, Crêpes auf dem Schulfest zu verkaufen, um Geld für die Abiturfeier zu sammeln. Für den Teig benötigt sie Eier, Mehl, Butter und einige andere Zutaten. Die Crêpière für die Zubereitung müsste für 30 € gemietet werden. Nun muss Silja nur noch die anderen überzeugen.

Es entstehen zunächst einmal **Kosten**, die sich aus fixen und variablen Kosten zusammensetzen.
Wir betrachten nun Funktionen, die der Anzahl der produzierten Crêpes die entstandenen Kosten zuordnen.

Fixe Kosten

Die **fixen Kosten** bleiben fix bzw. fest. Sie sind von der produzierten Menge unabhängig. Die Kosten für die Crêpière fallen an, egal wie viele Crêpes verkauft werden. In unserem Beispiel entspricht die Leihgebühr von 30 € den fixen Kosten. Diese werden allgemein mit K_f bezeichnet.
Die fixen Kosten lassen sich auch grafisch veranschaulichen. Das Schaubild von K_f verläuft parallel zur x-Achse und schneidet die y-Achse bei 30.

$K_f(x) = 30$

x	0	10	20	30	...
$K_f(x)$	30	30	30	30	30

Die fixen Kosten sind unabhängig von der produzierten Menge.

Variable Kosten

Die **variablen Kosten** sind von der produzierten Menge abhängig. Silja fand heraus, dass die variablen Kosten für eine Crêpe 0,75 € betragen. Die variablen Kosten werden allgemein mit K_v bezeichnet.
Für die variablen Kosten gilt:
Für $x = 0$: $K_v(0) = 0{,}75 \cdot 0 = 0$
Für $x = 1$: $K_v(1) = 0{,}75 \cdot 1 = 0{,}75$
Für $x = 2$: $K_v(2) = 0{,}75 \cdot 2 = 1{,}50$
Allgemein: $K_v(x) = 0{,}75 \cdot x = 0{,}75x$
Das Schaubild von K_v ist eine Ursprungsgerade, die durch den Punkt (0|0) verläuft und die Steigung $m = 0{,}75$ hat.

$K_v(x) = 0{,}75\,x$

x	0	10	20	30	...
$K_v(x)$	0	7,50	15	22,50	...

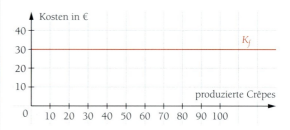

Die variablen Kosten steigen mit der produzierten Menge.

5.3 Kostentheorie

Gesamtkosten

Um die **Gesamtkosten** zu ermitteln, werden variable und fixe Kosten addiert. So lassen sich für jede beliebige Menge x die insgesamt entstandenen Kosten berechnen. Da diese Zuordnung eindeutig ist, handelt es sich um eine Funktion. Sie heißt **Kostenfunktion** und wird mit K bezeichnet.

Das Schaubild von K ergibt sich durch die Verschiebung des Schaubildes von K_v (variable Kosten) um 30 Einheiten (fixe Kosten) nach oben.

Silja berechnet die Gesamtkosten von 100 Crêpes: „Für 100 Crêpes fallen Gesamtkosten in Höhe von 105 € an. Wenn wir pro Crêpe $\frac{105\,€}{100}$ einnehmen, dann sind unsere Kosten gedeckt. Wenn wir also mehr als 1,05 € pro Crêpes verlangen, machen wir Gewinn."

$K(x) = K_v(x) + K_f(x)$

$K(x) = 0{,}75x + 30$

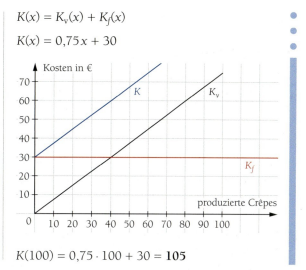

$K(100) = 0{,}75 \cdot 100 + 30 = \mathbf{105}$

> Die **Kostenfunktion** K setzt sich zusammen aus der Funktion K_f der **fixen Kosten** und der Funktion K_v der **variablen Kosten**. Es gilt: $K(x) = K_f(x) + K_v(x)$ mit $D_K = \mathbb{R}_+$.

Betrachten Sie das Beispiel 1 und stellen Sie Überlegungen zu folgenden Fragen an.
a) Die Schule stellt 90 € bzw. 155 € zur Verfügung. Wie viele Crêpes können gebacken werden?
b) Wie muss der Preis einer Crêpe sein, damit bei 40 bzw. 200 verkauften Crêpes die Kosten gedeckt sind?

Erlös bei vollständiger Konkurrenz

Wenn auf einem Markt viele Produzenten (Anbieter) und viele Konsumenten (Kunden) aufeinander treffen, wird von einem Markt mit **vollständiger Konkurrenz** bzw. von einem **Polypol** gesprochen. Unter diesen Bedingungen passt der Anbieter seinen Preis an den vorherrschenden **Marktpreis p** an. Verlangt der Anbieter mehr als den Marktpreis, so geht der Kunde zur Konkurrenz; verlangt der Anbieter genau den Marktpreis, so kann er eine beliebige Menge verkaufen; verlangt er weniger als den Marktpreis, so würde er zwar mehr verkaufen, aber nicht unbedingt mehr **Erlös** (Umsatz) erzielen.

Die Erlösfunktion eines Polypolisten

Es ist Weihnachtszeit und der Verkauf auf dem Schulfest lief so gut, dass die zukünftigen Abiturienten auch auf einem Weihnachtsmarkt Crêpes verkaufen möchten. Da es viele andere Crêpesstände auf dem Weihnachtsmarkt gibt, verlangen sie den üblichen Preis von 3 € pro Crêpe. Stellen Sie eine Funktion auf, die den Erlös der Abiturienten beschreibt.

Der Preis einer Crêpe beträgt 3 €.
Der Erlös setzt sich allgemein nach der Regel
Erlös = Preis · Menge zusammen. Die Funktion, die wir erhalten, heißt **Erlösfunktion**. Sie wird mit E bezeichnet und ordnet einer verkauften Menge x den erzielten Erlös $E(x)$ zu.

$p = 3$

$E(x) = p \cdot x$
$E(x) = 3x$

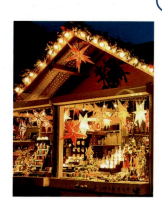

5 Projektvorschläge

Gewinn und Gewinnfunktion

Die **Erlöse** eines Anbieters geben an, wie viel er einnimmt. Um den **Gewinn** zu bestimmen, müssen vom Erlös die **Kosten** abgezogen werden.

  Die Gewinnfunktion eines Polypolisten

Silja hat gelesen, dass sich der Gewinn in Abhängigkeit von der verkauften Anzahl als Differenz von Erlös und Kosten ergibt. Geben Sie die Gewinnfunktion für den Crêpesverkauf auf einem Weihnachtsmarkt an. Dabei soll der Verkaufspreis einer Crêpe 3 € betragen. Die Kosten ergeben sich aus 30 € Leihgebühr für die Crêpière, 20 € Standgebühr und 0,75 € variable Kosten je Crêpe. Überlegen Sie auch, wann die Kosten gedeckt sind.

Zunächst stellen wir die Gesamtkostenfunktion K auf. Diese setzt sich zusammen aus den variablen Kosten von 0,75 € je Crêpe und den fixen Kosten von 50 €.

$K(x) = 0{,}75x + 50$

Die Erlösfunktion E setzt sich zusammen aus dem Preis von 3 € je Crêpe und der Menge x.

$E(x) = 3x$
$G(x) = E(x) - K(x)$
$G(x) = 3x - (0{,}75x + 50)$
$ = 3x - 0{,}75x - 50$
$ = \mathbf{2{,}25x - 50}$

Erlös = Preis · Menge

Der Gewinn berechnet sich allgemein nach der Regel: **Gewinn = Erlös − Kosten**. Die Funktion, die wir auf diese Weise erhalten, heißt **Gewinnfunktion**. Sie wird mit G bezeichnet und ordnet einer verkauften Menge x den erzielten Gewinn $G(x)$ zu.

Gewinn = Erlös − Kosten.

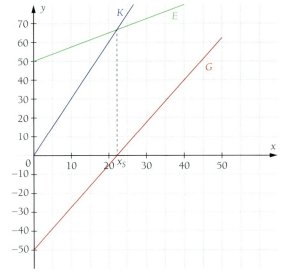

Die Kosten sind gedeckt, wenn der Gewinn null ist. Diese Stelle wird als **Nutzenschwelle** x_S bezeichnet und **Break-even-Punkt** genannt.

Bedingung für die Kostendeckung:
$E(x) = K(x) \Leftrightarrow G(x) = 0$

Für das Polypol gilt:
- Der **Erlös** entspricht dem Produkt aus Preis und Menge: $E(x) = p \cdot x$
- Der **Gewinn** entspricht der Differenz aus Erlös und Kosten: $G(x) = E(x) - K(x)$
- Die Bedingung für die Kostendeckung ist: $G(x_S) = 0 \Leftrightarrow E(x_S) = K(x_S)$. Der zugehörige Wert x_S wird **Nutzenschwelle** oder **Break-even-Punkt** genannt.

5.3 Kostentheorie

Vom Polypol zum Monopol

Bisher haben wir einen Markt betrachtet, auf dem viele Produzenten und Konsumenten aufeinander treffen. In diesem Markt ist die Erlösfunktion stets linear, da wir von einem konstanten Marktpreis p ausgehen können. Doch es gibt auch den Fall, dass es nur einen Anbieter für ein bestimmtes Produkt gibt. Der Anbieter wird dann **Monopolist** und der entsprechende Markt **Monopol** genannt. Auf diesem Markt gehen wir davon aus, dass der Produzent den Absatz seines Produkts durch den Preis ändern kann. Typischerweise gilt: Je geringer der Preis eines Produkts ist, desto mehr **Nachfrage** besteht (und umgekehrt). Der Anbieter interessiert sich besonders für die **Nachfrage** der Konsumenten nach seinem Produkt, denn diese hängt stark mit dem zu erzielenden Preis und der absetzbaren Menge zusammen.

Nachfragefunktion

Schülerbefragungen haben ergeben, dass sich die Nachfrage nach Schokoriegeln aus einem Automaten durch die **Nachfragefunktion** $p_N(x) = -0{,}0005\,x + 5$ angeben lässt.

Der typische Verlauf für das Schaubild einer Nachfragefunktion ist „von links oben nach rechts unten": Je niedriger der Preis $p_N(x)$, desto größer ist der Absatz x. Zu einem Preis von 5 € würde kein Schüler einen Schokoriegel kaufen. Der Preis, zu dem niemand mehr das Produkt nachfragt, ist durch den **y-Achsenabschnitt** angegeben.

Das Schaubild lässt erkennen, dass es auch bei der Absatzmenge eine Begrenzung gibt. Selbst zu einem Preis von 0 € würden nicht mehr als 10 000 Riegel nachgefragt. Die Menge, die selbst bei einem Preis von 0 € nicht überschritten wird, heißt **Sättigungsmenge**. Man sagt, der Markt ist gesättigt, d.h., die Leute haben genug Riegel gekauft und sich bevorratet. Die Sättigungsmenge wird durch die **Nullstelle** der Nachfragefunktion angegeben.

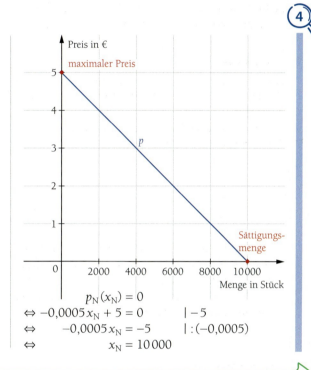

$$p_N(x_N) = 0$$
$$\Leftrightarrow -0{,}0005\,x_N + 5 = 0 \quad |-5$$
$$\Leftrightarrow -0{,}0005\,x_N = -5 \quad |:(-0{,}0005)$$
$$\Leftrightarrow x_N = 10\,000$$

- Der Zusammenhang zwischen dem Preis eines Produkts und der Nachfrage nach diesem Produkt wird durch die **Nachfragefunktion** p_N beschrieben.
- Der **maximale Preis** wird durch den y-Achsenabschnitt der Nachfragefunktion angegeben.
- Die **Sättigungsmenge** ist die Nullstelle der Nachfragefunktion.

1. Die Nachfrage nach einem Produkt wird durch die Funktion p_N mit $p_N(x) = -0{,}75\,x + 60$ beschrieben.
   a) Bestimmen Sie den maximalen Preis und die Sättigungsmenge.
   b) Berechnen Sie den Preis bei einer nachgefragten Menge von 24 Stück.
   c) Berechnen Sie die nachgefragte Stückzahl bei einem Marktpreis von 21 €.

2. Ermitteln Sie die Gleichung der linearen Nachfragefunktion p_N für ein Produkt mit dem maximalen Preis 276 € und einer Sättigungsmenge von 23 Stück.

3. Formulieren Sie je eine „Eselsbrücke" für die Bedeutung der beiden Begriffe „maximaler Preis" und „Sättigungsmenge".

5 Projektvorschläge

5 Die Erlösfunktion des Monopolisten

Betrachten Sie die lineare Nachfragefunktion p_N mit $p_N(x) = -0{,}0005x + 5$ aus dem vorherigen Beispiel. Stellen Sie eine Funktion zwischen den Erlösen und der Absatzmenge (verkaufte Riegel) auf.

Steht der Nachfrage nach Schokoriegeln in Schulen nur ein einziger Anbieter gegenüber, so stellt die Nachfragefunktion zugleich seine individuelle **Preis-Absatz-Funktion** p dar.

Der Monopolist kann eine Menge x bestimmen, die er produziert. Die **Preis-Absatz-Funktion** gibt dann an, welcher Stückpreis $p(x)$ zu erzielen ist, wenn diese Menge am Markt angeboten wird.

Die produzierte Menge wird auch **Ausbringungsmenge** genannt.

Beispielsweise beträgt der Stückpreis bei einer Ausbringungsmenge von 4000 Stück 3 €.

Die Erlöse bzw. Umsätze werden nach der Regel **Erlös = Preis · Menge** bestimmt. Die Funktion, die wir erhalten, heißt **Erlösfunktion**. Sie wird mit E bezeichnet und ordnet einer verkauften Menge x den erzielten Erlös $E(x)$ zu.

Die Erlösfunktion des Monopolisten ist eine quadratische Funktion, da durch Multiplikation mit x aus der linearen Preis-Absatz-Funktion ein quadratischer Term entsteht. Ihr Schaubild ist eine nach unten geöffnete Parabel.

Da der Erlös nicht negativ sein kann, gilt $E(x) \geq 0$. Die Nullstellen werden als **Erlösschwelle** und **Erlösgrenze** bezeichnet.

Bei der Produktionsmenge zwischen 0 und 10 000 Stück wird also Erlös erzielt.

Für den Monopolisten gilt:
$p_N(x) = p(x) = -0{,}0005x + 5$

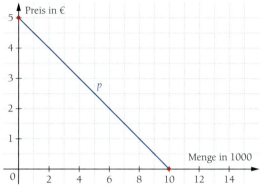

$p(4000) = -0{,}0005 \cdot 4000 + 5 = 3$

$E(x) = p(x) \cdot x$
$ = (-0{,}0005x + 5) \cdot x$
$ = \mathbf{-0{,}0005x^2 + 5x}$

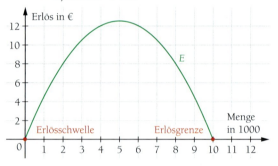

Für Monopolisten gilt:
- Die **Preis-Absatz-Funktion** p entspricht der Nachfragefunktion p_N.
- Der **Erlös** entspricht der Multiplikation der Preis-Absatz-Funktion mit der abgesetzten Menge: $E(x) = p(x) \cdot x$.
- Die Nullstellen der Erlösfunktion heißen **Erlösschwelle** und **Erlösgrenze**.

---

1. Geben Sie die Preis-Absatz-Funktion eines Monopolisten an, wenn die Nachfrage durch die Funktion mit der Gleichung $p_N(x) = -20x + 180$ dargestellt werden kann.

2. Geben Sie die Erlösfunktion des Monopolisten aus Aufgabe 1 an.

3. Bestimmen Sie den Definitionsbereich der Erlösfunktion E mit $E(x) = -150x^2 + 300x$. Geben Sie Erlösschwelle und Erlösgrenze an.

366

Nutzenschwelle und Nutzengrenze

Die Firma Schulomat ist Monopolist für Snack-Automaten in einer bestimmten Region. Für das kommende Schuljahr plant die Firma größere Mengen an neuen Snack-Automaten zu produzieren. Die Produktionskosten ergeben sich aus der Funktion K mit $K(x) = 0{,}4x + 2{,}4$. Die Erlösfunktion ist E mit $E(x) = -0{,}2x^2 + 2x$. Geben Sie die Gewinnfunktion an. Zeichnen Sie anschließend die Schaubilder aller drei Funktionen und beschreiben Sie die Gewinnsituation.

Die Gewinnfunktion G berechnen wir als Differenz von Erlös und Kosten.

$$G(x) = E(x) - K(x)$$
$$= -0{,}2x^2 + 2x - (0{,}4x + 2{,}4)$$
$$= -0{,}2x^2 + 1{,}6x - 2{,}4$$

Zeichnen wir die Schaubilder von K, E und G und betrachten die Abbildung, so können wir erkennen, dass es zwei Schnittstellen der Schaubilder von E und K gibt und dass diese den beiden Nullstellen der Gewinnfunktion entsprechen. Das bedeutet: Sind Erlös und Kosten gleich, so ist der Gewinn null.

Die kleinere positive Nullstelle von G bezeichnen wir als **Nutzenschwelle** x_S; die größere positive Nullstelle von G ist die **Nutzengrenze** x_G. Der Bereich zwischen Nutzenschwelle und Nutzengrenze wird **Gewinnzone** genannt. Nur in diesem Bereich erzielt ein Unternehmen Gewinne.

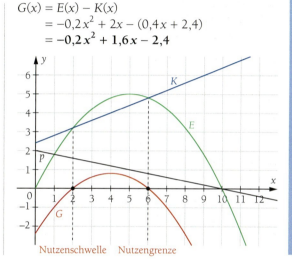

- Der **Gewinn** entspricht der Differenz aus Erlös und Kosten: $G(x) = E(x) - K(x)$
- Die **Nutzenschwelle** x_S ist die kleinste positive Nullstelle von G.
- Die **Nutzengrenze** x_G ist die größte positive Nullstelle von G.
- Die **Gewinnzone** ist das Intervall zwischen Nutzenschwelle und Nutzengrenze, in dem Gewinne erzielt werden.

1. Gegeben sind die Kostenfunktion K mit $K(x) = 2x + 45$ und die Erlösfunktion E mit $E(x) = -20x^2 + 102x$.
  a) Stellen Sie die Gleichung der Gewinnfunktion auf.
  b) Bestimmen Sie Nutzenschwelle und Nutzengrenze.
  c) Zeichnen Sie die Schaubilder der Funktionen in ein gemeinsames Koordinatensystem.

2. Die Nachfrage p_N nach einem Gut kann durch eine quadratische Funktion beschrieben werden. Bei einem Preis von 32 GE beträgt die Nachfrage 1 ME und bei einem Preis von 36 GE beträgt die Nachfrage 3 ME. Die Sättigungsmenge liegt bei 9 ME. Geben Sie die Funktionsgleichung der Nachfragefunktion p_N an.

3. Bestimmen Sie die Nutzenschwelle und Nutzengrenze für die folgenden Funktionspaare.
  a) $K(x) = x + 8 \quad E(x) = -\frac{1}{2}x^2 + 6x$
  b) $E(x) = -0{,}8x^2 + 8x \quad K(x) = 0{,}2x^3 - 2x^2 + 6{,}6x$

5 Projektvorschläge

7 Gewinnmaximum

Die Süß GmbH produziert und verkauft Crêpièren. Die Funktion G mit $G(x) = -x^3 + 6x^2 + 15x - 56$ beschreibt für $x > 0$ den Gewinn der Süß GmbH in Geldeinheiten (GE) in Abhängigkeit von den produzierten und abgesetzten Mengeneinheiten (ME). Dabei entspricht 1 ME 1000 Stück und 1 GE 1000 €.
Bestimmen Sie den Produktionspunkt, an dem der Gewinn maximal ist.

Anhand der Zeichnung erkennen wir, dass der Gewinn bei einer Produktionsmenge von 5 ME am größten ist. Das Schaubild von G hat dort seinen höchsten Punkt H.

Sowohl bei einer Produktion von weniger als 5 ME als auch bei einer Produktion von mehr als 5 ME erzielt die Süß GmbH weniger Gewinn.
Das Schaubild von G besitzt in seinem Hochpunkt $H(x_E | G(x_E))$ eine waagrechte Tangente.

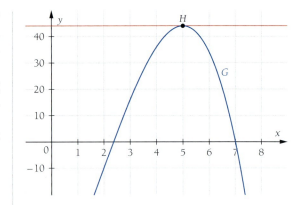

Am Hochpunkt hat das Schaubild die Steigung „0".

Für die Ableitungsfunktion G' bedeutet dies, dass dort $G'(x_E) = 0$ gelten muss. Das Schaubild von G' hat an der Stelle x_E eine Nullstelle.

Wir bestimmen die erste Ableitung von G.

Zur rechnerischen Bestimmung von x_E lösen wir die Gleichung $G'(x_E) = 0$. Dies ist die notwendige Bedingung zum Finden möglicher Extrempunkte von G. Wir erhalten zwei Lösungen $x_{E_1} = -1$ und $x_{E_2} = 5$. Da x_{E_1} negativ ist, bleibt nur x_{E_2} als ökonomisch sinnvolle Lösung.

$G(x) = -x^3 + 6x^2 + 15x - 56$
$G'(x) = -3x^2 + 12x + 15$
$G'(x_E) = 0$
$\Rightarrow x_E = 2 \pm 3$
$\Rightarrow x_{E_1} = 2 - 3 = \mathbf{-1}; x_{E_2} = 2 + 3 = \mathbf{5}$

Wir überprüfen die Stelle $x_{E_2} = 5$ mithilfe der zweiten Ableitung von G. Da der Funktionswert von G'' an der Stelle 5 kleiner als null ist, hat das Schaubild von G an dieser Stelle einen Hochpunkt.

$G''(x) = -3x + 12$
$G''(5) = -3 \cdot 5 + 12 = -3 < 0$

Wir erhalten den **gewinnmaximalen Produktionspunkt** $H(5|44)$ und fassen zusammen: Bei einer Ausbringungsmenge von 5000 Stück ist der **Gewinn maximal** und beträgt 44 000 €.

Insgesamt gilt:
$G'(5) = 0$ ▸ Steigung 0 an der Stelle 5
$G''(5) = -3 < 0$ ▸ Stelle 5 ist Maximalstelle von G
$G(5) = 44 \Rightarrow \mathbf{G_{max}(5|44)}$

Die Herzhaft GmbH bietet ebenfalls Crêpièren an. Die Gleichung ihrer Gewinnfunktion G lautet $G(x) = -\frac{2}{3}x^3 + 2x^2 + 16x - \frac{50}{3}$.
Bestimmen Sie das Gewinnmaximum der Herzhaft GmbH.

Stückkosten

Die Firma Schulomat möchte nun auch Automaten für Heißgetränke anbieten. Die Fixkosten für Miete, Strom und Personal liegen bei 1800 €, die variablen Kosten steigen linear um 200 € pro Automat.
Erläutern Sie, warum sich bei hohen Stückzahlen die Durchschnittskosten dem Betrag von 200 € nähern.

Für eine Produktionsmenge von x Automaten setzt sich die Gesamtkostenfunktion K aus den variablen Kosten von 200 € und den Fixkosten von 1800 € zusammen.

$K(x) = 200x + 1800; x > 0$ ▶ Gesamtkosten

Dividieren wir die Gesamtkosten K durch die Menge x, erhalten wir die **Stückkosten** k. Bei sehr großen Produktionsmengen ($x \to \infty$) erkennen wir, dass das Schaubild von k sich der Asymptote $y = 200$ von oben annähert.

$k(x) = \frac{K(x)}{x}$ ▶ Stückkosten
$= \frac{200x + 1800}{x} = 200 + \frac{1800}{x}; x > 0$

Bei hohen Stückzahlen streben die durchschnittlichen Stückkosten also gegen 200 €, da die durchschnittlichen Fixkosten gegen null gehen.

Können die durchschnittlichen Fixkosten vernachlässigt werden, so ist es sinnvoll, gleich die **variable Stückkostenfunktion** k_v zu betrachten. In dieser werden nur die variablen Kosten pro produzierter Mengeneinheit, nicht jedoch die durchschnittlichen Fixkosten berücksichtigt. Zum Aufstellen der Funktionsgleichung von k_v werden die variablen Gesamtkosten K_v durch die Menge x dividiert.

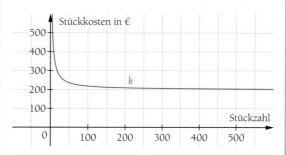

$K_v(x) = 200x$ ▶ variable Gesamtkosten
$k_v(x) = \frac{K_v(x)}{x}$ ▶ variable Stückkosten
$= \frac{200x}{x} = 200$

- Die **Stückkosten** k geben die Kosten pro Stück bzw. pro Ausbringungsmenge (1 ME) an. Sie berechnen sich aus der Gesamtkostenfunktion K dividiert durch die Menge x: $k(x) = \frac{K(x)}{x}$

- Die **variablen Stückkosten** k_v geben die variablen Kosten pro Stück bzw. pro Ausbringungsmenge (1 ME) an. Sie berechnen sich aus der variablen Gesamtkostenfunktion K_v dividiert durch die Menge x: $k_v(x) = \frac{K_v(x)}{x}$

---

1. Die Kostenfunktion K eines Unternehmens ist $K(x) = 527x + 123$.
a) Stellen Sie die Funktionsgleichungen für die Stückkosten auf.
b) Geben Sie die Funktionsgleichung der variablen Stückkosten an.
c) Untersuchen Sie, welchem Wert sich die durchschnittlichen Kosten für sehr große Produktionsmengen annähern.

2. Vergleichen Sie die Funktionsgleichungen der Stückkosten und der variablen Stückkosten aus dem Beispiel 8. Was fällt Ihnen auf?

5 Projektvorschläge

9 Produktionssteigerung und Grenzkostenfunktion

Bei der Herstellung von Müsli-Automaten kalkuliert die Firma MüsliVoll mit der Kostenfunktion K mit $K(x) = 0{,}25x^3 - 2x^2 + 6x + 12{,}5$. Eine ME entspricht 100 Automaten, 1 GE 1 000 €. Untersuchen Sie die Kostensituation. Überlegen Sie, wie sich die Kosten entwickeln, wenn die Firma MüsliVoll Ihre Produktion von 2 ME auf 3 ME bzw. von 5 ME auf 6 ME steigert. Bestimmen Sie die Ausbringungsmenge, bei der der Kostenzuwachs pro ME minimal ist.

Zunächst berechnen wir mithilfe der Kostenfunktion K die Kosten für 2 ME, 3 ME, 5 ME und 6 ME. Eine Steigerung von 2 ME auf 3 ME würde eine Steigerung der Kosten um 0,75 GE, eine Steigerung von 5 ME auf 6 ME eine Steigerung der Kosten um 6,75 ME bedeuten.

$K(2) = 18{,}5$
$K(3) = 19{,}25$
$K(5) = 23{,}75$
$K(6) = 30{,}5$

$K(3) - K(2) = \mathbf{0{,}75}$
$K(6) - K(5) = \mathbf{6{,}75}$

Welche Produktionssteigerung sinnvoll ist, lässt sich am Schaubild der Kostenfunktion veranschaulichen.

- Eine Produktionssteigerung ist aus Kostensicht dann günstig, wenn die Kostenfunktion eine geringe Steigung aufweist.
- Je größer die Steigung der Kostenfunktion ist, umso stärker steigen die Kosten mit zunehmender Produktionsmenge an.

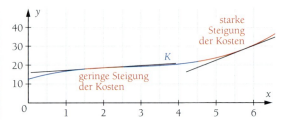

Aus der Steigung der Kostenfunktion lässt sich eine Kostensteigerungstendenz ablesen. Bekanntlich gibt die Ableitungsfunktion K' die Steigung der Kostenfunktion K im Punkt $P(x|K(x))$ an. Die Funktion K' wird **Grenzkostenfunktion** genannt und gibt in der Praxis den Kostenzuwachs bei einer Erhöhung der Ausbringungsmenge um eine Mengeneinheit an. Das **Grenzkostenminimum** bezeichnet die Ausbringungsmenge, bei der der Kostenzuwachs pro ME minimal ist.

Wir leiten die Kostenfunktion K ab und erhalten die Grenzkostenfunktion K'. Die möglichen Extremstellen von K' sind die Nullstellen von K''. Wir lösen die Gleichung $K''(x_E) = 0$ und erhalten $x_E = \frac{8}{3}$.

$K(x) = 0{,}25x^3 - 2x^2 + 6x + 12{,}5$ ▶ Kostenfunktion
$K'(x) = 0{,}75x^2 - 4x + 6$ ▶ Grenzkostenfunktion
$K''(x) = 1{,}5x - 4$

$K''(x_E) = 0 \Leftrightarrow 1{,}5x_E - 4 = 0$
$\Leftrightarrow x_E = \frac{8}{3}$

Nun überprüfen wir die Stelle x_E mithilfe der dritten Ableitung von K. Da K''' an jeder Stelle positiv ist, liegt das **Grenzkostenminimum (GKM)** bei $x = \frac{8}{3} \approx 2{,}67$ ME. Bei einer Ausbringungsmenge von ca. 2,67 ME ist der Kostenzuwachs mit 0,67 GE pro ME minimal. Also ist der Punkt des Grenzkostenminimums $GKM(2{,}67|0{,}67)$.

$K'''(x) = 1{,}5$
$K'''\left(\frac{8}{3}\right) = 1{,}5$ $(1{,}5 > 0)$ ▶ Minimum von K' bei $x = \frac{8}{3}$

$K'\left(\frac{8}{3}\right) = \frac{2}{3} \approx 0{,}67 \Rightarrow GKM(2{,}67|0{,}67)$

Das Schaubild von K hat an der Stelle des Grenzkostenminimums $x = \frac{8}{3}$ eine Wendestelle.
Bis zum Wendepunkt steigt das Schaubild **degressiv**, also immer weniger stark an. In diesem Bereich fällt das Schaubild von K'. Rechts von der Wendestelle steigt K **progressiv**, also immer stärker. Dort steigt das Schaubild von K'. Die Steigung des Schaubildes von K ist an der Wendestelle minimal. K' hat dort einen Tiefpunkt.

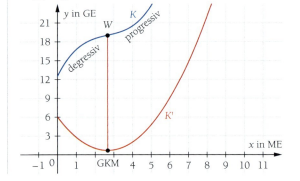

5.3 Kostentheorie

Betriebsoptimum und Betriebsminimum

Die Gesamtkosten des Angebotsmonopolisten MüsliVoll können durch die Funktion K mit $K(x) = 0{,}25x^3 - 2x^2 + 6x + 12{,}5$; $x \in [0; 9]$ beschrieben werden. Zeichnen Sie die Schaubilder der Kostenfunktion K, der Grenzkostenfunktion K', der variablen Stückkostenfunktion k_v und der Stückkostenfunktion k in ein gemeinsames Koordinatensystem. Beschreiben Sie den Verlauf der Schaubilder von K und k_v. Nehmen Sie dabei Bezug auf den Verlauf des Schaubildes von der Grenzkostenfunktion K'. Bestimmen Sie die Ausbringungsmenge mit den geringsten variablen Stückkosten und die Ausbringungsmenge mit den geringsten Stückkosten.

Die **Grenzkostenfunktion** $K'(x) = 0{,}75x^2 - 4x + 6$ gibt in der Praxis den Kostenzuwachs bei einer Erhöhung der Ausbringungsmenge um 1 ME an.

Die Funktion k_v mit $k_v(x) = 0{,}25x^2 - 2x + 6$ steht für die **variablen Stückkosten**, also die variablen Kosten pro produzierter Mengeneinheit.

▶ $k_v(x) = \frac{K_v(x)}{x}$ mit $K_v(x) = 0{,}25x^3 - 2x^2 + 6x$

Im Gegensatz zur Funktion K fehlt der Funktion K_v der lineare Term (hier: 12,5).

Die Funktion k mit $k(x) = 0{,}25x^2 - 2x + 6 + \frac{12{,}5}{x}$ ist die **Stückkostenfunktion**. Sie gibt den auf jede produzierte Mengeneinheit entfallenden Teil der **Gesamtkosten** an.

▶ $k(x) = \frac{K(x)}{x}$

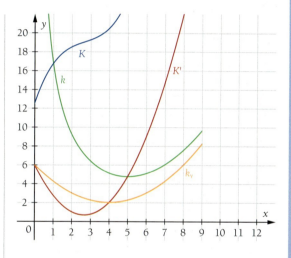

1. Verlauf im Intervall $\left[0; \frac{8}{3}\right]$:

Das Schaubild der **Gesamtkosten** K hat zunächst eine Rechtskrümmung. Bei steigender Produktion mit geringer werdenden Zuwächsen steigen somit die Gesamtkosten immer langsamer. Das hat zur Folge, dass die **Grenzkosten** fallen. So fällt auch das Schaubild der Grenzkostenfunktion K'.
Mithilfe eines digitalen mathematischen Werkzeugs ermitteln wir die Wendestelle der Gesamtkostenfunktion K. Diese liegt bei $x_W = \frac{8}{3} \approx 2{,}67$. Das Schaubild von K geht dort von einer Rechtskrümmung in eine Linkskrümmung über.
Die Gesamtkosten steigen erst **degressiv**, also immer langsamer und nach dem Wendepunkt **progressiv**, also immer schneller an. Da die Grenzkosten K' im Bereich des degressiven Verlaufs von K' abnehmen, aber im Bereich des progressiven Verlaufs zunehmen, hat die Funktion K' an der Stelle $x = \frac{8}{3} \approx 2{,}67$ ihr Minimum. Hier liegt das Grenzkostenminimum.

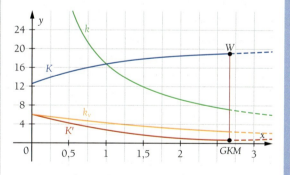

$GKM\,(2{,}67\,|\,0{,}67)$ ▶ Seite 370 Beispiel 9

2. Verlauf im Intervall $\left[\frac{8}{3}; 4\right]$:

Nachdem das Schaubild von K' sein Minimum durchlaufen hat, steigt es nun an.
Da die Grenzkosten zunächst noch geringer sind als die Stückkosten, fallen die Schaubilder beider Stückkostenfunktionen.
Solange die Grenzkosten geringer sind als die variablen Stückkosten, fallen die variablen Stückkosten. Diese Phase endet, wenn die steigenden Grenzkosten den gleichen Wert erreichen wie die variablen Stückkosten. Die variablen Stückkosten steigen, sobald die Grenzkosten größer sind als diese. Folglich muss dort das Minimum der variablen Stückkosten sein, wo Grenzkosten und variable Stückkosten gleich sind.
Den x-Wert dieses Minimums bezeichnet man als **Betriebsminimum (BM)**. Es stellt die Ausbringungsmenge mit den geringsten variablen Stückkosten dar. Hier liegt das Betriebsminimum bei 4 ME.
Die y-Koordinate des Betriebsminimums bestimmt die **kurzfristige Preisuntergrenze**. Sie liegt hier bei 2 GE pro ME. Die Preisuntergrenze ist kurzfristig, weil sie bestenfalls die variablen Stückkosten, aber keinesfalls die fixen Kosten decken kann.

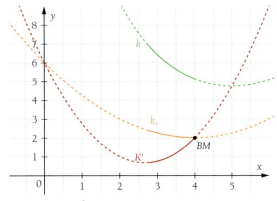

$k_v(x) = 0{,}25x^2 - 2x + 6$
$k_v'(x) = 0{,}5x - 2$
$k_v'(x_E) = 0 \Leftrightarrow 0{,}5x_E - 2 = 0 \quad |+2 \quad |\cdot 2$
$ \Leftrightarrow x_E = 4$
$k_v''(x) = 0{,}5$
$k_v''(x_E) = 0{,}5 > 0 \Rightarrow$ Minimum
$k_v(4) = 2$ ▸ minimale variable Stückkosten: 2 GE je ME
$\Rightarrow BM(4|2)$

Ich kann x_{BM} auch berechnen, indem ich die Gleichung $K'(x_{BM}) = k_v(x_{BM})$ nach x_{BM} auflöse.

3. Verlauf im Intervall [4; 5]:

Ab dem **Betriebsminimum** steigt das Schaubild von k_v, da die Grenzkosten höher sind als die variablen Stückkosten. Die Grenzkosten sind aber immer noch geringer als die gesamten Stückkosten, daher fällt das Schaubild der gesamten Stückkostenfunktion k weiter. Sobald die Grenzkosten größer sind als die gesamten Stückkosten, steigen die gesamten Stückkosten.
Folglich muss dort das Minimum der gesamten Stückkosten sein, wo die Grenzkosten und die gesamten Stückkosten gleich sind.
Den x-Wert dieses Minimums bezeichnet man als **Betriebsoptimum (BO)**. Es stellt die Ausbringungsmenge mit den geringsten Stückkosten dar.

Mithilfe eines digitalen mathematischen Werkzeugs bestimmen wir die Extremstellen von k. Wir erhalten $x_E = 5$ als einzige Extrem- und zugleich Minimalstelle.

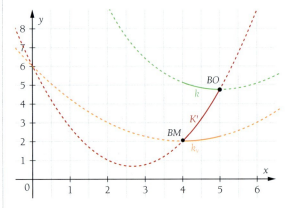

$x_E = 5$

Dort liegt also das **Betriebsoptimum**.
Bei einer Produktion von 5 ME entstehen somit die geringsten Stückkosten. Die **langfristige Preisuntergrenze** beträgt 4,75 GE pro ME.

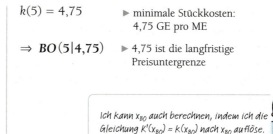

4. Verlauf im Intervall]5; 9]:
Mit Erreichen des Betriebsoptimums steigen alle Kostenkurven progressiv bis zum Ende des Definitionsbereichs bei $x = 9$. Da die Grenzkostenkurve über der Stückkostenkurve liegt, kostet jede zusätzlich hergestellte ME mehr als die bisher produzierten ME im Durchschnitt.

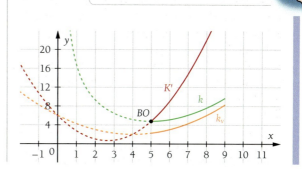

- Das **Betriebsminimum** x_{BM} gibt die Ausbringungsmenge mit den geringsten variablen Stückkosten an. Es wird mithilfe der variablen Stückkostenfunktion k_v berechnet.
  Bedingungen: $k'_v(x_{BM}) = 0$ und $k''_v(x_{BM}) > 0$
  Der zugehörige Funktionswert $k_v(x_{BM})$ stellt die **kurzfristige Preisuntergrenze** dar. Ein Unternehmen kann den Verkaufspreis kurzfristig bis auf den Wert $k_v(x_{BM})$ senken und macht dann nur einen Verlust in Höhe der fixen Kosten.

- Das **Betriebsoptimum** x_{BO} gibt die Ausbringungsmenge mit den geringsten Stückkosten an. Es wird mithilfe der Stückkostenfunktion k berechnet.
  Bedingungen: $k'(x_{BO}) = 0$ und $k''(x_{BO}) > 0$.
  Der zugehörige Funktionswert $k(x_{BO})$ stellt die **langfristige Preisuntergrenze** dar. Senkt ein Unternehmen den Verkaufspreis bis auf den Wert $k(x_{BO})$, so sind alle Kosten gerade so gedeckt.

In der Abbildung sind das zur Kostenfunktion K gehörige Schaubild der Grenzkostenfunktion K', das Schaubild der Stückkostenfunktion k und das Schaubild der Preisfunktion p der JoRo GmbH abgebildet. Prüfen Sie jede der drei folgenden Aussagen auf ihre Richtigkeit und begründen Sie Ihre Entscheidung.
a) Das Schaubild von K besitzt eine Wendestelle im Intervall $3 < x < 6$.
b) Je mehr von der JoRo GmbH produziert wird, desto geringer sind die Stückkosten.
c) Das Betriebsoptimum liegt im Schnittpunkt der Preisgeraden und der Grenzkostenkurve.

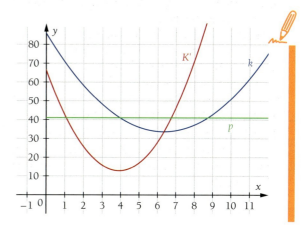

Übungen zu 5.3

1. Die Gleichung einer Kostenfunktion K eines Unternehmens lautet $K(x) = 14,5x + 234$. Geben Sie die Höhe der fixen Kosten und der variablen Kosten an.

2. Die Kostenfunktion K setzt sich aus fixen Kosten in Höhe von 320 € und variablen Stückkosten in Höhe von 2,50 € zusammen.
   a) Zeichnen Sie das Schaubild von K.
   b) Geben Sie die Gleichung der Kostenfunktion an.
   c) Bestimmen Sie zeichnerisch und rechnerisch die Kosten von 40 Stück.

3. Ermitteln Sie die Gleichung der linearen Nachfragefunktion p_N für ein Produkt mit dem Höchstpreis 8 € und einer Sättigungsmenge von 320 Stück.

4. Die wöchentlichen Gesamtkosten eines Betriebs zur Produktion von hochwertigen Fahrrädern setzen sich zusammen aus Fixkosten von 6300 € und variablen Kosten von 800 € je Fahrrad. Es können maximal 20 Fahrräder pro Woche hergestellt werden. Der Betrieb erzielt einen Erlös von 1500 € je Fahrrad.

   a) Bestimmen Sie die Gleichung der Kosten- und der Erlösfunktion.
   b) Zeichnen Sie die beiden Schaubilder.
   c) Ermitteln Sie rechnerisch und grafisch den Schnittpunkt der beiden Schaubilder und erläutern Sie seine Bedeutung.

5. Ein Unternehmen arbeitet genau kostendeckend, wenn die Kosten und die Erlöse für eine Produktionsmenge übereinstimmen (Nutzengrenze und Nutzenschwelle). Bestimmen Sie diese Produktionsmengen für die folgenden Funktionspaare und zeichnen Sie die Schaubilder.
   a) $K(x) = 2x + 8;$ $\quad E(x) = -2x^2 + 12x$
   b) $K(x) = 4x + 64;$ $\quad E(x) = -0,5x^2 + 20x$

6. Der Produzent von medizinischen Spezialbällen ist Monopolist. Für die gesamten Produktionskosten gilt $K(x) = 4x + 100$. Die Preis-Absatz-Funktion kann durch die Funktion p mit $p(x) = -0,2x + 10$ beschrieben werden. In beiden Funktionsgleichungen steht x für die Anzahl der Bälle.
   a) Geben Sie die Erlösfunktion E an.
   b) Ermitteln Sie die Absatzmenge, für die der Erlös maximal wird.
   c) Geben Sie die Gewinnfunktion an.
   d) Bestimmen Sie die Nutzenschwelle und -grenze.
   e) Ermitteln Sie die gewinnmaximale Absatzmenge und den maximalen Gewinn.
   f) Zeichnen Sie die Schaubilder von G, K und E und markieren Sie die unter b), d) und e) ermittelten Ergebnisse.

7. Ein Betrieb ermittelt in einem längeren Zeitraum den Zusammenhang zwischen dem Absatz und dem Stückpreis.

Absatz in Stück	20	30	40
Preis in € pro Stück	130	118	90

   a) Ermitteln Sie mithilfe dieser Tabelle die quadratische Preis-Absatz-Funktion p.
   b) Zeichnen Sie das Schaubild der Funktion.
   c) Bestimmen Sie die Sättigungsmenge.
   d) Überlegen Sie unter Berücksichtigung von c), ob die Preis-Absatz-Funktion ein realistisches Modell für die Verkaufszahlen ist.

8. Geben Sie jeweils die Gleichung der Gewinnfunktion G an. Bestimmen Sie die Nutzenschwelle und -grenze. Skizzieren Sie das Schaubild von G.
   a) $E(x) = -8x^2 + 96x$
      $K(x) = x^3 - 12x^2 + 52x + 96$
   b) $E(x) = -11,5x^2 + 184x$
      $K(x) = 0,5x^3 - 10x^2 + 99,5x + 82,5$
   c) $E(x) = -3x^2 + 45x$
      $K(x) = x^3 - 12x^2 + 51x + 16$
   d) $E(x) = -x^2 + 9x$
      $K(x) = 0,2x^3 - 2,2x^2 + 8,2x + 4,8$

9. Der Gewinn einer Firma ist gegeben durch die Funktion G mit $G(x) = -\frac{1}{3}x^3 + 2x^2 + 96x - 200$; $x \in [0; 25]$. Bestimmen Sie die gewinnmaximale Ausbringungsmenge und den maximalen Gewinn.

10. Für ein Produkt wird die Kostenfunktion K mit $K(x) = 0{,}5x^3 - 3x^2 + 8x + 8$ näher untersucht. Dabei sind bereits folgende Werte berechnet:

x	0	1	2	3	4	5	6
$K(x)$	8	13,5	16	18,5	24	35,5	56
$K_v(x)$							
$K'(x)$							

a) Bestimmen Sie die Gleichung der variablen Gesamtkosten K_v und der Grenzkosten K'.
Berechnen Sie die fehlenden Werte für $K_v(x)$ und $K'(x)$ in der Tabelle.
b) Skizzieren Sie die Schaubilder zu K_v und K' in ein gemeinsames Koordinatensystem.
▶ x-Achse: 1 cm = 0,5 ME; y-Achse: 1 cm = 5 GE
c) Berechnen Sie den Tiefpunkt der Grenzkosten K'.
d) Beschreiben Sie, welche Eigenschaft der Schaubilder von K_v und K man am x-Wert des Tiefpunktes von K' erkennen kann.

11. Die Funktion K mit $K(x) = x^3 - 9x^2 + 30x + 10$ beschreibt die Kosten eines Monopolisten. Sein Ertrag ist gegeben durch die Funktion E mit $E(x) = -6x^2 + 42x$. Es ist $D_E = [0; 7]$.
a) Bestimmen Sie das Gewinnmaximum.
b) Geben Sie die Grenzkostenfunktion an und bestimmen Sie deren Minimum.

12. Die Kosten eines Betriebs in einer Planperiode können durch die Kostenfunktion K mit $K(x) = 0{,}1x^3 - 1{,}2x^2 + 5x + 80$ beschrieben werden. Die Funktion p_N mit $p_N(x) = 66 - 5{,}5x$ ist die Nachfragefunktion eines Angebotsmonopolisten.
a) Ermitteln Sie rechnerisch den maximalen Preis und die Sättigungsmenge.
b) Zeichnen Sie die Schaubilder von K, K', k_v und k.
c) Berechnen Sie, bis zu welcher Produktionsmenge der Gesamtkostenverlauf degressiv ist und ab welcher Produktionsmenge progressiv.
d) Berechnen Sie das Betriebsminimum sowie das Betriebsoptimum.
Erklären Sie kurz deren Bedeutung.

13. Gegeben ist die Kostenfunktion K mit $K(x) = 1{,}2x^3 - 10{,}8x^2 + 36x + 30$; $D_K = [0; 8]$.
Berechnen und erklären Sie
a) das Betriebsminimum x_{BM} und die kurzfristige Preisuntergrenze.
b) das Betriebsoptimum x_{BO} und die langfristige Preisuntergrenze.

14. Von einem Unternehmen sind folgende Daten bekannt: Zu einem Stückpreis von 204 GE können 5 ME des Produkts abgesetzt werden. Bei einem Stückpreis von 144 GE kann die Absatzmenge verdoppelt werden.

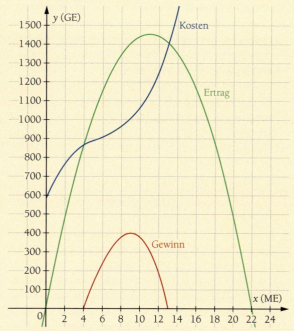

a) Ermitteln Sie die Gleichung der linearen Preis-Absatz-Funktion p sowie die der zugehörigen Ertragsfunktion E.
b) Bestimmen Sie mithilfe der Gleichung der Ertragsfunktion die Sättigungsmenge, den maximal zu erzielenden Ertrag sowie die zugehörige Menge.
c) Die Gesamtkosten für das neu entwickelte Produkt lassen sich durch die Funktion K mit der Gleichung $K(x) = x^3 - 18x^2 + 129x + 572$ beschreiben. Geben Sie die Fixkosten an und berechnen Sie die Menge, bei der die Grenzkosten minimal sind. Berechnen Sie für diese Menge ebenfalls die Höhe der Grenzkosten sowie die Höhe der Gesamtkosten.
d) Ermitteln Sie die Funktionsgleichung, mit der sich die Gewinne beschreiben lassen, die das Unternehmen für das neue Produkt erzielen kann. Bestimmen Sie den maximalen Gewinn und die zugehörige Menge.
e) Übertragen Sie die drei Funktionsschaubilder in Ihr Heft. Kennzeichnen Sie die berechneten Werte und markieren Sie die Zusammenhänge zwischen den drei Schaubildern.

6 Prüfungsvorbereitung

6.1 Aufgabenanalyse und Vorgehensweise

Bei der Lösung von komplexeren Aufgaben, beispielsweise für die Abschlussprüfung, empfiehlt sich für die Bearbeitung größerer Aufgaben folgende Herangehensweise:

a) **Was ist gegeben? Wie kann ich diese Informationen mathematisch ausdrücken? Was ist gesucht?**
Analysieren Sie die Informationen aus der Aufgabenstellung.
b) **Hilft mir eine Lösungsskizze?**
Fällt die Analyse aus a) schwer, so ist es häufig hilfreich, eine Lösungsskizze anzufertigen und sich anschließend nochmals mit a) auseinanderzusetzen.
c) **Wie ausführlich und in welcher Form muss ich die Lösung angeben?**
Prüfen Sie die Aufgabenstellung auf Signalwörter, die „Operatoren". Sie geben an, welche Form die Lösung haben soll. Nur bei Aufgaben mit Formulierungen wie beispielsweise „Geben Sie an …", „Nennen Sie …" darf auf eine Rechnung verzichtet werden.
d) **Erstellen der Lösung**
Führen Sie anhand der Analyse aus den vorigen Schritten die notwendigen Berechnungen durch.
e) **Formulierung einer Antwort**
Geben Sie die Lösung in einer geeigneten bzw. in der verlangten Form an, beispielsweise eine Funktionsgleichung, die Punktkoordinaten oder einen Antwortsatz.

Nachfolgend finden Sie ein Beispiel für eine Prüfungsaufgabe, die am aktuellen Lehrplan ausgerichtet ist (für den Teil mit Hilfsmitteln). Bei der Lösung dieser Aufgabe wird nach der obigen Vorgehensweise gearbeitet. Wenn Sie sich auf die Prüfung vorbereiten, ist es hilfreich, die genannten Schritte an einigen beispielhaften Übungen bzw. an alten Prüfungsaufgaben explizit durchzugehen. Im Verlauf Ihrer Übungsphase und in der Prüfung selbst werden Sie diese Schritte dann so verinnerlicht haben, dass Sie diese nicht explizit ausführen müssen, sondern die Lösung bis zum Ergebnis bzw. der Antwort direkt ausführen können.

Beispiel für eine Prüfungsaufgabe mit zugelassenen Hilfsmitteln (WTR und Merkhilfe)

1. Das Schaubild einer ganzrationalen Funktion 4. Grades ist symmetrisch zur y-Achse und schneidet die x-Achse an der Stelle $x = 3$. Im Kurvenpunkt $P(1|4)$ hat die Tangente an das Schaubild die Steigung 3. Ermitteln Sie den zugehörigen Funktionsterm.

Gegeben ist die Funktion f mit $f(x) = -\frac{1}{2}x^4 + 3x^2 - \frac{5}{2}$ für $x \in \mathbb{R}$. Ihr Schaubild heißt K_f.

2. Bestimmen Sie die x-Achsenschnittpunkte und die Extrempunkte von K_f und stellen Sie K_f maßstäblich dar.

3. Weisen Sie nach, dass die Gerade g mit $g(x) = -4x + \frac{19}{2}$ Tangente im Kurvenpunkt $A(2|f(2))$ ist.

4. Berechnen Sie den Inhalt der Fläche, welche K_f, das Schaubild der Geraden t mit $t(x) = 2$ und die beiden Koordinatenachsen miteinander einschließen.

Zusätzlich ist die Funktion h mit $h(x) = \frac{1}{2}x^2 - \frac{5}{2}$ für $x \in \mathbb{R}$ gegeben. Ihr Schaubild ist K_h.

5. K_h schließt mit der x-Achse im III. und IV. Quadranten eine Fläche ein. In diese Fläche wird ein zur y-Achse symmetrisches Dreieck einbeschrieben, dessen Spitze der Ursprung ist und dessen beiden anderen Punkte P und Q auf K_h liegen. Welche Koordinaten müssen die Punkte P und Q haben, wenn der Flächeninhalt des Dreiecks OPQ maximal sein soll?

6.1 Aufgabenanalyse und Vorgehensweise

Lösungsvorschlag

Aufgabe 1

a) Was ist gegeben? Wie kann ich diese Informationen mathematisch ausdrücken?

„Funktion 4. Grades"
$$f(x) = ax^4 + bx^3 + cx^2 + dx + e$$

„Schaubild symmetrisch zur y-Achse":
Es gibt nur gerade Exponenten.
$$f(x) = ax^4 + cx^2 + e$$

„Schneidet die x-Achse an der Stelle $x = 3$"
$$f(3) = 0$$

„Kurvenpunkt $P(1|4)$"
$$f(1) = 4$$

„In diesem Punkt hat die Tangente die Steigung 3"
$$f'(1) = 3$$

Was ist gesucht?
Wir suchen die unbekannten Werte für a, c und e, um mit diesen Werten den Funktionsterm aufzustellen.
$$a = ?;\ c = ?;\ e = ?$$

b) Lösungsskizze
Eine Lösungsskizze ist hier nicht erforderlich, da wir alle relevanten Informationen des Textes direkt in Bedingungsgleichungen umsetzen können.

c) Wie ausführlich und in welcher Form muss ich die Lösung angeben?
Die Aufgabenstellung lautet „Ermitteln Sie …". Da ein unmittelbares Angeben der Ergebnisse nicht möglich ist, muss eine Rechnung durchgeführt werden.

$$f(x) = ax^4 + cx^2 + e$$
$$f'(x) = 4ax^3 + 2cx$$

$f(3) = 0 \Rightarrow 81a + 9c + e = 0$ (I)
$f(1) = 4 \Rightarrow a + c + e = 4$ (II)
$f'(1) = 3 \Rightarrow 4a + 2c = 3$ (III)

d) Erstellen der Lösung
Die Informationen des Textes setzen wir in die allgemeinen Funktionsgleichung ein. Wir erhalten drei Bedingungen und lösen das entstandene LGS.

(I) − (II): $80a + 8c = -4 \quad |:4$
$\qquad\qquad 20a + 2c = -1$ (IV)

(III) − (IV): $-16a = 4$
$\qquad\qquad \Leftrightarrow a = -\tfrac{1}{4}$

$a = -\tfrac{1}{4}$ in (IV):
$20 \cdot \left(-\tfrac{1}{4}\right) + 2c = -1$
$\Leftrightarrow \quad -5 + 2c = -1 \quad |+5$
$\Leftrightarrow \qquad\quad 2c = 4 \quad |:2$
$\Leftrightarrow \qquad\qquad c = 2$

$a = -\tfrac{1}{4};\ c = 2$ in (II):
$-\tfrac{1}{4} + 2 + e = 4$
$\Leftrightarrow \quad \tfrac{7}{4} + e = 4 \qquad |-\tfrac{7}{4}$
$\Leftrightarrow \qquad\quad e = \tfrac{9}{4}$

e) Formulierung einer Antwort
Wir geben die Funktionsgleichung an.
$$f(x) = -\tfrac{1}{4}x^4 + 2x^2 + \tfrac{9}{4}$$

Aufgabe 2

a) Was ist gegeben? Wie kann ich diese Informationen mathematisch ausdrücken?
Die Funktionsgleichung von f ist gegeben.

Was ist gesucht?
x-Achsenschnittpunkte, Extrempunkte und das Schaubild. (Für die Extrempunkte werden wahrscheinlich die ersten beiden Ableitungen hilfreich sein.)

b) Lösungsskizze
Eine Lösungsskizze ist nicht erforderlich.

c) Wie ausführlich und in welcher Form muss ich die Lösung angeben?
Die Aufgabenstellung lautet „Bestimmen Sie …". Daher muss auf jeden Fall eine Rechnung mit Angabe der Lösungsansätze durchgeführt werden.

d) Erstellen der Lösung
Die Schnittpunkte mit der x-Achse erhalten wir über eine Bestimmung der Nullstellen.

Um die Extrema zu bestimmen, wenden wir die notwendige und hinreichende Bedingung für Extremstellen an.

Die zugehörigen y-Koordinaten berechnen wir mithilfe der Ausgangsgleichung.

Für die Zeichnungen verwenden wir die berechneten Punkte und nutzen ggf. noch eine Wertetabelle.

e) Formulierung einer Antwort
Wir geben die gesuchten Punkte an.

$f(x) = -\frac{1}{2}x^4 + 3x^2 - \frac{5}{2}$
$f'(x) = -2x^3 + 6x;\ f''(x) = -6x^2 + 6$

x-Achsenschnittpunkte:
$$f(x_N) = 0$$
$-\frac{1}{2}x_N^4 + 3x_N^2 - \frac{5}{2} = 0$ ▶ Substituiere $x_N^2 = u$
$\Leftrightarrow -\frac{1}{2}u^2 + 3u - \frac{5}{2} = 0$ ▶ abc-Formel
$\Leftrightarrow u_{1;2} = \dfrac{-3 \pm \sqrt{3^2 - 4\cdot\left(-\frac{1}{2}\right)\cdot\left(-\frac{5}{2}\right)}}{2\cdot\left(-\frac{1}{2}\right)}$
$\Leftrightarrow \phantom{u_{1;2}}= \dfrac{-3 \pm \sqrt{9-5}}{-1} = \dfrac{-3 \pm 2}{-1}$
$\Leftrightarrow u = 1 \lor u = 5$ ▶ Resubstituiere: $u = x_N^2$
$\Leftrightarrow x_N^2 = 1 \lor x_N^2 = 5$ ▶ $\pm\sqrt{}$
$\Rightarrow x_{N_{1;2}} = \pm 1;\ x_{N_{3;4}} = \pm\sqrt{5}$

Extrema:
Notwendige Bedingung: $f'(x_E) = 0$
$-2x_E^3 + 6x_E = 0$
$\Leftrightarrow 2x_E(-x_E^2 + 3) = 0$ ▶ Satz vom Nullprodukt
$\Leftrightarrow 2x_E = 0 \lor -x_E^2 + 3 = 0$
$\Leftrightarrow x_{E_1} = 0;\ x_{E_2} = +\sqrt{3};\ x_{E_3} = -\sqrt{3}$

Hinreichende Bedingung: $f''(x_E) \neq 0$
$f''(0) = 6 > 0 \Rightarrow$ TP an der Stelle $x_{E_1} = 0$
$f''(+\sqrt{3}) = -12 < 0 \Rightarrow$ HP an der Stelle $x_{E_2} = \sqrt{3}$
$f''(-\sqrt{3}) = -12 < 0 \Rightarrow$ HP an der Stelle $x_{E_2} = -\sqrt{3}$

Berechnung der y-Koordinaten:
$f(0) = -\frac{5}{2} \Rightarrow T\left(0\,\big|\,-\frac{5}{2}\right)$
$f(+\sqrt{3}) = 2 \Rightarrow H_1(+\sqrt{3}\,|\,2)$
$f(-\sqrt{3}) = 2 \Rightarrow H_2(-\sqrt{3}\,|\,2)$

Schaubild:

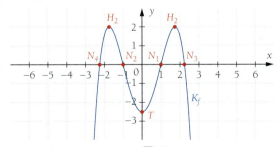

$N_{1;2} = (\pm 1\,|\,0);\ N_{3;4} = (\pm\sqrt{5}\,|\,0);$
$T\left(0\,\big|\,-\frac{5}{2}\right);\ H_{1;2}(\pm\sqrt{3}\,|\,2)$

Aufgabe 3

a) Was ist gegeben? Wie kann ich diese Informationen mathematisch ausdrücken?

Die Funktionsgleichung von g und die Information, dass g eine Tangente im Kurvenpunkt A sein soll, sind gegeben. Für Tangenten in einem Kurvenpunkt müssen die Funktionswerte und Ableitungswerte von Tangente und Funktion in diesem Punkt übereinstimmen. Wir benötigen also in jedem Fall Funktionsgleichung und erste Ableitung von f und g.

$g(x) = -4x + \frac{19}{2}$
$A(2|f(2))$

Bedingungen:
(I) $g(2) = f(2)$
(II) $g'(2) = f'(2)$

$f(x) = -\frac{1}{2}x^4 + 3x^2 - \frac{5}{2}$
$f'(x) = -2x^3 + 6x$

$g(x) = -4x + \frac{19}{2}$
$g'(x) = -4$

Was ist gesucht?

Die Behauptung soll bewiesen werden. Also müssen die beiden Bedingungen überprüft werden und es muss sich jeweils eine wahre Aussage ergeben.

Zu zeigen:
Beide Bedingungen ergeben wahre Aussagen.

b) Lösungsskizze

Das Einzeichnen der Gerade g in die Zeichnung aus Aufgabe 2 zeigt, ob die Behauptung wahr sein kann.

c) Wie ausführlich und in welcher Form muss ich die Lösung angeben?

Die Aufgabenstellung „Weisen Sie nach …" erfordert auf jeden Fall eine Rechnung mit Angabe der Lösungsansätze.

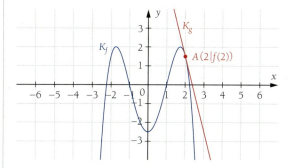

d) Erstellen der Lösung

Wir prüfen beide Bedingungen und erhalten jeweils eine wahre Aussage.

Überprüfung Bedingung (I):
$g(2) = -4 \cdot 2 + \frac{19}{2} = \frac{3}{2}$
$f(2) = -\frac{1}{2} \cdot 2^4 + 3 \cdot 2^2 - \frac{5}{2} = \frac{3}{2}$
$\Rightarrow g(2) = f(2)$ (w)

Überprüfung Bedingung (II):
$g'(2) = -4$
$f'(2) = -2 \cdot 2^3 + 6 \cdot 2 = -4$
$\Rightarrow g'(2) = f'(2)$ (w)

q. e. d.

e) Formulierung einer Antwort

Da wir den geforderten Nachweis erbracht haben, können wir unter unsere Rechnung schreiben: w. z. b. w („was zu beweisen war") bzw. die lateinische Form q. e. d („quod erat demonstrandum").

Aufgabe 4

a) Was ist gegeben? Wie kann ich diese Informationen mathematisch ausdrücken?
Die Funktionsgleichung von f und die Gleichung der Tangente t sind gegeben.

$f(x) = -\frac{1}{2}x^4 + 3x^2 - \frac{5}{2}$
$t(x) = 2$

Was ist gesucht?
Die Größe der Fläche, die von K_t, K_f und den Koordinatenachsen eingeschlossen wird.

b) Lösungsskizze
Wir ergänzen die Zeichnung aus Aufgabe 2.

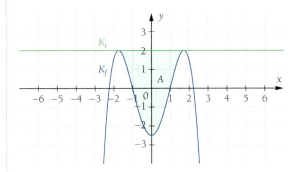

c) Wie ausführlich und in welcher Form muss ich die Lösung angeben?
Die Aufgabenstellung lautet „Berechnen Sie …". Also muss eine entsprechend ausführliche Rechnung ausgeführt werden.

d) Erstellen der Lösung
Zunächst berechnen wir die Schnittstellen der Schaubilder von f und t. Dies sind die Grenzen für die Flächeninhaltsberechnung mithilfe des bestimmten Integrals.

▸ Statt des „üblichen Ansatzes" für Schnittstellen kann man die Lösung auch argumentativ herleiten, wenn man sich darauf bezieht, dass die Hochpunkte gemäß Aufgabe 2 die y-Koordinate 2 haben.

Berechnung der Schnittstellen:

$$f(x_S) = t(x_S)$$
$$\Leftrightarrow -\frac{1}{2}x_S^4 + 3x_S^2 - \frac{5}{2} = 2$$
$$\Leftrightarrow -\frac{1}{2}x_S^4 + 3x_S^2 - \frac{9}{2} = 0 \quad \blacktriangleright \text{Substituiere } x_N^2 = u$$
$$\Leftrightarrow -\frac{1}{2}u^2 + 3u - \frac{9}{2} = 0$$

$\blacktriangleright$ abc-Formel; $a = -\frac{1}{2}$; $b = 3$; $c = -\frac{9}{2}$

$$\Leftrightarrow u_{1;2} = \frac{-3 \pm \sqrt{3^2 - 4 \cdot \left(-\frac{1}{2}\right) \cdot \left(-\frac{9}{2}\right)}}{2 \cdot \left(-\frac{1}{2}\right)}$$

$$\Leftrightarrow \quad = \frac{-3 \pm 0}{-1}$$

$$\Rightarrow u = 3 \quad \blacktriangleright \text{Resubstituiere: } u = x_N^2$$

$$\Leftrightarrow x_N^2 = 3 \Rightarrow x_{N_{1;2}} = \pm\sqrt{3}$$

Nun können wir den gesuchten Flächeninhalt bestimmen. Dabei nutzen wir die Achsensymmetrie des Schaubildes zur y-Achse aus.

Berechnung des Flächeninhalts:

$$A = \int_{-\sqrt{3}}^{\sqrt{3}} (t(x) - f(x))\,dx = 2 \cdot \int_0^{\sqrt{3}} \left(2 - \left(-\frac{1}{2}x^4 + 3x^2 - \frac{5}{2}\right)\right)dx$$

$$= 2 \cdot \int_0^{\sqrt{3}} \left(\frac{1}{2}x^4 - 3x^2 + \frac{9}{2}\right)dx = 2 \cdot \left[\frac{1}{10}x^5 - x^3 + \frac{9}{2}x\right]_0^{\sqrt{3}}$$

$$= 2 \cdot \left(\frac{1}{10} \cdot (\sqrt{3})^5 - (\sqrt{3})^3 + \frac{9}{2}\sqrt{3}\right)$$

$$= 2 \cdot \left(\frac{1}{10} \cdot 9\sqrt{3} - 3\sqrt{3} + \frac{9}{2}\sqrt{3}\right)$$

$$= 2 \cdot \left(\frac{12}{5}\sqrt{3}\right) = \frac{24}{5}\sqrt{3} \approx 8{,}31$$

e) Formulierung einer Antwort
Wir geben den Flächeninhalt an.

$\Rightarrow A \approx 8{,}31$ FE

Aufgabe 5

a) Was ist gegeben? Wie kann ich diese Informationen mathematisch ausdrücken?

Gegeben sind die Funktionsgleichung von h sowie die Information über ein achsensymmetrisches Dreieck, von dem zwei Punkte auf dem Schaubild von h und die „Spitze" im Ursprung liegt.

$h(x) = \frac{1}{2}x^2 - \frac{5}{2}$

Was ist gesucht?

Gesucht ist das Dreieck mit maximalem Flächeninhalt.

b) Lösungsskizze

Zu Veranschaulichung ist eine Skizze sehr sinnvoll. Dabei nutzen wir für die Skizze von K_h, dass die Funktionsgleichung eine gestauchte und nach unten verschobene Parabel 2. Grades angibt.

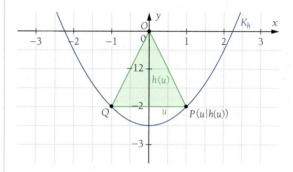

c) Wie ausführlich und in welcher Form muss ich die Lösung angeben?

Die Aufgabenstellung beginnt mit „Welche Koordinaten …". Es würde also reichen, die Koordinaten direkt und ohne Rechnung anzugeben. Da wir aber weder aus dem Ansatz noch aus der Skizze genau die Punkte ablesen können, für die das Dreieck maximalen Flächeninhalt hat, ist eine Rechnung notwendig.

Hauptbedingung:
$A = \frac{1}{2} \cdot g \cdot h$

Nebenbedingungen:
$g = 2 \cdot u$
$h = |h(u)| = -h(u)$, da $h(u) < 0$ ist, eine Länge aber stets positiv

d) Erstellen der Lösung

Die Hauptbedingung für den Flächeninhalt ist die Formel $A = \frac{1}{2} \cdot \text{Grundseite} \cdot \text{Höhe}$.

Nun betrachten wir den Punkt P auf dem Schaubild von h mit den Koordinaten $P(u|h(u))$.

Dann erhalten wir aufgrund der Symmetrie die Nebenbedingungen, dass die Grundseite dem Doppelten von u entspricht und dass die zugehörige Höhe dem Betrag von $h(u)$ entspricht.

Damit ergibt sich die Zielfunktion für den Flächeninhalt des Dreiecks OPQ. Diese untersuchen wir nun auf ihr Maximum. Dafür bilden wir die ersten beiden Ableitungen und wenden die notwendige und hinreichende Bedingung für Extrema an.

Für $u_E = \sqrt{\frac{5}{3}}$ wird also der Inhalt des Dreiecks maximal. Dieser Wert ist die x-Koordinate von P. Die y-Koordinate erhalten wir über die Funktionsgleichung von h (nicht die von A).

Zielfunktion:
$A(u) = \frac{1}{2} \cdot g \cdot h = \frac{1}{2} \cdot 2u \cdot (-h(u)) = -u \cdot h(u)$
$\quad = -u \cdot \left(\frac{1}{2}u^2 - \frac{5}{2}\right)$
$\quad = -\frac{1}{2}u^3 + \frac{5}{2}u$

Ableitungen:
$A'(u) = -\frac{3}{2}u^2 + \frac{5}{2}$
$A''(u) = -3u$

Notwendige Bedingung: $A'(u_E) = 0$
$-\frac{3}{2}u_E^2 + \frac{5}{2} = 0 \Rightarrow u_E = \sqrt{\frac{5}{3}}$ ▶ $u_E > 0$

Hinreichende Bedingung: $A''(u_E) \neq 0$
$A''\left(\sqrt{\frac{5}{3}}\right) = -3 \cdot \sqrt{\frac{5}{3}} < 0 \Rightarrow$ Maximum

Berechnung der y-Koordinate von P:
$h\left(\sqrt{\frac{5}{3}}\right) = \frac{1}{2} \cdot \left(\sqrt{\frac{5}{3}}\right)^2 - \frac{5}{2} = \frac{1}{2} \cdot \frac{5}{3} - \frac{5}{2} = -\frac{5}{3}$
$P\left(\sqrt{\frac{5}{3}} \mid -\frac{5}{3}\right); Q\left(-\sqrt{\frac{5}{3}} \mid -\frac{5}{3}\right)$

e) Formulierung einer Antwort

Aufgrund der Symmetrie können wir auch die Koordinaten von Q einfach angeben.

6.2 Prüfungsaufgaben

Die Abschlussprüfung für das Berufskolleg ist im Fach Mathematik ab dem Jahr 2018 folgendermaßen strukturiert:

Pflichtteil	Wahlteil
Ohne Hilfsmittel	Mit der offiziellen **Merkhilfe** und einem zugelassenen **wissenschaftlichen Taschenrechner** als Hilfsmittel
Zu lösen ist eine Aufgabe mit 30 Punkten.	Angeboten werden drei Aufgaben zu je 30 Punkten, von denen zwei komplette Aufgaben nach freier Wahl zu bearbeiten sind.
<ul><li>Gesamte Prüfungszeit: 200 Minuten</li><li>Maximal erreichbare Punktezahl: 90</li><li>Die Aufteilung der Zeit zwischen Pflichtteil und Wahlteil kann jede Schülerin und jeder Schüler frei bestimmen.</li><li>Die erlaubten Hilfsmittel werden erst nach Abgabe des Pflichtteils an die Schülerinnen und Schüler ausgegeben.</li><li>Bei der Abgabe des Pflichtteils müssen auch die zugehörigen Aufgabenblätter mit abgegeben werden. Anschließend dürfen diese Aufgaben nicht mehr bearbeitet werden.</li></ul>	

Beispielaufgaben für den neu eingeführten Pflichtteil, der ohne Hilfsmittel zu lösen ist, finden Sie im Abschnitt 6.2.1, der auf der nächsten Seite beginnt.

Für den Wahlteil, der mit Hilfsmitteln zu lösen ist, finden Sie im Abschnitt 6.2.2 (▶ Seite 387) die früheren landeseinheitlichen Prüfungsaufgaben aus den Jahrgängen 2013 bis 2015.
Da sich der derzeit gültige Lehrplan und die zugelassenen Hilfsmittel geändert haben, ist eine Anpassung dieser Aufgaben an die neuen Rahmenbedingungen erforderlich.
Die angepassten (Teil-)Aufgaben sind mit einem Sternchen versehen und enthalten eine mögliche Umformulierung, die den neuen Vorgaben entspricht.
Auch die für die jeweiligen Teilaufgaben erreichbare Punktezahl müsste entsprechend dem rechnerischen Aufwand angepasst werden, was aber bei der Prüfungsvorbereitung selbst nicht wesentlich ist. Aus diesem Grund wird in der nachfolgenden Übersicht keine Anpassung der erreichbaren Punktezahl berücksichtigt.
An einigen Stellen werden in den zukünftigen Prüfungsaufgaben Schaubilder vorgegeben, um das eigene Zeichnen von Schaubildern zu reduzieren. Dadurch verbleibt mehr Prüfungszeit für die anderen Aufgabenteile. Diese Veränderung ist in der nachfolgenden Aufstellung ebenfalls nicht berücksichtigt.
Auch sind einzelne Aufgabenteile vom rechnerischen Aufwand mit den neu zugelassenen Hilfsmitteln aufwändiger als zuvor, was einen höheren Zeitaufwand zur Folge hat. Aufgaben mit einem so hohen Zeitaufwand für das Rechnen würden also in der Prüfung ggf. kürzer beziehungsweise mit weniger Teilaufgaben ausfallen.
In diesem Buch sind aus Platzgründen nur die veränderten Prüfungsaufgaben aus den Jahren 2013 bis 2015 abgedruckt. Weiteres Übungsmaterial finden Sie auch online. Geben Sie dazu den Webcode **BK-Mathe-Prüfungsaufgaben** auf der Seite **www.cornelsen.de** ein. Hier finden Sie analog bearbeitete frühere Prüfungsaufgaben bis zum Jahr 2005 zurück.
Zu einer tabellarischen Übersicht, welche Teile der früheren Prüfungsaufgaben wie verändert wurde, finden Sie durch Eingabe des Webcodes **BK-Mathe-Prüfungsaufgaben**.

Eine ideale Simulation der Abschlussprüfung können Sie mithilfe der offiziellen Musteraufgaben des Kultusministeriums erreichen. Diese finden Sie im Abschnitt 6.2.3 (▶ Seite 393).

6.2.1 Übungsaufgaben für den Prüfungsteil ohne Hilfsmittel

1. Gegeben ist die Funktion f mit
   $f(x) = 4e^{-x} - e^{-1{,}5x}$ für $x \in \mathbb{R}$.
   Berechnen Sie die Koordinaten der Schnittpunkte des Schaubildes von f mit den Koordinatenachsen.

2. Gegeben sind die Funktionen f und g mit
   $f(x) = e^{2x+1} - 3$ und $g(x) = e^x$.
   Das Schaubild von f sei K_f, das Schaubild von g sein K_g.
   a) Berechnen Sie die Achsenschnittpunkte von K_f.
   b) Berechnen Sie die Stellen, an denen K_f und K_g dieselbe Steigung haben.
   c) K_f wird an der x-Achse gespiegelt. Wie lautet der neue Funktionsterm?
   d) K_f wird an der y-Achse gespiegelt. Wie lautet der neue Funktionsterm?

3. Das Schaubild einer zur y-Achse symmetrischen ganzrationalen Funktion 4. Grades g verläuft durch den Punkt $A(0|-1)$ und hat im Punkt $P(2|2)$ einen Hochpunkt.
   Bestimmen Sie den Funktionsterm von g.

4. Das Schaubild einer trigonometrischen Funktion hat einen Wendepunkt bei $W(0|3)$.
   Der erste Hochpunkt rechts der y-Achse hat die Koordinaten $H(2|7)$. Geben Sie einen möglichen Funktionsterm für diese Funktion an.

5. Gegeben ist die Funktion h mit
   $h(x) = -x^2 + 2x + 3$ für $x \in \mathbb{R}$.
   Berechnen Sie den Inhalt der Fläche, die das Schaubild von h mit der x-Achse einschließt.

6. Bestimmen Sie die Werte für a und b der Funktion f mit $f(x) = a \cdot \sin(x) + b$ so, dass das Schaubild von f das Schaubild von g mit $g(x) = -e^{-x} + 2$ im Punkt $P(0|g(x))$ berührt.

7. Gegeben ist die Funktion f mit
   $f(x) = 2\cos(2x) + 5$.
   Geben Sie an, wie das Schaubild K von f aus dem Schaubild der Funktion g mit $g(x) = \cos(x)$ hervorgeht.
   Bestimmen Sie die Gleichung der Tangente an K im Punkt $P\left(\frac{\pi}{4}\big|f\left(\frac{\pi}{4}\right)\right)$.

8. Das Schaubild einer ganzrationalen Funktion 3. Grades ist zum Ursprung symmetrisch, schneidet die x-Achse an der Stelle $x = 2$ und verläuft durch den Punkt $P\left(-1\big|\frac{9}{2}\right)$.
   Bestimmen Sie den zugehörigen Funktionsterm.

9. Gegeben ist die Funktion f mit
   $f(x) = 2\sin\left(\frac{\pi}{4}x\right) - 2$.
   Zeigen Sie, dass bei $x = -2$ ein Tiefpunkt des Schaubildes liegt. Berechnen Sie die Gleichung der Tangente im Punkt $W(-4|f(-4))$.

10. Gegeben ist die Funktion f mit
    $f(x) = \pi x - \cos(\pi x)$.
    Untersuchen Sie, ob der Punkt $P(1{,}5|1{,}5\pi)$ ein Sattelpunkt des Schaubildes von f ist.

11. Das gezeichnete Schaubild hat die Gleichung
    $u(x) = a \cdot \sin(bx) + c$.
    Ermitteln Sie passende Werte für a, b und c.
    Begründen Sie Ihre Angaben.

    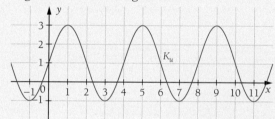

12. Gegeben ist die Funktion f mit
    $f(x) = 2\sin(\pi x)$ für $0 < x < 2$.
    Ihr Schaubild sei K_f. Geben Sie die Gleichung der Wendetangente an K_f an.

13. Gegeben ist die Funktion g mit
    $g(x) = 2\cos(x) + 2$ für $0 \leq x \leq 2\pi$.
    Berechnen Sie den Inhalt der Fläche, die vom Schaubild von g und den beiden Koordinatenachsen eingeschlossen wird.

14. Geben Sie einen möglichen Funktionsterm für eine trigonometrische Funktion mit folgenden Eigenschaften an:
    - Das Schaubild hat eine Periodenlänge von 3π.
    - Die Wendepunkte haben eine y-Koordinate von 2.
    - Die Amplitude ist 4.

15. Gegeben ist das nachfolgende Schaubild.
Es stellt die erste Ableitung einer ganzrationalen Funktion f dar.

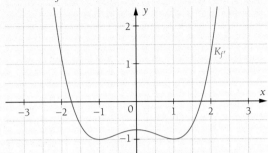

Überprüfen Sie, ob folgende Aussagen wahr, falsch oder unentscheidbar sind. Begründen Sie.
a) Das Schaubild von f ist symmetrisch zur y-Achse.
b) An den Stellen 1 und −1 hat das Schaubild von f Extrempunkte.
c) Das Schaubild von f verläuft durch den Punkt $P(0|1)$. An der Stelle $x = 0$ hat das Schaubild von f einen Wendepunkt.

16. Gegeben sind die Funktionen f und g durch $f(x) = 2\sin\left(\frac{\pi}{2}x\right)$ und $g(x) = \sin\left(\frac{\pi}{2}x\right) + 1$ für $0 \le x \le 5$. Ihre Schaubilder sind K_f und K_g.
Zeigen Sie, dass $P(1|2)$ Hochpunkt von K_f und K_g ist. Was lässt sich damit über die gegenseitige Lage von K_f und K_g sagen? Überprüfen Sie rechnerisch, ob die Punkte $P(2|1)$ und $Q(4|1)$ Wendepunkte von K_g sind. Beschreiben Sie, wie das Schaubild von K_g aus dem Schaubild von K_f hervorgeht.

17. Von einer ganzrationalen Funktion 4. Grades sind folgende Informationen bekannt:

x	−3	−2	0	2	4
f(x)	−4,375	0	−4	0	0
f'(x)		0	−1	4	−9
f''(x)		−6		0	
f'''(x)				−4,5	

a) Geben Sie ein mögliches lineares Gleichungssystem zur Bestimmung des Funktionsterms an, ohne dieses zu lösen.
b) Welche Eigenschaften des Schaubildes der Funktion kann man aus den einzelnen Spalten jeweils entnehmen?
c) Skizzieren Sie ein mögliches Schaubild der Funktion anhand der Informationen aus der Tabelle.

18. Es werden Funktionen der Form $h(x) = a + b \cdot e^{-1,5x}$ betrachtet.
a) Das folgende Schaubild gehört zu einer Funktion dieses Typs.

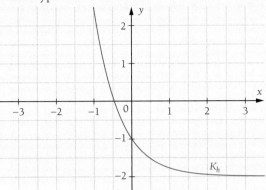

Berechnen Sie die zugehörigen Werte für a und b.
b) Geben Sie je ein Beispiel für eine Funktion des Typs von h an, bei dem das Schaubild
 • keine Nullstellen besitzt,
 • dauerhaft rechtsgekrümmt ist.

19. Das Schaubild einer ganzrationalen Funktion 3. Grades schneidet die x-Achse bei 3 und hat bei $x = 1$ und $x = 4$ Extremstellen. Im Schnittpunkt mit der y-Achse hat das Schaubild eine Tangente, die parallel zur Geraden $y = 2x − 5$ verläuft. Bestimmen Sie den zugehörigen Funktionsterm.

20. Gegeben ist die Funktion h mit $h(x) = -e^{2x} - 4x + 2$ für $x \in \mathbb{R}$.
Berechnen Sie die Stelle, an der das Schaubild von h eine waagrechte Tangente hat, und geben Sie die Gleichung dieser Tangente an.

21. Das Schaubild der Funktion h der Form $h(x) = e^x + ax + b$ mit $a, b, x \in \mathbb{R}$ schneidet die y-Achse in −6 und hat an der Stelle $x = 2$ einen Extrempunkt. Berechnen Sie passende Werte für a und b.

22. Geben Sie den Funktionsterm einer ganzrationalen Funktion 4. Grades an, welche an den Stellen $x = -3$ und $x = 2$ jeweils eine doppelte Nullstelle und an der Stelle $x = 5$ eine einfache Nullstelle hat.

23. Es werden Funktionen mit einem Funktionsterm folgender Form untersucht:
$f(x) = ax^3 + bx^2$
Geben Sie an, welche der folgenden Schaubilder A, B und C nicht zu einer Funktion dieses Typs gehören können. Geben Sie ein ausschließendes Argument an.
Bestimmen Sie die zugehörigen Werte für a und b, falls das abgebildete Schaubild zu einer Funktion dieses Typs gehört.
Begründen Sie jeweils Ihre Angaben.

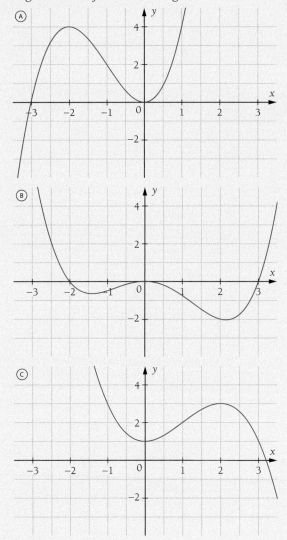

24. Berechnen Sie mögliche Werte für u mit $u > 0$ im folgenden Integral:
$$\int_0^u \left(-\tfrac{1}{4}x^3 + \tfrac{10}{3}x\right) dx = \tfrac{17}{3}$$

25. Gegeben ist die Funktion f mit
$f(x) = 2\sin(\pi x) + 3$ für $x \in [-1; 2]$.
Zeigen Sie, dass der Punkt $W(1|3)$ Wendepunkt des Schaubildes von f ist, und geben Sie die Gleichung der Tangente in diesem Punkt an.

26. Berechnen Sie die Koordinaten der Achsenschnittpunkte des Schaubildes der Funktion f mit
$f(x) = \tfrac{1}{3}e^{\tfrac{1}{2}x} - 2$.

27. Bestimmen Sie die Werte a, b und c im Funktionsterm der Funktion f mit $f(x) = a \cdot \cos(bx) + c$ so, dass die Punkte $A(0|1,5)$ und $B\left(\tfrac{\pi}{4}|-3,5\right)$ zwei benachbarte Extrempunkte sind.

28. Gegeben ist das nachfolgende Schaubild K_f einer Funktion f.

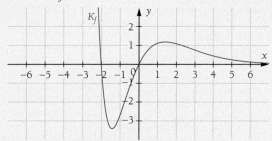

Untersuchen Sie, ob die folgenden Aussagen wahr, falsch oder unentscheidbar sind.
Begründen Sie jeweils Ihre Antworten.
(1) K_f hat mindestens einen Wendepunkt.
(2) $f''(1) < f''(-1,5)$
(3) Das Schaubild von F hat der Stelle $x = -2$ einen Tiefpunkt.
(4) Das Schaubild von F verläuft durch den Ursprung.

29. Gegeben sind die folgenden zwei Schaubilder.

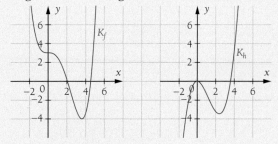

Benennen Sie vier Eigenschaften, die begründen, dass das Schaubild K_h das Schaubild der ersten Ableitung von K_f ist.

30. Lösen Sie das folgende lineare Gleichungssystem und geben Sie die Lösungsmenge an.
$2x + 6y - 3z = -6$
$4x + 3y + 3z = 6$
$4x - 3y + 6z = 6$

31. Gegeben sind die Funktionen f, g und h:
$f(x) = 1 - 2\cos(3x)$
$g(x) = \sin\left(\frac{\pi}{3}x\right) + 3$
$h(x) = 2 + 2\cos\left(\frac{3}{\pi}x\right)$
Zusätzlich sind die folgenden Sachverhalte beschrieben:
(1) Die Wendepunkte liegen auf der Geraden $y = 1$.
(2) Die Amplitude ist 2.
(3) Der Wertebereich ist das Intervall [0; 4].
(4) Die Periodenlänge ist 6.
Ordnen Sie die Sachverhalte den jeweils passenden Funktionen bzw. deren Schaubildern zu.

32. Gegeben ist die Funktion f durch eine Gleichung der Form $f(x) = a \cdot \sin\left(\frac{\pi}{4}x\right) + a$ mit $x \in \mathbb{R}$ und $a > 0$. Eines der nachfolgenden beiden Schaubilder A und B stellt die Funktion f selbst dar, das andere das der ersten Ableitungsfunktion f'.
Ordnen Sie die Abbildungen zu und begründen Sie Ihre Aussagen.
Bestimmen Sie a.

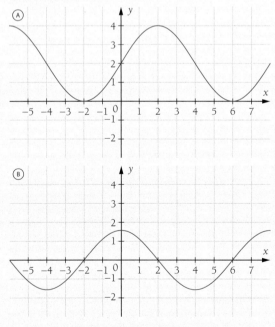

33. Das Schaubild einer ganzrationalen Funktion 3. Grades hat an der Stelle $x = 2$ eine doppelte Nullstelle und an der Stelle $x = -3$ eine einfache Nullstelle. Zusätzlich verläuft das Schaubild dieser Funktion durch den Punkt $P(1|5)$.
Bestimmen Sie die Funktionsgleichung von f.

34. Das Schaubild einer ganzrationalen Funktion 4. Grades verläuft durch den Punkt $P(2|3)$.
Dieser Punkt ist ein Sattelpunkt des Schaubildes. Die Funktionsgleichung $t(x) = -8x + 42$ beschreibt die Tangente an das Schaubild von f an der Stelle $x = 5$.
Geben Sie ein lineares Gleichungssystem an, mit dem man den Funktionsterm der Funktion f ermitteln kann, ohne dieses zu lösen.

35. Für welche Werte von t hat das Schaubild der Funktion f mit $f(x) = \frac{1}{3}x^3 - 2x^2 + t \cdot x$
für $t, x \in \mathbb{R}$ genau zwei Stellen mit waagrechten Tangenten?

36. Das Schaubild einer ganzrationalen Funktion 3. Grades verläuft symmetrisch zum Koordinatenursprung und durch die Punkte $A(1|-4)$ sowie $B(-2|5)$. Ermitteln Sie den Funktionsterm dieser Funktion.

37. Gegeben ist die Funktion f mit $f(x) = e^{2x} - 8e^x$ für $x \in \mathbb{R}$. Ihr Schaubild ist K_f. Untersuchen Sie das Krümmungsverhalten von K_f.

38. Gegeben ist das abgebildete Schaubild einer Funktion g mit einer Funktionsgleichung der Form $g(x) = a \cdot \cos(bx) + c$.

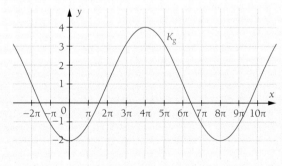

Bestimmen Sie passende Werte für a, b und c anhand des Schaubildes.
Begründen Sie Ihre Angaben.

6.2.2 Übungsaufgaben für den Prüfungsteil mit Hilfsmitteln

Die folgenden Aufgaben entstammen den Abschlussprüfungen des Berufskollegs aus den Jahren 2013 bis 2015. In diesen Aufgaben waren noch andere Hilfsmittel zugelassen als für Ihre kommende Prüfung. Daher sind einige Teilaufgaben hier angepasst worden. Die angepassten (Teil-)Aufgaben sind mit einem Sternchen versehen und können nun mit der Merkhilfe und einem zugelassenen wissenschaftlichen Taschenrechner gelöst werden – so wie Sie es auch in Ihrer Prüfung erwarten können (▶ weitere Hinweise auf Seite 382).
Weitere (auf die neuen Anforderungen angepasste) Aufgaben aus den Prüfungen früherer Jahrgänge finden Sie online unter **www.cornelsen.de** mithilfe des Webcodes **BK-Mathe-Prüfungsaufgaben**.

Prüfungsaufgaben 2015

Aufgabe 1
Gegeben ist die Funktion f mit $f(x) = \frac{1}{4}x^4 - 2x^2 + 4$, für $x \in \mathbb{R}$. Ihr Schaubild ist K_f.

1.1 Zeichnen Sie K_f.
Untersuchen Sie K_f auf Symmetrie.
Geben Sie die Koordinaten der Extrem- und Wendepunkte von K_f an.

1.2 Ermitteln Sie die Gleichung der Tangente t an K_f im Punkt $P(1|f(1))$.
Die Tangente t, die y-Achse und K_f schließen im 1. Quadranten eine Fläche ein.
Zeichnen Sie in Ihr Koordinatensystem aus 1.1 die Tangente t, markieren Sie diese Fläche und berechnen Sie deren Flächeninhalt.

1.3* Gegeben sind für $0 \leq u \leq 2$ der Punkt $B(u|f(u))$ und der Punkt $D(-u|0)$. Diese beiden Punkte sind Eckpunkte eines zur y-Achse symmetrischen Rechtecks $ABCD$.
Geben Sie einen Funktionsterm an, welcher den Umfang des Rechtecks angibt, und berechnen Sie den Umfang des Rechtecks für $u = 0,5$.

In einem Gehege wird der Kaninchenbestand über einen längeren Zeitraum beobachtet.
Die Auswertung dieser Beobachtung hat modellhaft folgende Bestandsfunktion ergeben:
$k(t) = 1000 \cdot (1 - 0{,}85 e^{-0{,}0513\,t})$; $t \geq 0$.
Die Zeit t wird in Monaten gemessen und $k(t)$ gibt den Bestand der Kaninchen zum Zeitpunkt t an.

1.4 Wie groß ist der Kaninchenbestand im Gehege zu Beginn der Beobachtung? Wie wird im Funktionsterm berücksichtigt, dass der Bestand nicht beliebig groß wird?
Nach welcher Zeit ist ein Kaninchenbestand von 250 erreicht?

1.5 Bestimmen Sie die momentane Änderungsrate des Kaninchenbestandes in Abhängigkeit von der Zeit t.
Wann ist diese Änderungsrate am größten?
Berechnen Sie die durchschnittliche Änderungsrate in den ersten 5 Monaten.

Aufgabe 2
Gegeben ist die Funktion f mit $f(x) = -e^{-0{,}5x} - x + 1$; $x \in \mathbb{R}$. Ihr Schaubild ist K_f.

2.1 Zeichnen Sie K_f.
Berechnen Sie die exakten Koordinaten des Hochpunktes von K_f.
Untersuchen Sie das Krümmungsverhalten von K_f.
Weisen Sie nach, dass K_f durch den Ursprung verläuft, und begründen Sie, dass K_f nur noch einen weiteren gemeinsamen Punkt mit der x-Achse hat.

2.2 Zeigen Sie, dass K_f und die Gerade mit der Gleichung $y = -x + 1$ keine gemeinsamen Punkte besitzen.

2.3 Die Gerade mit der Gleichung $x = u$ mit $-5 \leq u \leq 1$ schneidet K_f im Punkt P und die Gerade mit der Gleichung $y = x - 1$ im Punkt Q.
Für welchen Wert von u ist die Länge der Strecke $\overline{PQ}$ maximal?
Geben Sie die maximale Streckenlänge an.

▶ Fortsetzung der Aufgabe auf der nächsten Seite

2.4 Vervollständigen Sie die folgenden Aussagen:
a) Eine einfache Nullstelle einer Funktion ist eine _____ ihrer Stammfunktion.
b) Eine ganzrationale Funktion dritten Grades hat _____ Wendestelle(n), denn ihre zweite Ableitungsfunktion ist vom Grad _____.
c) Eine Funktion h mit $h(x) = 2\cos(3x) + 5$, ($x \in \mathbb{R}$) hat den Wertebereich _____ und eine _____ von $\frac{2}{3}\pi$.
d) Ein möglicher Funktionsterm einer Funktion mit den einfachen Nullstellen $x_1 = -3$, $x_2 = 0$ und $x_3 = 2$ lautet _____.
e) Das Schaubild der trigonometrischen Funktion mit der Funktionsgleichung _____ hat in $W(0|2)$ einen Wendepunkt und in $H(2|4)$ den ersten Hochpunkt mit positivem x-Wert.

Aufgabe 3

Gegeben sind die folgenden Abbildungen mit Schaubildern zweier Funktionen:

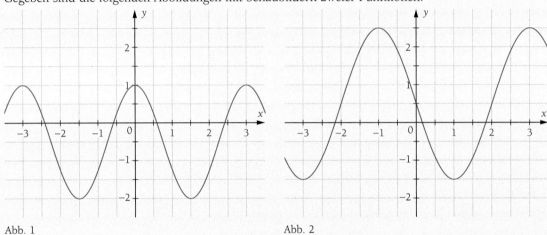

Abb. 1   Abb. 2

3.1 Eine der beiden Abbildungen stellt das Schaubild mit der Gleichung $y = a \cdot \cos(kx) + b$ dar. Begründen Sie, welche das ist, und bestimmen Sie a, b und k.

3.2 Untersuchen Sie für **jede** der beiden Abbildungen, ob die folgenden Aussagen wahr oder falsch sind.
a) Der Wert der ersten Ableitung an der Stelle $x = 0$ ist negativ.
b) Der Funktionswert an der Stelle $x = -2$ ist positiv.
c) Der Wert der ersten Ableitung an der Stelle $x = -3$ ist null.
d) Der Wert der zweiten Ableitung an der Stelle $x = 3$ ist positiv.

Gegeben ist die Funktion f mit $f(x) = -1{,}5\cos(2x) + 1$; $x \in [-1; 3]$. Ihr Schaubild ist K_f.

3.3* Zeichnen Sie K_f.
Zeigen Sie, dass die Gerade g mit der Gleichung $y = 3x + 1 - \frac{3}{4}\pi$ eine Wendetangente an K_f ist.
Geben Sie die Koordinaten des dazugehörigen Wendepunktes an.
Wie lautet die Gleichung der zu g senkrechten Geraden in diesem Wendepunkt?

3.4 Geben Sie die exakten Koordinaten des Hochpunktes von K_f an.
Zeichnen Sie in das Koordinatensystem von 3.3 das Schaubild K_g der Funktion g mit $g(x) = \frac{24}{\pi^3}x^3 - \frac{1}{2}$; $x \in \mathbb{R}$.

Weisen Sie nach, dass sich K_f und K_g im Hochpunkt von K_f schneiden.
Berechnen Sie den exakten Inhalt der Fläche, die von K_f und K_g eingeschlossen wird.

Prüfungsaufgaben 2014

Aufgabe 1

1.1 Das Schaubild einer Funktion 3. Grades berührt die x-Achse bei $x = -3$ und verläuft durch den Ursprung. Weiterhin liegt der Punkt $P\left(1\mid\frac{16}{3}\right)$ auf dem Schaubild der Funktion.
Bestimmen Sie den Funktionsterm der Funktion.

Gegeben ist die Funktion f mit $f(x) = -\frac{1}{3}x^3 - 2x^2 - 3x$; $x \in \mathbb{R}$. Ihr Schaubild ist K_f.

1.2 Bestimmen Sie die Koordinaten der gemeinsamen Punkte von K_f mit der x-Achse sowie der Extrem- und Wendepunkte von K_f. Zeichnen Sie K_f in ein geeignetes Koordinatensystem.

1.3* K_f schließt mit der x-Achse eine Fläche ein.
Bestimmen Sie deren Flächeninhalt.

Gegeben sind die Funktionen g mit $g(x) = -\frac{1}{2}x^2 - \frac{7}{2}$ und $h(x) = e^{\frac{1}{2}x}$; $x \in \mathbb{R}$. Das Schaubild von g ist K_g, das Schaubild von h ist K_h.

1.4 K_h soll in y-Richtung so verschoben werden, dass K_g den verschobenen Graphen auf der y-Achse schneidet. Bestimmen Sie den neuen Funktionsterm.

1.5 Die Kurve K_g und die Gerade mit der Gleichung $y = -8$ begrenzen eine Fläche. In diese Fläche soll ein zur y-Achse symmetrisches Dreieck mit den Eckpunkten $S(0|-8)$ und $P(u|g(u))$ mit $0 \le u \le 3$ einbeschrieben werden.
Skizzieren Sie diesen Sachverhalt für $u = 2$.
Berechnen Sie den Inhalt des Dreiecks mit dem größten möglichen Flächeninhalt.

Aufgabe 2

Gegeben ist die Funktion f mit $f(x) = 2\sin(\pi x) + 2$ und $x \in [-1; 4]$. Ihr Schaubild ist K_f.

2.1 Zeichnen Sie K_f.
Bestimmen Sie die Koordinaten der gemeinsamen Punkte von K_f mit den Koordinatenachsen.

2.2 Der Punkt $W(1|2)$ ist ein Wendepunkt von K_f.
Zeigen Sie, dass die Gerade mit der Gleichung $y = -2\pi x + 2 + 2\pi$ Tangente an K_f im Punkt W ist.
Die Tangente, die y-Achse und K_f schließen eine Fläche ein.
Berechnen Sie den exakten Inhalt dieser Fläche.

2.3 Die Abbildung zeigt das Schaubild K_g einer Funktion g.

2.3.1 Begründen Sie jeweils, ob folgende Aussagen wahr oder falsch sind.
a) Die Ableitungsfunktion von g hat im Intervall $[0; 1]$ eine Nullstelle.
b) Das Schaubild einer Stammfunktion von g hat im Intervall $[0; 1]$ einen Hochpunkt.

2.3.1 Ermitteln Sie mithilfe der Abbildung die Gleichung der Tangente an K_g an der Stelle $x = -0{,}5$.

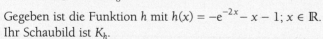

Gegeben ist die Funktion h mit $h(x) = -e^{-2x} - x - 1$; $x \in \mathbb{R}$.
Ihr Schaubild ist K_h.

2.4 Geben Sie die Koordinaten des Hochpunktes von K_h an.
Untersuchen Sie rechnerisch das Krümmungsverhalten von K_h.
Anton behauptet: „K_h besitzt keine Schnittpunkte mit der x-Achse."
Nehmen Sie Stellung zu dieser Behauptung.

2.5* Die Gerade mit der Gleichung $x = u$ schneidet für $0 < u < 1$ das Schaubild K_f im Punkt P und das Schaubild K_h im Punkt Q.
Geben Sie einen Funktionsterm an, welcher die Länge der Strecke $\overline{PQ}$ angibt.
Wie lang ist die Strecke $\overline{PQ}$ für $u = 0{,}5$?

▶ Aufgabe 3 auf der nächsten Seite

Aufgabe 3
Die Abbildungen zeigen die Schaubilder K_g und K_h der Funktionen g und h.

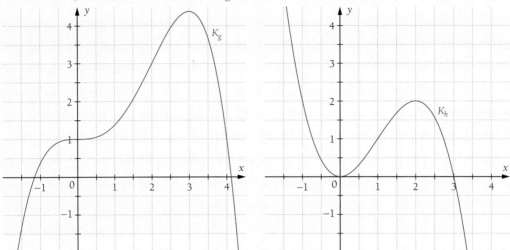

3.1 Begründen Sie mithilfe von vier Eigenschaften, dass K_h das Schaubild der Ableitungsfunktion von g ist.

Zum Schaubild K_h gehört der Funktionsterm $h(x) = -\frac{1}{2}x^3 + \frac{3}{2}x^2;\ x \in \mathbb{R}$.

3.2 Berechnen Sie alle Stammfunktionen der Funktion h.
Welche dieser Stammfunktionen gehört zu K_g?

3.3 Geben Sie die Gleichung der Tangente t im Kurvenpunkt $P(2|h(2))$ an.
Wie lautet die Gleichung der Geraden durch den Punkt P, die senkrecht zu t verläuft?

Gegeben sind die Funktionen u und v mit
$u(x) = 2\cos(x) + 3$ und $v(x) = -2\cos(x) + 1$ jeweils für $x \in [0;\ 2\pi]$.
Ihre Schaubilder heißen K_u und K_v.

3.4 Geben Sie den Wertebereich sowie die exakte Periodenlänge der Funktion u an.
Zeigen Sie, dass die Wendepunkte von K_u auf der Geraden $y = 3$ liegen.

3.5 Zeichnen Sie die Schaubilder K_u und K_t in ein gemeinsames Koordinatensystem.
Beschreiben Sie, wie das Schaubild K_v aus dem Schaubild K_u hervorgeht.

3.6 Lena bereitet sich auf die anstehende Mathematikprüfung vor.
In ihrem Heft findet sie folgenden Aufschrieb:

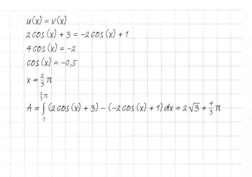

Formulieren Sie eine passende Aufgabenstellung.

Prüfungsaufgaben 2013

Aufgabe 1
Gegeben ist die Funktion f mit $f(x) = \frac{1}{2}x^3 - \frac{3}{2}x^2 + 1$; $x \in \mathbb{R}$.
Das Schaubild von f heißt K_f.

1.1 Weisen Sie mithilfe der Ableitungen nach, dass $H(-1|2)$ Hochpunkt und $T(1|0)$ Tiefpunkt von K_f ist. Zeichnen Sie K_f.

1.2 Für welche Werte von x ist K_f rechtsgekrümmt?

1.3 Der Funktionsterm von f kann auch in der Form $f(x) = a(x + b)(x + c)^2$ geschrieben werden. Bestimmen Sie a, b und c.

1.4 Geben Sie jeweils einen möglichen neuen Funktionsterm an.
   a) K_f wird so verschoben, dass es drei Schnittpunkte mit der x-Achse hat.
   b) K_f wird so verschoben, dass es die x-Achse im Ursprung berührt.

1.5* Bestimmen Sie den Term einer Stammfunktion von f so, dass deren Schaubild durch den Punkt $T(1|0)$ verläuft.

Der Bestand an fester Holzmasse $h(t)$ zum Zeitpunkt t in einem Wald wird durch die Funktion $h(t) = 10^5 \cdot e^{0{,}02\,t}$, $t \geq 0$ beschrieben.
Dabei wird die Zeit t in Jahren und der Bestand $h(t)$ in m³ gemessen ($t = 0$ steht für das Jahr 2013).

1.6 Mit welchem Bestand wird im Jahr 2020 gerechnet?
Nach welcher Zeit wird der Bestand erstmals über 150 000 m³ liegen?

1.7 Um wie viel Prozent nimmt der Holzbestand im Verlauf des ersten Jahres zu?

1.8 Nach wie vielen Jahren wird die momentane Änderungsrate $2500 \frac{m^3}{Jahr}$ betragen?

Aufgabe 2
Gegeben sind die Funktionen g und f mit $g(x) = -e^{0{,}5x} + e$ und $f(x) = -0{,}5x + e^{-x}$ für $x \in \mathbb{R}$.
Ihre Schaubilder sind K_g und K_f.

2.1 Bestimmen Sie die exakten Koordinaten der Achsenschnittpunkte von K_g.
Übertragen Sie die nebenstehende Zeichnung in Ihr Heft und ergänzen Sie die Skalierung im Koordinatensystem.

2.2 Zeichnen Sie die Asymptoten beider Kurven in Ihre Zeichnung ein und geben Sie die Gleichungen der Asymptoten an.

2.3 Geben Sie die exakte Gleichung der Tangente t_g an K_g im Punkt $P(2|g(2))$ an.
Veranschaulichen Sie in Ihrer Zeichnung, dass es eine Tangente t_f an K_f gibt, die parallel zu t_g verläuft.

2.4 Begründen Sie mithilfe der Ableitungen, dass K_f keine Wendepunkte besitzt.

2.5* Berechnen Sie den Inhalt der von K_f und K_g von $x = 0$ bis $x = 2$ eingeschlossenen Fläche A.
A_1 ist der Flächenanteil von A, der im ersten Quadranten liegt.
Geben Sie ein geeignetes Vorgehen zur Bestimmung des Flächeninhaltes von A_1 an, ohne die entsprechende Rechnung durchzuführen.

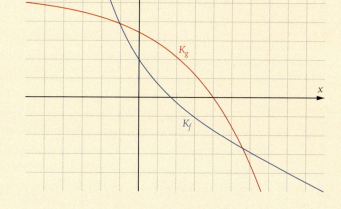

▶ Fortsetzung der Aufgabe auf der nächsten Seite

2.6 Zu jedem der abgebildeten Schaubilder A, B und C gehört eine der Funktionen f, g und h mit:
$f(x) = 2\sin(ax) + b$ $g(x) = c \cdot \sin(2x) + 0{,}5$ $h(x) = 1 + 4\cos(dx)$

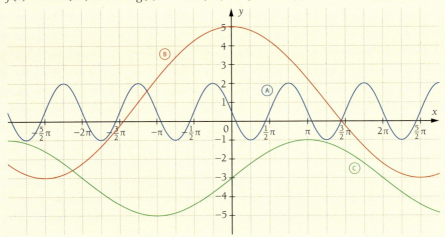

Ordnen Sie jeder Funktion eines der Schaubilder zu und begründen Sie Ihre Entscheidung.
Bestimmen Sie a, b, c und d.

Aufgabe 3

3.1 Das Schaubild einer Funktion ist symmetrisch zur y-Achse und verläuft durch den Punkt $S(0|3)$ und hat in $T(3|0)$ einen Tiefpunkt.
Geben Sie jeweils die Gleichung
- einer Polynomfunktion 4. Grades und
- einer trigonometrischen Funktion

an, deren Schaubild die genannten Bedingungen erfüllt.

Gegeben ist die Funktion f mit $f(x) = -5\sin(10x) + 15$ mit $x \in \mathbb{R}$.
Das Schaubild von f ist K_f.

3.2 Bestimmen Sie die ersten drei Ableitungen von f.
Geben Sie die Periodenlänge des Schaubildes K_f als Vielfaches von π an.
Geben Sie die exakten Koordinaten von vier Wendepunkten an.

3.3* Das Schaubild K_p der Funktion p mit $p(x) = -20x^2 + 13$ sowie die Geraden $x = 0{,}1$ und $x = 0{,}2$ schließen eine Fläche mit dem Inhalt A ein.
Berechnen Sie deren Inhalt.

3.4 Der Ursprung und der Punkt $P(u|p(u))$ mit $0 \leq u \leq 0{,}6$ sind zwei Eckpunkte eines achsenparallelen Rechtecks.
Für welchen Wert von u ist der Flächeninhalt des Rechtecks maximal?
Geben Sie den maximalen Flächeninhalt an.

3.5 Begründen Sie, ob folgende Aussagen wahr oder falsch sind:
  a) Es gilt: $\int_0^{10} f(x)\,dx = 0$.
  b) Die Funktion g mit $g(x) = -5\sin(10x) + mx$ besitzt für jedes $m \in \mathbb{R}$ die gleichen Wendestellen wie die Funktion f.
  c) Für $0{,}1 \leq x \leq 0{,}5$ ist die Tangentensteigung von K_f bei $x = 0{,}15\pi$ am größten.

6.2.3 Musteraufgaben für die Prüfung zur Fachhochschulreife

Die folgenden sechs Aufgaben sind offizielle Musteraufgaben des Landes Baden-Württemberg, die Niveau und Umfang der Prüfung zur Fachhochschulreife ab 2018 darlegen (Stand der Aufgaben: Entwurfsfassung vom März 2016).

Von den folgenden Aufgaben entspricht die Aufgabe 1A bzw. 1B dem Pflichtteil der Prüfung. Sie würden also in der Prüfung genau eine Aufgabe in der Form wie Aufgabe 1A oder 1B erhalten und müssten diese ohne Hilfsmittel bearbeiten.

Die Aufgaben 2 bis 4 entsprechen dem Wahlteil der Prüfung. In der Prüfung würden Sie also ebenfalls drei solche Aufgaben erhalten, von denen Sie zwei Aufgaben auswählen und mit Taschenrechner und Merkhilfe bearbeiten müssen.

Pflichtteil – Aufgabe 1 (Beispiel A)

1.1 Geben Sie Lage und Art der Nullstellen der Funktion f mit $f(x) = \frac{1}{2}(x-3)^2\left(x+\frac{4}{3}\right); x \in \mathbb{R}$ an.

1.2 Bestimmen Sie die Gleichung der Tangente in $P(2|f(2))$ an das Schaubild der Funktion f mit $f(x) = \frac{1}{2}\sin\left(\frac{\pi}{4}x\right) + x; x \in \mathbb{R}$.

1.3 Berechnen Sie die Koordinaten der Wendepunkte des Schaubildes der Funktion f mit $f(x) = \frac{1}{3}x^4 - 6x^2 + 13; x \in \mathbb{R}$.

1.4 Gegeben sind die Abbildungen A, B und C. Sie zeigen die Schaubilder einer Funktion h, der Ableitungsfunktion h' von h und einer weiteren Funktion k. Begründen Sie, welche Abbildung zum Schaubild von h, h' und k gehört.

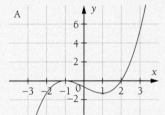
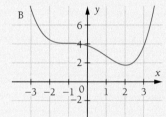
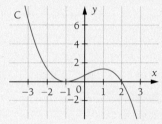

1.5 Das Schaubild einer Polynomfunktion 4. Grades hat den Hochpunkt $H(0|4)$, den Tiefpunkt $T(1|2)$ und an der Stelle -1 die Steigung 12.
Bestimmen Sie ein lineares Gleichungssystem, mit dessen Hilfe sich der Term dieser Funktion bestimmen lässt.
(Das Berechnen der Lösungen des LGS ist nicht erforderlich.)

1.6 Bestimmen Sie $u > 0$ so, dass $\int_0^u \frac{1}{2}x^4\,dx = 3{,}2$.

1.7 Gegeben ist die Funktion f mit $f(x) = 3e^{-2x} - \frac{5}{2}; x \in \mathbb{R}$, ihr Schaubild ist K_f.
Bestimmen Sie die Koordinaten der Achsenschnittpunkte von K_f.
Skizzieren Sie K_f.

1.8 Das Schaubild der Funktion f mit $f(x) = \sin(x); x \in \mathbb{R}$ wird um den Faktor 5 in y-Richtung gestreckt und um 3 nach rechts verschoben.
Geben Sie den zugehörigen Funktionsterm an.

Pflichtteil – Aufgabe 1 (Beispiel B)

1.1 Berechnen Sie die Lösungen der Gleichung $x^4 - 7x^2 + 12 = 0$.

1.2 Gegeben sind die Funktionen f und g mit $f(x) = e^{4x}$ und g mit $g(x) = 3e^{2x}$; $x \in \mathbb{R}$. Zeigen Sie, dass sich die Schaubilder der Funktionen f und g genau einmal schneiden.

1.3 Das Schaubild einer trigonometrischen Funktion hat die benachbarten Hochpunkte $H_1\left(\frac{\pi}{2} \mid 3\right)$ und $H_2\left(3\frac{\pi}{2} \mid 3\right)$ sowie eine Amplitude von 2.
Geben Sie die Koordinaten des dazwischen liegenden Tiefpunktes und eines Wendepunktes an.

1.4 Bestimmen Sie die Stammfunktion von $g(x) = 2e^{-4x} + 4x - 3$; $x \in \mathbb{R}$, deren Schaubild die y-Achse bei 6 schneidet.

1.5 Berechnen Sie den Wert des Integrals $\int_{\frac{\pi}{4}}^{\frac{\pi}{2}} 3\cos(2x)\,dx$.

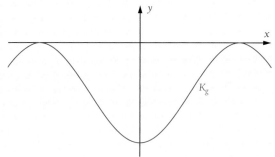

1.6 In der nebenstehenden Abbildung schließen das zur y-Achse symmetrische Schaubild K_g der Funktion g und die x-Achse eine Fläche ein. In diese wird ein achsenparalleles Rechteck einbeschrieben.
Geben Sie eine Zielfunktion an, mit deren Hilfe das Rechteck mit maximalem Flächeninhalt bestimmt werden kann.

1.7 Das Schaubild K_g aus 1.6 ist das Schaubild der Ableitungsfunktion der Funktion h, es gilt also $h' = g$.
Treffen Sie Aussagen über die Lage und Anzahl der Wendestellen von h.

1.8 Bestimmen Sie die Lösung des folgenden linearen Gleichungssystems:
$$\begin{aligned} x + y - z &= 6 \\ 3x + 2z &= -3 \\ -y - z &= -1 \end{aligned}$$

Wahlteil – Aufgabe 2

2.1 Das Schaubild einer Funktion 3. Grades berührt die x-Achse bei $x = -3$ und verläuft durch den Ursprung. Weiterhin liegt der Punkt $A\left(1 \mid \frac{16}{3}\right)$ auf dem Schaubild der Funktion.
Bestimmen Sie den Funktionsterm der Funktion.

Gegeben ist die Funktion f mit $f(x) = -\frac{1}{3}x^3 - 2x^2 - 3x$; $x \in \mathbb{R}$. Ihr Schaubild ist K_f.

2.2 Bestimmen Sie die Koordinaten des Hoch- und des Tiefpunktes von K_f.
Zeichnen Sie K_f in ein geeignetes Koordinatensystem.

2.3 Berechnen Sie $\int_{-3}^{1} f(x)\,dx$ und interpretieren Sie das Ergebnis geometrisch.

Gegeben sind die Funktionen g mit $g(x) = -x^2 - 3$ und h mit $h(x) = e^{2x}$; $x \in \mathbb{R}$.
Die Schaubilder heißen K_g und K_h.

2.4 Skizzieren Sie die Schaubilder K_g und K_h.

2.5 K_h soll in y-Richtung so verschoben werden, dass K_g den verschobenen Graphen auf der y-Achse schneidet. Bestimmen Sie den neuen Funktionsterm.

2.6 Die Kurve K_g und die Gerade mit der Gleichung $y = -7$ begrenzen eine Fläche. In diese Fläche soll ein zur y-Achse symmetrisches Dreieck mit den Eckpunkten $S(0 \mid -7)$ und $P(u \mid g(u))$ mit $0 \leq u \leq 2$ einbeschrieben werden.
Skizzieren Sie diesen Sachverhalt für $u = 1$.
Zeigen Sie, dass der Flächeninhalt dieses Dreiecks für $u = \sqrt{\frac{3}{4}}$ maximal wird.

Wahlteil – Aufgabe 3

Gegeben ist die Funktion f mit $f(x) = a \cdot \sin(kx) + b$ für $x \in [-1; 8]$. Ihr Schaubild K_f ist im folgenden Koordinatensystem dargestellt.

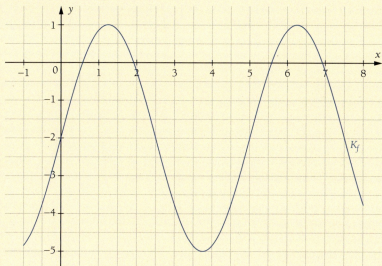

3.1 Ermitteln Sie passende Werte für a, k und b anhand der Abbildung.

Zusätzlich ist die Funktion g mit $-3\cos\left(\frac{1}{2}x\right) + 2$ für $x \in [0; 4\pi]$ gegeben.
Ihr Schaubild sei K_g.

3.2 Geben Sie die Koordinaten der Extrempunkte und der Wendepunkte von K_g an.

Bestimmen Sie für die nachfolgenden Problemstellungen jeweils einen passenden Funktionsterm:

3.3 Der Temperaturverlauf an einem Sommertag soll durch eine trigonometrische Funktion beschrieben werden.
Um 14 Uhr erreicht die Temperatur den höchsten Wert von 28 °C.
Die tiefste Temperatur des Tages betrug 8 °C um 2 Uhr.

3.4 Eine Saunakabine kühlt exponentiell ausgehend von einer Temperatur von 60 °C ab. Nach 10 Minuten hat die Kabine noch eine Temperatur von 40 °C.
Die Umgebungstemperatur beträgt 4 °C.

Nachfolgend ist die Funktion h gegeben durch $h(x) = \frac{1}{2}e^{-\frac{1}{2}x} - 2$ für $x \in \mathbb{R}$.
Ihr Schaubild sei K_h.

3.4 Weisen Sie nach, dass K_h keine Extrempunkte und keine Wendepunkte hat, und geben Sie die Gleichung der Asymptote von K_h an.

3.5 Ermitteln Sie die Gleichung der Tangente an K_h im Punkt $P(-2 | h(-2))$.

3.6 K_h und die Koordinatenachsen schließen eine Fläche ein.
Berechnen Sie deren Inhalt.

Wahlteil – Aufgabe 4

4.1 Gegeben ist das Schaubild K_f einer Funktion f und das Schaubild K_h einer Funktion h.
Der Term von f lautet $f(x) = 6\sin(\pi x)$; $x \in [0; a]$. Ergänzen Sie die x- und die y-Achse so, dass die vorgegebene Kurve K_f das Schaubild von f darstellt.

4.2 Ermitteln Sie die Periode, die Amplitude, die Nullstellen von f und den Wert von a.
Skalieren Sie dann obiges Koordinatensystem.

4.3 Beschreiben Sie, wie K_f aus dem Schaubild der Funktion g mit $g(x) = \sin(x)$ hervorgeht.

4.4 In welchen Kurvenpunkten beträgt die Steigung -6π?

Der Term von h lautet $h(x) = -4x^4 + 24x^3 - 44x^2 + 24x$; $x \in \mathbb{R}$.

4.5 Berechnen Sie die Gleichung der Tangente an K_h an der Stelle $x = 2$.
Anton behauptet: „Es gibt keine Tangenten an K_h mit einer größeren Steigung als die Tangente an der Stelle $x = 2$."
Nehmen Sie zu dieser Behauptung Stellung.

4.6 Die Schaubilder von f und h schneiden sich an den Stellen $x = 0$ und $x = 1$ und schließen eine Fläche ein.
Berechnen Sie den Inhalt dieser Fläche.

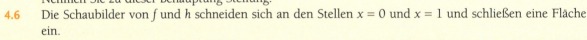

Welche der folgenden Aussagen sind falsch, welche richtig und welche sind nur bedingt richtig?
Geben Sie für die falschen Aussagen ein Gegenbeispiel an.
Geben Sie für die bedingt richtigen Aussagen eine Bedingung an, unter welcher sie richtig sind.

4.2
a) Leitet man die Funktion f mit $f(x) = 2\cos(bx)$ mehrmals ab, wird die Amplitude der Schaubilder der Ableitungsfunktionen immer größer.
b) Die Funktion f mit $f(x) = e^{kx}$; $x \in \mathbb{R}$ ist streng monoton wachsend.
c) Eine Polynomfunktion ungeraden Grades hat mindestens eine Nullstelle.
d) Eine Polynomfunktion 4. Grades, deren Schaubild symmetrisch zur y-Achse ist, hat auf der y-Achse eine Wendestelle.

Lösungen der „Alles klar?"-Aufgaben

Seite 27

1.

Wochentag ↦ Zeitpunkt des Weckerklingelns
Ausgangsmenge: alle Wochentage
Zielmenge: alle Uhrzeiten von 00:00 bis 23:59

Monatserster ↦ Kontostand um 0 Uhr in ganzen €
Ausgangsmenge: 1. Jan; 1. Feb; …; 1. Dez
Zielmenge: alle ganzen Zahlen

Schüler einer Klasse ↦ letzte Mathe-Note
Ausgangsmenge: Namen der Schüler
Zielmenge: 1+; 1; 1−; 2+; 2; 2−; …; 6

Kinder einer Gruppe ↦ Lieblingsobstsorte
Ausgangsmenge: Namen der Kinder
Zielmenge: alle Obstsorten

Kuchenrezept ↦ Backzutaten
Ausgangsmenge: alle Kuchenrezepte
Zielmenge: alle Lebensmittel

2.

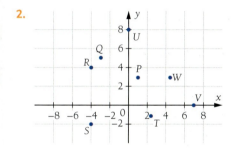

3.
a) Schaubild 2, da die Körpergröße nach der Geburt bis zum Jugendlichenalter wächst und danach nahezu gleich bleibt. Nur zum Lebensende hin verringert sich die Körpergröße meist.
b) Schaubild 4, da die Temperatur des Badewassers abnimmt. Das Absinken der Temperatur verlangsamt sich, je mehr sich die Wassertemperatur der Raumtemperatur annähert.
c) Schaubild 1, da die Geschwindigkeit von 0 an immer weiter steigt. Das Wachstum verlangsamt sich, je schneller der Wagen ist, da die Leistung des Motors sowie der Luftwiderstand ein unbegrenztes Steigen der Geschwindigkeit verhindern.
d) Schaubild 3, da ein Kreis mit Radius r den Flächeninhalt πr^2 hat. Die Fläche wächst also für $0 < r < 1$ langsamer als der Radius, für immer größer werdende Werte für r hingegen immer schneller.

Seite 29

a) Ja, denn jedem x-Wert wird genau ein y-Wert zugeordnet.
b) Ja, denn jedem x-Wert wird genau ein y-Wert zugeordnet (wenn auch immer derselbe).
c) Nein, denn dem x-Wert 1 wird sowohl die Zahl 2 als auch die Zahl 3 zugeordnet.

Seite 31

1.
a) Ja, denn jedem x-Wert wird genau ein y-Wert zugeordnet.
b) Ja, denn jedem x-Wert wird genau ein y-Wert zugeordnet.
c) Nein, denn jedem x-Wert (mit Ausnahme der beiden Randwerte des Definitionsbereichs) werden zwei y-Werte zugeordnet.
d) Es kommt darauf an, welche Menge als Ausgangsmenge angenommen wird.

2. Der Punkt P liegt auf dem Schaubild von f, aber nicht auf dem Schaubild von g.
Der Punkt Q liegt auf dem Schaubild von g, aber nicht auf dem Schaubild von f.

3.
a) $f(1) = 2; f(2) = 4; f(3) = 6; f(4) = 8$
$\Rightarrow f(x) = 2x$
b) $f(5) = 7{,}85; f(15) = 23{,}55; f(20) = 31{,}4;$
$f(35) = 54{,}95 \Rightarrow f(x) = 1{,}57x$
c) $f(0) = 1; f(0{,}5) = 2; f(1) = 3; f(1{,}5) = 4$
$\Rightarrow f(x) = 2x + 1$

Seite 39

1.
a) Ja, denn der Term entspricht der Form $mx + b$ ($m = 3$; $b = 7$).
b) Ja, denn der Term entspricht der Form $mx + b$ ($m = -1{,}8$; $b = 0$).
c) Ja, denn der Term entspricht der Form $mx + b$ ($m = 0$; $b = -3$).
d) Nein, wegen des quadratischen Terms.
e) Ja, denn der Term entspricht der Form $mx + b$ ($m = -6$; $b = 2$).
f) Nein, es handelt sich nicht um die Gleichung einer Funktion.
g) Ja, denn der Term entspricht der Form $mx + b$ ($m = 0$; $b = 5{,}2$).
h) Ja, denn Ausmultiplizieren ergibt $f(x) = 2x - 10$, also $m = 2$ und $b = -10$.

Lösungen der „Alles klar?"-Aufgaben

2.
a) $m = -3$; $b = 6$; die Gerade fällt.
b) $m = \frac{1}{2}$; $b = -3$; die Gerade steigt.
c) $m = 0$; $b = -17$;
   die Gerade ist parallel zur x-Achse.
d) $m = -0,25$; $b = 0$; die Gerade fällt.
e) $m = -2$; $b = 4,5$; die Gerade fällt.

Seite 40
a) $m = \frac{8-4}{5-2} = \frac{4}{3}$
b) $m = \frac{0-4}{0,5-(-2)} = -\frac{8}{5}$
c) $m = \frac{5-5}{4-(-2)} = 0$
d) $m = \frac{2,5-(-1,25)}{-2-(-0,75)} = -3$

Seite 41
1.
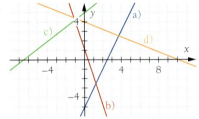

2.
a) $f(-1) = -2$; $P(-1|-2)$
   $f(1) = 6$; $Q(1|6)$
b) $f(2) = -1$; $P(2|-1)$
   $f(6) = 5$; $Q(6|5)$
c) $f(0) = 3,5$; $P(0|3,5)$
   $f(3) = 2$; $Q(3|2)$
d) $f(1) = 1$; $P(1|1)$
   $f(4) = -3$; $Q(4|-3)$

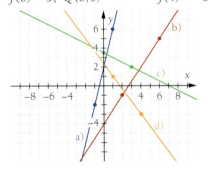

Seite 43
1. $f(x) = \frac{1}{4}x + 3$ $h(x) = -1$
   $g(x) = -x + 5$ $p(x) = -2,5x + 1$

2.
a) $f(x) = 0,8x - 4,2$
b) $f(x) = 7$
c) $f(x) = -3x - 1$
d) $f(x) = x - 3$

3.
a) $f(x) = -2x + 8$
b) $f(x) = x + 7$
c) $f(x) = 6$

4. Punkt-Steigungsform:
Einsetzen der Koordinaten von $P(x_1|y_1)$ ergibt:
$b = y_1 - m \cdot x_1$
$\Rightarrow f(x) = m \cdot x - m \cdot x_1 + y_1 = m(x - x_1) + y_1$
Zwei-Punkte-Form:
Einsetzen der Koordinaten von $P_2(x_2|y_2)$ in die Punkt-Steigungsform ergibt:
$y_2 = m \cdot (x_2 - x_1) + y_1 \Leftrightarrow m = \frac{y_2 - y_1}{x_2 - x_1}$
$\Rightarrow f(x) = \frac{y_2 - y_1}{x_2 - x_1} \cdot (x - x_1) + y_1$

Seite 45
1.
a) $x_N = -8$
b) $x_N = 4$
c) $x_N = 0$
d) $x_N = \frac{5}{3}$
e) keine Nullstelle

2. $f(x) = -35x + 455$; $x_N = 13$; das Wasser ist in 13 Minuten vollständig abgeflossen.

3.
a) $f(x) = -\frac{11}{2}x + 11$ b) $f(x) = -0,5x + 2,5$

Seite 46
1.
a) $S(2|12)$
b) $S(-24|-8)$
c) kein Schnittpunkt
d) $S(0|8)$
e) $S(30|3)$
f) Die Geraden zu f und g sind identisch. Jeder Punkt von f liegt auf g und umgekehrt.

2. rechnerisch: $A(0|4)$; $B(1,5|1)$; $C(3|4)$
zeichnerisch:

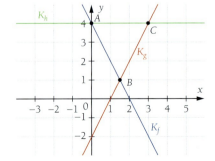

Lösungen der „Alles klar?"-Aufgaben

Seite 47
1.
a) $\tan(\alpha) = -\frac{3}{5} \Rightarrow \alpha = \tan^{-1}\left(-\frac{3}{5}\right) \approx -30{,}96°$
$\Rightarrow \alpha = 180° - 30{,}96° = 149{,}04°$
b) $\tan(\alpha) = 5 \Rightarrow \alpha = \tan^{-1}(5) \approx 78{,}69°$
c) $\tan(\alpha) = 0 \Rightarrow \alpha = \tan^{-1}(0) \approx 0°$;
die Gerade verläuft parallel zur x-Achse.

2. $\tan(20°) = m \approx 0{,}36$
$P(1|0): 0 = 0{,}36 \cdot 1 + b \Rightarrow b = -0{,}36$
$y = 0{,}36x - 0{,}36$

Seite 48
a) $S(-0{,}5|8{,}5); \gamma = 45°$
b) $S\left(\frac{4}{3}\big|-\frac{4}{3}\right); \gamma \approx -40{,}6°$
c) $S(4|1); \gamma \approx 71{,}6°$
d) $S(2|2); \gamma = 45°$

Seite 51
1. parallel: $g(x) = -2x + 6;\ h(x) = -2x;$
$j(x) = -2x + 389$
orthogonal: $g(x) = 0{,}5x + 1;\ h(x) = 0{,}5x;$
$j(x) = 0{,}5x - 4$

2. individuelle Lösungen
a) z. B. $g(x) = 6x + 1$
b) z. B. $g(x) = -0{,}25x + 1$
c) z. B. $g(x) = 2{,}4x - 3$
d) z. B. $g(x) = 10$

3.
a) $g(x) = -\frac{6}{5}x + 4$
b) $g(x) = -\frac{1}{3}x$
c) $g(x) = \frac{4}{3}x - 16$
d) $x = 1$ (keine Angabe als Funktion möglich)

Seite 58
1.
a) Ja, denn sie hat die Form $f(x) = ax^2 + bx + c$.
b) Ja, denn sie hat die Form $f(x) = ax^2 + bx + c$ mit $b = c = 0$.
c) Nein, denn x hat in höchster Potenz den Exponenten 3.
d) Nein, denn der Term x^2 steht im Nenner.

2.
a) $a = 3;\ b = 0{,}5;\ c = 8$
b) $a = \sqrt{2};\ b = 3;\ c = 6$
c) $a = -2;\ b = 0{,}5;\ c = 0$
d) $a = 1;\ b = -1;\ c = \frac{1}{5}$

Seite 59
1. $f(x) = -x^2\ a = -1$
$g(x) = 3x^2\ a = 3$
$h(x) = \frac{1}{2}x^2\ a = \frac{1}{2}$
$k(x) = -\frac{1}{2}x^2\ a = -\frac{1}{2}$
$l(x) = \frac{1}{4}x^2\ a = \frac{1}{4}$

2.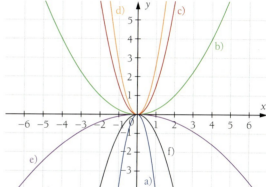

a) Gestreckt und nach unten geöffnet; $a = -4$
b) Gestaucht und nach oben geöffnet; $a = 0{,}25$
c) Gestreckt und nach oben geöffnet; $a = 1{,}5$
d) Gestreckt und nach oben geöffnet; $a = \frac{8}{3}$
e) Gestaucht und nach unten geöffnet; $a = -0{,}1$
f) Normalparabel nach unten geöffnet; $a = -1$

Seite 61
1.
a) $S(5|0)$; Verschiebung um 5 Einheiten nach rechts
b) $S(0|3)$; Verschiebung um 3 Einheiten nach oben
c) $S(0|-6)$; Verschiebung um 6 Einheiten nach unten
d) $S(-3|0)$; Verschiebung um 3 Einheiten nach links
e) $S(5|4)$; Verschiebung um 5 Einheiten nach rechts und 4 Einheiten nach oben
f) $S(-6|-1)$; Verschiebung um 6 Einheiten nach links und 1 Einheit nach unten

Lösungen der „Alles klar?"-Aufgaben

Seite 63
a) ist $h(x)$;   b) ist $f(x)$;   c) ist $g(x)$

Seite 65
1.
a) $f(x) = x^2 - 10x + 30$
b) $f(x) = 2x^2 + 8x + 5$
c) $f(x) = -x^2 + 15x - 40$

2.
a) $f(x) = (x + 2{,}5)^2 - 2{,}25$
b) $f(x) = 0{,}5(x - 3)^2 + 0{,}5$
c) $f(x) = -5(x + 1)^2 - 10$

3.
a) $f(x) = x^2 + 2$
b) $f(x) = -0{,}5(x + 1)^2 + 3 = -0{,}5x^2 - x + 2{,}5$
c) $f(x) = 2(x - 1)^2 + 2 = 2x^2 - 4x + 4$
d) $f(x) = x^2 - 4x + 4$
e) $f(x) = -0{,}5x^2 + 1$
f) $f(x) = (x + 1)^2 - 1$

Seite 69
1.
a) $N_1(0|0)$; $N_2(6|0)$
b) $N_1(-3|0)$; $N_2(3|0)$
c) $N_1(0|0)$; $N_2(3|0)$
d) $N_{1,2}(5|0)$ (Berührpunkt)
e) $N_1(0|0)$; $N_2(-3|0)$
f) keine Schnittpunkte
g) $N_1(2|0)$; $N_2(-4|0)$
h) $N_1(1|0)$; $N_2(2|0)$

2.
a) $x_{N_{1,2}} = -\frac{1}{3}$; $N\left(-\frac{1}{3}\big|0\right)$
b) $x_{N_1} = 0$; $x_{N_2} = 16$; $N_1(0|0)$, $N_2(16|0)$
c) keine Nullstellen vorhanden
d) $x_{N_1} = 2$; $N(2|0)$
e) $x_{N_1} = -1$; $x_{N_2} = 3$; $N_1(-1|0)$, $N_2(3|0)$
f) $x_{N_1} = -5$; $x_{N_2} = 6$; $N_1(-5|0)$, $N_2(6|0)$
g) keine Nullstellen vorhanden
h) $x_{N_1} = 0$; $N(0|0)$

Seite 71
1.
a) $S_1(2|3)$; $S_2(3|3)$
b) $S_{1,2}(-2|2)$ (Berührpunkt)
c) $S_1(-7|-32)$; $S_2(-1|-8)$
d) kein Schnittpunkt vorhanden
e) $S_1(-0{,}2|0{,}76)$; $S_2(1{,}4|0{,}44)$
f) $S_{1,2}(0|0)$
g) $f(x) = (x - 3)^2 + 2$
   $g(x) = -(x - 2)^2 + 5$
   $S_1(1{,}38|4{,}62)$; $S_2(3{,}62|2{,}38)$1.

2. z.B.:

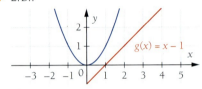

$x^2 = x - 1 \Leftrightarrow x^2 - x + 1 = 0$
→ keine Lösung

Seite 73
Scheitelpunktform: $f(x) = a(x - 5)^2 + 5$
$P(3|11)$ einsetzen:
$11 = a(3 - 5)^2 + 5 \Leftrightarrow 6 = 4a \Leftrightarrow a = 1{,}5$
$f(x) = 1{,}5(x - 5)^2 + 5$

Seite 75
Bedingungsgleichungen:
$f(1) = 7 \Rightarrow a + b + c = 7$
$f(0) = 4{,}5 \Rightarrow c = 4{,}5$
$f(-2) = 2{,}5 \Rightarrow 4a - 2b + c = 2{,}5$

Funktionsgleichung: $f(x) = 0{,}5x^2 + 2x + 4{,}5$

Seite 82
a) Grad 3; Wertetabelle:

−2	−1	−0,5	0	0,5	1	2
−8	−1	−0,125	0	0,125	1	8

b) Grad 4; Wertetabelle:

−2	−1	−0,5	0	0,5	1	2
16	1	0,0625	0	0,0625	1	16

c) Grad 5; Wertetabelle:

−2	−1	−0,5	0	0,5	1	2
−32	−1	−0,03125	0	0,03125	1	32

d) Grad 6; Wertetabelle:

-2	-1	-0,5	0	0,5	1	2
64	1	0,015625	0	0,015625	1	64

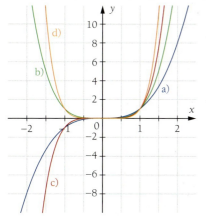

Seite 84
1.

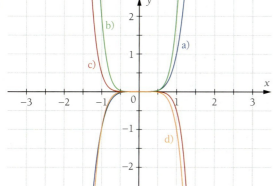

a) Das Schaubild der Funktion verläuft vom III. in den I. Quadranten. Es ist symmetrisch zum Ursprung $O(0|0)$ und schneidet die x-Achse in diesem Punkt.
b) Das Schaubild der Funktion verläuft vom II. in den I. Quadranten und ist nach oben geöffnet. Es ist symmetrisch zur y-Achse und berührt die x-Achse im Ursprung.
c) Das Schaubild der Funktion verläuft vom II. in den IV. Quadranten. Es ist symmetrisch zum Ursprung $O(0|0)$ und schneidet die x-Achse genau in diesem Punkt.
d) Das Schaubild der Funktion verläuft vom III. in den IV. Quadranten und ist nach unten geöffnet. Es ist symmetrisch zur y-Achse und berührt die x-Achse im Ursprung

2. individuelle Lösungen

Seite 87
1.
a) $n = 7$; $a_7 = 7$; $a_3 = 13$; $a_1 = 11$
$a_0 = a_2 = a_4 = a_5 = a_6 = 0$
b) $n = 3$; $a_3 = 1$; $a_2 = 7$; $a_1 = 8$; $a_0 = -16$
c) $n = 0$; $a_0 = 5$
d) Keine ganzrationale Funktion, weil eine Potenz von x im Nenner auftritt.
e) Keine ganzrationale Funktion, weil eine Potenz von x ein Bruch ist ($\sqrt{x} = x^{\frac{1}{2}}$).
f) $n = 3$; $a_3 = \frac{1}{3}$; $a_2 = 37$; $a_1 = 0$; $a_0 = -6$

2.

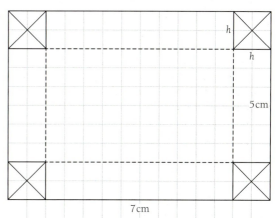

$V(h) = (7 - 2h) \cdot (5 - 2h) \cdot h$
$= 4h^3 - 24h^2 + 35h$

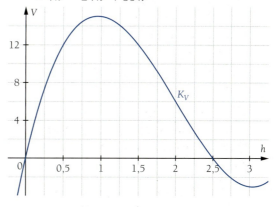

$V(h) = 4h^3 - 24h^2 + 35h$
Aus der Zeichnung lässt sich $h \approx 0,9$ ablesen.
$\Rightarrow V = 7\,\text{cm} \cdot 5\,\text{cm} \cdot 9\,\text{cm} = 31,5\,\text{cm}^3$

Lösungen der „Alles klar?"-Aufgaben

Seite 89
a) Achsensymmetrie zur y-Achse, da nur gerade Exponenten
b) Weder Achsensymmetrie zur y-Achse noch Punktsymmetrie zum Ursprung, da gerade und ungerade Exponenten
c) Punktsymmetrie zum Ursprung, da nur ungerade Exponenten
d) Achsensymmetrie zur y-Achse, da nur gerade Exponenten
e) Punktsymmetrie zum Ursprung, da nur ungerade Exponenten
f) Weder Achsensymmetrie zur y-Achse noch Punktsymmetrie zum Ursprung, da gerade und ungerade Exponenten

Seite 93
1.
a) $\lim_{x \to -\infty} f(x) = +\infty$; $\lim_{x \to +\infty} f(x) = +\infty$
Schaubild verläuft vom II. in den I. Quadranten.
b) $\lim_{x \to -\infty} f(x) = -\infty$; $\lim_{x \to +\infty} f(x) = -\infty$
Schaubild verläuft vom III. in den IV. Quadranten.
c) $\lim_{x \to -\infty} f(x) = -\infty$; $\lim_{x \to +\infty} f(x) = -\infty$
Schaubild verläuft vom III. in den IV. Quadranten.
d) $\lim_{x \to -\infty} f(x) = +\infty$; $\lim_{x \to +\infty} f(x) = -\infty$
Schaubild verläuft vom II. in den IV. Quadranten.
e) $\lim_{x \to -\infty} f(x) = -\infty$; $\lim_{x \to +\infty} f(x) = +\infty$
Schaubild verläuft vom III. in den I. Quadranten.
f) $\lim_{x \to -\infty} f(x) = +\infty$; $\lim_{x \to +\infty} f(x) = -\infty$
Schaubild verläuft vom II. in den IV. Quadranten.

2.
a) z.B. $f(x) = x$ und $g(x) = x^3$
b) z.B. $f(x) = x^2$ und $g(x) = 2$

3. Die Schaubilder von a), b) und i) verlaufen vom III. in den I. Quadranten.
Die Schaubilder von c), f) und g) verlaufen vom II. in den I. Quadranten.
Die Schaubilder von e) und h) verlaufen vom II. in den IV. Quadranten.
Das Schaubild von d) verläuft vom III. in den IV. Quadranten.

Seite 95
1. Blaues Schaubild K_f: Keine Symmetrie; $S_y(0|0)$
$x_{N_1} = -4$; $x_{N_2} = 0$; $x_{N_3} = 2$
$T(-2,5|-8,25)$; $H(1,2|2,25)$
$M_1 = \,]-\infty; -2,5[\,$: G_f fällt.
$M_2 = \,]-2,5; 1,2[\,$: G_f steigt.
$M_3 = \,]1,2; \infty[\,$: G_f fällt.
$K_1 = \,]-\infty; -0,5[\,$: G_f ist linksgekrümmt.
$K_2 = \,]-0,5; \infty[\,$: G_f ist rechtsgekrümmt.
$x \to -\infty \Rightarrow f(x) \to \infty$
$x \to \infty \Rightarrow f(x) \to -\infty$

Grünes Schaubild K_g: Achsensymmetrie; $S_y(0|-5)$
$x_{N_1} = -2,7$; $x_{N_2} = 2,7$
$T(-1,4|-6)$; $H(0|-5)$; $T(1,4|-6)$
$M_1 = \,]-\infty; -1,4[\,$: G_f fällt.
$M_2 = \,]-1,4; 0[\,$: G_f steigt.
$M_3 = \,]0; 1,4[\,$: G_f fällt.
$M_4 = \,]1,4; \infty[\,$: G_f steigt.
$K_1 = \,]-\infty; -0,5[\,$: G_f ist linksgekrümmt.
$K_2 = \,]-0,5; 0,5[\,$: G_f ist rechtsgekrümmt.
$K_3 = \,]-0,5; \infty[\,$: G_f ist rechtsgekrümmt.
$x \to -\infty \Rightarrow f(x) \to \infty$
$x \to \infty \Rightarrow f(x) \to \infty$

2. individuelle Lösungen

Seite 97
a) $S_y(0|-5)$
b) $S_y(0|-2)$
c) $S_y(0|0)$
d) $S_y(0|2)$
e) $S_y(0|0)$
f) $S_y(0|-31)$

Seite 98
a) $N_1(-2|0)$; $N_2(0|0)$; $N_3(2|0)$
b) $N_1(-1|0)$; $N_2(0|0)$; $N_3(1|0)$; $N_4(-\sqrt{3}|0)$; $N_5(\sqrt{3}|0)$
c) $N_1(0|0)$; $N_2\left(\frac{1}{3}\big|0\right)$
d) $N(-3|0)$

Seite 99
a) einfache Nullstellen bei 0; −3 und 5
b) einfache Nullstelle bei 0, doppelte Nullstelle bei 6
c) doppelte Nullstelle bei 3, einfache Nullstellen bei −1 und 5

Seite 100
a) dreifache Nullstelle (Wendepunkt) bei 1
b) doppelte Nullstelle (Hochpunkt) bei 0, einfache Nullstellen bei −7 und 3
c) doppelte Nullstelle (Hochpunkt) bei −4

Seite 101
1.
a) $x_{N_1} = -\sqrt{3}$; $x_{N_2} = -1$; $x_{N_3} = 1$; $x_{N_4} = \sqrt{3}$
b) $x_{N_1} = -\sqrt{5}$; $x_{N_2} = \sqrt{5}$
c) $x_{N_1} = -2$; $x_{N_2} = -\sqrt{3}$; $x_{N_3} = \sqrt{3}$; $x_{N_4} = 2$

2.
a) Nullstellen: -2; 0; 2
   (Ausklammern; Faktorisieren mit 3. binomischer Formel)
b) Nullstellen: -4; -2; 2; 4
   (Satz vom Nullprodukt; Faktorisieren mit 3. binomischer Formel)
c) Nullstellen: 0 (doppelt); 4
   (Ausklammern)
d) Nullstelle: 0 (einfach)
   (Ausklammern; *abc*-Formel)
e) Nullstellen: $-\sqrt{3}$; 0; $\sqrt{3}$
   (Ausklammern; Wurzelziehen)
f) Nullstellen: $-\sqrt{3}$; $-\sqrt{2}$; $\sqrt{2}$; $\sqrt{3}$
   (Substitution)
g) Nullstellen: 0; $-\frac{1}{4} - \frac{\sqrt{13}}{4}$; $-\frac{1}{4} + \frac{\sqrt{13}}{4}$;
   (Ausklammern; *abc*-Formel)
h) Nullstellen: -3; -2; 0; 2; 3
   (Ausklammern; Substitution)
i) Nullstellen: 0 (doppelt); $2 - \sqrt{5}$; $2 + \sqrt{5}$
   (Ausklammern; *abc*-Formel)

Seite 105
a) Berührpunkt $B(0|0)$
b) Schnittpunkte $A(-3,1|1)$; $B(0|1)$; $C(0,43|1)$

Seite 107
$f(x) = ax^3 + bx^2 + cx + d$
(1) $f(-4) = 14 \Leftrightarrow -64a + 16b - 4c + d = 14$
(2) $f(-1) = 8 \Leftrightarrow -a + b - c + d = 8$
(3) $f(0) = 18 \Leftrightarrow d = 18$ ▶ $d = 18$ in (1), (2), (4) setzen
(4) $f(2) = 20 \Leftrightarrow 8a + 4b + 2c + d = 20$

a	b	c	
-64	16	-4	-4
-1	1	-1	-10
8	4	2	2
1	0	0	-1 ▶ $a = -1$
0	0	1	9 ▶ $c = 9$
0	1	0	-2 ▶ $b = -2$

$f(x) = -x^3 - 2x^2 + 9x + 18$

Seite 117
1.
a) $f(t) = 1000 \cdot 2^t$; die Variable t gibt die Zeit in Stunden an. 150 Minuten entsprechen 2,5 Stunden. Gesucht sind also die Funktionswerte an den Stellen $t = 2{,}5$ und $t = -3$: $f(2{,}5) \approx 5657$; $f(-3) = 125$
150 Minuten nach Beobachtungsbeginn sind 5657 Bakterien und 3 Stunden vor Beobachtungsbeginn sind 125 Bakterien vorhanden.

2. $f(t) = 1000 \cdot 0{,}4^t$ (eine Abnahme von 60 % bedeutet, dass 40 % übrig bleiben → Basis 0,4). Gesucht ist die Anzahl der Bakterien nach 5 Stunden: $f(5) \approx 10$. Nach 5 Stunden sind noch ungefähr 10 Bakterien vorhanden.

Seite 119

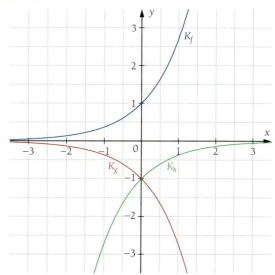

Das Schaubild der Funktion *g* entsteht aus dem Schaubild der e-Funktion durch Spiegelung an der x-Achse. Das Schaubild der Funktion *h* entsteht aus dem Schaubild der e-Funktion durch Punktspiegelung am Ursprung.

Lösungen der „Alles klar?"-Aufgaben

Seite 121
a)

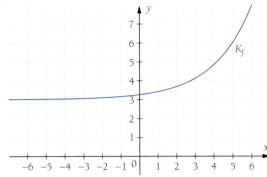

Die Parameter sind: $a = \frac{1}{4}$, $k = 0{,}5$ und $c = 3$.

b) Der y-Achsenabschnitt liegt bei $a + c = \frac{1}{4} + 3 = 3{,}25$.
Die Gleichung der Asymptote lautet $y = 3$.
Es handelt sich um exponentielles Wachstum.

Seite 122
a) schiefe Asymptote $y = x$
b) waagrechte Asymptote $y = -1$
c) schiefe Asymptote $y = -x$
d) keine Asymptote
e) keine Asymptote (f ist eine lineare Funktion)
f) waagrechte Asymptote $y = 5$

Seite 124
Aus $b^x = y$ folgt $x = \log_b(y)$ und umgekehrt.
a) $x = \log_5(25) = 2$
b) $x = \log_{144}(12) = 0{,}5$
c) $x = \log_4(0{,}5) = -0{,}5$
d) $x = \log_2(128) = 7$
e) $x = \log_7(1) = 0$
f) $x = \log_6(0)$ nicht lösbar

Seite 125
a) $x = \frac{\ln(20)}{\ln(3)} \approx 2{,}727$
b) $x = \frac{\ln(30)}{\ln(5{,}5)} \approx 1{,}995$
c) $x = \frac{\ln(18)}{\ln(0{,}8)} \approx -12{,}953$
d) $x = \frac{\ln(100)}{\ln(0{,}1)} = -2$

Seite 126
a) $23 e^{0{,}4x} = 92 \quad |:23$
$\Leftrightarrow e^{0{,}4x} = 4 \quad |\ln$
$\Leftrightarrow 0{,}4x = \ln(4) \quad |:0{,}4$
$\Rightarrow x = \frac{\ln(4)}{0{,}4} \approx 3{,}466$
Probe: $23 e^{0{,}4 \cdot \frac{\ln(4)}{0{,}4}} = 92$

b) $x = \frac{\ln(20)}{3} \approx 0{,}999$
Probe: $0{,}5 e^{3 \cdot \frac{\ln(20)}{3}} = 10$

c) $x = \frac{\ln(20)}{2} \approx 1{,}498$ \quad Probe: $-5 e^{2 \cdot \frac{\ln(20)}{2}} = -100$
d) $x = 2\ln\left(\frac{5}{3}\right) \approx 1{,}022$ \quad Probe: $3 e^{0{,}5 \cdot 2 \cdot \ln\left(\frac{5}{3}\right)} = 5$
e) $x = 8$ \quad Probe: $e^8 (0{,}5 \cdot 8 - 4) = 0$
f) $x = \ln(2) \approx 0{,}693$ \quad Probe: $e^{2 \cdot \ln(2)} = 0$
g) $x = 3$ \quad Probe: $(3 - 3) \cdot e^{4 \cdot 3} = 0$
h) $x = \frac{\ln(0{,}54) + 6}{34} \approx 0{,}158$
Probe: $50 e^{34 \cdot \frac{\ln(0{,}54) + 6}{34} - 6} = 27$
i) nicht lösbar

Seite 127
1. In allen Teilaufgaben substituieren wir $e^x = u$.
a) $u_1 = 6 \Rightarrow x_1 = \ln(6) \approx 1{,}792$
$u_2 = -2$ liefert keine weitere Lösung
b) $u_1 = 5 \Rightarrow x_1 = \ln(5) \approx 1{,}609$
$u_2 = -8$ liefert keine weitere Lösung
c) $u_1 = -3$ und $u_2 = -4$ liefern keine Lösung
d) $u_1 = 4 \Rightarrow x_1 = \ln(4) \approx 1{,}386$
$u_2 = -8$ liefert keine weitere Lösung
e) $u_1 = 1 \Rightarrow x_1 = \ln(1) = 0$
$u_2 = 9 \Rightarrow x_2 = \ln(9) \approx 2{,}179$
f) $u_1 = 7 \Rightarrow x_1 = \ln(7) \approx 1{,}946$
$u_2 = 3 \Rightarrow x_2 = \ln(3) \approx 1{,}099$
g) $u_1 = 12 \Rightarrow x_1 = \ln(12) \approx 2{,}485$
$u_2 = -4$ liefert keine weitere Lösung
h) $u_1 = 26 \Rightarrow x_1 = \ln(26) \approx 3{,}258$
$u_2 = -5$ liefert keine weitere Lösung

2.
a) $x = \frac{\ln(2)}{0{,}5} \approx 1{,}386$
Lösen durch Umformen und Logarithmieren
b) $x = \ln(2)$ Lösen mit dem Satz vom Nullprodukt
c) $x = \frac{\ln(2)}{2} \approx 0{,}347$
Lösen durch Umformen und Logarithmieren
d) $x = \ln\left(\frac{1}{2}\right) \approx -0{,}693$ Lösen durch Substitution

Seite 128
a) y-Achsenschnittpunkt:
$f(0) = \frac{3}{5} e^0 - 4 = -\frac{17}{5}$
$g(0) = -e^0 + 2 = 1$
x-Achsenschnittpunkt:
$f(x) = 0 \Leftrightarrow \frac{3}{5} e^{0{,}2x} - 4 = 0$
$\Rightarrow x = 2\ln\left(\frac{20}{3}\right) \approx 3{,}794$
$g(x) = 0 \Leftrightarrow -e^{0{,}5x} + 2 = 0$
$\Rightarrow x = 2\ln(2) \approx 1{,}386$

b) Schnittpunkt der Schaubilder:
$f(x) = g(x)$
$\Leftrightarrow \frac{3}{5}e^{0,5x} - 4 = -e^{0,5x} + 2 \quad |+4 \quad |+\frac{5}{5}e^{0,5x}$
$\Leftrightarrow \frac{8}{5}e^{0,5x} = 6 \quad |:\frac{8}{5} \quad |\ln \quad |\cdot 2$
$\Rightarrow x = 2\ln\left(\frac{30}{8}\right) \approx 2,644$

An der Stelle $x = 2\ln\left(\frac{30}{8}\right)$ schneiden sich die beiden Schaubilder. Wir berechnen den zugehörigen Funktionswert: $f\left(2\ln\left(\frac{30}{8}\right)\right) = -1,75$
Der Schnittpunkt liegt bei $S(2,644|-1,75)$.

Seite 130

a) $f(0) = 5000$ und $f(10) = 7000$
$\Leftrightarrow 7000 = 5000\,e^{10k}$
$\Rightarrow k = \frac{\ln\left(\frac{7}{5}\right)}{10} \approx 0,034$

Die gesuchte Funktionsgleichung lautet:
$f(t) = 5000\,e^{0,034\,t}$

b) $2 \cdot 5000 = 5000\,e^{0,034\,t} \Rightarrow t \approx 20,4$
Nach ungefähr 20,4 Jahren hat sich das Kapital verdoppelt.

Seite 131

a) $I(0) = 100$ und $I(0,42) = 37$
$\Leftrightarrow 37 = 100\,e^{0,42\,k}$
$\Rightarrow k = \frac{\ln\left(\frac{37}{100}\right)}{0,42} \approx -2,367$

Die gesuchte Funktionsgleichung lautet:
$I(m) = 100\,e^{-2,367\,m}$

b) $\frac{1}{2} \cdot 100 = 100\,e^{-2,367\,m} \Rightarrow m \approx 0,293$
In einer Tiefe von etwa 0,29 Metern hat sich die Lichtstärke halbiert.

Seite 132

1. $f(6) = 300\,e^{0,00995 \cdot 6} \approx 318,455$
Die Funktion überschätzt den realen Wert von 314 Millionen um ca. 4,5 Millionen Einwohner.

2. Bezeichnen wir mit a die zu Beginn vorhandene Menge an Caesium-137, so gilt:
$f(t) = a \cdot 0,977^t = a \cdot e^{\ln(0,977)\,t} \approx a \cdot e^{-0,0233\,t}$
Halbwertszeit: $t \approx 29,7$ Jahre

Seite 141

1.
a) $0,5$; z.B. $\sin(30°)$
b) $\approx 0,87$; z.B. $\sin(60°)$
c) $\approx -0,89$; z.B. $\cos(513°)$
d) $\approx 0,98$; z.B. $\cos(12°)$
e) $\approx 0,009$; z.B. $\sin(5°)$
f) $\approx 0,94$; z.B. $\cos(20°)$

2.

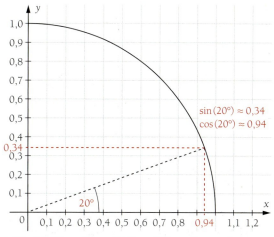

▶ Die Abbildung ist um 50 % verkleinert dargestellt und es wurde zugunsten der Übersichtlichkeit nur ein Winkel eingetragen.

a) $\sin(0°) = 0$; $\cos(0°) = 1$
b) $\sin(20°) \approx 0,34$; $\cos(20°) \approx 0,94$
c) $\sin(40°) \approx 0,64$; $\cos(40°) \approx 0,77$
d) $\sin(60°) \approx 0,87$; $\cos(60°) = 0,5$
e) $\sin(80°) \approx 0,98$; $\cos(80°) \approx 0,17$
f) $\sin(117°) \approx 0,89$; $\cos(117°) \approx -0,45$

Seite 142

oben:
a) $x = 350°$
b) $x = 285°$
c) $x = 230°$
d) $x = 40°$

unten:
a) $x \approx 0,1745$
b) $x \approx 0,9076$
c) $x \approx 0,5236$
d) $\alpha \approx 11,46°$
e) $\alpha = 90°$
f) $\alpha \approx 57,30°$
g) $\alpha = 180°$
h) $\alpha = 900°$
i) $x \approx 1,9373$

Seite 145

1.

$f(x) = \sin(x)$; Nullstellen in $[-4; 7]$: $x_{N_1} = -\pi$; $x_{N_2} = 0$; $x_{N_3} = \pi$; $x_{N_4} = 2\pi$; Extremstellen in $[-4; 7]$: $x_{E_1} = -\frac{\pi}{2}$; $x_{E_2} = \frac{\pi}{2}$; $x_{E_3} = \frac{3\pi}{2}$
$f(x) = \cos(x)$; Nullstellen in $[-4; 7]$: $x_{N_1} = -\frac{\pi}{2}$; $x_{N_2} = \frac{\pi}{2}$; $x_{N_3} = 3\frac{\pi}{2}$; Extremstellen in $[-4; 7]$: $x_{E_1} = -\pi$; $x_{E_2} = 0$; $x_{E_3} = \pi$; $x_{E_4} = 2\pi$

2.

a) $D_f = \mathbb{R}$: Die Sinus- und die Kosinusfunktion ist am Einheitskreis für Winkelgrößen zwischen 0 und 2π (bzw. Vielfache davon) definiert.

b) $W_f = [-1; 1]$: Am Einheitskreis liegt der Wertebereich zwischen $f(x) = -1$ und $f(x) = +1$.

c) Dreht man am Einheitskreis den Winkel jeweils um 360° weiter, so ändert sich der Funktionswert der Sinusfunktion bzw. der Kosinusfunktion nicht.

d) Nullstellen der Sinusfunktion entsprechen am Einheitskreis denjenigen x-Werten, für die $f(x) = \sin(x) = 0$ gilt: $x = 0, \pi, 2\pi \ldots k \cdot \pi; k \in \mathbb{Z}$. Nullstellen der Kosinusfunktion entsprechen am Einheitskreis denjenigen x-Werten, für die $f(x) = \cos(x) = 0$ gilt: $x = \frac{1}{2}\pi, \frac{2}{3}\pi \ldots \left(\frac{1}{2}+k\right) \cdot \pi$; $k \in \mathbb{Z}$.

Seite 146

1. • $D_f = \mathbb{R} \setminus \{\frac{\pi}{2} + k \cdot \pi\}; k \in \mathbb{Z}$. Die Tangensfunktion ist für alle reellen Zahlen definiert außer für ganzzahlige Vielfache von $\frac{\pi}{2}$. Dies lässt sich am Einheitskreis erkennen, da bei $\frac{\pi}{2}$ und $3\frac{\pi}{2}$ der Tangens unendlich groß werden würde.
   • $W_f = \mathbb{R}$: Am Einheitskreis beträgt der Wertebereich alle reellen Zahlen.
   • Die Funktionswerte wiederholen sich nach einer Drehung von 180° bzw. π.
   • Nullstellen der Tangensfunktion entsprechen am Einheitskreis denjenigen x-Werten, für die $f(x) = \tan(x) = 0$ gilt: $x = 0, \pi, 2\pi \ldots k \cdot \pi; k \in \mathbb{Z}$.

2. zu zeigen: $\sin(x) = -\cos(x)$ hat dieselbe Lösung wie $\tan(x) = -1$.
   $\sin(x) = -\cos(x) \quad | : \cos(x)$ für $\cos(x) \neq 0$
   ▸ da „durch 0 teilen" nicht erlaubt ist
   $\Leftrightarrow \frac{\sin(x)}{\cos(x)} = -1 \quad ▸ \tan(x) = \frac{\sin(x)}{\cos(x)}$
   $\Leftrightarrow \tan(x) = -1$

3. $x \approx 3{,}14\,\text{m}; y \approx 9{,}86\,\text{m}$

Seite 148

1.
a) $f(x) = 1{,}5\sin(x)$ gehört zu Schaubild 2
b) $f(x) = -2\sin(x)$ gehört zu Schaubild 1
c) $f(x) = 1{,}5\cos(x)$ gehört zu Schaubild 3

2.

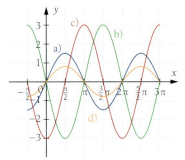

Seite 149

Bei Funktion f ist $k = 3$, daraus berechnet sich die Periode $p = \frac{2}{3}\pi$. Bei Funktion g beträgt $k = \frac{1}{\pi}$. Die Periode ist $p = \frac{2\pi}{\frac{1}{\pi}} = 2\pi \cdot \frac{\pi}{1} = 2\pi^2$.

Seite 150

1.
a) $a = 2$ $\quad p = \frac{20}{3}\pi$
b) $a = 1$ $\quad p = 2$
c) $a = -3$ $\quad p = 2\pi$
d) $a = 1{,}5$ $\quad p = \frac{2}{3}\pi$
e) $a = -5$ $\quad p = \frac{2}{3}\pi$
f) $a = 1$ $\quad p = 5\pi$

2.
a) Streckung in y-Richtung mit Faktor 2, Verschiebung um −3 in y-Richtung, Streckung mit Faktor $\frac{10}{3}$ in x-Richtung
b) Verschiebung um 2,5 in y-Richtung, Streckung mit Faktor $\frac{1}{\pi}$ in x-Richtung (Stauchung)
c) Streckung in y-Richtung mit Faktor 3, Spiegelung an der x-Achse
d) Streckung in y-Richtung mit Faktor 1,5, Streckung mit Faktor $\frac{1}{3}$ in x-Richtung (Stauchung)
e) Streckung in y-Richtung mit Faktor 5, Spiegelung an der x-Achse, anschließend Verschiebung um π in y-Richtung, Streckung mit Faktor $\frac{1}{3}$ in x-Richtung (Stauchung)
f) Verschiebung um −1 in y-Richtung, Streckung mit Faktor 2,5 in x-Richtung

Lösungen der „Alles klar?"-Aufgaben

3.
a) $f(x) = 3\sin(x) - 1$; $g(x) = 3\cos(x) - 1$
b) $f(x) = \sin\left(\frac{1}{5}\pi x\right)$; $g(x) = \cos\left(\frac{1}{5}\pi x\right)$
c) ist für eine Sinusfunktion der Form $f(x) = a \cdot \sin(k \cdot x) + b$ nicht möglich; z. B. $g(x) = \cos\left(\frac{1}{4}\pi \cdot x\right) - 1$
d) z. B. $f(x) = \sin\left(\frac{2}{7}x\right) + 10$; $g(x) = \cos\left(\frac{2}{7}x\right) + 1{,}1$

Seite 153
1. $3\sin\left(\frac{1}{3}x\right) - 1{,}5 = 0$
$\Leftrightarrow \sin\left(\frac{1}{3}x\right) = 0{,}5 \quad |\sin^{-1}$
$\Leftrightarrow \frac{1}{3}x = \frac{\pi}{6} \vee \frac{1}{3}x = \frac{5}{6}\pi$
$\Leftrightarrow x = \frac{\pi}{2} \vee x = \frac{5}{2}\pi$
$x_{N_1} = \frac{\pi}{2} + 6k\pi$; $x_{N_2} = \frac{5}{2}\pi + 6k\pi$; $k \in \mathbb{Z}$

2.
a) $x_1 \approx 0{,}42403$; $x_2 \approx 3{,}5656$; $x_3 \approx 1{,}1505$; $x_4 \approx -1{,}9911$; $x_5 \approx 4{,}2921$
b) $x_1 \approx 1{,}4033$; $x_2 \approx -1{,}4033$; $x_3 \approx 4{,}8799$
c) $x_1 = \pi$
d) $x_1 \approx 4{,}1888$; $x_2 \approx 2{,}0944$

Seite 154
a) $x_{N_1} = -\frac{\pi}{3}$; $x_{N_2} = \frac{\pi}{3}$; $x_{N_3} = \frac{5}{3}\pi$
b) $x_{N_1} = -\frac{5}{3}$; $x_{N_2} = -\frac{4}{3}$; $x_{N_3} = \frac{1}{3}$; $x_{N_4} = \frac{2}{3}$; $x_{N_5} = \frac{7}{3}$; $x_{N_6} = \frac{8}{3}$; $x_{N_7} = \frac{13}{3}$; $x_{N_8} = \frac{14}{3}$
c) $x_{N_1} = -\frac{\pi}{3}$; $x_{N_2} = 0$; $x_{N_3} = \frac{\pi}{3}$; $x_{N_4} = \frac{2}{3}\pi$; $x_{N_5} = \pi$; $x_{N_6} = \frac{4}{3}\pi$; $x_{N_7} = \frac{5}{3}\pi$

Seite 156
1. Das Modell zur Schallwelle beschreibt einen idealisierten Zustand. Die Schallwelle eines reinen Tones würde tatsächlich die beschriebene Funktion erfüllen. Häufig werden Töne jedoch mit der Zeit leiser oder mehrere Töne überlagern sich. Dann müsste die Amplitude sich verändern.
Das Modell zu den Sonnenständen orientiert sich am Verlauf der Sonne. Dabei wird dem Sonnenhöchststand die Uhrzeit 12:00 zugeordnet. Die Höchststände variieren allerdings innerhalb eines Jahres um bis zu 15 Minuten. Um die echte Situation genauer zu beschreiben, sollte ein anderes Modell gewählt werden.

2.
a) Sonnenstand; Ebbe und Flut; Niederschlagskurve; Stromkreise; Schwingungen, Drehbewegungen...
b) Jahreszeiten, Arbeit, Aufstehen/Schlafen, Puls, Menstruation, Geburtstage ...

Seite 167
a) (1; 2) ist Lösung, da $2 \cdot 1 + 2 = 4$ und $-(1) + 2 = 1$.
(1; 3) kann keine Lösung sein, da $2 \cdot 1 + 3 = 5 \neq 4$.
b) (−2; 6; 4,5) ist Lösung, da $-2 - 6 + 2 \cdot 4{,}5 = 1$ und $4 \cdot (-2) + 6 = -2$ und $6 = 6$.
(6; 6; 0,5) kann keine Lösung sein, da $4 \cdot 6 + 6 = 30 \neq -2$; (1; 3; −1) auch nicht, da $3 \neq 6$.
c) (1; 3; −1) ist eine Lösung, da $1 - 2 \cdot (-1) = 3$ und $2 \cdot (-1) + 3 = 1$ und $3 \cdot 1 - 3 = 0$.
(6; 6; 0,5) kann keine Lösung sein, da $6 - 2 \cdot 0{,}5 = 5 \neq 3$; (−2; 6; 4,5) auch nicht, da $-2 - 2 \cdot 4{,}5 = -11 \neq 3$.

Seite 170
1.
a) $L = \{(1{,}5; 0{,}5)\}$
b) $L = \{(1{,}5; 6; 8)\}$
c) $L = \{(2; 1; 6)\}$

2.
a) $4P_1 + P_2 = 0$
$2P_1 - \mathbf{P_2} = 1{,}5$
b) $y + 0z = 2$
$0x + 2z = 6$
$0y + x + 0z = 1$
c) $x - y = -4$
$x - y + \mathbf{2}z = -6$
$3x + y - 2z = 6$

Seite 173
1. $a = 0{,}5$; $b = 2$; $c = 4{,}5$
$f(x) = 0{,}5x^2 + 2x + 4{,}5$

2.
a) $L = \{(100; 120; 50)\}$
b) $L = \{(-11; 5; -3)\}$

Seite 174
1. $a = 1$; $b = 0$; $c = -3$; $d = -2$

Lösungen der „Alles klar?"-Aufgaben

2. Die letzte Gleichung ergibt $d = -2$; einsetzen in die anderen Gleichungen liefert:
$$-a + b - c = 2$$
$$a + b + c = -2$$
$$-8a + 4b - 2c = -2$$
Lösung wie in Aufgabe 1.

Seite 181

1.

a) g_1 und g_2 schneiden sich,
da $x + 3 = 2x + 1 \Leftrightarrow x = 2$.
g_1 und g_3 sind identisch,
da $0{,}5(2x + 1) - x - 0{,}5 = 0 \Leftrightarrow 0 = 0$.

b) g_4: $y = 2x$, da $2x + 1 = 2x \Leftrightarrow 1 = 0$ (f).

2.

a) nicht lösbar
b) nicht lösbar
c) lösbar, $L = \left\{\left(-\frac{5}{4}; -\frac{83}{8}; 5\right)\right\}$
d) nicht lösbar

Seite 183

1. $(7; 0; 2)$; $(1; -2; 0)$; $(-2; -3; -1)$

2.

a) $L = \{(2 + 4t; t) \mid t \in \mathbb{R}\}$
b) $L = \left\{\left(-1 + \frac{1}{5}t; 1 + \frac{3}{5}t; t\right) \mid t \in \mathbb{R}\right\}$
c) $L = \{(7; -5; t) \mid t \in \mathbb{R}\}$

Seite 185

a) Gauß-Algorithmus führt zu:
Die dritte Zeile ist eine falsche Aussage. Also $L = \{\}$.
$\begin{pmatrix} 2 & 0 & | & 2 \\ 0 & 2 & | & 0 \\ 0 & 0 & | & 2 \end{pmatrix}$

b) Da das LGS 3 Variablen hat, lösen wir das Gleichungssystem mit 3 beliebigen Zeilen, z. B.:
$\begin{pmatrix} 0 & 2 & 0 & | & 1 \\ 0 & 0 & -1 & | & 3 \\ 1 & 0 & 0{,}5 & | & -1 \end{pmatrix}$
$\Rightarrow L = \{(0{,}5; 0{,}5; -3)\}$ Auch die Probe in den anderen Gleichungen bestätigt diese Lösung.

c) Gauß-Algorithmus führt zu:
$\begin{pmatrix} -3 & 1 & 0 & | & 2 \\ 0 & 1 & 1 & | & 4 \\ 0 & 0 & 0 & | & 0 \\ 0 & 0 & 0 & | & 0 \end{pmatrix}$

Es gibt unendlich viele Lösungen mit $L = \left\{\left(\frac{2}{3} - \frac{1}{3}t; 4 - t; t\right) \mid t \in \mathbb{R}\right\}$.

Seite 186

a) Gauß und „Auffüllen" mit einer Nullzeile:
$\begin{pmatrix} 2 & 2 & -1 & | & 0 \\ 0 & 4 & -3 & | & -8 \\ 0 & 0 & 0 & | & 0 \end{pmatrix}$
$\Rightarrow$ Es gibt unendlich viele Lösungen.

b) „Auffüllen" mit einer Nullzeile $\begin{pmatrix} -3 & 2 & | & 4 \\ 0 & 0 & | & 0 \end{pmatrix}$
$\Rightarrow$ unendlich viele Lösungen

c) $\begin{pmatrix} -3 & 1 & 0 & 7 & | & 2 \\ 0 & 0 & 0 & 0 & | & 5 \\ 0 & 0 & 0 & 0 & | & 0 \end{pmatrix}$ $\Leftrightarrow 0 = 5$ (f)
$\Rightarrow$ keine Lösung

Seite 187

1.

a) $L = \{\}$ b) $L = \{\}$ c) $L = \{(t; -1; 4) \mid t \in \mathbb{R}\}$

2.

a) Unendlich viele Lösungen: Eine Nullzeile, die andere Zeile mit einer „0" in der Hauptdiagonale liefert keine falsche Aussage, sondern die Wertbelegung für eine Variable.

b) Keine Lösung: In der letzten Zeile gibt es zwar eine Nullzeile, aber die dritte Zeile liefert eine falsche Aussage.

c) Unendlich viele Lösungen: Eine Nullzeile und die 2. und 4. Zeile liefern beide „0" als Wert für die 4. Variable.

d) Keine Lösung: Die 2. Zeile liefert 0,25 als Wert für die 4. Variable, die 4. Zeile aber $\frac{1}{3}$.

Seite 195

2008–2011	2011–2012	2012–2013
137	118	190

stärkste jährliche Änderung von 2012 zu 2013

Seite 196

Differenzenquotient:

$[-1; 2]$: $\frac{f(2) - f(-1)}{2 - (-1)} = \frac{4 - 1}{3} = 1$

$[-1; 0]$: $\frac{f(0) - f(-1)}{0 - (-1)} = \frac{0 - 1}{1} = -1$

$[0; 2]$: $\frac{f(2) - f(0)}{2 - 0} = \frac{4 - 0}{2} = 2$

$[1; 1{,}1]$: $\frac{f(1{,}1) - f(1)}{1{,}1 - 1} = \frac{1{,}21 - 1}{0{,}1} = 2{,}1$

Lösungen der „Alles klar?"-Aufgaben

a)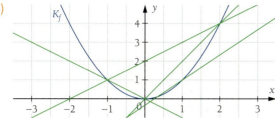

b) Die Geraden zu $[-1; 0]$ und $[1; 1{,}1]$ spiegeln den Verlauf des Schaubildes von f im jeweiligen Bereich am besten wider.

c) Die mittlere Änderungsrate 2,1 entspricht am besten der momentanen Änderungsrate an der Stelle $x = 1$. Sie beträgt dort 2.

Seite 200

1. $m_s = \dfrac{f(2) - f(0)}{2 - 0} = \dfrac{\left(\frac{3}{4} \cdot 2^2 - 3 \cdot 2\right) - \left(\frac{3}{4} \cdot 0^2 - 3 \cdot 0\right)}{2}$

$= \dfrac{-3 - 0}{2} = -\dfrac{3}{2}$

$m_t = \lim\limits_{x \to x_0} \dfrac{\left(\frac{3}{4}x^2 - 3x\right) - \left(\frac{3}{4} \cdot x_0^2 - 3 \cdot x_0\right)}{x - x_0}$ ▶ $x_0 = 0$ einsetzen

$= \lim\limits_{x \to 0} \dfrac{\left(\frac{3}{4}x^2 - 3x\right) - \left(\frac{3}{4} \cdot 0^2 - 3 \cdot 0\right)}{x}$

$= \lim\limits_{x \to 0} \dfrac{\left(\frac{3}{4}x^2 - 3x\right) - (0)}{x}$ ▶ Ausklammern

$= \lim\limits_{x \to 0} \dfrac{x\left(\frac{3}{4}x - 3\right)}{x}$ ▶ Kürzen durch x

$= \lim\limits_{x \to 0} \left(\dfrac{3}{4}x - 3\right)$ ▶ Grenzwert berechnen

$= \dfrac{3}{4} \cdot 0 - 3 = -3$

2. $m_t = \lim\limits_{x \to x_0} \dfrac{x^2 - x_0^2}{x - x_0}$ ▶ $x_0 = 2$ einsetzen

$= \lim\limits_{x \to 2} \dfrac{x^2 - 4}{x - 2}$ ▶ 3. bin. Formel

$= \lim\limits_{x \to 2} \dfrac{(x - 2)(x + 2)}{x - 2}$ ▶ Kürzen durch $(x - 2)$

$= \lim\limits_{x \to 2} (x + 2)$ ▶ Grenzwert berechnen

$= 4$

$m_t = \lim\limits_{x \to x_0} \dfrac{x^2 - x_0^2}{x - x_0}$ ▶ $x_0 = 4$ einsetzen

$= \lim\limits_{x \to 4} \dfrac{x^2 - 16}{x - 4}$ ▶ 3. bin. Formel

$= \lim\limits_{x \to 4} \dfrac{(x - 4)(x + 4)}{x - 4}$ ▶ Kürzen durch $(x - 4)$

$= \lim\limits_{x \to 4} (x + 4)$ ▶ Grenzwert berechnen

$= 8$

Seite 201

1. $\lim\limits_{x \to -2} \dfrac{f(x) - f(-2)}{x - (-2)} = \lim\limits_{x \to -2} \dfrac{2x^2 - 8}{x + 2}$

$= \lim\limits_{x \to -2} \dfrac{2 \cdot (x - 2) \cdot (x + 2)}{x + 2} = \lim\limits_{x \to -2} 2 \cdot (x - 2)$

$= -8$ (Steigung)

$\lim\limits_{x \to 3} \dfrac{f(x) - f(3)}{x - 3} = \lim\limits_{x \to 3} \dfrac{2x^2 - 18}{x - 3}$

$= \lim\limits_{x \to 3} \dfrac{2 \cdot (x - 3) \cdot (x + 3)}{x - 3} = \lim\limits_{x \to 3} 2 \cdot (x + 3)$

$= 12$ (Steigung)

$\lim\limits_{x \to 0} \dfrac{f(x) - f(0)}{x - 0} = \lim\limits_{x \to 0} \dfrac{2x^2 - 0}{x - 0} = \lim\limits_{x \to 0} 2x$

$= 0$ (Steigung)

2.

a) Schaubild von $s(t) = 20t$

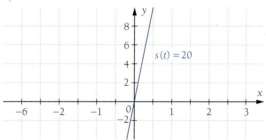

b) $\lim\limits_{t \to 3} \dfrac{s(t) - s(3)}{t - 3} = \lim\limits_{t \to 3} \dfrac{20t - 60}{t - 3} = \lim\limits_{t \to 3} 20 = 20$

$\lim\limits_{t \to 10} \dfrac{s(t) - s(10)}{t - 10} = \lim\limits_{t \to 10} \dfrac{20t - 200}{t - 10} = \lim\limits_{t \to 10} 20 = 20$

Die Momentangeschwindigkeit nach 3 Sekunden und nach 10 Sekunden beträgt $20\,\tfrac{m}{s}$.

c) Es handelt sich um eine geradlinige Bewegung mit konstanter Geschwindigkeit.

Seite 202

1. Die h-Methode benennt den Abstand $x - x_0$ explizit als h. Wenn $x \to x_0$ geht, dann geht auch $h \to 0$ und umgekehrt. Aus diesem Grund führen beide Methoden zum selben Ergebnis.

2. $\lim\limits_{x \to -3} \dfrac{f(x) - f(-3)}{x - (-3)} = \lim\limits_{x \to -3} \dfrac{x^2 - (-3)^2}{x + 3}$

$= \lim\limits_{x \to -3} \dfrac{(x - 3) \cdot (x + 3)}{(x + 3)} = \lim\limits_{x \to -3} (x - 3) = -6$

$\lim\limits_{h \to 0} \dfrac{f(-3 + h) - f(-3)}{h} = \lim\limits_{h \to 0} \dfrac{(-3 + h)^2 - (-3)^2}{h}$

$= \lim\limits_{h \to 0} \dfrac{9 - 6h + h^2 - 9}{h} = \lim\limits_{h \to 0} (-6 + h) = -6$

Seite 205

1.
a) $f'(x) = 6x^2 + 4$
b) $f'(x) = -x$
c) $f'(x) = 0{,}25x^4 - 1{,}2x^3$
d) $f'(x) = \frac{1}{6}x^6 - \frac{1}{5}x^5 + \frac{1}{4}x^4$
e) $f'(x) = x^3 + x^2$
f) $f'(x) = 0$
g) $f'(x) = x - x^4$
h) $f'(x) = -\frac{3}{4}x^2$

2.
a) $f'(x) = 2$

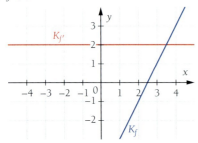

b) $f'(x) = -0{,}5x + 4$

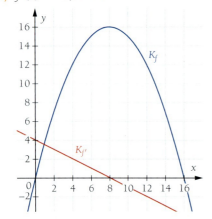

c) $f'(x) = \frac{3}{2}x^2 - 3$

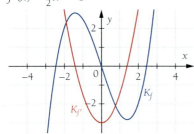

d) $f'(x) = x^3$

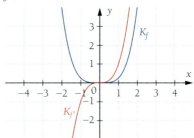

e) $f'(x) = 0$

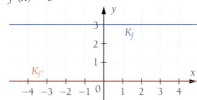

f) $f'(x) = 2x + 3$

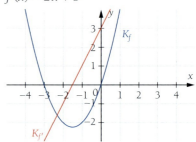

3.
a) $f(x) = x^3; f'(x) = 3x^2;$
$f(-1) = (-1)^3 = -1;$
$f'(-1) = 3 \cdot (-1)^2 = 3; f(2) = 2^3 = 8;$
$f'(2) = 3 \cdot 2^2 = 12$

b) $f(x) = -2x^4 + 3x^2; f'(x) = -8x^3 + 6x;$
$f(-1) = -2 \cdot (-1)^4 + 3 \cdot (-1)^2 = 1;$
$f'(-1) = -8 \cdot (-1)^3 + 6 \cdot (-1) = 2;$
$f(2) = -2 \cdot 2^4 + 3 \cdot 2^2 = -20;$
$f'(2) = -8 \cdot 2^3 + 6 \cdot 2 = -52$

c) $f(x) = 0{,}5x^4 - 2x^2 + 2;$
$f'(x) = 2x^3 - 4x;$
$f(-1) = 0{,}5 \cdot (-1)^4 - 2 \cdot (-1)^2 + 2 = -0{,}5;$
$f'(-1) = 2 \cdot (-1)^3 - 4 \cdot (-1) = 2;$
$f(2) = 0{,}5 \cdot 2^4 - 2 \cdot 2^2 + 2 = 2;$
$f'(2) = 2 \cdot 2^3 - 4 \cdot 2 = 8$

d) $f(x) = -4x^3 - 8x;$
$f'(x) = -12x^2 - 8;$
$f(-1) = -4 \cdot (-1)^3 - 8 \cdot (-1) = 12;$
$f'(-1) = -12 \cdot (-1)^2 - 8 = -20;$
$f(2) = -4 \cdot 2^3 - 8 \cdot 2 = -48;$
$f'(2) = -12 \cdot 2^2 - 8 = -56$

e) $f(x) = 5; f'(x) = 0;$
$f(-1) = 5;$
$f'(-1) = 0;$
$f(2) = 5;$
$f'(2) = 0$

f) $f(x) = -x^2 - x^3;$
$f'(x) = -2x - 3x^2;$
$f(-1) = -(-1)^2 - (-1)^3 = 0;$
$f'(-1) = -2 \cdot (-1) - 3 \cdot (-1)^2 = -1;$
$f(2) = -2^2 - 2^3 = -12;$
$f'(2) = -2 \cdot 2 - 3 \cdot 2^2 = -16$

Seite 207

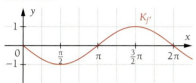

Seite 209

1.
a) $f'(x) = 2e^x + 2x$
b) $f'(x) = 3\cos(x) + 2x$
c) $f'(x) = 4e^{0,5x}$
d) $f'(x) = 10x^4 - 4e^x$
e) $f'(x) = 8x^3 + 5\sin(x)$
f) $f'(x) = \cos(0,25x)$
g) $f'(x) = e \cdot e^x$
h) $f'(x) = -3\sin(3x)$
i) $f'(x) = 4e \cdot x^3 - \frac{1}{2}e^x$

2.
a) $f'(x) = 2 \cdot 2(2x+1) = 4(2x+1) = 8x + 4$
b) $f(x) = (2x+1)^2 = (2x+1)(2x+1)$
$= 4x^2 + 2x + 2x + 1 = 4x^2 + 4x + 1$
$f'(x) = 8x + 4$

Die Ergebnisse aus a) und b) sind gleich. Es macht für das Ergebnis keinen Unterschied, ob die Kettenregel angewendet wird oder der Funktionsterm erst komplett ausmultipliziert und dann mithilfe der Summen-, Produkt- und Konstantenregel abgeleitet wird.

Seite 210

a) $f'(x) = 10x^3 + 6x$
$f''(x) = 30x^2 + 6$
$f'''(x) = 60x$
$f^{(4)}(x) = 60$
$f^{(5)}(x) = 0$

b) $f'(x) = 0,75x^2 - 5$
$f''(x) = 1,5x$
$f'''(x) = 1,5$
$f^{(4)}(x) = 0$

c) $f'(x) = -5x^4 + 0,8x^3 - 18x^2$
$f''(x) = -20x^3 + 2,4x^2 - 36x$
$f'''(x) = -60x^2 + 4,8x - 36$
$f^{(4)}(x) = -120x + 4,8$
$f^{(5)}(x) = -120$
$f^{(6)}(x) = 0$

d) $f'(x) = -\frac{4}{6}x^3 + \frac{15}{6}x^2 - \frac{2}{3}x - \frac{4}{3}$
$f''(x) = -2x^2 + 5x - \frac{2}{3}$
$f'''(x) = -4x + 5$
$f^{(4)}(x) = -4$
$f^{(5)}(x) = 0$

Seite 212

Ableitung bilden: $f'(x) = 0,3x^2 - 4x$
Steigung der Tangente bei $x = -3$:
$m = f'(-3) = 0,3 \cdot (-3)^2 - 4 \cdot (-3) = 14,7$
Berechnung y-Achsenabschnitt: $t(x) = mx + b;$
$t(x) = f(-3) = -20,7$
$-20,7 = 14,7 \cdot (-3) + b \quad | +44,1 \Rightarrow 23,4 = b$
Die Gleichung der Tangente lautet $t(x) = 14,7x + 23,4$.

Seite 213

1. Ableitung bilden: $f'(x) = 6x - 5$
Steigung der Tangente bei $x = 1$:
$m = f'(1) = 6 \cdot 1 - 5 = 1$
Berechnung y-Achsenabschnitt:
$t(x) = mx + b; t(x) = f(1) = 1$
$1 = 1 \cdot 1 + b \quad | -1 \Rightarrow 0 = b$
Die Gleichung der Tangente lautet $t(x) = x$.

2.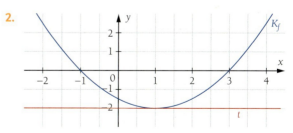

$f'(x) = x - 1; m = f'(1) = 0; f(1) = -2 = t(1)$
$-2 = 0 \cdot x + b \Rightarrow -2 = b; t(x) = -2$

3.

a) $f'(x) = 4x$
Steigung von -2: $-2 = 4x \Rightarrow x = -0{,}5$
Steigung von 0: $0 = 4x \Rightarrow x = 0$
Steigung von 2: $2 = 4x \Rightarrow x = 0{,}5$
Steigung von 4: $4 = 4x \Rightarrow x = 1$

b) $f'(x) = 2x + 6$
Steigung von -2: $-2 = 2x + 6 \Rightarrow x = -4$
Steigung von 0: $0 = 2x + 6 \Rightarrow x = -3$
Steigung von 2: $2 = 2x + 6 \Rightarrow x = -2$
Steigung von 4: $4 = 2x + 6 \Rightarrow x = -1$

c) $f'(x) = 4x^3$
Steigung von -2: $-2 = 4x^3$
$\Rightarrow x = \sqrt[3]{-0{,}5} \approx -0{,}7937$
Steigung von 0: $0 = 4x^3 \Rightarrow x = \sqrt[3]{0} = 0$
Steigung von 2: $2 = 4x^3 \Rightarrow x = \sqrt[3]{0{,}5} \approx 0{,}7937$
Steigung von 4: $4 = 4x^3 \Rightarrow x = \sqrt[3]{1} = 1$

Seite 214

1. $h(x) = -0{,}5x^2 - 3x - 2{,}5$; $f(x) = x^2 - 1$;
$g(x) = -3x^2 - 8x - 5$
$h'(x) = -x - 3$; $f'(x) = 2x$; $g'(x) = -6x - 8$
Zu zeigen: K_h berührt K_f und K_g im Punkt $B(-1|0) \Rightarrow x_S = -1$
Es muss gelten:
I. $h(-1) = f(-1)$ und $h(-1) = g(-1)$
II. $h'(-1) = f'(-1)$ und $h'(-1) = g'(-1)$
I. $h(-1) = 0$; $f(-1) = 0$; $g(-1) = 0$
$\Rightarrow$ I. ist erfüllt.
II. $h'(-1) = -2$; $f'(-1) = -2$; $g'(-1) = -2$
$\Rightarrow$ II. ist erfüllt

2. Zu zeigen: I. $f(x_S) = g(x_S)$ und II. $f'(x_S) = g'(x_S)$
$f(x) = 2x^3 - x^2 + x - 2$; $f'(x) = 6x^2 - 2x + 1$
$g(x) = x - 2$; $g'(x) = 1$
I. $2x_S^3 - x_S^2 + x_S - 2 = x_S - 2 \quad |+2\,|-x_S$
$\Leftrightarrow \quad 2x_S^3 - x_S^2 = 0$
$\Rightarrow x_S = 0$ und $x_S = 0{,}5$
$f(0) = -2$; $g(0) = -2 \Rightarrow$ I. ist erfüllt
$f(0{,}5) = -1{,}5$; $g(0{,}5) = -1{,}5 \Rightarrow$ I. ist erfüllt
$f'(0) = 1$; $g'(0) = 1 \Rightarrow$ II. ist erfüllt
$f'(0{,}5) = 1{,}5$; $g'(0{,}5) = 1 \Rightarrow$ II. ist nicht erfüllt
Nur die Stelle $x_S = 0$ ist ein Berührpunkt von f und g.

3. $f(x) = e^{2x} + 1$; $g(x) = x^3 - x^2 + 2x + 2$
$f'(x) = 2e^{2x}$; $g'(x) = 3x^2 - 2x + 2$
Zu zeigen: K_f berührt K_g im Punkt $B(0|2)$
$\Rightarrow x_S = 0$

Es muss gelten:
I. $f(0) = g(0)$ und II. $f'(0) = g'(0)$
I. $f(0) = 2$; $g(0) = 2 \Rightarrow$ I. ist erfüllt.
II. $f'(0) = 2$; $g'(0) = 2 \Rightarrow$ II. ist erfüllt

Seite 215

1. Die Schaubilder von f und g schneiden sich im Ursprung, also beim Punkt $(0|0)$, wenn die Schnittstellenbedingung $f(0) = g(0)$ und die Orthogonalitätsbedingung $f'(0) \cdot g'(0) = -1$ erfüllt sind.
Überprüfung der Schnittstellenbedingung:
$f(0) = 0{,}5 \sin(0) = 0$;
$g(0) = 2e^{-0} - 2 = 2 \cdot 1 - 2 = 0$
$\Rightarrow$ Es gilt: $f(0) = g(0)$
Überprüfung der Orthogonalitätsbedingung:
$f'(x) = 0{,}5 \cos(x)$; $g'(x) = -2e^{-x}$
$f'(0) = 0{,}5 \cdot 1 = 0{,}5$; $g'(0) = -2 \cdot 1 = -2$
$\Rightarrow$ Es gilt: $f'(0) \cdot g'(0) = 0{,}5 \cdot (-2) = -1$

2. Ansatz: $f(x_S) = g(x_S)$:
$2x_S^2 - 6x_S + 4 = 2x_S^2 - 3{,}5x_S + 1{,}5 \quad |-2x_S^2$
$\Leftrightarrow \quad -6x_S + 4 = -3{,}5x_S + 1{,}5 \quad |+6x_S$
$\Leftrightarrow \quad 4 = +2{,}5x_S + 1{,}5 \quad |-1{,}5$
$\Leftrightarrow \quad 2{,}5 = 2{,}5x_S \quad |:2{,}5$
$\Rightarrow \quad x_S = 1$
Die Schnittstelle liegt bei $x_S = 1$.
Überprüfung der Orthogonalitätsbedingung:
$f'(x_S) \cdot g'(x_S) = -1$:
$f'(x) = 4x - 6$;
$g'(x) = 4x - 3{,}5$
$f'(1) = 4 \cdot 1 - 6 = -2$;
$g'(1) = 4 \cdot 1 - 3{,}5 = 0{,}5$
$f'(x_S) \cdot g'(x_S) = -2 \cdot 0{,}5 = -1$
Die Orthogonalitätsbedingung ist erfüllt. Die Schaubilder zu f und g schneiden sich an der Stelle $x_S = 1$ senkrecht.

Seite 224

a) Die Tiefpunkte sind global, der Hochpunkt lokal.

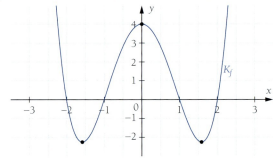

b) Die Extrempunkte sind lokal.

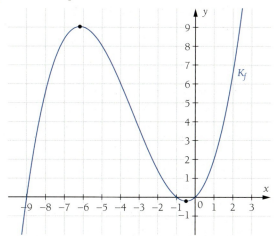

c) Die Extrempunkte sind lokal.

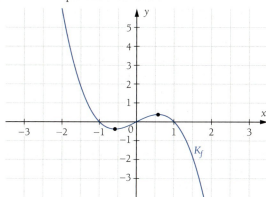

d) Der Hochpunkt ist global.

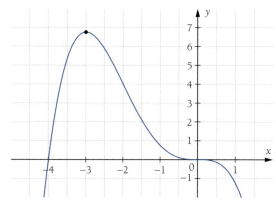

Seite 225

a) monoton fallend in $]-\infty;\,1]$ und monoton steigend in $[1;\,\infty[$
b) monoton fallend in $]-\infty;\,0]$ und monoton steigend in $[0;\,4]$ und monoton fallend in $[4;\,\infty[$
c) monoton steigend in $]-\infty;\,-2]$ und monoton fallend in $[-2;\,2]$ und monoton steigend in $[2;\,6]$ und monoton fallend in $[6;\,\infty[$

Seite 227

1. Das Schaubild von f ist im Intervall $[0;\,4]$ fallend, die Ableitungsfunktion muss in diesem Intervall negativ sein. Damit fällt das zweite Schaubild als Möglichkeit aus. Das erste Schaubild trifft nicht zu, weil es z. B. bei $x=2$ eine Steigung von -4 für das Schaubild der Ausgangsfunktion beschreibt. Dies trifft aber für K_f nicht zu. Also ist die dritte Abbildung das Schaubild der Ableitung von f.

2.
a)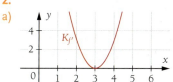

b)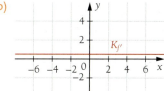

c)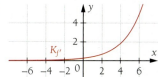

Seite 228

a) $P_1\left(-2\left|\frac{10}{3}\right.\right);\ P_2\left(1\left|\frac{7}{6}\right.\right)$
b) $P_1(0|2);\ P_2(3|-4{,}75)$
c) Kein Kurvenpunkt besitzt eine waagrechte Tangente.
d) Jeder Kurvenpunkt besitzt eine waagrechte Tangente, da das Schaubild zu k eine waagrechte Gerade ist.
e) $P_1\left(\frac{\pi}{3}\left|-3+\frac{\pi}{3}\right.\right);\ P_2\left(\frac{5\pi}{3}\left|\sqrt{3}+\frac{5\pi}{3}\right.\right)$

Seite 231
1.
a) $H(3|5)$

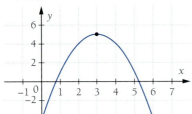

b) $T(2|-28)$; $H(-4|80)$

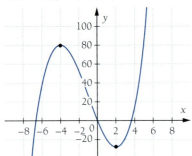

c) keine Extremwerte

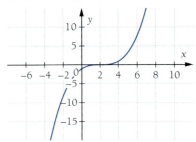

2. Es muss gelten: $f'(x_E) = 0$ und $f''(x_E) \neq 0$
a) $T(-1,5|-3,5)$
b) $H(2|3)$; $T\left(6\left|\frac{1}{3}\right.\right)$
c) hat keine Extrempunkte
d) $H\left(0\left|\frac{16}{3}\right.\right)$; $T\left(4\left|-\frac{16}{3}\right.\right)$
e) hat keine Extrempunkte
f) $H(0|3)$; $T_1(-2|-1)$; $T_2(2|-1)$

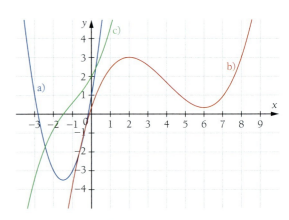

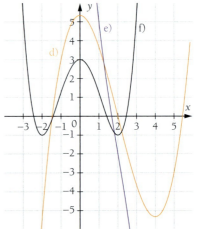

Seite 233
a) $H\left(1\left|\frac{4}{3}\right.\right)$; $T(3|0)$
b) $T_{1;2}(\pm 2{,}83|-4) = T_{1/2}(\pm 2\sqrt{2}|-4)$ und $H(0|0)$
c) $H(0|-1)$
d) $T(-\pi|-3{,}5)$ und $H(\pi|4{,}5)$

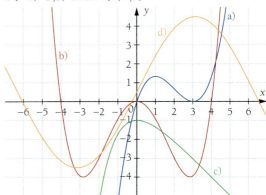

Seite 237
a) rechtsgekrümmt in $]-\infty;\ -0{,}5]$ und linkgekrümmt in $[-0{,}5;\ \infty[$

b) rechtsgekrümmt in $]-\infty; -1{,}5]$, linkgekrümmt in $[-1{,}5; 1{,}5]$ und rechtsgekrümmt in $[1{,}5; \infty[$
c) rechtsgekrümmt in $]-\infty; 1]$ und linkgekrümmt in $[1; \infty[$
d) rechtsgekrümmt in $]-\infty; -1]$, linkgekrümmt in $[-1; 1]$ und rechtsgekrümmt in $[1; \infty[$

Seite 239

a) $W(-2|0)$
b) $W(1|-1)$
c) $W_1(-3|-1{,}5)$; $W_2(0|3)$
d) kein Wendepunkt
e) $W\left(\frac{\pi}{2}\Big|0\right)$
f) $W_1(0|0)$; $W_2(4|0)$
g) $W(\ln(2)|-3) = W(0{,}693|-3)$
h) $W\left(1\Big|\frac{e}{2}\right) = W(1|1{,}36)$

Seite 240

a) $W(2|1)$; $t\colon y = -1{,}5x + 4$
b) $W_1\left(-2\Big|-\frac{20}{3}\right)$; $t_1\colon y = \frac{16}{3}x + 4$ und $W_2\left(2\Big|-\frac{20}{3}\right)$; $t_2\colon y = -\frac{16}{3}x + 4$
c) $W\left(\frac{\pi}{4}\Big|1\right)$; $t\colon y = -2x + 1 + \frac{\pi}{2}$

Seite 241

Das Schaubild der Funktion f hat einen Wendepunkt $(1|-1)$ und einen Sattelpunkt $(2|0)$. Die Gleichungen der Wendetangenten lauten $t_1\colon y = 2x - 3$ und $t_2\colon y = 0$.

Seite 246

a) $T(1{,}5|-12{,}5)$; verläuft vom II. in den I. Quadranten
b) $H(2|32)$; $T(6|0)$; $W(4|16)$; verläuft vom III. in den I. Quadranten
c) $H(0|0)$; $T_1(-1|-2)$; $T_2(1|-2)$; $W_1(-0{,}58|-1{,}11)$; $W_2(0{,}58|-1{,}11)$; verläuft vom II. in den I. Quadranten

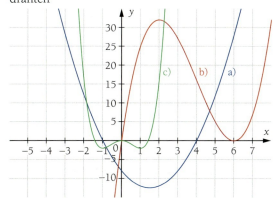

Seite 247

1. $f(x) = 0{,}25x^4 - 4{,}5x^2 + 8$

a) Ableitungen: $f'(x) = x^3 - 9x$; $f''(x) = 3x^2 - 9$; $f'''(x) = 6x$

Notwendige Bedingung: $f''(x_W) = 0$
$\quad 3x_W^2 - 9 = 0 \quad | +9$
$\Leftrightarrow \quad 3x_W^2 = 9 \quad | :3$
$\Leftrightarrow \quad x_W^2 = 3 \quad | \pm\sqrt{}$
$\Rightarrow x_{W_1} = +\sqrt{3}$; $x_{W_2} = -\sqrt{3}$

Überprüfung: $f'''(x_W) \neq 0$
$f'''(x_{W_1}) = 6 \cdot \sqrt{3} \neq 0 \Rightarrow$ Wendepunkt $W_1(\sqrt{3}|-3{,}25)$
$f'''(x_{W_2}) = 6 \cdot (-\sqrt{3}) \neq 0$
$\Rightarrow$ Wendepunkt $W_2(-\sqrt{3}|-3{,}25)$

b) Die Steigung der Wendetangenten entspricht der Steigung des Schaubilds in W_1 bzw. W_2 und wird mithilfe der ersten Ableitung berechnet.
$m_1 = f'(x_{W_1}) = f'(\sqrt{3}) \approx -10{,}39$ bzw.
$m_2 = f'(x_{W_2}) = f'(-\sqrt{3}) \approx +10{,}39$
Der y-Achsenabschnitt b wird mit der allgemeinen Gleichung $y = mx + b$ berechnet.
$-3{,}25 = -10{,}39 \cdot \sqrt{3} + b \quad | +18$ bzw.
$-3{,}25 = +10{,}39 \cdot -\sqrt{3} + b \quad | +18$
$14{,}75 = b \land 14{,}75 = b$
Wir erhalten $y_1 = -10{,}39x + 14{,}75$ und $y_2 = +10{,}39x + 14{,}75$.

c) individuelle Lösungen

2. $f'(x) = 3x^2 - 2$; $f''(x) = 6x$; $f'''(x) = 6$

a) Notwendige Bedingung für Extrempunkte:
$f'(x) = 0$
$\Rightarrow x_{E_1} = +\sqrt{\frac{2}{3}}$; $x_{E_2} = -\sqrt{\frac{2}{3}}$
Überprüfung mit hinreichender Bedingung:
$f''(x_E) \neq 0$
$f''(x_{E_1}) > 0 \Rightarrow$ Tiefpunkt $T\left(\sqrt{\frac{2}{3}}\Big|-2{,}589\right)$
$f''(x_{E_2}) < 0 \Rightarrow$ Hochpunkt $H\left(-\sqrt{\frac{2}{3}}\Big|-0{,}411\right)$

b) Da der Hochpunkt und der Tiefpunkt unterhalb der x-Achse liegen und eine Funktion 3. Grades mit dem Term $+x^3$ stets vom III. in den I. Quadranten verläuft, gibt es nur eine Schnittstelle mit der x-Achse.

Lösungen der „Alles klar?"-Aufgaben

Seite 248

a) $f'(x) = -2x^3 + 3x^2; f'(x) = 0$
$\Rightarrow x_{1;2} = 0 \lor x_3 = 1,5.$
Folglich sind $P_1(0|0)$ und $P_2(1,5|0,8725)$ Punkte mit waagrechter Tangente.
Für Wendepunkte gilt:
$f''(x_W) = 0$ und $f'''(x_W) \neq 0.$
$f''(x) = -6x^2 + 6x; f'''(x) = -12x + 6$
$f''(0) = 0; f''(1,5) = -4,5$
$\Rightarrow P_2(1,5|0,8725)$ ist kein Sattelpunkt.
$f'''(0) = 6 \neq 0 \Rightarrow P_1(0|0)$ ist ein Sattelpunkt. Es gilt: $f'(0) = 0; f''(0) = 0$ und $f'''(0) \neq 0$.

b) Wir überprüfen die notwendige Bedingung $f''(x_W) = 0$ und die hinreichende Bedingung $f'''(x_W) \neq 0$:
$f''(1) = -6 \cdot 1^2 + 6 \cdot 1 = 0$ und $f'''(1) = -12 \cdot 1 + 6 = -6 \neq 0 \Rightarrow W(1|0,5)$ ist ein weiterer Wendepunkt.

c) Steigung $m: f'(1) = -2 \cdot 1^3 + 3 \cdot 1^2 = -2 + 3 = 1$
y-Achsenabschnitt b:
$y = mx + b \Leftrightarrow 0,5 = 1 \cdot 1 + b \Leftrightarrow -0,5 = b$
$\Rightarrow$ Die Funktionsgleichung der Wendetangente am Punkt $W(1|0,5)$ lautet $y = x - 0,5$

Seite 249

1. Die Ableitungen der Funktionen sind alle $\neq 0$.
a) $f'(x) = \frac{1}{2}e^x \neq 0$
b) $f'(x) = e^{-x} \neq 0$
c) $f'(x) = 0,4e^{2x} \neq 0$

Somit können die Schaubilder keine Extremstellen haben.

2.
a) $f'(x) = -e^x + 1, f''(x) = -e^x \Rightarrow H(0|-1)$
b) Da $f''(x) = -e^x < 0$ für alle $x \in \mathbb{R}$ ist, ist das Schaubild über seinen ganzen Definitionsbereich rechtsgekrümmt.

Seite 250

a) Nullstellen: $N_1(1,32|0); N_2(4,97|0); N_3(7,6|0)$
Schnittpunkt y-Achse: $S_y(0|1,5)$
Extrempunkte: $H_1(0|1,5); T(\pi|-2,5), H_2(2\pi|1,5)$
Wendepunkte: $W_1\left(\frac{\pi}{2}\big|-0,5\right); W_2\left(3\frac{\pi}{2}\big|-0,5\right)$

b) $N_1(0|0); N_2(\pi|0); N_3(2\pi|0); S_y(0|0); H\left(\frac{\pi}{2}\big|\frac{2}{\pi}\right); T\left(\frac{3}{2}\pi\big|\frac{2}{\pi}\right); W_1(0|0); W_2(\pi|0); W_3(2\pi|0)$

c) $N_1(0,25|0); N_2(0,75|0), S_y(0|-1); T_1(0|-1); H(0,5|1); T_2(1|-1); W_1(0,25|0); W_2(0,75|0)$

Seite 251

Die Nullstelle im Ursprung beim Schaubild von f' ist ein Sattelpunkt und keine Extremstelle.

Seite 252

	Extremstellen	Nullstellen	Schaubild
(1)	$x \approx -3$ und $x \approx 3$	$x = -5$ und $x = 0$ und $x = 5$	f''
(2)	$x \approx -6,5$ und $x \approx -2$ und $x \approx 2$ und $x \approx 6,5$	$x = -8$ und $x = -4$ und $x = 0$ und $x = 4$ und $x = 8$	f
(3)	$x = -5$ und $x = 0$ und $x = 5$	$x \approx -6,5$ und $x \approx -2$ und $x \approx 2$ und $x \approx 6,5$	f'

Die Nullstellen von Schaubild (3) entsprechen den Extremstellen von (2) und die Nullstellen von Schaubild (1) entsprechen den Extremstellen von (3). Somit ist (2) das Schaubild von f; (3) das Schaubild von f' und (1) somit f''.

Seite 254

1. $s(t) = \frac{1}{2} a \cdot t^2$
$v(t) = \dot{s}(t) = \frac{1}{2} a \cdot 2t = a \cdot t$
$a(t) = \dot{v}(t) = \ddot{s}(t) = a \Rightarrow$ konstante Beschleunigung

2. Zum Beispiel: $s(t) = -\frac{1}{6}t^4 + \frac{4}{3}t^3$
Da a die Ableitung von v ist, liegt die maximale Geschwindigkeit an der Nullstelle von a vor. Diese ist zugleich Wendestelle von s. Beim gewählten Beispiel ist dies die Stelle $t = 4$.

3.
a) Der Bremsvorgang (negative Beschleunigung) beginnt an der Nullstelle der Beschleunigungsfunktion a, dort wechselt die Beschleunigung ihr Vorzeichen von + nach –: $a(t_N) = 0$
$\Rightarrow -\frac{4}{45}t_N + \frac{4}{3} = 0 \Rightarrow t_N = 15$

b) Es gilt: $v(t) = \dot{s}(t)$
Beispiel für Weg-Zeit-Funktion: $s(t) = -\frac{2}{135}t^3 + \frac{2}{3}t$

Seite 264

a) (I) $f(-1) = 0$; (II) $f(3) = 2$; (III) $f'(3) = 0$
$\Rightarrow f(x) = -0,125x^2 + 0,75x + 0,875$

Lösungen der „Alles klar?"-Aufgaben

b) $f(x) = ax^3 + cx$ ($b = 0$ und $d = 0$ wegen der Symmetrie zum Ursprung)
   (I) $f(-0,5) = 1$; (II) $f'(-0,5) = 0$
   $f(x) = 4x^3 - 3x$

c) $f(x) = ax^4 + cx^2 + e$ ($b = 0$ und $d = 0$ wegen der Symmetrie zur y-Achse)
   (I) $f(0) = -8$; (II) $f(2) = 0$; (III) $f'(2) = 0$
   $f(x) = -0,5x^4 + 4x^2 - 8$

d) (I) $f(0) = 0$; (II) $f'(0) = 0$; (III) $f''(0) = 0$;
   (IV) $f(4) = 0$; (V) $f'(4) = 3,2$
   $f(x) = 0,05x^4 - 0,2x^3$

Seite 265

1. (I) $f(0) = -1 \Leftrightarrow -1 = a \cdot e^0 = a$
(II) $f'(0) = -2$
$\Leftrightarrow -2 = a \cdot k \cdot e^0 = a \cdot k$
$\Leftrightarrow -2 = -1 \cdot k \Rightarrow k = 2$
$\Rightarrow f(x) = -e^{2x}$

2.
Periode: $24 = \frac{2\pi}{k} \Rightarrow k = \frac{\pi}{12}$
Wendetangente: $f'(0) = \frac{\pi}{4}$; $f(0) = 4,5$
$\frac{\pi}{4} = f'(0) = a \cdot \frac{\pi}{12} \cdot \cos\left(\frac{\pi}{12} \cdot 0\right) = a \cdot \frac{\pi}{12} \cdot 1 \Rightarrow a = 3$
$4,5 = f(0) = 3\sin\left(\frac{\pi}{12} \cdot 0\right) + b = b$
$\Rightarrow f(x) = 3\sin\left(\frac{\pi}{12}x\right) + 4,5$

Seite 269

a) Hauptbedingung: $A(a,b) = a \cdot b$
Nebenbedingung: $a + b = 4,8 \Leftrightarrow a = 4,8 - b$
Zielfunktion: $A(b) = (4,8 - b) \cdot b = -b^2 + 4,8b$
Definitionsbereich: $D_A = [0; 4,8]$
Ableitungen: $A'(b) = -2b + 4,8$; $A''(b) = -2$
Extremstellen: $A'(b_E) = 0 \Leftrightarrow b_E = 2,4$
$A''(2,4) = -2 < 0 \Rightarrow 2,4$ ist Maximalstelle.
$A(2,4) = 5,76 \Rightarrow H(2,4 | 5,76)$
Randwerte: $A(0) = 0$; $A(4,8) = 0$
Also ist 5,76 das globale Maximum von A in D_A. Die Seitenlängen betragen 2,4 m; die maximale Fläche ist $5,76 \text{ m}^2$.

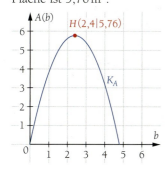

Seite 274

1. Hauptbedingung: $A(x;y) = x \cdot y$
Nebenbedingung: $2x + 2y = 20 \Leftrightarrow y = 10 - x$
Zielfunktion: $A(x) = x \cdot (10 - x) = 10x - x^2$
Definitionsbereich: $D_A = [0; 10]$
Ableitungen: $A'(x) = 10 - 2x$; $A''(x) = -2$
Extremstellen:
$A'(x_E) = 0 \Leftrightarrow x_E = 5$, $A''(5) = -2 < 0$
Lösung: $x = y = 5$; $A_{\max} = 25 \text{ m}^2$

2.
a) Hauptbedingung: $f(a,b) = a \cdot b$
Nebenbedingung: $a + b = 20 \Rightarrow b = 20 - a$
Zielfunktion: $f(a) = a \cdot (20 - a) = -a^2 + 20a$
Ableitungen: $f'(a) = -2a + 20$; $f''(a) = -2$
Extremstellen: $f'(a_E) = 0$
$\Leftrightarrow a_E = 10$; $f''(10) = -2 < 0$
Lösung: $a = b = 10$

b) Hauptbedingung: $f(a,b) = a^2 + b^2$
Nebenbedingung: $a + b = 20 \Rightarrow b = 20 - a$
Zielfunktion:
$f(a) = a^2 + (20 - a)^2 = 2a^2 - 40a + 400$
Ableitungen: $f'(a) = 4a - 40$; $f''(a) = 4$
Extremstellen: $f'(a_E) = 0$
$\Leftrightarrow a_E = 10$; $f''(10) = -2 < 0$
Lösung: $a = b = 10$

Seite 282

1.
a) ja, denn $F'(x) = 5x = f(x)$
b) ja, denn $F'(x) = x^3 = f(x)$
c) nein, denn $F'(x) = 18x^2 \neq f(x)$
d) ja, denn $F'(x) = -2x^4 = f(x)$

2.
a) $F(x) = 0,5x^2$
b) $F(x) = \frac{1}{3}x^3$
c) $F(x) = \frac{1}{6}x^6$
d) $F(x) = \frac{1}{8}x^8$
e) $F(x) = 0,3x^2$
f) $F(x) = -4x$
g) $F(x) = 0,5x^4$
h) $F(x) = -x$
i) $F(x) = 0,52x^5$
j) $F(x) = \frac{1}{5}x^4$
k) $F(x) = -\frac{1}{15}x^3$
l) $F(x) = \frac{1}{5}x^{10}$

Seite 284

1.
a) $F_1(x) = 4x^3$; $\quad F_2(x) = 4x^3 + 1$
b) $F_1(x) = 0,125x^4$; $\quad F_2(x) = 0,125x^4 - 1$
c) $F_1(x) = 1,5x^2$; $\quad F_2(x) = 1,5x^2 + 2$
d) $F_1(x) = 7x$; $\quad F_2(x) = 7x + 0,5$

e) $F_1(x) = -x^4$; $F_2(x) = -x^4 + 1$
f) $F_1(x) = \frac{1}{25}x^5$; $F_2(x) = \frac{1}{25}x^5 + 2$
g) $F_1(x) = x^5$; $F_2(x) = x^5 + 3$
h) $F_1(x) = 7$ $F_2(x) = 5$

2. Bei allen Teilaufgaben: Faktorregel
a) $F(x) = 2{,}5\,x^2 + C$ (Potenzregel)
b) $F(x) = 2x^4 + x^2 + C$ (Potenzregel; Summenregel)
c) $F(x) = x^4 - \frac{2}{3}x^3 + 5x + C$
(Potenzregel; Summenregel)

3. $F(x) = \frac{2}{3}x^3 - \frac{1}{4}x^2 + 1$

Seite 285

1.
a) $F(x) = -e^{-x} + C$
b) $F(x) = \frac{1}{2}e^{2x} + C$
c) $F(x) = 2e^x + C$
d) $F(x) = -\frac{3}{2}\sin(2x) + C$
e) $F(x) = \frac{3}{7}\cos(-7x) - 2x + C$
f) $\sin(x) + 2\cos(x) - \frac{3}{4}e^{-4x} + C$

2.
a) $F(x) = \frac{1}{2}ex^2 - e^x + 2$
b) $F(x) = \frac{1}{16}x^4 - \sin(x) + 1$
c) $F(x) = \frac{1}{2}e^{2x} + \frac{1}{2}\cos(2x)$

Seite 287

1.
a) Im Intervall $[-1{,}8;\,1{,}1]$ ist K_F monoton fallend, also liegt K_f unterhalb der x-Achse. Außerhalb des Intervalls liegt K_f oberhalb der x-Achse.
Die Stellen $-1{,}8$ und $1{,}1$ sind Extremstellen von K_F, also Nullstellen mit VZW von K_f.
Die Stelle $-0{,}4$ ist Wendestelle von K_F, also Extremstelle von K_f.
b)
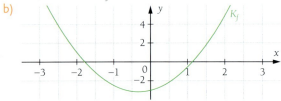

2. Das Schaubild K_f schneidet im Punkt $P(4|f(4))$ die x-Achse.

Seite 288

a) Die Nullstelle mit VZW von f ist die Extremstelle einer Stammfunktion F. Die Extremstellen von f sind die Wendestellen von F. Bis zur ersten Nullstelle verläuft das Schaubild K_f unterhalb der x-Achse, das Schaubild von F fällt monoton. Nach der ersten Nullstelle verläuft das Schaubild von f nur noch oberhalb bzw. auf der x-Achse, das Schaubild von F steigt monoton.

b)
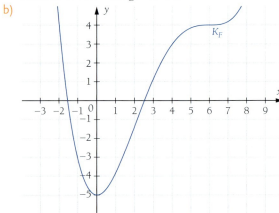

Seite 291

1. Die Idee von Gruppe 1 ist gut. Allerdings ist die Teilungslinie auf der Höhe 15,5 nicht günstig gewählt. Man sieht deutlich, dass der obere Teil wesentlich kleiner ist. Deshalb ergibt sich durch die Verdopplung insgesamt ein zu großer Wert.
Die Lösung von Gruppe 2 ist aufgrund des Verbesserungsvorschlags von Deniz ebenfalls gut.
Das Verfahren von Gruppe 3 ist aufwendig, aber dafür entwicklungsfähig. Wenn man nämlich mehr als drei Bahnen wählt, erreicht man eine bessere Annäherung.
Die Idee von Gruppe 1 könnte man aufgreifen und statt einer waagrechten Teilungslinie mehrere solcher Unterteilungen einzeichnen. Man könnte auch die Ansätze von Gruppe 1 und 3 kombinieren und den Bogen mit zwei Sorten waagrechter Streifen abdecken. Die eine Sorte sollte die Fläche so gut wie möglich ausfüllen, während die andere Sorte die Fläche vollständig abdecken sollte.

2. 4 Streifen:
kurze Streifen:
$(30{,}4 + 24{,}3 + 14{,}2 + 0) \cdot 9 = 620{,}1$
lange Streifen:
$(32{,}4 + 30{,}4 + 24{,}3 + 14{,}2) \cdot 9 = 911{,}7$
Mittelwert: 765,85
Annäherung: $1531{,}7\,\text{m}^2$

6 Streifen:
kurze Streifen:
$(31{,}5 + 28{,}8 + 24{,}3 + 18 + 9{,}9 + 0) \cdot 6 = 675{,}0$
lange Streifen:
$(32{,}4 + 31{,}5 + 28{,}8 + 24{,}3 + 18 + 9{,}9) \cdot 6 = 869{,}4$
Mittelwert: 772,2
Annäherung: $1544{,}4\,\text{m}^2$

Es fällt auf, dass der Unterschied zwischen den abgedeckten Flächeninhalten immer kleiner wird, der Mittelwert sollte dadurch mit wachsender Zahl der Streifen immer genauer sein.

Seite 293
1.

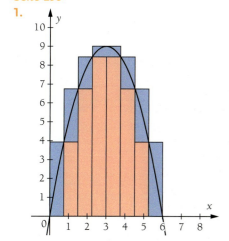

$U_8 = \left[\left(\frac{0}{4}\right)^2 + \left(\frac{1}{4}\right)^2 + \cdots + \left(\frac{7}{4}\right)^2\right] \cdot \frac{1}{4}$

$= (1^2 + 2^2 + \cdots + 7^2) \cdot \frac{1}{4^3}$

$= 2{,}1875$

$O_8 = \left[\left(\frac{1}{4}\right)^2 + \left(\frac{2}{4}\right)^2 + \cdots + \left(\frac{8}{4}\right)^2\right] \cdot \frac{1}{4}$

$= (1^2 + 2^2 + \cdots + 8^2) \cdot \frac{1}{4^3}$

$= 3{,}1875$

2. $O_n = \left[\left(\frac{b}{n}\right)^2 + \left(\frac{2b}{n}\right)^2 + \cdots + \left(\frac{n \cdot b}{n}\right)^2\right] \cdot \frac{b}{n}$

$= (1^2 + 2^2 + \cdots + n^2) \cdot \frac{b^3}{n^3}$

$= \frac{1}{6}n(n+1)(2n+1) \cdot \frac{b^3}{n^3}$

$= \frac{(n+1)(2n+1)}{6n^2} \cdot b^3$

$= \frac{2n^2 + 3n + 1}{6n^2} \cdot b^3$

$= \frac{b^3}{6}\left(2 + \frac{3}{n} + \frac{1}{n^2}\right)$

$U_n = \frac{b^3}{6}\left(2 - \frac{3}{n} + \frac{1}{n^2}\right)$

$\lim\limits_{n \to \infty} U_n = \lim\limits_{n \to \infty} O_n = \int x^2\, dx = \frac{1}{3}b^3$

Seite 296
a) $F(x) = -\frac{x^2}{2} + 5x;\ A = F(5) - F(1) = 8$

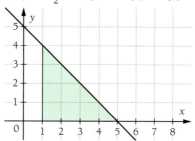

b) $F(x) = \frac{x^4}{4} + x;\ A = F(5) - F(1) = 160$

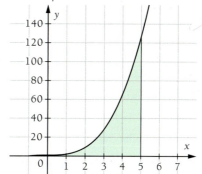

c) $F(x) = \frac{1}{2}\sin(x) + 2x;\ A = F(5) - F(1) \approx 7{,}27$

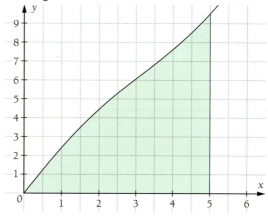

Lösungen der „Alles klar?"-Aufgaben

d) $F(x) = e^x$; $A = f(5) - F(1) = e^5 - e^1 \approx 145{,}69$

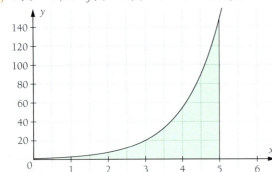

e) $F(x) = 8e^{0{,}25x}$; $A = F(5) - F(1) \approx 17{,}65$

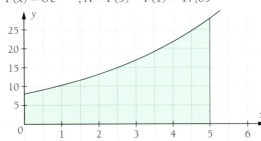

Seite 297

a) $17 \int_0^1 (x^3 + x^2 + x)\,dx \approx 18{,}4$ (Faktorregel)

b) $\int_1^{-2} (e^{2x} + e^x)\,dx \approx 28{,}3$ (Summenregel)

c) $\int_0^\pi \sin(x)\,dx = 2$ (Intervalladditivität)

d) $\int_2^6 4x^3\,dx = 1280$ (Faktorregel)

e) $2 \cdot \int_9^3 x\,dx = -72$ (keine der vier Regeln)

f) $-\int_2^6 4x^3\,dx = -1280$ (Vertauschen der Integrationsgrenzen)

Seite 308

1.

a) $A = 57{,}1\overline{6}$ [FE]

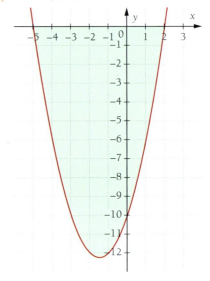

b) $A = 2{,}\overline{6}$ [FE]

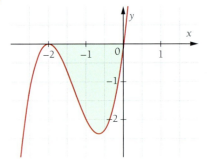

c) $A = 49{,}\overline{3}$ [FE]

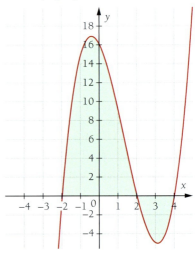

Lösungen der „Alles klar?"-Aufgaben

2.

a) $A = 7,\overline{6}$ [FE]

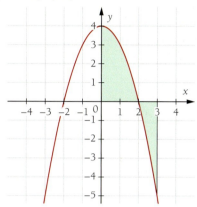

b) $A = 4$ [FE]

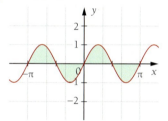

c) $A = 30,25$ [FE]

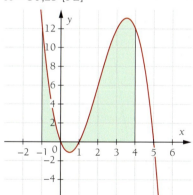

Seite 309

Wir unterteilen die Fläche zwischen der Funktion f und der x-Achse in zwei Teilflächen A_1 und A_2. Zur Trennung der Teilflächen wählen wir die Nullstelle $x_N = -2$. Die Teilfläche A_1 liegt unterhalb der x-Achse. Daher müssen wir bei der Berechnung der Gesamtfläche Betragsstriche setzen. Die Gesamtfläche A ist die Summe der Teilflächen A_1 und A_2.

$A = A_1 + A_2$

$$A_1 = \left| \int_{-3}^{-2} (2x + 4)\,dx \right| = \left[x^2 + 4x \right]_{-3}^{-2}$$

$$= |(4 - 8) - (9 - 12)| = |(-4) - (-3)| = 1$$

$$A_2 = \int_{-2}^{3} (2x + 4)\,dx = \left[x^2 + 4x \right]_{-2}^{3} = (9 + 12) - (4 - 8)$$

$$= 21 - (-4) = 25$$

$\Rightarrow A = A_1 + A_2 = 26$

Das bestimmte Integral über f von -3 bis 3 rechnet negative und positive Flächen gegeneinander auf. Hätten wir die Betragsstrich bei der Berechnung von A_1 nicht gesetzt, so hätten wir für die Teilfläche A_1 ein negatives Ergebnis erhalten. Insgesamt hätten wir dann ein Ergebnis von 24 FE. Dies entspricht dem Ergebnis des bestimmten Integrals $\int_{-3}^{3} f(x)\,dx$.

Seite 311

Die Funktionsgleichung für den „Berliner Bogen" ist $f(x) = -0,025x^2 + 32,4$. Anhand der Funktionsgleichung sehen wir, dass eine Achsensymmetrie zur y-Achse vorliegt. Wir können also den gesuchten Flächeninhalt berechnen, indem wir die Größe der rechten Teilfläche bestimmen und verdoppeln.

$$A = \int_{-36}^{36} (-0,025x^2 + 32,4)\,dx$$

$$= 2 \cdot \int_{0}^{36} (-0,025x^2 + 32,4)\,dx$$

$$= 2 \cdot \left[-\frac{0,025}{3} x^3 + 32,4x \right]_0^{36}$$

$$= 2 \cdot \left(-\frac{0,025}{3} \cdot 36^3 + 32,4 \cdot 36 \right)$$

$$= 2 \cdot 777,6 = 1555,2$$

Seite 314

a) $A = 20,8\overline{3}$ [FE]

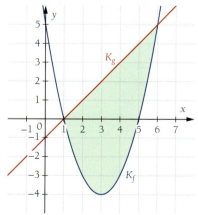

Lösungen der „Alles klar?"-Aufgaben

b) $A = 16$ [FE]

c) $A = 4,9\overline{3}$ [FE]

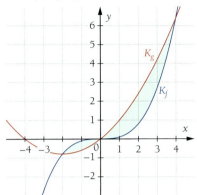

d) $A = 10,175$ [FE]

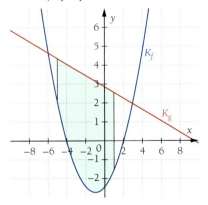

Seite 316

1.

a) $A = 4,88$ [FE]

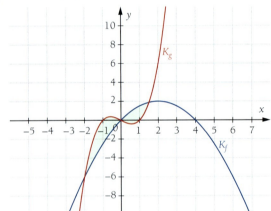

b) $A = 67,4\overline{6}$ [FE]

2.

a) $A = 30,6$ [FE]

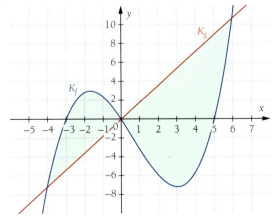

b) $A = 20{,}4$ [FE]

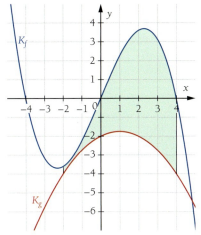

c) $A = 5{,}78$ [FE]

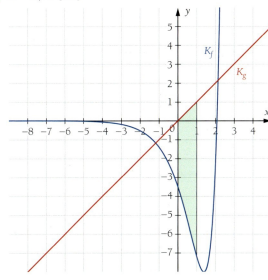

Seite 318

Das erste Integral der Summe gibt den Inhalt der Fläche zwischen K_f und K_t im Intervall $[-4; 4]$ wieder. Das zweite Integral steht für den Inhalt der Fläche zwischen x-Achse und K_t im Intervall $[-4; 0]$, jedoch mit einem negativen Vorzeichen, da diese Fläche unterhalb der x-Achse liegt. Somit wird von der Gesamtfläche zwischen den Schaubildern das (nicht gefragte) Teilstück unterhalb der x-Achse abgezogen.

$$\int_{-4}^{4}(f(x) - t(x))\,dx + \int_{-4}^{0} t(x)\,dx = \int_{-4}^{4}(2e^{0{,}25x} - 0{,}5\,e \cdot x)\,dx$$

$\approx 18{,}80 - 10{,}87 = 7{,}93$

Seite 319

1.

a) $b = 4$

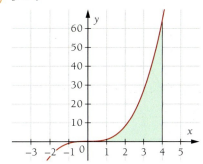

b) $b = 5$

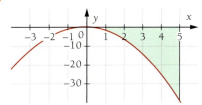

c) $b = 3$

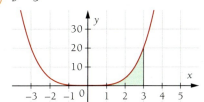

Seite 320

$\int_{-10}^{0} f(x)\,dx = 59; \quad \int_{0}^{4} f(x)\,dx = 9{,}6$

Das Verhältnis der linken zur rechten Teilfläche ist $59 : 9{,}6$, also ungefähr $6{,}1 : 1$.

Seite 321

Da alle Nullstellen bekannt sind, schreiben wir den Funktionsterm als Produkt von Linearfaktoren. Der Koeffizient a ist vorerst noch unbekannt.

$f(x) = a \cdot (x + 1)(x - 4) = a \cdot (x^2 - 3x - 4)$

Wir nutzen die Information über den Flächeninhalt:

$\int_{-1}^{4} f(x)\,dx = \frac{125}{6} \Leftrightarrow a \cdot \left[\frac{1}{3}x^3 - \frac{3}{2}x^2 - 4x\right]_{-1}^{4} = \frac{125}{6}$

$\Leftrightarrow a \cdot \left(-\frac{56}{3} - \frac{13}{6}\right) = \frac{125}{6}$

$\Leftrightarrow a \cdot \left(-\frac{125}{6}\right) = \frac{125}{6}$

$\Leftrightarrow a = -1 \Rightarrow f(x) = -1 \cdot (x + 1)(x - 4)$

Lösungen der „Alles klar?"-Aufgaben

Seite 332

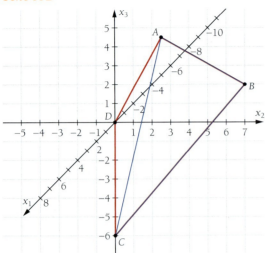

Seite 333

1.

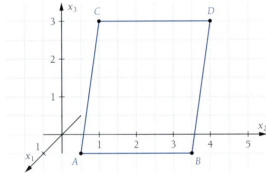

$d(A;B) = \sqrt{0^2 + 3^2 + 0^2} = 3$
$d(B;C) = \sqrt{(-1)^2 + (-3)^2 + 3^2} = \sqrt{19} \approx 4,36$
$d(C;D) = \sqrt{0^2 + 3^2 + 0^2} = 3$
$d(D;A) = \sqrt{1^2 + (-3)^2 + (-3)^2} = \sqrt{19} \approx 4,36$

2.

a) $C(20|25|0); D(0|20|20); E(0|25|0)$

b) $d(A;B) = \sqrt{(10-30)^2 + (25-20)^2 + (15-20)^2}$
$= \sqrt{450} \approx 21,21$
$d(C;E) = \sqrt{(0-20)^2 + (25-25)^2 + (0-0)^2}$
$= 20$
$d(A;D) = \sqrt{(0-30)^2 + (20-20)^2 + (20-20)^2}$
$= 30$

3.

a) $A(2|0|0); B(0|2|0); C(-2|0|0); D(0|-2|0)$
$S(0|0|3)$
$d(A;B) = d(B;C) = d(C;D) = d(D;A) = \sqrt{8} \approx 2,83$
$d(A;S) = d(B;S) = d(C;S) = d(D;S) = \sqrt{13} \approx 3,61$

b)

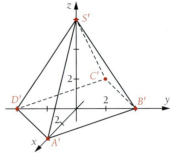

$A'(4|0|0); B'(0|4|0); C'(-4|0|0); D'(0|-4|0)$
$S'(0|0|6)$

Seite 335

a) $\vec{AB} = \begin{pmatrix} 3 \\ -2 \end{pmatrix}$; $\vec{CD} = \begin{pmatrix} 3 \\ -2 \end{pmatrix}$; $\vec{OP} = \begin{pmatrix} 3 \\ -2 \end{pmatrix}$

b) $|\vec{a}| = \sqrt{3^2 + (-2)^2} = \sqrt{13} \approx 3,61$

Seite 337

a) $\vec{a} + \vec{b} = \begin{pmatrix} 3 \\ -2 \\ 2 \end{pmatrix}$; $\vec{a} - \vec{b} = \begin{pmatrix} 1 \\ -2 \\ 0 \end{pmatrix}$

Seite 338

a) $2\vec{a} = \begin{pmatrix} 4 \\ -4 \\ 2 \end{pmatrix}$; $2\vec{b} = \begin{pmatrix} 2 \\ 0 \\ 2 \end{pmatrix}$ b) $\vec{c} = \begin{pmatrix} 5 \\ -4 \\ 3 \end{pmatrix}$

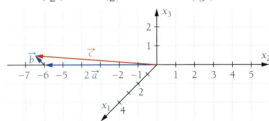

c) $\vec{a} + \vec{0} = \begin{pmatrix} 2 \\ -2 \\ 1 \end{pmatrix} + \begin{pmatrix} 0 \\ 0 \\ 0 \end{pmatrix} = \begin{pmatrix} 2+0 \\ -2+0 \\ 1+0 \end{pmatrix} = \begin{pmatrix} 2 \\ -2 \\ 1 \end{pmatrix} = \vec{a}$

$r \cdot (\vec{a} + \vec{b}) = r \cdot \begin{pmatrix} 3 \\ -2 \\ 2 \end{pmatrix} = \begin{pmatrix} 3r \\ -2r \\ 2r \end{pmatrix} = \begin{pmatrix} 2r+r \\ -2r+0r \\ r+r \end{pmatrix}$

$= \begin{pmatrix} 2r \\ -2r \\ r \end{pmatrix} + \begin{pmatrix} r \\ 0r \\ r \end{pmatrix} = r \cdot \begin{pmatrix} 2 \\ -2 \\ 1 \end{pmatrix} + r \cdot \begin{pmatrix} 1 \\ 0 \\ 1 \end{pmatrix}$

$= r \cdot \vec{a} + r \cdot \vec{b}$

Lösungen der „Alles klar?"-Aufgaben

Seite 339

1. $\vec{a} \cdot \vec{b} = 3 \cdot 1 + (-2) \cdot 1 + 1 \cdot (-2) = -1$

2. $\vec{a} \cdot \vec{b} = (-5) \cdot (-1) + 2 \cdot (-2) + (-1) \cdot 1 = 0$
   Also sind die beiden Vektoren orthogonal.

3. $\cos(\alpha) = \dfrac{\overrightarrow{AB} \cdot \overrightarrow{AC}}{|\overrightarrow{AB}| \cdot |\overrightarrow{AC}|} = \dfrac{14}{\sqrt{11} \cdot \sqrt{44}} \approx 0{,}64$
   $\Rightarrow \alpha \approx 50{,}48°$

   $\cos(\beta) = \dfrac{\overrightarrow{BA} \cdot \overrightarrow{BC}}{|\overrightarrow{BA}| \cdot |\overrightarrow{BC}|} = \dfrac{-3}{\sqrt{11} \cdot \sqrt{27}} \approx -0{,}17$
   $\Rightarrow \beta \approx 100{,}02°$

   $\cos(\gamma) = \dfrac{\overrightarrow{CB} \cdot \overrightarrow{CA}}{|\overrightarrow{CB}| \cdot |\overrightarrow{CA}|} = \dfrac{30}{\sqrt{27} \cdot \sqrt{44}} \approx 0{,}87$
   $\Rightarrow \gamma \approx 29{,}50°$

Seite 341

a) $g: \vec{x} = \begin{pmatrix} 1 \\ 2 \\ -1 \end{pmatrix} + s \cdot \begin{pmatrix} 1 \\ -2 \\ 2 \end{pmatrix}$

b) Die Vektorgleichung
   $\begin{pmatrix} -1 \\ 2 \\ -2 \end{pmatrix} = \begin{pmatrix} 1 \\ 2 \\ -1 \end{pmatrix} + s \cdot \begin{pmatrix} 1 \\ -2 \\ 2 \end{pmatrix}$
   ist für kein $s \in \mathbb{R}$ erfüllt. Also liegt P nicht auf g.
   Die Vektorgleichung
   $\begin{pmatrix} 3 \\ -1 \\ 1 \end{pmatrix} = \begin{pmatrix} 1 \\ 2 \\ -1 \end{pmatrix} + s \cdot \begin{pmatrix} 1 \\ -2 \\ 2 \end{pmatrix}$
   ist für $s = 2$ erfüllt. Also liegt Q auf g.

c) $A(2|0|1)$; $B(0|4|-3)$

d) $\overrightarrow{OS} = \begin{pmatrix} 1 \\ 2 \\ -1 \end{pmatrix} + s \cdot \begin{pmatrix} 1 \\ -2 \\ 2 \end{pmatrix} = \begin{pmatrix} 0 \\ y \\ z \end{pmatrix}$
   $\Rightarrow s = -1 \Rightarrow \overrightarrow{OS} = \begin{pmatrix} 0 \\ 4 \\ -3 \end{pmatrix}$

Seite 346

1. $\Omega = \{1; 2; 3; 4; 5; 6; 7; 8\}$

2. 11 Elemente (11 Kugeln, nummeriert von 0 bis 10)

3. Der Wurf eines sechsseitigen Würfels, dessen Seiten mit den Ziffern von 1 bis 6 beschriftet sind.

4. individuelle Lösung, z. B.
   – Schuss auf ein Fußballtor; $\Omega = \{$Tor, kein Tor$\}$
   – Geschlecht eines Neugeborenen;
     $\Omega = \{$männlich, weiblich$\}$
   – Wahlbekundung für eine im Bundestag vertretene Partei (Stand: Februar 2016);
     $\Omega = \{$CDU, CSU, SPD, Die Linke, Bündnis 90/Die Grünen$\}$

Seite 347

1.
a) Wir gehen von der Sicht eines Spielers aus:

$\Omega = \{$GG; GNG; GNN; NGG; NGN; NN$\}$

b) Gewinn in zwei Sätzen: $\{$GG$\}$
   Gewinn in drei Sätzen: $\{$GNG; NGG$\}$
   Niederlage in drei Sätzen: $\{$GNN; NGN$\}$
   Niederlage in zwei Sätzen: $\{$NN$\}$
   Gewinn: $\{$GG; GNG; NGG$\}$
   Niederlage: $\{$GNN; NGN; NN$\}$

2. Es wird dreimal auf eine Torwand geschossen. „1" bedeutet „Treffer"; „0" bedeutet „verfehlt".

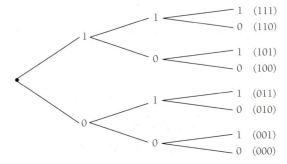

Seite 349

1. individuelle Lösung, z. B.
   Laplace-Experiment:
   – Tipp auf eine Zahl zwischen 0 und 36 beim Roulette
   – Tipp auf Herz, Karo, Kreuz oder Pik beim Ziehen einer Karte aus seinem Skatspiel
   Kein Laplace-Experiment:
   – Teilnahme am Lotto-Spiel mit den Ergebnissen „Gewinn" oder „kein Gewinn".
   – Tipp auf eine Autofarbe für das nächste vorbeifahrende Auto

2. $P(A) = \frac{3}{8}$; $P(B) = \frac{7}{8}$

Seite 351

1.

a)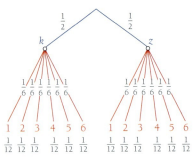

b) $P(E) = \frac{1}{2} \cdot \frac{1}{6} = \frac{1}{12}$

2. $P(\text{„3-mal Zahl"}) = \frac{1}{2} \cdot \frac{1}{2} \cdot \frac{1}{2} = \frac{1}{8}$

$P(\text{„genau 2-mal Zahl"}) = \frac{|\{zzk; zkz; kzz\}|}{|\Omega|} = \frac{3}{8}$

3.

a) $P(E) = \frac{6}{11} \approx 0{,}545$

b) $P(E) = P(\{(\text{rot}; \text{schwarz})\}) + P(\{(\text{schwarz}; \text{schwarz})\})$
$= \frac{5}{11} \cdot \frac{6}{10} + \frac{6}{11} \cdot \frac{5}{10} = \frac{6}{11} \approx 0{,}545$

4.

$P(\text{„fehlerlos"}) = \frac{1}{4} \cdot \frac{1}{4} \cdot \frac{1}{4} = \frac{1}{64} = 0{,}015625$

Seite 352

Anzahl der Möglichkeiten, 12 T-Shirts, 7 Hosen und 3 Jacken zu kombinieren: $12 \cdot 7 \cdot 3 = 252$

Anzahl der Möglichkeiten, 15 T-Shirts, 9 Hosen und 3 Jacken zu kombinieren: $15 \cdot 9 \cdot 3 = 405$

Seite 354

1.

a) mit Berücksichtigung der Reihenfolge (Sieger, Zweiter, Dritter) und ohne Wiederholung

b) mit Berücksichtigung der Reihenfolge (Ziffernposition) und mit Wiederholung (Ziffern dürfen mehrfach auftreten)

c) ohne Berücksichtigung der Reihenfolge und ohne Wiederholung

d) mit Berücksichtigung der Reihenfolge und ohne Wiederholung

2. $26 \cdot 26 \cdot 10^4 = 6\,760\,000$

3. $15 \cdot 14 \cdot 13 = 2730$

4.

a) $\binom{8}{3} = 56$

b) $\binom{8}{4} = 70$

Seite 355

1.

a) $\frac{1}{2^6} = 0{,}0156$

b) $\frac{\binom{6}{2}}{2^6} = 0{,}234$

2.

a) $P(E_1) = \frac{\binom{4}{1} \cdot \binom{4}{1}}{7^2} = \frac{16}{49}$; $P(E_2) = \frac{9}{49}$; $P(E_3) = \frac{24}{49}$

b) $P(E_1) = \frac{12}{42} = \frac{2}{7}$; $P(E_2) = \frac{6}{42} = \frac{1}{7}$; $P(E_3) = \frac{24}{42} = \frac{12}{21}$

3. $\frac{\binom{12}{6} \cdot \binom{18}{4}}{\binom{30}{10}} = 0{,}0941$

4.

a) $P(\text{zwei lange Schrauben})$
$= \frac{\binom{2}{2} \cdot \binom{18}{3}}{\binom{20}{5}} = \frac{1 \cdot 816}{15\,504} \approx 0{,}0526315$

b) $P(\text{keine lange Schraube})$
$= \frac{\binom{2}{0} \cdot \binom{18}{5}}{\binom{20}{5}} = \frac{1 \cdot 8568}{15\,504} \approx 0{,}5526315$

c) $P(\text{genau eine lange Schraube})$
$= \frac{\binom{2}{1} \cdot \binom{18}{4}}{\binom{20}{5}} = \frac{2 \cdot 3060}{15\,504} \approx 0{,}3947368$

5.

a) $P(\text{genau 3-mal zweite Wahl})$
$= \frac{\binom{10}{3} \cdot \binom{90}{2}}{\binom{100}{5}} = \frac{10!}{3! \cdot 7!} \cdot \frac{90!}{2! \cdot 88!} \cdot \frac{5! \cdot 95!}{100!} \approx 0{,}00638$

b) $P(\text{höchstens 4-mal zweite Wahl})$
$= 1 - P(\text{genau 5-mal zweite Wahl})$
$= 1 - \frac{\binom{10}{5}}{\binom{100}{5}} = 1 - \frac{10!}{5! \cdot 5!} \cdot \frac{5! \cdot 95!}{100!}$
$= 1 - 3{,}347 \cdot 10^{-6} \approx 1$

c) P(mindestens 2-mal zweite Wahl) = 1−P(genau 0-mal zweite Wahl) − P(genau 1-mal zweite Wahl)

$= 1 - \frac{\binom{90}{5}}{\binom{100}{5}} - \frac{\binom{10}{1} \cdot \binom{90}{4}}{\binom{100}{5}}$

$= 1 - \frac{90!}{5! \cdot 85!} \cdot \frac{5! \cdot 95!}{100!} - \frac{10!}{9!} \cdot \frac{90!}{4! \cdot 86!} \cdot \frac{5! \cdot 95!}{100!}$

$\approx 1 - 0{,}58375 - 0{,}33939 \approx 0{,}07686$

d) $\frac{90}{100} \cdot \frac{89}{99} \cdot \frac{88}{98} \cdot \frac{87}{97} \cdot \frac{86}{96} \cdot \frac{85}{95} = 0{,}5223$

e) P(genau 5-mal zweite Wahl) $= 3{,}347 \cdot 10^{-6} \approx 0$

Seite 357

a)
x_i	12 €	3 €	0 €
$P(X = x_i)$	$\frac{1}{3}$	$\frac{1}{3}$	$\frac{1}{3}$

b) $E(X) = 12\,€ \cdot \frac{1}{3} + 3\,€ \cdot \frac{1}{3} + 0\,€ \cdot \frac{1}{3} = 5\,€$

c) 5 €

d) X kann beispielsweise eine Zufallsvariable sein, die angibt, wie oft man eine Niete gezogen hat.

Seite 363

$K(x) = 0{,}75x + 30$

a) $90 = 0{,}75x + 30 \Leftrightarrow 60 = 0{,}75x \Rightarrow x = 80$
$155 = 0{,}75x + 30 \Leftrightarrow 125 = 0{,}75x \Rightarrow x \approx 166{,}67$
Mit 90 € können 80 Crêpes; mit 155 € 166 Crêpes gebacken werden.

b) $K(40) = 0{,}75 \cdot 40 + 30 = 60;\ \frac{60}{40} = 1{,}5$
$K(200) = 0{,}75 \cdot 200 + 30 = 180;\ \frac{180}{200} = 0{,}9$
Bei 40 verkauften Crêpes muss der Preis bei 1,50 €, bei 200 verkauften Crêpes bei 0,90 € liegen, damit die Kosten gedeckt sind.

Seite 365

1.
a) maximaler Preis: 60 €; Sättigungsmenge: 80 Stück
b) 42 €
c) 52 Stück

2. $p_N(x) = -12x + 276$

3. Der maximale Preis wird durch den y-Achsenschnittpunkt, und die Sättigungsmenge durch den x-Achsenschnittpunkt des Schaubilds der Nachfragefunktion angegeben.

Seite 366

1. $p(x) = p_N(x) = -20x + 180$

2. $E(x) = (-20x + 180) \cdot x = -20x^2 + 180x$

3. $D = [0;\ 2]$, da Erlös nicht negativ
Erlösschwelle = 0 ME, Erlösgrenze = 2 ME

Seite 367

1.
a) $G(x) = -20x^2 + 100x - 45$
b) Nutzenschwelle: $x_S = 0{,}5$; Nutzengrenze: $x_G = 4{,}5$
c)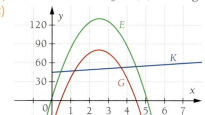

2. $p_N(x) = ax^2 + bx + c$
(I) $\quad 32 = \quad a + b + c$
(II) $\quad 36 = 9a + 3b + c$
(III) $\quad 0 = 81a + 9b + c$
$\rightarrow p_N(x) = -x^2 + 6x + 27$

3.
a) $G(x) = E(x) - K(x) = -\frac{1}{2}x^2 + 6x - (x + 8)$
$\qquad\qquad\qquad\qquad\quad = -\frac{1}{2}x^2 + 5x - 8$
Die Nullstellen von G geben Nutzenschwelle und Nutzengrenze an: $G(x) = 0 \Rightarrow x_S = 2$ und $x_G = 8$
b) $G(x) = -0{,}2x^3 + 1{,}2x^2 + 1{,}4x$.
Das Schaubild dieser Funktion hat drei Nullstellen $x_{N_1}(-1|0);\ x_{N_2}(0|0)$ und $x_{N_3}(7|0)$. Die Nutzenschwelle ist die kleinste nicht negative Nullstelle also $x_S = 0$; die Nutzengrenze die größte nicht negative Nullstelle $x_G = 7$.

Seite 368

$G(x) = -\frac{2}{3}x^3 + 2x^2 + 16x - \frac{50}{3}$

$G'(x) = -2x^2 + 4x + 16$

$G''(x) = -4x + 4$

$G'(x_E) = 0 \Rightarrow -2x_E^2 + 4x_E + 16 = 0$

$\Rightarrow x_{E_{1;2}} = 1 \pm 3$ ▶ Negative x-Werte ergeben keinen Sinn.

$G''(4) = -12 < 0 \Rightarrow$ Maximum bei 4 ME.

Seite 369

1.

a) $k(x) = \frac{K(x)}{x} = \frac{(527x + 123)}{x} = 527 + \frac{123}{x}$

b) $k_v(x) = \frac{K_v(x)}{x} = \frac{527x}{x} = 527$

c)
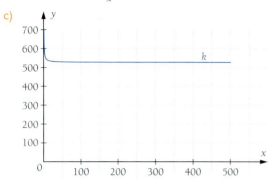

Wir zeichnen das Schaubild zu k und erkennen, dass sich dieses bei sehr großen Produktionsmengen ($x \to \infty$) der Asymptote $y = 527$ von oben annähert. Bei großen Produktionsmengen nähern sich die durchschnittlichen Kosten dem Wert 527 €.

2. Die Funktionsgleichung der Stückkosten $k(x) = 527 + \frac{123}{x}$ und die Funktionsgleichung der variablen Stückkosten $k_v(x) = 527$ unterscheiden sich nur im Term $\frac{123}{x}$. Dies lässt sich dadurch erklären, dass sich die Stückkosten aus den Gesamtkosten dividiert durch die Menge x und die variablen Stückkosten nur aus den variablen Gesamtkosten dividiert durch die Menge x berechnen. Allgemein unterscheiden sich die Funktionsgleichungen also um den Term der fixen Kosten dividiert durch x.

Seite 373

a) Richtige Aussage: K hat eine Wendestelle an der Minimalstelle von K', etwa bei $x = 4$.

b) Falsche Aussage: Ab dem Schnittpunkt von K' mit k steigen die Stückkosten.

c) Falsche Aussage: Das Betriebsoptimum liegt im Schnittpunkt von K' mit k.

Stichwortverzeichnis

A

abc-Formel 18
abgeschlossenes Intervall 10
Ableitungsfunktion 201
Ableitungsregeln 204
absolute Häufigkeit 348
Abszissenachse 22
Achsenschnittpunkte 45
Achsensymmetrie 90
Additionsverfahren 20
allgemeine Form 18
Amplitude 144
Änderungsrate
    mittlere 194
    momentane 196
Anfangswert 116, 130
Äquivalenz 9
Asymptote 116, 122
Ausbringungsmenge 366
Ausgangsmenge 26
Ausklammern 12
Aussage 9
äußere Funktion 208

B

Baumdiagramm 347
Bedingungsgleichung 262
Berührpunkt 214
Bestimmtes Integral 292
Betrag 11, 335
Betriebsminimum 372
Betriebsoptimum 372
Binomialkoeffizient 354
binomischen Formeln 12
Bogenmaß 142
Break-even-Punkt 364
Bruch 13

D

Definitionsbereich 31
Diagonalform 170
Differenzenquotient 199
Differenzfunktion 314
Differenzialquotient 200
Differenzierbarkeit 201
Disjunktion 9
Diskriminante 18

doppelte Nullstelle 99
dreidimensionales Koordinatensystem 332
Dreiecksform 21, 170

E

e-Funktion 119
Einheitskreis 140
Einsetzungsverfahren 20
einstufiges Zufallsexperiment 347
Ereignis 347
Ergebnis 346
Ergebnismenge 346
Erlös 363
Erlösfunktion 366
Erlösgrenze 366
Erlösschwelle 366
Erwartungswert 357
Erweitern 13
Euler'sche Zahl 119
Exponentialfunktion 116
Exponentialgleichung 124
exponentielle Abnahme 117
exponentieller Zerfall 117
exponentielles Wachstum 116
Extrempunkt 94, 224
Extremum 224
Extremwert 224
Extremwertberechnung 268

F

faires Spiel 357
Faktorisieren 12
Fakultät 352
fixe Kosten 362
Flächenbilanz 307
Flächeninhaltsfunktion 294
Frequenz 156
Funktion 28
    äußere 208
    differenzierbare 201
    ganzrationale 87
    gerade 88
    innere 208
    integrierbare 292
    konstante 39
    kubische 87

    lineare 38
    quadratische 58
    ungerade 89
Funktionsgleichung 30
Funktionsterm 30
Funktionswert 30

G

Gauß'scher Algorithmus 21, 171
Gegenereignis 349
Gegenvektor 336
Gesamtkosten 363
Gewinnfunktion 364
Gewinnzone 367
Gleichsetzungsverfahren 20
Gleichung 17
Gleichungssystem 20
globales Minimum 224
globales Maximum 224
Globalverlauf 91
Grad der Funktion 82
Gradmaß 142
grafisches Differenzieren 226
Grenzkostenfunktion 370
Grenzkostenminimum 370
Grenzwert 200

H

halboffenes Intervall 10
Halbwertszeit 132
Hauptbedingung 268
Hauptdiagonale 170
Hauptnenner 13
Hauptsatz der Differenzial- und Integralrechnung 295
hinreichende Bedingung
    für Extremstellen 231
    für Wendestellen 238
Hochpunkt 94, 224

I

Implikation 9
innere Funktion 208
Integral
    bestimmtes 292, 293
    unbestimmtes 283, 284
Integrand 292

Stichwortverzeichnis

Integrationskonstante 283
Integrationsvariable 292
integrierbare Funktion 292
Integrieren 283
Intervall 10
irrationale Zahlen 10

K
Kettenregel 208
kleinstes gemeinsames
　Vielfaches 13
Koeffizient 18, 58, 87
Kombinatorik 352
Konjunktion 9
konstante Funktion 39
Koordinaten 334
Koordinatensystem 22, 26
Kosinus 140
Kosten 362
Kostenfunktion 363
Krümmungsintervall 94, 236
Krümmungsverhalten 94
kubische Funktion 87
Kurvendiskussion 244
kurzfristige Preisuntergrenze 372

L
Limes 200
lineare Funktion 38
lineare Gleichung 17
lineares Gleichungssystem 20, 166
Linearfaktor 19
Linkskrümmung 236
Logarithmus 124
lokales Maximum 224
lokales Minimum 224
Lösung 17, 166
Lösungsmenge 17, 166

M
Maximum 224
mehrstufiges
　Zufallsexperiment 347
mehrfache Nullstelle 102
Menge 10
Minimum 224
mittlere Änderungsrate 194
momentane Änderungsrate 196

Monopol 365
Monopolist 365
monoton fallend 225
monoton steigend 225
Monotonieverhalten 225

N
Nachfragefunktion 365
natürliche Exponential-
　funktion 119
natürlicher Logarithmus 125
Nebenbedingung 268
NEW-Regel 251, 288
Normalform 18
Normierung 18
notwendige Bedingung
　für Extremstellen 228
　für Wendestellen 237
Nullstelle 45
Nullzeile 182
Nutzengrenze 367
Nutzenschwelle 364, 367

O
obere Grenze 292
Obersumme 291
Oder-Verknüpfung 9
offenes Intervall 10
Ordinatenachse 22
Orthogonalität 50
Ortsvektor 335

P
Parabel 58
Parallelität 50
Passante 70
Periode 144
Pfadregel
　erste 350
　zweite 350
Pfeildiagramm 33
Polynom 87
Polynomfunktionen n-ten
　Grades 87
Polypol 363
Potenz 15
Potenzfunktion 82
pq-Formel 18
Preis-Absatz-Funktion 366

Produktform 19
Produktregel 352
Punktprobe 30
Punktsymmetrie 91
Punkt-Richtungs-Gleichung 340

Q
quadratische Ergänzung 64
quadratische Gleichung 18
quadratische Funktion 58

R
Rechtskrümmung 236
rationale Zahlen 10
reelle Zahlen 10
relative Häufigkeit 348
Repräsentant 334
Richtungsvektor 340

S
Sattelpunkt 241
Sättigungsmenge 365
Satz vom Nullprodukt 19, 67
Schaubild 22, 26
Scheitelpunkt 61
Scheitelpunktform 61
schiefe Asymptote 122
Schnittpunkt 46
Schnittstelle 46
Schnittwinkel 48
Sekante 70, 199
Sinus 140
Skalarmultiplikation 337
Spurpunkt 340
Stammfunktion 282
Steigung 39
　des Graphen 198
　des Schaubilds 198
Steigungsdreieck 40
Steigungsintervall 94
Steigungswinkel 47
Streckfaktor 59
Streifenmethode 291
Stückkosten 369
Stützvektor 340
Substitutionsverfahren 101
Symmetrie
　zum Ursprung 89
　zur y-Achse 88

T

Tangente 70, 198
Term 11
Tiefpunkt 94, 224
trigonometrische
    Gleichungen 152

U

überbestimmtes lineares
    Gleichungssystem 185
Unbekannte 166
Unbestimmtes Integral 283
Und-Verknüpfung 9
unterbestimmtes lineares
    Gleichungssystem 186
untere Grenze 292
Untersumme 291
Ursprungsgeraden 39

V

Variable 29

variable Kosten 362
variable Stückkosten 369
Vektor 334
Vektorzug 337
Vielfachheit 99
Vorzeichenwechselkriterium 230

W

waagrechte Asymptote 122
Wachstum 116
Wachstumsfaktor 116
Wachstumskonstante 130
Wahrheitstafel 9
Wahrscheinlichkeits-
    verteilung 356
Wendepunkt 94, 236
Wendestelle 236
Wendetangente 240
Wertebereich 31
Wertepaar 22
Wertetabelle 26

Winkelhalbierende 39
Wurzel 15, 16

X

x-Achsenschnittpunkt 45

Y

y-Achsenabschnitt 97

Z

Zahlenpaar 20
Zahlentripel 166
Zahlentupel 166
Zerfall 116
Zielfunktion 268
Zielmenge 26
Zufallsexperiment 346
Zufallsvariable 356
Zuordnung 26
Zuordnungsvorschrift 30
Zwei-Punkte-Gleichung 340

Bildquellenverzeichnis

S. 23: **Shutterstock**/Quinn Martin; S. 24/1: **Fotolia**/valentinT; S. 24/2: **Fotolia**/daboost; S. 24/3: **Fotolia**/daboost; S. 24/4: **Fotolia**/daboost; S. 24/5: **Fotolia**/fotomek; S. 25: **Shutterstock**/CNK02; S. 27: **HAMBURG WASSER**; S. 35: **Picture Alliance**/dpa; S. 36/1: **Fotolia**/B. Wylezich; S. 36/2: **Fotolia**/pix4U; S. 37/1: **Fotolia**/Tsiumpa; S. 37/2: **Fotolia**/PhotoSG; S. 48: **Shutterstock**/bikeriderlondon; S. 49: **Fotolia**/Marc Xavier; S. 53: **Fotolia**/De Visu; S. 55: **Fotolia**/Antonioguillem; S. 56/1: **mauritius images**/Alamy/Universal Images Group North America LLC/DeAgostini; S. 56/2: **Fotolia**/artepicturas; S. 57/1: **Fotolia**/Friedberg; S. 57/2: **Shutterstock**/Jon Bilous; S. 73: **Fotolia**/rudi1976; S. 74: **Look-foto**/Zielske; S. 77: **Fotolia**/Dr. Thomas Jablonski; S. 80/1: **Picture Alliance**/R. Goldmann; S. 80/2: **Fotolia**/Ilya Andreev; S. 81: **Fotolia**/dhk; S. 86: **Shutterstock**/aniad; S. 96: **Fotolia**/Gsanders; S. 110: **Fotolia**/radubercan; S. 114/1: **Fotolia**/leisuretime70; S. 114/2: **Fotolia**/Gina Sanders; S. 115/1: **Shutterstock**/Igor Klimov; S. 115/2: **Shutterstock**/Sabphoto; S. 119: **mauritius images**/Science Source; S. 123: **Fotolia**/haveseen; S. 130: **Fotolia**/Denis Junker; S. 131: **Shutterstock**/totojang1977; S. 132: **Fotolia**/Iom; S. 133: **Shutterstock**/Balazs Kovacs Images; S. 135: **Fotolia**/normanblue; S. 138/1: **Fotolia**/Yury Zap; S. 138/2: **Fotolia**/Nikki Zalewski; S. 143: **Shutterstock**/Jiri Senohrabek; S. 146: **Fotolia**/Hunta; S. 156: **Fotolia**/ah_fotobox; S. 157: **Fotolia**/pemaphoto; S. 158: **Fotolia**/Thaut Images; S. 159/1: **Shutterstock**/Ratikova; S. 159/2: **Fotolia**/Traumbild; S. 164: **Fotolia**/Ingo Bartussek; S. 165: **Fotolia**/lev dolgachov; S. 166: **Fotolia**/Andrzej Solnica; S. 167: **Shutterstock**/aleksandr hunta; S. 168: **Fotolia**/Jürgen Fälchle; S. 171: **ClipDealer**/Georgios Kollidas; S. 178: **Fotolia**/anna_shepulova; S. 179: **Fotolia**/Sasimoto; S. 189: **Fotolia**/lycidas84; S. 192: **Shutterstock**/Nicram Sabod; S. 193/1: **Shutterstock**/Jeff Schultes; S. 193/2: **Fotolia**/Robert Schneider; S. 194: **Fotolia**/Thaut Images; S. 196: **Fotolia**/Picture-Factory; S. 197: **Fotolia**/steuccio79; S. 198: **Fotolia**/Hunta; S. 200: **Fotolia**/BB-Digitalfotos; S. 201: **Fotolia**/Ivan Kurmyshov; S. 203/1: **Fotolia**/Ian; S. 203/2: **Fotolia**/ARochau; S. 222/1: **Shutterstock**/HeyPhoto; S. 222/2: **Shutterstock**/Yuttasak Jannaron; S. 223: **picture-alliance**/dpa; S. 253: **Imago**/Sebastian Geisler; S. 260: **Imago**; S. 261/1: **Shutterstock**/Tami Freed; S. 261/2: **Shutterstock**/Hadrian; S. 268: **Fotolia**/chilimapper; S. 274: **Fotolia**/Calado; S. 280: Michael Knobloch; S. 290: **Fotolia**/thorabeti; S. 299/1: **Shutterstock**/Georgios Kollidas; S. 299/2: **Shutterstock**/Marzolino; S. 303: **Corbis**/Ocean/Martin Barraud; S. 304/1: **Shutterstock**/Digoarpi; S. 304/2: **Fotolia**/Eugenio Marongiu; S. 305/1: **Shutterstock**/Rudmer Zwerver; S. 305/2: **Fotolia**/bokan; S. 313: **Imago**/Imago; S. 326: **Shutterstock**/Toth Tamas; S. 330: **Shutterstock**/Nadezda Murmakova; S. 331/1: **Shutterstock**/Mikhail Markovskiy; S. 331/2: **Shutterstock**/Slavoljub Pantelic; S. 334: **Fotolia**/swisshippo; S. 344/1: Dietmar Griese; S. 344/2: **Shutterstock**/Adam Gregor; S. 345/1: **Fotolia**/sirayot111; S. 345/2: **Fotolia**/tina7si; S. 348: **Fotolia**/devenorr; S. 360/1: **Shutterstock**/JFs Pic Factory; S. 360/2: **Shutterstock**/PolonioVideo; S. 361: **Fotolia**/Gina Sanders; S. 362: **Fotolia**/Kuassimodo; S. 363: **Shutterstock**/Smileus; S. 364: **Fotolia**/schulzfoto; S. 367: **Mauritius images**/Alamy/Danny Callcut; S. 368: **Shutterstock**/Luis Carlos Torres; S. 369: **Shutterstock**/amenic181; S. 371: **Shutterstock**/Moving Moment; S. 374: **Shutterstock**/Cristi Lucaci